W. Greiner

MÉCANIQUE QUANTIQUE
UNE INTRODUCTION

Springer
Berlin
Heidelberg
New York
Barcelone
Hong Kong
Londres
Milan
Paris
Singapour
Tokyo

Éditions françaises :	Greiner **Mécanique Quantique** Une introduction	Greiner · Müller **Mécanique Quantique** Symétries
	Greiner **Mécanique Quantique** Thèmes approfondis et applications (en préparation)	Greiner · Neise · Stöcker **Thermodynamique** **et Mécanique Statistique**

Éditions anglaises :	Greiner **Quantum Mechanics** An Introduction 3rd Edition	Greiner **Mechanics I** (en préparation)
	Greiner **Quantum Mechanics** Special Chapters	Greiner **Mechanics II** (en préparation)
	Greiner · Müller **Quantum Mechanics** Symmetries 2nd Edition	Greiner **Classical Electrodynamics**
	Greiner **Relativistic Quantum Mechanics** Wave Equations 2nd Edition	Greiner · Neise · Stöcker **Thermodynamics** **and Statistical Mechanics**
	Greiner · Reinhardt **Field Quantization**	
	Greiner · Reinhardt **Quantum Electrodynamics** 2nd Edition	
	Greiner · Schramm · Stein **Quantum Chromodynamics** 2nd Edition (en préparation)	
	Greiner · Maruhn **Nuclear Models**	
	Greiner · Müller **Gauge Theory of Weak Interactions** 2nd Edition	

Walter Greiner

MÉCANIQUE QUANTIQUE
UNE INTRODUCTION

Traduit et adapté par Francis Jundt

Avant-propos de Hubert Curien
Professeur honoraire à l'Université de Paris VI
Membre de l'Académie des Sciences

Avec 56 figures
et 87 exemples et exercices

 Springer

Professeur Dr. Walter Greiner

Institut für Theoretische Physik der
Johann Wolfgang Goethe-Universität Frankfurt
Postfach 111932
D-60054 Frankfurt am Main
Allemagne

Addresse de visite :

Robert-Mayer-Strasse 8–10
D-60325 Frankfurt am Main
Allemagne

Mél : greiner@th.physik.uni-frankfurt.de

Titre de l'édition originale allemande : *Theoretische Physik,* Band 4a : Quantenmechanik, Eine Einführung, © Verlag Harri Deutsch, Thun 1989

Traduit à partir de l'édition anglaise : Quantum Mechanics. Introduction, 3rd edition, © Springer-Verlag Berlin Heidelberg 1989, 1993, 1994

Traducteur:

Professeur Francis Jundt

Université Louis Pasteur (ULP)
Institut de Recherche Subatomique (IReS)
23 rue du Loess
B.P. 28
F-67037 Strasbourg Cedex 2
France

Mél : jundt@in2p3.fr

Die Deutsche Bibliothek – CIP-Einheitsaufnahme
Mécanique quantique / Walter Greiner ; Berndt Müller. Trad. de l'anglais par F. Jundt. –
Berlin ; Heidelberg ; New York ; Barcelone ; Hong Kong ; Londres ; Milan ; Paris ; Singapour ;
Tokyo : Springer
Einheitssacht. : Quantenmechanik <franz.>
Une introduction. – 1999
ISBN 3-540-64347-8

ISBN 3-540-64347-8 Springer-Verlag Berlin Heidelberg New York

© Springer-Verlag Berlin Heidelberg 1999
Imprimé en Allemagne

Traitement de texte/conversion des données : LE-TEX, Leipzig
Réalisation de la couverture : Design Concept, Emil Smejkal, Heidelberg
SPIN 10550146   56/3144/tr - 5 4 3 2 1 0 - Imprimé sur papier non-acide

Avant-propos

Après l'édition originale en allemand, puis la traduction en anglais, voici la version française du «Greiner». Depuis dix ans, cette monumentale collection de traités de physique constitue une référence pour les étudiants.

Le succès de ces ouvrages repose sur de solides qualités. D'abord, ils nous offrent une présentation cohérente et homogène de toute la physique moderne. Quel que soit le domaine, de la physique de l'atome, du noyau et des particules à l'électrodynamique et à la thermodynamique, on trouve le même style de présentation, les mêmes notations, la même démarche qui va, chaque fois que cela est possible, du concret vers l'abstrait. Le plaisir est réel de se pénétrer de l'unité de la physique, de l'unité de la science. Plaisir d'autant plus grand que le lecteur a le sentiment de le partager avec les auteurs, dont la rigueur n'émousse pas l'enthousiasme.

C'est une physique vivante, une physique vécue qui vous est présentée. Les exposés de base sont abondamment accompagnés d'exercices et d'exemples. Des notes biographiques apportent une touche d'humanisme à la fin de chaque chapitre. Les développements mathématiques sont, bien sûr, abondants, mais assez explicites pour ne pas dérouter les étudiants qui, par formation ou prédilection sont plus portés vers l'observation que vers le calcul. Les auteurs gardent une constante préoccupation : la physique est une science de la nature, il faut la traiter comme telle, avec l'aide indispensable des mathématiques, bien entendu!

Le mode de présentation est d'autant plus plaisant que, derrière l'écrit, on sent le cours oral : ces «leçons» de physique on été exposées devant des étudiants. Il n'est pas de test plus utile pour un cours que la confrontation directe avec les usagers : les étudiants sont les meilleurs juges pour les professeurs. Leurs verdicts poussent à la modestie mais aiguillonnent aussi le souci de la rigueur et d'un enthousiasme communicatif. Car il s'agit bien de communiquer, d'établir un dialogue avec l'auditeur, puis le lecteur, de partager la connaissance scientifique, qui est le joyau de la culture des temps modernes.

La physique quantique pose les problèmes essentiels de la compréhension de l'univers, à toute échelle dans le temps et dans l'espace. Les auteurs n'ont pas cherché à traiter tous les problèmes philosophiques qui apparaissent dans l'approfondissement des phénomènes naturels, mais ils n'en masquent aucun et ils les posent avec clarté. Ils donnent au lecteur l'occasion d'y réfléchir, et les moyens d'aller plus loin si l'envie leur en vient.

En un temps où l'on s'interroge sur les domaines de recherche prioritaires pour l'avenir de l'humanité, la biologie vient souvent au premier rang pour beaucoup de bonnes raisons. Mais comment imaginer que l'on puisse progresser dans la connaissance du monde vivant sans avancer d'un même pas dans la connaissance de la matière? Les savoirs sont strictement solidaires. La recherche prioritaire est, en fait, celle qui s'attaque aux problèmes qui exigent la plus forte dose d'imagination.

C'est bien dans cet esprit que les auteurs de ce traité s'adressent à leurs lecteurs. Ils les guident d'une main sûre le long du chemin de la physique. En leur servant un banquet de connaissances agréablement présentées, ils les mettent en appétit pour trouver plaisir dans l'application, et aussi peut-être dans la découverte.

Hubert Curien
Professeur honoraire à l'Université de Paris VI
Membre de l'Académie des Sciences

Préface à l'édition anglaise

Plus d'une génération d'étudiants germanophones à travers le monde ont abordé la physique théorique moderne – la plus fondamentale de toutes les sciences, avec les mathématiques – et apprécié sa beauté et sa puissance en s'aidant des livres de cours de Walter Greiner.

L'idée de développer une présentation complète d'un champ entier de la science, dans une série de manuels étroitement liés entre eux, n'est pas nouvelle. Beaucoup de physiciens plus âgés se souviennent du plaisir réel de l'aventure et de la découverte en progressant dans les ouvrages classiques de Sommerfeld, Planck et Landau et Lifshitz. Du point de vue des étudiants, il y a des avantages évidents à apprendre en utilisant des notations homogènes, une suite logique des sujets et une cohérence dans la présentation. De surcroît, la couverture complète d'une science procure à l'auteur l'occasion unique de communiquer son enthousiasme personnel et l'amour pour son sujet.

Le présent ensemble de cinq ouvrages, *Physique Théorique*, est en fait seulement une partie de la série complète de manuels, développés par Walter Greiner et ses étudiants, qui présente la Théorie Quantique. Depuis longtemps j'ai vivement encouragé Walter Greiner à rendre disponibles à une audience anglophone les volumes restants sur la mécanique classique et la dynamique, l'électromagnétisme, la physique nucléaire et la physique des particules et les thèmes spéciaux ; et nous pouvons espérer que ces volumes, couvrant toute la physique théorique, seront disponibles dans un futur proche.

Ce qui, pour l'étudiant, de même que pour l'enseignant, confère une valeur particulière aux livres de Greiner, c'est qu'ils sont complets. Greiner évite le trop courant «il s'ensuit que . . . » qui dissimule souvent plusieurs pages de manipulations mathématiques et confond l'étudiant. Il n'hésite pas à inclure des données expérimentales pour illuminer ou illustrer un point théorique et celles-ci, comme le contenu théorique, ont été soigneusement actualisées par de fréquentes révisions et développements des notes de cours qui servent de base à ces ouvrages.

De plus, Greiner augmente la valeur de sa présentation en incluant environ une centaine d'exemples entièrement traités dans chaque tome. Rien n'est plus important pour l'étudiant que de voir, en détail, comment les concepts théoriques et les outils étudiés sont appliqués à des problèmes réels préoccupant un physicien. Enfin, Greiner ajoute de brèves notes biographiques à chacun de ses chapitres, relatives aux personnes responsables du développement des idées théoriques et/ou des résultats expérimentaux présentés. Ce fut Auguste Comte

(1798–1857) qui, dans son *Cours de Philosophie Positive* écrivit : «pour comprendre une science il est nécessaire de connaître son histoire». Ceci est trop souvent oublié dans l'enseignement moderne de la physique et les ponts que Greiner établit vers les pionniers de notre science, sur les travaux desquels nous construisons, sont les bienvenus.

Les cours de Greiner, qui sont à la base de ces ouvrages, sont internationalement reconnus pour leur clarté et les efforts visant à présenter la physique comme un ensemble complet ; son enthousiasme pour son domaine est contagieux et transparaît presque à chaque page.

Ces tomes constituent seulement une partie d'un travail unique et herculéen accompli pour rendre toute la physique accessible aux étudiants intéressés. De plus, ils sont d'une valeur énorme pour le physicien de profession et pour tous ceux qui étudient des phénomènes quantiques. À plusieurs reprises, le lecteur constatera qu'après avoir plongé dans un tome particulier pour revoir un sujet donné, il finira par feuilleter le livre, pris par de nouveaux aperçus et développements souvent fascinants qui ne lui étaient pas familiers auparavant.

Pour avoir utilisé plusieurs des volumes de Greiner dans leur version originale allemande pour mes cours ou mes travaux de recherche à Yale, je me réjouis de cette nouvelle version révisée dans sa traduction anglaise et la recommande avec enthousiasme à tout un chacun à la recherche d'une vision cohérente de la Physique.

Université de Yale   *D.A. Bromley*
New Haven, CT, USA   Henry Ford II Professor of Physics
1989

Préface à la troisième édition

Le livre Mécanique Quantique – Une Introduction a trouvé de nombreux adeptes parmi les étudiants en physique et les chercheurs, si bien que la nécessité d'une troisième édition est apparue. Il n'y avait pas besoin de faire des révisions majeures du texte, mais j'ai saisi l'occasion pour faire plusieurs corrections et améliorations. Un certain nombre de fautes de frappe et d'erreurs mineures ont été corrigées et quelques remarques explicatives ont été ajoutées à différents endroits. Quelques figures ont été ajoutées ou revues, en particulier les tracés tri-dimensionels de densités du chapitre 9. Je suis reconnaissant à plusieurs collègues pour leurs commentaires utiles, en particulier au Professeur R.A. King (Calgary) qui a fourni une liste complète de corrections. Je remercie également le Docteur A. Scherdin de son aide pour la réalisation des figures et Docteur R. Mattiello qui a supervisé la préparation de la troisième édition de ce livre. De plus, il m'a été très agréable de collaborer avec Docteur H.J. Kölsch et son équipe des éditions Springer à Heidelberg.

Francfort sur le Main
Juillet 1994

Walter Greiner

Préface à la deuxième édition

Comme son correspondant allemand, l'édition en langue anglaise de notre série de manuels a aussi trouvé beaucoup d'amis, de sorte qu'il est devenu nécessaire de préparer une seconde édition de ce volume. Il n'y avait pas besoin de faire des révisions majeures du texte. Cependant, j'ai profité de l'occasion pour faire plusieurs modifications mineures et pour corriger un certain nombre de fautes d'impression. Des remerciements sont dus aux collègues et étudiants qui ont fait des suggestions pour améliorer le texte. Je suis sûr que ce manuel va continuer à servir d'introduction utile au fascinant sujet que constitue la mécanique quantique.

Francfort sur le Main
Walter Greiner
Novembre 1992

Préface à la première édition

Mécanique Quantique – Une Introduction, contient les cours qui font partie du cursus de physique théorique à l'Université Johann Wolfgang Goethe de Francfort. Ces cours sont destinés aux étudiants de physique et de mathématiques de quatrième semestre. Ils sont précédés par les cours de Mécanique Théorique I (au premier semestre), Mécanique Théorique II (au deuxième semestre) et Électrodynamique Classique (au troisième semestre). Mécanique Quantique – Une Introduction conclut l'acquisition des bases des méthodes mathématiques et physiques de la physique théorique de nos étudiants. Le travail pour le diplôme commence avec les cours de Thermodynamique et de Mécanique Statistique, Mécanique Quantique II – Symétries, Mécanique Quantique Relativiste, Électrodynamique Quantique, Théorie de Jauge de l'Interaction Faible, Chromodynamique Quantique et d'autres cours plus spécialisés. Comme dans tous les autres domaines mentionnés, nous présentons la mécanique quantique selon la méthode inductive qui est la plus proche de la méthodologie du chercheur en physique : en partant de quelques expériences clés, qui sont idéalisées, les idées de base de la nouvelle science sont introduite pas à pas. Dans ce livre, par exemple, nous présentons les concepts d'«état d'un système» et d'«état propre», qui conduisent alors directement à l'équation du mouvement fondamentale, c'est-à-dire à l'équation de Schrödinger ; et, par quelques remarques classiques, importantes historiquement, concernant la quantification de systèmes physiques et des diverses lois du rayonnement, nous déduisons la dualité onde–corpuscule que nous comprenons avec la conception de Max Born du «champ guidant».

La mécanique quantique est alors développée davantage par rapport aux problèmes fondamentaux (relation d'incertitude ; systèmes à plusieurs corps ; quantification de systèmes classiques ; le spin par la théorie phénoménologique de Pauli et par la linéarisation des équations d'onde ; etc.), aux applications (oscillateur harmonique ; atome d'hydrogène ; expériences de Stern et Gerlach, d'Einstein et de Haas, de Franck et Hertz et de Rabi) et sa structure mathématique (éléments de la théorie de représentation ; introduction de la matrice S, des représentations de Heisenberg, de Schrödinger et d'interaction ; différentielles propres et la normalisation de fonctions d'onde du continuum ; théorie des perturbations ; etc.). Les éléments de l'algèbre du moment angulaire, si importante dans beaucoup d'applications de la physique atomique et nucléaire, sont aussi expliqués. Ceux-ci seront abordés dans un contexte théorique beaucoup plus large dans Mécanique Quantique – Symétries. Manifestement un cours d'introduction à la mécanique quantique ne peut pas (et ne devrait pas) couvrir tout le domaine. Notre sélection des problèmes a été menée selon leur importance physique, leur valeur pédagogique et leur impact historique sur le développement du domaine.

A Francfort, les étudiants de quatrième semestre bénéficient de la solide formation en mathématique des deux premières années. Néanmoins, dans ce cours, de nouveaux outils, de nouvelles méthodes et leur utilisation doivent aussi être discutés. La solution d'équations différentielles spéciales (en particulier les équations différentielles hypergéométriques) font partie de cette catégorie, un rappel sur le calcul des éléments de matrice, la formulation des problèmes de valeur propre ainsi que l'explication de méthodes (simples) de perturbation. Comme dans tous les cours, ceci est fait en étroite relation avec les problèmes physiques rencontrés. De cette manière, l'étudiant a le sentiment de l'utilité pratique des méthodes mathématiques. Un grand nombre d'exemples et d'exercices traités illustrent la physique moderne.

Par ailleurs, des notes biographiques et historiques lient le développement scientifique à l'évolution et au progrès général de l'humanité. A ce propos, je remercie les éditeurs Harri Deutsch et F.A Brockhaus (Brockhaus Enzyklopädie, F.A. Brockhaus, Wiesbaden – marqué [BR]) de m'avoir permis d'extraire les données biographiques de physiciens et de mathématiciens de leur ouvrage.

Ces cours sont maintenant dans leur 5ème édition allemande. Durant les années de nombreux étudiants et collaborateurs m'ont aidés pour proposer des exercices et des exemples illustratifs. Pour la première édition anglaise, j'ai apprécié l'aide de Maria Berenguer, Snježana Butorac, Christian Derreth, Dr. Klaus Geiger, Dr. Matthias Grabiak, Carsten Greiner, Christoph Hartnack, Dr. Richard Herrmann, Raffaele Mattielo, Dieter Neubauer, Jochen Rau, Wolfgang Renner, Dirk Rischke, Thomas Schönfeld et Dr. Stefan Schramm. Mademoiselle Astrid Steidl a dessiné les graphiques et les figures. A tous j'exprime ici mes sincères remerciements.

Je voudrais remercier tout spécialement Monsieur Béla Waldhauser, Dipl.-Phys., pour son aide générale. Ses talents d'organisateur et ses conseils sur les questions techniques sont très appréciés.

Enfin, je veux remercier les éditions Springer, en particulier Dr. H.-U. Daniel, pour ses encouragements et sa patience et Monsieur Mark Seymour, pour son expertise dans la relecture de l'édition anglaise.

Francfort sur le Main   *Walter Greiner*
Juillet 1989

Table des matières

Table des exemples et des exercices

1. La quantification de grandeurs physiques

1.1 Quanta de lumière

Pour expliquer les phénomènes physiques relatifs à la lumière, deux points de vue ont émergés, chacun ayant sa place dans l'histoire de la physique. Dans la seconde moitié du $17^{\text{ème}}$ siècle Newton a développé la théorie corpusculaire et Huygens, presque simultanément, la théorie ondulatoire de la lumière. Des propriétés fondamentales de la lumière, comme la propagation rectiligne et la réflexion, peuvent être expliquées par ces deux théories, alors que certaines autres telles que les interférences, où le fait que de la lumière superposée à de la lumière puisse aboutir à l'obscurité, ne peuvent être expliquées que par l'aspect ondulatoire.

Le succès de la théorie électromagnétique de Maxwell au $19^{\text{ème}}$ siècle, qui interprète la lumière comme des ondes électromagnétiques, semblait confirmer la théorie d'Huygens et infirmer celle de Newton. Cependant, la découverte de l'effet photoélectrique par **Heinrich Hertz** en 1887, fut le départ de nouveaux développements qui ont conduit à la conclusion que la lumière doit être décrite, soit par des ondes, soit par des particules suivant la spécificité du problème ou de l'expérience abordés. Les « corpuscules » de lumière sont appelés *quanta de lumière* ou *photons*, la coexistence de l'aspect corpusculaire et de l'aspect ondulatoire est désignée par le terme dualité onde–corpuscule.

Dans la suite nous discuterons de quelques expériences qui ne peuvent être expliquées par l'existence de quanta de lumière (*photons*).

1.2 L'effet photoélectrique

L'éjection d'un électron de la surface d'un métal par la lumière est appelé *effet photoélectrique*. L'expérience menée par **Philipp Lenard** a montré que l'énergie de l'électron arraché au métal est déterminée par la fréquence de la lumière utilisée (figure 1.1). Le nombre d'électrons émis est proportionnel à l'intensité de la lumière, mais n'affecte pas leur énergie. Ces faits sont en contradiction avec la théorie ondulatoire classique, où l'énergie transportée par une onde est proportionnelle à son intensité. En répétant l'expérience de Lenard avec des

Fig. 1.1. L'effet photoélectrique : la lumière (→) éclaire un métal en libérant des électrons (e⁻)

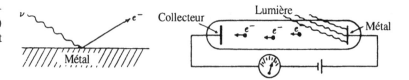

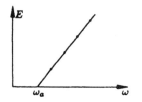

Fig. 1.2. Augmentation linéaire de l'énergie des photoélectrons avec la fréquence ω de la lumière incidente

faisceaux de lumière monochromatique de fréquence variable, on observe que l'énergie des électrons arrachés est directement proportionnelle à la fréquence. Figure 1.2 :

$$E \propto (a + b\omega) . \tag{1.1}$$

Le facteur de proportionalité, c'est-à-dire la pente de la droite, est égal à la constante de Planck h divisée par 2π, soit :

$$E = \hbar(\omega - \omega_a) = h(\nu - \nu_a) \tag{1.2}$$

avec $h = 2\pi\hbar = 6{,}6 \cdot 10^{-34} \, \text{W s}^2$.

Einstein a interprété cet effet en postulant l'existence de quantités discrètes de lumière (quanta de lumière, photons) dont l'énergie est $\hbar\omega$. Une augmentation de l'intensité d'un faisceau de lumière correspond alors à une augmentation proportionelle du nombre de photons, chacun d'entre eux pouvant arracher un électron du métal.

Lors de ces expériences, l'existence d'une fréquence limite ω_a dépendante de la nature du métal apparaît. Si la fréquence de la lumière utilisée est inférieure à cette limite, aucun électron n'est éjecté. Ceci signifie qu'il existe une *énergie d'extraction* $\hbar\omega_a$ nécessaire pour extraire les électrons de la surface du métal.

Le quantum de lumière, postulé par Einstein pour expliquer l'effet photoélectrique, se déplace à la vitesse de la lumière. La *théorie de la relativité* prédit alors une masse au repos nulle pour le photon.

Si, dans la relation générale de l'énergie totale, nous posons que la masse du photon est nulle

$$E^2 = (m_0c^2)^2 + p^2c^2 = \hbar^2\omega^2 \tag{1.3}$$

et que nous exprimons la fréquence de la lumière par son nombre d'onde $k = \omega/c$, la quantité de mouvement du photon est :

$$p = \hbar k = \hbar\omega/c ; \tag{1.4}$$

en admettant que la direction et le sens de la quantité de mouvement du photon correspondent à la direction de propagation de la lumière, nous obtenons l'expression vectorielle :

$$\boldsymbol{p} = \hbar\boldsymbol{k} . \tag{1.5}$$

1.3 L'effet Compton

Lorsque des rayons X sont diffusés par des électrons libres ou faiblement liés, on peut observer une modification de leur longueur d'onde. La grandeur de ce changement dépend de l'angle de diffusion θ. Cet effet fut découvert par **Compton** en 1923 et expliqué simultanément par lui-même et **Debye** en utilisant le concept du photon.

La figure 1.3 illustre la cinématique de cette diffusion. En supposant que l'électron est libre et au repos avant la collision, la conservation de l'énergie et de la quantité de mouvement impose :

$$\hbar\omega = \hbar\omega' + \frac{m_0 c^2}{\sqrt{1-\beta^2}} - m_0 c^2 \,, \tag{1.6}$$

$$\hbar\boldsymbol{k} = \hbar\boldsymbol{k}' + \frac{m_0 \boldsymbol{v}}{\sqrt{1-\beta^2}} \,. \tag{1.7}$$

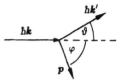

Fig. 1.3. Conservation de la quantité de mouvement lors d'une diffusion Compton

Pour obtenir la relation entre l'angle de diffusion θ et le déplacement de fréquence, nous projetons (1.7) respectivement sur un axe parallèle et un axe perpendiculaire à la direction du photon incident. Ainsi, avec $k = \omega/c$,

$$\frac{\hbar\omega}{c} = \frac{\hbar\omega'}{c}\cos\theta + \frac{m_0 v}{\sqrt{1-\beta^2}}\cos\varphi \quad \text{et} \tag{1.8}$$

$$\frac{\hbar\omega'}{c}\sin\theta = \frac{m_0 v}{\sqrt{1-\beta^2}}\sin\varphi \,. \tag{1.9}$$

De ces deux équations, nous pouvons d'abord éliminer φ puis, à l'aide de (1.6), la vitesse de l'électron v ($\beta = v/c$). La différence de fréquence s'écrit alors :

$$\omega - \omega' = \frac{2\hbar}{m_0 c^2}\omega\omega' \sin^2\frac{\theta}{2} \,. \tag{1.10}$$

En posant $\omega = 2\pi c/\lambda$, nous obtenons la *loi de diffusion de Compton* dans sa forme usuelle donnant la différence de longueur d'onde en fonction de l'angle θ de diffusion du photon :

$$\lambda' - \lambda = 4\pi \frac{\hbar}{m_0 c}\sin^2\frac{\theta}{2} \,. \tag{1.11}$$

Cette loi de diffusion montre que le changement de longueur d'onde ne dépend que de l'angle de diffusion θ. Pendant la collision le photon perd une partie de son énergie et sa longueur d'onde augmente : ($\lambda' > \lambda$). Le facteur $2\pi\hbar/m_0 c$ est appelé *longueur d'onde de Compton* λ_C d'une particule de masse au repos m_0 (ici un électron). La longueur d'onde de Compton peut être utilisée comme mesure de la taille d'une particule. L'énergie cinétique de l'électron diffusé Compton est alors :

$$T = \hbar\omega - \hbar\omega' = \frac{\hbar c}{2\pi}\left(\frac{1}{\lambda} - \frac{1}{\lambda'}\right) \,, \tag{1.12}$$

ou (voir figure 1.4)

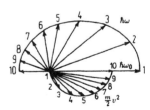

Fig. 1.4. Distribution de l'énergie des photons et des électrons lors d'une diffusion Compton, montrant la variation avec l'angle de diffusion

$$T = \hbar\omega \frac{2\lambda_c \sin^2 \theta/2}{\lambda + 2\lambda_c \sin^2 \theta/2} \,. \tag{1.13}$$

Ainsi, l'énergie de l'électron diffusé est directement proportionelle à l'énergie du photon incident. De ce fait, l'effet Compton ne peut être observé que dans le domaine des courtes longueurs d'onde (rayons X et rayons γ). Rappelons qu'en électrodynamique classique aucune variation de longueur d'onde n'est permise lors de la diffusion d'une onde électromagnétique ; seuls des quanta de lumière de quantité de mouvement $\hbar k$ et d'énergie $\hbar\omega$ rendent un tel phénomène possible. Ainsi, l'idée des quanta de lumière a été confirmée expérimentalement par l'effet Compton. Une raie Compton relativement large est observée expérimentalement, elle est due à la distribution de la quantité de mouvement de l'électron et au fait que les électrons ne sont pas totalement libres.

L'effet Compton est une autre preuve de la validité du concept de photons et des lois de conservation de la quantité de mouvement et de l'énergie lors des interactions rayonnement–matière.

1.4 Le principe de combinaison de Ritz

Au cours de l'étude des rayonnements émis par les atomes, il apparut que des raies spectrales caractéristiques correspondent à un atome donné et que ces raies peuvent être classées en séries spectrales (par exemple, la série de Balmer pour l'atome d'hydrogène). Le principe de combinaison de **Ritz** (1908) exprime que les nombres d'onde de nombreuses raies spectrales d'un même élément sont égaux à des différences ou des sommes de nombres d'onde d'autres paires de raies connues de cet élément. L'existence de raies spectrales signifie que des transitions d'électrons ont lieu entre les niveaux d'énergie discrets d'un atome.

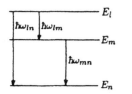

Fig. 1.5. Le principe de combinaison de Ritz

La relation $E = \hbar\omega$ donne une explication du principe de combinaison de Ritz. En considérant dans un atome une transition du niveau d'énergie E_l vers le niveau d'énergie E_n (figure 1.5), nous obtenons :

$$\hbar\omega_{l,n} = E_l - E_n = E_l - E_m + E_m - E_n \tag{1.14}$$

soit en fréquence,

$$\omega_{l,n} = \omega_{lm} + \omega_{mn} \,. \tag{1.15}$$

Les niveaux d'énergie et les transitions correspondantes sont représentés schématiquement sur la figure 1.5. Les séries spectrales résultent de transitions de niveaux d'énergie supérieurs vers un niveau «fondamental» commun E_n. Ainsi, l'analyse spectrale des rayonnements émis par un atome suggère clairement qu'il existe des niveaux d'énergie discrets dans les atomes et que l'énergie ne peut être transférée que par des quanta de lumière d'énergie bien définie.

1.5 L'expérience de Franck–Hertz

Une autre expérience démontrant la quantification de l'énergie fut réalisée en 1913 par **Franck** et **Hertz** en utilisant un tube triode contenant des vapeurs de mercure. La triode est constituée d'une cathode axiale K entourée une grille cylindrique A et d'une troisième électrode Z. Les électrons émis par la cathode sont accélérés dans l'espace compris entre K et A et peuvent atteindre l'électrode Z. Une faible différence de potentiel entre A et Z empêche les électrons très lents d'atteindre Z. La figure 1.6 montre la caractéristique courant–tension relevée entre les électrodes K et Z.

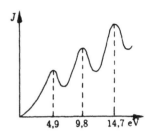

Fig. 1.6. Caractéristique courant (J)-tension (eV) de l'expérience de Franck et Hertz, montrant des maxima et minima réguliers

Tant que l'énergie des électrons dans le champ n'excède pas 4,9 eV, les électrons peuvent traverser le tube sans perte d'énergie. L'échange d'énergie du aux collisions élastiques avec les atomes de mercure peut être négligé. Le courant augmente progressivement, mais dès que l'énergie des électrons atteint 4,9 eV, le courant diminue fortement. Un atome de mercure peut absorber exactement cette quantité d'énergie dans une collision avec un électron, de ce fait l'électron n'a plus suffisamment d'énergie pour atteindre l'anode Z et l'atome émet cette énergie sous forme d'un rayonnement de longueur d'onde caractéristique $\lambda = 2537\,\text{Å}$. En continuant d'augmenter la différence de potentiel, l'énergie cinétique des électrons augmente et le processus se répète.

L'expérience de Franck et Hertz démontre l'existence de niveaux d'énergie discrets dans les atomes de mercure (quantification de l'énergie).

1.6 L'expérience de Stern et Gerlach

Stern et **Gerlach**, lors d'une expérience effectuée en 1921, ont observé le dédoublement d'un faisceau d'atomes dans un champ magnétique inhomogène. Si un atome possède un moment magnétique $\boldsymbol{m}$ et qu'il est placé dans un champ magnétique inhomogène $\boldsymbol{H}$, non seulement il sera affecté par un couple, mais aussi par une force $\boldsymbol{F}$. L'énergie potentielle dans le champ magnétique est donnée par $V = -\boldsymbol{m} \cdot \boldsymbol{H}$; la force est donnée par le gradient, $\boldsymbol{F} = -\operatorname{grad} V = \operatorname{grad} \boldsymbol{m} \cdot \boldsymbol{H}$.

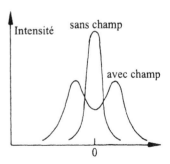

Fig. 1.7. Distribution d'intensité des atomes Ag après leur passage dans une région de champ magnétique inhomogène

Lors de cette expérience, un faisceau d'atomes d'argent était envoyé dans une région de champ magnétique inhomogène. La distribution des atomes était analysée après traversée du champ magnétique (pour une description détaillée voir page 336). Classiquement on s'attendait à un élargissement du faisceau du à l'intensité variable du champ magnétique. En pratique, le faisceau se sépare en deux parties distinctes. La figure 1.7 montre qualitativement la distribution des jets d'atomes sur un écran.

La distribution à deux pics signifie que le moment magnétique des atomes d'argent ne peut pas s'orienter de façon arbitraire par rapport au champ magnétique ; plus précisément seules deux orientations, l'une parallèle, l'autre anti-parallèle au champ magnétique, sont possibles. Ce phénomène ne peut pas s'expliquer classiquement et montre que la quantification nécessaire dans le domaine de la physique atomique ne se limite pas seulement à l'énergie et à la quantité de mouvement, mais que d'autres grandeurs physiques sont également concernées. Cette quantification particulière est appelée quantification directionnelle ou quantification du moment angulaire, voir page 89.

1.7 Notes biographiques

HERTZ, Heinrich Rudolf, physicien allemand, *Hambourg 22.2.1857, †Bonn 1.1.1894, professeur de physique à Karlsruhe et Bonn, confirma les prédictions de la théorie électromagnétique de Maxwell par ses expériences sur la propagation des ondes électromagnétiques (1887/88). Il découvrit les *ondes de Hertz*, qui sont à la base de la radioélectricité moderne. Il a prouvé l'influence des rayons ultraviolets sur les décharges électriques (1887) qui mena à la découverte de l'effet photoélectrique par W. Hallwachs. En 1892, il observa la transmission de rayons cathodiques à travers des feuilles minces de métal et confia à P. Lenard la tâche d'en expliquer leur nature. Hertz donna également une définition de la dureté.

LENARD, Philipp, physicien allemand, *Preßburg 7.6.1862, †Messelhausen (Baden-Württemberg) 20.5.1947, étudiant de H. Hertz, fut professeur à Breslau, Aix-la-Chapelle, Kiel et Heidelberg. En utilisant le tube à fenêtre suggéré par Hertz, Lenard fut le premier à étudier les rayons cathodiques comme des électrons libres indépendamment de leur mode de production et fit une contribution majeure à l'explication de leur nature. Parmi d'autres faits il montra que l'absorption des rayons cathodiques est sensiblement proportionnelle à la masse de l'absorbant. Par ailleurs, il démontra que la vitesse des électrons arrachés par effet photoélectrique est indépendante de l'intensité de la lumière mais dépend de sa fréquence. Ainsi, il créa la base expérimentale pour la loi fondamentale de l'effet photoélectrique formulée par Einstein. D'égale importance fut sa vérification du fait que le centre actif d'un atome est concentré dans un noyau de très petite dimension comparé à la taille de l'atome.

Ceci fut prouvé plus tard par les expériences de E. Rutherford. L'explication du mécanisme de la phosphorescence et la preuve qu'un électron doit avoir une énergie minimale bien définie pour ioniser un atome, font également partie des accomplissements de Lenard. Il introduisit également «l'électron-volt» (eV) comme unité de mesure. En 1905 il reçut le prix Nobel de physique. Lenard était un expérimentateur renommé ainsi que ses contemporains J.J. Thomson et E. Rutherford, mais était sceptique par rapport à la théorie de la relativité restreinte d'Einstein. Sur le plan politique il rejeta la République de Weimar et progressivement devint un antisémite fanatique et national socialiste. [BR]

EINSTEIN, Albert, physicien allemand, *Ulm 31.4.1879, †Princeton (N.J.) 18.4.1955. Il grandit à Munich, puis, à l'âge de 15 ans, déménagea en Suisse. Avec le titre de «expert technique de troisième classe» au bureau des brevets de Berne, il publia en 1905 dans le Vol. 17 des *Annalen der Physik* trois articles de grande importance. Dans son article «Sur la théorie du mouvement brownien» il publia une preuve directe de la structure atomique de la matière, basée sur une image purement classique. Dans «De l'électrodynamique des corps en mouvements», il exposa sa *théorie de la relativité restreinte* par son analyse profonde des concepts «espace» et «temps». De ceci il conclut, quelques mois plus tard, à l'équivalence de la masse et de l'énergie, exprimée par sa fameuse relation $E = mc^2$. Dans son troisième article «Sur un point de vue heuristique concernant la production et la transformation de la lumière» Einstein étendit l'approche quantique de M. Planck (1900) et fit le deuxième pas décisif vers le développement de la théorie quantique, menant directement vers l'idée de la dualité des particules et des ondes. Le concept de quanta de lumière était jugé trop radical par la plupart des physiciens et fut reçu avec grand scepticisme. L'opinion des physiciens ne changea que lorsque Niels Bohr proposa sa théorie atomique (1913). Einstein, devint professeur de physique à l'université de Zurich en 1909, se rendit à Prague en 1911 et retourna à Zurich un an plus tard pour rejoindre la «Eidgenössische Technische Hochschule». En 1913 il fut appelé à Berlin comme membre permanent de la «Preußische Akademie der Wissenschaften» et directeur du «Kaiser-Wilhelm-Institut für Physik». En 1914/15 il développa sa *théorie de la relativité générale*, en partant de la proportionnalité stricte des masses gravitationnelles et d'inertie. Par la confirmation de sa théorie, à la suite de l'observation d'une éclipse solaire, Einstein devint bien connu du grand public. Ses opposants scientifiques et politiques tentèrent une campagne de dénigrement de sa personne et de sa théorie de la relativité. De ce fait, en 1921 le Comité Nobel jugea plus opportun de lui attribuer le prix Nobel de physique pour ses contributions à la théorie quantiques et non pour sa théorie de la relativité. Au début de 1921, Einstein essaya de formuler sa théorie unifiée de la matière dans le but d'unifier gravitation et électrodynamique. Même après que H. Yukawa ait montré que d'autres forces existaient à côté de la gravitation et de l'électrodynamique, Einstein poursuivit ses efforts qui restèrent cependant infructueux. Bien qu'il publia en 1917 un article sur l'interprétation statistique de la théorie quantique, il souleva par la suite de sévères objections fondées sur son point de vue philosophique à l'encontre de «l'interprétation de Copenhague» proposée par N. Bohr et W. Heisenberg. Les nombreuses attaques dues à ses origines juives, amenèrent Einstein en 1933 à renoncer à tous ses postes académiques en Allemagne. Il put continuer ses travaux aux États-Unis à l'«Institute for Advanced Study» de Princeton. La dernière partie de la vie d'Einstein fut assombrie, car toute sa vie il était un pacifiste convaincu, sa peur d'une agression de l'Allemagne l'amena à initier le développement de la bombe atomique américaine en signant le 8.2.1939, avec d'autres personnalités, une lettre au Président Roosevelt. [BR]

COMPTON, Arthur Holly, physicien américain, *Wooster (Ohio) 10.9.1892, † Berkeley (CA) 15.3.1962, professeur à l'université Washington, St. Louis, en 1920 et à l'université de Chicago en 1923. En 1945 il devint doyen de l'université Washington. Au cours de ses études sur les rayons X, il découvrit l'effet Compton en 1922. Compton et Debye donnèrent simultanément l'explication quantique de cet effet. Compton fut également le premier à prouver la réflection des rayons X. Ensemble avec R.L. Doan, il observa la diffraction de rayons X à l'aide d'un réseau. Il reçut le prix Nobel de physique en 1927 conjointement avec C.T.R. Wilson. En collaboration avec ses étudiants, Compton mena des études sur les rayons cosmiques. Durant la seconde guerre mondiale, il participa à l'élaboration de la bombe atomique et du radar, en tant que directeur du projet de recherche du Gouvernement américain sur le Plutonium. [BR]

DEBYE, Petrus Josephus Wilhelmus, physicien hollandais, naturalisé américain en 1946, *Maastricht (Pays-Bas) 24.3.1884, † Ithaca (N.J.) 2.11.1966, était appelé le «Maître de la Molécule». En 1911 il fut nommé professeur à l'université de Zurich comme successeur de A. Einstein, puis successivement à Utrecht (1912–1914), Göttingen (1914–1920), à la «Eidgenössische Technische Hochschule» de Zurich (1920–1927), à Leipzig (1927–1935), et fut directeur du «Kaiser-Wilhelm-Institut für Physik» à Berlin, 1935–1939. En 1940 il émigra aux États-Unis et, en 1948, devint professeur de chimie à l'université Cornell (Ithaca). A cette université il dirigea le département de chimie, de 1940 jusqu'à sa retraite en 1952. Debye était réputé à la fois comme théoricien et expérimentateur. Il formula la loi en T^3 pour la décroissance de la chaleur spécifique des solides à basse température. Il développa la méthode de Debye–Scherrer (en 1917, indépendemment de A.W. Hull) et, en collaboration avec E. Hückel, formula la théorie de la dissociation et de la conductivité des électrolytes forts. Indépendemment de F.W. Glaugue, et presque en même temps, Debye montra la possibilité d'atteindre de très basses températures par la démagnétisation adiabatique de substances ferromagnétiques. Au cours de ses recherches, il détermina le moment dipolaire de molécules. Ces recherches ainsi que ses résultats sur la diffraction de rayons X et de faisceaux d'électrons par des gaz et des liquides, lui permirent d'établir leur structure moléculaire ; pour ces travaux il reçut le prix Nobel de chimie en 1936. Après sa retraite il développa des méthodes de détermination des poids moléculaires de très grosses molécules de substances hautement polymérisées. [BR]

RITZ, Walter, physicien suisse, *Sion 22.2.1878, † Göttingen 7.7.1909, formula le principe de combinaison pour les raies spectrales (1908).

PERRIN, Jean, physicien français, *Lille 1870, † New York (1942), connu pour ses travaux sur les rayons cathodiques, mesura le nombre d'Avogadro. Perrin reçut le prix Nobel de physique en 1926. Professeur à la Faculté de Paris de 1910 à 1940, il apporta une contribution importante à la connaissance de l'atome et à son étude expérimentale. Ainsi, en 1926, il se vit décerner le prix Nobel de physique. Mais l'oeuvre de Jean Perrin ne s'arrête pas à ses travaux scientifiques. Nommé en 1936 sous-secrétaire d'État à la recherche scientifique, il participa activement à son développement en fondant le Centre National de la Recherche Scientifique (CNRS), ainsi que le Palais de la découverte à Paris en 1937. En 1940, il devint directeur de l'université française de New York. Il mourut aux États-Unis en 1942, à l'âge de soixante-douze ans.

FRANCK, James, physicien allemand, *Hambourg 20.8.1882, † Göttingen (lors d'un voyage à travers l'Allemagne) 21.5.1964. Franck était membre du «Kaiser-Wilhelm-Institut für Physikalische Chemie», et à partir de 1920, professeur à Göttingen ; il quitta l'Allemagne en 1933. A partir de 1935 il fut professeur de physique à l'université Johns Hopkins de Baltimore ; de 1938 à 1947, professeur de chimie physique à Chicago ; à partir de 1941 il collabora également à l'université de Californie. Avec G. Hertz, à l'institut de physique de Berlin, Franck étudia le transfert d'énergie lors de collisions d'électrons avec des atomes de gaz. Ses résultats supportaient l'hypothèse des quanta de Planck ainsi que la théorie des raies spectrales formulée par Bohr en 1913. Pour ce travail Franck et Hertz reçurent le prix Nobel de physique en 1925. En étendant ces études, Franck mesura pour la première fois l'énergie de dissociation de composés chimiques par des moyens optiques et détermina la durée de vie d'états métastables d'atomes. Par ailleurs, il développa la loi de distribution des intensités dans une bande, connue actuellement comme le *principe de Franck–Condon*. Aux États-Unis il se consacra principalement à l'étude de processus photochimiques dans les plantes. Durant la seconde guerre mondiale, Franck travailla à un projet d'utilisation de l'énergie nucléaire. En 1945 il prévint des conséquences politiques et économiques de l'utilisation des bombes atomiques dans une pétition bien connue sous le nom *rapport Franck*. [BR]

HERTZ, Gustav, physicien allemand, neveu de Heinrich Hertz, *Hambourg 22.7.1887, † Berlin 30.10.1975, professeur à Halle et Berlin, puis directeur du laboratoire de recherches de l'usine Siemens. De 1945 à 1954, Hertz, avec d'anciens étudiants et collaborateurs, construisit un institut à Suchumi près de la Mer Noire ; en 1954 il dirigea un institut universitaire à Leipzig. À partir de 1911, avec J. Franck, il étudia l'excitation des atomes par des collisions avec des électrons ; ils partagèrent le prix Nobel de physique en 1925. En 1932, Hertz développa la technique de séparation isotopique par diffusion gazeuse multiple. Il appliqua cette méthode à l'extraction de l'Uranium 235 à l'échelle industrielle en Union Soviétique. [BR]

STERN, Otto, physicien allemand, *Sorau (Niederlausitz) 17.2.1888, † Berkeley (CA) 17.8.1969, professeur à Rostock en 1921, et à Hambourg en 1923, où il dirigea l'institut de chimie physique. À partir de 1915, Stern développa une méthode de détermination de propriétés atomiques et nucléaires par l'utilisation de jets moléculaires. Il eut un succès particulier avec la découverte de la quantification du moment magnétique (expérience de Stern et Gerlach), avec son expérience de diffraction effectuée avec des jets moléculaires d'hydrogène et d'hélium (1929) et avec la détermination du moment magnétique du proton (commencé en 1933). Stern émigra aux Etats-Unis en 1933 et travailla au «Carnegie Institute of Technology» de Pittsburgh. Il reçut le prix Nobel de physique en 1943. [BR]

GERLACH, Walther, physicien allemand, *Biebrich a. Rh. 1.8.1889, † Munich 1979, professeur à Francfort, Tübingen et à partir de 1929 à Munich, determina la valeur de la constante de Stefan–Boltzmann par une mesure de précision (1916). Avec Otto Stern il montra la quantification du moment magnétique par la déflection d'un jet d'atomes dans un champ magnétique inhomogène (1912). À ce moment il était assistant à l'institut de physique de l'université de Francfort. Otto Stern était *visiting lecturer* à l'institut de physique théorique de Francfort dirigé à l'époque par Max Born (successeur de Max v. Laue). Gerlach a également travaillé à l'analyse spectrale quantitative et à la cohérence entre structure atomique et magnétisme. Lors d'analyses de l'histoire des sciences, Gerlach tenta de faire ressortir la «valeur humaniste de la physique». [BR]

2. Les lois du rayonnement

La densité d'énergie $\varrho(\omega, T)$ du rayonnement émis par un corps noir fut décrite en termes de physique classique par deux lois contradictoires. La loi du rayonnement de Rayleigh–Jeans rendait compte des résultats expérimentaux dans le domaine des grandes longueurs d'ondes ; la loi du rayonnement de Wien s'appliquait au domaine de courtes longueurs d'onde. En introduisant une nouvelle constante h, Planck réussit à interpoler ces deux lois.

La loi du rayonnement de Planck couvre tout le domaine de fréquences et contient les deux précédentes lois comme cas limites (figure 2.1). Au début, la loi de Planck n'était qu'une formule d'interpolation, plus tard Planck démontra que sa loi du rayonnement pouvait être établie en supposant que les échanges d'énergie entre rayonnement et corps noir ne pouvaient se faire que par quantités discrètes (un oscillateur ne peut donner ou recevoir de l'énergie que par un nombre entier de quanta). Les quanta de transfert d'énergie sont donnés par la relation $E = h\nu$ où ν est la fréquence du rayonnement. Du point de vue historique, ceci fut le début de la mécanique quantique.

Dans la suite, nous allons expliciter les différentes lois du rayonnement.

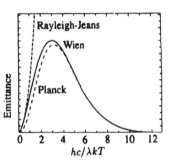

Fig. 2.1. Comportement qualitatif de l'émittance selon les lois de Rayleigh–Jeans et Wien : le spectre d'un corps noir en fonction de $\hbar\omega/kT = hc/kT\,\lambda$

2.1 Aperçu du rayonnement des corps

Lorsqu'un rayonnement frappe un corps, il peut soit pénétrer à l'intérieur soit être réfléchi par sa surface. La réflexion est *spéculaire*, si l'angle entre un rayon incident et la normale à la surface est le même que l'angle du rayon réfléchi avec la normale et si les rayons incident, réfléchi et la normale sont dans un même plan. En revanche, si les rayons sont aussi réfléchis dans d'autres directions, on dit qu'il y a réflexion *diffuse*. Si le rayonnement réfléchi est le même dans toutes les directions, indépendemment de l'angle d'incidence et de la couleur du rayonnement, on dit que la surface réfléchissante est *grise*. Si de plus le rayonnement incident est réfléchi sans perte d'intensité on dit que la surface est *blanche*.

Un élément de surface blanche $\mathrm{d}F$, dans l'angle solide $\mathrm{d}\Omega$ et à l'angle θ par rapport à la normale à l'élément de surface, réfléchit le flux lumineux

$$J(\omega, T) \cos\theta \; \mathrm{d}F \mathrm{d}\Omega \; \mathrm{d}\omega \, .$$

Sa luminance énergétique $J(\omega, T)$ est la même dans toutes les directions. Le flux radiant est proportionnel au cosinus de l'angle θ entre la direction du faisceau réfléchi et la normale à la surface radiante (*loi de Lambert*). Si une surface grise ou blanche de forme arbitraire est illuminée sous une incidence quelconque, elle réfléchira avec la même luminance énergétique apparente dans toutes les directions. La quantité de lumière réfléchie par chacun de ses éléments de surface dF est proportionelle à sa projection $dF \cos\theta$ sur un plan perpendiculaire à la direction de réflexion (figure 2.2). Ainsi une surface blanche ou grise semble avoir la même brillance vue de n'importe quelle direction, mais une taille différente. Un rayonnement qui n'est pas réfléchi à la surface d'un corps y pénètre, soit en passant au travers, soit en y étant absorbé. Un corps qui absorbe tout le rayonnement qui le frappe sans en laisser passer ou réfléchir une partie est appelé un *corps noir*.

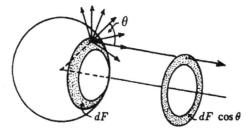

Fig. 2.2. Le rayonnement issu de la surface dF à un angle θ par rapport à la normale à la surface, semble provenir de la surface projetée $dF \cos\theta$

2.2 Quel est le rayonnement dans une cavité?

Maintenant nous considérons le champ de rayonnement qui existe à l'intérieur d'une cavité fermée, dont les murs sont constituées de corps noirs à la température d'équilibre T. Si les murs noirs n'émettaient pas de rayonnement, alors aucun rayonnement ne pourrait exister à l'intérieur de la cavité, car il serait immédiatement absorbé. Cependant, c'est un fait expérimental que les corps noirs émettent un rayonnement à haute température. Tout en ignorant les caractéristiques de ce rayonnement des corps noirs, nous pouvons toutefois tirer diverses conclusions de son existence :

(1) Après une courte période, le rayonnement à l'intérieur de la cavité va atteindre un équilibre thermique, car les taux d'émission et d'absorption seront égaux. Lorsque cet état d'équilibre est atteint, le champ de rayonnement ne variera plus.

(2) Partout à l'intérieur de la cavité, la luminance énergétique $J(\omega, T)$ est indépendante de la direction des rayons. Le champ de rayonnement est isotrope et indépendant de la forme des murs de la cavité ou du matériau qui les constitue. Si cela n'était pas le cas, un corps noir, sous la forme d'un petit disque à la même température que les murs de la cavité, placé dans la cavité perpendiculairement à la direction de plus grande valeur de $J(\omega, T)$, s'échaufferait. Ceci, cependant, serait en contradiction avec le deuxième principe de la thermodynamique.

(3) Le champ de rayonnement a les mêmes propriétés en tout point de la cavité. $J(\omega, T)$ est indépendant des coordonnées d'espace. Si ceci n'était pas le cas, nous pourrions installer de petits bâtonnets de carbone (corps noir) en deux points distincts de la cavité qui sont à la même température (équilibre thermique), le bâtonnet placé à l'endroit où le champ de rayonnement serait plus fort absorberait plus. Il en résulterait que les deux bâtonnets ne seraient plus à la même température ; cela serait encore en contradiction avec le second principe de la thermodynamique.

(4) Le rayonnement à l'intérieur de la cavité frappe tous ses éléments de surface avec la luminance énergétique $J(\omega, T)$. La surface doit émettre autant de rayonnement qu'elle en absorbe, de ce fait la luminance énergétique d'un corps noir est $J(\omega, T)$. Ainsi, les rayonnements émis par tout corps noir à la température T sont identiques et dépendent seulement de sa température. Leur luminance énergétique est indépendante de la direction. Le flux non polarisé de lumière

$$2J(\omega, T)\cos\theta \, \mathrm{d}\omega \, \mathrm{d}F \, \mathrm{d}\Omega$$

est émis dans un cône d'ouverture $\mathrm{d}\Omega$, dont l'axe est incliné de l'angle θ par rapport à la normale à l'élément de surface $\mathrm{d}F$ du corps noir (figure 2.3). Le facteur 2 est du aux deux possibilités de polarisation de chaque rayon. $J(\omega, T)$ dépend seulement de la température et de la fréquence. La loi de Lambert est valable pour un corps noir, comme elle l'est pour la réflection par une surface blanche. Un corps noir incandescent apparaît avec la même brillance de n'importe quelle direction.

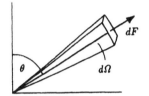

Fig. 2.3. Cône d'ouverture $\mathrm{d}\Omega$

(5) Dans une cavité formée par des murs impénétrables à tout rayonnement, il existe le même rayonnement que dans une cavité formée de murs noirs. Si nous y plaçons un petit bâtonnet de carbone, il doit être en équilibre thermique avec les murs et le rayonnement. Ceci n'est le cas que si le rayonnement est le même que pour des murs noirs. Le rayonnement à l'intérieur d'une cavité formée de murs imperméables ou noirs est appelé *rayonnement du corps noir*.

(6) Une onde électromagnétique transporte une densité d'énergie e qui est reliée au courant $|S|$ par

$$e = \frac{|S|}{c} . \tag{2.1}$$

Un rayonnement polarisé linéairement, de fréquence comprise entre ω et $\omega + \mathrm{d}\omega$ et se propageant dans une direction comprise dans un domaine d'angle solide Ω à $\Omega + \mathrm{d}\Omega$, contribue de la façon suivante à la densité d'énergie :

$$\frac{J(\omega, T)\,\mathrm{d}\omega\,\mathrm{d}\Omega}{c} , \tag{2.2}$$

et deux fois autant, si nous tenons compte des deux états de polarisation possibles. En intégrant sur $\mathrm{d}\Omega$, nous obtenons la densité d'énergie de tout le rayonnement dans l'intervalle $\mathrm{d}\omega$

$$\varrho(\omega, T)\,\mathrm{d}\omega = \frac{8\pi J(\omega, T)\,\mathrm{d}\omega}{c} \tag{2.3}$$

puisque, pour un rayonnement dans une cavité $J(\omega, T)$ est indépendant de la direction Ω. Ainsi, nous obtenons une relation générale entre la luminance énergétique $J(\omega, T)$ et la densité d'énergie $\varrho(\omega, T)$ du rayonnement dans une cavité, soit,

$$J(\omega, T) = \frac{c\varrho(\omega, T)}{8\pi} \ . \tag{2.4}$$

L'exercice suivant va aider à la compréhension de cette relation.

EXERCICE

2.1 Rayonnement dans une cavité

Problème. Clarifiez la relation entre la luminance énergétique (intensité de l'énergie émise par unité d'angle solide) et la densité d'énergie $\varrho(\omega, T)$ du rayonnement dans une cavité.

Solution. Concernant l'énergie et l'intensité :
pour une onde plane nous avons

$$t = \frac{l}{c} \ , \quad E = \varrho_0 V = \varrho_0 l A \ ,$$

$$J_0 = \frac{P}{A} = \frac{E}{At} = \frac{\varrho_0 l A}{A(l/c)} = c\varrho_0 \ , \quad \text{où}$$

$\varrho_0 = $ densité d'énergie du rayonnement pour une onde plane,

$J_0 = $ intensité = puissance de rayonnement par unité de surface
                pour une onde plane unique,

$E = \varrho_0 V = $ énergie du rayonnement dans le volume V,

$V = lA = $ volume,

$P = E/t = $ puissance du rayonnement. $\tag{1}$

Soit un champ de rayonnement électromagnétique isotrope dans une cavité. Nous voulons connaître la puissance du rayonnement par unité de surface, c'est à dire l'intensité du rayonnement qui émerge d'une ouverture d'aire A.

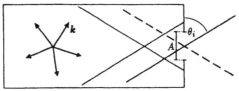

$A = $ surface d'émergence

Construisons le rayonnement isotrope avec N ondes planes de vecteurs $\boldsymbol{k}$ pointant dans toutes les directions de l'espace. Pour chaque onde nous avons alors :

$$J_0 = c\varrho_0 \; .$$

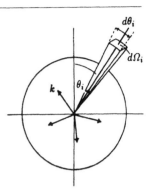

n_i est le nombre des vecteurs $\boldsymbol{k}$ qui pointent dans l'angle solide $\mathrm{d}\Omega_i$ et pour lesquelles $\theta_i \leq \theta < \theta_i + \mathrm{d}\theta_i$. Dans ce cas

$$\frac{n_i}{N} = \frac{\mathrm{d}\Omega_i}{\Omega} = \frac{1}{2}\sin\theta_i \; \mathrm{d}\theta_i \; . \tag{2}$$

À cause de l'isotropie nous avons intégré sur φ. À travers A passe

$$P_{0i} = 2J_0 A \cos\theta_i \tag{3}$$

(P = puissance rayonnante) par onde plane. Le facteur 2 tient compte des deux degrés de liberté de la polarisation. Ainsi,

$$P_{\mathrm{tot}} = \sum_i n_i P_{0i} = \sum_i N\tfrac{1}{2}\sin\theta_i \; \mathrm{d}\theta_i \; 2J_0 A \cos\theta_i \tag{4}$$

$$P_{\mathrm{tot}} = A N J_0 \sum_i \sin\theta_i \cos\theta_i \; \mathrm{d}\theta_i \; ; \tag{5}$$

θ_i va de 0 à $\frac{\pi}{2}$. La somme peut être remplacée par une intégrale.

$$
\begin{aligned}
J_{\mathrm{tot}} = \frac{P_{\mathrm{tot}}}{A} &= N J_0 \int\limits_0^{\pi/2} \sin\theta \cos\theta \; \mathrm{d}\theta \\
&= \frac{1}{2} N J_0 \int\limits_0^{\pi/2} \sin 2\theta \; \mathrm{d}\theta = \frac{1}{2} N J_0 \left[-\frac{1}{2}\cos 2\theta \right]_0^{\pi/2} \\
&= \frac{1}{2} N J_0 \left[+\frac{1}{2} + \frac{1}{2} \right] = \frac{1}{2} N J_0 \; .
\end{aligned}
\tag{6}
$$

Pour la densité d'énergie totale ϱ, nous avons

$$\varrho = 2 \sum_N \varrho_0 = 2 N \varrho_0 \; .$$

Le facteur 2 est ici encore du aux deux possibilités de polarisation par onde plane. Avec $J_0 = c\varrho_0$ nous obtenons

$$J_{\mathrm{tot}} = \frac{1}{2} N J_0 = \frac{1}{2} N c \varrho_0 = \frac{c}{4}\varrho \; .$$

L'intensité totale est alors

$$J_{\mathrm{tot}} = \frac{c}{4}\varrho \; . \tag{7}$$

Elle est émise dans le demi-espace d'angle solide $\Omega_{\mathrm{H}} = 2\pi$. L'intensité par unité d'angle solide (la luminance énergétique) est par conséquent

$$J = \frac{1}{2\pi} J_{\mathrm{tot}} = \frac{c}{8\pi}\varrho \; . \tag{8}$$

2.3 La loi de rayonnement de Rayleigh–Jeans : Les modes propres électromagnétiques d'une cavité

Nous calculons tout d'abord la densité de rayonnement d'un champ de rayonnement à l'équilibre thermodynamique. L'énergie moyenne par degré de liberté est alors $\frac{1}{2}k_B T$. Pour déterminer le nombre de degrés de liberté du champ de rayonnement donné par le potentiel vecteur A, nous considérons un volume cubique de côté a. Nous supposons maintenant que le volume ne contient ni charges, ni courant et que ses faces internes sont parfaitement réfléchissantes. Le potentiel vecteur satisfait à *l'équation de d'Alembert* :

$$\Box A(r, t) = \left(\Delta - \frac{1}{c^2}\frac{\partial^2}{\partial t^2}\right) A = 0 . \tag{2.5}$$

En séparant la dépendance en temps, par exemple : $A(r, t) = A(r)\exp(\mathrm{i}\omega t)$, nous obtenons, pour la partie spatiale de la fonction, *l'équation de Helmholtz* :

$$\left(\Delta + \frac{\omega^2}{c^2}\right) A(r) = (\Delta + k^2)A(r) = 0 . \tag{2.6}$$

où,

$$A(r, t) = A(r)\sin(\omega t) \text{ ou } A(r, t) = A(r)\cos(\omega t) \tag{2.7}$$

et $k = \omega/c$ est le nombre d'onde. Nous ne voulons pas résoudre les deux équations d'ondes explicitement, mais utiliser les conditions aux limites du problème, pour déterminer le nombre de degrés de liberté.

Le potentiel vecteur est libre de sources (jauge de Coulomb) ; par conséquent

$$\text{div } A = 0 .$$

Cette condition est équivalente à la transversalité des ondes planes dans la boîte. Pour chaque vecteur d'onde k, il existe deux amplitudes indépendantes A (polarisations) du potentiel vecteur, chacune de la forme :

$$A(r) = A\sin(k \cdot r) \quad \text{ou} \quad A(r) = A\cos(k \cdot r) \quad \text{avec} \tag{2.8}$$

$$A \cdot k = 0 \quad \text{ou} \quad A_x k_x + A_y k_y + A_z k_z = 0 , \quad \text{et} \tag{2.9}$$

$$k_x^2 + k_y^2 + k_z^2 = k^2 = \omega^2/c^2 . \tag{2.10}$$

Pour les composantes du vecteur d'onde k_x, k_y, k_z, nous déduisons des conditions en exigeant que les composantes tangentielles de A s'annulent sur les faces réfléchissantes internes du cube. Ces conditions excluent la seconde solution (2.8) et donnent pour la première

$$\sin(k_x a) = \sin(k_y a) = \sin(k_z a) = 0 ,$$

d'où nous déduisons les nombres d'onde

$$k_x = \frac{n_x\pi}{a} , \quad k_y = \frac{n_y\pi}{a} , \quad k_z = \frac{n_z\pi}{a} , \quad n_x, n_y, n_z = 1, 2, 3, \ldots \tag{2.11}$$

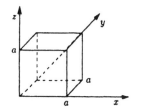

Fig. 2.4. Champ de rayonnement contenu dans une boîte

Les nombres n_x, n_y, n_z sont restreints aux seules valeurs entières positives, car nous nous intéressons aux ondes stationnaires dans le volume. Le nombre des fonctions linéairement indépendantes $A(\boldsymbol{r}, t)$ dans (dn_x, dn_y, dn_z) de l'espace des nombres est l'élément de volume de cet espace :

$$dn_x\, dn_y\, dn_z \,. \tag{2.12}$$

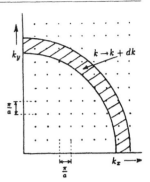

Fig. 2.5. Illustration de la méthode de dénombrement. Chaque fréquence propre est représentée par un point de coordonnées $n_x\pi/a$, $n_y\pi/a$. La distance de l'origine à un point représente le nombre d'onde d'un mode propre. Les arcs de cercle délimitent la zone k à $k + dk$

Avec $n^2 = n_x^2 + n_y^2 + n_z^2$, nous choisissons les coordonnées sphériques et obtenons, pour la partie de la couche sphérique située dans le premier octant (voir figure 2.5)

$$\tfrac{1}{8}4\pi\, n^2\, dn = \tfrac{1}{2}\pi\, n^2\, dn \,. \tag{2.13}$$

Avec (2.9) et (2.10) nous obtenons le nombre $dN'(\omega)$ des solutions indépendantes pour le champ A, dans l'intervalle de fréquence $\omega - (\omega + d\omega)$

$$\frac{1}{2}\pi\, n^2\, dn = \frac{\pi}{2}\left(\frac{a}{\pi}\right)^3 k^2\, dk = \frac{V}{2\pi^2 c^3}\omega^2\, d\omega = dN'(\omega)\,, \tag{2.14}$$

où $V = a^3$ est le volume du cube. Maintenant, si nous prenons également en compte les deux directions de polarisation pour chaque mode normal, nous obtenons finalement la densité $dN/d\omega$ des états électromagnétiques possibles dans la cavité,

$$\frac{dN(\omega)}{d\omega} = \frac{V}{\pi^2 c^3}\omega^2 \,. \tag{2.15}$$

D'après la thermodynamique statistique, l'énergie cinétique moyenne par degré de liberté est $\tfrac{1}{2}k_B T$.[1]

L'énergie par volume et intervalle de fréquence $d\omega$ est obtenue en tenant compte des deux directions de polarisation :

$$\frac{dE}{V\, d\omega} \equiv \varrho(\omega, T) = \frac{1}{V}\frac{dN}{d\omega}k_B T = k_B T\frac{\omega^2}{\pi^2 c^3} \,. \tag{2.16}$$

D'où la densité d'énergie spectrale

$$\varrho(\omega, T) = \frac{k_B T}{\pi^2 c^3}\omega^2 \,. \tag{2.17}$$

En utilisant la relation entre la luminance énergétique et la densité d'énergie du rayonnement déjà déduite dans (2.4), nous pouvons écrire la luminance énergétique :

$$J(\omega, T)\, d\omega = \frac{c}{8\pi}\varrho(\omega, T)\, d\omega = \frac{k_B T}{8\pi^3 c^2}\omega^2\, d\omega \,. \tag{2.18}$$

Ceci est la *loi du rayonnement de **Rayleigh–Jeans***.

Ces équations ne coïncident avec l'expérience que pour les basses fréquences ω. Nous pouvons constater, à partir de (2.15) et de (2.17), qu'elles ne peuvent être valables pour des fréquences élevées, puisque la densité d'énergie tend vers l'infini lorsque $\omega \to \infty$.

---

[1] L'énergie cinétique moyenne pour un oscillateur est aussi $\tfrac{1}{2}k_B T$, mais son énergie potentielle moyenne est de même grandeur (théorème du viriel). Par conséquent, l'énergie moyenne par fréquence est $k_B T$.

2.4 Loi de Planck

En contraste avec le calcul classique de la densité de rayonnement de Rayleigh–Jeans, nous voulons maintenant déterminer la densité de photons. Les photons sont émis ou absorbés par la transition d'un atome d'un niveau d'énergie à un autre. Le problème majeur réside dans le calcul de la probabilité de transition en termes de mécanique quantique. Cependant, il est possible de déterminer les proportions des probabilités de transition et d'obtenir la densité d'énergie du champ de photons par comparaison avec la loi de Rayleigh–Jeans, sans calculer explicitement les taux de transition. Cette méthode d'établissement de la loi de *Planck* est due à Albert Einstein. Deux des valeurs propres de l'énergie d'un atome (niveaux d'énergie) sont représentées dans la figure 2.6. L'atome passe spontanément du niveau d'énergie E_m vers le niveau d'énergie plus faible E_n en émettant un photon de fréquence $\omega = (E_m - E_n)/\hbar$.

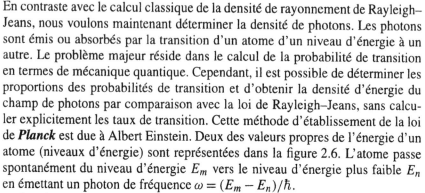

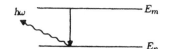

Fig. 2.6. Photon de fréquence ω émis lors d'une transition d'un état d'énergie E_m vers un état d'énergie E_n

Le photon, comme une onde électromagnétique transversale, possède deux états de polarisation que nous identifions par l'indice α ($\alpha = 1, 2$). La probabilité d'une *transition spontanée* est notée $a_{m\alpha}^n$. La probabilité d'émission d'un photon dans un élément d'angle solide $d\Omega$ est

$$dW_e' = a_{m\alpha}^n \, d\Omega \, . \tag{2.19}$$

La présence d'un photon dans le champ de rayonnement au voisinage d'un atome dans l'état E_m induit l'émission d'un photon avec la probabilité dW_e'' qui doit être ajoutée à la probabilité d'émission spontanée. La probabilité totale est alors

$$dW_e = dW_e' + dW_e'' \, .$$

La probabilité qu'un atome dans l'état E_n absorbe un photon d'énergie ω et passe à l'état E_m est notée dW_a.

Einstein, qui fut le promoteur de cette méthode, posa les probabilités d'absorption et d'émission induite proportionnelles au nombre de photons contenus dans le champ de rayonnement. L'*énergie par élément d'angle solide et par intervalle de fréquence* pour des photons de polarisation α est encore définie par la densité spectrale d'énergie $\varrho_\alpha(\omega, T, \Omega)$.

Le nombre de photons dans le domaine de fréquences comprises entre ω et $\omega + d\omega$ et dans l'angle solide $d\Omega$ est donné par

$$\frac{\varrho_\alpha(\omega, T, \Omega) \, d\omega \, d\Omega}{\hbar\omega} \, .$$

Pour la probabilité d'absorption et d'émission induite, nous écrivons, par analogie avec (2.19)

$$dW_e'' = b_{m\alpha}^n \varrho_\alpha(\omega, T, \Omega) \, d\Omega \, , \quad dW_a = b_{n\alpha}^m \varrho_\alpha(\omega, T, \Omega) \, d\Omega \, . \tag{2.20}$$

Les coefficients b sont les probabilités de transition par unité de densité spectrale d'énergie, de ce fait leurs dimensions sont différentes de celles de la probabilité de transition $a_{m\alpha}^n$.

Appelons maintenant $N_n(N_m)$ le nombre d'atomes dans l'état d'énergie $E_n(E_m)$. Alors l'équilibre radiatif est caractérisé par

$$N_m(\mathrm{d}W_e' + \mathrm{d}W_e'') = N_n \, \mathrm{d}W_a \, , \tag{2.21}$$

c'est-à-dire que le nombre des émissions est égal à celui des absorptions.

En reportant (2.19) et (2.20) nous obtenons

$$N_m(b_{m\alpha}^n \varrho_\alpha(\omega, T, \Omega) + a_{m\alpha}^n) = N_n b_{n\alpha}^m \varrho_\alpha(\omega, T, \Omega) \, . \tag{2.22}$$

Les coefficients $a_{m\alpha}^n$, $b_{n\alpha}^m$, $b_{m\alpha}^n$ caractérisent les propriétés de l'atome et sont interdépendants. Il est possible, cependant, de choisir des conditions particulières (tel que l'équilibre radiatif) pour déterminer les relations entre les coefficients puisque ceux-ci ne sont pas affectés en ce faisant.

Le nombre d'atomes dans l'état E_n est donné par la distribution de Boltzmann :

$$N_n : N_m = \exp(-E_n/k_B T) : \exp(-E_m/k_B T) \, ,$$

où k_B est la constante de Boltzmann. L'équation (2.22) devient

$$\begin{aligned} &\exp(-E_m/k_B T)(b_{m\alpha}^n \varrho_\alpha(\omega, T, \Omega) + a_{m\alpha}^n) \\ &= \exp(-E_n/k_B T)b_{n\alpha}^m \varrho_\alpha(\omega, T, \Omega) \, . \end{aligned} \tag{2.23}$$

Pour les très hautes températures $T \to \infty$, la fonction exponentielle tend vers 1 et la densité d'énergie spectrale devient très grande. Nous pouvons alors négliger le terme $a_{m\alpha}^n$ et obtenir la relation

$$b_{m\alpha}^n = b_{n\alpha}^m \, .$$

En réarrangeant (2.23) et avec $\hbar\omega_{mn} = E_m - E_n$ la densité spectrale d'énergie devient :

$$\varrho_\alpha(\omega, T, \Omega) = \frac{a_{m\alpha}^n}{b_{m\alpha}^n} \frac{1}{\exp(\hbar\omega/k_B T) - 1} \, .$$

De la comparaison avec la loi de Rayleigh–Jeans, valable pour les basses fréquences, nous déduisons la proportion des coefficients de transition. En développant le dénominateur en fonction de $\hbar\omega/k_B T \ll 1$, nous trouvons

$$\varrho_\alpha(\omega, T, \Omega) = \frac{a_{m\alpha}^n}{b_{m\alpha}^n} \frac{k_B T}{\hbar\omega} \, . \tag{2.24}$$

En comparant maintenant (2.24) à (2.17), nous devons remarquer que $\varrho_\alpha(\omega, T, \Omega)$ représente la densité d'énergie spectrale par angle solide et par état de polarisation :

$$\varrho_\alpha(\omega, T, \Omega) = \frac{1}{8\pi}\varrho(\omega, T) \, .$$

soit

$$\frac{a^n_{m\alpha}}{b^n_{m\alpha}} = \frac{1}{8\pi^3}\frac{\hbar\omega^3}{c^3},$$

d'où

$$\varrho_\alpha(\omega, T, \Omega) = \frac{\hbar\omega^3}{8\pi^3 c^3}\frac{1}{\exp(\hbar\omega/k_B T) - 1}. \tag{2.25}$$

En intégrant sur l'angle solide et en additionnant les deux directions de polarisation, il résulte que

$$\varrho(\omega, T) = \frac{\hbar\omega^3}{\pi^2 c^3}\frac{1}{\exp(\hbar\omega/k_B T) - 1}. \tag{2.26}$$

À partir de (2.18), nous obtenons pour la luminance énergétique :

$$J(\omega, T)\,\mathrm{d}\omega = \frac{\hbar\omega^3}{8\pi^3 c^2}\frac{1}{\exp(\hbar\omega/k_B T) - 1}\,\mathrm{d}\omega. \tag{2.27}$$

Pour les fréquences élevées $\hbar\omega \gg k_B T$, la loi de Planck devient la *loi de Wien*. En effet, (2.27) donne

$$\varrho(\omega, T) = \frac{\hbar\omega^3}{\pi^2 c^3}\exp(-\hbar\omega/k_B T) \tag{2.28}$$

pour $\hbar\omega \gg k_B T$.

Considérons maintenant la densité numérique de photons dans les deux limites des lois de **Rayleigh–Jeans** et de **Wien**. Avec les fréquences ω_1 et ω_2, où $\omega_2 \gg \omega_1$, nous obtenons à partir de (2.17)

$$\mathrm{d}N_{RJ} = \frac{\varrho_{RJ}(\omega_1, T)}{\hbar\omega_1} = \frac{k_B T}{\pi^2\hbar c^3}\omega_1\,\mathrm{d}\omega, \tag{2.29}$$

et de (2.27)

$$\mathrm{d}N_W = \frac{\varrho_W(\omega_2, T)}{\hbar\omega_2} = \frac{\omega_2^2}{\pi^2 c^3}\exp(-\hbar\omega_2/k_B T)\,\mathrm{d}\omega. \tag{2.30}$$

Le rapport de ces densités de photons est alors

$$\frac{\mathrm{d}N_W}{\mathrm{d}N_{RJ}} = \frac{\exp(-\hbar\omega_2/k_B T)\hbar\omega_2^2}{k_B T\omega_1} \ll 1. \tag{2.31}$$

Puisque $\hbar\omega_2/k_B T \gg 1$, la fonction exponentielle rend le rapport de la densité numérique faible. De ceci nous pouvons conclure que le caractère ondulatoire de la lumière devient toujours évident quand un grand nombre de photons d'énergie faible sont présents. Le caractère corpusculaire devient significatif dans le cas de photons d'énergie élevée et de faible densité numérique.

EXEMPLE ▐███████████████████████

2.2 Établissement de la loi du rayonnement selon la méthode de Planck

Il est d'un intérêt non seulement historique mais aussi physique de voir sur quels arguments Planck a fondé sa loi du rayonnement. Cette dérivation est différente de celle d'Einstein (effectuée quelques années plus tard) que nous venons de développer ci-dessus.

Le rayonnement dans une cavité dont les murs sont maintenus à la température T est homogène, isotrope et non polarisé. Sa densité d'énergie E/V et la distribution de fréquence de sa densité d'énergie,

$$E/V = \int \varrho(\omega, T) \, d\omega \,, \tag{1}$$

sont déterminées uniquement par la température. Ceci peut aussi être vérifié en détail (théorème de Kirchhoff) ; mais nous n'allons pas opérer de cette façon ici.

L'énergie du rayonnement dans une cavité peut être interprétée comme l'énergie du champ électromagnétique ; les fréquences qui apparaissent sont les oscillations propres (résonances) de ce champ. Soit V le volume de la cavité et

$$\frac{dN(\omega)}{d\omega} \, d\omega \tag{2}$$

le nombre d'oscillations propres du champ dans le domaine de fréquence $d\omega$; de plus, soit $\bar{\varepsilon}(\omega, T)$ l'énergie moyenne d'une oscillation propre de fréquence ω à la température T. Alors, l'énergie contenue dans la cavité dans l'intervalle de fréquence $d\omega$ est

$$V\varrho(\omega, T) \, d\omega = \frac{dN(\omega)}{d\omega} \bar{\varepsilon}(\omega, T) \, d\omega \,; \quad \text{ainsi}$$

$$\varrho(\omega, T) = \frac{1}{V} \frac{dN(\omega)}{d\omega} \bar{\varepsilon}(\omega, T) \,. \tag{3}$$

Le nombre d'oscillations propres est donné [voir (2.15)] par

$$\frac{dN(\omega)}{d\omega} = \frac{V}{\pi^2 c^3} \omega^2 \tag{4}$$

et par conséquent

$$\varrho(\omega, T) = \frac{1}{\pi^2 c^3} \omega^2 \bar{\varepsilon}(\omega, T) \,. \tag{5}$$

Parce que les oscillations propres du champ électromagnétique sont harmoniques, chaque oscillation propre a deux degrés de liberté correspondant aux deux états de polarisation du rayonnement. En appliquant le théorème de l'équipartition de l'énergie de la thermodynamique statistique, l'énergie moyenne $\bar{\varepsilon}$ de chaque oscillation propre est

$$\bar{\varepsilon} = k_B T \,. \tag{6}$$

La loi du rayonnement de Rayleigh–Jeans s'ensuit

$$\varrho(\omega, T) = \frac{k_B T}{\pi^2 c^3} \omega^2 \; . \tag{7}$$

Pour de petites valeurs de $\hbar\omega/k_B T$, ceci est en accord avec l'expérience, mais en désaccord total pour des fréquences plus élevées. En particulier, cela ne décrit pas la diminution caractéristique de la densité d'énergie aux grandes fréquences (voir figure 2.1). Que la réalité dévie de la relation théorique du rayonnement (7) signifie que les oscillations propres avec des valeurs plus élevées de $\hbar\omega/k_B T$ contiennent moins d'énergie que prévu par l'équipartition.

Planck remplaça cette relation (6) par une autre complètement différente : l'énergie d'un oscillateur harmonique est un multiple entier d'un quantum d'énergie proportionnel à la fréquence :

$$\varepsilon_n = n\hbar\omega \; ; \; n = 0, \, 1, \, 2, \, \ldots \; . \tag{8}$$

Chaque état d'énergie ainsi défini doit être traité comme distinct de chacun des autres. En évaluant l'énergie moyenne à l'équilibre thermique nous obtenons

$$\bar{\varepsilon} = \frac{\sum\limits_n \varepsilon_n e^{-\varepsilon_n/k_B T}}{\sum\limits_n e^{-\varepsilon_n/k_B T}} \; . \tag{9}$$

En posant

$$Z = \sum_n e^{-\beta \varepsilon_n} \; , \; \beta = 1/k_B T \; , \tag{10}$$

la relation (9) devient

$$\bar{\varepsilon} = -\frac{d}{d\beta} \ln Z \; . \tag{11}$$

De l'évaluation de

$$Z = \sum_n \left[\exp(-\beta\hbar\omega)n \right] = \frac{1}{1 - \exp(-\beta\hbar\omega)} \tag{12}$$

nous obtenons

$$\bar{\varepsilon} = \frac{\hbar\omega}{\exp(\hbar\omega/k_B T) - 1} \; , \tag{13}$$

et avec (5) nous avons la loi de Planck :

$$\varrho(\omega, T) = \frac{1}{\pi^2 c^3} \frac{\hbar\omega^3}{\exp(\hbar\omega/k_B T) - 1} \; . \tag{14}$$

Cette relation est identique à (2.27) donnée précédemment.

La figure ci-dessous illustre la dépendance en température des fonctions (13) et (14) (abscisse $k_\mathrm{B} T/\hbar\omega$, ordonnée $\overline{\varepsilon}/\hbar\omega$). Pour de petites valeurs de $\hbar\omega/k_\mathrm{B} T$, la fonction (13) [ou (14)] peut être approchée par un développement en série de l'exponentielle. Alors l'énergie moyenne devient

$$\overline{\varepsilon} = k_\mathrm{B} T \ .$$

Exemple 2.2

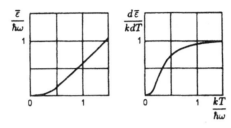

Énergie moyenne et chaleur spécifique d'un oscillateur

Pour de petits $\hbar\omega/k_\mathrm{B} T$ il n'y a pas de différences entre les valeurs discrètes de l'énergie des oscillations propres données par (8) et celles des distributions continues obtenues par la théorie classique.

L'approximation dans la limite des grands $\hbar\omega/k_\mathrm{B} T$

$$\overline{\varepsilon} = \hbar\omega \exp(-\hbar\omega/k_\mathrm{B} T)$$

conduit à la *loi du rayonnement de Wien* :

$$\varrho(\omega, T) = \frac{\hbar\omega^3}{\pi^2 c^3} \exp(-\hbar\omega/k_\mathrm{B} T) \ .$$

Le facteur $[\exp(\hbar\omega/k_\mathrm{B} T) - 1]^{-1}$ dans l'expression de l'énergie moyenne (13) peut être interprété comme le nombre de photons dans un état caractérisé par l'énergie du photon $\hbar\omega$. Ceci est important dans l'exercice 2.3.

L'hypothèse de Planck, selon laquelle seules les énergies $E = n\hbar\omega$ sont possibles pour des oscillations harmoniques, est en contradiction avec l'idée intuitive d'une oscillation. Son idée ingénieuse des états quantifiés d'un oscillateur harmonique, fut le point de départ de la physique moderne. Que l'introduction du quantum d'action h coïncide en général avec la description non-classique des microsystèmes ne devint clair qu'au cours des développements futurs.

EXERCICE

2.3 Rayonnement du corps noir

De ce qui précède, nous connaissons la densité du champ électromagnétique par intervalle de fréquence $\mathrm{d}N(\omega)/\mathrm{d}\omega$ dans un résonateur de volume V (2.15), c'est-à-dire

Exercice 2.3
$$\frac{\mathrm{d}N(\omega)}{\mathrm{d}\omega} = \frac{V}{\pi^2 c^3}\omega^2 .$$

Ici, les deux directions de polarisation sont incluses.

Problème. (a) Considérez la cavité comme un récipient de photons et calculez la distribution spectrale $\frac{1}{V}(\mathrm{d}E/\mathrm{d}\omega)\omega$ du rayonnement du corps noir qui s'échappe d'un petit orifice percé dans la cavité. Considérez que les photons sont des particules de spin 1 (bosons) et que le nombre de photons dans un état d'énergie E à la température T est donné par

$$f_{\mathrm{BE}} = \left(\mathrm{e}^{E/k_\mathrm{B}T} - 1\right)^{-1} \text{(ditribution de Bose-Einstein)} .$$

Comparez le résultat avec la loi de Planck.

(b) Montrez que l'énergie électromagnétique totale, dans la cavité dont les murs sont maintenus à la température T, est proportionelle à T^4, puis évaluez le facteur de proportionalité.

Conseil.

$$\begin{aligned}
\int_0^\infty \frac{x^3}{\mathrm{e}^x - 1}\,\mathrm{d}x &= \int_0^\infty \mathrm{d}x\, x^3 \mathrm{e}^{-x}\frac{1}{1 - \mathrm{e}^{-x}} = \int_0^\infty \mathrm{d}x\, x^3 \mathrm{e}^{-x}\sum_{n=0}^\infty \mathrm{e}^{-nx} \\
&= \sum_{n=0}^\infty \int_0^\infty \mathrm{d}x\, x^3 \mathrm{e}^{-(n+1)x} = \sum_{n=0}^\infty \frac{1}{(n+1)^4}\int_0^\infty \mathrm{d}y\, y^3 \mathrm{e}^{-y} \\
&= 6\sum_{n=0}^\infty \frac{1}{(n+1)^4} = \frac{\pi^4}{15} .
\end{aligned}$$

Solution. (a) Dans un état d'énergie E, à la température T, le nombre de photons d'énergie $E = \hbar\omega$ est

$$f_{\mathrm{BE}} = [\exp(\hbar\omega/k_\mathrm{B}T) - 1]^{-1} . \tag{1}$$

La densité d'états est $\mathrm{d}N/\mathrm{d}\omega$; par conséquent, l'énergie totale dans le résonateur est donnée par

$$\frac{\mathrm{d}n}{\mathrm{d}\omega} = f_{\mathrm{BE}}\frac{\mathrm{d}N}{\mathrm{d}\omega} = \frac{V}{\pi^2 c^3}\omega^2\frac{1}{\exp(\hbar\omega/k_\mathrm{B}T) - 1} \tag{2}$$

et la densité d'énergie pour le volume V et l'intervalle de fréquence $\mathrm{d}\omega$ est

$$\frac{1}{V}\frac{\mathrm{d}E(\omega)}{\mathrm{d}\omega} = \frac{1}{V}\frac{\mathrm{d}N(\omega)}{\mathrm{d}\omega}\hbar\omega = \frac{\hbar\omega^3}{\pi^2 c^3}\frac{1}{\exp(\hbar\omega/k_\mathrm{B}T) - 1} . \tag{3}$$

Ceci est exactement la loi du rayonnement de Planck [voir (2.26)].

(b) L'énergie totale dans la cavité est donnée par   *Exercice 2.3*

$$E = \int\limits_0^\infty \frac{\mathrm{d}E(\omega)}{\mathrm{d}\omega}\,\mathrm{d}\omega = \frac{V\hbar}{\pi^2 c^3} \int\limits_0^\infty \frac{\omega^3\,\mathrm{d}\omega}{\exp(\hbar\omega/k_B T)-1}$$

$$= \frac{Vk_B^4}{\hbar^3\pi^2 c^3} T^4 \int\limits_0^\infty \frac{q^3\,\mathrm{d}q}{\mathrm{e}^q-1}$$

$$= \frac{Vk_B^4\pi^2}{15\hbar^3 c^3} T^4 \quad \text{(loi de Stefan–Boltzmann)}. \tag{4}$$

Alors la densité d'énergie $\mathrm{d}E/\mathrm{d}V$ dans la cavité est

$$\frac{\mathrm{d}E}{\mathrm{d}V} = \frac{E}{V} = aT^4\,,$$

$$a = \frac{\pi^2 k_B^4}{15\hbar^3 c^3} = 7{,}56\times 10^{-16}\ \text{Joules}\,\text{m}^{-3}\text{K}^{-4}\,. \tag{5}$$

Ceci donne lieu à un rayonnement homogène, isotrope de densité K donnée par

$$K = \frac{c}{4\pi}\,\frac{\mathrm{d}E}{\mathrm{d}V}\,10^{-3}\ \text{Joules}\,\text{m}^{-2}\,.$$

L'émittance est alors

$$\varepsilon(T) = \frac{c}{4}\,\frac{E(T)}{V} = \sigma T^4\,, \tag{6}$$

où $\sigma = 5{,}42\cdot 10^{-8}$ (Joules $\text{m}^{-2}\text{s}^{-1}\text{K}^{-4}$). En effet, l'énergie totale émise par un élément de surface $\mathrm{d}f$ durant l'intervalle de temps $\mathrm{d}t$ dans la direction *avant* (voir figure) s'avère être

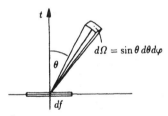

Émittance dans l'intervalle de temps $\mathrm{d}t$ d'un élément de surface $\mathrm{d}f$

$$\mathrm{d}E = \int\limits_0^{\pi/2}\int\limits_0^{2\pi} \sin\theta\,\mathrm{d}\theta\,\mathrm{d}\varphi\,K(\cos\theta\,\mathrm{d}f)\,\mathrm{d}t$$

$$= K\,\mathrm{d}f\,\mathrm{d}t \int\limits_0^{\pi/2}\int\limits_0^{2\pi} \mathrm{d}\theta\,\mathrm{d}\varphi\,\cos\theta\,\sin\theta = \pi K\,\mathrm{d}f\,\mathrm{d}t\,.$$

La puissance totale par unité de surface, l'intensité, est par conséquent donnée par

$$\varepsilon = \frac{\mathrm{d}E}{\mathrm{d}f\,\mathrm{d}t} = \pi K = \frac{c}{4}\,\frac{\mathrm{d}E}{\mathrm{d}V}\,. \tag{7}$$

Le rayonnements des étoiles est approximativement décrit par le rayonnement du corps noir. C'est pourquoi la loi de Stefan–Boltzmann peut être utilisée pour estimer la température de la surface stellaire, si nous mesurons l'énergie du rayonnement par m^2 perpendiculaire à la direction d'émission.

Exercice 2.3

Par exemple, considérons le Soleil ; son rayon R est de $0,7 \cdot 10^9$ m. L'énergie de rayonnement totale émise est alors

$$4\pi(0,7 \cdot 10^9)^2 (5,42 \cdot 10^{-8})\, T^4 = 3,34 \cdot 10^{11}\, T^4\,\mathrm{J\,s^{-1}}, \quad T \text{ en Kelvin.} \quad (8)$$

L'énergie rayonnée touchant 1 m^2 de la Terre par seconde, en prenant la distance moyenne Soleil–Terre $1,5 \cdot 10^{11}$ cm, se calcule ainsi :

$$\frac{3,34 \cdot 10^{11}\, T^4}{4\pi(1,5 \cdot 10^{11})^2\,\mathrm{m}^2}\,\frac{\mathrm{J}}{\sec} = 0,96 \cdot 10^{-12}\, T^4\,\frac{\mathrm{J}}{\mathrm{m}^2} = 0,96 \cdot 10^{-9}\, T^4\,\frac{\mathrm{erg}}{\mathrm{cm}^2}\,. \quad (9)$$

Cette quantité est appelée la *constante solaire* et est déterminée expérimentalement. Sa valeur mesurée est $1,98 \pm 0,05\,\mathrm{cal\,cm^{-2}\,min^{-1}}$. Elle correspond à $1,35\,\mathrm{kW\,m^{-2}}$ et conduit à

$$T^4 = 1,52 \cdot 10^{15}\,\mathrm{K}^4 \text{ ou } T \approx 6000\,\mathrm{K}\,. \quad (10)$$

EXERCICE

2.4 Loi de déplacement de Wien

Problème. Établissez la loi de déplacement de Wien

$$\lambda_{\max} T = \text{cste}$$

à partir de la densité d'énergie spectrale de Planck $\frac{1}{V}\,\mathrm{d}E/\mathrm{d}V$. Ici $\lambda_{\max}$ est la longueur d'onde pour laquelle $\frac{1}{V}\,\mathrm{d}E/\mathrm{d}\omega$ passe par son maximum. Interprétez ces résultats.

Solution. Nous recherchons le maximum de la distribution spectrale de Planck :

$$\frac{\mathrm{d}}{\mathrm{d}\omega}\left[\frac{1}{V}\frac{\mathrm{d}E}{\mathrm{d}\omega}\right] = \frac{\mathrm{d}}{\mathrm{d}\omega}\left[\frac{\hbar\omega^3}{\pi^2 c^3}\left(\exp\left(\frac{\hbar\omega}{k_B T}\right) - 1\right)^{-1}\right]$$

$$= \frac{3\hbar\omega^2}{\pi^2 c^3}\left[\exp\left(\frac{\hbar\omega}{k_B T}\right) - 1\right]^{-1}$$

$$- \frac{\hbar\omega^3}{\pi^2 c^3}\frac{\hbar}{k_B T}\frac{\exp(\hbar\omega/k_B T)}{[\exp(\hbar\omega/k_B T) - 1]^2} = 0$$

$$\Rightarrow 3 - \frac{\hbar\omega}{k_B T}\exp\left(\frac{\hbar\omega}{k_B T}\right)\left[\exp\left(\frac{\hbar\omega}{k_B T}\right) - 1\right]^{-1} = 0\,. \quad (1)$$

Avec la notation abrégée $x = \hbar\omega/k_B T$, nous obtenons l'équation transcendante

$$\mathrm{e}^x = \left(1 - \tfrac{x}{3}\right)^{-1}\,, \quad (2)$$

dont les solutions peuvent être obtenues graphiquement ou numériquement. En plus de la solution triviale $x = 0$ (minimum), il existe une solution positive (voir figure). Par conséquent,

$$x_{max} = \frac{\hbar \omega_{max}}{k_B T} ,$$ (3)

et parce que $\omega_{max} = 2\pi\nu_{max} = 2\pi c/\lambda_{max}$ nous avons

$$\lambda_{max}T = \text{cste} = 0,29\,\text{cm}\,\text{K} .$$ (4)

Ceci signifie que la longueur d'onde la plus intense émise par un corps noir est inversement proportionnelle à la température du corps. λ_{max} se «déplace» avec la température, c'est la raison pour laquelle cette loi est appelée «loi de déplacement». Cette loi peut être utilisée pour déterminer la température des corps (étoiles).

En utilisant la valeur de la température de la surface du Soleil $T \approx 6000$ K (voir l'exercice 2.3) dans la loi de déplacement de Wien, nous trouvons

$$\lambda_{max} = \frac{0,29}{6000}\,\text{cm} = 4,8 \cdot 10^{-5}\,\text{cm} = 4800\,\text{Å} = 480\,\text{nm} ,$$ (5)

où $1\,\text{Å} = 10^{-8}$ cm. Ceci est approximativement la longueur d'onde de la lumière jaune. Ces estimations sont dans la limite de 20% des valeurs exactes.

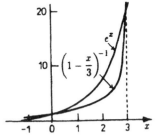

Les points d'intersection des deux courbes donnent les solutions de (2)

EXERCICE

2.5 Énergies émises par un corps noir

Problème. Calculez le rapport des énergies émises par un corps noir à $T = 2000$ K dans deux bandes de longueurs d'onde de largeur 100 Å, l'une centrée à 5000 Å (lumière visible) et l'autre à 50 000 Å (infrarouge).

Solution. Nous définissons $\lambda_1 = 5000$ Å, $\lambda_2 = 50\,000$ Å, $\Delta\lambda = 50$ Å, et calculons

$$W = \frac{\Delta E_{\lambda_2}}{\Delta E_{\lambda_1}} = \frac{1}{V}\int_{\lambda_2-\Delta\lambda}^{\lambda_2+\Delta\lambda}\left|\frac{dE}{d\lambda}\right|d\lambda \bigg/ \frac{1}{V}\int_{\lambda_1-\Delta\lambda}^{\lambda_1+\Delta\lambda}\left|\frac{dE}{d\lambda}\right|d\lambda$$

$$\approx \frac{dE}{d\lambda}\bigg|_{\lambda=\lambda_2} \bigg/ \frac{dE}{d\lambda}\bigg|_{\lambda=\lambda_1} .$$ (1)

Parce que $\omega = 2\pi c/\lambda$, nous obtenons

$$\frac{dE}{d\lambda} = \frac{dE}{d\omega}\left|\frac{d\omega}{d\lambda}\right| = \frac{\hbar(2\pi c/\lambda)^3}{\pi^2 c^3}\left[\exp\frac{\hbar 2\pi c}{k_B T\lambda} - 1\right]^{-1}\frac{2\pi c}{\lambda^2}$$

$$= \frac{8\pi\hbar c}{\lambda^5}\left[\exp\frac{hc}{k_B T\lambda} - 1\right]^{-1} ,$$ (2)

et avec $hc = 12\,400\,\text{eV}\,\text{Å}$, $k = 8{,}62 \cdot 10^{-5}\,\text{eV}\,\text{K}^{-1}$, il s'ensuit que $W = 5{,}50$. Ainsi, une faible fraction de l'énergie seulement est émise dans le spectre visible.

EXEMPLE

2.6 Rayonnement du corps noir cosmique

Pendant la dernière décennie, le rayonnement du corps noir a acquis une importance particulière. À la fin des années 1940, George Gamov, d'abord seul, puis plus tard avec R. Alpher et H. Bethe, ont étudié quelques conséquences du modèle du «Big Bang» de la création de l'Univers. Une de ces conséquences était que les restes du champ de rayonnement intense créé à l'origine devraient toujours être présents comme un champ de rayonnement de corps noir. Des calculs prédisants un tel champ de rayonnement à la température de 25 K s'avérèrent peu fiables. Jusqu'en 1964, aucune tentative de mesurer ce rayonnement ne fut faite. Ce furent A.A. Penzias et R.W. Wilson qui, avec leur détecteur radio-astronomique, découvrirent un bruit de fond thermique intense et un nouvel intérêt pour ce problème naquit. Sous la direction de R.H. Dicke, un groupe constitué de P.J. Peebles, P.G. Roll et D.T. Wilkinson effectua des mesures de bruit de fond du rayonnement cosmique et a compris la signification de ce bruit thermique. Il correspond au rayonnement du corps noir qui est actuellement estimé à $2{,}65 \pm 0{,}09$ K.

Les mesures n'étaient pas faciles, car l'antenne étaient submergée de signaux provenant de la surface de la Terre, de l'atmosphère et de plusieurs sources cosmiques ponctuelles ainsi que par le bruit électronique généré par les circuits de mesure. En 1945, Dicke avait construit un instrument pour mesurer les rayonnements qui pouvait être utilisé pour ces expériences. Son idée était de construire un récepteur d'ondes radio qui pouvait alterner 100 fois par seconde les mesures entre le ciel et un bain d'hélium liquide. Les signaux de sortie du récepteur étaient filtrés : seuls les signaux variant avec une fréquence de 100 Hz étaient mesurés. Ceux-ci représentent la différence entre le rayonnement provenant de l'espace et celui de l'hélium liquide. Par des mesures complémentaires, la composante atmosphérique pouvaient également être séparée.

La vérification expérimentale de la température du rayonnement, correspondant aux calculs de Dicke et ses collaborateurs, est l'un des arguments les plus forts en faveur du modèle du «Big Bang» (voir la figure à gauche). Des mesures plus précises pourront déterminer à quelle vitesse, nous (Terre, système solaire, groupe local de galaxies) nous déplaçons par rapport au rayonnement fossile. Actuellement, notre vitesse relative à celle du rayonnement est inférieure à $300\,\text{km}\,\text{s}^{-1}$, ce qui correspond approximativement à la vitesse du système solaire par rapport au groupe local de galaxies, due à la rotation de notre propre galaxie.

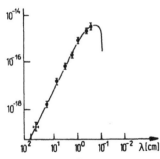

Mesures du rayonnement fossile en $10^{-7}\,\text{J}\,\text{s}^{-2}\,\text{cm}^{-1}$ steradian^{-1}Hz^{-1} en fonction de la longueur d'onde en cm. La courbe représente le spectre prédit pour $T = 2{,}7$ K

2.5 Notes biographiques

RAYLEIGH, John Williams Strutt, 3ème baron Rayleigh, physicien anglais, *Langford Grove (Essex) 12.11.1842, †Terling Place (Chelmsford) 30.6.1919, fut professeur au « Cavendish Laboratory » à Cambridge de 1879 à 84, fit partie de la « Royal Society » à Londres de 1884 à 1905. Rayleigh, parmi d'autres choses, étudia l'intensité du son en mesurant la pression sonore exercée sur une plaque mobile (*disque de Rayleigh*), montra que la couleur bleue du ciel était due à la diffusion de la lumière par les molécules d'air (*diffusion de Rayleigh*) et postula une loi du rayonnement en 1900, connue sous le nom *loi de Rayleigh–Jeans*, représentant un cas particulier de la loi de Planck. Des anomalies observées lors de la mesure de la vitesse de propagation du son dans l'azote l'amenèrent avec W. Ramsay à la découverte de l'argon en 1894, qui fut récompensée par l'attribution du prix Nobel de Physique et de Chimie en 1904. [BR]

JEANS, James Hopwood, Sir, mathématicien anglais, physicien et astronome, *Southport 11.9.1877, †Dorking 16.9.1946, fut professeur d'astronomie à la « Royal Society » de 1912 à 1946. Jeans accomplit une oeuvre de pionier principalement en thermodynamique, dynamique stellaire et cosmogonie. Il publia des ouvrages de vulgarisation notamment en astronomie. [BR]

PLANCK, Max, physicien allemand, *Kiel 23.4.1858, †Göttingen 4.10.1947, se vit décerner le grade de docteur à l'âge de 21 ans avec une thèse en thermodynamique. En 1885 il fut nommé professeur à Kiel ; en 1889 il fut nommé professeur de physique théorique et continua ses travaux bien après sa retraite. Pendant ses travaux sur l'entropie en 1894, Planck se consacra à l'étude du rayonnement thermique. En ce faisant, tout en pensant que la loi du rayonnement de Wien était correcte, il découvrit (dès mai 1899) une nouvelle constante de la nature, *le quantum d'action de Planck*. A la mi octobre 1900, il établit sa loi du rayonnement par une interpolation ingénieuse, qui s'avéra être la loi correcte du *rayonnement du corps noir*. Le 14 octobre 1900, lorsque Planck présenta sa loi à la réunion de la « Deutsche Physikalische Gesellschaft » à Berlin, est considéré comme la « date de naissance de la théorie quantique ». Tout en restant sceptique quant à l'hypothèse des quanta de lumière d'Einstein, il reconnut immédiatement l'importance de la théorie de la relativité restreinte établie par Einstein en 1905 ; l'acception rapide de cette théorie en Allemagne est principalement due à Planck. En 1918 Planck se vit décerner le prix Nobel de Physique. Grâce à ses travaux scientifiques, son caractère droit et sans compromis et son comportement agréable, il occupa une position unique parmi les physiciens allemands. En tant qu'un des quatre secrétaires permanents, il dirigea la « Preußische Akademie der Wissenschaften » pendant plus de vingt-cinq ans. Durant de nombreuses années il fut président de la « Deutsche Physikalische Gesellschaft » et co-éditeur des « Annalen der Physik ». La « Deutsche Physikalische Gesellschaft » créa la médaille Max Planck lors de son 70ème anniversaire . Planck fut le premier à recevoir cette distinction. À la fin de la seconde guerre mondiale, la « Kaiser-Wilhelm-Gesellschaft zur Förderung der Wissenschaften », de laquelle Planck fut président pendant sept ans, fut renommée « Max-Planck-Gesellschaft zur Förderung der Wissenschaften ». [BR]

WIEN, Wilhelm, physicien allemand, *Gaffken (Prusse orientale) 13.1.1864, †Munich 30.8.1928, fut professeur à Aix-la-Chapelle, Gieen, Würzburg et Munich ; en 1893, encore assistant de H. v. Helmholtz, il découvrit sa *loi de déplacement* ; en 1896 il publia sa *loi du rayonnement* (bien que seulement partiellement valable). Pour ces travaux et publications Wien reçut le prix Nobel en 1911. La poursuite de ces travaux par Planck conduisit à la théorie quantique. En 1896, Wien publia des articles sur les faisceaux de particules : entre autres, il identifia les rayons cathodiques comme étant des particules chargées négativement ; il remarqua que les rayons canaux consistaient en un mélange où les ions positifs prédominent et détermina leur charge et leur vitesse. Il étudia le transfert de charges, détermina le libre parcours moyen des particules. Comme éditeur des « Annalen der Physik » (à partir de 1906) il influença grandement le développement de la science. [BR]

3. Aspects ondulatoires de la matière

3.1 Ondes de de Broglie

Les études menées sur la nature de la lumière montrèrent que, suivant la nature de l'expérience réalisée, la lumière devait être décrite soit par un *onde* électromagnétique, soit par un *corpuscule* (photon). Ainsi, l'aspect ondulatoire se manifeste par des phénomènes d'interférences et de diffraction, tandis que l'aspect corpusculaire apparaît distinctement dans l'effet photoélectrique. Dans le cas de la lumière, les relations décrivant la dualité onde–corpuscule sont bien connues. Mais qu'en est-il des particules matérielles? Leur nature corpusculaire est évidente, présentent-elles également un aspect ondulatoire? En plus de leurs propriétés corpusculaires, *de Broglie* associa des propriétés ondulatoires aux particules, en se basant sur les relations connues pour la lumière. Ce qui est vrai pour les photons, devrait l'être pour tout type de particule. Ainsi, pour l'aspect corpusculaire, nous associons *à une particule*, par exemple un électron de masse *m se déplaçant dans l'espace libre avec une vitesse constante* v, une énergie E et une impulsion p. L'aspect ondulatoire de cette particule est décrit par une fréquence ν et un vecteur d'onde k. À la manière de de Broglie nous spéculons : puisque ces descriptions doivent seulement rendre compte de deux aspects différents du même objet, les relations suivantes entre les différentes grandeurs devraient être valables :

$$E = h\nu = \hbar\omega \quad \text{et} \tag{3.1}$$

$$p = \hbar k = \frac{h}{\lambda}\frac{k}{|k|} \, . \tag{3.2}$$

Dans les chapitres précédents nous avons constaté que ces équations s'appliquent aux photons (champ électromagnétique) ; nous postulons maintenant leur validité pour *toute* particule. À toute particule libre nous associons une onde plane d'amplitude A :

$$\psi(r, t) = A \exp[\mathrm{i}(k \cdot r - \omega t)] \, , \tag{3.3}$$

ou, en utilisant les relations ci-dessus,

$$\psi(r, t) = A \exp[\mathrm{i}(p \cdot r - Et)/\hbar] \, . \tag{3.3a}$$

D'après de Broglie, l'onde plane associée à la particule a une longueur d'onde

$$\lambda = \frac{2\pi}{k} = \frac{h}{p} = \frac{h}{mv} \, , \tag{3.4}$$

où la deuxième relation ne s'applique qu'à des particules dont la masse au repos reste finie. À cause de la valeur faible du quantum d'action, la masse de la particule doit être suffisamment faible pour générer une longueur d'onde mesurable. Pour cette raison, le caractère ondulatoire de la matière ne se manifeste que dans les domaines atomiques et subatomiques. La phase

$$\alpha = \boldsymbol{k} \cdot \boldsymbol{r} - \omega t \tag{3.5}$$

de l'onde $\psi(\boldsymbol{r}, t)$ (3.3) se propage à la vitesse $\boldsymbol{u} = \dot{\boldsymbol{r}}$ d'après la relation

$$\frac{\mathrm{d}\alpha}{\mathrm{d}t} = \boldsymbol{k} \cdot \dot{\boldsymbol{r}} - \omega = \boldsymbol{k} \cdot \boldsymbol{u} - \omega = 0 \, . \tag{3.6}$$

D'où nous obtenons la grandeur de la vitesse de phase $\boldsymbol{u}$ ($\boldsymbol{k}$ et $\boldsymbol{u}$ sont de même direction) :

$$|\boldsymbol{u}| = \frac{\omega}{k} \, . \tag{3.7}$$

Dans la suite, nous allons montrer que les ondes de matière – en contraste avec les ondes électromagnétiques – sont sujettes à dispersion même dans le vide. Nous devons par conséquent, calculer $\omega(k)$. Pour $v \ll c$, l'énergie relativiste d'une particule libre

$$E^2 = m_0^2 c^4 + p^2 c^2$$

peut, être mis sous la forme

$$E = mc^2 = \sqrt{m_0^2 c^4 + p^2 c^2} = m_0 c^2 + \frac{p^2}{2m_0} + \dots \, . \tag{3.8}$$

Avec (3.1) et (3.2) nous pouvons donner la fréquence en fonction du nombre d'onde :

$$\omega(k) = \frac{m_0 c^2}{\hbar} + \frac{\hbar k^2}{2m_0} + \dots \, . \tag{3.9}$$

Par conséquent, la vitesse de phase $u = \omega/k$ est une fonction de k dans le vide,

$$u = \frac{m_0 c^2}{\hbar k} + \frac{\hbar k}{2m_0} + \dots \, , \tag{3.10}$$

de sorte que les ondes de matière manifestent de la dispersion dans le vide, c'est-à-dire que des ondes de nombres d'onde différents (longueurs d'ondes différentes) ont des vitesses de phase différentes. D'autre part, pour la *vitesse de phase u*, nous avons la relation :

$$u = \frac{\omega}{k} = \frac{\hbar \omega}{\hbar k} = \frac{E}{p} = \frac{mc^2}{mv} = \frac{c^2}{v} \, . \tag{3.11}$$

Parce que $c > v$, la vitesse de phase des ondes de matière est toujours plus grande que la vitesse de la lumière dans le vide. De ce fait, elle ne peut pas être assimilée à la vitesse de la particule correspondante. Parce qu'une particule a une masse, elle ne peut se déplacer qu'à des vitesses inférieures à celle de la lumière.

La vitesse de groupe est calculée à partir de

$$v_g = \frac{\mathrm{d}\omega}{\mathrm{d}k} = \frac{\mathrm{d}(\hbar\omega)}{\mathrm{d}(\hbar k)} = \frac{\mathrm{d}E}{\mathrm{d}p} \; ; \tag{3.12}$$

(nous démontrerons ceci ci-dessous). La variation d'énergie $\mathrm{d}E$ d'une particule se déplaçant sous l'action d'une force $\boldsymbol{F}$ le long d'un parcours $\mathrm{d}s$ est $\mathrm{d}E = \boldsymbol{F} \cdot \mathrm{d}s$ et parce que $\boldsymbol{F} = \mathrm{d}\boldsymbol{p}/\mathrm{d}t$ nous avons

$$\mathrm{d}E = \frac{\mathrm{d}\boldsymbol{p}}{\mathrm{d}t} \cdot \mathrm{d}s = \mathrm{d}\boldsymbol{p} \cdot \boldsymbol{v} \,. \tag{3.13}$$

Puisque $\boldsymbol{v}$ et $\boldsymbol{p} = m\boldsymbol{v}$ sont parallèles, nous avons :

$$\mathrm{d}E = |\boldsymbol{v}| \; |\mathrm{d}\boldsymbol{p}| = v\,\mathrm{d}p \text{ ou } \frac{\mathrm{d}E}{\mathrm{d}p} = v \,. \tag{3.14}$$

De ce fait, la vitesse de groupe d'une onde de matière est identique à la vitesse de la particule, c'est-à-dire

$$v_g = v \,. \tag{3.15}$$

Nous pouvons aussi déduire ce résultat d'une autre façon ; si nous voulons décrire une particule comme une entité limitée dans l'espace, nous ne pouvons pas la décrire par une onde plane (3.3). Au lieu de cela, nous essayons de décrire la particule par un paquet d'ondes, qui, à l'aide d'une intégrale de Fourier, est écrite comme une superposition d'ondes harmoniques qui différent par leurs longueurs d'onde et leurs vitesses de phase. Par souci de simplicité nous étudierons un groupe d'ondes se propageant le long de l'axe x

$$\psi(x, t) = \int\limits_{k_0-\Delta k}^{k_0+\Delta k} c(k) \exp\{\mathrm{i}[kx - \omega(k)t]\}\,\mathrm{d}k \,. \tag{3.16}$$

Ici, $k_0 = 2\pi/\lambda_0$ est le nombre d'onde moyen du groupe et Δk est la mesure de l'étendue en fréquence du paquet d'ondes supposée petite ($\Delta k \ll k_0$). Par conséquent, nous pouvons développer la fréquence ω, qui d'après (3.9) est une fonction de k, en une série de Taylor dans l'intervalle Δk en fonction de k_0, et négliger les termes d'ordre $(\Delta k)^n = (k-k_0)^n$, $n \geq 2$, soit

$$\omega(k) = \omega(k_0) + \left(\frac{\mathrm{d}\omega}{\mathrm{d}k}\right)_{k=k_0} (k-k_0) + \frac{1}{2}\left(\frac{\mathrm{d}^2\omega}{\mathrm{d}k^2}\right)_{k=k_0} (k-k_0)^2 + \dots \,. \tag{3.17}$$

Nous prenons $\xi = k - k_0$ comme variable d'intégration et admettons que l'amplitude $c(k)$ varie lentement en fonction de k dans l'intervalle d'intégration $2\Delta k$. Le terme $(\mathrm{d}\omega/\mathrm{d}k)_{k=k_0} = v_g$ est la vitesse de groupe. Ainsi, (3.16) devient

$$\psi(x, t) = \exp\{\mathrm{i}[k_0 x - \omega(k_0)t]\} \int_{-\Delta k}^{\Delta k} \exp\left[\mathrm{i}(x - v_g t)\xi\right] c(k_0 + \xi)\, \mathrm{d}\xi . \quad (3.18)$$

L'intégration, la transformation et l'approximation $c(k_0 + \xi) \approx c(k_0)$ conduisent au résultat

$$\psi(x, t) = C(x, t) \exp\{\mathrm{i}[k_0 x - \omega(k_0)t]\} \quad \text{avec} \quad (3.19a)$$

$$C(x, t) = 2c(k_0) \frac{\sin[\Delta k(x - v_g t)]}{x - v_g t} . \quad (3.19b)$$

Puisque l'argument du sinus contient la quantité petite Δk, $C(x, t)$ varie seulement lentement en fonction du temps t et de la coordonnée x. En conséquence, nous pouvons considérer $C(x, t)$ comme l'amplitude d'une onde approximativement monochromatique et $k_0 x - \omega(k_0)t$ comme sa phase. En multipliant le numérateur et le dénominateur de l'amplitude par Δk et en simplifiant le terme

$$\Delta k(x - v_g t) = z ,$$

nous voyons que la variation de l'amplitude est déterminée par le facteur

$$\frac{\sin z}{z} ,$$

dont les propriétés sont

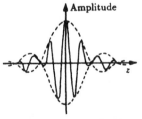

Fig. 3.1. Paquet d'ondes : plusieurs ondes se superposent, générant un groupe d'étendue spatiale finie

$$\lim_{z \to 0} \frac{\sin z}{z} = 1 \quad \text{pour} \quad z = 0 , \quad \frac{\sin z}{z} = 0 \quad \text{pour} \quad z = \pm\pi , \ \pm 2\pi , \ldots \quad (3.20)$$

Si nous augmentons encore la valeur absolue de z, la fonction $(\sin z)/z$ passe alternativement par des maxima et des minima dont les valeurs sont faibles comparées à celle du maximum principal à $z = 0$ et converge rapidement vers zéro. Par conséquent, nous pouvons conclure que la superposition génère un paquet d'ondes dont l'amplitude est seulement différente de zéro dans une région limitée de l'espace et est décrite par $(\sin z)/z$. La figure 3.1 représente la forme d'un tel paquet d'ondes à un instant donné.

Le facteur de modulation $(\sin z)/z$ de l'amplitude prend la valeur maximale 1 pour $z \to 0$. C'est pourquoi, pour $z = 0$

$$v_g t - x = 0 ,$$

qui signifie que le maximum de l'amplitude est un plan se propageant à la vitesse

$$\frac{\mathrm{d}x}{\mathrm{d}t} = v_g . \quad (3.21)$$

La vitesse de propagation du plan d'amplitude maximum doit être comprise comme la vitesse de groupe v_g, qui, comme nous l'avons déterminé précédemment, est la vitesse de transport de l'énergie. La vitesse de groupe est la vitesse de l'ensemble du paquet d'ondes (groupe de l'«onde de matière»).

Nous pouvons comprendre ceci d'une autre manière plus concise : si nous demandons que $|\psi(x, t)|^2$ dans (3.18) soit constant, c'est-à-dire $|\psi(x, t)|^2 = $ cste, nous concluons de (3.18) que $v_g t - x = $ cste, et d'où, par différentiation, $\dot{x} = v_g$. Ainsi, la valeur constante de $|\psi(x, t)|^2$ se déplace avec la vitesse de groupe v_g. En différentiant la relation de dispersion (3.9) de $\omega(k)$, nous obtenons pour v_g :

$$v_g = \left(\frac{\mathrm{d}\omega}{\mathrm{d}k}\right)_{k=k_0} = \left(\frac{\hbar k}{m_0}\right)_{k=k_0} = \frac{\hbar k_0}{m_0} = \frac{p}{m_0} \,. \tag{3.22}$$

De ceci, nous ne devons pas conclure qu'en général la vitesse de groupe d'un groupe d'ondes de matière coïncide avec la vitesse classique de la particule. Tous les résultats obtenus jusqu'à maintenant l'ont été en négligeant les termes en $\omega(k)$ d'ordre supérieur à 1 dans le développement de (3.17). Ceci est permis tant que le milieu est exempt de dispersion. Puisque les ondes de de Broglie subissent la dispersion même dans le vide, la dérivée $\mathrm{d}^2\omega/\mathrm{d}k^2 \neq 0$. Ceci implique que le paquet d'onde ne conserve pas sa forme, mais graduellement s'étend (chacune des ondes monochromatiques formant le paquet a une fréquence légèrement différente et par conséquent, une vitesse de propagation différente). Si la dispersion est faible, c'est-à-dire

$$\frac{\mathrm{d}^2\omega}{\mathrm{d}k^2} \approx 0 \,, \tag{3.23}$$

pour un certain temps, nous pouvons attribuer une forme particulière au paquet d'onde. Alors, nous pouvons considérer que le groupe d'ondes de matière se déplace comme un tout avec la vitesse de groupe v_g.

En suivant de Broglie, à chaque particule en mouvement uniforme, nous attribuons une onde plane de longueur d'onde λ. Pour déterminer cette longueur d'onde, nous partons des relations élémentaires de de Broglie (3.1) et (3.2). Pour la longueur d'onde, nous avons :

$$\lambda = \frac{2\pi}{k} = \frac{2\pi\hbar}{p} = \frac{h}{p} \,. \tag{3.24}$$

Si nous supposons que la vitesse de la particule est faible $v \ll c$, et utilisons l'équation

$$E = \frac{p^2}{2m_0} \,,$$

nous obtenons la longueur d'onde

$$\lambda = \frac{h}{\sqrt{2m_0 E}} \,, \tag{3.25}$$

qui signifie que nous devons connaître la masse au repos de la particule en mouvement, pour déterminer sa longueur d'onde associée. Si nous considérons, par exemple, un électron d'énergie cinétique $E = 10$ keV et de masse au repos $m_0 = 9,1 \cdot 10^{-31}$ kg, alors sa longueur d'onde associée est $\lambda_e = 0,122$ Å $= 0,122 \cdot 10^{-10}$ m.

La résolution d'un microscope, pour un petit objet, dépend de la longueur d'onde de la lumière utilisée pour l'illuminer (voir les exemples 3.7 et 3.8 dans la suite). Plus petite la longueur d'onde, plus petite la distance entre deux points qui peuvent être observés distinctement à travers un microscope. En prenant une valeur moyenne pour la longueur d'onde de la lumière visible $\lambda_L \approx 5000$ Å, un grandissement de l'ordre de 2000 peut être obtenu avec un microscope optique. Si on utilise des électrons à la place de la lumière visible pour explorer un objet, un grandissement de l'ordre de 500 000 et une résolution de 5–10 Å peuvent être obtenus. Enfin, à des protons et des mésons d'énergie cinétique de l'ordre du GeV (10^9 eV) sont associées des ondes de longueur d'onde si faible qu'il devient possible de les utiliser pour étudier la structure interne des particules élémentaires.

3.2 Diffraction des ondes de matière

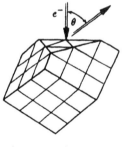

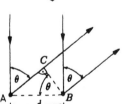

Fig. 3.2. Principe de diffusion d'ondes de matière par un cristal

Les phénomènes d'interférence et de diffraction sont des preuves uniques de l'existence des ondes. En particulier, les interférences destructives ne peuvent pas être expliquées en invoquant l'aspect corpusculaire. Alors que les effets photoélectrique et Compton montrent la nature corpusculaire de la lumière, la diffraction des électrons prouve l'existence d'ondes de matière.

Puisque la longueur d'onde associée aux électrons est trop petite pour observer leur diffraction par un réseau optique, des réseaux cristallins peuvent être utilisés. Ces expériences sont souvent complémentaires aux études de structure effectués à l'aide de rayons X.

Davisson et ***Germer*** ont appliqué la méthode de diffraction des rayons X de ***Laue*** à la diffraction des électrons. La surface d'un monocristal est utilisée comme un réseau de diffraction plan. Les électrons sont diffusés à la surface du cristal sans y pénétrer. La figure 3.2 représente le dispositif expérimental et le parcours des électrons. Des maxima de diffraction apparaissent si la condition

$$n\lambda = d \sin\theta \tag{3.26}$$

est satisfaite. Si un électron est soumis à une différence de potentiel accélératrice U, son énergie cinétique est eU et de (3.25) nous obtenons

$$\frac{nh}{d\sqrt{2m_0 e}} = \sqrt{U} \sin\theta \,, \tag{3.27}$$

qui, est en effet, vérifié par l'expérience.

Tartakowski et Thomson ont utilisé la méthode de diffusion de rayons X de *Debye–Scherrer* (exercice 3.1). Dans cette méthode, des rayons X monochromatiques sont diffractés par une poudre microcristalline agissant comme un ensemble de réseaux à trois dimensions orientés aléatoirement. Dans ce cas, il y a toujours des éléments de cristal orientés de façon à satisfaire la condition de réflexion sélective. La figure 3.3 représente le chemin suivi par les rayons X.

Fig. 3.3. Diffraction d'une onde de matière par un cristal

Les maxima de diffraction apparaissent lorsque la *relation de Wulf–Bragg* (réflexion sélective de Bragg) est remplie.

$$2d \sin \theta = n\lambda \ . \tag{3.28}$$

Grâce à la distribution statistique des microcristaux dans la poudre cristalline, l'appareillage – et les figures de diffraction correspondantes – sont symétriques par rapport à l'axe $\overline{SO}$. À cause de cette symétrie radiale des figures d'interférence, des cercles centrés en O apparaissent sur l'écran. Manifestement, la relation $\tan(2\theta) = D/2L$ s'applique, où L est la distance entre microcristal et écran. Le dispositif expérimental est conçu de façon à ce que tous les angles soient petits et que l'approximation $\tan(2\theta) \simeq 2\theta$ soit permise. De la relation de Bragg, nous obtenons

$$Dd = 2nL\lambda \ . \tag{3.29}$$

Si un faisceau d'électrons est utilisé à la place des rayons X, nous portons la longueur d'onde associée de de Broglie (3.25) dans la relation ci-dessus et trouvons que

$$D\sqrt{U} = \frac{2nLh}{d\sqrt{2m_0 e}} \ , \tag{3.30}$$

c'est-à-dire que la racine carrée de la différence de potentiel accélératrice multipliée par le rayon des cercles des images de diffraction doit être constant quelque soit l'ordre de diffraction.

Les résultats expérimentaux sont en parfait accord avec cette relation. De nos jours, des faisceaux d'électrons et particulièrement de neutrons, sont des outils importants en physique du solide pour déterminer la structure cristalline.

EXERCICE

3.1 Images de diffraction générées par des rayons X monochromatiques

Problème. (a) Quelles sont (schématiquement) les images de diffraction obtenues à l'aide d'un faisceau de rayons X monochromatique sur un cristal parfait?

(b) La méthode de Debye et Scherrer utilise une poudre cristalline plutôt qu'un cristal parfait. À quoi ressemblent ces figures d'interférences?

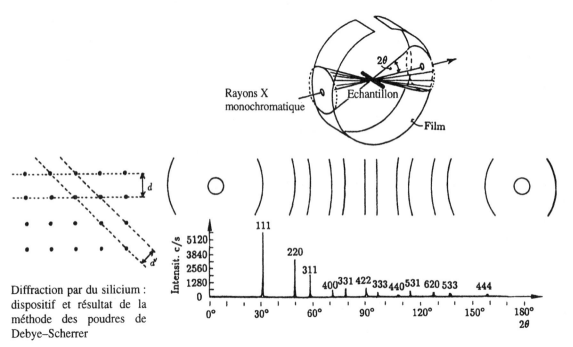

Diffraction par du silicium : dispositif et résultat de la méthode des poudres de Debye–Scherrer

Solution. (a) Un cristal parfait consiste en un arrangement régulier d'atomes (réseau). Un rayonnement incident de longueur d'onde λ est réfléchi un peu par chacun des nombreux plans réticulaires. Une réflexion importante n'a lieu que si les rayons réfléchis par plusieurs plans réticulaires parallèles entre eux interfèrent constructivement. Soit d la distance entre deux plans réticulaires parallèles quelconques ; la réflexion sélective n'a lieu que si la relation de Bragg $2d \sin\theta = n\lambda$ (n entier) est satisfaite. Ici, θ est l'angle entre le rayon incident et le plan réticulaire. Puisque nous supposons que le cristal est parfait, l'angle θ est déterminé par l'orientation du cristal par rapport au rayon incident. Pour une expérience donnée, dans la relation de Bragg, d, θ et λ sont déterminés. Alors, dans le cas général, il n'y a pas d'entier n qui permette de satisfaire la condition de Bragg. Aucune réflexion n'a lieu.

Pour surmonter cet inconvénient, on évite d'utiliser des rayons X monochromatiques pour effectuer des analyses de structure, au lieu de cela on utilise un spectre continu (méthode de von Laue). Dans ce cas, la figure de diffraction consiste en un ensemble de points distribués régulièrement sur l'écran. Une autre méthode consiste à varier l'angle θ en faisant tourner le cristal (méthode du cristal tournant).

(b) Dans notre cas le rayonnement est diffracté par de la poudre cristalline. De ce fait, pour la plupart des microcristaux, aucune réflexion n'a lieu (voir ci-dessus). Des interférences constructives peuvent avoir lieu seulement pour les cristaux alignés accidentellement suivant l'un des angles θ satisfaisant la condition de Bragg, les rayons sont défléchis suivant l'angle 2θ. Parce que les cristaux sont distribués uniformément dans l'espace un cône de réflexion en résulte (voir la figure).

EXERCICE ▬▬▬▬▬▬▬▬▬▬▬▬▬▬▬▬▬▬▬▬

3.2 Diffusion d'électrons et de neutrons

Problème. (a) Calculez la longueur d'onde de rayons X de 10 keV, d'électrons de 1 keV et de neutrons de 5 eV.

(b) La figure d'interférences change-t-elle si le rayonnement X est remplacé par des neutrons de même longueur d'onde?

(c) Question complémentaire : comment peut-on créer un faisceau de neutrons «monochromatiques»?

Solution. (a) La longueur d'onde $\lambda = 2\pi/k$ associée à une particule de masse m est reliée à sa quantité de mouvement p ; celle-ci est déterminée à partir de l'énergie totale E en utilisant

$$p = \sqrt{(E/c)^2 - m_0^2 c^2} \ .$$

De la relation de de Broglie $k = p/\hbar$, nous avons par conséquent

$$\lambda = 2\pi\hbar[(E/c)^2 - m_0^2 c^2]^{-1/2} \ .$$

Pour des photons $m_0 = 0$ soit $\lambda_{ph} = 2\pi\hbar c/E_{ph}$.

Dans l'approximation non relativiste, pour des électrons et des neutrons nous obtenons

$$p = \sqrt{2m_0 E_{cin}} \ , \quad \text{d'où} \quad \lambda = 2\pi\hbar\sqrt{2m_0 E_{cin}} \ .$$

En reportant ceci et avec

$$m_e = 0{,}911 \cdot 10^{-30} \, \text{kg} \, , \quad m_N = 1{,}675 \cdot 10^{-27} \, \text{kg} \, ,$$
$$1 \, \text{eV} = 1{,}602 \cdot 10^{-19} \, \text{J} \, , \quad 2\pi\hbar = 6{,}62 \cdot 10^{-34} \, \text{J s} \, ,$$
$$1 \, \text{nm} = 10^{-9} \, \text{m} = 10 \, \text{Å}$$

Longueur d'onde en fonction de l'énergie. Les échelles sont : [100 keV] photons, [100 eV] électrons, [0,01 eV] neutrons

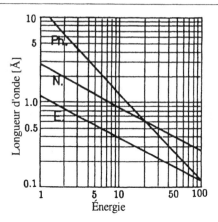

Principe d'obtention de neutrons monochromatiques par réflexion sélective

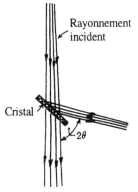

nous avons

$$\lambda_{ph}(10\,\text{keV}) = 0,120\,\text{nm} \quad \lambda_e(1\,\text{keV}) = 0,039\,\text{nm} \quad \lambda_N(5\,\text{eV}) = 0,013\,\text{nm}$$

(b) Le remplacement des rayons X par des neutrons de même longueur d'onde ne modifie pas les angles de diffusion. Cependant, parce que les rayons X interagissent avec le cortège des électrons, alors que les neutrons interagissent avec le noyau et que des moments magnétiques dipolaires peuvent éventuellement interagir, la relation d'intensité est différente.

(c) Pour obtenir des neutrons monochromatiques, la réflexion sélective de Bragg est utilisée. Lorsqu'un faisceau de neutrons d'énergies diverses (polychromatique) frappe un cristal, pour un certain angle d'incidence 2θ, seulement quelques longueurs d'onde ($n\lambda = 2d\sin\theta$) sont réfléchies (voir figure). En général une réflexion ($n = 1$ et un d donné) est plus intense que toutes les autres.

3.3 L'interprétation statistique des ondes de matière

La question de l'interprétation des ondes décrivant le mouvement d'une particule et si, à cette onde on doit attribuer une réalité physique, a été sujet à discussion pendant les premières années de la mécanique quantique. Un électron unique se comporte comme une particule, tandis que des figures d'interférences apparaissent seulement lorsqu'un grand nombre d'électrons sont diffusés.

Max **Born** a ouvert la voie à l'interprétation statistique de la fonction d'onde décrivant une particule. Il a créé le terme *champ guide* (en allemand :

«Führungsfeld») pour l'interprétation des fonctions d'onde. En fait, l'idée provient d'Einstein qui utilisa le terme de *champ fantôme* «Gespensterfeld»).

Le champ guide est une fonction scalaire ψ des coordonnées de toutes les particules et du temps. Conformément à l'idée originale, le mouvement d'une particule est déterminé uniquement par les lois de conservation de l'énergie et de l'impulsion et par les conditions aux limites, qui dépendent de l'expérience (appareillage). La particule est maintenue dans les limites imposées par le champ guide. La probabilité qu'une particule suive un chemin particulier est donnée par l'intensité, c'est-à-dire le carré de la valeur absolue du champ guide. Dans le cas de la diffusion d'un électron, ceci signifie que l'intensité de l'onde de matière (champ guide) détermine en chaque point la probabilité d'y trouver un électron. Nous étudierons plus avant cette interprétation des ondes associées à une particule en terme de champ de probabilités.

Le carré de l'amplitude de la fonction d'onde ψ est l'intensité. Cette valeur doit déterminer la probabilité de trouver une particule à un endroit donné. Puisqu'il se peut que ψ soit complexe, alors que la probabilité est toujours réelle, nous n'utiliserons pas ψ^2 comme la mesure de l'intensité, mais

$$\left| \psi^2 \right| = \psi\psi^* \,, \tag{3.31}$$

où ψ^* est le complexe conjugué de ψ. De plus, la probabilité de trouver une particule est proportionelle au volume considéré. Soit $dW(x, y, z, t)$ la probabilité de trouver une particule dans un volume élémentaire $dV = dx\,dy\,dz$ à l'instant t. Conformément à l'interprétation statistique des ondes de matière, nous adoptons l'hypothèse suivante :

$$dW(x, y, z, t) = |\psi(x, y, z, t)|^2 \, dV \,.$$

Afin d'obtenir une quantité indépendante du volume, nous introduisons la *densité de probabilité spatiale*

$$w(x, y, z, t) = \frac{dW}{dV} = |\psi(x, y, z, t)|^2 \,. \tag{3.32}$$

Elle est normalisée à 1, c'est-à-dire que l'amplitude de ψ est choisie de sorte que

$$\int_{-\infty}^{\infty} \psi\psi^* \, dV = 1 \,. \tag{3.33}$$

Ceci signifie que la particule doit se trouver en un point quelconque de l'espace (et seulement une fois). L'intégrale de normalisation est indépendante du temps :

$$\frac{d}{dt} \int_{-\infty}^{\infty} \psi\psi^* \, dV = \frac{d}{dt} 1 = 0 \,;$$

sinon, nous ne pourrions pas comparer des probabilités de présence se référant à des temps différents. La fonction d'onde ψ peut uniquement être normalisée si elle est de carré intégrable, c'est-à-dire si l'intégrale

$$\int\limits_{-\infty}^{\infty} |\psi|^2 \, dV \quad \text{converge,} \quad \text{soit} \int\limits_{-\infty}^{\infty} \psi\psi^* \, dV < M \, ,$$

M étant une constante réelle. L'interprétation probabiliste de ψ exprimée dans (3.32) est une petite étape, mais néanmoins seulement une hypothèse. Sa validité doit être vérifiée – et *sera prouvée*, ainsi que nous le verrons – par la mise en évidence des résultats qu'elle prédit.

Un état est *lié* si le mouvement du système est restreint ; si ce n'est pas le cas, nous avons à faire à des états *libres*. Dans la suite de cet ouvrage, nous établirons les faits suivant : la fonction d'onde ψ pour des états liés ($E < 0$) est de carré sommable, tandis que $|\psi|^2$ n'est pas intégrable pour des états non liés (libres). Ceci peut être compris intuitivement à partir de figure 3.4 : les états liés sont situés à l'intérieur du puits de potentiel et ne peuvent se propager qu'à l'intérieur du puits ; ils sont confinés. Les états libres se situent au-dessus du puits de potentiel et sont non-liés.

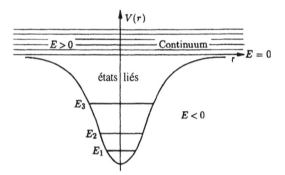

Fig. 3.4. États liés et continuum d'une particule dans un puits de potentiel

Une fonction d'onde normalisée ψ est déterminée à un facteur de phase près de module 1, c'est-à-dire un facteur $e^{i\alpha}$ avec un nombre réel arbitraire α. Ce manque d'unicité provient du fait que seule la quantité $\psi\psi^* = |\psi|^2$, la densité de probabilité, a une signification physique.

Un exemple d'une fonction d'onde qui ne peut pas être normalisée conformément aux exigences de (3.33) est la fonction d'onde

$$\psi(\boldsymbol{r}, t) = N \, e^{i(\boldsymbol{k}\cdot\boldsymbol{r}-\omega t)} \, , \tag{3.34}$$

où N est une constante réelle. Cette onde plane décrit le mouvement d'une particule libre d'impulsion $\boldsymbol{p} = \hbar\boldsymbol{k}$ et de localisation indéfinie. Mais nous pouvons normaliser la fonction (3.34) si nous définissons toutes les fonctions dans un grand volume fini[1], constitué d'un cube d'arrête L (*boîte de normalisation*) :

$$\psi = \begin{cases} N \, e^{i(\boldsymbol{k}\cdot\boldsymbol{r}-\omega t)} & \text{pour } \boldsymbol{r} \text{ à l'intérieur de } V = L^3 \\ 0 & \text{pour } \boldsymbol{r} \text{ à l'extérieur de } V = L^3 \, . \end{cases} \tag{3.35}$$

---

[1] Une autre méthode de normalisation de telles «fonctions d'onde du continuum» sera présentée dans le chapitre 5.

À la surface de ce volume, la fonction d'onde doit satisfaire certaines conditions aux limites. Nous supposons L grand par rapport aux dimensions atomiques : $(L \gg 10^{-8}\,\text{m})$. Alors l'influence des conditions aux limites sur le mouvement d'une particule dans le volume $V = L^3$ est très faible. Par conséquent, nous pouvons choisir les conditions aux limites sous une forme relativement simple. Souvent, on choisit des conditions aux limites périodiques de période L ; soit

$$\psi(x, y, z) = \psi(x + L, x, z) = \psi(x, y + L, z) = \psi(x, y, z + L) \,. \tag{3.36}$$

Maintenant nous déterminons le facteur de normalisation N de (3.34), en nous souvenant de la définition (3.35) :

$$1 = \int_{-\infty}^{\infty} \psi \psi^* \, \mathrm{d}V = N^2 \int_{V=L^3} \mathrm{d}V = N^2 L^3 \,,$$

d'où il résulte que

$$N = \frac{1}{\sqrt{L^3}} = \frac{1}{\sqrt{V}} \,.$$

Ainsi, nous obtenons la fonction d'onde normalisée

$$\psi_{\boldsymbol{k}}(\boldsymbol{r}, t) = \frac{1}{\sqrt{V}} \, \mathrm{e}^{\mathrm{i}\boldsymbol{k}\cdot\boldsymbol{r} - \mathrm{i}\omega(k)t} = \psi_{\boldsymbol{k}}(\boldsymbol{r}) \, \mathrm{e}^{-\mathrm{i}\omega(k)t} \,; \quad \psi_{\boldsymbol{k}}(\boldsymbol{r}) = \frac{1}{\sqrt{V}} \, \mathrm{e}^{\mathrm{i}\boldsymbol{k}\cdot\boldsymbol{r}} \,. \tag{3.37a}$$

Les conditions aux limites de notre problème restreignent les valeurs possibles du vecteur $\boldsymbol{k}$:

$$\boldsymbol{k} = \frac{2\pi}{L}\boldsymbol{n} \,, \quad \boldsymbol{k} = \{k_x, k_y, k_z\} \,, \quad \boldsymbol{n} = \{n_x, n_y, n_z\} \,. \tag{3.38a}$$

Écrits sous forme de composantes, nous avons respectivement,

$$k_x = \frac{2\pi}{L}n_x \,, \quad k_y = \frac{2\pi}{L}n_y \,, \quad k_z = \frac{2\pi}{L}n_z \,, \tag{3.38b}$$

où n_x, n_y et n_z sont des valeurs entières. Par conséquent, le vecteur quantité de mouvement $\boldsymbol{p} = \hbar\boldsymbol{k} = (2\pi\hbar/L)\boldsymbol{n}$ est quantifié. La même chose vaut pour l'énergie $E = \hbar\omega(\boldsymbol{k})$, et pour la fréquence de l'onde

$$\omega(\boldsymbol{k}) = \frac{E}{\hbar} = \frac{p^2}{2\hbar m} = \frac{\hbar k^2}{2m} = \left(\frac{2\pi}{L}\right)^2 \frac{\hbar}{2m}(n_x^2 + n_y^2 + n_z^2) \,. \tag{3.39}$$

En reportant les valeurs de $\boldsymbol{k}$ dans la fonction d'onde normalisée (3.16), nous obtenons

$$\psi_{\boldsymbol{k}}(\boldsymbol{r}, t) = \frac{1}{\sqrt{V}} \exp\left\{\mathrm{i}[(2\pi/L)\boldsymbol{n}\cdot\boldsymbol{r} - \omega(k)t]\right\}$$

$$= \frac{1}{\sqrt{L^3}} \exp\left\{\mathrm{i}[(2\pi/L)\boldsymbol{n}\cdot\boldsymbol{r} - \omega(k)t]\right\} = \psi_{\boldsymbol{k}}(\boldsymbol{r}) \, \mathrm{e}^{-\mathrm{i}\omega(k)t} \,. \tag{3.37b}$$

Pour ces fonctions d'ondes, nous pouvons vérifier explicitement que les conditions de périodicité (3.36) sont remplies. Les conditions aux limites (3.36), imposent que le vecteur k (et par conséquent l'impulsion $p = \hbar k$) prennent des valeurs discrètes données par les conditions (3.38). Dans la limite $L \to \infty$, la différence entre valeurs voisines de k [et de l'énergie (3.39)] converge vers zéro, et finalement nous revenons au mouvement d'une particule libre dans l'espace infini.

Maintenant nous allons démontrer que les fonctions d'onde normalisées $\psi_k(r, t)$ de (3.37) constituent un système orthonormal de fonctions, de sorte que

$$\int_V \psi_k^*(r)\psi_{k'}(r)\,\mathrm{d}V = \delta_{kk'} \ . \tag{3.40}$$

Ici, seule la partie spatiale des fonctions d'onde ψ_k (onde plane) de (3.37a) est prise en considération. Le facteur contenant la dépendance en temps $\exp[+\mathrm{i}\omega(k)t]$ ne change rien dans la relation d'orthonormalité (3.40). Le calcul donne :

$$\int_{V=L^3} \psi_k^*(r)\psi_k(r)\,\mathrm{d}V$$

$$= \frac{1}{L^3} \int_{-L/2}^{L/2} e^{\mathrm{i}(k_x'-k_x)x}\,\mathrm{d}x \int_{-L/2}^{L/2} e^{\mathrm{i}(k_y'-k_y)y} \int_{-L/2}^{L/2} e^{\mathrm{i}(k_z'-k_z)z}$$

$$= \frac{1}{L^3} \int_{-L/2}^{L/2} \exp\{\mathrm{i}[2\pi/L(n_x'-n_x)x]\}\,\mathrm{d}x \int_{-L/2}^{L/2} \exp\{\mathrm{i}[2\pi/L(n_y'-n_y)y]\}\,\mathrm{d}y$$

$$\times \int_{-L/2}^{L/2} \exp\{\mathrm{i}[2\pi/L(n_z'-n_z)z]\}\,\mathrm{d}z \ ,$$

$$= \frac{\sin[\pi(n_x'-n_x)]}{\pi(n_x'-n_x)} \frac{\sin[\pi(n_y'-n_y)]}{\pi(n_y'-n_y)} \frac{\sin[\pi(n_z'-n_z)]}{\pi(n_z'-n_z)}$$

$$= \delta_{n_x' n_x}\delta_{n_y' n_y}\delta_{n_z' n_z} = \delta_{k'k} \ .$$

Manifestement $\sin[\pi(n_x'-n_x)] = 0$ pour $n_x' \neq n_x$. Par conséquent, seuls les cas où $n_x' = n_x$, $n_y' = n_y$ et $n_z' = n_z$ contribuent. Ainsi, les fonctions d'onde $\psi_k(r, t)$ de (3.37) constituent effectivement un système de fonctions orthonormales. De plus, les ψ_k sont un système complet, c'est-à-dire qu'il est impossible de trouver une autre fonction ϕ qui soit orthogonale à tous les ψ_k dans le sens de la relation (3.40). Alors, nous avons la relation de complétude :

$$\int_V \psi\psi^*\,\mathrm{d}V = \int_V |\psi|^2\,\mathrm{d}V = \sum_k |a_k|^2 \ , \tag{3.41}$$

où les a_k sont les coefficients du développement de la fonction d'onde arbitraire ψ en terme d'un jeu complet des ψ_k,

$$\psi = \sum_k a_k \psi_k(x) \, . \tag{3.42}$$

Si la relation (3.41) est vérifiée (la démonstration est omise ici), nous pouvons toujours développer selon (3.42), c'est-à-dire les ψ_k constituent une base orthonormée d'un espace de **Hilbert**. Un espace de Hilbert est un espace vectoriel sur le corps des nombres complexes, de dimension finie ou infinie, muni d'un produit scalaire. Le produit scalaire attribue à chaque paire de fonctions $\psi(x)$ et $\phi(x)$ de l'éspace de Hilbert un nombre complexe $\langle \psi | \phi \rangle$ avec les propriétés suivantes :

(1) $$\langle \psi | \phi \rangle = \int \psi^* \phi \, \mathrm{d}V = \left(\int \phi^* \psi \, \mathrm{d}V \right)^* = (\langle \phi | \psi \rangle)^* \, ,$$

(2) $$\langle \psi | a\phi_1 + b\phi_2 \rangle = a \langle \psi | \phi_1 \rangle + b \langle \psi | \phi_2 \rangle \quad \text{ou}$$
$$\int \psi^* (a\phi_1 + \phi_2) \, \mathrm{d}V = a \int \psi^* \phi_1 \, \mathrm{d}V + b \int \psi^* \phi_2 \, \mathrm{d}V \, , \quad \text{(linéarité)}$$

(3) $$\langle \psi | \psi \rangle = \int \psi^* \psi \, \mathrm{d}V \geq 0 \, ,$$

(4) $$\langle \psi | \psi \rangle = \int \psi^* \psi \, \mathrm{d}V = 0 \, ,$$

implique $\quad \psi(x) = 0 \, .$ $\hfill$ (3.43)

Les vecteurs d'état (= fonctions d'onde) d'un système quantique constituent un espace de Hilbert ; l'espace de Hilbert est donc un espace de fonctions.

Montrons que (3.42) implique la complétude de (3.41). Nous multiplions (3.42) des deux côtés par son complexe conjugué, intégrons sur tout l'espace et utilisons la condition d'orthonormalité (3.40). Il vient alors

$$\int\limits_V \psi \psi^* \, \mathrm{d}V = \int\limits_V \sum_{k,k'} a_k a_{k'}^* \psi_k \psi_{k'}^* \, \mathrm{d}V$$
$$= \sum_{k,k'} a_k a_{k'}^* \int\limits_V \psi_k \psi_{k'}^* \, \mathrm{d}V = \sum_{k,k'} a_k a_{k'}^* \delta_{k,k'}$$

d'où la relation (3.41).

Pour déterminer les coefficients a_k du développement (3.42) nous multiplions cette équation par ψ_k^* et intégrons sur le volume V :

$$\int\limits_V \psi \psi_{k'}^* \, \mathrm{d}V = \sum_k a_k \int\limits_V \psi_k \psi_{k'}^* \, \mathrm{d}V = \sum_k a_k \delta_{kk'} = a_{k'} \, ,$$

i.e. $\quad a_k = \int \psi \psi_k^* \, \mathrm{d}V \, .$ $\hfill$ (3.44a)

À l'aide de l'intégrale de normalisation, nous obtenons

$$1 = \int\limits_{-\infty}^{\infty} \psi\psi^* \, \mathrm{d}V = \sum_{kk'} a_k a_{k'}^* \int\limits_V \psi_k \psi_{k'}^* \, \mathrm{d}V = \sum_{kk'} a_k a_{k'}^* \delta_{kk'} = \sum_k a_k a_k^* \, .$$

D'où

$$\sum_k |a_k|^2 = 1 \, . \tag{3.44b}$$

Maintenant nous interprétons la quantité $|a_k|^2$ comme la probabilité de trouver une particule d'impulsion

$$p = \hbar k$$

dans l'état ψ. Cette interprétation est justifiée au vu de (3.42) et le fait que les $\psi_k(r, t)$ dans (3.37) sont des fonctions d'onde avec une impulsion définie $p = \hbar k$.

3.4 Valeurs moyennes en mécanique quantique

Dans ce qui suit, nous allons calculer les valeurs moyennes de la position, de l'impulsion et d'autres grandeurs physiques dans un certain état, si la fonction d'onde normalisée ψ est connue.

1. La valeur moyenne des coordonnées d'espace. Soit un système quantique dans un état ψ. La densité de probabilité est alors donnée par $\psi\psi^*$. La fonction de l'état ψ est normalisée à l'unité. Ainsi, la valeur moyenne du vecteur position est donnée par

$$\langle r \rangle = \int\limits_V r \, \psi^*(r)\psi(r) \, \mathrm{d}V = \int\limits_V \psi^*(r) \, r \, \psi(r) \, \mathrm{d}V \, .$$

En conséquence, nous avons pour la *valeur moyenne* d'une fonction $f(r)$, qui dépend uniquement de r,

$$\langle f(r) \rangle = \int\limits_V f(r)\psi^*(r)\psi(r) \, \mathrm{d}V = \int\limits_V \psi^*(r) f(r)\psi(r) \, \mathrm{d}V \, .$$

2. La valeur moyenne de l'impulsion. Nous avons déjà montré qu'une fonction d'onde quelconque ψ peut être développée en termes d'une base orthonormée de l'espace de Hilbert $\{\psi_k\}$. Les carrés des coefficients du développement représentent alors la probabilité de l'impulsion (3.44b) et nous avons la relation

$$\langle p \rangle = \sum_k a_k^*(\hbar k)a_k \, .$$

En reportant l'expression (3.44a) de a_k dans cette relation de la valeur moyenne de l'impulsion, nous avons

$$\langle \boldsymbol{p} \rangle = \sum_{\boldsymbol{k}} \left(\int_{V'} \psi_{\boldsymbol{k}}(\boldsymbol{r}')\psi^*(\boldsymbol{r}')\,\mathrm{d}V' \right) \hbar \boldsymbol{k} \left(\int_{V} \psi(\boldsymbol{r})\psi^*_{\boldsymbol{k}}(\boldsymbol{r})\,\mathrm{d}V \right) , \text{ ou} \qquad (3.45\mathrm{a})$$

$$\langle \boldsymbol{p} \rangle = \sum_{\boldsymbol{k}} \int_{V} \int_{V'} \psi^*(\boldsymbol{r}')\psi_{\boldsymbol{k}}(\boldsymbol{r}')\hbar \boldsymbol{k}\psi^*_{\boldsymbol{k}}(\boldsymbol{r})\psi(\boldsymbol{r})\,\mathrm{d}V\,\mathrm{d}V' . \qquad (3.45\mathrm{b})$$

Nous pouvons aisément vérifier que nous avons

$$\hbar \boldsymbol{k}\psi^*_{\boldsymbol{k}}(\boldsymbol{r}) = \mathrm{i}\hbar\,\nabla\psi^*_{\boldsymbol{k}}(\boldsymbol{r}) \qquad (3.46)$$

en se servant de la fonction d'onde

$$\psi^*_{\boldsymbol{k}}(\boldsymbol{r}) = \frac{\mathrm{e}^{-\mathrm{i}\boldsymbol{k}\cdot\boldsymbol{r}}}{\sqrt{V}} ,$$

introduite précédemment avec ses conditions aux limites correspondantes dans (3.37). En reportant (3.46) dans (3.45b) nous obtenons

$$\langle \boldsymbol{p} \rangle = \sum_{\boldsymbol{k}} \int_{V'} \psi^*(\boldsymbol{r}')\psi_{\boldsymbol{k}}(\boldsymbol{r}')\,\mathrm{d}V' \int_{V} [\mathrm{i}\hbar\,\nabla\psi^*_{\boldsymbol{k}}(\boldsymbol{r})]\psi(\boldsymbol{r})\,\mathrm{d}V .$$

Maintenant, selon la condition de périodicité (3.36), les valeurs de ψ et ψ_k sont égales sur des faces opposées ($x = 0$, L ou $y = 0$, L ou $z = 0$, L) du cube de volume $V = L^3$. Ainsi, en intégrant par exemple sur la composante x, nous obtenons,

$$\mathrm{i}\hbar \iint \left[\int \left(\frac{\mathrm{d}\psi^*_{\boldsymbol{k}}}{\mathrm{d}x} \right) \psi\,\mathrm{d}x \right] \mathrm{d}y\;\mathrm{d}z$$

$$= \mathrm{i}\hbar \iint \psi^*_{\boldsymbol{k}} \Big|_{x=0,L}\,\mathrm{d}y\;\mathrm{d}z - \mathrm{i}\hbar \int \psi^*_{\boldsymbol{k}} \left(\frac{\mathrm{d}\psi}{\mathrm{d}x} \right) \mathrm{d}V$$

$$= -\mathrm{i}\hbar \int \psi^*_{\boldsymbol{k}} \left(\frac{\mathrm{d}\psi}{\mathrm{d}x} \right) \mathrm{d}V .$$

La valeur moyenne de l'impulsion $\boldsymbol{p}$ est alors

$$\langle \boldsymbol{p} \rangle = \int_{V} \int_{V'} \left\{ \psi^*(\boldsymbol{r}')(-\mathrm{i}\hbar\,\nabla\psi(\boldsymbol{r})) \sum_{\boldsymbol{k}} \psi_{\boldsymbol{k}}(\boldsymbol{r}')\psi^*_{\boldsymbol{k}}(\boldsymbol{r}) \right\} \mathrm{d}V\,\mathrm{d}V' . \qquad (3.47)$$

Nous utilisons maintenant la relation

$$\sum_{\boldsymbol{k}} \psi_{\boldsymbol{k}}(\boldsymbol{r}')\psi^*_{\boldsymbol{k}}(\boldsymbol{r}) = \delta(\boldsymbol{r}' - \boldsymbol{r}) , \qquad (3.48)$$

qui peut être démontrée en développant la fonction delta[2] $\delta(r' - r)$ en termes de l'ensemble complet des fonctions $\psi_k(r) = V^{-1/2} e^{ik \cdot r}$

$$\delta(r' - r) = \sum_k b_k(r') \psi_k(r) \, , \tag{3.49}$$

et en calculant les coefficients $b_k(r')$ du développement. En multipliant les deux côtés de (3.49) par $\psi_{k'}^*(r)$ et en intégrant sur r nous obtenons

$$\int_V \psi_{k'}^*(r) \delta(r' - r) \, dV = \sum_k b_k(r') \int_V \psi_k(r) \psi_{k'}^*(r) \, dV \, ,$$

et à l'aide de la relation d'orthonormalité (3.40) il résulte,

$$\psi_{k'}^*(r') = \sum_k b_k \delta_{kk'} = b_{k'} \, , \quad \text{c'est-à-dire} \quad b_{k'}(r') = \psi_{k'}^*(r')$$

qui donne directement (3.48).

En appliquant (3.48) et (3.49) à (3.47), nous obtenons la forme finale, dont la structure est similaire à celle de la valeur moyenne du vecteur position, soit

$$\langle p \rangle = \int_{V=L^3} \psi^*(r)(-i\hbar \nabla) \psi(r) \, dV \, . \tag{3.50}$$

Cette relation exprime directement la valeur moyenne de l'impulsion à l'aide de la fonction d'onde $\psi(r)$ de l'état correspondant. La structure de (3.50) reste valable même dans le cas $L \to \infty$. Ainsi, dans le cas général de l'espace infini, cette relation permet de calculer la valeur moyenne de l'impulsion. De manière similaire, nous pouvons déduire que la valeur moyenne d'une puissance n quelconque de l'impulsion peut se calculer par

$$\langle p^n \rangle = \int_V \psi^*(r)(-i\hbar \nabla)^n \psi(r) \, dV \, . \tag{3.51}$$

Nous pouvons généraliser ce résultat à une fonction rationnelle quelconque $F(p)$ avec $F(p) = \sum_\nu a_\nu p^\nu$ de l'impulsion

$$\langle F(p) \rangle = \int_V \psi^*(r) \hat{F}(-i\hbar \nabla) \psi(r) \, dV \, . \tag{3.52}$$

Ici, $\hat{F}$ est un opérateur. L'impulsion p est liée à l'*opérateur différentiel* par

$$\hat{p} = -i\hbar \nabla \quad \text{et} \quad \hat{F}(p) = \sum a_\nu \hat{p}^\nu \, . \tag{3.53}$$

L'importance de cette relation réside dans le fait que si nous voulons calculer la valeur moyenne de la quantité $F(p)$, nous ne sommes pas obligés d'effectuer une décomposition de Fourier de la fonction d'onde $\psi(r)$ puis de calculer

---

[2] La définition et les propriétés de la fonction delta $\delta(x)$ seront discutées dans chapitre 5.

$\langle F(\boldsymbol{p}) \rangle = \sum_k F(\hbar k) a_{k'}^* a_k$, comme nous l'avons fait dans (3.45a) pour l'impulsion $\boldsymbol{p} = \hbar \boldsymbol{k}$. Au lieu de cela, le calcul peut être simplifié en introduisant l'opérateur $\hat{F}(\hat{\boldsymbol{p}})$ à la place de la fonction $F(\boldsymbol{p})$, et en effectuant directement l'intégration (3.52). Dans la suite, nous appliquerons ces relations et nous calculerons trois opérateurs particulièrement importants en mécanique quantique.

3.5 Trois opérateurs de la mécanique quantique

1. L'opérateur énergie cinétique. Dans le cas non relativiste, l'énergie cinétique s'écrit $T = p^2/2m$. Avec $\nabla^2 = \Delta$, nous obtenons l'opérateur $\hat{T}$

$$\hat{T} = \frac{\hat{p}^2}{2m} = \frac{(-\mathrm{i}\hbar\nabla)^2}{2m} = -\frac{\hbar^2}{2m}\Delta \tag{3.54}$$

ce qui représente un cas particulier de (3.51) ou (3.52).

2. L'opérateur moment cinétique. Avec l'expression classique du moment cinétique d'une particule $\boldsymbol{L} = \boldsymbol{r} \times \boldsymbol{p}$, nous obtenons l'opérateur de moment cinétique pour la mécanique quantique.

$$\hat{\boldsymbol{L}} = \boldsymbol{r} \times (-\mathrm{i}\hbar\nabla) = -\mathrm{i}\hbar\boldsymbol{r} \times \nabla \ . \tag{3.55a}$$

Les composantes de cet opérateur sont

$$\hat{L}_x = -\mathrm{i}\hbar\left(y\frac{\partial}{\partial z} - z\frac{\partial}{\partial y}\right) \ , \ \hat{L}_y = -\mathrm{i}\hbar\left(z\frac{\partial}{\partial x} - x\frac{\partial}{\partial z}\right) \ ,$$
$$\hat{L}_z = -\mathrm{i}\hbar\left(x\frac{\partial}{\partial y} - y\frac{\partial}{\partial x}\right) \ . \tag{3.55b}$$

(Une discussion détaillée de l'opérateur de moment cinétique sera donnée au chapitre 4.)

3. L'opérateur hamiltonien. L'énergie totale d'un système physique indépendant du temps est décrit classiquement par le hamiltonien,

$$H = T + V(\boldsymbol{r})$$

où T représente l'énergie cinétique et $V(\boldsymbol{r})$ l'énergie potentielle. On en déduit l'opérateur hamiltonien (le hamiltonien),

$$\hat{H} = -\frac{\hbar^2}{2m}\Delta + \hat{V}(\boldsymbol{r}) \ . \tag{3.56}$$

En mécanique quantique, un opérateur est associé à chaque observable (symboliquement : $A \to \hat{A}$). Soit $A(r, p)$ une fonction de r et de p. Nous construisons l'opérateur correspondant en remplaçant les quantités r et p dans l'expression de A par les opérateurs $\hat{r} = r$ et $\hat{p} = -i\hbar\nabla$, l'opérateur position étant identique au vecteur position. (Mais attention! Ceci n'est pas valable en général ; ce n'est vrai que dans une représentation en coordonnées cartésiennes. Voir plus loin notre discussion de la quantification dans le cas de coordonnées curvilignes au chapitre 8).

EXERCICE

3.3 Valeur moyenne de l'énergie cinétique

Problème. Calculez la valeur moyenne de l'énergie cinétique $\hat{T} = \hat{p}^2/2m$ à l'aide de $\hat{p} = -i\hbar\nabla$ et du potentiel $\hat{V} = -e^2/r$ pour l'électron $1s$ de l'état fondamental de l'atome d'hydrogène avec la fonction d'onde

$$\psi_{1s} = \frac{1}{\sqrt{\pi a^3}} e^{-r/a}, \quad a = \frac{\hbar^2}{me^2}.$$

Solution. La valeur moyenne est définie par

$$\left\langle \hat{T} \right\rangle = \int d^3r \psi_{1s}^*(r) \hat{T} \psi_{1s}(r),$$

$$\left\langle \hat{V} \right\rangle = \int d^3r \psi_{1s}^*(r) \hat{V} \psi_{1s}(r).$$

En utilisant les coordonnées sphériques, on a

$$\left\langle \hat{T} \right\rangle = \int d^3r \psi_{1s}^* \frac{\hat{p}^2}{2m} \psi_{1s}$$

$$= \frac{1}{\pi a^3} 4\pi \int_0^\infty r^2 \, dr \, e^{-r/a} \left(\frac{-\hbar^2}{2m} \frac{1}{r^2} \frac{\partial}{\partial r} r^2 \frac{\partial}{\partial r} \right) e^{-r/a}$$

$$= -\frac{2\hbar^2}{ma^3} \int_0^\infty dr \, e^{-r/a} \left(-\frac{1}{a} \left[2r - \frac{r^2}{a} \right] \right) e^{-r/a}$$

$$= \frac{2\hbar^2}{ma^4} \int_0^\infty dr \left(2r - \frac{r^2}{a} \right) e^{-2r/a} = \frac{1}{2} \frac{m\,e^4}{\hbar^2},$$

$$\left\langle \hat{V} \right\rangle = \frac{1}{\pi a^3} 4\pi \int_0^\infty r^2 \, dr \, e^{-r/a} \left(\frac{-e^2}{r} \right) e^{-r/a}$$

$$= \frac{-4e^2}{a^3} \int\limits_0^{\infty} \mathrm{d}r \, r \, \mathrm{e}^{-2r/a} = -\frac{me^4}{\hbar^2} \, .$$

L'énergie totale est $E = \langle \hat{T} + \hat{V} \rangle = -\frac{1}{2}(m\,\mathrm{e}^4/\hbar^2)$; ceci est l'énergie de liaison de l'électron dans l'état fondamental de l'atome d'hydrogène.

3.6 Le principe de superposition en mécanique quantique

L'un des principes fondamentaux de la mécanique quantique est le principe de superposition linéaire d'états ou, plus brièvement, le *principe de superposition*. Il stipule qu'un système quantique qui existe dans des états discrets ψ_n ($n \in \mathbb{N}$) peut également occuper l'état

$$\psi = \sum_n a_n \psi_n \, . \tag{3.57}$$

La densité de probabilité est alors donnée par

$$w = \psi\psi^* = \sum_{n,m} a_n a_m^* \psi_n \psi_m^* \, .$$

Ces circonstances physiques correspondent au fait mathématique que toute fonction d'onde possible ψ peut être développée en une série de fonctions orthogonales ψ_n. Nous avons déjà utilisé cette propriété dans (3.42).

Si un système quantique peut être dans une suite d'états φ_f, relatifs à une grandeur physique quelconque f, l'état

$$\psi = \int c_f \varphi_f \, \mathrm{d}f \tag{3.58}$$

est aussi réalisé. Par conséquent, l'équation d'onde pour ψ doit être une équation différentielle linéaire (chapitre 6). Le principe de superposition peut seulement être satisfait comme suit : si les ψ_n sont solutions de l'équation fondamentale linéaire, une combinaison linéaire du type (3.57) sera aussi solution.

EXEMPLE ▬▬▬▬▬▬▬▬▬▬▬▬▬▬▬▬

3.4 Superposition d'ondes planes, probabilité d'impulsion

La représentation d'un champ d'ondes $\psi(r, t)$ par une superposition d'ondes de de Broglie,

$$\psi_p(r, t) = \frac{1}{(2\pi\hbar)^{3/2}} \exp\left[\frac{i}{\hbar}(p \cdot r - Et)\right] \tag{1}$$

est un exemple d'une telle superposition. Le facteur de normalisation dans (1) provient de

$$
\begin{aligned}
\int_{-\infty}^{\infty} \psi_p^* \psi_{p'} \, d^3r &= \lim_{g \to \infty} N^2 \int_{-g}^{g} \exp\left[-\frac{i}{\hbar}(p - p') \cdot r\right] d^3r \\
&= \lim_{g \to \infty} N^2 2\frac{\sin[g(p_x - p_x')/\hbar]}{(p_x - p_x')/\hbar} \\
&\quad \times 2\frac{\sin[g(p_y - p_y')/\hbar]}{(p_y - p_y')/\hbar} 2\frac{\sin[g(p_z - p_z')/\hbar]}{(p_z - p_z')/\hbar} \\
&= N^2 (2\pi)^3 \delta\left(\frac{p - p'}{\hbar^3}\right) \\
&= N^2 (2\pi/\hbar)^3 \delta(p - p') \,,
\end{aligned}
$$

avec

$$\delta(x) = \frac{1}{\pi} \lim_{g \to \infty} \frac{\sin(gx)}{x} \text{ et } \delta(ax) = a^{-1}\delta(x) \,.$$

La fonction δ joue un rôle important dans de nombreux développements mathématiques rencontrés en mécanique quantique ; nous discuterons de ceci en détail dans chapitre 5 (exercices 5.1, 5.2 et 5.4).

Puisque nous considérons la dynamique d'une particule libre (pas de quantités de mouvement discrètes), nous ne normaliserons pas à l'unité, mais à la fonction delta, c'est-à-dire :

$$\int_{-\infty}^{\infty} \psi_{p'} \psi_p^* \, d^3r = \delta(p - p') \,. \tag{2}$$

Cette normalisation conduit à

$$N = (2\pi\hbar)^{-3/2} \,.$$

La fonction d'onde pour un état quelconque $\psi(r, t)$ peut être développée en une série d'ondes de de Broglie (1) selon

$$\psi(r, t) = \int_{-\infty}^{\infty} c(p, t)\psi_p(r, t) \, d^3p \,, \tag{3}$$

où $c(\boldsymbol{p}, t)$ sont les coefficients du développement du champ d'ondes $\psi(\boldsymbol{r}, t)$ en ondes planes [les coefficients du développement correspondent aux amplitudes avec lesquelles les états particuliers, représentés par des ondes de de Broglie, sont contenus dans l'état $\psi(\boldsymbol{r}, t)$; cf (3.58)].

Maintenant nous sommes à même de montrer que (3) est simplement une factorisation de $\psi(\boldsymbol{r}, t)$ dans une intégrale de Fourier triple. La relation de Fourier s'écrit :

$$\psi(\boldsymbol{r}, t) = \frac{1}{(2\pi)^3} \int\limits_{-\infty}^{\infty} \varphi(\boldsymbol{p}, t) \, \mathrm{e}^{+\mathrm{i}\boldsymbol{k} \cdot \boldsymbol{r}} \mathrm{d}^3 k \; . \tag{4}$$

$\varphi(\boldsymbol{p}, t)$ est la transformée de Fourier de la fonction d'onde $\psi(t, r)$. Nous reportons $\boldsymbol{k} = \boldsymbol{p}/\hbar$ dans (4) :

$$\psi(\boldsymbol{r}, t) = \frac{1}{(2\pi)^3} \int\limits_{-\infty}^{\infty} \varphi(\boldsymbol{p}, t) \exp\left(\mathrm{i}\frac{\boldsymbol{p} \cdot \boldsymbol{r}}{\hbar}\right) \frac{\mathrm{d}^3 p}{\hbar^3} \; .$$

De façon similaire, nous obtenons pour la transformée de Fourier

$$\varphi(\boldsymbol{p}, t) = \int\limits_{-\infty}^{\infty} \psi(\boldsymbol{r}, t) \exp\left(-\mathrm{i}\frac{\boldsymbol{p} \cdot \boldsymbol{r}}{\hbar}\right) \mathrm{d}^3 r \; .$$

Par comparaison de (3) avec (4), il vient

$$\varphi(\boldsymbol{p}, t) = \sqrt{(2\pi\hbar)^3} c(\boldsymbol{p}, t) \exp\left(-\mathrm{i}\frac{E_p t}{\hbar}\right) \; .$$

En utilisant (2), nous pouvons aisément démontrer que

$$\int\limits_{-\infty}^{+\infty} |c(\boldsymbol{p}, t)|^2 \mathrm{d}^3 p = (2\pi\hbar)^{-3} \int\limits_{-\infty}^{+\infty} |\varphi(\boldsymbol{p}, t)|^2 \mathrm{d}^3 p$$

$$= (2\pi\hbar)^{-3} \iiint\limits_{-\infty}^{+\infty} \mathrm{d}^3 p \, \mathrm{d}^3 r \, \mathrm{d}^3 r'$$

$$\times \exp\left[-\mathrm{i}\frac{\boldsymbol{p}}{\hbar} \cdot (\boldsymbol{r} - \boldsymbol{r}')\right] \psi^*(\boldsymbol{r}', t) \psi(\boldsymbol{r}, t)$$

$$= \iint\limits_{-\infty}^{+\infty} \mathrm{d}^3 r \, \mathrm{d}^3 r' \delta(\boldsymbol{r} - \boldsymbol{r}') \psi^*(\boldsymbol{r}', t) \psi(\boldsymbol{r}, t)$$

$$= \int\limits_{-\infty}^{+\infty} |\psi(\boldsymbol{r}, t)|^2 \mathrm{d}^3 r = 1 \; .$$

Exemple 3.4

La probabilité de trouver une impulsion dans l'intervalle p_x, $p_x + \mathrm{d}p_x$; p_y, $p_y + \mathrm{d}p_y$; p_z, $p_z + \mathrm{d}p_z$ est donnée par les coefficients du développement $c(\boldsymbol{p}, t)$. Nous obtenons l'expression suivante pour la probabilité :

$$\mathrm{d}W(\boldsymbol{p}, t) = |c(\boldsymbol{p}, t)|^2 \, \mathrm{d}^3 p \, ,$$

et pour la *densité de probabilité dans l'espace des moments* :

$$w(\boldsymbol{p}, t) = |c(\boldsymbol{p}, t)|^2 \, .$$

3.7 Le principe d'incertitude de Heisenberg

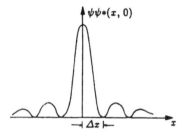

Fig. 3.5. Densité de probabilité du paquet d'ondes (3.19c) à l'instant $t = 0$

Parmi d'autres choses, l'aspect ondulatoire de la matière [c'est-à-dire qu'en mécanique quantique les particules sont guidées par le champ $\psi(x, t)$] se manifeste par le fait qu'il y a un lien direct entre la détermination de la position et l'impulsion en microphysique, c'est-à-dire que nous sommes dans l'impossibilité de mesurer simultanément la position et l'impulsion précises d'une particule. Cette indétermination est formulée par le *principe d'incertitude* de **Heisenberg**.

Démontrons d'abord l'existence de ce principe d'incertitude. Pour établir ce lien, nous considérons le paquet d'onde à une dimension (3.19a,b), représenté par figure 3.5, à l'instant $t = 0$

$$\psi(x, t) = 2c(k_0) \frac{\sin[\Delta k(v_g t - x)]}{v_g t - x} \mathrm{e}^{\mathrm{i}(\omega_0 t - k_0 x)} \, . \tag{3.19c}$$

L'étendue du groupe d'ondes peut être caractérisée par la quantité Δx, c'est-à-dire la distance du maximum au premier minimum. La condition pour les minima est

$$|\psi|^2 = 4c^2 \frac{\sin^2 \Delta k x}{x^2} = 0 \, .$$

Soit pour le premier minimum

$$\Delta k \Delta x = \pi \, .$$

En reportant l'impulsion selon de Broglie, nous obtenons une estimation du principe d'incertitude de Heisenberg entre position et quantité de mouvement (impulsion),

$$\Delta p \Delta x \approx \pi \hbar \, . \tag{3.59}$$

Cette relation signifie que la détermination simultanée de la position et de la quantité de mouvement en physique microscopique n'est pas possible ; les deux quantités sont toujours liées par la relation ci-dessus.

Le principe d'incertitude de Heisenberg est une conséquence du caractère ondulatoire des particules (plus exactement : du champ guide des particules). En utilisant le principe de superposition, le champ de probabilité est un paquet d'ondes superposé à des ondes de quantité de mouvement définie (*ondes planes*)La particule guidée par ce paquet d'ondes a une grande probabilité de se trouver dans Δx. On dit qu'elle est *localisée* dans Δx. Pour une telle localisation Δx, un grand nombre d'ondes planes de quantités de mouvement proches de $\hbar k_0$ est nécessaire, c'est-à-dire un paquet de largeur $\hbar \Delta k$. En physique classique des relations d'incertitude similaires apparaissent dans des processus impliquant des ondes. La transmission d'un signal électromagnétique, dans un espace restreint, a lieu sous la forme de paquets d'ondes contenant des ondes de toutes fréquences (impulsions). Pour émettre une onde d'une seule fréquence, l'émetteur doit émettre pendant un temps infini, parce que le fait d'interrompre l'émission puis de la reprendre, génère la contribution d'autres fréquences. Par conséquent, l'onde s'étend dans tout l'espace et sa localisation devient impossible.

Après ces considérations plutôt qualitatives, nous allons maintenant établir la relation d'incertitude de Heisenberg de manière exacte. Notre point de départ sera un état quelconque d'une particule décrit par la fonction d'onde $\psi(x)$. Par ailleurs, nous supposons que ψ est normalisée à l'unité et, dans un premier temps, nous limitons le calcul à une dimension seulement.

Nous devons d'abord définir une mesure de l'incertitude, c'est-à-dire de définir une mesure pour la déviation de p_x, ou de x, de leur valeurs moyennes respectives :

$$\overline{p_x} = \int \psi^*(x) \left(-i\hbar \frac{\partial}{\partial x}\right) \psi(x)\,dx \text{ et } \bar{x} = \int \psi^*(x) x \psi(x)\,dx .$$

Nous utilisons ici les écarts quadratiques moyens (dispersions) $\overline{\Delta p_x^2}$ et $\overline{\Delta x^2}$, définis par

$$\overline{\Delta p_x^2} = \overline{(p_x - \bar{p}_x)^2} = \overline{p_x^2} - \bar{p}_x^2 , \quad \overline{\Delta x^2} = \overline{(x - \bar{x})^2} = \overline{x^2} - \bar{x}^2 . \tag{3.60}$$

Pour la poursuite du calcul, nous choisissons un système de coordonnées approprié : l'origine est fixée au point $\bar{x}$ en le laissant se déplacer avec le centre de la distribution $\bar{x}$ de sorte qu'à chaque instant $\bar{x} = 0$ est valable. Alors nous avons

$$\bar{x} = 0 \quad \text{et} \quad \overline{p_x} = 0 .$$

À partir de la relation des dispersions (écarts quadratiques moyens) (3.60), nous obtenons

$$\overline{\Delta x^2} = \overline{x^2} \quad \text{et} \quad \overline{\Delta p_x^2} = \overline{p_x^2} . \tag{3.61}$$

Les valeurs moyennes se calculent aisément, c'est-à-dire

$$\overline{x^2} = \int \psi^* x^2 \psi\,dx,$$

$$\overline{p_x^2} = \int \psi^* \left(-\hbar^2 \frac{\partial^2}{\partial x^2}\right) \psi\,dx = -\hbar^2 \int \psi^* \frac{\partial^2 \psi}{\partial x^2}\,dx . \tag{3.62}$$

Pour établir un lien entre les quantités $\overline{x^2}$ et $\overline{p_x^2}$, nous considérons l'intégrale

$$I(\alpha) = \int_{-\infty}^{\infty} \left| \alpha x \psi(x) + \frac{d\psi(x)}{dx} \right|^2 dx , \quad \alpha \in \mathbb{R} . \tag{3.63}$$

L'intégrant est un carré absolu, c'est pourquoi $I(\alpha)$ est toujours plus grand que, ou égal à zéro. En développant l'expression de l'intégrant, on a :

$$I(\alpha) = \alpha^2 \int_{-\infty}^{\infty} x^2 |\psi|^2 dx + \alpha \int_{-\infty}^{\infty} x \left(\frac{d\psi^*}{dx} \psi + \psi^* \frac{d\psi}{dx} \right) dx$$
$$+ \int_{-\infty}^{\infty} \frac{d\psi^*}{dx} \frac{d\psi}{dx} dx . \tag{3.64}$$

Pour simplifier, on peut utiliser les notations suivantes :

$$A = \int_{-\infty}^{\infty} x^2 |\psi|^2 dx = \overline{\Delta x^2} ;$$

$$B = -\int_{-\infty}^{\infty} x \left(\frac{d\psi^*}{dx} \psi + \psi^* \frac{d\psi}{dx} \right) dx = -\int_{-\infty}^{\infty} x \frac{d}{dx} (\psi^* \psi) dx$$
$$= -x\psi^*\psi \Big|_{-\infty}^{\infty} + \int_{-\infty}^{\infty} \psi^* \psi \, dx = 1 , \tag{3.65a}$$

parce que ψ s'annule aux bornes d'intégration ;

$$C = \int_{-\infty}^{\infty} \frac{d\psi^*}{dx} \frac{d\psi}{dx} dx = \psi^* \frac{d\psi}{dx} \Big|_{-\infty}^{\infty} - \int_{-\infty}^{\infty} \psi^* \frac{d^2\psi}{dx^2} dx$$
$$= \frac{1}{\hbar^2} \int_{-\infty}^{\infty} \psi^* \left(-\hbar^2 \frac{d^2}{dx^2} \right) \psi \, dx = \frac{1}{\hbar^2} \overline{\Delta p_x^2} . \tag{3.65b}$$

Avec les abréviations (3.65), l'intégrale (3.64) peut s'écrire

$$I(\alpha) = A\alpha^2 - B\alpha + C \geq 0 .$$

Puisque ce polynôme de second ordre en α est défini positif selon (3.63), le discriminant est nécessairement négatif ou nul. $I(\alpha)$ doit être positif pour tout α. Par conséquent, les racines de l'équation quadratique $I(\alpha) = 0$ doivent être complexes. Ainsi, la relation

$$B^2 - 4CA \leq 0$$

est nécessairement satisfaite. En reportant dans cette inégalité les valeurs de A, B et C mentionnées dans (3.65), nous obtenons la relation d'incertitude pour la position et la quantité de mouvement sous la forme :

$$\overline{(\Delta p_x)^2}\ \overline{(\Delta x)^2} \geq \frac{\hbar^2}{4}\ . \tag{3.66}$$

La nature ondulatoire des particules seule implique que les coordonnées et la quantité de mouvement d'une particule ne peuvent pas être déterminées simultanément ; ces deux observables ne peuvent jamais être mesurées simultanément avec une précision infinie. Nous verrons par la suite que ce principe s'applique à d'autres paires de grandeurs physiques, à condition que leur produit ait les dimensions d'une action (voir, néanmoins, chapitre 4, «relation d'incertitude de Heisenberg pour des observables quelconques»).

Nous allons illustrer le principe d'incertitude à partir de quelques exemples typiques de mesures simultanées de la position et de la quantité de mouvement d'une particule.

EXEMPLE

3.5 Mesure de la position à l'aide d'une fente

Observons une onde de de Broglie passant à travers une fente de largeur $d = \Delta y$ perpendiculaire à la direction de propagation x (voir figure). La figure d'interférences correspondante est observée sur un écran placé derrière la fente, parallèlement à elle. Puisque la composante de la quantité de mouvement sur y est $p_y = 0$, nous nous attendons à ce que, une fois la fente passée, on puisse déterminer simultanément la quantité de mouvement et la position de la particule dans la direction y. Cependant, la diffraction de l'onde par la fente, produit une composante supplémentaire de la quantité de mouvement suivant y. Puisque la diffraction se produit symétriquement, nous avons $\bar{p}_y = 0$. À l'angle α, correspondant au premier minimum de diffraction, le chemin suivi par un rayon est plus long de $\lambda/2$ que celui d'un rayon non diffracté (figure à droite). Alors, la plus forte intensité est attendue entre $-\alpha$ et $+\alpha$, et nous prenons cet angle comme la mesure de l'incertitude sur la quantité de mouvement. La relation pour α s'écrit :

$$\lambda = d \sin \alpha\ . \tag{1}$$

La projection de la quantité de mouvement sur l'axe y est

$$p \sin \alpha = \Delta p_y = \frac{2\pi\hbar}{\lambda} \sin \alpha\ .$$

En reportant $\sin \alpha = \lambda \Delta p_y / 2\hbar\pi$ dans (1) nous obtenons

$$\lambda = d \frac{\lambda \Delta p_y}{2\hbar\pi}\ .$$

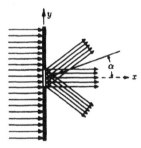

Localisation d'une particule à l'aide d'une fente

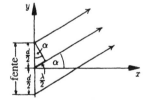

Au premier minimum de diffraction, un rayon provenant du milieu de la fente a une différence de marche de $\lambda/2$ avec un rayon venant du bord

Exemple 3.5

Le principe d'incertitude $\Delta p_y \Delta y = 2\pi\hbar$ en découle, c'est-à-dire, plus la position d de la particule est déterminée avec précision, moins précise sera la détermination de la quantité de mouvement. Autrement dit : plus la fente est étroite, plus la particule sera diffractée.

EXERCICE

3.6 Mesure de la position en enfermant la particule dans une boîte

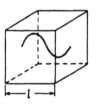

La longueur d'onde de la particule confinée est $\lambda \sim l$

Nous allons essayer de déterminer la position d'une particule en l'enfermant dans une boîte dont les arrêtes $l = \Delta x$ rétrécissent ($l = \Delta x \to 0$). L'incertitude sur la quantité de mouvement de la particule est $\Delta p \sim \hbar/l$ parce qu'une onde stationnaire à l'intérieur de la boîte doit avoir une longueur d'onde de l'ordre de l (voir la figure). On en déduit l'énergie cinétique

$$E_{\text{cin}} = \frac{\Delta p^2}{2m} \sim \frac{\hbar^2}{2ml^2} .$$

Ainsi, lorsque la boîte se rétrécit, l'énergie cinétique et la quantité de mouvement augmentent selon le principe d'incertitude. Le résultat de cette «expérience mentale» a été confirmé par l'expérience. Les électrons dans les atomes ont des énergies de 10–100 eV, et le diamètre d'un atome est de 10^{-8}–10^{-9} cm, alors que les nucléons ont des énergies de l'ordre de 1 MeV, et le noyau un diamètre de $\sim 10^{-12}$ cm, ce qui confirme la relation d'incertitude. Vérifions ceci explicitement en utilisant les valeurs numériques suivantes : diamètre du noyau $\sim 10^{-12}$ cm, masse d'un nucléon $m_n c^2 \sim 938$ MeV, $\hbar c \sim 197 \times 10^{-13}$ cm MeV. De la relation de Heisenberg on déduit

$$\Delta p \approx \frac{\hbar}{\Delta x} \quad \text{et} \quad \Delta E = \frac{(\Delta p)^2}{2m} \approx \frac{\hbar^2}{2m} \cdot \frac{1}{(\Delta x)^2} .$$

En reportant les valeurs ci-dessus, nous obtenons l'ordre de grandeur de l'énergie cinétique d'un nucléon confiné dans un noyau :

$$\Delta E \approx 0,2 \, \text{MeV} .$$

EXEMPLE

3.7 Mesure de la position avec un microscope

Considérons un rayon lumineux perpendiculaire à l'axe x qui éclaire l'objet à mesurer. D'après le pouvoir séparateur d'un microscope, nous savons que x peut être déterminé avec la précision $\Delta x \approx \lambda / \sin \varepsilon$, où ε est l'angle représenté sur la figure. La limite de résolution Δx est calculée à l'aide de l'argument suivant : pour un réseau de pas Δx, le premier maximum de diffraction est observable si le rayon correspondant passe par la lentille, c'est-à-dire $\Delta x \sin \varepsilon = \lambda$; on en déduit que, pour un angle ε et une longueur d'onde λ donnés, seules des dimensions $\Delta x \approx \lambda / \sin \varepsilon$ peuvent être résolues.

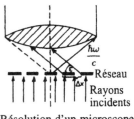

Résolution d'un microscope

L'image de la particule est produite par un photon diffusé par la particule et qui pénètre dans le microscope à travers la lentille. À cause de l'effet Compton, la quantité de mouvement de la particule est modifiée ; sa quantité de mouvement de recul est de l'ordre de $\hbar\omega/c$. Ce moment n'est pas connu de façon précise, car il dépend de la direction des photons qui diffusent dans un cône d'angle au sommet 2ε. Par conséquent, la quantité de mouvement transférée à la particule est dans le domaine

$$\Delta p_x = p \sin \varepsilon \approx \frac{\hbar \omega}{c} \sin \varepsilon \ .$$

Le produit des incertitudes de position et de quantité de mouvement est

$$\Delta x \Delta p_x \approx \lambda \frac{\hbar \omega}{c} = h \ ,$$

qui est la relation d'incertitude.

EXEMPLE

3.8 Mesure de la quantité de mouvement avec un réseau de diffraction

Pour mesurer la quantité de mouvement d'une onde de matière, nous voulons utiliser le dispositif composé d'une fente et d'un réseau plan représenté sur la figure. Un faisceau parallèle de particules passe dans un collimateur de largeur l et touche le réseau plan de pas d. Le nombre N de fentes du réseau concernées est par conséquent $N = l/d$. Il sera possible de séparer deux ondes de longueurs d'onde différentes (pouvoir séparateur, voir l'exemple suivant), si :

$$\frac{\Delta \lambda}{\lambda} = \frac{1}{N} \ .$$

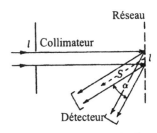

Principe de mesure de la quantité de mouvement à l'aide d'un réseau

Le détecteur doit se situer à une distance du réseau où des rayons de longueurs d'onde différentes sont séparés. Si α ($\alpha \ll 1$) est l'angle entre ces deux

Exemple 3.8

rayons, la distance minimale est $\Delta s = l/\alpha$. D'où, avec

$$p = \frac{h}{\lambda} \quad \text{et} \quad \Delta p = p \quad \text{pouvoir séparateur}$$
$$= \frac{h}{\lambda}\frac{\Delta\lambda}{\lambda} = \frac{h}{\lambda}\frac{1}{N} \, ,$$

on en déduit

$$\Delta p \Delta s = \frac{h}{\lambda}\frac{\Delta\lambda}{\lambda}\frac{l}{\alpha} = \frac{h}{\lambda N}\frac{l}{\alpha} = h\frac{d}{\lambda}\frac{1}{\alpha} \, .$$

Pour la diffraction, d et λ doivent être du même ordre de grandeur. Puisque α est petit, nous avons

$$\Delta p \Delta s > h \, .$$

Remarque : La quantité de mouvement d'une particule pourrait être mesurée de façon précise en diffusant une onde monochromatique par cette particule. Les lois de conservation de l'énergie et de la quantité de mouvement permettent de déterminer les quantités de mouvement avant et après diffusion, en mesurant les fréquences et en utilisant la relation fréquence–quantité de mouvement. Mais, puisqu'une onde (plane) monochromatique s'étend dans tout l'espace, aucune information sur la position n'est possible. Pour déterminer la position, nous devrions utiliser un paquet d'ondes restreint dans l'espace, qui serait alors composé d'un grand nombre de fréquences (quantités de mouvement), conduisant ainsi encore à la relation d'incertitude.

EXEMPLE

3.9 Complément physique : le pouvoir séparateur d'un réseau plan

Soit un réseau comprenant un nombre infini de fentes équidistantes de d (voir la figure suivante). En examinant tous les rayons issus de points correspondants des fentes (par exemple, du coin gauche de chaque fente) se propageant dans une direction définie par l'angle β, nous observons que l'intensité totale est généralement nulle. Deux rayons voisins ne se superposeront de manière constructive que si leur différence de chemins $d(\sin\alpha - \sin\beta)$ est égale à un multiple entier de la longueur d'onde. Par conséquent, pour un réseau plan infini, les maxima d'intensité ont seulement lieu dans la direction β, avec

$$d(\sin\alpha - \sin\beta) = m\lambda \, , \quad m \in \mathbb{N} \tag{1}$$

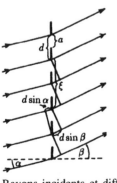

Rayons incidents et diffractés par un réseau

(m est l'ordre du maximum). Nous avons négligé ici, la structure d'interférences due à la diffraction par les bords d'une même fente qui contribue à la figure d'interférences. Dans la suite, nous allons tenir compte de la structure complète de la diffraction du réseau plan que nous supposerons maintenant constitué d'un nombre fini de fentes.

Soit un réseau plan constitué de *N fentes*, de *largeur a* et de *pas d*. Calculons l'amplitude diffractée dans la direction β d'un faisceau parallèle d'incidence α par rapport à la normale au réseau (voir la figure). Si deux rayons de différence de phase η se superposent, l'amplitude résultante sera proportionelle au nombre complexe $e^{i\eta}$. Nous devons intégrer cette amplitude sur toutes les différences de phase, celles de rayons ayant passés par la même fente et de rayons passés par des fentes différentes. La différence de phase de deux rayons est

Exemple 3.9

$$\eta = k\xi(\sin\alpha - \sin\beta) = 2\pi\frac{\xi(\sin\alpha - \sin\beta)}{\lambda} \, , \tag{2}$$

où ξ est la distance entre deux rayons à la surface du réseau. L'amplitude u est alors donnée par

$$u \sim \int_0^a + \int_d^{a+d} + \ldots + \int_{(N-1)d}^{(N-1)d+a} \exp\left[i2\pi\frac{\xi(\sin\alpha - \sin\beta)}{\lambda}\right] d\xi \, . \tag{3}$$

En intégrant et en posant

$$\gamma \equiv \pi\frac{a(\sin\alpha - \sin\beta)}{\lambda} \quad \text{et} \quad \delta \equiv \pi\frac{d(\sin\alpha - \sin\beta)}{\lambda} \, . \tag{4}$$

$$\int_{nd}^{nd+a} \exp\left\{i\left[\frac{2\pi}{\lambda}(\sin\alpha - \sin\beta)\right]\xi\right\} d\xi = -i\frac{\lambda}{2\pi(\sin\alpha - \sin\beta)}$$

$$\times \left(\exp\left\{i\frac{2\pi}{\lambda}(\sin\alpha - \sin\beta)\xi\right\}\right)\Big|_{nd}^{nd+a}$$

$$= \frac{-i\lambda}{2\pi(\sin\alpha - \sin\beta)}\left\{\exp\left[i\frac{2\pi}{\lambda}(\sin\alpha - \sin\beta)nd\right]\right\}$$

$$\times \left\{\exp\left[i\frac{2\pi}{\lambda}(\sin\alpha - \sin\beta)a\right] - 1\right\}$$

$$= \frac{-ia}{2\gamma}(e^{i2n\delta})(e^{i2\gamma} - 1) = \frac{-ia}{2\gamma}(e^{i(2n\delta+2\gamma)} - e^{i2n\delta}) \, ,$$

nous obtenons l'amplitude du champ d'onde derrière le réseau :

$$u \sim \frac{1}{\gamma}[-1 + e^{2i\gamma} - e^{2i\delta} + e^{2i(\delta+\gamma)} - e^{4i\delta}$$

$$+ e^{2i(\delta+\gamma)} - + \ldots] = \frac{1}{\gamma}(e^{2i\gamma} - 1)\sum_{n=0}^{N-1} e^{2in\delta}$$

$$= \frac{1}{\gamma}(e^{2i\delta} - 1)\frac{e^{2iN\delta} - 1}{e^{2i\delta} - 1} \, . \tag{5}$$

D'où l'intensité

$$I \sim uu^* \sim 4\frac{\sin^2\gamma}{\gamma^2}\frac{\sin^2 N\delta}{\sin^2\delta} \, . \tag{6}$$

Exemple 3.9

Le second facteur donne les maxima principaux à $\delta = m\pi$, soit

$$d(\sin\alpha - \sin\beta) = m\lambda \ (m \in \mathbb{N}) \tag{7}$$

[voir (1)]. Le premier facteur $(\sin^2\gamma)/\gamma^2$ produit la figure de diffraction par une fente unique superposée à celle d'un réseau à fentes (voir la courbe en tiret sur la figure suivante).

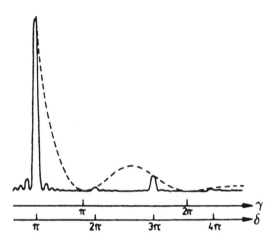

Distribution d'intensité lors de la diffraction par un réseau avec $N = 60$, $d/a = 7/4$

La condition $\partial I/\partial\delta = 0$ correspond aux maxima secondaires moins intenses, séparés des maxima principaux et entre eux par les minima nuls à $\delta = m'(\pi/N)$ $(m' \in \mathbb{N})$ (voir figure). Plus N est grand, plus le maximum principal est étroit et les minima seront plus proches du maximum principal. Ainsi, *d détermine la position du maximum principal, N sa largeur, a l'intensité des maxima principaux aux différents ordres* 1, 2, 3, ...

Si, par exemple, $d = 2a$, il n'y aura pas de maximum principal d'ordre pair. Si nous utilisons un réseau avec une structure de fentes compliquée, dont la forme n'est pas rectangulaire, mais par exemple sinusoïdale (réseau sinusoïdal), cette fonction jouera le rôle de la largeur de la fente.

Le *pouvoir séparateur* d'un réseau est défini par sa capacité à séparer deux maxima principaux. Deux maxima principaux provenant, par exemple, de deux rayons de longueurs d'onde différente, peuvent être résolus si un des maxima coïncide avec le minimum nul $\delta = \pi/N$ de l'autre rayon. Pour les deux maxima on doit alors avoir

$$|\Delta\delta| = \frac{\pi}{N} \ . \tag{8}$$

$\Delta\delta$ peut être transformé en une différence de longueurs d'onde $\Delta\lambda$: avec (4) nous avons

$$|\Delta(\sin\alpha - \sin\beta)| = \frac{\lambda}{Nd} \ , \tag{9}$$

et avec (7)

$$m \, |\Delta\lambda| = \frac{\lambda}{N} \, .$$

Le pouvoir séparateur est alors

$$\frac{\lambda}{|\Delta\lambda|} = mN \, .$$

En d'autres termes : le pouvoir séparateur est égal au produit du nombre N de fentes par l'ordre m du maximum. Pour séparer, par exemple, les deux raies jaunes voisines émises par la vapeur de sodium ($\Delta\lambda = 6$ Å à $\lambda = 5893$ Å), il faut un pouvoir séparateur d'au moins 1000 ; nous pouvons, par conséquent, utiliser un réseau de 1000 traits au premier ordre, ou, si nous nous contentons de maxima de plus faible intensité d'ordre 2, un réseau de 500 traits suffira.

EXERCICE

3.10 Propriétés d'un paquet d'ondes gaussien

Soit un paquet d'ondes défini à l'instant $t = 0$ par

$$\psi(x, 0) = A \exp\left(-\frac{x^2}{2a^2} + ik_0 x\right) \tag{1}$$

(*paquet d'onde gaussien*).

Problème. (a) Exprimez $\psi(x, 0)$ par une superposition d'ondes planes.

(b) Quelle est la relation approchée entre la largeur du paquet d'ondes dans l'espace de configuration (x) et sa largeur dans l'espace des k?

(c) En utilisant la relation de dispersion pour les ondes de de Broglie, calculez la fonction $\psi(x, t)$ pour tout instant t.

(d) Discutez $|\psi(x, t)|^2$.

(e) Comment doit-on choisir la constante A, selon l'interprétation probabiliste, pour que $\psi(x, t)$ décrive le mouvement d'une particule?

Solution. (a) Nous obtenons le spectre des fréquences d'un paquet d'ondes $\psi(x)$ à l'aide de la transformée de Fourier $\alpha(k)$ de la fonction d'onde :

$$\alpha(k) = \frac{1}{\sqrt{2\pi}} \int_{-\infty}^{\infty} \psi(x, 0) \exp(-ikx) \, dx \, ,$$

$$= \frac{A}{\sqrt{2\pi}} \int_{-\infty}^{\infty} \exp\left(\frac{x^2}{2a^2} + ik_0 x - ikx\right) dx \, .$$

Exercice 3.10

Cette intégrale est résolue en effectuant le carré pour obtenir une intégrale d'erreur complète,

$$\int\limits_{-\infty}^{\infty} \exp(-\xi^2)\,\mathrm{d}\xi = \sqrt{\pi}\ .$$

Il vient ainsi :

$$\alpha(k) = \frac{A}{\sqrt{2\pi}} \int\limits_{-\infty}^{\infty} \exp\left[-\left(\frac{x}{\sqrt{2}a} + \frac{ia(k-k_0)}{\sqrt{2}}\right)^2\right] \exp\left(-\frac{a^2(k-k_0)^2}{2}\right)\,\mathrm{d}x\ .$$

En remplaçant l'exposant par $-\xi^2$, nous obtenons

$$\begin{aligned}
\alpha(k) &= \frac{A}{\sqrt{2\pi}} \int\limits_{-\infty}^{\infty} \exp(-\xi^2)\sqrt{2}a \exp\left(-\frac{a^2(k-k_0)^2}{2}\right)\,\mathrm{d}\xi \\
&= \frac{A}{\sqrt{2\pi}} \sqrt{2}a \exp\left(-\frac{a^2(k-k_0)^2}{2}\right)\sqrt{\pi} \\
&= Aa \exp\left(-\frac{a^2(k-k_0)^2}{2}\right)\ .
\end{aligned} \tag{2a}$$

Les coefficients $\alpha(k)$ représentent la partie de l'onde partielle de nombre d'onde k dans le paquet d'onde gaussien. Comme superposition d'ondes planes, le paquet d'onde gaussien a la forme

$$\psi(0, k) = \frac{1}{\sqrt{2\pi}} \int\limits_{-\infty}^{\infty} \alpha(k)\,\mathrm{e}^{\mathrm{i}kx}\,\mathrm{d}k\ . \tag{2b}$$

(b) Dans (1), la largeur de la fonction gaussienne est approximativement $\Delta x \approx a$. La largeur de la fonction de distribution de l'onde plane de (2a) est donnée par la fonction gaussienne $\exp[-(k-k_0)^2 a^2/2]$:

$$\Delta k \approx 1/a\ .$$

Par conséquent, le principe d'incertitude, qui invoque les deux quantités, est $\Delta x \Delta k \sim 1$.

(c) La forme générale de la fonction d'onde est

$$\psi(x, t) = \frac{1}{\sqrt{2\pi}} \int\limits_{-\infty}^{\infty} \alpha(k)\exp[\mathrm{i}(kx - \omega t)]\,\mathrm{d}x\ .$$

La relation de dispersion pour les ondes de de Broglie s'écrit

$$\omega(k) = \frac{\hbar k^2}{2m}.$$

En reportant $\alpha(k)$ de la partie (a) de cet exercice, nous obtenons *Exercice 3.10*

$$\psi(x,t) = \frac{Aa}{\sqrt{2\pi}} \int_{-\infty}^{\infty} \exp\left(-\frac{a^2(k-k_0)^2}{2} + ikx - i\frac{\hbar k^2}{2m}t\right) dk \ .$$

Nous effectuons à nouveau le carré, utilisons l'intégrale d'erreur et obtenons ainsi la fonction d'onde dépendante du temps,

$$\psi(x,t) = \frac{A}{\sqrt{1+i(\hbar t/ma^2)}} \exp\left(\frac{x^2 - 2ia^2 k_0 x + i(a^2\hbar k_0^2/m)t}{2a^2[1+i(\hbar t/ma^2)]}\right) \ .$$

(d) Nous avons :

$$|\psi(x,t)|^2 = \frac{|A|^2}{1+(\hbar t/ma^2)^2} \exp\left(-\frac{[x-(\hbar k_0/m)t]^2}{a^2[1+(\hbar t/ma^2)^2]}\right) \ .$$

Le maximum de cette fonction de Gauss a lieu à la position $x = \hbar k_0 t/m$. Ce maximum se déplace avec la vitesse de groupe $v = \hbar k_0/m$. Mais, le paquet d'onde «s'aplatit» : à $t = 0$ la largeur de $|\psi|^2$ est juste a, et à un instant plus tard (formellement : plus tôt aussi bien) sa largeur est $a' = a\sqrt{1+(\hbar t/ma^2)^2}$.

(e) Indépendemment du temps, la condition de normalisation pour une particule doit être

$$1 = \int_{-\infty}^{\infty} |\psi(x,t)|^2 \, dx = |A|^2 a \int_{-\infty}^{\infty} \exp(-\xi^2) \, d\xi = |A|^2 a\sqrt{\pi} \ .$$

Pour $|A|$ nous avons alors

$$|A| = \frac{1}{(a\sqrt{\pi})^{1/2}} \ .$$

Puisque cette condition n'est vrai que pour les valeurs absolues de A, la phase de l'onde reste indéterminée.

EXERCICE ▬▬▬▬▬▬▬

3.11 Normalisation des fonctions d'onde

Pour les électrons $1s$ et $2s$, les fonctions d'ondes non normalisées de l'atome d'hydrogène (que nous calculerons dans chapitre 9) sont

$$\psi_{1s}(r,\vartheta,\phi) = \psi_{1s}(r) = e^{-\varrho} \ ,$$

$$\psi_{2s}(r,\vartheta,\phi) = \psi_{2s}(r) = \left(1 - \frac{\varrho}{2}\right) e^{-\varrho/2} \ ,$$

avec $\varrho = r/a$ et le rayon de Bohr $a = \hbar^2/me^2$.

Exercice 3.11

Problème. (a) Démontrez leur orthogonalité et normalisez les.

(b) Représentez graphiquement les variations de $|\psi|^2$ et de $4\pi r^2 |\psi|^2$ pour les deux cas. Quelle est la signification de $|\psi|^2$ et de $4\pi r^2 |\psi|^2$?

Solution. (a) Les conditions de normalisation de $\tilde{\psi}_{1s}$ et de $\tilde{\psi}_{2s}$, qui ne diffèrent que par le facteur ψ_{1s} et ψ_{2s}, sont données par

$$\int \tilde{\psi}_{1s}^*(r)\tilde{\psi}_{1s}(r)\,\mathrm{d}^3r = \int |\tilde{\psi}_{1s}|^2 \,\mathrm{d}^3r = \int |\tilde{\psi}_{2s}|^2 \,\mathrm{d}^3r = 1\,.$$

Pour démontrer l'orthogonalité

$$\int \psi_{1s}^* \psi_{2s}\,\mathrm{d}^3r = 0$$

nous intégrons en utilisant des coordonnées sphériques et la relation

$$\int\limits_0^\infty x^{\nu-1}\,\mathrm{e}^{-\mu x}\,\mathrm{d}x = \frac{1}{\mu^\nu}(\nu-1)! \quad (\nu \in \mathbb{N}_0)\,,$$

soit

$$\int |\psi_{1s}|^2 \,\mathrm{d}^3r = 4\pi \int\limits_0^\infty r^2\,\mathrm{d}r\,\mathrm{e}^{-2r/a} = 4\pi \left(\frac{a}{2}\right)^3 2! = \pi a^3\,,$$

$$\int |\psi_{2s}|^2 \,\mathrm{d}^3r = 4\pi \int\limits_0^\infty r^3\,\mathrm{d}r\left(1-\frac{r}{2a}\right)^2 \mathrm{e}^{-r/a}$$

$$= 4\pi \int\limits_0^\infty \mathrm{d}r\,\mathrm{e}^{-r/a}\left(r^2 - \frac{r^3}{a} + \frac{r^4}{4a^2}\right)$$

$$= 4\pi \left(2!\,a^3 - \frac{1}{a}a^4 3! + \frac{1}{4a^2}a^5 4!\right) = 8\pi a^3\,,$$

$$\int \psi_{1s}^* \psi_{2s}\,\mathrm{d}^3r = 4\pi \int\limits_0^\infty r^2\,\mathrm{d}r\left(1-\frac{r}{2a}\right)\mathrm{e}^{-3r/2a}$$

$$= 4\pi \left[\left(\frac{2a}{3}\right)^3 2! - \frac{1}{2a}\left(\frac{2a}{3}\right)^4 3!\right] = 0\,.$$

Les fonctions d'onde normalisées sont alors

$$\tilde{\psi}_{1s} = \frac{1}{\sqrt{\pi a^3}}\psi_{1s} \quad \text{et} \quad \tilde{\psi}_{2s} = \frac{1}{\sqrt{8\pi a^3}}\psi_{2s}\,.$$

(b) La probabilité de trouver un électron de fonction d'onde (normalisée) ψ dans l'élément de volume $\mathrm{d}V$ à la position r est simplement $|\psi(r)|^2\,\mathrm{d}V$.

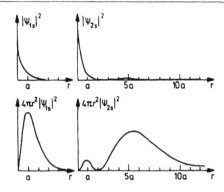

Densité de probabilité (*haut*) et probabilité dans une couche sphérique (*bas*) des deux fonctions d'onde de l'hydrogène

La condition de normalisation $\int |\psi|^2 \, dV = 1$ exprime le fait que la probabilité de trouver l'électron n'importe où est 1. La probabilité de le trouver dans une couche sphérique de rayon r et d'épaisseur dr est

$$\int_{\substack{\text{couche} \\ \text{sphérique}}} |\psi|^2 \, dV = 4\pi r^2 \, |\psi(r)|^2 \, dr \, ,$$

si la fonction d'onde est indépendante des angles ϑ et φ (comme dans notre cas). Ceci illustre la signification de la seconde expression.

Pour des électrons $1s$ et $2s$, les fonctions sont semblables à celles représentées sur la figure ci-dessus, où nous avons utilisé une échelle arbitraire pour les abscisses.

EXERCICE

3.12 Melons dans le monde des quanta (Quantalie)

En Quantalie, un pays étrange, où $\hbar = 10^{-3} \, \text{J s}$, on cultive des melons ayant une peau très dure ; ils ont un diamètre d'environ 20 cm et les graines qu'ils contiennent ont une masse d'environ 0,1 g.

Problème. Pourquoi devons nous être extrêmement prudent quand nous ouvrons un de ces melons de Quantalie? Ces melons sont-ils visibles? Quel est le recul d'un de ces melons lorsqu'un photon «visible» de longueur d'onde 628 nm s'y réfléchit?

Solution. De la relation d'incertitude $\Delta p \Delta x \approx \hbar$ nous tirons l'incertitude sur la quantité de mouvement d'une des graine de melon $\Delta p \approx 10^{-3} \, \text{J s}/0{,}10 \, \text{m} = 10^{-2} \, \text{kg m s}^{-1}$ d'où l'incertitude sur la valeur de leur vitesse $\Delta v = \Delta p/m = 100 \, \text{m s}^{-1}$. La graine s'échappe avec cette vitesse (moyenne) lorsque le melon est ouvert.

Un photon de longueur d'onde $\lambda = 628 \, \text{nm}$ a la quantité de mouvement $p = \hbar \times (2\pi)/\lambda = 10^4 \, \text{kg m s}^{-1}$ et l'énergie $E = pc = 3 \cdot 10^{12} \, \text{J}$. La

Exercice 3.12   masse du melon est $m \sim (4\pi/3) R^3 \cdot 1\,\mathrm{g\,cm^{-3}} \sim 4\,\mathrm{kg}$, son énergie au repos est par conséquent $mc^2 \sim 3{,}6 \cdot 10^{17}$ Joules ; nous pouvons donc utiliser
un calcul non relativiste. Supposons la collision élastique, la quantité de
mouvement du melon après la collision (réflection) est approximativement
$p_M = 2p = 2 \cdot 10^8\,\mathrm{kg\,m\,s^{-1}}$. Ceci correspond à une vitesse $v_M = 5\,\mathrm{km\,s^{-1}}$ qui
est plus faible que la vitesse de libération terrestre. Au moment où ce pho-
ton sera vu, le melon sera situé ailleurs ($\Delta p_M \Delta x_M \approx \hbar$!). Ces melons, en
tout points semblables aux nôtres, deviennent très indigestes en Quantalie où
$\hbar = 10^{-3}\,\mathrm{J\,s}$.

3.8 Notes biographiques

DE BROGLIE, Prince Louis Victor, physicien français, 1892–1987, professeur de physique théorique à l'Institut Henri Poincaré. Avec sa thèse de Doctorat «Recherches sur
la Théorie des Quanta» (1924), il fonda la *théorie des ondes de matière (ondes de de
Broglie)* et reçut le Prix Nobel de Physique en 1929. Par la suite, il travailla essentiellement aux développements de la théorie quantique des particules élémentaires (théorie
des neutrinos de la lumière, théorie ondulatoire des particules élémentaires) et proposa
une nouvelle méthode pour le traitement des équations d'ondes de spin élevé, appelée
la *méthode des fusions.*

DAVISSON, Clinton Joseph, physicien américain, *Bloomington (IL), 22.10.1881,
†Charlottesville (VA), 1.2.1958. De 1917 à 1946 il occupa un poste scientifique aux
«Bell Telephone Laboratories» ; puis, jusqu'en 1954, il fut professeur à l'Université de
Virginie à Charlottesville. En 1927 Davisson et L.H. Germer ont étudié la diffraction
des électrons par des cristaux, preuve de la nature ondulatoire de la matière. Il reçut le
Prix Nobel de Physique en 1937.

LAUE, Max von, physicien allemand, *Pfaffendorf (près de Coblence, Allemagne),
9.10.1879, †Berlin, 24.4.1960. Von Laue a été un étudiant de M. Planck. Il fut professeur à Zurich, Francfort, Berlin et, à partir de 1946, Directeur de l'Institut de chimie
physique et d'électrochimie à Berlin-Dahlem. Von Laue fut le premier Directeur de
l'Institut de physique théorique de Francfort (de 1914 à 1919), son successeur fut Max
Born. Son projet d'irradier des cristaux avec des rayons X fut réalisé vers la fin du mois
d'avril 1912 par Walther Friedrich et Paul Knipping. L'explication immédiate des figures d'interférences observées lors de ces expériences lui valut l'attribution du Prix
Nobel de Physique en 1914. Ce fut la preuve de la nature ondulatoire des rayons X
ainsi que de la structure en mailles des cristaux. Dès 1911, von Laue a écrit un livre
sur la théorie de la relativité, largement lu, et dans lequel il ajouta, par la suite, la relativité générale. Il travailla également aux application de la relativité, par exemple à la
thermodynamique. D'autres traités couvrirent la supraconductivité, l'émission thermo-
ionique et le principe des tubes amplificateurs. Après 1933, von Laue essaya, souvent
avec succès, de contrer l'influence du national socialisme sur la science en Allemagne.

BORN, Max, physicien allemand, *Breslau, Allemagne (maintenant Wrocław, Po-
logne) 12.12.1882, † Göttingen 5.1.1970. Born fut professeur à Berlin (1915), Francfort

(1919) et Göttingen (1921) ; il émigra à Cambridge en 1933 et devint «Tait Professor of Natural Philosophy» à Edinbourg en 1936. À partir de 1954, Born prit sa retraite à Bad Pyrmont (Allemagne). Born se consacra d'abord à l'étude de la relativité et de la physique des cristaux. À partir de 1922, il travailla à une nouvelle théorie atomique et, avec ses étudiants W. Heisenberg et P. Jordan, réussit en 1925 à créer la mécanique matricielle. À Göttingen, Born fonda une importante école de physique théorique. En 1926, il interpréta les fonctions d'onde de Schrödinger en terme d'amplitudes de probabilité, introduisant ainsi le point de vue statistique dans la physique moderne. Ces travaux lui valurent l'attribution du Prix Nobel de Physique en 1954.

HILBERT, David, *Königsberg, Allemagne (maintenant Russie) 23.1.1862, † Göttingen 14.2.1943, fils d'un avocat, il étudia à Königsberg et Heidelberg et devint professeur à Königsberg en 1886. À partir de 1895, il contribua à faire de Göttingen un centre mondial de recherches en mathématiques. Hilbert se révéla une autorité mondiale en mathématiques lors de son fameux discours de Paris en 1900, lors duquel il proposa 23 problèmes mathématiques qui intéressent les mathématiciens aujourd'hui encore. Hilbert contribua à de nombreux domaines qui ont profondément influencé la recherche mathématique moderne, par exemple la théorie des invariants, la théorie des groupes et la théorie de la multiplicité algébrique. Ses études sur la théorie des nombres culmina en 1897 avec son article «Die Theorie der algebraischen Zahlkörper» et sa démonstration du problème de Warring. Dans le domaine de la géométrie, il a introduit des concepts strictement axiomatiques dans «Die Grundlagen der Geometrie» (1899). Ces travaux sur la théorie des équations intégrales et le calcul variationel ont fortement influencé l'analyse moderne. Hilbert a également œuvré avec succès sur des problèmes de physique, notamment la théorie cinétique des gaz et la relativité. Par ses développement de la théorie des ensembles et de problèmes fondamentaux des mathématiques, il devint l'un des chefs de file de la branche axiomatique en mathématiques.

HEISENBERG, Werner Karl, physicien allemand, *Würzburg 5.12.1901, † Munich 1.2.1976. De 1927 à 41 il fut professeur de physique théorique à Leipzig et Berlin ; en 1941, professeur à, et directeur du «Max-Planck-Institut für Physik» à Berlin, Göttingen et, à partir de 1955, à Munich. Dans sa recherche d'une description correcte des phénomènes atomiques, Heisenberg formula son principe positiviste en juillet 1925 : il affirme que seules les grandeurs qui sont en principe observables doivent être prises en compte. Ainsi, les idées plus intuitives de la théorie quantique antérieure de Bohr–Sommerfeld sont à rejeter. Dans le même temps, Heisenberg posa les bases de la nouvelle mécanique matricielle de Göttingen dans «Multiplikationsregeln für quadratische Schemata», qu'il développa avec M. Born et P. Jordan en septembre 1925. En étroite collaboration avec N. Bohr il pu montrer la profondeur des bases physiques ou philosophiques du nouveau formalisme. Le principe d'incertitude de Heisenberg devint la base de l'*interprétation de Copenhague* de la théorie quantique. En 1932, Heisenberg reçut le Prix Nobel de Physique «pour la création de la mécanique quantique». Après la découverte du neutron par J. Chadwick en 1932, Heisenberg réalisa que cette nouvelle particule et le proton, devaient être considérés comme les constituants du noyau atomique. Sur cette base, il développa une théorie de la structure des noyaux et introduisit, en particulier, le concept d'isospin. À partir de 1953, Heisenberg travailla à une théorie d'unification de la matière souvent appelée *équation de l'Univers*. Le but de cette théorie étant de décrire toutes les particules existantes et leurs processus de conversion, en utilisant les lois de conservation qui expriment les propriétés de symétrie des lois de la nature. Une équation spinorielle non linéaire est supposée décrire toutes les particules élémentaires.

JACOBI, Carl Gustav Jakob, *10.12.1804 à Potsdam, † 18.2.1851 à Berlin. Jacobi fut professeur à Königsberg (Prusse) de 1827 à 1842. De santé fragile, après une convalescence prolongée en Italie, il vécut à Berlin. Il fut réputé pour son ouvrage «Fundamenta nova theoriae functiorum ellipticarum» (1829). En 1832, Jacobi découvrit que les fonctions hyperelliptiques pouvaient être inversées par des fonctions de plusieurs variables. Il contribua également à l'algèbre et à la théorie des équations différentielles partielles, notamment dans ses «Vorlesungen über Dynamik», publiés en 1866.

4. Bases mathématiques de la mécanique quantique

4.1 Propriétés des opérateurs

Nous avons déjà utilisé les valeurs moyennes de la position et de la quantité de mouvement d'une particule et nous avons vu que l'on peut obtenir la valeur moyenne d'une observable F [représentée par une fonction opérateur $\hat{F}(\hat{x}, \hat{p})$] dans un état ψ par

$$\left\langle \hat{F} \right\rangle \equiv \bar{F} = \int \psi^* \hat{F} \psi \, \mathrm{d}V \, , \tag{4.1}$$

où $\hat{F}$ est l'opérateur relié à F. Dans une première approche, nous allons traiter des opérateurs d'un point de vue plus général, puis nous définirons une classe d'opérateurs très importante en mécanique quantique.

Soit U et W deux ensembles de fonctions. Nous définissons une application continue $\hat{L} : U \to W$ avec $\hat{L}(u) = w (u \in U \, , \, w \in W)$, et appelons $\hat{L}$ un opérateur. L'opérateur $\hat{L}$ fait correspondre à une fonction $u \in U$ une nouvelle fonction $w \in W$. Symboliquement nous écrivons cette relation comme un produit de l'opérateur $\hat{L}$ par la fonction u :

$$\hat{L}(u) = \hat{L}u = w \, .$$

Un opérateur ayant la propriété

$$\hat{L}(\alpha_1 u_1 + \alpha_2 u_2) = \alpha_1 \hat{L}u_1 + \alpha_2 \hat{L}u_2 \, , \tag{4.2}$$

où u_1, u_2 sont des fonctions quelconques et α_1, α_2 sont des constantes quelconques, est appelé un *opérateur linéaire*.

Nous constatons que l'opérateur position $\hat{x} = x$ et l'opérateur impulsion $\hat{p}_x = \mathrm{i}\hbar \partial/\partial x$ sont des opérateurs linéaires. L'opérateur racine carré, par exemple, est un opérateur non linéaire typique, car manifestement on a $\sqrt{\alpha_1 u_1 + \alpha_2 u_2} \neq \alpha_1 \sqrt{u_1} + \alpha_2 \sqrt{u_2}$. En outre, un opérateur linéaire est *auto-adjoint* ou *hermitique* si

$$\int \psi_1^* \hat{L} \psi_2 \, \mathrm{d}V = \int (\hat{L} \psi_1)^* \psi_2 \, \mathrm{d}V \, , \tag{4.3}$$

où ψ_1, ψ_2 sont des fonctions de carrés sommables, dont les dérivées s'annulent aux bornes de l'intervalle d'intégration.

En mécanique quantique nous exigeons que tous les opérateurs soient auto-adjoints et linéaires ; dans ce cas, le principe de superposition vaut. Bien sûr, les opérateurs linéaires, ne violent pas le principe de superposition. Pour être capables de décrire des quantités mesurables et significatives à l'aide de nos opérateurs, leurs valeurs moyennes doivent être réelles. Cette propriété est garantie par les opérateurs hermitiques (autoadjoints). Nous pouvons vérifier ceci avec l'expression suivante :

$$\bar{L} = \int \psi^* \hat{L} \psi \, dV = \int (\hat{L}\psi)^* \psi \, dV = \left[\int \psi^* (\hat{L}\psi) \, dV \right]^* = \bar{L}^*, \qquad (4.4)$$

et par conséquent la valeur moyenne est réelle.

4.2 Combinaison de deux opérateurs

La somme de deux opérateurs est définie par

$$\hat{C}\psi = (\hat{A} + \hat{B})\psi = \hat{A}\psi + \hat{B}\psi \qquad (4.5)$$

et leur produit par $\hat{A}\hat{B} = \hat{C}$,

$$\hat{C}\psi = (\hat{A}\hat{B})\psi = \hat{A}(\hat{B}\psi) \,. \qquad (4.6)$$

L'équation (4.6) signifie que $\hat{B}$ agit d'abord sur ψ, puis $\hat{A}$ agit sur la nouvelle fonction $(\hat{B}\psi)$. Si $\hat{A}$ et $\hat{B}$ sont hermitiques, nous remarquons immédiatement que $\hat{A} + \hat{B}$ est également hermitique. L'opérateur produit $\hat{C}$ exige plus d'attention.

Il est important de réaliser que le produit de deux opérateurs ne commute pas en général, c'est-à-dire que $\hat{A}\hat{B} - \hat{B}\hat{A} \neq 0$. De ce fait, l'ordre des opérateurs est important : en général, $\hat{A}(\hat{B}\psi) \neq \hat{B}(\hat{A}\psi)$. Par exemple, $\hat{p}_x x \psi \neq x \hat{p}_x \psi$ puisque $-i\hbar \partial/\partial x (x\psi) \neq x(-i\hbar(\partial \psi/\partial x))$.

Deux opérateurs commutent si et seulement si

$$\hat{A}\hat{B} - \hat{B}\hat{A} = 0 \,. \qquad (4.7)$$

Nous appelons une telle expression un *commutateur* et l'écrivons

$$\hat{A}\hat{B} - \hat{B}\hat{A} = [\hat{A}, \hat{B}]_- \,. \qquad (4.8)$$

Par analogie, nous définissons un *anticommutateur* par

$$\hat{A}\hat{B} + \hat{B}\hat{A} = [\hat{A}, \hat{B}]_+ \,. \qquad (4.9)$$

Maintenant nous pouvons répondre à la question : sous quelles conditions le produit $\hat{A}\hat{B}$ de deux opérateurs hermitiques est-il aussi hermitique? Nous écrivons le produit $\hat{A}\hat{B}$ ainsi :

$$\hat{A}\hat{B} = \tfrac{1}{2}[\hat{A}, \hat{B}]_+ + \tfrac{1}{2}[\hat{A}, \hat{B}]_- \, , \tag{4.10}$$

et nous allons montrer que la partie $\tfrac{1}{2}[\hat{A}, \hat{B}]_+$ est toujours hermitique, tandis que la partie $\tfrac{1}{2}[\hat{A}, \hat{B}]_-$ ne l'est jamais. Commençons avec la relation suivante :

$$
\begin{aligned}
\tfrac{1}{2}\int \psi_1^*[\hat{A}, \hat{B}]_\pm \psi_2 \, dV &= \frac{1}{2}\int \psi_1^*(\hat{A}\hat{B} \pm \hat{B}\hat{A})\psi_2 \, dV \\
&= \frac{1}{2}\int (\hat{A}\psi_1)^*\hat{B}\psi_2 \, dV \pm \frac{1}{2}\int (\hat{B}\psi_1)^*\hat{A}\psi_2 \, dV \\
&= \frac{1}{2}\int (\hat{B}\hat{A}\psi_1)^*\psi_2 \, dV \pm \frac{1}{2}\int (\hat{A}\hat{B}\psi_1)^*\psi_2 \, dV \\
&= \frac{1}{2}\int (\hat{B}\hat{A} \pm \hat{A}\hat{B})^*\psi_1^*\psi_2 \, dV \\
&= \frac{1}{2}\int [\hat{B}, \hat{A}]_\pm^* \psi_1^*\psi_2 \, dV \, .
\end{aligned}
\tag{4.11}
$$

De même que $\hat{A}\hat{B} + \hat{B}\hat{A} = \hat{B}\hat{A} + \hat{A}\hat{B}$, la partie $\tfrac{1}{2}[\hat{A}, \hat{B}]_+$ est toujours hermitique et puisque $\hat{A}\hat{B} - \hat{B}\hat{A} = -(\hat{B}\hat{A} - \hat{A}\hat{B})$, la partie $\tfrac{1}{2}[\hat{A}, \hat{B}]_-$ ne l'est que si elle s'annule. C'est pourquoi, le produit $\hat{A}\hat{B}$ de deux opérateurs hermitiques qui commutent est encore hermitique. Puisque tout opérateur commute avec lui-même, $\hat{A}^n$ est hermitique si $\hat{A}$ l'est, de la même façon, $\hat{A}^n\hat{B}^m$ est hermitique, si $\hat{A}$ et $\hat{B}$ sont hermitiques et commutatifs.

4.3 Notations de Dirac : Bra et Ket

L'intégrale $\int_{-\infty}^{+\infty} \psi_1^*\psi_2 \, dV$ peut être considérée comme un produit scalaire des fonctions de carré sommables ψ_1 et ψ_2. La notation abrégée suivante est généralement utilisée :

$$\langle\psi_1|\psi_2\rangle = \int_{-\infty}^{\infty} \psi_1^*\psi_2 \, dV \, . \tag{4.12}$$

Ceci est interprété comme le produit de deux éléments $\langle\psi_1|$ et $|\psi_2\rangle$. L'élément $\langle\psi_1|$ est appelé un «bra» et $|\psi_2\rangle$ est appelé un «ket»,[1] formant ensemble un

---

[1] Cette notation est due au célèbre physicien, P. A. M. Dirac, dont nous verrons les contributions à la mécanique quantique relativiste dans un autre volume de cette série.

«bra-ket» (bracket). Tous deux sont des vecteurs (vecteurs d'état) dans un espace vectoriel linéaire. En utilisant cette notation, de nombreuses relations de la mécanique quantique s'écrivent de façon plus condensée.

Les vecteurs d'état sont des vecteurs d'un espace vectoriel linéaire complexe comportant une base orthonormée. Chaque expression, en représentation intégrale, est reliée à une expression en Notation de **Dirac**. Par exemple, la relation d'orthonormalité s'écrit

$$\int \psi_m^* \psi_n \, dV = \langle \psi_m | \psi_n \rangle = \delta_{mn} \, . \tag{4.13}$$

Manifestement, $|\psi\rangle^* = \langle\psi|$ s'applique. La valeur moyenne d'un opérateur $\hat{L}$ peut s'écrire

$$\left\langle \psi \left| \hat{L} \right| \psi \right\rangle = \int \psi^* \hat{L} \psi \, dV \, , \tag{4.14}$$

et l'hermiticité de $\hat{L}$ est exprimée par

$$\left\langle \psi \left| \hat{L} \right| \psi \right\rangle = \left\langle \hat{L} \psi \left| \psi \right\rangle \, . \tag{4.15}$$

4.4 Valeurs propres et fonctions propres

Nous pouvons obtenir plus d'informations sur l'opérateur hermitique $\hat{L}$ et ce qu'il représente physiquement. En dehors de la valeur moyenne $\hat{L}$, nous pouvons aussi obtenir l'expression de l'écart quadratique moyen $(\overline{\Delta L})^2$. Nous devons d'abord trouver un opérateur de la mécanique quantique qui représente $(\overline{\Delta L})^2$. Ceci est simple ; nous obtenons la valeur de l'*écart par rapport à la moyenne* par

$$\Delta \hat{L} = \hat{L} - \bar{L} \, , \tag{4.16}$$

d'où le carré de l'écart

$$(\Delta \hat{L})^2 = (\hat{L} - \bar{L})^2 \, . \tag{4.17}$$

L'*écart quadratique moyen* peut être exprimé par

$$(\overline{\Delta L})^2 = \int \psi^* (\Delta \hat{L})^2 \psi \, dV \, , \tag{4.18}$$

et il doit être positif. En effet, à partir de

$$(\overline{\Delta \hat{L}})^2 = \int_{-\infty}^{\infty} \psi^* (\Delta \hat{L})^2 \psi \, dV \tag{4.19}$$

et de l'hermiticité de $\Delta\hat{L}$, on déduit

$$\overline{(\Delta\hat{L})^2} = \int\limits_{-\infty}^{\infty} (\Delta\hat{L}\psi)^*(\Delta\hat{L}\psi)\,\mathrm{d}V = \int\limits_{-\infty}^{\infty} \left|\Delta\hat{L}\psi\right|^2\mathrm{d}V \geq 0 \,. \tag{4.20}$$

Puisque l'intégrant est une fonction non négative, l'intégrale est définie positive, et ainsi $\overline{(\Delta L)^2}$ est définie positive également.

Maintenant nous recherchons les états ψ_L pour lesquels la quantité L a une valeur constante, c'est-à-dire, pour laquelle l'écart ΔL de L s'annule. Pour des états de cette nature, on a $\overline{(\Delta L)^2} = 0$, soit

$$\int \left|\Delta\hat{L}\psi_L\right|^2\mathrm{d}V = 0 \,. \tag{4.21}$$

L'intégrant est une fonction réelle qui ne peut pas être négative (puisque c'est la valeur absolue d'une fonction complexe). D'où

$$\Delta\hat{L}\psi_L = 0 \,. \tag{4.22}$$

En utilisant la définition de ΔL, nous pouvons écrire

$$(\hat{L} - \bar{L})\psi_L = 0 \,, \tag{4.23}$$

et puisque dans l'état ψ_L, $\bar{L} = L$, on a

$$\hat{L}\psi_L = L\psi_L \,. \tag{4.24}$$

Une telle équation est appelée *équation aux valeurs propres*. Nous appelons ψ_L une *fonction propre* et L une *valeur propre* de l'opérateur $\hat{L}$. En général, un opérateur $\hat{L}$ a plusieurs fonctions propres ψ_{L_ν} avec des valeurs propres L_ν. Les valeurs propres L_ν peuvent former un *spectre discret* $L_1, L_2, L_3, \ldots$ ou un *spectre continu*. Dans ce dernier cas, les valeurs propres L prendront n'importe quelles valeurs dans l'intervalle $L_n \leq L \leq L_{n+1}$. Nous rencontrerons bientôt des opérateurs de spectre discret, continu et mixte (voir figure 4.1).

Voyons maintenant quelques propriétés générales des fonctions propres. Pour ceci, étudions les fonctions propres d'opérateurs hermitiques uniquement

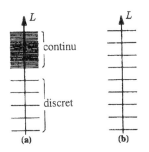

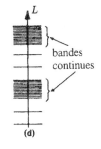

Fig. 4.1. (a) Spectre typique ; (b) spectre totalement discret ; (c) spectre totalement continu ; (d) spectre de bandes continues, à l'exemple des spectres d'énergie d'un réseau cristallin

et limitons nous au cas du spectre discret. Nous pouvons montrer que les fonctions propres appartenant à deux valeurs propres différentes sont orthogonales. Soient ψ_n et ψ_m les fonctions propres de valeurs propres respectives L_n et L_m, c'est-à-dire

$$\hat{L}\psi_m = L_m\psi_m \text{ et } \hat{L}\psi_n = L_n\psi_n . \tag{4.25}$$

Nous prenons le complexe conjugué de la première équation et, puisque les valeurs propres sont réelles, nous trouvons

$$\hat{L}^*\psi_m^* = L_m^*\psi_m^* = L_m\psi_m^* . \tag{4.26}$$

En multipliant la seconde équation de (4.25) par ψ_m^* et le complexe conjugué de la première équation par ψ_n, nous obtenons

$$\psi_m^*\hat{L}\psi_n = L_n\psi_n\psi_m^* , \quad \psi_n\hat{L}^*\psi_m^* = L_m\psi_m^*\psi_n . \tag{4.27}$$

La différence de ces deux équations est

$$\psi_m^*\hat{L}\psi_n - \psi_n\hat{L}^*\psi_m^* = \psi_n\psi_m^*(L_n - L_m) . \tag{4.28}$$

En intégrant sur tout le volume, on a

$$\int_{-\infty}^{\infty} \psi_m^*\hat{L}\psi_n \, dV - \int_{-\infty}^{\infty} \psi_n\hat{L}^*\psi_m^* \, dV = (L_n - L_m) \int_{-\infty}^{\infty} \psi_n\psi_m^* \, dV . \tag{4.29}$$

Puisque $\hat{L}$ est un opérateur hermitique, les deux intégrales du membre de gauche sont égales, et de ce fait

$$0 = (L_n - L_m) \int_{-\infty}^{\infty} \psi_n\psi_m^* \, dV . \tag{4.30}$$

Nous avions posé la condition $L_n \neq L_m$; d'où

$$0 = \int_{-\infty}^{\infty} \psi_n\psi_m^* \, dV , \tag{4.31}$$

qui est le résultat souhaité et qui prouve que ψ_n et ψ_m sont orthogonales.

Puisque les fonctions propres d'un spectre discret sont de carré sommable, elles peuvent être normalisées à l'unité :

$$\int \psi_n\psi_n^* \, dV = 1 . \tag{4.32}$$

Nous pouvons alors combiner les relations (4.31) et (4.32) pour écrire

$$\int_{-\infty}^{\infty} \psi_n\psi_m^* \, dV = \delta_{nm} . \tag{4.33}$$

On en déduit que le système des fonctions propres est un système de fonctions orthonormé.

En général il y a plusieurs fonctions propres pour une valeur propre L_n ; nous les appelons des *états dégénérés*. Plus précisément, si a fonctions propres différentes $\psi_{n1}, \ldots, \psi_{na}$ appartiennent à la même valeur propre L_n, nous parlerons d'une *dégénérescence d'ordre a*. Physiquement, cette dégénérescence décrit la possibilité qu'une valeur donné de l'observable L peut être réalisée dans a états différents. Nous venons de montrer que les fonctions propres d'un spectre discret, avec des valeurs propres différentes, sont orthogonales entre elles. S'il y a dégénérescence, les fonctions ψ_{nk} se rapportent à la même valeur propre L_n : $\hat{L}\psi_{nk} = L_n\psi_{nk}$, avec $k = 1, \ldots, a$; ainsi, elles ne sont généralement pas orthogonales. Mais il y a toujours la possibilité de trouver des fonctions orthogonales, même dans ce cas, comme nous allons le voir maintenant.

Supposons que les fonctions propres ψ_{nk} $(k = 1, \ldots, a)$, correspondant à la valeur propre L_n, sont linéairement indépendantes, c'est à dire si $\sum_{k=1}^{a} a_k\psi_{nk} = 0$, alors $a_k = 0$ vaut pour tout k. Si nous ne pouvions pas conclure $a_k = 0$ pour tout k, nous serions capable d'exprimer au moins une fonction par une combinaison linéaire des autres, ainsi le nombre de fonctions propres serait inférieur à a. Si l'ensemble des ψ_{nk} est orthogonal, nous pouvons l'utiliser pour décrire un état donné. S'il n'est pas orthogonal, nous transformons cet ensemble en un nouvel ensemble, c'est-à-dire

$$\varphi_{n\alpha} = \sum_{k=1}^{a} a_{\alpha k}\psi_{nk}, \quad \alpha = 1 \ldots a. \tag{4.34}$$

Cette transformation est linéaire ; de ce fait les fonctions $\varphi_{n\alpha}$ sont aussi fonctions propres de l'opérateur $\hat{L}$ de la valeur propre L_n. Nous demandons maintenant que les nouvelles fonctions $\varphi_{n\alpha}$ soient orthogonales :

$$\int_{-\infty}^{\infty} \varphi_{n\alpha}^*\varphi_{n\beta}\,\mathrm{d}V = \delta_{\alpha\beta}.$$

Les conditions que doivent remplir les coefficients $a_{\alpha k}$ afin de décrire une transformation dans un système orthogonal de fonctions sont alors

$$\sum_{k=1}^{a}\sum_{k'=1}^{a} a_{\alpha k}^* a_{\beta k'} s_{kk'} = \delta_{\alpha\beta}, \quad \text{avec} \tag{4.35}$$

$$s_{kk'} = \int_{-\infty}^{\infty} \psi_{nk}^*\psi_{nk'}\,\mathrm{d}V.$$

Les coefficients $a_{\alpha k}$ sont déterminés par analogie avec la géométrie. Nous considérons les fonctions ψ_{nk} comme des vecteurs dans un espace à a dimensions et $s_{kk'}$ comme le produit scalaire de ces vecteurs. Alors, nous pouvons considérer la transformation (4.34) comme un changement de base d'un système de coordonnées obliques à celle d'un système de coordonnées orthogonales.

En appliquant cette procédure au cas d'un spectre dégénéré, nous pouvons obtenir un ensemble orthonormé de fonctions propres. Nous pouvons utiliser la *méthode d'orthogonalisation* de **E. Schmidt**, familière en géométrie (calcul vectoriel). En premier lieu, nous prenons un vecteur (état), par exemple ψ_{n1}, et définissons la fonction d'onde normalisée $\varphi_{n1} = \psi_{n1}/\sqrt{\langle\psi_{n1}|\psi_{n1}\rangle}$.

Ensuite, nous construisons un vecteur $\varphi_{n2} = \alpha\varphi_{n1} + \beta\psi_{n2}$ et exigeons que $\langle\varphi_{n1}|\varphi_{n2}\rangle = \alpha\langle\varphi_{n1}|\phi_{n1}\rangle + \beta\langle\varphi_{n1}|\psi_{n2}\rangle = 0$. Il s'en suit que $\alpha/\beta = -\langle\varphi_{n1}|\psi_{n2}\rangle$. De cette condition et de celle de normalisation $\langle\varphi_{n2}|\varphi_{n2}\rangle = 1$ on déduit α et β. Dans la troisième étape, nous construisons $\varphi_{n3} = \alpha'\varphi_{n1} + \beta'\varphi_{n2} + \gamma\psi_{n3}$. Là encore, l'orthogonalité de ce vecteur (état) à φ_{n1} et φ_{n2} ainsi que la normalisation permettent de déterminer α, β, γ etc.

La suite est maintenant simple, si les fonctions ψ_{nk} sont déjà orthogonales, alors $s_{kk'} = \delta_{kk'}$ et la condition d'une transformation orthogonale est vérifiée :

$$\sum_{k=1}^{a} a_{\alpha k}^{*} a_{\beta k} = \delta_{\alpha\beta} \,. \tag{4.36}$$

Dans le cas des *spectres continus* nous ne pouvons plus numéroter les valeurs et les fonctions propres. Au lieu de cela nous paramétrons les fonctions propres et prenons les valeurs propres comme paramètres. Alors l'équation :

$$\hat{L}\psi_n(x) = L_n\psi_n(x) \tag{4.37}$$

devient

$$\hat{L}\psi(x, L) = L\psi(x, L) \,, \tag{4.38}$$

si x désigne toutes les coordonnées qui apparaissent dans la fonction d'onde ψ (par exemple $x = x, y, z$). À partir des fonctions d'onde qui ne sont pas orthogonales, nous pouvons définir les *différentielles propres* de **Weyl**

$$\Delta\psi(x, L) = \int_{L}^{L+\Delta L} \psi(x, L)\,\mathrm{d}L \,. \tag{4.39}$$

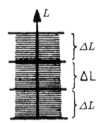

Fig. 4.2. Décomposition du spectre continu par intégration de la fonction $\psi(x, L)$ sur des intervalles ΔL (différentielle propre de Weyl

Elles partagent le spectre continu des valeurs propres L en des régions discrètes de taille ΔL (voir figure 4.2). Les différentielles propres sont orthogonales et peuvent être normalisées. (Voir le complément mathématique au chapitre suivant.)

EXEMPLE ■■■■■■■■■■■■■■■■■■■■■■■■

4.1 Hermiticité de l'opérateur quantité de mouvement

Nous montrons que l'opérateur quantité de mouvement $\hat{p}_x = -i\hbar\,\partial/\partial x$ est hermitique :

$$\overline{p_x} = \int\limits_{-\infty}^{\infty} \psi_1^* \hat{p}_x \psi_2 \, dV = \int\limits_{-\infty}^{\infty} \psi_1^* \left(-i\hbar \frac{\partial}{\partial x}\right) \psi_2 \, dV$$

$$= -i\hbar \int\limits_{-\infty}^{\infty} \psi_1^* \left(\frac{\partial}{\partial x}\psi_2\right) dV$$

$$= -i\hbar [\psi_2 \psi_1^*]_{-\infty}^{\infty} + i\hbar \int\limits_{-\infty}^{\infty} \psi_2 \frac{\partial}{\partial x}\psi_1^* \, dV \; . \tag{1}$$

Puisque ψ_1 et ψ_2 sont des fonctions de carré sommable, nous avons

$$[\psi_1, \psi_2^*]_{-\infty}^{+\infty} = 0 \; , \tag{2}$$

d'où

$$\overline{p_x} = i\hbar \int\limits_{-\infty}^{\infty} \psi_2 \frac{\partial}{\partial x}\psi_1^* \, dV = \int\limits_{-\infty}^{\infty} (\hat{p}_x \psi_1)^* \psi_2 \, dV \; . \tag{3}$$

Ceci prouve que $\hat{p}_x$ obéit à la relation d'hermiticité (4.4).

EXEMPLE ■■■■■■■■■■■■■■■■■■■■■■■■

4.2 Le commutateur des opérateurs position et impulsion

Nous calculons le commutateur $[\hat{p}_x, \hat{x}]$. Puisque

$$\hat{p}_x \hat{x} \psi = -i\hbar \frac{\partial}{\partial x}(x\psi) = -i\hbar \left(\psi \frac{\partial x}{\partial x} + x \frac{\partial \psi}{\partial x}\right) = -i\hbar \left(\psi + x \frac{\partial \psi}{\partial x}\right) \; ,$$

et

$$\hat{x}\hat{p}_x \psi = x \left(-i\hbar \frac{\partial \psi}{\partial x}\right) = -i\hbar x \frac{\partial}{\partial x}\psi \; ,$$

nous obtenons facilement

$$\hat{p}_x \hat{x} - \hat{x}\hat{p}_x = [\hat{p}_x, \hat{x}] = -i\hbar \; .$$

EXERCICE

4.3 Règles de calcul pour les commutateurs

Problème. Soient $\hat{L}$, $\hat{L}_1$, $\hat{L}_2$, $\hat{L}_3$, $\hat{M}: H \to H$ des opérateurs linéaires d'un espace linéaire complexe et a un scalaire. $\hat{E}$ désigne l'opérateur identité. Montrez (à l'aide de la définition d'un commutateur) les identités suivantes :

$$[\hat{L}, \hat{M}]_- = -[\hat{M}, \hat{L}]_- \tag{1}$$

$$[\hat{L}, \hat{L}]_- = 0 \tag{2}$$

$$[\hat{L}, a\hat{M}]_- = a[\hat{L}, \hat{M}]_- \tag{3}$$

$$[\hat{L}, a\hat{E}]_- = 0 \tag{4}$$

$$[\hat{L}_1 + \hat{L}_2, \hat{M}]_- = [\hat{L}_1, \hat{M}]_- + [\hat{L}_2, \hat{M}] \tag{5}$$

$$[\hat{L}_1\hat{L}_2, \hat{M}]_- = [\hat{L}_1, \hat{M}]_-\hat{L}_2 + \hat{L}_1[\hat{L}_2, \hat{M}]_- \tag{6}$$

$$[\hat{M}, \hat{L}_1\hat{L}_2]_- = [\hat{M}, \hat{L}_1]_-\hat{L}_2 + \hat{L}_1[\hat{M}, \hat{L}_2]_- \tag{7}$$

$$[\hat{L}_1, [\hat{L}_2, \hat{L}_3]_-]_- + [\hat{L}_2, [\hat{L}_3, \hat{L}_1]_-]_- + [\hat{L}_3, [\hat{L}_1, \hat{L}_2]_-]_- = 0 \,. \tag{8}$$

Solution. Les cinq premières relations sont triviales (elles se déduisent directement de la définition $[\hat{L}, \hat{M}] = \hat{L}\hat{M} - \hat{M}\hat{L}$). Pour les autres relations, il est important de respecter l'ordre des facteurs :

$$
\begin{aligned}
[\hat{L}_1\hat{L}_2, \hat{M}] &= \hat{L}_1\hat{L}_2\hat{M} - \hat{M}\hat{L}_1\hat{L}_2 \\
&= \hat{L}_1\hat{M}\hat{L}_2 - \hat{M}\hat{L}_1\hat{L}_2 + \hat{L}_1\hat{L}_2\hat{M} - \hat{L}_1\hat{M}\hat{L}_2 \\
&= [\hat{L}_1, \hat{M}]\hat{L}_2 + \hat{L}_1[\hat{L}_2, \hat{M}] \,, \tag{6}
\end{aligned}
$$

$$
\begin{aligned}
[\hat{M}, \hat{L}_1\hat{L}_2] &= -[\hat{L}_1\hat{L}_2, \hat{M}] \overset{(6)}{=} -[\hat{L}_1, \hat{M}]\hat{L}_2 - \hat{L}_1[\hat{L}_2, \hat{M}] \\
&= \hat{L}_1[\hat{M}, \hat{L}_2] + [\hat{M}, \hat{L}_1]\hat{L}_2 \,, \tag{7}
\end{aligned}
$$

$$
\begin{aligned}
[\hat{L}_1, [\hat{L}_2, \hat{L}_3]] &= [\hat{L}_1, \hat{L}_2\hat{L}_3] - [\hat{L}_1, \hat{L}_3\hat{L}_2] \\
&\overset{(7)}{=} [\hat{L}_1, \hat{L}_2]\hat{L}_3 + \hat{L}_2[\hat{L}_1, \hat{L}_3] - [\hat{L}_1, \hat{L}_3]\hat{L}_2 - \hat{L}_3[\hat{L}_1, \hat{L}_2] \\
&= -[\hat{L}_3, [\hat{L}_1, \hat{L}_2]] - [\hat{L}_2, [\hat{L}_3, \hat{L}_1]] \,. \tag{8}
\end{aligned}
$$

La dernière équation est aussi appelée *identité de **Jacobi***.

EXEMPLE

4.4 Fonctions propres de l'impulsion

L'équation pour les valeurs propres de l'opérateur impulsion est

$$\hat{p}_x \psi_{p_x}(x) = p_x \psi_{p_x}(x) \quad \text{ou} \quad -\mathrm{i}\hbar \frac{\mathrm{d}\psi_{p_x}(x)}{\mathrm{d}x} = p_x \psi_{p_x}(x) \quad \text{ou}$$

$$\frac{\mathrm{d}\psi_{p_x}(x)}{\mathrm{d}x} = \mathrm{i}\frac{p_x}{\hbar}\psi_{p_x} .$$

Pour tout p_x $(-\infty \le p_x \le \infty)$, nous déduisons :

$$\psi_{p_x}(x) = C \exp\left(\mathrm{i}\frac{p_x}{\hbar}x\right) = C\,\mathrm{e}^{\mathrm{i}kx} .$$

C est une constante (choisie arbitrairement d'abord) ; nous calculerons sa valeur dans l'exemple 5.1. Le spectre des impulsions est continu : il y a une fonction propre pour chaque impulsion p_x ; nous reconnaissons cette fonction propre comme étant une partie de l'onde de de Broglie [voir les équations (3.3) et (3.37)].

4.5 Mesure simultanée d'observables différentes

Nous savons, d'après le principe d'incertitude de Heisenberg, qu'il est impossible de mesurer simultanément avec précision la position et la quantité de mouvement d'une particule [voir (3.59)]. La valeur d'une observable est définie de façon unique si la fonction d'onde est une fonction propre de l'opérateur correspondant, c'est-à-dire :

$$\hat{L}\psi = L\psi . \tag{4.40}$$

Alors, dans l'état ψ, l'observable L est bien définie, c'est à dire qu'elle a précisément la valeur L et son écart quadratique moyen $(\Delta L)^2$ est nul. En général, ψ n'est pas fonction propre d'un autre opérateur $\hat{M}$. De ce fait, nous ne pouvons pas déduire d'informations sur l'observable M de la fonction d'onde ψ. Ce n'est que si ψ est aussi fonction propre de $\hat{M}$ que nous pouvons mesurer précisément M et L, c'est-à-dire

$$\hat{L}\psi = L\psi \quad \text{et} \quad \hat{M}\psi = M\psi . \tag{4.41}$$

Puisque les deux équations sont vérifiées, nous obtenons $[\hat{L}, \hat{M}]_-\psi = 0$, car $\hat{M}\hat{L}\psi = L\hat{M}\psi = LM\psi$ et $\hat{L}\hat{M}\psi = M\hat{L}\psi = ML\psi$. Par soustraction on a $(\hat{M}\hat{L} - \hat{L}\hat{M})\psi = 0$.

Nous avons ainsi montré que deux observables sont mesurables simultanément si leur commutateur, agissant sur une fonction propre commune, s'annule. La réciproque vaut également : si $[\hat{L}, \hat{M}]_- = 0$, alors pour chaque ψ, $\hat{L}\hat{M}\psi = \hat{M}\hat{L}\psi$. Si ψ est une fonction propre de $\hat{L}$, nous obtenons $\hat{L}(\hat{M}\psi) = L(\hat{M}\psi)$, c'est-à-dire que $\psi' = \hat{M}\psi$ est aussi fonction propre de $\hat{L}$. Si L n'est pas dégénérée, nous pouvons déduire que $\hat{M}\psi = M\psi$; c'est-à-dire que $\psi' = \hat{M}\psi$ est un multiple de ψ (ici, $M\psi$).

Dans le cas d'une dégénérescence, $\psi' = \hat{M}\psi$ peut être une combinaison linéaire de f fonctions propres dégénérées $\psi_k (k = 1, 2, \ldots, f)$ de la valeur propre L. Alors il vient

$$\psi'_k = \sum_{k'=1}^{f} M_{kk'}\psi_{k'}, \; k = 1, 2, \ldots, f. \tag{4.42}$$

Par conséquent, nous ne pouvons pas répéter la conclusion précédente. Mais, puisque le choix de la fonction d'onde initiale est arbitraire (rappelons que $\hat{L}\hat{M}\psi = \hat{M}\hat{L}\psi$ doit être vérifiée pour *tous* les ψ possibles), nous pouvons utiliser une combinaison linéaire,

$$\varphi = \sum_{k'=1}^{f} a_{k'}\psi_{k'}, \tag{4.43}$$

comme fonction d'onde initiale, au lieu de ψ_k. Bien sûr

$$\hat{L}\varphi = L\varphi \tag{4.44}$$

vaut également. Nous choisissons maintenant les coefficients a_k de manière à ce que

$$\hat{M}\varphi = M\varphi. \tag{4.45}$$

Ceci est possible, car en insérant φ dans cette équation nous avons

$$\sum_{k'=1}^{f} a_{k'}\hat{M}\psi_{k'} = M \sum_{k'=1}^{f} a_{k'}\psi_{k'}. \tag{4.46}$$

Après multiplication par le vecteur $\langle k|$ (correspondant à l'opération $\int \psi_k^* \ldots \, dx$) et en utilisant la condition d'orthogonalité $\langle \psi_k|\psi_{k'}\rangle = \delta_{kk'}$ nous obtenons

$$\sum_{k'=1}^{f} \left\langle k \left| \hat{M} \right| k' \right\rangle a_{k'} = M a_k. \tag{4.47}$$

Remplaçons les éléments de matrice $\langle k|M|k'\rangle$ par $M_{kk'} \equiv \langle k|\hat{M}|k'\rangle$. Puisque nous avions obtenu un système linéaire d'équations pour les $a_{k'}$, son déterminant des coefficients (équation aux valeurs propres) doit être nul, c'est-à-dire

$$
\begin{vmatrix}
M_{11} - M , & M_{12} , & \cdots & M_{1f} \\
M_{21} , & M_{22} - M , & \cdots & M_{2f} \\
\vdots & \vdots & \cdots & \vdots \\
\vdots & \vdots & \cdots & \vdots \\
\vdots & \vdots & \cdots & \vdots \\
\vdots & \vdots & \cdots & \vdots \\
M_{f1} , & M_{f2} , & \cdots & M_{ff} - M
\end{vmatrix}
= 0 .
\tag{4.48}
$$

Les solutions de cette équation sont les valeurs propres M. Nous constatons ainsi que dans le cas de dégénérescence de la fonction propre ψ_k de L, nous pouvons aussi construire les fonctions d'onde $\varphi = \sum_k a_k \psi_k$, *qui sont simultanément fonctions propres de $\hat{L}$ et $\hat{M}$.*

4.6 Opérateurs position et quantité de mouvement

Pour la fonction d'onde $\psi = \psi(r)$, l'opérateur position est le vecteur position lui-même :

$$
\hat{r} = r .
\tag{4.49}
$$

Ses composantes sont

$$
\hat{x} = x , \quad \hat{y} = y , \quad \hat{z} = z .
\tag{4.49a}
$$

L'opérateur quantité de mouvement est exprimé par

$$
\hat{p} = -i\hbar \nabla ,
\tag{4.50}
$$

et ses composantes sont

$$
\hat{p}_x = -i\hbar \frac{\partial}{\partial x} , \quad \hat{p}_y = -i\hbar \frac{\partial}{\partial y} , \quad \hat{p}_z = -i\hbar \frac{\partial}{\partial z} .
\tag{4.50a}
$$

Les commutateurs sont

$$
[\hat{x}, \hat{p}_x]_- = [\hat{y}, \hat{p}_y]_- = [\hat{z}, \hat{p}_z]_- = i\hbar ,
$$

$$
[\hat{x}, \hat{p}_y]_- = [\hat{x}, \hat{p}_z]_- = [\hat{y}, \hat{p}_x]_- = [\hat{y}, \hat{p}_z]_- = [\hat{z}, \hat{p}_x]_- = [\hat{z}, \hat{p}_y]_-
$$
$$
= 0 .
\tag{4.51}
$$

D'où une relation d'incertitude entre les coordonnées et leurs moments conjugués canoniques (x et p_x, y et p_y ...). Ils ne peuvent pas être mesurés simultanément avec précision (voir la section suivante, où ceci sera discuté en détails). En revanche, les opérateurs $\hat{x}$ et $\hat{p}_y$ commutent. Par conséquent, ces deux observables peuvent être mesurées simultanément aussi précisément que souhaité. Leurs états propres communs sont de la forme

$$\sqrt{\delta(x - x_0)} \exp\left(\frac{i}{\hbar} p_y y\right) , \quad \text{etc.} \tag{4.52}$$

Pour la définition de la fonction $\delta(x)$ voir chapitre 5.

4.7 Relations d'incertitude de Heisenberg pour des observables quelconques

Nous sommes maintenant en mesure d'examiner les relations d'incertitude de manière plus générale. Soient deux quantités physiques décrites par des *opérateurs hermitiques* $\hat{A}$ et $\hat{B}$ [par ex. $\hat{A} = \hat{x}$ est l'opérateur position et $\hat{B} = \hat{p}_x = -i\hbar(\partial/\partial x)$ est l'opérateur quantité de mouvement]. Le commutateur des deux opérateurs est écrit sous la forme :

$$[\hat{A}, \hat{B}]_- = \hat{A}\hat{B} - \hat{B}\hat{A} = i\hat{C} , \tag{4.53}$$

où $\hat{C}$ est appelé le *reste de commutation*. $\hat{C}$ peut être nul ; alors $\hat{A}$ et $\hat{B}$ commutent. En général $\hat{C}$ est un *opérateur hermitique*, parce que de ce qui précède, nous savons que

$$\begin{aligned}
\int \psi_1^* [\hat{A}, \hat{B}]_- \psi_2 \, dx &= \int \psi_1^* (\hat{A}\hat{B} - \hat{B}\hat{A})\psi_2 \, dx \\
&= \int [(\hat{B}^* \hat{A}^* - \hat{A}^* \hat{B}^*)\psi_1^*]\psi_2 \, dx \\
&= -\int [(\hat{A}\hat{B} - \hat{B}\hat{A})\psi_1]^* \psi_2 \, dx .
\end{aligned} \tag{4.54}$$

Ainsi,

$$\int \psi_1^* i\hat{C}\psi_2 \, dx = -\int (i\hat{C}\psi_1)^* \psi_2 \, dx$$

$$\text{ou} \quad \int \psi_1^* \hat{C}\psi_2 \, dx = \int (\hat{C}\psi_1)^* \psi_2 \, dx . \tag{4.55}$$

Les quantités physiques qui correspondent aux opérateurs $\hat{A}$ et $\hat{B}$ dans un état quelconque ψ ont les valeurs moyennes

$$\bar{A} = \int \psi^* \hat{A}\psi \, dx \text{ et } \bar{B} = \int \psi^* \hat{B}\psi \, dx . \tag{4.56}$$

Comme précédemment dans (3.60) et (4.16), nous introduisons les opérateurs d'écart de la valeur moyenne,

$$\Delta\hat{A} = \hat{A} - \bar{A} \text{ et } \Delta\hat{B} = \hat{B} - \bar{B}\,, \tag{4.57}$$

et remarquons que $\Delta\hat{A}$ et $\Delta\hat{B}$ obéissent aux mêmes relations de commutation que $\hat{A}$ et $\hat{B}$, à savoir :

$$[\Delta\hat{A}, \Delta\hat{B}]_- = \mathrm{i}\hat{C}\,.$$

Par analogie avec nos considérations au sujet de la relation d'incertitude de $\hat{p}_x$ et $\hat{x}$ [voir (3.63)], nous examinons l'intégrale

$$I(\alpha) = \int \left|(\alpha\Delta\hat{A} - \mathrm{i}\Delta\hat{B})\psi\right|^2 \mathrm{d}x \geq 0\,, \tag{4.58}$$

qui dépend d'un paramètre réel α. Puisque $\Delta\hat{A}$ et $\Delta\hat{B}$ sont hermitiques, nous pouvons écrire

$$\begin{aligned}
I(\alpha) &= \int (\alpha\Delta\hat{A} - \mathrm{i}\Delta\hat{B})^*\psi^*(\alpha\Delta\hat{A} - \mathrm{i}\Delta\hat{B})\psi\,\mathrm{d}x \\
&= \int \psi^*(\alpha\Delta\hat{A} + \mathrm{i}\Delta\hat{B})(\alpha\Delta\hat{A} - \mathrm{i}\Delta\hat{B})\psi\,\mathrm{d}x \\
&= \int \psi^*[\alpha^2(\Delta\hat{A})^2 + \mathrm{i}\alpha(\Delta\hat{B}\Delta\hat{A} - \Delta\hat{A}\Delta\hat{B}) + (\Delta\hat{B})^2]\psi\,\mathrm{d}x \\
&= \int \psi^*[\alpha^2(\Delta\hat{A})^2 + \alpha\hat{C} + (\Delta\hat{B})^2]\psi\,\mathrm{d}x \geq 0\,. \tag{4.59}
\end{aligned}$$

Maintenant nous désignons les valeurs moyennes des écarts quadratiques ou du reste de commutation $\hat{C}$ par $\langle|(\Delta A)^2|\rangle \equiv \overline{(\Delta A)^2}$, $\langle|\bar{C}|\rangle \equiv \bar{C}$, $\langle|\Delta\hat{B}^2|\rangle \equiv \overline{(\Delta B)^2}$ par conséquent, nous pouvons écrire la dernière équation sous la forme

$$\overline{(\Delta A)^2}\left[\alpha + \frac{\bar{C}}{2\overline{(\Delta A)^2}}\right]^2 + \overline{(\Delta B)^2} - \frac{(\bar{C})^2}{4\overline{(\Delta A)^2}} \geq 0\,. \tag{4.60}$$

Puisque ceci vaut pour tout réel α, nous avons

$$\overline{(\Delta B)^2} - \frac{(\bar{C})^2}{4\overline{(\Delta A)^2}} \geq 0 \quad \text{ou} \quad \overline{(\Delta A)^2}\,\overline{(\Delta B)^2} \geq \frac{(\bar{C})^2}{4}\,. \tag{4.61}$$

Ceci est le *principe d'incertitude de Heisenberg* dans sa forme la plus générale. Manifestement, *il vaut pour toutes les quantités physiques dont les opérateurs ne commutent pas.* Pour des opérateurs qui commutent ($\hat{C} = 0$), il n'y a pas de relation d'incertitude pour les quantités physiques correspondantes. Elles peuvent être mesurées simultanément avec précision. De l'équation (4.51), nous savons que $[\hat{p}_x, \hat{x}] = -\mathrm{i}\hbar$. Par conséquent, la relation d'incertitude pour ces quantités est $\overline{(\Delta p_x)^2}\,\overline{(\Delta x)^2} \geq \hbar^2/4$, elle coïncide avec le résultat obtenu précédemment [voir (3.66)].

Au chapitre 6 nous montrerons que l'*opérateur énergie* est $\hat{E} = +i\hbar\,(\partial/\partial t)$, et que nous avons la relation de commutation (bien que t n'est pas un opérateur)

$$[\hat{E}, t]_- = i\hbar \ . \tag{4.62}$$

Par conséquent, il y a également une relation d'incertitude entre l'énergie et le temps,

$$\overline{(\Delta E)^2}\ \overline{(\Delta t)^2} \geq \frac{\hbar^2}{4} \ . \tag{4.63}$$

Nous obtiendrons des relations similaires pour les opérateurs de moment cinétique (moment angulaire) dans la section suivante.

4.8 Opérateur moment cinétique

Pour établir un opérateur pour le moment cinétique (moment angulaire), nous reportons les opérateurs $\hat{r}$ et $\hat{p}$ dans l'expression de la définition classique du moment cinétique $\boldsymbol{L} = \boldsymbol{r} \times \boldsymbol{p}$, et obtenons l'équation de l'opérateur

$$\hat{\boldsymbol{L}} = \hat{\boldsymbol{r}} \times \hat{\boldsymbol{p}} = -i\hbar\,(\boldsymbol{r} \times \nabla) \ .$$

En exprimant le produit vectoriel en coordonnées cartésiennes, nous obtenons avec (4.50):

$$\hat{L}_x = \hat{y}\hat{p}_z - \hat{z}\hat{p}_y = -i\hbar\left(y\frac{\partial}{\partial z} - z\frac{\partial}{\partial y}\right) \ ,$$

$$\hat{L}_y = \hat{z}\hat{p}_x - \hat{x}\hat{p}_z = -i\hbar\left(z\frac{\partial}{\partial x} - x\frac{\partial}{\partial z}\right) \ ,$$

$$\hat{L}_z = \hat{x}\hat{p}_y - \hat{y}\hat{p}_x = -i\hbar\left(x\frac{\partial}{\partial y} - y\frac{\partial}{\partial x}\right) \ . \tag{4.64}$$

Puisque les facteurs des divers produits sont tous des opérateurs hermitiques, $\hat{L}$ est aussi hermitique [voir (4.10) et (4.11)]. Par un calcul direct, nous obtenons les relations de commutation des composantes du moment cinétique,

$$\hat{L}_x\hat{L}_y - \hat{L}_y\hat{L}_x = i\hbar\hat{L}_z \ , \quad \hat{L}_y\hat{L}_z - \hat{L}_z\hat{L}_y = i\hbar\hat{L}_x \ ,$$

$$\hat{L}_z\hat{L}_x - \hat{L}_x\hat{L}_z = i\hbar\hat{L}_y \ , \tag{4.65}$$

qui sont souvent écrites de façon abrégée

$$\hat{\boldsymbol{L}} \times \hat{\boldsymbol{L}} = i\hbar\hat{\boldsymbol{L}} \quad \text{ou encore} \quad [\hat{L}_i, \hat{L}_j]_- = i\hbar\,\varepsilon_{ijk}\hat{L}_k \ . \tag{4.66}$$

Ici, ε_{ijk} est le tenseur antisymétrique dans l'espace à trois dimensions :

$$\varepsilon_{ijk} = \begin{cases} +1 & \text{si } i,\,j,\,k \text{ est une permutation paire de 1, 2, 3} \\ -1 & \text{si } i,\,j,\,k \text{ est une permutation impaire de 1, 2, 3} \\ \ \ 0 & \text{si deux ou plus des indices sont égaux} \ . \end{cases}$$

À titre d'exemple, nous vérifions la première relation (4.65) et obtenons

$$
\begin{aligned}
\hat{L}_x\hat{L}_y - \hat{L}_y\hat{L}_x &= (y\hat{p}_z - z\hat{p}_y)(z\hat{p}_x - x\hat{p}_z) - (z\hat{p}_x - x\hat{p}_z)(y\hat{p}_z - z\hat{p}_y) \\
&= y(\hat{p}_z z)\hat{p}_x + \underline{yz\hat{p}_z\hat{p}_x} - \underline{yx\hat{p}_z\hat{p}_z} - \underline{z^2\hat{p}_y\hat{p}_x} + zx\hat{p}_y\hat{p}_z \\
&\quad - \underline{zy\hat{p}_x\hat{p}_z} + \underline{z^2\hat{p}_x\hat{p}_y} + \underline{xy\hat{p}_z\hat{p}_z} - x(\hat{p}_z z)\hat{p}_y - xz\hat{p}_z\hat{p}_y \\
&= -\mathrm{i}\hbar\, y\hat{p}_x + \mathrm{i}\hbar\, x\hat{p}_y = \mathrm{i}\hbar(x\hat{p}_y - y\hat{p}_x) = \mathrm{i}\hbar\hat{L}_z \; .
\end{aligned} \tag{4.67}
$$

Les termes correspondant se simplifient. Ainsi, les composantes du moment cinétique ne sont pas mesurables simultanément, parce que les relations (4.65) sont de la structure de (4.53) avec un reste de commutation. Le carré de l'opérateur moment cinétique est

$$
\hat{\boldsymbol{L}}^2 = \hat{L}_x^2 + \hat{L}_y^2 + L_z^2 \; .
$$

Il commute avec toutes les composantes de l'opérateur moment cinétique, c'est-à-dire

$$
[\hat{\boldsymbol{L}}^2, \hat{L}_x]_- = [\hat{\boldsymbol{L}}^2, \hat{L}_y]_- = [\hat{\boldsymbol{L}}^2, \hat{L}_z]_- = 0 \; . \tag{4.68}
$$

À titre d'exemple, nous calculons le premier commutateur,

$$
\begin{aligned}
[\hat{\boldsymbol{L}}^2, \hat{L}_x]_- &= [\hat{L}_x^2 + \hat{L}_y^2 + \hat{L}_z^2, \hat{L}_x]_- = [\hat{L}_y^2, \hat{L}_x]_- + [\hat{L}_z^2, \hat{L}_x]_- \\
&= (\hat{L}_y^2\hat{L}_x - \hat{L}_x\hat{L}_y^2) + (\hat{L}_z^2\hat{L}_x - \hat{L}_x\hat{L}_z^2) \; .
\end{aligned} \tag{4.69}
$$

En utilisant (4.65), le premier terme devient

$$
\begin{aligned}
\hat{L}_y^2\hat{L}_x - \hat{L}_x\hat{L}_y^2 &= \hat{L}_y(\hat{L}_y\hat{L}_x) - \hat{L}_x\hat{L}_y^2 = \hat{L}_y(-\mathrm{i}\hbar\hat{L}_z + \hat{L}_x\hat{L}_y) - \hat{L}_x\hat{L}_y^2 \\
&= -\mathrm{i}\hbar\hat{L}_y\hat{L}_z + (-\mathrm{i}\hbar\hat{L}_z + \hat{L}_x\hat{L}_y)\hat{L}_y - \hat{L}_x\hat{L}_y^2 \\
&= -\mathrm{i}\hbar(\hat{L}_y\hat{L}_z + \hat{L}_z\hat{L}_y) \; ,
\end{aligned} \tag{4.70}
$$

et de même, nous obtenons pour le deuxième terme

$$
\begin{aligned}
\hat{L}_z^2\hat{L}_x - \hat{L}_x\hat{L}_z^2 &= \hat{L}_z(\hat{L}_z\hat{L}_x) - \hat{L}_x\hat{L}_z^2 = \hat{L}_z(\mathrm{i}\hbar\hat{L}_y + \hat{L}_x\hat{L}_z) - \hat{L}_x\hat{L}_z^2 \\
&= \mathrm{i}\hbar\hat{L}_z\hat{L}_y + (\hat{L}_z\hat{L}_x)\hat{L}_z - \hat{L}_x\hat{L}_z^2 \\
&= \mathrm{i}\hbar\hat{L}_z\hat{L}_y + (\mathrm{i}\hbar\hat{L}_y + \hat{L}_x\hat{L}_z)\hat{L}_z - \hat{L}_x\hat{L}_z^2 \\
&= \mathrm{i}\hbar(\hat{L}_z\hat{L}_y + \hat{L}_y\hat{L}_z) \; .
\end{aligned} \tag{4.71}
$$

La somme des deux termes, (4.70) et (4.71), est nulle. D'où, $[\hat{\boldsymbol{L}}^2, \hat{L}_x] = 0$. De même manière, on démontre la deuxième et la troisième relation (4.68).

Il est commode d'exprimer le moment cinétique en coordonnées sphériques. Par la transformation

$$
x = r\sin\vartheta\cos\varphi \; , \quad y = r\sin\vartheta\sin\varphi \; , \quad z = r\cos\vartheta \; , \tag{4.72}
$$

nous obtenons pour les coordonnées cartésiennes de l'opérateur de moment cinétique :

$$\hat{L}_x = \mathrm{i}\hbar \left(\sin\varphi \frac{\partial}{\partial\vartheta} + \cot\vartheta \cos\varphi \frac{\partial}{\partial\varphi} \right) ,$$

$$\hat{L}_y = \mathrm{i}\hbar \left(-\cos\varphi \frac{\partial}{\partial\vartheta} + \cot\vartheta \sin\varphi \frac{\partial}{\partial\varphi} \right) ,$$

$$\hat{L}_z = -\mathrm{i}\hbar \frac{\partial}{\partial\varphi} . \tag{4.73}$$

Soit, en utilisant les équations,

$$r^2 = x^2 + y^2 + z^2 , \quad \cos\vartheta = \frac{z}{r} , \quad \tan\varphi = \frac{y}{x}$$

nous déduisons,

$$\hat{L}_z = -\mathrm{i}\hbar \left(x\frac{\partial}{\partial y} - y\frac{\partial}{\partial x} \right) = -\mathrm{i}\hbar \left\{ r\sin\vartheta \cos\varphi \left[\frac{\partial r}{\partial y}\frac{\partial}{\partial r} + \frac{\partial\vartheta}{\partial y}\frac{\partial}{\partial\vartheta} + \frac{\partial\varphi}{\partial y}\frac{\partial}{\partial\phi} \right] \right.$$

$$\left. -r\sin\vartheta \sin\varphi \left[\frac{\partial r}{\partial x}\frac{\partial}{\partial r} + \frac{\partial\vartheta}{\partial x}\frac{\partial}{\partial\vartheta} + \frac{\partial\varphi}{\partial x}\frac{\partial}{\partial\varphi} \right] \right\}$$

$$= -\mathrm{i}\hbar r\sin\vartheta \left\{ \cos\varphi \left[\sin\vartheta \sin\varphi \frac{\partial}{\partial r} + \frac{\cos\vartheta \sin\varphi}{r}\frac{\partial}{\partial\vartheta} + \frac{\cos\varphi}{r\sin\vartheta}\frac{\partial}{\partial\varphi} \right] \right.$$

$$\left. -\sin\varphi \left[\sin\vartheta \cos\varphi \frac{\partial}{\partial r} + \frac{\cos\vartheta \cos\varphi}{r}\frac{\partial}{\partial\vartheta} - \frac{\sin\varphi}{r\sin\vartheta}\frac{\partial}{\partial\varphi} \right] \right\}$$

$$= -\mathrm{i}\hbar \frac{\partial}{\partial\varphi} \tag{4.74}$$

et

$$\hat{L}^2 = \hat{L}_x^2 + \hat{L}_y^2 + \hat{L}_z^2$$

$$= -\hbar^2 \left\{ (\sin^2\varphi + \cos^2\varphi)\frac{\partial^2}{\partial\vartheta^2} + \cot\vartheta \frac{\partial}{\partial\vartheta} + \cot^2\vartheta \frac{\partial^2}{\partial\varphi^2} + \frac{\partial^2}{\partial\varphi^2} \right\}$$

$$= -\hbar^2 \left\{ \frac{1}{\sin\vartheta}\frac{\partial}{\partial\vartheta} \left(\sin\vartheta \frac{\partial}{\partial\vartheta} \right) + \frac{1}{\sin^2\vartheta}\frac{\partial^2}{\partial\varphi^2} \right\} = -\hbar^2 \Delta_{\vartheta,\varphi} , \tag{4.75}$$

où nous désignons par $\Delta_{\vartheta,\varphi}$ la partie du laplacien qui agit sur les variables ϑ et φ seulement. Dans ce contexte, nous notons aussi les fonctions propres de $\hat{L}^2$:

$$\hat{L}^2 Y_{lm}(\vartheta, \varphi) = L^2 Y_{lm}(\vartheta, \varphi) . \tag{4.76a}$$

Ce sont les *harmoniques sphériques*, comme nous le montrerons de deux manières différentes dans les exemples 4.8 (p. 94) et 4.9 (p. 102). Nous connaissons les harmoniques sphériques de l'étude de l'électrodynamique : ils sont liés aux polynômes de Legendre par

$$Y_{lm}(\vartheta, \varphi) = \sqrt{\frac{(l-m)!(2l+1)}{4\pi(l+m)!}} P_l^m(\cos\vartheta) \, \mathrm{e}^{\mathrm{i}m\varphi} . \tag{4.77}$$

Les polynômes de Legendre sont définis par

$$P_l^m(x) = \frac{(-1)^m}{2^l l!}(1-x^2)^{m/2}\frac{\mathrm{d}^{l+m}}{\mathrm{d}x^{l+m}}(x^2-1)^l \, , \tag{4.78}$$

avec $l \geq m \geq -l$.

Dans l'équation aux valeurs propres (4.76a), la quantité L^2 peut être exprimée en termes de l

$$L^2 = \hbar^2 l(l+1) \, , \quad l = 0, 1, 2, 3, \ldots \, . \tag{4.79}$$

de sorte que (4.76a) devient

$$\hat{L}^2 Y_{lm}(\vartheta, \varphi) = \hbar^2 l(l+1) Y_{lm}(\vartheta, \varphi) \, . \tag{4.76b}$$

La composante z du moment cinétique est privilégiée par notre choix de système de coordonnées, puisque les Y_{lm} sont aussi fonctions propres de $\hat{L}_z$:

$$\hat{L}_z Y_{lm} = \hbar m Y_{lm} \, , \quad m = -l, -l+1, \ldots, 0, \ldots, l \, . \tag{4.80}$$

Ceci peut immédiatement être confirmé par (4.73), (4.77), et (4.78). Manifestement *le spectre de $\hat{L}^2$ et $\hat{L}_z$ est toujours *discret*. Parce que $\hat{L}^2$ et $\hat{L}_z$ commutent (4.68), ils peuvent être mesurés simultanément. Les fonctions propres simultanées sont les $Y_{lm}(\vartheta, \varphi)$. Chaque valeur propre $\hbar^2 l(l+1)$ de $\hat{L}^2$ est $(2l+1)$ dégénérée parce qu'à chaque l correspondent $2l+1$ fonctions propres Y_{lm} ($l \geq m \geq -l$).

En effet, à partir de (4.77) et (4.80), nous pouvons déduire la projection sur z d'un moment cinétique L de valeur absolue $\hbar\sqrt{l(l+1)}$. Elle prend $2l+1$ valeurs différentes $m\hbar$. Ceci est illustré par la figure 4.3. L'angle entre le moment cinétique et la direction de quantification (par ex : définie par un champ magnétique faible) ne peut prendre que certaines valeurs :

$$\cos\vartheta = \frac{m}{\sqrt{l(l+1)}} \, . \tag{4.81}$$

Ceci est parfois appelé la *quantification de la direction* ou *quantification spatiale* et ne signifie rien de plus que la quantification de la composante sur z du moment cinétique $\hat{L}_z$. Le résultat ainsi obtenu peut être interprété par la figure 4.4 ; le vecteur moment cinétique L précesse sur un cône autour de la direction de quantification (axe z). Il en résulte que les composantes x et y du moment cinétique ne sont pas constantes dans le temps. Ceci illustre la relation d'incertitude entre L_z et L_x ainsi qu'entre L_z et L_y [voir (4.65)].

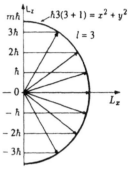

Fig. 4.3. Les nombres quantiques $m\hbar$ caractérisent la quantification de la composante z du moment cinétique

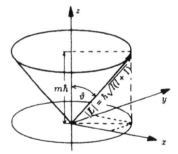

Fig. 4.4. Un moment cinétique L («sharp») avec sa composante z. Le vecteur L, dans un état propre L^2 et L_z, précesse sur la surface d'un cône autour de l'axe z

4.9 Énergie cinétique

Par analogie avec $T = p^2/2m$, nous obtenons l'opérateur énergie cinétique en coordonnées cartésiennes :

$$\hat{T} = \frac{\hat{\boldsymbol{p}}^2}{2m} = -\frac{\hbar^2}{2m}\left(\frac{\partial^2}{\partial x^2} + \frac{\partial^2}{\partial y^2} + \frac{\partial^2}{\partial z^2}\right) = -\frac{\hbar^2}{2m}\Delta \ . \tag{4.82}$$

Et en coordonnées polaires :

$$\hat{T} = -\frac{\hbar^2}{2m}\left[\frac{1}{r^2}\frac{\partial}{\partial r}\left(r^2\frac{\partial}{\partial r}\right) + \frac{1}{r^2}\Delta_{\vartheta,\phi}\right] = -\frac{\hbar^2}{2m}\frac{1}{r^2}\frac{\partial}{\partial r}\left(r^2\frac{\partial}{\partial r}\right) - \frac{\hbar^2}{2mr^2}\Delta_{\vartheta,\phi}$$

$$= \hat{T}_{\mathrm{r}} + \frac{\hat{L}^2}{2mr^2} \ . \tag{4.82a}$$

Ici $\hat{T}_{\mathrm{r}}$ peut être interprété comme l'opérateur énergie cinétique du mouvement le long de la direction radiale, et $\hat{L}^2/2mr^2$ comme celui de l'énergie cinétique de rotation. De ces relations on déduit que $[\hat{T}, \hat{L}^2]_- = 0$. Par conséquent, l'énergie cinétique et le carré du moment cinétique peuvent être mesurés simultanément.

4.10 Énergie totale

Nous définissons l'*opérateur hamiltonien* , correspondant au hamiltonien de la mécanique classique, comme l'opérateur de l'énergie totale :

$$\hat{H} = \hat{T} + \hat{V} \equiv \frac{\hat{\boldsymbol{p}}^2}{2m} + V(\boldsymbol{r}) \ . \tag{4.83}$$

Si nous admettons que l'énergie potentielle est uniquement fonction de la distance, c'est-à-dire $\hat{V} = V(r)$ (potentiel central), nous avons $[\hat{H}, \hat{L}^2] = 0$; le carré du moment cinétique et l'énergie totale peuvent être mesurés simultanément. De même $[\hat{H}, \hat{L}_z] = 0$.

Puisque $\hat{T} = \hat{\boldsymbol{p}}^2/2m$ et $\hat{V} = V(r)$ ne commutent pas, nous ne pouvons rien dire des valeurs exactes des énergies potentielle et cinétique, même si nous connaissons l'énergie totale. Uniquement pour les valeurs moyennes de ces quantités, pouvons nous utiliser le *théorème du viriel* $\langle T \rangle = \langle \boldsymbol{r}\cdot\nabla V \rangle$, que nous verrons par la suite (voir l'exemple 8.2).

EXERCICE ████████████████

4.5 Inégalité d'opérateurs

Problème. Soient $\hat{A}$ et $\hat{B}$ des opérateurs hermitiques et $\hat{C} = -\mathrm{i}[\hat{A}, \hat{B}]_- = -\mathrm{i}(\hat{A}\hat{B} - \hat{B}\hat{A})$, $\hat{D} = \{\hat{A}, \hat{B}\} = \hat{A}\hat{B} + \hat{B}\hat{A}$. Démontrez la relation suivante pour les valeurs moyennes :

$$\overline{\hat{A}}^2 \overline{\hat{B}}^2 \geq \frac{1}{4}[(\overline{\hat{C}})^2 + (\overline{\hat{D}})^2] \, .$$

Solution. Soit $\varphi(x, t)$ un état quelconque et $\lambda \in \mathbb{C}$, $\lambda = \alpha + \mathrm{i}\beta$, un nombre complexe. Nous définissons

$$
\begin{aligned}
0 \leq l(\lambda) &= \int \left| (\hat{A} + \mathrm{i}\lambda\hat{B})\varphi \right|^2 \mathrm{d}x \\
&= \int \varphi^*(\hat{A} - \mathrm{i}\lambda^*\hat{B})(\hat{A} + \mathrm{i}\lambda\hat{B})\varphi \, \mathrm{d}x \\
&= \int \varphi^* \hat{A}^2 \varphi \, \mathrm{d}x \, |\lambda|^2 \int \varphi^* \hat{B}^2 \varphi \, \mathrm{d}x + \int \varphi^*(\hat{A}\hat{B}\mathrm{i}\lambda - \hat{B}\hat{A}\mathrm{i}\lambda^*)\varphi \, \mathrm{d}x \\
&= \overline{\hat{A}}^2 + \overline{\hat{B}}^2 \, |\lambda|^2 - \alpha\overline{\hat{C}} - \beta\overline{\hat{D}} \, .
\end{aligned}
$$

Avec

$$\overline{\hat{B}}^2 [\alpha - \overline{\hat{C}}/2\overline{\hat{B}}^2]^2 = \alpha^2 \overline{\hat{B}}^2 - \alpha\overline{\hat{C}} + \overline{\hat{C}}^2 / 4\overline{\hat{B}}^2$$

et

$$\overline{\hat{B}}^2 [\beta - \overline{\hat{D}}/2\overline{\hat{B}}^2]^2 = \beta^2 \overline{\hat{B}}^2 - \beta\overline{\hat{D}} + \overline{\hat{D}}^2 / 4\overline{\hat{B}}^2 \, ,$$

nous avons maintenant

$$\overline{\hat{A}}^2 + \overline{\hat{B}}^2 [\alpha - \overline{\hat{C}}/2\overline{\hat{B}}^2]^2 + \overline{\hat{B}}^2 [\beta - \overline{\hat{D}}/2\overline{\hat{B}}^2]^2 - \overline{\hat{C}}^2/4\overline{\hat{B}}^2 - \overline{\hat{D}}^2/4\overline{\hat{B}}^2 \geq 0 \, .$$

Mais α, β peuvent être choisis arbitrairement, c'est-à-dire que nous devons avoir :

$$\overline{\hat{A}}^2 \overline{\hat{B}}^2 \geq \frac{1}{4}(\overline{\hat{C}}^2 + \overline{\hat{D}}^2)$$

Ce qu'il fallait démontrer.

EXERCICE ████████████████████

4.6 Différences entre les relations d'incertitude

Problème. Discutez la « relation d'incertitude »,

$$\Delta E \Delta t \sim \hbar \, .$$

Quelle est la différence fondamentale, si on la compare à

$$\Delta x \Delta p \sim \hbar?$$

Solution. Un paquet d'onde (libre) de largeur Δx dans l'espace de configuration a une distribution autour d'une certaine quantité de mouvement p_0 de largeur Δp dans l'espace des moments, avec $\Delta x \Delta p \sim \hbar$. Sa vitesse de groupe est $v = \partial E / \partial p|_{p=p_0}$. L'incertitude sur l'instant auquel la particule passe en un point x_0 est $\Delta t \approx \Delta x / v$. D'autre part, l'incertitude sur l'énergie de la particule est :

$$\Delta E = \left. \frac{\partial E}{\partial p} \right|_{p=p_0} \Delta p = v \Delta p \, ,$$

parce que $E = E(p)$. Par conséquent, nous obtenons

$$\hbar \approx \Delta x \Delta p \approx \Delta t v \Delta E / v = \Delta t \Delta E \, .$$

Ceci est l'origine de la « relation d'incertitude énergie–temps ». C'est pourquoi, si nous voulons mesurer exactement l'énergie d'un état, un temps suffisamment long est nécessaire. Si ceci n'est pas possible (par exemple, à cause de la « vie moyenne » finie de l'état), l'énergie de l'état reste mal définie (incertaine). De ce point de vue, les relations d'incertitude $\Delta p \Delta x \sim \hbar$ et $\Delta E \Delta t \sim \hbar$ sont équivalentes. Cependant, l'interprétation physique est totalement différente. Un appareil de mesure peut mesurer une observable donnée d'un système physique à des instants différents (par ex : position, quantité de mouvement ou énergie). Alors, le temps est donné par une horloge reliée à l'appareil de mesure. Ainsi, ce temps *n'est pas une observable* du système quantique lui-même, mais un *paramètre* décrit par un nombre réel t.

EXERCICE ████████████████████

4.7 Développement d'un opérateur

Soit f une fonction $f(z) : \mathbb{C} \to \mathbb{C}$, pouvant être développée en série de Taylor $f(z) = \sum_{n=0}^{\infty} a_n z^n$. Alors, pour un opérateur « approprié » $\hat{A}$, nous pouvons définir l'opérateur $\hat{f}(\hat{A})$ par

$$\hat{f}(\hat{A}) = \sum_{n=0}^{\infty} a_n \hat{A}^n$$

Problème. (a) Pourquoi cette définition est-elle incomplète? Quelle est la signification de $\lim_{n \to \infty} \hat{S}_n = \hat{S}$?

(b) Montrez que

$$\hat{T}(\boldsymbol{a}) = \exp(i\hat{\boldsymbol{p}} \cdot \boldsymbol{a}/\hbar) \text{ avec } \hat{\boldsymbol{p}} = -i\hbar\nabla$$

est l'opérateur translation ; c'est-à-dire que pour des fonctions appropriées $\psi(\boldsymbol{x})$, nous avons

$$\hat{T}(\boldsymbol{a})\varphi(\boldsymbol{x}) = \varphi(\boldsymbol{x} + \boldsymbol{a}) \ .$$

Solution. (a) La définition est incomplète, puisque nous n'avons pas expliqué sous quelles conditions une suite d'opérateurs $\hat{S}_n (= \sum_{\nu=0}^{n} a_\nu \hat{A}^\nu)$, définie dans l'espace de Hilbert H, converge vers un opérateur $\hat{S}$. Malheureusement la notion de convergence d'opérateurs est mal définie. D'une part, nous pouvons dire que $\hat{S}_n \to \hat{S}$ signifie que pour des vecteurs quelconques $\varphi_\nu(\boldsymbol{x}) \in H$ la relation $\hat{S}_n \varphi_\nu(\boldsymbol{x}) \to \hat{S}\varphi_\nu(\boldsymbol{x})$ s'applique dans cet espace de Hilbert, d'autre part, nous pouvons attribuer une norme

$$O = \sup_{\varphi_\nu(\boldsymbol{x}) \in H} \frac{\|\hat{O}\varphi_\nu(\boldsymbol{x})\|}{\|\varphi_\nu(\boldsymbol{x})\|}$$

à un opérateur $\hat{O}$ et définir que $\hat{S}_n \to \hat{S}$, si $\|\hat{S}_n - \hat{S}\| \to O$ est vérifié dans $\mathbb{R}$. Nous ne pouvons pas approfondir ces problèmes ici (ou d'autres, tels que : qu'est-ce un espace de Hilbert? Qu'est-ce un opérateur quantité de mouvement?). Pour une compréhension mathématique de la mécanique quantique, une étude approfondie de l'analyse fonctionnelle *nous* semble indispensable.

(b) Comme nous venons de l'indiquer dans (a), nous ne nous préoccuperons pas des «subtilités» mathématiques. Soit $\psi(\boldsymbol{x})$ développable en série de Taylor. Alors :

$$\begin{aligned}
\hat{T}(\boldsymbol{a})\psi(\boldsymbol{x}) &= \exp\left(i\frac{\boldsymbol{p} \cdot \boldsymbol{a}}{\hbar}\right) \psi(\boldsymbol{x}) \\
&= \sum_{n=0}^{\infty} \frac{1}{n!} \left[i\frac{(-i\hbar\nabla) \cdot \boldsymbol{a}}{\hbar}\right]^n \psi(\boldsymbol{x}) \\
&= \sum_{n=0}^{\infty} \frac{(\boldsymbol{a} \cdot \nabla)^n}{n!} \psi(\boldsymbol{x}) = \psi(\boldsymbol{x} + \boldsymbol{a}) \ ,
\end{aligned}$$

puisque l'avant dernière expression est simplement la notation abrégée du développement de Taylor de la fonction $\psi(\boldsymbol{x} + \boldsymbol{a})$ au point $\boldsymbol{x}$.

EXEMPLE

4.8 Polynômes de Legendre

Les «fonctions spéciales» de la physique mathématique sont solutions d'équations différentielles du second ordre qui interviennent souvent. Dans cet exemple et le suivant, nous allons discuter de quelques fonctions spéciales, les fonctions de *Legendre*, les fonctions associées de Legendre et les harmoniques sphériques. Il y a plusieurs façons de représenter ces fonctions :

(1) comme solutions particulières d'équations différentielles spécifiques (équation de Laplace, équation de Schrödinger) ;
(2) au moyen de formules de récurrence ; ou
(3) au moyen d'une fonction génératrice (développement en $|\boldsymbol{r} - \boldsymbol{r}'|^{-1}$),

pour ne citer que quelques unes. La fonction génératrice est une aide appréciable pour l'étude des fonctions de Legendre (polynômes) ; c'est pourquoi nous commençons par leur étude.

Les polynômes de Legendre et leurs fonctions génératrices

En résolvant des problèmes de potentiel, nous rencontrons souvent le terme $|\boldsymbol{r} - \boldsymbol{r}'|^{-1}$:

$$|\boldsymbol{r} - \boldsymbol{r}'|^{-1} = \frac{1}{\sqrt{|\boldsymbol{r}|^2 + |\boldsymbol{r}'|^2 - 2|\boldsymbol{r}||\boldsymbol{r}'|\cos\vartheta}} \qquad (1)$$

Nous voulons maintenant développer la racine en série de puissances du rapport r à r'. Pour ce faire, appelons $r_<$ la plus petite, et $r_>$ la plus grande des valeurs de r et r'. D'où $r_</r_> < 1$, soit

$$\frac{1}{\sqrt{r^2 + r'^2 - 2rr'\cos\vartheta}} = \frac{1}{\sqrt{r_>^2\left\{1 - 2\dfrac{r_<}{r_>}\cos\vartheta + \left(\dfrac{r_<}{r_>}\right)^2\right\}}}$$

$$= \frac{1}{r_>}\left\{1 + \frac{r_<}{r_>}\cos\vartheta\frac{1}{2}(3\cos^2\vartheta - 1)\left(\frac{r_<}{r_>}\right)^2 \pm \ldots\right\}. \qquad (2)$$

Les coefficients dépendant de ϑ qui apparaissent dans ce développement définissent les polynômes de Legendre :

$$\frac{1}{r_>\sqrt{1 - 2\dfrac{r_<}{r_>}\cos\vartheta + \left(\dfrac{r_<}{r_>}\right)^2}} = \frac{1}{r_>}\sum_{l=0}^{\infty}\left(\frac{r_<}{r_>}\right)^l P_l(\cos\vartheta)$$

$$= \sum_{l=0}^{\infty}\frac{r_<^l}{r_>^{l+1}} P_l(\cos\vartheta). \qquad (3)$$

Si nous posons $\cos \vartheta = x$, nous trouvons pour les $P_l(x)$ (voir la figure):

$$P_0(x) = 1$$
$$P_1(x) = x$$
$$P_2(x) = \frac{1}{2}(3x^2 - 1)$$
$$P_3(x) = \frac{1}{2}(5x^3 - 3x)$$
$$P_4(x) = \frac{1}{8}(35x^4 - 30x^2 + 3) \,, \tag{4}$$

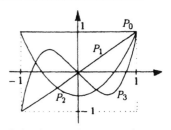

Polynômes de Legendre d'ordres les plus bas

ou, généralement selon la *formule de Rodriguez*, que nous démontrerons dans la section suivante,

$$P_l(x) = \frac{1}{2^l l!} \frac{\mathrm{d}^l}{\mathrm{d}x^l}(x^2 - 1)^l \,. \tag{5}$$

Propriétés mathématiques des polynômes de Legendre

Nous constatons que les polynômes de Legendre peuvent être introduits comme les coefficients d'un développement en série de puissances[2] :

$$(1 - 2xt + t^2)^{-1/2} = \sum_{l=0}^{\infty} P_l(x)t^l \,. \tag{6}$$

avec $x = \cos \vartheta$ et $|t| < 1$. La fonction $(1 - 2xt + t^2)^{-1/2}$ est appelée la *fonction génératrice* des polynômes de Legendre. Au moyen de cette fonction génératrice, nous établissons maintenant la *formule de récurrence* pour les polynômes de Legendre. Pour ce faire, nous définissons

$$F(t, x) = (1 - 2xt + t^2)^{-1/2} = \sum_{l=0}^{\infty} P_l(x)t^l \,. \tag{7}$$

La dérivée première par rapport à t est

$$\frac{\partial F}{\partial t} = \frac{x - t}{1 - 2xt + t^2} F \,.$$
$$(1 - 2xt + t^2) \sum_{l=0}^{\infty} lt^{l-1} P_l(x) = (x - t) \sum_{l=0}^{\infty} t^l P_l(x) \,. \tag{8}$$

En comparant les mêmes puissances de t des deux côtés de l'équation, nous obtenons

$$(l + 1) P_{l+1} - (2l + 1)x P_l + l P_{l-1} = 0 \,. \tag{9}$$

---

[2] La série converge pour $|t| < 1$ et $\vartheta \in [0, \pi]$ et est différentiable terme à terme par rapport à r et ϑ ; la série ainsi obtenue converge uniformément par rapport à (t, ϑ) sur $[-t_0, t_0] \times [0, \pi]$ pour $|t_0| < 1$.

Une deuxième *formule de récurrence* peut être obtenue en calculant la dérivée partielle de $F(t, x)$ par rapport à x :

$$(1 - 2xt + t^2)\frac{\partial F}{\partial x} = tF, \tag{10}$$

et par une procédure analogue :

$$P'_l(x) - 2x P'_{l-1}(x) + P'_{l-2}(x) = P_{l-1}(x), \tag{11}$$

où $' = \partial/\partial x$. De ces formules de récurrence nous déduisons aisément les relations :

$$\begin{aligned}
P'_{l+1} - x P'_l &= (l+1) P_l, \\
x P'_l - P'_{l-1} &= l P_l, \\
P'_{l+1} - P'_{l-1} &= (2l+1) P_l, \\
(x^2 - 1) P'_l &= l x P_l - l P_{l-1}.
\end{aligned} \tag{12}$$

En examinant la fonction génératrice pour $x = 1$, nous trouvons que

$$F(t, 1) = \frac{1}{1 - t} = 1 + t + t^2 + t^3 + \ldots = \sum_{l=0}^{\infty} t^l P_l(1) \tag{13}$$

et par conséquent

$$P_l(1) = 1. \tag{14}$$

De manière analogue, nous trouvons que pour $x = 0$

$$F(t, 0) = \frac{1}{\sqrt{1 + t^2}} = 1 - \frac{1}{2}t^2 \pm \ldots \equiv \sum_{l=0}^{\infty} t^l P_l(0), \tag{15}$$

et par conséquent

$$P_l(0) = \begin{cases} 0 & \text{pour } l \text{ impair} \\ \dfrac{(l-1)!!(-1)^{l/2}}{2^{l/2}(l/2)!} & \text{pour } l \text{ pair} \end{cases}. \tag{16}$$

La double factorielle, notée par deux points d'exclamation, est le produit des nombres impairs, par exemple : $7!! = 1 \times 3 \times 5 \times 7$. Ensuite, nous établissons la *formule de récurrence de Rodriguez*,

$$P_l(x) = \frac{1}{2^l l!} \frac{\mathrm{d}^l}{\mathrm{d}x^l}(x^2 - 1)^l. \tag{17}$$

Pour ce faire, nous utilisons (6) et trouvons

$$P_l(x) = \frac{1}{l!} \frac{\mathrm{d}^l}{\mathrm{d}t^l}(1 - 2xt + t^2)^{-1/2}\bigg|_{t=0}. \tag{18}$$

Nous développons la fonction génératrice $(1 - 2xt + t^2)^{-1/2}$ de P_l en puissances de t :

Exemple 4.8

$$(1 - 2xt + t^2)^{-1/2} = \sum_n \binom{-1/2}{n} (-2xt)^n (1 + t^2)^{-1/2-n}$$

$$= \sum_{n,m} \binom{-1/2}{n} \binom{-(1/2) - n}{m} (-2x)^n t^{n+2m} , \qquad (19)$$

où nous utilisons la notation $\binom{l}{m} = C_l^m = \frac{l!}{m!(l-m)!}$. Par conséquent, nous obtenons

$$\frac{\mathrm{d}^l}{\mathrm{d}t^l}(1 - 2xt + t^2)^{-1/2} = \sum_{n,m} \binom{-1/2}{n} \binom{-(1/2) - n}{m}$$

$$\times \frac{(n+2m)!}{(n-l+2m)!}(-2x)^n t^{n-l+2m} .$$

Cette somme ne contient que les termes pour lesquels $n + 2m \geq l$. Pour $t = 0$, seuls les termes avec $m = (l - n)/2$ contribuent. Nous obtenons ainsi

$$P_l(x) = \sum_n \binom{-1/2}{n} \binom{-n - (1/2)}{(l/2) - (n/2)} (-2x)^n$$

$$= \sum_n (-1)^{(l-n)/2} \frac{(l+n)!}{2^l (\frac{l+n}{2})!(\frac{l-n}{2})!n!} x^n . \qquad (20)$$

Si nous reportons $n = 2m - l$, il vient

$$P_l(x) = \sum_m \frac{(-1)^{l-m}}{2^l m!(l-m)!} \frac{2m!}{(2m-l)!} x^{2m-l}$$

$$= \frac{1}{2^l l!} \frac{\mathrm{d}^l}{\mathrm{d}x^l} \sum_m \binom{l}{m}(-1)^{l-m} x^{2m} . \qquad (21)$$

Au moyen du théorème binomial, nous pouvons voir que

$$P_l(x) = \frac{1}{2^l l!} \frac{\mathrm{d}^l}{\mathrm{d}x^l}(x^2 - 1)^l$$

C.q.f.d.

De la formule de Rodriguez (17) découle directement la *symétrie des polynômes de Legendre* :

$$P_l(-x) = (-1)^l P_l(x) . \qquad (22)$$

L'*orthogonalité* est une autre propriété importante des polynômes de Legendre. Soit

Exemple 4.8

$$I_{mn} = \int\limits_{-1}^{+1} P_m(x) P_n(x) \, \mathrm{d}x \ (m < n)$$

$$= \frac{1}{2^{m+n}} \frac{1}{m!n!} \int\limits_{-1}^{+1} \left[\frac{\mathrm{d}^m}{\mathrm{d}x^m} (x^2-1)^m \right] \left[\frac{\mathrm{d}^n}{\mathrm{d}x^n} (x^2-1)^n \right] \mathrm{d}x \ . \tag{23}$$

L'intégration partielle donne

$$I_{mn} = \frac{(-1)^n}{2^{m+n} m!n!} \int\limits_{-1}^{+1} \left[\frac{\mathrm{d}^{m+n}}{\mathrm{d}x^{m+n}} (x^2-1)^m \right] (x^2-1)^n \, \mathrm{d}x \ . \tag{24}$$

De ceci nous obtenons $I_{mn} = 0$ pour $m < n$, puisque

$$\frac{\mathrm{d}^{m+n}}{\mathrm{d}x^{m+n}} (x^2-1)^m = 0 \ . \tag{25}$$

Pour le cas $m = n$ on a

$$I_{nn} = \frac{(-1)^n}{2^{2n}(n!)^2} \int\limits_{-1}^{+1} (x^2-1)^n \frac{\mathrm{d}^{2n}}{\mathrm{d}x^{2n}} (x^2-1)^n \, \mathrm{d}x$$

$$= \frac{(-1)^n}{2^{2n}(n!)^2} \int\limits_{-1}^{+1} \left[(x^2-1)^n 2n(2n-1)(2n-2)\ldots[2n-(2n-1)] \right] \mathrm{d}x$$

$$= \frac{(-1)^n(2n)!}{2^{2n}(n!)^2} \int\limits_{-1}^{+1} (x^2-1)^n \, \mathrm{d}x \ . \tag{26}$$

Par le changement de variable $x = 2u - 1$, nous trouvons

$$I_{nn} = \frac{(-1)^n 2(2n)!}{(n!)^2} \int\limits_{0}^{1} u^n(u-1)^n \, \mathrm{d}u = \frac{2}{2n+1} \ . \tag{27}$$

En combinant les deux résultats, nous obtenons

$$\int\limits_{-1}^{+1} P_m(x) P_n(x) \, \mathrm{d}x = \frac{2}{2n+1} \delta_{mn} \ . \tag{28}$$

Ce sont les *relations d'orthogonalité* pour les polynômes de Legendre.

À partir de la relation d'orthogonalité, nous pouvons démontrer la propriété intéressante suivante : toute fonction $f(x)$, continue et bornée sur l'intervalle $-1 \le x \le 1$, peut être développée en série de polynômes de Legendre :

$$f(x) = \sum_{n=0}^{\infty} c_n P_n(x) \ . \tag{29}$$

La fonction $f(x)$ peut être développée en $P_n(x)$ si les coefficients c_n du développement sont uniques. Pour ce faire nous calculons

$$\int_{-1}^{+1} P_m(x) f(x) \, \mathrm{d}x = \sum_{n=0}^{\infty} c_n \int_{-1}^{+1} P_m(x) P_n(x) \, \mathrm{d}x$$

$$= \sum_{n=0}^{\infty} c_n \frac{2}{2n+1} \delta_{mn} = c_m \frac{2}{2m+1} \ , \tag{30a}$$

d'où

$$c_m = \frac{2m+1}{2} \int_{-1}^{+1} P_m(x) f(x) \, \mathrm{d}x$$

$$= \frac{(-1)^m}{2^{m+1}} \frac{2m+1}{m!} \int_{-1}^{+1} (x^2-1)^m \frac{\mathrm{d}^m}{\mathrm{d}x^m} f(x) \, \mathrm{d}x \ . \tag{30b}$$

En particulier, nous pouvons montrer immédiatement que nous avons

$$\delta(x-x') = \sum_{n=0}^{\infty} \frac{2n+1}{2} P_n(x') P_n(x) \ . \tag{31}$$

Dans cette façon de procéder, les polynômes de Legendre doivent former un système complet. En fait, selon le théorème d'approximation de Weierstrass,[3] toute fonction $f(x)$, continue sur un intervalle compact, peut être uniformément approximée par des polynômes, c'est-à-dire que $\{1, x, x^2, x^3, \ldots\}$ est un système complet de fonctions sur cet intervalle. Les polynômes de Legendre sont obtenus par application de la procédure d'orthogonalisation de E. Schmidt, qui n'affecte en rien la complétude.

Les polynômes de Legendre sont solutions de l'*équation différentielle de Legendre* :

$$(1-x^2) \frac{\mathrm{d}^2}{\mathrm{d}x^2} P_n(x) - 2x \frac{\mathrm{d}}{\mathrm{d}x} P_n(x) + n(n+1) P_n(x) = 0 \ . \tag{32}$$

Maintenant, à l'aide de la formule de récurrence (12) établie précédemment, la proposition ci-dessus peut être démontrée facilement :

---

[3] Voir E. Isaacson, H. B. Keller: *Analysis of Numerical Methods* (Wiley, New York 1966) Chap. 5.

Exemple 4.8

$$(x^2 - 1)\frac{d}{dx}P_n(x) = nx\,P_n(x) - n\,P_{n-1}(x)\,,$$

$$2x\frac{d}{dx}P_n(x) + (x^2 - 1)\frac{d^2}{dx^2}P_n(x)$$

$$= n\,P_n(x) + nx\frac{d}{dx}P_n(x) - n\frac{d}{dx}P_{n-1}(x)\,. \tag{33}$$

D'où nous obtenons

$$(1 - x^2)\frac{d^2}{dx^2}P_n(x) = (2 - n)x\frac{d}{dx}P_n(x) - n\,P_n(x) + n\frac{d}{dx}P_{n-1}(x)\,. \tag{34}$$

En reportant dans l'équation différentielle, nous avons

$$0 = 2x\frac{d}{dx}P_n(x) - nx\frac{d}{dx}P_n(x) - n\,P_n(x) + n\frac{d}{dx}P_{n-1}$$

$$- 2x\frac{d}{dx}P_n + n^2 P_n + n\,P_n \tag{35}$$

et finalement

$$x\frac{d}{dx}P_n(x) - \frac{d}{dx}P_{n-1}(x) = n\,P_n(x)\,, \tag{36}$$

c'est-à-dire, une des premières formules de récurrence, ce qui démontre la proposition ci-dessus.

Nous *n'obtenons pas* l'équation différentielle de Legendre à partir de l'équation de Laplace en coordonnées sphériques après séparation des variables, mais l'*équation différentielle associée de Legendre* (pour l'angle ϑ , $x = \cos\vartheta$) :

$$(1 - x^2)\frac{d^2 P(x)}{dx^2} - 2x\frac{dP(x)}{dx} + \left[n(n+1) - \frac{m^2}{1-x^2}\right]P(x) = 0\,. \tag{37}$$

Pour $m = 0$, cette équation différentielle se transforme en l'équation différentielle de Legendre. La solution générale de (37) est le polynôme associé de Legendre $P_n^m(x)$:

$$P_n^m(x) = (1 - x^2)^{m/2}\frac{d^m}{dx^m}P_n(x) \tag{38}$$

$$= \frac{1}{2^n n!}(1 - x^2)^{m/2}\frac{d^{n+m}}{dx^{n+m}}(x^2 - 1)^n\,. \tag{39}$$

La relation d'orthogonalité qui suit (*n* est remplacé par *l*), peut être établie facilement :

$$\int_{-1}^{+1} P_l^m(x)P_{l'}^{m'}(x)\,dx = \frac{(l+m)!}{(l-m)!}\frac{2}{2l+1}\delta_{ll'}\delta_{mm'}\,. \tag{40}$$

Généralement, toute fonction d'un système orthogonal est donnée avec un coefficient de manière à ce que l'intégrale du carré de chaque fonction soit égale à un. Nous obtenons alors des fonctions *normalisées*. Un système de fonctions orthogonales normalisées est dit *orthonormé*. Le facteur de normalisation est obtenu à partir de (40) :

$$\left\{ \frac{(2l+1)(l-m)!}{2(l+m)!} \right\}^{1/2} . \tag{41}$$

Il s'avère utile de définir également les polynômes de Legendre associés pour des valeurs négatives de m. Puisque l'équation différentielle (37) se transforme en elle même lorsque m est remplacé par $-m$,

$$P_l^{-m}(x) = \frac{1}{2^l l!} (1-x^2)^{-m/2} \frac{d^{l-m}}{dx^{l-m}} (x^2-1)^l$$

est aussi solution de l'équation différentielle générale de Legendre. Cette solution est un polynôme en x d'ordre l et est aussi continue pour $x = \pm 1$. Par conséquent, les solutions P_l^m et P_l^{-m}, pour l et m donnés ($0 \le m \le 1$), ne peuvent différer que par un facteur :

$$P_l^{-m}(x) = A P_l^m . \tag{42}$$

Nous déterminons la constante A en posant $x = 1$ et en divisant par $(1-x^2)^{m/2}$. Avec

$$(1-x^2)^{-m} \frac{d^{l-m}}{dx^{l-m}} (x^2-1)^l|_{x=1} = (-1)^m 2^{l-m} \frac{l!}{m!}$$
$$= A 2^{l-m} \frac{l!}{m!} \frac{(l+m)!}{(l-m)!} = \frac{d^{l+m}}{dx^{l+m}} (x^2-1)^l|_{x=1}$$

nous trouvons

$$A = (-1)^m \frac{(l-m)!}{(l+m)!} ,$$

d'où

$$P_l^{-m}(x) = (-1)^m \frac{(l-m)!}{(l+m)!} P_l^m(x) . \tag{43}$$

Dans le prochain exemple nous introduirons les harmoniques sphériques. À cette fin, nous allons discuter de l'équation de Laplace. Cette digression nous aidera à mieux comprendre la signification physique de l'équation différentielle discutée précédemment. Par ailleurs, nous verrons que pour construire les harmoniques sphériques, en plus des polynômes de Legendre $P_n(x)$, nous aurons besoin aussi des polynômes de Legendre associés $P_n^m(x)$.

EXEMPLE ██

4.9 Complément mathématique : harmoniques sphériques

L'équation de Laplace en coordonnées sphériques

Un potentiel scalaire U, à l'extérieur d'une distribution de charges, satisfait à l'équation de Laplace[4]

$$\Delta U(x, y, z) = \left(\frac{\partial^2}{\partial x^2} + \frac{\partial^2}{\partial y^2} + \frac{\partial^2}{\partial z^2} \right) U(x, y, z) = 0 \, . \tag{1}$$

En coordonnées sphériques, (r, ϑ, ϕ) avec

$$x = r \sin \vartheta \cos \varphi \, , \quad y = r \sin \vartheta \sin \varphi,$$
$$z = r \cos \vartheta, \tag{2}$$

nous avons :

$$\Delta U = \left\{ \frac{\partial^2}{\partial r^2} + \frac{2}{r} \frac{\partial}{\partial r} + \frac{1}{r^2} \left(\frac{\partial^2}{\partial \vartheta^2} + \cot \vartheta \frac{\partial}{\partial \vartheta} + \frac{1}{\sin^2 \vartheta} \frac{\partial^2}{\partial \varphi^2} \right) \right\} U = 0 \, . \tag{3}$$

En simplifiant

$$\left\{ \frac{1}{r} \frac{\partial^2}{\partial r^2} r + \frac{1}{r^2 \sin \vartheta} \frac{\partial}{\partial \vartheta} \left(\sin \vartheta \frac{\partial}{\partial \vartheta} \right) + \frac{1}{r^2 \sin^2 \vartheta} \frac{\partial^2}{\partial \varphi^2} \right\} U = 0 \, . \tag{4}$$

Cet opérateur différentiel se décompose en une partie radiale et une partie angulaire $\hat{L}^2$:

$$\left\{ \frac{1}{r} \frac{\partial^2}{\partial r^2} r - \frac{\hat{L}^2}{r^2} \right\} U(r, \vartheta, \varphi) = 0 \, , \quad \text{avec} \tag{5}$$

$$\hat{L}^2 = - \left\{ \frac{1}{\sin \vartheta} \frac{\partial}{\partial \vartheta} \sin \vartheta \frac{\partial}{\partial \vartheta} + \frac{1}{\sin^2 \vartheta} \frac{\partial^2}{\partial \varphi^2} \right\} \, . \tag{6}$$

Nous déclarons maintenant que $\hat{L}^2$ est proportionnel (au facteur $\hbar$ près) au carré de l'opérateur moment cinétique [voir (4.73–4.75)]

$$\hat{L} = -\mathrm{i} (r \times \nabla) \, . \tag{7}$$

---

[4] Dans la suite, nous allons introduire les coordonnées sphériques tel que nous l'avons fait dans (4.73–4.75) pour l'opérateur moment cinétique et attirons l'attention sur le fait que nous connaissons déjà la partie dépendante de (ϑ, ϕ) de l'équation différentielle de (4.73–4.75). Ceci sera considéré à nouveau, lors de la discussion du «problème de l'hydrogène» [cf (9.11)]. Voir aussi les chapitres sur le potentiel dans J. D. Jackson : *Classical Electrodynamics*, 2nd ed. (Wiley, New York 1975) et W. Greiner: Classical Theoretical Physics : *Classical Electrodynamics* (Springer, New York 1998).

L'opérateur moment cinétique fait l'objet de ce chapitre [(4.64)]. Ici nous l'interprétons seulement comme un outil mathématique, qui nous permet de formuler certaines opérations de façon plus concise.

L'opérateur $\hat{L}$ agit uniquement sur les angles ϑ et φ. Ses composantes sont

$$\hat{L}_x = -\mathrm{i}\left(y\frac{\partial}{\partial z} - z\frac{\partial}{\partial y}\right) = -\mathrm{i}\left(\sin\varphi\frac{\partial}{\partial\vartheta} + \cos\varphi\cot\vartheta\frac{\partial}{\partial\varphi}\right),$$

$$\hat{L}_y = -\mathrm{i}\left(z\frac{\partial}{\partial x} - x\frac{\partial}{\partial z}\right) = -\mathrm{i}\left(\cos\varphi\frac{\partial}{\partial\vartheta} - \sin\varphi\cot\vartheta\frac{\partial}{\partial\varphi}\right),$$

$$\hat{L}_z = -\mathrm{i}\left(x\frac{\partial}{\partial y} - y\frac{\partial}{\partial x}\right) = -\mathrm{i}\frac{\partial}{\partial\varphi}. \tag{8}$$

Nous vérifions aisément que [voir (4.75)]

$$\hat{L}^2 = \hat{L}_x^2 + \hat{L}_y^2 + \hat{L}_z^2. \tag{9}$$

Précédemment dans ce chapitre, nous avons pris connaissance de l'opérateur moment cinétique $\hat{L}_i$. Les opérateurs $\hat{L}_i$ diffèrent de ces opérateurs $\hat{L}_i$ par un facteur $\hbar$, c'est-à-dire $\hat{L}_i = \hbar\hat{L}_i$.[5]

Pour résoudre l'équation de Laplace, nous utilisons une *procédure de séparation des variables* :

$$U(r, \vartheta, \varphi) = R(r)\Theta(\vartheta, \varphi). \tag{10}$$

Ainsi, nous obtenons

$$\frac{r(\partial^2/\partial r^2)(rR(r))}{R(r)} = \frac{\hat{L}^2\Theta}{\Theta} = l(l+1), \tag{11}$$

où nous avons choisi le facteur $l(l+1)$ comme constante de séparation sans restriction de généralité. Nous avons maintenant

$$r^2\frac{\partial^2}{\partial r^2}R(r) + 2r\frac{\partial}{\partial r}R(r) = l(l+1)R(r) \text{ et} \tag{12}$$

$$\hat{L}^2\Theta(\vartheta, \varphi) = l(l+1)\Theta(\vartheta, \varphi). \tag{13}$$

Si nous choisissons maintenant

$$\Theta = P(\vartheta)E(\varphi), \tag{14}$$

pour la partie angulaire, avec la nouvelle constante de séparation $-m^2$, nous trouvons :

$$\frac{1}{\sin\vartheta}\frac{(\mathrm{d}/\mathrm{d}\vartheta)[\sin\vartheta(\mathrm{d}/\mathrm{d}\vartheta)]P(\vartheta)}{P(\vartheta)} - \frac{m^2}{\sin^2\vartheta} = -l(l+1),$$

$$\frac{(\partial^2/\partial\varphi^2)E(\varphi)}{E(\varphi)} = -m^2. \tag{15}$$

---

[5] L'algèbre des opérateurs moment cinétique est étudiée en détails dans W. Greiner, B. Müller : *Mécanique Quantique – Symétries*, (Springer, Berlin, Heidelberg 1999).

Exemple 4.9   Une solution de la partie dépendante en φ est

$$E(\varphi) = c\,\mathrm{e}^{\mathrm{i}m\varphi}\,, \quad m \in \text{nombres pairs}\,, \tag{16}$$

où nous demandons que $E(\varphi)$ soit de période 2π, correspondant à la symétrie choisie. Pour la partie radiale on obtient

$$R(r) = c_1 r^l + c_2 r^{-l-1}\,. \tag{17}$$

Pour la partie dépendante en ϑ, en posant

$$\cos\vartheta \equiv x \quad \text{et} \quad \sin\vartheta = \sqrt{1-x^2}\,,$$
$$\frac{\partial}{\partial\vartheta} \equiv {}' \quad = -\sqrt{1-x^2}\frac{\partial}{\partial x}\,,$$
$$\frac{\partial^2}{\partial\vartheta^2} \equiv {}'' \quad = (1-t^2)\frac{\partial^2}{\partial x^2} - x\frac{\partial}{\partial x}\,, \tag{18}$$

nous trouvons l'équation différentielle transformée (*équation différentielle de Legendre associée*),

$$(1-x^2)P'' - 2xP' + \left\{ l(l+1) - \frac{m^2}{1-x^2} \right\} P = 0\,, \tag{19}$$

admettant les polynômes de Legendre associés $P_n^m(\cos\vartheta)$ comme solutions (cf exemple 4.8). Soit

$$\Theta(\vartheta, \varphi) = C_l^m P_l^m(\cos\vartheta)\,\mathrm{e}^{\mathrm{i}m\varphi}$$
$$m = 0, \pm 1, \pm 2, \ldots\,, \quad l \geq |m|\,, \quad l \in \mathbb{N}\,. \tag{20}$$

À propos du fait que l est un entier, nous renvoyons le lecteur à l'exemple 4.8. Ces fonctions caractérisées par deux entiers l et m sont les *harmoniques sphériques*

$$\Theta(\vartheta, \varphi) = Y_{lm}(\vartheta, \varphi) = C_l^m P_l^m(\cos\vartheta)\,\mathrm{e}^{\mathrm{i}m\varphi}\,. \tag{21}$$

En général la constante C_l^m est fixée de sorte que les harmoniques sphériques soient normalisés. À cette fin, nous rappelons que

$$\int_{-1}^{+1} \mathrm{d}x'\, P_l^m(x') P_{l'}^m(x') = \frac{2(l+m)!}{(2l+1)(l-m)!}\delta_{ll'}\,, \tag{22}$$

[(38–40) dans l'exemple précédent] et calculons aisément

$$\int_0^{2\pi} \mathrm{d}\varphi\,\mathrm{e}^{\mathrm{i}(m-m')\varphi} = 2\pi\delta_{mm'}\,. \tag{23}$$

Alors, nous avons

$$\int\limits_{\Omega} d\Omega Y_{l'm'}^*(\vartheta, \varphi) Y_{lm}(\vartheta, \varphi) = |C_{lm}|^2 \frac{4\pi}{2l+1} \frac{(l+m)!}{(l-m)!} \delta_{ll'} \delta_{m'm} . \tag{24}$$

Habituellement, dans la littérature, la constante de normalisation C_{lm} est choisie pour que

$$\int\limits_{\Omega} d\Omega Y_{l'm'}^*(\vartheta, \varphi) Y_{lm}(\vartheta, \varphi) = \delta_{ll'} \delta_{mm'} \tag{25}$$

et par conséquent

$$C_{lm} = \sqrt{\frac{2l+1}{4\pi} \frac{(l-m)!}{(l+m)!}} , \tag{26}$$

$$Y_{lm}(\vartheta, \varphi) = \sqrt{\frac{2l+1}{4\pi} \frac{(l-m)!}{(l+m)!}} P_l^m(\cos\vartheta) e^{im\varphi} . \tag{27}$$

Nous faisons remarquer au lecteur que pour des m négatifs nous avons,

$$P_l^{-m}(\cos\vartheta) = (-1)^m \frac{(l-m)!}{(l+m)!} P_l^m(\cos\vartheta) . \tag{28}$$

D'où nous déduisons une *symétrie des harmoniques sphériques* :

$$Y_{l-m}(\vartheta, \varphi) = (-1)^m Y_{lm}^*(\vartheta, \varphi) . \tag{29}$$

Une des propriétés la plus importante des harmoniques sphériques est que toute fonction bornée $f(\vartheta, \varphi)$ définie à la surface d'une sphère, peut être développée en série de $Y_{lm}(\vartheta, \varphi)$:

$$f(\vartheta, \varphi) = \sum_{l=0}^{\infty} \sum_{m=-l}^{+l} d_l^m Y_{lm}(\vartheta, \varphi) . \tag{30}$$

En faisant usage de l'orthonormalité des $Y_{lm}(\vartheta, \varphi)$, nous déterminons les coefficients d_l^m du développement :

$$d_l^m = \int\limits_{\Omega} d\Omega f(\vartheta, \varphi) Y_{lm}^*(\vartheta, \varphi) . \tag{31}$$

EXEMPLE ▮▮▮▮▮▮▮▮▮▮▮▮▮▮▮▮▮▮▮▮▮▮▮▮

4.10 Théorème d'addition des harmoniques sphériques

Dans la suite, nous démontrerons que

$$P_l(\cos\gamma) = \frac{4\pi}{2l+1} \sum_{m=-l}^{l} Y_{lm}^*(\vartheta', \varphi') Y_{lm}(\vartheta, \varphi) \tag{1}$$

où

$$\cos\gamma = \cos\vartheta\cos\vartheta' + \sin\vartheta\sin\vartheta'\cos(\varphi - \varphi')\,.$$

Cette relation est appelée le *théorème d'addition des harmoniques sphériques*. Pour le démontrer, nous développons un polynôme de Legendre d'ordre l en harmoniques sphériques. Soit x' fixe dans l'espace. Alors $P_l(\cos\gamma)$ est une fonction seulement de ϑ, φ avec ϑ', φ' comme paramètres. Par conséquent $P_l(\cos\gamma)$ peut être développé :

$$P_l(\cos\gamma) = \sum_{l'=0}^{\infty} \sum_{m=-l'}^{l'} A_{l'm}(\vartheta', \varphi') Y_{l'm}(\vartheta, \varphi)\,. \tag{2}$$

La comparaison avec (1) montre que seuls les termes avec $l' = l$ apparaissent. Pour comprendre pourquoi on a ceci, nous supposons que x coïncide avec l'axe des z. Alors $P_l(\cos\gamma)$ satisfait à l'équation [cf exemple 4.9, (5, 13, 20)]

$$\nabla'^2 P_l(\cos\gamma) + \frac{l(l+1)}{r^2} P_l(\cos\gamma) = 0 \tag{3}$$

(équation différentielle pour les harmoniques sphériques, γ est l'angle polaire usuel), qui peut être vérifiée aisément si on exprime ∇'^2 en coordonnées sphériques. Si nous faisons tourner le vecteur x à son ancienne position, alors ∇'^2 passe à ∇^2, et r reste inchangé ($\nabla \cdot \nabla$ est un produit scalaire et par conséquent invariant par rotation). C'est pourquoi P_l satisfait encore à (3) ; par conséquent, P_l est lui-même un harmonique sphérique d'ordre l. Ainsi, P_l peut seulement

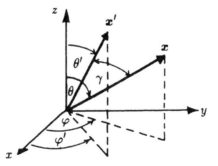

Définition des angles dans le théorème d'addition

être représenté comme une combinaison linéaire de Y_{lm} de même ordre l, et notre équation de séparation de variables se réduit à :

$$P_l(\cos\gamma) = \sum_{m=-l}^{l} A_{lm}(\vartheta', \varphi') Y_{lm}(\vartheta, \varphi), \tag{4}$$

avec

$$A_{lm}(\vartheta', \varphi') = \int_{\Omega} Y_{lm}^*(\vartheta, \varphi) P_l(\cos\gamma) \, d\Omega . \tag{5}$$

Maintenant nous voulons déterminer les coefficients A_{lm}. À cette fin nous examinons les $Y_{lm}^*(\vartheta, \varphi)$. En développant les $Y_{lm}^*(\vartheta, \varphi)$ en une combinaison linéaire d'harmoniques sphériques d'angles γ et β :

$$Y_{lm}^*(\vartheta, \varphi) = \sum_{m'=-l}^{l} c_{lm'} Y_{lm'}(\gamma, \beta) , \tag{6}$$

avec

$$c_{lm'} = \int_{\Omega} Y_{lm}^*(\vartheta, \varphi) Y_{lm'}^*(\gamma, \beta) \, d\Omega . \tag{7}$$

Ici, γ et β sont fonctions de ϑ, ϑ', φ, φ'. Si nous choisissons maintenant $m' = 0$, nous obtenons

$$Y_{l0}^*(\gamma, \beta) = \left\{ \frac{2l+1}{4\pi} \right\}^{1/2} P_l(\cos\gamma) ; \tag{8}$$

alors

$$c_{l0} = \left\{ \frac{2l+1}{4\pi} \right\}^{1/2} \int_{\Omega} P_l(\cos\gamma) Y_{lm}^*(\vartheta, \varphi) \, d\Omega . \tag{9}$$

La comparaison avec (5) donne

$$A_{lm}(\vartheta', \varphi') = \left\{ \frac{4\pi}{2l+1} \right\}^{1/2} c_{l0} . \tag{10}$$

Nous recherchons maintenant une équation pour les c_{l0} et pour ceci nous examinons (6) pour $\gamma = 0$:

$$Y_{lm}^*(\vartheta, \varphi) = \sum_{m'=-l}^{l} c_{lm'} Y_{lm'}(\gamma, \beta) , \text{ avec}$$
$$(\vartheta, \varphi) = [\vartheta(\gamma, \beta), \varphi(\gamma, \beta)] . \tag{11}$$

Exemple 4.10

Pour $\gamma = 0$ nous obtenons :

$$Y_{lm}^*(\vartheta, \varphi) = \left\{ \frac{2l+1}{4\pi} \right\}^{1/2} c_{l0} \bigg|_{\gamma=0} , \text{ ou} \tag{12}$$

$$c_{l0} = \left\{ \frac{4\pi}{2l+1} \right\}^{1/2} Y_{lm}^*(\vartheta[\gamma, \beta], \varphi[\gamma, \beta]) \bigg|_{\gamma=0} . \tag{13}$$

En reportant ceci dans (10), nous avons

$$A_{lm}(\vartheta', \varphi') = \frac{4\pi}{2l+1} Y_{lm}^*(\vartheta, \varphi') \tag{14}$$

puisque ϑ et φ passe à ϑ' et φ' pour $\gamma \to 0$. Donc la proposition (1) est démontrée si nous reportons ce résultat dans notre équation de séparation de variables (4). Souvent il s'avère plus avantageux d'exprimer (1) en termes de P_l^m. Si nous tenons compte de ce que

$$P_l^{-m} = (-1)^m \frac{(l-m)!}{(l+m)!} P_l^m , \quad \text{alors on a} \tag{15}$$

$$P_l(\cos\gamma) = P_l(\cos\vartheta) P_l(\cos\vartheta')$$
$$+ 2 \sum_{m=1}^{l} \frac{(l-m)!}{(l+m)!} P_l^m(\cos\vartheta) P_l^m(\cos\vartheta') \cos[m(\varphi - \varphi')] . \tag{16}$$

Pour $\gamma = 0$, nous trouvons une formule pour les carrés de Y_{lm} :

$$\sum_{m=-l}^{l} [Y_{lm}(\vartheta, \varphi)]^2 = \frac{2l+1}{4\pi} . \tag{17}$$

Nous avons utilisé (14) de l'exemple 4.8. Les propriétés des harmoniques sphériques établies ici sont très importantes. Nous rencontrerons les harmoniques sphériques Y_{lm} à de multiples reprises et apprendrons à les apprécier.

4.11 Notes biographiques

HERMITE, Charles, mathématicien français, *Dieuze 24.12.1822, †Paris 14.1.1902. Hermite grandi au sein d'une famille bourgeoise de marchands de textiles. Très jeune il s'impliqua dans la recherche à tel point qu'il eut des difficultés à réussir ses examens obligatoires. Il étudia juste un an à l'École Polytechnique et, seulement grâce à l'aide de ses camarades, réussit son habilitation à enseigner en 1847. Ses résultats scientifiques, principalement sur les fonctions elliptiques, les fonctions modulaires, la théorie des nombres et la théorie des invariants ne furent reconnus que tardivement. Hermite coordinna les idées de l'arithmétique gaussienne, les fonctions elliptiques d'Abel et de Jacobi et la théorie des invariants algébriques de Cayley et Sylvester et les développa davantage. Il ne devint professeur à la Sorbonne qu'en 1870. En 1873 il démontra la transcendance de e. Il établit des correspondances avec de nombreux et réputés contemporains. Il fut le professeur et le mentor de Stieltjes, Darboux, Borel, Poincaré et d'autres.

SCHMIDT, Erhard, mathématicien allemand, *Dorpat (Tartou), †Berlin 6.12.1959. Schmidt étudia à Berlin et à Göttingen, obtint son diplôme en 1905 et devint professeur à Zürich en 1908, à Erlangen en 1909, à Breslau (Wrocław) en 1911 et à Berlin en 1917. Il travailla principalement sur les équations intégrales et les problèmes isopérimétriques.

WEYL, Claus Hugo Hermann, mathématicien allemand, *Elmshorn 9.11.1885, †Zürich 9.12.1955, devint professeur à l'EPF de Zürich en 1913, à Göttingen en 1930 ; il rejoignit l'«Institute for Advanced Study» à Princeton, USA en 1933. Après avoir travaillé sur la théorie des équations différentielles et intégrales, Weyl relia les considérations topologiques au concept des surfaces de Riemann et fit de grands progrès dans la théorie de l'uniformalisation. Ses publications fondamentales *"Raum, Zeit, Materie"* (1918, 1961, cours), résultèrent de rencontres avec A. Einstein. Il développa une méthode intégrale pour la représentation des groupes mathématiques utilisés en mécanique quantique, qui contraste avec la méthode infinitésimale utilisée par S. Lie et E. Cartan. Weyl soutint l'intuitionisme (une méthode pour un fondement constructif des mathématiques) et, dans son propre travail, essaya de relier étroitement les mathématiques, la physique et la philosophie. Il fut le premier à considérer l'invariance de jauge locale comme un principe général en physique théorique.

LEGENDRE, Adrien Marie, mathématicien français, *Paris 18.9.1752, †Paris 10.1.1833. Legendre participa grandement à la fondation et au développement de la théorie des nombres et à la géodésie. Il fit également d'importantes contributions aux intégrales elliptiques, aux fondements et méthodes de la géométrie euclidienne, au calcul variationel et à l'astronomie théorique ; il appliqua les *méthodes de moindres carrés* et calcula de vastes tables. Legendre s'impliqua dans de nombreux problèmes qui intéressaient aussi Gauss, mais n'atteignit jamais la perfection de ce dernier. À partir de 1775, Legendre fut professeur à diverses universités parisiennes et publia de remarquables et influents manuels et ouvrages pédagogiques.

DIRAC, Paul Adrien Maurice, *Bristol 8.8.1902, †Bristol 1984. Dirac étudia à Bristol, Cambridge et à plusieurs universités étrangères. Il fut nommé professeur de mathématiques en 1932. Dirac est l'un des fondateurs de la mécanique quantique. L'équivalent mathématique qu'il créa consiste essentiellement dans une algèbre non commutative pour le calcul des propriétés de l'électron ; il prédit l'existence du positron en 1928 et contribua fondamentalement à la théorie quantique des champs. Dirac fut lauréat du Prix Nobel de Physique en 1933.

5. Complément mathématique

5.1 Différentielles propres et la normalisation des fonctions propres pour des spectres continus

Nous commençons notre discussion avec l'équation aux valeurs propres

$$\hat{L}\psi(x, L) = L\psi(x, L) \,, \tag{5.1}$$

qui est supposée avoir un spectre continu avec les valeurs propres L et les fonctions propres $\psi(x, L)$. Nous intégrons (5.1) par rapport à L sur le petit intervalle ΔL, et obtenons

$$\hat{L}\Delta\psi(x, L) = \int\limits_{L}^{L+\Delta L} L\psi(x, L)\,\mathrm{d}L \,, \tag{5.2}$$

où

$$\Delta\psi(x, L) = \int\limits_{L}^{L+\Delta L} \psi(x, L)\,\mathrm{d}L \tag{5.3}$$

est appelée la *différentielle propre de l'opérateur* $\hat{L}$, introduit (comme mentionné auparavant) par le grand mathématicien, H. Weyl. La différentielle propre est un groupe d'ondes spécial qui s'étend sur un domaine fini de l'espace (sur x), similaire aux groupes d'ondes étudiés précédemment ; par conséquent, elle s'annule à l'infini et peut être vue par analogie avec un état lié. Maintenant, nous montrons qu'en effet, les fonctions $\psi(x, L)$ ne sont pas orthogonales, mais que les différentielles propres $\Delta\psi(x, L)$ le sont. De plus, parce que les $\Delta\psi(x, L)$ sont limitées dans l'espace, elles peuvent être normalisées. Alors, dans la limite $\Delta L \to 0$, une normalisation significative des fonctions $\psi(x, L)$ elles mêmes s'en suit : la normalisation à la fonction δ.

Pour commencer, nous formons les expressions complexes conjuguées de (5.1) et (5.2), soit

$$\hat{L}^*\psi^*(x, L') = L'\psi^*(x, L') \,,^{[1]} \tag{5.4}$$

---

[1] Remarque : le complexe conjugué $\hat{L}^*$ de $\hat{L}$ correspond à l'adjoint, $\hat{L}^* = \hat{L}^+$.

$$\hat{L}^{*} \Delta \psi^{*}(x, L') = \int\limits_{L'}^{L'+\Delta L'} L' \psi^{*}(x, L') \, dL' \,, \tag{5.5}$$

où nous avons renommé L' la valeur propre continue. En multipliant (5.2) par $\Delta \psi^{*}(x, L')$, et de (5.5) par $\Delta \psi(x, L)$, et par soustraction consécutive, nous obtenons

$$\int dx [\Delta \psi^{*}(x, L') \hat{L} \Delta \psi(x, L) - \Delta \psi(x, L) \hat{L}^{*} \Delta \psi^{*}(x, L')]$$
$$= \int dx \int\limits_{L}^{L+\Delta L} dL \int\limits_{L'}^{L+\Delta L} dL'(L - L') \psi^{*}(x, L') \psi(x, L) \,.$$

Parce que $\hat{L}$ est hermitique, le membre de gauche s'annule. Puisque les intervalles ΔL et $\Delta L'$ devraient être petits, nous pouvons sortir $(L - L')$ de l'intégrale triple en utilisant le théorème de la valeur moyenne, et obtenir

$$(L - L') \int dx \Delta \psi^{*}(x, L') \Delta \psi(x, L) = 0 \,. \tag{5.6}$$

Au cas où les intervalles ΔL et $\Delta L'$ ne se recouvrent pas (voir figure 5.1), nous avons $L \neq L'$, et de (5.6) se déduit l'*orthogonalité des différentielles propres* :

$$\int dx \Delta \psi^{*}(x, L) \Delta \psi(x, L') = 0 \,, \text{ pour } \quad L \neq L' \,. \tag{5.7}$$

La situation est différente lorsque les intervalles ΔL et $\Delta L'$ se recoupent (voir figure 5.1).

D'abord nous montrons que l'intégrale

$$N = \int dx \Delta \psi^{*}(x, L) \Delta \psi(x, L) \tag{5.8}$$

est petite, de l'ordre de ΔL. Nous pouvons constater ceci en écrivant pour (5.8):

$$N = \int dx \Delta \psi^{*}(x, L) \Delta \psi(x, L) = \int dx \Delta \psi^{*}(x, L) \int\limits_{L}^{L+\Delta L} \psi(x, \tilde{L}) \, d\tilde{L}$$
$$= \int dx \Delta \psi^{*}(x, L) \int\limits_{L_1}^{L_2} \psi(x, \tilde{L}) \, d\tilde{L} \,, \tag{5.9}$$

où L_1 et L_2 sont choisis de sorte que l'intervalle $(L, L + \Delta L)$ soit localisé sur l'intervalle (L_1, L_2) (voir figure 5.1). Il résulte de l'orthogonalité (5.7) des différentielles propres, que la contribution des intervalles (L_1, L) et $(L + \Delta L, L_2)$ à l'intégrale complète s'annule dans la dernière étape de (5.9). Si nous faisons tendre ΔL vers zéro, il apparaît que N tend vers zéro comme $\Delta \psi^{*}(x, L)$;

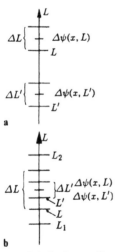

Fig. 5.1a,b. Intervalles dans le spectre des valeurs propres qui ne se recouvrent pas (**a**) et en recouvrement (**b**)

donc il est proportionnel à ΔL. Par conséquent, nous pouvons toujours, par une normalisation appropriée de $\Delta\psi(x, L)$, faire en sorte que

$$\lim_{\Delta L \to 0} \frac{N}{\Delta L} = 1 , \tag{5.10}$$

c'est-à-dire

$$\int \mathrm{d}x \Delta\psi^*(x, L)\Delta\psi(x, L) = \Delta L$$

pour $\Delta L \to 0$.

Nous combinons maintenant les résultats (5.7) et (5.10) dans la *condition d'orthogonalité des différentielles propres* suivante :

$$\int \mathrm{d}x \Delta\psi^*(x, L')\Delta\psi(x, L) = \begin{cases} \Delta L & \text{intervalles se chevauchant} \\ & (L, L+\Delta L) \quad \text{et} \quad (L', L'+\Delta L') \\ 0 & \text{intervalles qui ne se recouvrent pas} \\ & (L, L+\Delta L) \quad \text{et} \quad (L', L'+\Delta L') . \end{cases}$$

Ceci permet une transformation supplémentaire pour de petits ΔL, notamment :

$$\int \mathrm{d}x \Delta\psi^*(x, L')\Delta\psi(x, L) = \int \mathrm{d}x \Delta\psi^*(x, L') \int_L^{L+\Delta L} \psi(x, \tilde{L})\mathrm{d}\tilde{L}$$

$$= \int \mathrm{d}x \Delta\psi^*(x, L')\psi(x, L)\Delta L = \begin{cases} \Delta L & \text{intervalles se chevauchant} \\ 0 & \text{intervalles qui ne se} \\ & \text{recouvrent pas .} \end{cases} \tag{5.11}$$

Après division par ΔL ceci devient

$$\int \mathrm{d}x \Delta\psi^*(x, L')\psi(x, L) = \begin{cases} 1 & \text{si le point } L' = L \text{ se situe dans} \\ & \text{l'intervalle } (L', L'+\Delta L') \\ 0 & \text{si } L \text{ ne se situe pas dans l'intervalle} \\ & (L', L'+\Delta L') . \end{cases}$$

Ce que nous pouvons aussi écrire sous la forme

$$\int_{L'}^{L'+\Delta L'} \mathrm{d}\tilde{L}' \int \mathrm{d}x - \psi^*(x, \tilde{L}')\psi(x, L) = \begin{cases} 1 & L = L' \text{ dans la limite} \\ & \Delta L' \to 0 \\ 0 & L \neq L' \text{ dans la limite} \\ & \Delta L' \to 0 . \end{cases} \tag{5.12}$$

L'expression

$$\int \mathrm{d}x \psi^*(x, L')\psi(x, L) = \delta(L - L') \tag{5.13}$$

doit manifestement être la *fonction delta* de Dirac, qui nous est déjà familière de l'étude de l'électrodynamique, pour laquelle, selon (5.12), on a

$$\int\limits_{L'}^{L'+\Delta L'} \mathrm{d}\tilde{L}'\delta(L-\tilde{L}') = \begin{cases} 1 & \text{si } L \text{ se situe dans l'intervalle } \Delta L' \\ 0 & \text{si } L \text{ se situe en dehors de} \\ & \text{l'intervalle } \Delta L' \,. \end{cases} \tag{5.14}$$

De cette relation, nous déduisons immédiatement la propriété familière

$$\int\limits_{a}^{b} f(\tilde{L}')\delta(L-\tilde{L}')\,\mathrm{d}\tilde{L}' = \begin{cases} f(L) & \text{si } L \text{ est localisée dans } (a,b) \\ 0 & \text{si } L \text{ n'est pas localisé} \\ & \text{dans } (a,b)\,, \end{cases} \tag{5.15}$$

car, selon (5.14), $\delta(L-\tilde{L}')$ doit être situé comme fonction de $\tilde{L}'$ autour de la valeur L afin d'obtenir toujours la valeur pour l'intégrale de $\int_{L'}^{L'+\Delta L'}\dots\mathrm{d}\tilde{L}'$ sur L (voir figure 5.2).

La normalisation (5.13) pour les fonctions $\psi(x,L)$ du spectre continu est dérivée de la normalisation (5.11) pour les différentielles propres. Au lieu de parler de l'orthonormalisation des différentielles propre, nous pouvons dire, selon (5.13) : *les fonctions $\psi(x,L)$ du spectre continu, sont normalisées à une fonction δ*. Ainsi, cette normalisation à une fonction δ dans le continuum, correspond exactement à la normalisation à $\delta_{\mu\nu}$ de *Kronecker dans le spectre discret* (cf section 16.4).

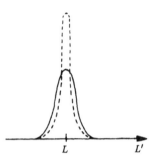

Fig. 5.2. Deux fonctions d'approximation de la fonction $\delta(L-\tilde{L}')$

5.2 Développement en fonctions propres

Nous faisons l'*hypothèse* mathématique que toutes les fonctions propres d'un opérateur $\hat{L}$, que nous appelons $\psi_n(x)$ et qui appartient aux valeurs propres L_n, constituent un *ensemble complet de fonctions*. Par ceci nous voulons dire que toute fonction quelconque $\psi(x)$ peut être développée en termes de ces fonctions propres $\psi_n(x)$:

$$\psi(x) = \sum_n a_n\psi_n(x)\,. \tag{5.16}$$

Nous pouvons aisément déterminer les a_n, à cause de l'orthogonalité des ψ_n : $\langle\psi_n|\psi_m\rangle = \delta_{nm}$. En multipliant (5.16) des deux côtés par $\psi_m^*(x)$ et en intégrant sur x on obtient

$$\int \psi(x)\psi_m^*(x)\,\mathrm{d}x = \sum_n a_n \int \psi_n(x)\psi_m^*(x)\,\mathrm{d}x = \sum_n a_n\delta_{nm} = a_m\,. \tag{5.17}$$

Nous devrions remarquer l'analogie entre le développement (5.16) et celui d'un vecteur $\boldsymbol{A} = \sum_i a_i\boldsymbol{e}_i$ dans une base vectorielle orthonormée $\boldsymbol{e}_i$. Par conséquent, les coefficients du développement a_n dans (5.16) peuvent aussi être interprétés comme les composantes du vecteur (état) ψ dans la base ψ_n. Si nous reportons (5.17) dans (5.16), nous obtenons

$$
\begin{aligned}
\psi(x) &= \sum_n \left(\int \psi(x') \psi_n^*(x') \, dx' \right) \psi_n(x) \\
&= \int \left(\sum_n \psi_n^*(x') \psi_n(x) \right) \psi(x') \, dx' ,
\end{aligned}
\tag{5.18}
$$

pour que cette identité soit vérifiée pour toute fonction quelconque $\psi(x)$, nous devons manifestement avoir :

$$
\sum_n \psi_n^*(x') \psi_n(x) = \delta(x - x') .
\tag{5.19}
$$

Ceci est la *relation de fermeture*, qui se déduit aussi directement du développement de la fonction δ dans les $\psi_n(x)$:

$$
\delta(x - x') = \sum_n a_n \psi_n(x) , \quad a_n = \int \psi_n^*(x) \delta(x - x') \, dx = \psi_n^*(x') ,
$$

et par conséquent

$$
\delta(x - x') = \sum_n \psi_n^*(x') \psi_n(x) .
\tag{5.20}
$$

Si une fonction aussi singulière que la fonction $\delta(x - x')$ peut être développée en termes de l'ensemble $\psi_n(x)$, il doit être complet (ou fermé) ; d'où le nom de « relation de fermeture ».

EXEMPLE

5.1 Normalisation des fonctions propres de l'opérateur quantité de mouvement $\hat{p}_x$

Nous connaissons les fonctions propres de l'opérateur quantité de mouvement

$$
\psi_{p_x}(x) = C_{p_x} \exp\left(i \frac{p_x x}{\hbar} \right) ,
$$

où C_{p_x} est un facteur de normalisation, qui doit être déterminé et peut, en principe, dépendre de p_x. Ici, p_x est la valeur propre de la quantité de mouvement de spectre continu $-\infty \leq p_x \leq \infty$. Afin de déterminer C_{p_x}, selon (5.13), nous formons l'intégrale

$$
\int_{-\infty}^{\infty} \psi_{p_x'}^*(x) \psi_{p_x}(x) \, dx
$$

Exemple 5.1

$$= C^*_{p'_x} C_{p_x} \int\limits_{-\infty}^{\infty} \exp\left(-\mathrm{i}\frac{(p'_x - p_x)x}{\hbar}\right) \mathrm{d}x$$

$$= C^*_{p'_x} C_{p_x} \hbar \lim_{n \to \infty} \int\limits_{-n}^{n} \exp\left(-\mathrm{i}\frac{(p'_x - p_x)x}{\hbar}\right) \frac{\mathrm{d}x}{\hbar}$$

$$= C^*_{p'_x} C_{p_x} \hbar \lim_{n \to \infty} \frac{2\sin(p'_x - p_x)n}{p'_x - p_x} \ .$$

Dans l'exemple 5.2 nous montrerons la validité de

$$\lim_{n \to \infty} \frac{\sin(nx)}{\pi x} = \delta(x) \ .$$

Par conséquent, l'expression ci-dessus peut être écrite sous la forme suivante :

$$\int\limits_{-\infty}^{\infty} \psi^*_{p'_x}(x)\psi_{p_x}(x)\,\mathrm{d}x = C^*_{p'_x} C_{p_x} 2\pi\hbar\delta(p'_x - p_x) \ .$$

Pour effectuer la normalisation (5.13) à la fonction δ, nous devons avoir

$$|C_{p_x}|^2 2\pi\hbar = 1 \ , \quad \text{i.e.} \quad C_{p_x} = \frac{1}{\sqrt{2\pi\hbar}} \ .$$

Un éventuel facteur de phase $\mathrm{e}^{\mathrm{i}\varphi(p_x)}$, qui n'affecte rien, a été posé égal à un dans la dernière étape. En conséquence, les fonctions propres orthonormalisées de la quantité de mouvement sont

$$\psi_{p_x} = \frac{1}{\sqrt{2\pi\hbar}} \exp\left(\mathrm{i}\frac{p_x x}{\hbar}\right) \ .$$

La généralisation à l'espace à trois dimensions s'écrit alors

$$\begin{aligned}
\psi_p(r) &= \psi_{p_x}(x)\psi_{p_y}(y)\psi_{p_z}(z) \\
&= \frac{1}{\sqrt{(2\pi\hbar)^3}} \exp\left(\mathrm{i}\frac{p_x x + p_y y + p_z z}{\hbar}\right) \\
&= \frac{1}{\sqrt{(2\pi\hbar)^3}} \exp\left(\mathrm{i}\frac{\boldsymbol{p}\cdot\boldsymbol{r}}{\hbar}\right) \ .
\end{aligned}$$

Clairement, ces fonctions sont normalisées, puisque

$$\begin{aligned}
\int\limits_{-\infty}^{\infty} \psi^*_{\boldsymbol{p}}(\boldsymbol{r})\psi_{\boldsymbol{p}}(\boldsymbol{r})\,\mathrm{d}^3 r &= \int\limits_{-\infty}^{\infty} \psi^*_{p'_x}(x)\psi_{p_x}\,\mathrm{d}x \\
&\times \int\limits_{-\infty}^{\infty} \psi^*_{p'_y}(y)\psi_{p_y}(y)\,\mathrm{d}y \int\limits_{-\infty}^{\infty} \psi^*_{p'_z}(z)\psi_{p_z}(z)\,\mathrm{d}z \\
&= \delta(p'_x - p_x)\delta(p'_y - p_y)\delta(p'_z - p_z) \equiv \delta(\boldsymbol{p}' - \boldsymbol{p}) \ .
\end{aligned}$$

La dernière étape inclut la définition de la fonction δ à trois dimensions.

EXEMPLE

5.2 Une représentation de la fonction δ

Selon la définition

$$\delta(x) = 0 \quad \text{pour} \quad x \neq 0 \quad \text{et}$$

$$\int\limits_{-\infty}^{\infty} \delta(x)\,dx = \int\limits_{-\varepsilon}^{\varepsilon} \delta(x)\,dx = 1$$

aussi bien que

$$\int\limits_{-\infty}^{\infty} f(x)\delta(x)\,dx = f(0)\ ,$$

la fonction δ est une fonction extrêmement singulière.[2] Ainsi que déjà fréquemment mentionné, nous pouvons nous représenter que la fonction $\delta(x)$ est nulle partout excepté en $x = 0$, où elle prend une valeur telle que l'aire entre $\delta(x)$ et l'axe des x est exactement égale à un (voir figure ci-contre).

La fonction δ peut être représentée d'une façon plus formelle par un ensemble de fonctions analytiques $\varphi_n(x)$, de sorte que

$$\delta(x) = \lim_{n \to \infty} \varphi_n(x)\ .$$

Ces fonctions $\varphi_n(x)$ doivent avoir la propriété (voir la figure suivante) d'augmenter constamment en $x = 0$ pour des valeurs grandes de n et de décroître continuellement pour $x \neq 0$ pour que

$$\int\limits_{-\infty}^{\infty} \varphi_n(x)\,dx = 1$$

reste valable pour tout n. Il y a plusieurs ensembles de fonctions qui satisfont à ces conditions. Dans ce cas, nous parlons de *diverse représentations de la fonction* δ. Une représentation particulièrement avantageuse est donnée par les fonctions

$$\varphi_n(x) = \frac{\sin nx}{\pi x}\ , \tag{1}$$

où n est un nombre positif ($n \in \mathbb{N}_+$). Manifestement nous avons

$$\varphi_n(0) = \frac{n}{\pi}\ . \tag{2}$$

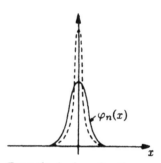

Example de deux fonctions $\varphi_n(x)$, avec $\int_{-\infty}^{\infty} \varphi_n(x)\,dx = 1$. Elles tendent vers la fonction $\delta(x)$ pour $n \to \infty$

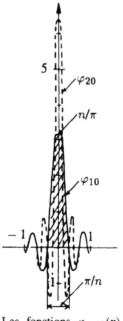

Les fonctions $\varphi_{n=10}(x)$ et $\varphi_{n=20}(x)$

---

[2] Le fondement mathématique rigoureux de la fonction δ a été donné par Laurent Schwartz. Nous attirons l'attention sur l'élégant article de C. Schmieden, D. Laugwitz : «Mathematische Zeitschrift» **69**, 1–39 (1958).

De plus, les $\varphi_n(x)$ oscillent avec la période $2\pi/n$ et ont des amplitudes décroissantes lorsque $|x| \to \infty$. En outre, pour tous les φ_n on a

$$\int_{-\infty}^{\infty} \varphi_n(x)\,dx = \int_{-\infty}^{\infty} \frac{\sin nx}{\pi x}\,dx = 1 \ . \tag{3}$$

Ceci est évident pour $n \to \infty$. Alors, $\varphi_n(0) = n/\pi$ tend vers ∞, et la période des oscillations $n\Delta x = 2\pi$, c'est-à-dire $\Delta x = 2\pi/n$, tend vers zéro, de sorte que la contribution de la fonction à l'intégrale s'annule dans le domaine $x \neq 0$. Ainsi, seule la contribution du voisinage du point $x = 0$ subsiste (voir figure précédente). On obtient alors

$$\varphi(0)\Delta x = \frac{n}{\pi}\frac{\pi}{n} = 1 \ .$$

Par conséquent, les fonctions (1) ont toutes les propriétés de la fonction δ lorsque $n \to \infty$, et nous pouvons écrire

$$\delta(x) = \lim_{n \to \infty} \frac{\sin nx}{\pi x} \ .$$

Nous donnons (sans démonstration) quelques autres représentations possibles de la fonction δ :

(a) $\delta(x - x_0) = \dfrac{1}{\pi} \lim_{\tau \to \infty} \dfrac{1 - \cos \tau(x - x_0)}{\tau(x - x_0)^2} \ .$

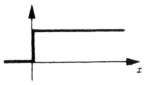

Fonction échelon de Heaviside

(b) $\delta(x - x_0) = \dfrac{1}{\pi} \lim_{\varepsilon \to 0} \dfrac{\varepsilon}{(x - x_0)^2 + \varepsilon^2} \ .$

(c) Soit $\theta\,(x)$ la *fonction échelon de Heaviside* (voir figure)

$$\theta\,(x) = \begin{cases} 1 & \text{pour} \quad x > 0 \\ 0 & \text{pour} \quad x < 0 \ . \end{cases}$$

Alors, nous avons la relation

$$\begin{aligned} \delta(x - x_0) &= \lim_{\varepsilon \to 0} \frac{\theta(x - x_0 + \varepsilon) - \theta(x - x_0)}{\varepsilon} \\ &= \frac{d\theta(x - x_0)}{dx} \ . \end{aligned}$$

Ceci signifie que : la distribution δ est la dérivée de la distribution de Heaviside. L'intégrale

$$\theta(x - x_0) = \int_{-\infty}^{x - x_0} \delta(x' - x_0)\,dx' = \begin{cases} 0 & \text{pour} \quad x < x_0 \\ 1 & \text{pour} \quad x > x_0 \end{cases}$$

s'en déduit directement.

(d) $\delta(x - x_0) = \lim_{b \to 0} \dfrac{1}{\sqrt{\pi}b} \exp\left[-\dfrac{(x - x_0)^2}{b^2} \right] \ .$

(e) $\delta(x - x_0) = \lim_{b \to 0} \dfrac{1}{\sqrt{\pi}b} \dfrac{1}{1 + [(x - x_0)^2]/b^2} \ .$

EXEMPLE ▐████████████████████████████

5.3 Valeur principale de Cauchy

Une autre relation très utile se déduit de de l'identité

$$\frac{1}{x \pm i\varepsilon} = \frac{x \mp i\varepsilon}{x^2 + \varepsilon^2} = \frac{x}{x^2 + \varepsilon^2} \mp \frac{i\varepsilon}{x^2 + \varepsilon^2} . \tag{1}$$

Si nous examinons les intégrales de la forme

$$\lim_{\varepsilon \to 0} \int_{-\infty}^{\infty} \frac{f(x)}{x \pm i\varepsilon} \, dx = \lim_{\varepsilon \to 0} \int_{-\infty}^{\infty} f(x) \frac{x}{x^2 + \varepsilon^2} \, dx$$

$$\mp i \lim_{\varepsilon \to 0} \int_{-\infty}^{\infty} f(x) \frac{\varepsilon}{x^2 + \varepsilon^2} \, dx , \tag{2}$$

le dernier terme du membre de droite donne, d'après la relation (b) formulée dans l'exemple 5.2,

$$\mp i \lim_{\varepsilon \to 0} \int_{-\infty}^{\infty} f(x) \frac{\varepsilon}{x^2 + \varepsilon^2} \, dx = \mp i\pi \int_{-\infty}^{\infty} f(x) \delta(x) \, dx = \mp i\pi f(0) . \tag{3}$$

Le premier terme de (2) peut aussi s'écrire

$$\lim_{\varepsilon \to 0} \int_{-\infty}^{\infty} f(x) \frac{x}{x^2 + \varepsilon^2} \, dx = \lim_{\varepsilon \to 0} \int_{-\infty}^{-\varepsilon} f(x) \frac{dx}{x} + \lim_{\varepsilon \to 0} \int_{\varepsilon}^{\infty} f(x) \frac{dx}{x}$$

$$+ \lim_{\varepsilon \to 0} \int_{-\varepsilon}^{\varepsilon} \frac{f(x)x}{x^2 + \varepsilon^2} \, dx$$

$$= P \int_{-\infty}^{\infty} \frac{f(x)}{x} \, dx + f(0) \lim_{\varepsilon \to 0} \int_{-\varepsilon}^{\varepsilon} \frac{x \, dx}{x^2 + \varepsilon^2} . \tag{4}$$

Ici, P désigne la *valeur principale de Cauchy*,

$$P \int_{-\infty}^{\infty} \frac{f(x)}{x} \, dx = \lim_{\varepsilon \to 0} \left[\int_{-\infty}^{-\varepsilon} \frac{f(x)}{x} \, dx + \int_{\varepsilon}^{\infty} \frac{f(x)}{x} \, dx \right] . \tag{5}$$

Le deuxième terme de (4) s'annule parce que l'intégrant est une fonction impaire même lorsque $\varepsilon \to 0$. D'où nous pouvons maintenant écrire (2) comme :

$$\lim_{\varepsilon \to 0} \int_{-\infty}^{\infty} \frac{f(x)}{x \pm i\varepsilon} = P \int_{-\infty}^{\infty} \frac{f(x)}{x} \, dx \mp i\pi f(0) . \tag{6}$$

Exemple 5.3

Ceci peut être résumé symboliquement par l'expression souvent utilisée :

$$\lim_{\varepsilon \to 0} \frac{1}{x \pm i\varepsilon} = P\frac{1}{x} \mp i\pi\delta(x) \; . \tag{7}$$

EXERCICE

5.4 La fonction δ comme limite d'un courbe en cloche

Problème. Montrez que la fonction δ peut être représentée comme la limite d'une «courbe en cloche»,

$$y(x, \varepsilon) = \pi^{-1}\varepsilon[x^2 + \varepsilon^2]^{-1} \; (\varepsilon > 0) \; .$$

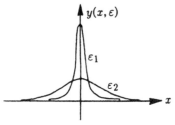

Deux courbes en cloche

Solution. Une courbe en cloche devient de plus en plus étroite et haute lorsque ε décroît (voir la figure avec $\varepsilon_1 < \varepsilon_2$). Nous avons

$$\lim_{\varepsilon \to 0} y(x, \varepsilon) = \begin{cases} 0 & \text{pour } x \neq 0 \\ \infty & \text{pour } x = 0 \; , \end{cases}$$

mais les aires sous les courbes ont toujours la valeur

$$\int_{-\infty}^{+\infty} y(x, \varepsilon)\,dx = \frac{1}{\pi}\,\text{Arctan}\,\frac{x}{\varepsilon}\Big|_{-\infty}^{+\infty} = 1 \; ,$$

indépendemment de ε. Maintenant nous examinons l'intégrale

$$F(\varepsilon) = \int_{-\infty}^{+\infty} f(x)\,y(x, \varepsilon)\,dx$$

pour une fonction $f(x)$ continue, bornée en fonction du paramètre ε. En posant $x = \varepsilon\xi$ nous obtenons

$$F(\varepsilon) = \int_{-\infty}^{+\infty} f(\varepsilon\xi)\,g(\xi)\,d\xi \; , \quad \text{avec}$$

$$g(\xi) = \frac{1}{\pi}\frac{1}{\xi^2 + 1} \quad \text{et} \quad \int_{-\infty}^{+\infty} g(\xi)\,d\xi = 1 \; .$$

Cette intégrale converge uniformément selon nos hypothèses, car un $M \in \mathbb{R}$ indépendant de ε existe avec $|f(\varepsilon\xi)g(\xi)| \leq Mg(\xi)$. Maintenant nous disposons d'un théorème qui garanti que $F(\varepsilon)$ est continue. D'où $\lim_{\varepsilon \to 0} F(\varepsilon) = F(0)$ et ainsi

$$\lim_{\varepsilon \to 0} \int_{-\infty}^{+\infty} f(x)\,y(x,\varepsilon)\,\mathrm{d}x = \lim_{\varepsilon \to 0} F(\varepsilon) = F(0)$$

$$= \int_{-\infty}^{+\infty} f(0)\,g(\xi)\,\mathrm{d}\xi = \int_{-\infty}^{+\infty} f(x)\,\delta(x)\,\mathrm{d}x$$

pour des fonctions f quelconques, continues et bornées. Conséquemment, nous pouvons écrire

$$\delta(x) = \text{«}\,\lim_{\varepsilon \to 0} y(x,\varepsilon)\,\text{»}\,.$$

Les guillemets doivent nous rappeler que la limite $\varepsilon \to 0$ peut ne pas être atteinte avant l'intégration.

6. L'équation de Schrödinger

En mécanique classique il est possible de calculer, par exemple, les modes de vibrations d'une corde, d'une membrane ou d'un résonateur en résolvant une équation d'onde, soumise à certaines conditions aux limites. Au début du développement de la mécanique quantique, on fut confronté au problème de trouver une équation différentielle décrivant les états discrets d'un atome. Il n'était pas possible de déduire une telle équation des anciens principes physiques bien connus. Au lieu, il fallait chercher des parallèles en mécanique classique et essayer de déduire l'équation souhaitée sur la base d'arguments plausibles. Une telle équation, non pas établie mais choisie intuitivement, serait alors un postulat de la nouvelle théorie et sa validité devrait être vérifiée par l'expérience. Cette équation pour le calcul d'états quantiques est appelée l'*équation de Schrödinger* ; nous allons l'établir maintenant.

En mécanique relativiste classique, les coordonnées d'espace et de temps, de même que celles d'énergie et de quantité de mouvement, sont traitées respectivement comme les quatre composantes d'un vecteur quadridimensionnel, c'est-à-dire

$$\{x_\nu\} = (\boldsymbol{r}, \mathrm{i}ct) , \quad \{p_\nu\} = \left(\boldsymbol{p}, \mathrm{i}\frac{E}{c}\right) , \quad \nu = 1, 2, 3, 4 . \tag{6.1}$$

En étendant l'opérateur de la quantité de mouvement à trois dimensions, à un opérateur vectoriel relativiste covariant à quatre dimensions, nous avons

$$\left(\hat{\boldsymbol{p}}, \frac{\mathrm{i}}{c}\hat{E}\right) = -\mathrm{i}\hbar \left\{\frac{\partial}{\partial x_\nu}\right\} = -\mathrm{i}\hbar \left(\frac{\partial}{\partial x}, \frac{\partial}{\partial y}, \frac{\partial}{\partial z}, \frac{\partial}{\partial(\mathrm{i}ct)}\right) . \tag{6.2}$$

Les deux membres de cette équation sont des quadrivecteurs. Par comparaison, l'énergie est remplacée par l'opérateur suivant :

$$\hat{E} = \mathrm{i}\hbar \frac{\partial}{\partial t} . \tag{6.3}$$

Nous rappelons ici que nous avions déjà un opérateur énergie dans (4.83), à savoir le hamiltonien $\hat{H}$ d'une particule. Manifestement, nous avons maintenant deux opérateurs pour l'énergie. L'un et l'autre, $\hat{E}$ et le hamiltonien $\hat{H}$, décrivent l'énergie totale et par conséquent peuvent être posés égaux. Ceci génère l'équation de Schrödinger.

$$\hat{E}\psi(\boldsymbol{r},t) = \hat{H}\psi(\boldsymbol{r},t) \quad \text{ou} \quad \mathrm{i}\hbar\frac{\partial}{\partial t}\psi(\boldsymbol{r},t) = \hat{H}\psi(\boldsymbol{r},t) \quad \text{avec}$$

$$\hat{H} = -\frac{\hbar^2}{2m}\Delta + V(r) \,. \tag{6.4}$$

En utilisant la fonction d'onde d'une particule libre (onde de de Broglie),

$$\psi(\boldsymbol{r},t) = A\exp\left[-\frac{\mathrm{i}}{\hbar}(Et - \boldsymbol{p}\cdot\boldsymbol{r})\right] = A\exp\left(\frac{\mathrm{i}}{\hbar}\sum_\nu p_\nu x_\nu\right) \tag{6.5}$$

nous trouvons que l'opérateur $\hat{E}$ admet l'énergie totale E comme valeur propre.

L'équation de Schrödinger (6.4) n'est pas une équation relativiste. En effet, en partant de

$$E^2 = \boldsymbol{p}^2 c^2 + m_0^2 c^4 \tag{6.6}$$

pour l'énergie d'une particule libre relativiste, l'*équation de **Klein–Gordon*** s'en suit c'est-à-dire,

$$-\hbar^2\frac{\partial^2}{\partial t^2}\psi(\boldsymbol{r},t) = (-h^2 c^2\Delta + m_0^2 c^4)\psi(\boldsymbol{r},t) \,. \tag{6.7}$$

L'équation de Schrödinger et l'équation de Klein–Gordon sont des équations différentielles linéaires ; ceci veut dire qu'avec les solutions ψ_1 et ψ_2, la fonction définie par $\psi = a\psi_1 + b\psi_2$ est aussi solution. Ceci est la formulation mathématique du principe de superposition que nous avons discuté au chapitre 3. L'équation de Schrödinger est du premier ordre en temps et du second ordre pour l'espace ; l'équation de Klein–Gordon est du second ordre à la fois pour le temps et l'espace. Nous supposons qu'à t_0 la fonction d'onde contient toute l'information sur la façon de laquelle l'état se propage s'il n'y a pas de perturbation extérieure. Seule l'équation de Schrödinger, en tant qu'équation différentielle du premier ordre en temps, satisfait à cette condition. L'équation de Klein–Gordon, étant très importante en mécanique quantique relativiste, doit être réinterprétée. L'équation de Schrödinger (6.4) comporte le facteur imaginaire i, ce qui implique que des solutions oscillantes sont possibles.

Elle est séparable en temps et espace, si le hamiltonien $\hat{H} = \hat{H}(\boldsymbol{r},\boldsymbol{p})$ n'est pas explicitement fonction du temps :

$$\psi(\boldsymbol{r},t) = \psi(\boldsymbol{r})f(t)$$

et par conséquent

$$\mathrm{i}\hbar\psi(\boldsymbol{r})\frac{\partial}{\partial t}f(t) = [\hat{H}\psi(\boldsymbol{r})]\,f(t) \,. \tag{6.8}$$

[Puisque $\psi(\boldsymbol{r},t)$ et $\psi(\boldsymbol{r})$ sont deux fonctions différentes, ceci ne devrait pas induire en erreur]. Après séparation des variables, on trouve l'équation

$$\mathrm{i}\hbar\,\frac{\dot{f}(t)}{f(t)} = \frac{\hat{H}\psi(\boldsymbol{r})}{\psi(\boldsymbol{r})} = \text{cste} = E \,. \tag{6.9}$$

Soit pour la fonction dépendante du temps

$$f(t) = \text{cste} \, \exp\left(-i\frac{Et}{\hbar}\right) . \tag{6.10}$$

La fonction avec l'argument d'espace $\psi(r)$ résout l'*équation stationnaire de Schrödinger*

$$\hat{H}\psi(r) = E\psi(r) . \tag{6.11}$$

La fonction d'onde $\psi(r, t)$ est périodique en temps, avec le facteur de phase $\exp[-i(Et/\hbar)]$, et c'est pourquoi les densités $\psi^*\psi$ et aussi, comme nous le verrons plus loin, les courants sont indépendants du temps. L'équation (6.4) est une équation aux valeurs propres du hamiltonien, E étant la valeur propre réelle de l'énergie. Les solutions générales de (6.4) sont des fonctions périodiques du temps,

$$\psi_n(r, t) = \psi_n(r) \exp\left(-i\frac{E_n t}{\hbar}\right) , \tag{6.12}$$

avec la normalisation

$$\int \psi_n^*(r, t)\psi_n(r, t) \, dV = \int \psi_n^*(r)\psi_n(r) \, dV = 1 . \tag{6.13}$$

Tout état stationnaire correspond à une énergie bien définie et à une stabilité infinie dans le temps. Il a les caractéristiques d'une onde stationnaire, car la densité de probabilité donnée par $\psi^*\psi$ est indépendante du temps. Ceci n'est pas vrai pour une superposition linéaire d'états stationnaires.

EXERCICE

6.1 Une particule dans un puits de potentiel infini

Problème. Une particule de masse m est captive dans une boîte limitée par

$$0 \leq x \leq a; \quad 0 \leq y \leq b; \quad 0 \leq z \leq c .$$

Le puits de potentiel est défini par

$$V = \begin{cases} 0 & \text{si} \quad 0 < x < a; \quad 0 < y < b; \quad 0 < z < c \\ \infty & \text{ailleurs} . \end{cases}$$

(voir figure)

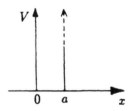

Variation du potentiel le long de l'axe x

Exercice 6.1   **Solution.** Le hamiltonien est

$$\hat{H} = \hat{T} + \hat{V} = -\frac{\hbar^2}{2m}\Delta(x, y, z) + V(x, y, z) \,. \tag{1}$$

À l'intérieur de la boîte : le potentiel est $V = 0$ et nous avons l'équation stationnaire de Schrödinger :

$$-\frac{\hbar^2}{2m}\left(\frac{\partial^2}{\partial x^2} + \frac{\partial^2}{\partial y^2} + \frac{\partial^2}{\partial z^2}\right)\psi(x, y, z) = E\psi(x, y, z) \,. \tag{2}$$

Nous allons résoudre ce problème en séparant les variables :

$$\psi(x, y, z) = \psi_1(x)\psi_2(y)\psi_3(z) \,. \tag{3}$$

Ceci conduit à trois équations liées par la constante de séparation $-k_1^2$ (elles sont choisies de carré négatif, ce qui n'est pas en contradiction avec le cas général, puisque les constantes elles-mêmes peuvent être imaginaires) :

$$\frac{1}{\psi_i(x_i)}\frac{\mathrm{d}^2\psi_i(x_i)}{\mathrm{d}x_i^2} = -k_i^2 \,, \quad i = 1, 2, 3 \,,$$
$$x_1 = x \,, \quad x_2 = y \,, \quad x_3 = z \,. \tag{4}$$

Les solutions de ces différentes équations sont

$$\psi_i(x_i) = \text{cste } \sin(k_i x_i + \delta_i) \,.$$

La solution complète à l'intérieur du puits de potentiel est alors :

$$\psi(x, y, z) = A\sin(k_1 x + \delta_1)\sin(k_2 y + \delta_2)\sin(k_3 z + \delta_3) \,, \tag{5}$$

où A est un facteur de normalisation et les δ_i sont des phases qui doivent être déterminées.

À l'extérieur du puits : ici la fonction d'onde doit s'annuler, car V tend vers l'infini ; sinon, l'énergie potentielle serait infinie, puisque $\langle\psi|V(r)|\psi\rangle$ diverge. Puisque les fonctions d'onde doivent être continues, nous avons deux ensembles de conditions aux limites à satisfaire :

$$\psi(x = 0, y, z) = \psi(x, y = 0, z) = \psi(x, y, z = 0) = 0 \,,$$

et

$$\psi(x = a, y, z) = \psi(x, y = b, z) = \psi(x, y, z = c) = 0 \,. \tag{6}$$

Le premier ensemble requiert $\delta_1 = \delta_2 = \delta_3 = 0$. Le deuxième donne la condition de quantification :

$$ak_1 = n_1\pi \,, \quad bk_2 = n_2\pi \,, \quad ck_3 = n_3\pi$$

d'où

$$k_1 = n_1 \frac{\pi}{a}, \quad k_2 = n_2 \frac{\pi}{b}, \quad k_3 = n_3 \frac{\pi}{c}. \tag{7}$$

Ici, $n_1, n_2, n_3 = \pm 1 \,; \pm 2 \,; \pm 3 \,; \ldots$ sont des nombres quantiques indépendants. La possibilité $n_i = 0$ doit être exclue, car la fonction d'onde correspondante (voir la fin de cet exercice) s'annulerait partout. L'énergie totale est

$$E = \frac{\hbar^2}{2m}(k_1^2 + k_2^2 + k_3^2) \,; \tag{8}$$

elle ne peut prendre que des valeurs discrètes, à savoir

$$E_{n_1 n_2 n_3} = \frac{\hbar^2}{2m}\left[\left(n_1 \frac{\pi}{a}\right)^2 + \left(n_2 \frac{\pi}{b}\right)^2 + \left(n_3 \frac{\pi}{c}\right)^2\right]. \tag{9}$$

Ce spectre discret d'énergie se transforme en un *quasi-continuum* si la masse m ou les dimensions de la boîte deviennent très grandes. La valeur la plus basse de l'énergie

$$E_{111} = \frac{\hbar^2}{2m}\left[\left(\frac{\pi}{a}\right)^2 + \left(\frac{\pi}{b}\right)^2 + \left(\frac{\pi}{c}\right)^2\right] \tag{10}$$

n'est pas zéro, comme on pourrait le penser classiquement. Ceci est le premier exemple d'*énergie non nulle au zéro absolu* (voir la discussion extensive à propos de l'oscillateur harmonique, chapitre 7).

La solution à l'intérieur de la boîte

$$\psi_{n_1 n_2 n_3}(\boldsymbol{r}) = A \sin(k_1 x) \sin(k_2 y) \sin(k_3 z) \tag{11}$$

doit avoir une probabilité totale égale à l'unité, ce qui veut dire que

$$\begin{aligned} 1 &= \int \psi_{n_1 n_2 n_3}^* \psi_{n_1 n_2 n_3} \, dV \\ &= |A|^2 \int_0^a \sin^2(k_1 x) \, dx \int_0^b \sin^2(k_2 y) \, dy \int_0^c \sin^2(k_3 z) \, dz \\ &= \frac{abc}{8} |A|^2, \end{aligned} \tag{12}$$

et par conséquent le facteur de normalisation est égal à

$$|A| = \sqrt{\frac{2}{a}\frac{2}{b}\frac{2}{c}}. \tag{13}$$

Le spectre en énergie est représenté sur la figure suivante.

Nous avons posé $a < b < c$; de ce fait le niveau E_{211} est énergétiquement situé plus haut que les niveaux E_{121} et E_{112}, et nous avons la relation $E_{211} > E_{121} > E_{112}$. Dans le cas où a, b, et c ne diffèrent que de peu, tous ces niveaux

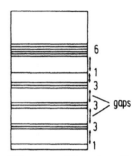

Niveaux d'énergie d'une particule dans une boîte rectangulaire

Exercice 6.1

sont proches les uns des autres. Nous parlons alors d'un *triplet* de niveaux (en général un *multiplet*). Pour $a = b = c$, la particule se déplace dans un cube, et tous les états d'un triplet sont alors dégénérés en énergie. Nous avons alors

$$E_{211} = E_{121} = E_{112} \,. \tag{14}$$

Les fonctions d'ondes des trois états sont

$$E_{211} : \quad \psi_{211} = \sqrt{\frac{8}{a^3}} \sin \frac{2\pi}{a}x \, \sin \frac{\pi}{a}y \, \sin \frac{\pi}{a}z \,,$$

$$E_{121} : \quad \psi_{121} = \sqrt{\frac{8}{a^3}} \sin \frac{\pi}{a}x \, \sin \frac{2\pi}{a}y \, \sin \frac{\pi}{a}z \,,$$

$$E_{112} : \quad \psi_{112} = \sqrt{\frac{8}{a^3}} \sin \frac{\pi}{a}x \, \sin \frac{\pi}{a}y \, \sin \frac{2\pi}{a}z \,. \tag{15}$$

Si nous levons légèrement la dégénérescence, le volume est approximativement cubique et les trois états sont proches les uns des autres en énergie. Pour des états d'énergie plus élevée, nous observons un phénomène analogue. Par exemple, il y a deux triplets très proches (à cause d'une légère brisure de la symétrie du cube), à savoir ψ_{221}, ψ_{122}, ψ_{212} et ψ_{311}, ψ_{131}, ψ_{113}, suivis par un état unique (un singulet) ψ_{222}. De telles structures d'états en multiplets sont appelées des *« couches »*. Les *modèles des couches* expliquant les structures en couches sont important en physique atomique et en physique nucléaire. Par exemple, en physique du noyau tous les nucléons sont supposés se trouver dans un puits de potentiel. Bien sûr ce puits de potentiel est à symétrie sphérique, mais pour des noyaux légers (à petit nombre de nucléons), un potentiel en forme de boîte est une approximation acceptable.

À cause du spin du proton et du neutron (voir chapitre 12) et le principe d'exclusion de **Pauli** (voir chapitre 14), seulement deux protons et deux neutrons peuvent occuper un état donné. Nous commençons par remplir un à un les états d'énergie les plus bas, car un système «stable» occupe les états les plus liés. La «dernière» particule détermine les propriétés les plus «visibles». Si ce dernier état fait partie d'un multiplet, alors une faible énergie d'excitation suffit à faire «monter» la particule dans un état d'énergie plus élevée ; le noyau est dans ce cas facilement «excitable».

Si nous considérons un noyau qui contient juste le nombre de protons et de neutrons pour saturer une couche, alors bien plus d'énergie sera nécessaire pour «exciter» un nucléon vers un état d'énergie plus élevée (niveau excité). De tels noyaux sont particulièrement stables, car ils ne peuvent être excités fortement que si de grandes différences d'énergie peuvent être surmontées. Dans ce cas, nous parlons de *noyaux magiques* (comparable aux couches électroniques pleines des atomes de *gaz rares*) ou de *noyaux doublement magiques* si, à la fois, des couches de protons et de neutrons sont saturées.[1]

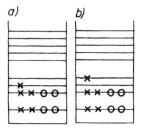

Noyaux dans l'état (**a**) fondamental, (**b**) excité ; ($\times$) désigne un proton, ($\circ$) désigne un neutron

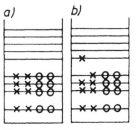

Noyaux magiques dans l'état (**a**) fondamental, (**b**) excité. La comparaison avec le diagramme ci-dessus montre une énergie d'excitation plus grande

---

[1] Pour une discussion approfondie du modèle en couches des noyaux, voir J.M. Eisenberg et W. Greiner: *Nuclear Theory*, Vol. 1, *Nuclear Models (Collective and Single Particle Phenomena)*, 3rd ed. (North-Holland, Amsterdam 1987).

EXERCICE

6.2 Une particule dans un puits de potentiel fini à une dimension

Problème. Résolvez l'équation de Schrödinger à une dimension, pour une particule placée dans un puits de potentiel défini comme suit (voir figure)

$$V(x) = \begin{cases} -V_0 & \text{si} \quad |x| \le a \\ 0 & \text{si} \quad |x| > a \,. \end{cases}$$

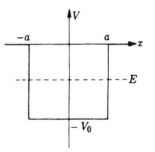

Considérez seulement les états liés ($E < 0$).

Solution. (a) Les fonctions d'onde pour $|x| < a$ et $|x| > a$.

L'équation de Schrödinger correspondante est

$$-\frac{\hbar^2}{2m}\psi''(x) + V(x)\psi(x) = E\psi(x) \quad \text{où}$$

$$\psi'' \equiv \frac{\mathrm{d}^2\psi}{\mathrm{d}x^2} \,. \tag{1}$$

En posant

$$\kappa^2 = -\frac{2mE}{\hbar^2} \,, \quad k^2 = \frac{2m(E + V_0)}{\hbar^2} \tag{2}$$

nous obtenons

1) si $x < -a$: $\psi_1'' - \kappa^2\psi_1 = 0$, $\quad \psi_1 = A_1 \exp(\kappa x) + B_1 \exp(-\kappa x)$; (3a)

2) si $-a \le x \le a$: $\psi_2'' + k^2\psi_2 = 0$, $\quad x\psi_2 = A_2 \cos(kx) + B_2 \sin(kx)$; (3b)

3) si $x > a$: $\psi_3'' - \kappa^2\psi_3 = 0$, $\quad \psi_3 = A_3 \exp(\kappa x) + B_3 \exp(-\kappa x)$. (3c)

(b) Formulation des conditions aux limites.

La normalisation de l'état lié requiert que la solution s'annule à l'infini, d'où $B_1 = A_3 = 0$. De plus, $\psi(x)$ doit être continuement différentiable. Toutes les solutions particulières sont choisies de sorte que ψ, de même que sa dérivée première ψ', se raccordent pour la valeur de s correspondant aux limites du puits de potentiel. La dérivée seconde ψ'', traduit le saut du à la forme particulière du potentiel de cette équation de Schrödinger. L'ensemble de ces conditions conduit à :

$$\psi_1(-a) = \psi_2(-a) \,, \quad \psi_2(a) = \psi_3(a) \,,$$
$$\psi_1'(-a) = \psi_2'(-a) \,, \quad \psi_2'(a) = \psi_3'(a) \,. \tag{4}$$

(c) Les équations aux valeurs propres.

De (4) nous tirons quatre équations linéaires homogènes pour les coefficients A_1 ; A_2 ; B_2 ; B_3 :

$$A_1 \exp(-\kappa a) = A_2 \cos(k a) - B_2 \sin(k a) \,,$$
$$\kappa A_1 \exp(-\kappa a) = A_2 k \sin(k a) + B_2 k \cos(k a) \,,$$
$$B_3 \exp(-\kappa a) = A_2 \cos(k a) + B_2 \sin(k a) \,,$$
$$-\kappa B_3 \exp(-\kappa a) = -A_2 k \sin(k a) + B_2 k \cos(k a) \,. \tag{5}$$

Exercice 6.2   Par addition et soustraction, nous obtenons un système d'équations plus simple
à résoudre :

$$(A_1 + B_3)\exp(-\kappa a) = 2A_2\cos(k\,a)$$
$$\kappa(A_1 + B_3)\exp(-\kappa a) = 2A_2 k\sin(k\,a)$$
$$(A_1 - B_3)\exp(-\kappa a) = -2B_2\sin(k\,a)$$
$$\kappa(A_1 - B_3)\exp(-\kappa a) = 2B_2 k\cos(k\,a)\,. \tag{6}$$

En supposant que $A_1 + B_3 \neq 0$ et $A_2 \neq 0$, les deux premières équations donnent

$$\kappa = k\tan(k\,a)\,. \tag{7}$$

En reportant ce résultat dans l'une des dernières équations, nous avons

$$A_1 = B_3\,; \quad B_2 = 0\,. \tag{8}$$

D'après ce résultat, nous avons une solution symétrique avec $\psi(x) = \psi(-x)$.
Nous parlons alors d'une *parité positive*.

Des calculs similaires pour $A_1 - B_3 \neq 0$ et pour $B_2 \neq 0$ conduisent à

$$\kappa = -k\cot(k\,a) \quad \text{et} \quad A_1 = -B_3\,; \quad A_2 = 0\,. \tag{9}$$

La fonction d'onde ainsi obtenue est antisymétrique et correspond à une *parité
négative*.

(d) Solution qualitative pour les valeurs propres.

Les équation reliant κ et k, que nous avons déjà obtenues, sont des conditions
pour la valeur propre de l'énergie. En utilisant les formes abrégées

$$\xi = ka\,, \quad \eta = \kappa a\,, \tag{10}$$

nous obtenons à partir de la définition (2)

$$\xi^2 + \eta^2 = \frac{2mV_0 a^2}{\hbar^2} = r^2\,. \tag{11}$$

D'autre part, de (7) et (9) nous obtenons les équations

$$\eta = \xi\tan(\xi)\,, \quad \eta = -\xi\cot(\xi)\,.$$

Par conséquent, les valeurs de l'énergie peuvent être obtenues en construisant
les intersections de ces deux courbes avec le cercle défini par (11), dans le plan
(ξ, η) (voir la figure suivante).

Au moins une solution existe pour des valeurs quelconques du paramètre V_0,
dans le cas où la parité est positive, car la fonction tangente coupe l'origine.
Dans le cas de la parité négative, le rayon du cercle doit être suffisamment grand
pour que les deux courbes puissent se couper. La profondeur du potentiel doit
avoir une valeur en rapport avec sa largeur a et la masse m de la particule, de
manière à ce qu'une solution de parité négative soit possible. Le nombre d'états

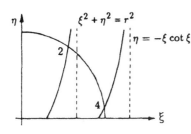

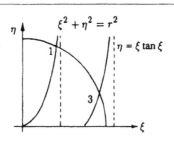

Les intersections de ces courbes déterminent les valeurs propres de l'énergie

d'énergie augmente avec V_0, a et la masse m. Dans le cas où $mVa^2 \to \infty$, les intersections se trouvent en

$$\tan(k\,a) = \infty \quad \text{correspondant à} \quad ka = \frac{2n-1}{2}\pi \,,$$

$$-\cot(k\,a) = \infty \quad \text{correspondant à} \quad ka = n\pi \,,$$

$$n = 1, 2, 3, \dots \qquad (12)$$

où, combinés :

$$k(2a) = n\pi \,. \qquad (13)$$

Pour le spectre en énergie, ceci signifie que

$$E_n = \frac{\hbar^2}{2m}\left(\frac{n\pi}{2a}\right)^2 - V_0 \,. \qquad (14)$$

En augmentant la profondeur du puits et/ou la masse m de la particule, la différence entre deux valeurs propres voisines de l'énergie décroît. L'état le plus bas ($n = 1$) n'est pas situé à $-V_0$, mais un petit peu au-dessus. Cette différence est appelée l'*énergie du zéro absolu*. Nous reviendrons à ce point plus loin lorsque nous discuterons l'oscillateur harmonique (voir chapitre 7).

(e) L'allure des fonctions d'ondes correspondant aux solutions discutées est représentée sur les deux figures ci-contre.

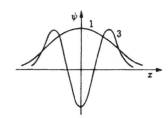

Fonctions d'onde paires ; elles sont symétriques par rapport à l'origine

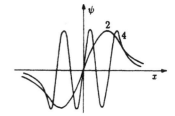

Fonctions d'onde impaires ; elles sont antisymétriques par rapport à l'origine

EXERCICE

6.3 Le potentiel delta

Soit un potentiel de la forme :

$$V(x) = -V_0\delta(x) \,; \quad V_0 > 0 \,; \quad x \in \mathbb{R} \,.$$

La fonction d'onde correspondante $\psi(x)$ est supposée continue.

Problème. (a) Cherchez les états liés ($E < 0$) localisés à ce potentiel.

Exercice 6.3

(b) Calculez la diffusion d'une onde plane incidente par ce potentiel et trouvez le *coefficient de réflexion*

$$R = \frac{|\psi_{\text{réf}}|^2}{|\psi_{\text{in}}|^2}\Bigg|_{x=0} ,$$

où $\psi_{\text{réf}}$, ψ_{in} sont respectivement les ondes réfléchie et incidente.

Conseil. Pour évaluer le comportement de $\psi(x)$ à $x = 0$, intégrez l'équation de Schrödinger sur l'intervalle $(-\varepsilon, +\varepsilon)$ et étudiez le cas limite $\varepsilon \to 0$.

Solution. (a) L'équation de Schrödinger est

$$\left[-\frac{\hbar^2}{2m}\frac{\mathrm{d}^2}{\mathrm{d}x^2} - V_0\delta(x) \right] \psi(x) = E\psi(x) . \tag{1}$$

Loin de l'origine, nous avons une équation différentielle de la forme :

$$\frac{\mathrm{d}^2}{\mathrm{d}x^2}\psi(x) = -\frac{2mE}{\hbar^2}\psi(x) . \tag{2}$$

Les fonctions d'onde sont alors de la forme :

$$\psi(x) = A\mathrm{e}^{-\beta x} + B\mathrm{e}^{\beta x} \quad \text{si} \quad x > 0 \quad \text{ou} \quad x < 0 , \tag{3}$$

avec $\beta = \sqrt{-2mE/\hbar^2} \in \mathbb{R}$. Comme $|\psi|^2$ doit être intégrable, il ne peut pas y avoir une contribution exponentielle croissante. De plus, la fonction d'onde doit être continue à l'origine. D'où

$$\begin{aligned} \psi(x) &= A\mathrm{e}^{\beta x} ; \quad (x < 0) , \\ \psi(x) &= A\mathrm{e}^{-\beta x} ; \quad (x > 0) . \end{aligned} \tag{4}$$

En intégrant l'équation de Schrödinger de $-\varepsilon$ à $+\varepsilon$, nous obtenons

$$-\frac{\hbar^2}{2m}[\psi'(\varepsilon) - \psi'(-\varepsilon)] - V_0\psi(0) = E\int_{-\varepsilon}^{+\varepsilon}\psi(x)\,\mathrm{d}x \approx 2\varepsilon E\psi(0) . \tag{5}$$

En utilisant maintenant le résultat (4) et en prenant la limite $\varepsilon \to 0$, nous avons

$$-\frac{\hbar^2}{2m}(-\beta A - \beta A) - V_0 A = 0 \tag{6}$$

ou $E = -m(V_0^2/2\hbar^2)$. Manifestement (bien que surprenant) il y a une seule valeur propre d'énergie. Nous calculons la constante de normalisation

$$A = \sqrt{mV_0/\hbar^2} .$$

(b) La fonction d'onde d'une onde plane est décrite par

$$\psi(x) = A\mathrm{e}^{\mathrm{i}kx} , \quad k^2 = \frac{2mE}{\hbar^2} . \tag{7}$$

Elle se propage de la gauche vers la droite et est réfléchie par le potentiel. Si B ou C sont respectivement les amplitudes de l'onde réfléchie ou transmise, nous avons

$$\psi(x) = A\,e^{ikx} + B\,e^{-ikx}\,; \quad (x < 0)\,,$$
$$\psi(x) = C\,e^{ikx}\,; \quad (x > 0)\,. \tag{8}$$

Les conditions de continuité et la relation $\psi'(\varepsilon) - \psi'(-\varepsilon) = -f\psi(0)$ avec $f = 2mV_0/\hbar^2$ donnent

$$\left.\begin{array}{c} A + B = C \\ ik(C - A + B) = -fC \end{array}\right\} \Rightarrow \left\{\begin{array}{l} B = -\dfrac{f}{f + 2ik}A\,, \\[2mm] C = \dfrac{2ik}{f + 2ik}A\,. \end{array}\right. \tag{9}$$

D'où le coefficient de réflexion cherché

$$R = \left.\frac{|\psi_{\text{réf}}|^2}{|\psi_{\text{in}}|^2}\right|_{x=0} = \frac{|B|^2}{|A|^2} = \frac{m^2 V_0^2}{m^2 V_0^2 + \hbar^4 k^2}\,. \tag{10}$$

Si l'amplitude du potentiel est très grande ($V_0 \to \infty$) $R \to 1$, alors l'onde est entièrement réfléchie.

Le *coefficient de transmission* est

$$T = \left.\frac{|\psi_{\text{trans}}|^2}{|\psi_{\text{in}}|^2}\right|_{x=0} = \frac{|C|^2}{|A|^2} = \frac{\hbar^4 k^2}{m^2 V_0^2 + \hbar^4 k^2}\,. \tag{11}$$

Si ($V_0 \to \infty$), alors $T \to 0$, c'est-à-dire que l'onde transmise disparaît.

Manifestement on a $R + T = 1$.

EXERCICE

6.4 Fonctions de distribution en statistique quantique

Soit un système quantique dont les valeurs propres de l'énergie ε_i sont dégénérées d'ordre g_i et dont chaque état est occupé par n_i particules de sorte que

$$\sum_i n_i = N\ (\approx 10^{23}) \tag{1}$$

soit le nombre total de particules non discernables et que

$$\sum_i n_i \varepsilon_i = E \tag{2}$$

soit l'énergie totale (par exemple, un gaz parfait enfermé dans une boîte).

Exercice 6.4

Problème. (a) Un état ne peut être occupé que par un fermion à la fois, mais par un nombre illimité de bosons. Ceci est la conséquence du *Principe de Pauli*. (Nous reviendrons sur ce point dans chapitre 14). Montrez qu'il est possible de distribuer n_i particules sur g_i états avec

$$\text{(I)} \quad W_i^{\text{FD}} = \binom{g_i}{n_i}$$

$$= \frac{g_i!}{n_i!(g_i - n_i)!} \quad \text{(statistique de Fermi–Dirac)}$$

possibilités dans le cas de fermions ; ou, avec

$$\text{(II)} \quad W_i^{\text{BE}} = \binom{g_i + n_i - 1}{n_i} \quad \text{(statistique de Bose–Einstein)}$$

possibilités dans le cas de bosons; et avec

$$\text{(III)} \quad W_i^{\text{B}} = g_i^{n_i} \quad \text{(statistique de Boltzmann)}$$

possibilités pour des particules discernables (classiques).

(b) Nous définissons $\{n_i\} = \{n_1, n_2, n_3, \dots\}$ comme la distribution de particules de «poids» $W\{n_i\}$, qui est simplement le nombre de possibilités de distribuer exactement n_i particules dans des niveaux d'énergie ε_i. Évidemment, la distribution la plus probable sera celle de plus grand poids. Déduire de ces remarques, en tenant compte de la conservation du nombre total de particules et de l'énergie, le problème variationnel

$$\delta[\ln(W\{\langle n_i \rangle\}) - \alpha N - \beta E] = 0. \tag{3}$$

Ici, les paramètres α, β sont les multiplicateurs de Lagrange et $\{\langle n_i \rangle\}$ est la distribution recherchée. Montrez que dans le cas où $g_i \gg n_i \gg 1$ le nombre d'occupation moyen $\langle n_i \rangle$, pour un état d'indice i est donné par :

$$\langle n_i \rangle = g_i[\exp(\varepsilon_i - \mu)/kT + \delta]^{-1}, \tag{4}$$

avec

$$\delta = \begin{cases} +1 & \text{pour des fermions} \\ -1 & \text{pour des bosons} \\ 0 & \text{pour des particules discernables}. \end{cases} \tag{5}$$

Conseil. Utilisez la formule de Stirling pour calculer $n!$ pour de grandes valeurs de n :

$$n! = \sqrt{2\pi} n^{(n+1/2)} e^{-n} \approx \left(\frac{n}{e}\right)^n, \tag{6}$$

puis remplacez $n_i \in \mathbb{N}$ par $x_i \in \mathbb{R}$, c'est-à-dire passez d'une valeur discrète n_i à une variable continue x_i.

(c) Représentez schématiquement la distribution de Fermi–Dirac $\langle n_E \rangle^{\mathrm{FD}}$ en fonction de l'énergie E à $T \approx 0$. Comment doit-on interpréter le paramètre μ?

Solution. (a) Afin de comprendre les différentes statistiques, nous examinons d'abord le problème de n_i boules non discernables qui doivent être distribuées dans g_i boîtes.

(I) *Statistique de Fermi–Dirac* : s'il y a n_i boules *discernables* à distribuer dans g_i boîtes :

$$(7)$$

chaque boîte ne peut contenir qu'une seule boule (Fermi–Dirac). La première pourrait être placée dans l'une des g_i boîtes. pour la deuxième il ne resterait alors plus que $g_i - 1$ possibilités, car une boîte est déjà occupée. Pour la dernière boule, exactement $(g_i - n_i + 1)$ possibilités subsistent si $g_i > n_i$. Le nombre total de possibilités est donné par le produit

$$g_i(g_i - 1)(g_i - 2) \ldots (g_i - n_i + 1)$$
$$= \frac{g_i(g_i - 1) \ldots (g_i - n_i + 1)(g_i - n_i) \ldots 1}{(g_i - n_i)!}$$
$$= \frac{g_i!}{(g_i - n_i)!} . \tag{8}$$

Jusqu'à présent, nous avons supposé que les boules étaient discernables ; si elles ne le sont pas, cependant, il y a plusieurs combinaisons identiques. Par exemple, la combinaison

est identique à

$$(9)$$

Ceci veut dire que nous avons surestimé le nombre de possibilités par le nombre de permutations parmi les n_i particules. Le nombre de ces permutations de n_i particules est $n_i!$, d'où finalement

$$W_i^{\mathrm{FD}} = \frac{g_i!}{n_i!(g_i - n_i)!} = \binom{g_i}{n_i} . \tag{10}$$

(II) *Statistique de Bose–Einstein* : chaque boîte est maintenant capable de contenir un nombre quelconque de boules indiscernables (Bose–Einstein). Pour ce cas, nous utiliserons la méthode suivante : il y a

$$n + 1 = \binom{n+1}{n}$$

possibilités de placer n particules de ***Bose*** dans deux états. Dans trois états il y a

$$\binom{n+2}{2} = \binom{n+1}{1} + \binom{n}{1} + \binom{n-1}{1} + \ldots + \binom{2}{1} + \binom{1}{1}$$

possibilités. Généralement on a

$$W_i^{\text{BE}} = \binom{g_i+n_i-1}{n_i} = \binom{g_i+n_i-1}{g_i-1} = \frac{(g_i+n_i-1)!}{(g_i-1)!n_i!}.$$

Nous pouvons reconsidérer ceci d'une autre manière : des étiquettes sont marquées $B_1, \ldots, B_{n_i}$ pour chaque particule et $K_1, \ldots, K_{g_i}$ pour chaque boîte. Nous mettons l'étiquette K_1 de côté et toutes les autres, (celles marquées K_μ aussi bien que celles marquées B_μ) au nombre de g_i+n_i-1, sont mises dans une urne. Nous les ressortons de l'urne une à une au hasard et les plaçons à droite de K_1, par exemple :

$$K_1 B_8 K_7 B_3 B_1 K_3 K_2 B_4 \ldots. \tag{11}$$

Nous pouvons interpréter ceci de la manière suivante : les boules situées entre deux boîtes sont supposées être dans la boîte de gauche. Dans notre exemple, la boule numéro 8 devrait aller dans la boîte numéro 1, tandis que les boules 3 et 1 devraient aller dans la boîte 7, aucune boule dans la boîte 3, la boule 4 dans la boîte 2 et ainsi de suite.

De la partie (I) nous savons déjà qu'il y a $(g_i+n_i-1)!$ arrangements possibles [arrangements tels que montrés dans (11)]. D'autre part, les positions des boules et de leurs boîtes dans cette ligne ne sont pas importantes. En effet, il n'y a pas de nouvel arrangement si les n_i boules sont échangées entre elles. La même chose reste vraie si on échange les $(g_i-1)K$ étiquettes. Par conséquent, il y a

$$W_i^{\text{BE}} = \frac{(g_i+n_i-1)!}{n_i!(g_i-1)!} = \binom{g_i+n_i-1}{n_i} \tag{12}$$

arrangements différents.

(III) *Statistique de Boltzmann* : supposons que nous avons deux boules et g_i boîtes. Il y a exactement g_i possibilités de distribuer la boule 1. Si plus d'une boule par boîte sont permises, il y a aussi g_i possibilités de distribuer la boule 2. Tout compte fait, il y a g_i^2 arrangements. De manière analogue, pour n_i boules, il y a

$$W_i^{\text{B}} = g_i^{n_i} \tag{13}$$

arrangements.

(b) Puisque nous avons des particules indiscernables dans le cas des statistiques de Fermi–Dirac et de Bose–Einstein, le nombre des arrangements de n_i particules dans les niveaux d'énergie ε_i, avec les distributions de particules $\{n_1, \ldots, n_m\}$, est donné par le produit

$$W^{\mathrm{FD}}\{n_1, n_2, n_3, \ldots, n_m\} = \prod_{i=1}^{m} W_i^{\mathrm{FD}} \tag{14}$$

$$W^{\mathrm{BE}}\{n_1, n_2, n_3, \ldots, n_m\} = \prod_{i=1}^{m} W_i^{\mathrm{BE}}. \tag{15}$$

Dans le cas de la statistique de **Boltzmann** avec des particules discernables, l'étude est plus compliquée. Nous devons placer $N = \sum_{i=1}^{m} n_i$ particules de manière à ce qu'il y ait n_i particules dans chaque niveau. Le nombre des façons possibles de réaliser ceci est calculé de la manière suivante : nous commençons avec $N!$ possibilités, sans tenir compte de la structure de groupe contenant m groupes. Nous corrigeons alors ce nombre par des facteurs $n_j!$ provenant de l'occupation au hasard dans chaque groupe. Ceci donne

$$N!/n_1! n_2! \ldots n_m! \tag{16}$$

possibilités. D'où,

$$W^{\mathrm{B}}\{n_1, n_2, n_3, \ldots, n_m\} = \frac{N!}{n_1! n_2! n_3! \ldots n_m!} \prod_{i=1}^{m} g_i^{n_i}, \tag{17}$$

que nous pouvons aussi regrouper sous la forme

$$W^{\mathrm{B}}\{n_i\} = N! \prod_{i=1}^{m} \frac{g^{n_i}}{n_i!}. \tag{18}$$

L'étape suivante consiste à calculer le maximum de ces diverses distributions $W\{n_i\}$, de manière à trouver la distribution particulière de plus grand poids. Le maximum de $W^{\mathrm{FD}}\{n_i\}$ coïncide avec le maximum de $\ln(W^{\mathrm{FD}}\{n_i\})$, qui est plus facile à utiliser mathématiquement. En utilisant la formule de Stirling (6), nous obtenons

$$\begin{aligned}
\ln W^{\mathrm{FD}}\{n_i\} &= \sum_i \ln \frac{g_i!}{n_i!(g_i - n_i)!} \\
&\approx \sum_i \ln \frac{(2\pi)^{-1/2} g_i^{g_i+1/2} e^{-g_i}}{n_i^{n_i+1/2} e^{-n_i}(g_i - n_i)^{g_i - n_i + 1/2} e^{-g_i + n_i}} \\
&\approx \sum_i \left[\ln \frac{1}{\sqrt{2\pi}} + g_i \ln g_i - n_i \ln n_i - (g_i - n_i) \ln(g_i - n_i) \right]. \tag{19}
\end{aligned}$$

Dans les deux étapes précédentes nous avons utilisé $g_i \gg 1$, $n_i \gg 1$. Pour trouver les maxima d'une distribution nous admettons des valeurs continues pour n_i, de sorte que $n_i \to x_i \in \mathbb{R}$, et introduisons deux multiplicateurs de Lagrange[2] β

---

[2] Voir H. Goldstein: *Classical Mechanics,* 2nd ed. (Addison-Wesley, Reading, MA 1980) ou W. Greiner: *Theoretische Physik,* Vol. 2, *Mechanik,* 4th edn. (Verlag Harri Deutsch, Thun and Frankfurt a.M. 1981).

et α pour incorporer respectivement les conditions $E = \sum_i n_i \varepsilon_i$ et $N = \sum_i n_i$. Le principe variationnel donne

$$
\delta \left[\ln W^{FD}\{x_j\} - \beta \sum_j \varepsilon_j x_j - \alpha \sum_j x_j \right]
$$

$$
= \sum_i \delta x_i \left[\frac{\partial}{\partial x_i} \ln W^{FD}\{x_j\} - \beta \varepsilon_i - \alpha \right]
$$

$$
= \sum_i \delta x_i \left(\ln \frac{g_i - x_i}{x_i} - \beta \varepsilon_i - \alpha \right) . \tag{20}
$$

La dernière étape résulte de l'application de (19), d'où :

$$
\frac{\partial}{\partial x_i} \sum_j [-x_j \ln x_j - (g_j - x_j) \ln(g_j - x_j)]
$$

$$
= \delta_{ij}[-\ln x_j - 1 + \ln(g_j - x_j) + 1]
$$

$$
= \ln(g_i - x_i) - \ln x_i = \ln \frac{g_i - x_i}{x_i} . \tag{21}
$$

Pour qu'un maximum existe, il faut que les termes entre parenthèses de (20) s'annulent ; soit

$$
\frac{g_i - x_i}{x_i} = e^{\beta \varepsilon_i + \alpha} \Leftrightarrow x_i = (g_i - x_i)(e^{\beta \varepsilon_i + \alpha})^{-1} \tag{22}
$$

et alors

$$
(x_i)_{FD} \equiv \langle n_i \rangle_{FD} = \frac{g_i}{[e^{\beta \varepsilon_i + \alpha} + 1]} . \tag{23}
$$

Finalement, il est plus commode d'exprimer les paramètres β et α en fonction des quantités physiques T et μ, de sorte que

$$
(x_i)_{FD} \equiv \langle n_i \rangle_{FD} = g_i \{ \exp[(\varepsilon_i - \mu)/kT] + 1 \}^{-1}
$$

avec

$$
\beta = \frac{1}{kT} , \quad \alpha = -\frac{\mu}{kT} = -\mu \beta . \tag{24}
$$

En revenant sur le cas de la statistique de Bose–Einstein, nous procédons similairement. De

$$
\ln W^{BE}\{n_i\} = \sum_i \ln \frac{(g_i + n_i - 1)!}{n_i!(g_i - 1)!}
$$

$$
\approx \sum_i \ln \left\{ (2\pi)^{-1/2} (g_i + n_i - 1)^{g_i + n_i - 1/2} e^{-g_i - x_i + 1} \right.
$$

$$
\left. \times \left[n_i^{n_i + 1/2} e^{-n_i} (g_i - 1)^{g_i - 1/2} e^{-g_i + 1} \right]^{-1} \right\}
$$

$$
\approx \sum_i \left\{ \ln (2\pi)^{-1/2} + (g_i + n_i) \ln (g_i + n_i) \right.
$$

$$
\left. - n_i \ln n_i - g_i \ln g_i \right\} , \tag{25}
$$

on déduit que

$$\frac{\partial}{\partial x_i} \ln W^{\text{BE}}\{x_i\} = \ln(g_i + x_i) + 1 - \ln x_i - 1 = \ln \frac{g_i + x_i}{x_i} \, , \tag{26}$$

et par conséquent,

$$\delta\left[\ln W^{\text{BE}}\{x_j\} - \beta \sum_j \varepsilon_j x_j - \alpha \sum_j x_j \right]$$

$$= \sum_i \delta x_i \left(\ln \frac{g_i + x_i}{x_i} - \beta\varepsilon_i - \alpha \right) \, . \tag{27}$$

Ainsi nous déduisons que

$$(x_i)_{\text{BE}} \equiv \langle n_i \rangle_{\text{BE}} = g_i \{\exp[(\varepsilon_i - \mu)/kT] - 1\}^{-1} \, . \tag{28}$$

Dans le cas de la statistique de Boltzmann, de nouveau nous procédons de manière analogue et trouvons

$$\ln W^{\text{B}}\{n_i\} = \ln(N!) + \sum_i \ln \left(\frac{g_i^{n_i}}{n_i!} \right)$$

$$= \ln N! + \sum_i (n_i \ln g_i - \ln n_i!)$$

$$\approx \ln N! + \sum_i (n_i \ln g_i - \ln[\sqrt{2\pi} n_i^{n_i + 1/2} \mathrm{e}^{-n_i}])$$

$$\approx \ln N! + \sum_i (n_i \ln g_i - \ln \sqrt{2\pi} - n_i \ln n_i + n_i)$$

$$= \ln N! + \sum_i (n_i - \ln \sqrt{2\pi} + n_i \ln g_i - n_i \ln n_i) \, , \tag{29}$$

de sorte que

$$\frac{\partial}{\partial x_i} \ln W^{\text{B}}\{x_i\} = 1 + \ln g_i - \ln x_i - 1 = \ln \frac{g_i}{x_i} \, . \tag{30}$$

Ici, le principe variationel donne

$$\delta\left[\ln W^{\text{B}}\{x_j\} - \beta \sum_j \varepsilon_j x_j - \alpha \sum_j x_j \right]$$

$$= \sum_i \delta x_i \left[\ln \left(\frac{g_i}{x_i} \right) - \beta\varepsilon_i - \alpha \right] \, , \tag{31}$$

soit finalement,

$$(x_i)_{\text{B}} \equiv \langle n_i \rangle_{\text{B}} = g_i \exp[-(\varepsilon_i - \mu)/kT] \, . \tag{32}$$

Exercice 6.4

Les multiplicateurs de Lagrange, que nous avions introduits dans (24), sont déterminés par les conditions

$$E = \sum_i \varepsilon_i x_i \quad \text{et} \quad N = \sum_i x_i \,. \tag{33}$$

Par conséquent,

$$E = E(\mu, T), \quad N = N(\mu, T)$$

sont respectivement fonctions de μ et T ; le potentiel chimique $\mu = \mu(N, T)$ est fonction du nombre N de particules et de la température T. L'interprétation du paramètre T est suggérée par comparaison, par exemple, de la première équation de (33) dans le cas de la statistique de Bose–Einstein avec la loi du rayonnement de Planck [voir l'exemple 2.2, (13)]. D'où, il est plausible que T sera aussi la température dans le cas des statistiques de Fermi–Dirac et de Boltzmann. Pour un nombre constant de particules et une température T donnée, μ est fixé également. La quantité $K \ln(W\{\langle n_i \rangle\}) = S$ est appelée l'entropie du système, qui correspond au concept d'entropie de la thermodynamique. L'entropie S donne une information sur le degré de désordre du système. Plus S est grand plus les particules sont réparties «anarchiquement» dans les niveaux d'énergie du système. De (23), (28) et (32) nous obtenons la forme finale des fonctions de distribution correspondant aux diverses statistiques. Nous pouvons exprimer $\langle n_i \rangle$ en fonction de la température par

$$\langle n_i \rangle = g_i \{\exp[(\varepsilon_i - \mu)/kT] + \delta\}^{-1} \,, \tag{34}$$

$$\text{avec} \quad \delta = \begin{cases} +1 & \text{pour des fermions} \\ -1 & \text{pour des bosons} \\ 0 & \text{pour des particules classiques} \,. \end{cases}$$

(c) Dans ce cas spécial, nous tirons de (23)

$$\langle n_E \rangle^{\text{FD}} = \{\exp[(E - \mu)/kT] + 1\}^{-1} \tag{35}$$

et par conséquent

$$\lim_{T \to 0} \langle n_E \rangle^{\text{FD}} = \begin{cases} 0 & , \quad E > \mu \\ \frac{1}{2} & , \quad E = \mu \equiv \Theta(E - \mu) \\ 1 & , \quad E < \mu \end{cases}$$

(trait plein dans la figure ci-contre).

Pour $T \gtrsim 0$, correspondant à une énergie kT, le niveau de Fermi «s'étale» sur la région $\Delta E \sim kT$ (voir figure).

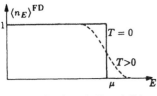

Distribution de Fermi–Dirac
en fonction de l'énergie E

EXERCICE ███████████████

6.5 Le gaz de Fermi

De ce qui précède, nous savons que les niveaux d'énergie permise, pour des particules libres de masse m placées dans un potentiel tri-dimensionel infini d'arêtes l, sont définis par (voir exercice 6.1)

$$E = \frac{\pi^2 \hbar^2}{2ml^2}(n_x^2 + n_y^2 + n_z^2) ; \quad n_x, n_y, n_z \in \mathbb{N} . \tag{1}$$

Pour des électrons dans un métal ou pour les molécules d'un gaz dans une enceinte fermée, la valeur de l est supposée suffisamment grande pour que le spectre en énergie puisse être considéré comme continu.

Problème. (a) Montrez que le nombre ΔN de niveaux d'énergie comprise entre E et $E + \Delta E$ est

$$\Delta N = \frac{1}{4\pi^2}\left(\frac{\sqrt{2m}}{\hbar}\right)^3 V E^{1/2} \Delta E . \tag{2}$$

(b) Calculez l'énergie de *Fermi* $\varepsilon_f = \mu$ $(T = 0)$ pour un gaz de Fermi idéal de N particules. Utilisez le fait que chaque niveau d'énergie est dégénéré d'ordre 2 à cause du degré de liberté de spin.

Solution. (a) Au lieu de compter les états (n_x, n_y, n_z) de même énergie (ce qui ne serait pas simple), nous utilisons l'*approximation quasi-continue* et déterminons le nombre de points à l'intérieur d'une couche sphérique de rayon

$$n = \sqrt{n_x^2 + n_y^2 + n_z^2} \tag{3}$$

et d'épaisseur Δn dans le premier octant de l'espace (n_x, n_y, n_z), puisque $n_x, n_y, n_z \in \mathbb{N}$. Ceci est simplement le « volume »

$$\Delta N = \tfrac{1}{8}(4\pi n^2)\Delta n = \tfrac{\pi}{2}n^2 \Delta n . \tag{4}$$

Selon l'hypothèse $n^2 = E(2ml^2/\pi^2\hbar^2)$, nous avons

$$n = \frac{l\sqrt{2m}}{\pi\hbar} E^{1/2} , \tag{5}$$

$$\Delta n = \frac{dn}{dE}\Delta E = \frac{l\sqrt{2m}}{2\pi\hbar} E^{-1/2} \Delta E \quad \text{et} \tag{6}$$

$$\Delta N = [(2m)^{3/2}V/(4\pi^2\hbar^3)]E^{1/2}\Delta E = C E^{1/2} \Delta E ,$$
$$C = (2m)^{3/2}V/(4\pi^2\hbar^3) , \quad V = l^3 . \tag{7}$$

(b) Dans le cas discret, l'énergie est

$$E_T = \sum_i \langle n_i \rangle_T \varepsilon_i . \tag{8}$$

Si les énergies sont continues, cette expression devient

$$E_T = \sum_{i=0}^{\infty} \frac{\langle n_i \rangle}{\Delta \varepsilon_i} \varepsilon_i \Delta \varepsilon_i = \sum_{i=0}^{\infty} g(E_i) f(E_i) E_i \Delta E_i$$

$$-09 \quad \xrightarrow[\Delta E_i \to 0]{} \int_0^{\infty} g(E) f(E) E \, dE \,. \tag{9}$$

Ici, $g(E)$ est le nombre d'états dans l'intervalle d'énergie ΔE ; $f(E)$ représente la fraction d'états *occupés*. En fait, nous pouvons considérer l'intervalle d'énergie $(E, E + \Delta E)$, dans le cas continu (pour ΔE suffisamment petit), comme *un seul* état de dégénérescence $g_{i=E} = g(E)\Delta E = s\Delta N$($s = 1$ pour des bosons, $s = 2$ pour des fermions de spin $\frac{1}{2}$). L'expression $f(E) = \langle n_E \rangle / g(E)\Delta E$ est appelée la *fonction de distribution* et $g(E)$ la *densité d'états*.

À cause de la dégénérescence de spin ($s = 2$), de (7) nous avons pour des fermions :

$$g(E) = 2CE^{1/2} \,,$$
$$f^{\mathrm{FD}}(E) = [\exp(E - \mu)/kT + 1]^{-1} \,. \tag{10}$$

Pour $T = 0$, $f_{T=0}^{\mathrm{FD}}(E) = \theta(E - \varepsilon_{\mathrm{f}})$ [voir exercice 6.4 ; $\theta(E - \varepsilon_{\mathrm{f}})$ est la fonction échelon de Heaviside] et le nombre de particules N est supposé constant, c'est-à-dire

$$N = \sum_{i=0}^{\infty} \langle n_i \rangle \to \int_0^{\infty} f_{T=0}^{\mathrm{FD}}(E) g(E) \, dE$$

$$= \int_0^{\infty} \theta(E - \varepsilon_{\mathrm{f}}) 2CE^{1/2} \, dE = 2C \int_0^{\varepsilon_{\mathrm{f}}} E^{1/2} \, dE = \frac{4}{3} C \varepsilon_{\mathrm{f}}^{3/2}$$

$$\Rightarrow \varepsilon_{\mathrm{f}} = \left(\frac{3}{4} \frac{N}{C} \right)^{2/3} = (3\pi^2)^{3/2} \frac{\hbar^2}{2m} \left(\frac{N}{V} \right)^{2/3} \,. \tag{11}$$

Application : un gaz d'électron dans un métal est assimilable à un gaz de Fermi. L'énergie moyenne à la température $T = 0$ est alors

$$\bar{E} = \frac{\int_0^{\varepsilon_{\mathrm{f}}} E E^{1/2} \, dE}{\int_0^{\varepsilon_{\mathrm{f}}} E^{1/2} \, dE} = \frac{3}{5} \varepsilon_{\mathrm{f}} \,. \tag{12}$$

À partir de cette quantité nous pouvons calculer la pression p du gaz d'électrons (*pression au zéro absolu*). Il est possible de définir la pression comme le travail dA à fournir pour réduire le volume de la quantité dV : $dA = p|dV|$. Ce travail est équivalent à l'augmentation de l'énergie interne $N\bar{E}$. Alors, sans changer le nombre total d'électrons pendant la compression, nous obtenons à partir de (12) et (11) :

$$p = N \left| \frac{d\bar{E}}{dV} \right| = \frac{2}{5} \frac{N}{V} \varepsilon_f .$$ (13)

En prenant l'argent comme exemple, nous obtenons une pression au zéro absolu d'environ $2 \cdot 10^5$ fois la pression atmosphérique. Cette pression énorme signifie que la compression d'un gaz d'électrons nécessite un grand travail. Ce résultat est un effet typique de la mécanique quantique : si tous les électrons étaient dans leur état fondamental, alors seule le faible travail requis pour élever l'énergie de zéro absolu de chaque électron serait nécessaire, approchant zéro si le volume augmente. Le *principe d'exclusion de Pauli* a pour conséquence l'occupation de niveaux plus élevés, dont la distance augmente avec une diminution du volume à cause du principe d'incertitude. C'est pourquoi le principe d'exclusion de Pauli est essentiel pour l'explication de la compressibilité limitée des solides.

EXERCICE

6.6 Un gaz parfait classique

Problème. Montrez que pour un gaz parfait classique on a

$$E = \tfrac{3}{2} NkT$$

où E est l'énergie totale et N le nombre de particules. Comment peut-on interpréter la température T dans ce cas?

Conseil. Utilisez $\int_0^\infty x^{t-1} e^{-x} dx = \Gamma(t)$ avec $\Gamma(t+1) = t\Gamma(t)$ et $\Gamma(\tfrac{3}{2}) = \sqrt{\pi}$.

Solution. Pour un gaz de Boltzmann parfait nous avons [voir exercice 6.4, équation (34)] :

$$f^B(E) = e^{(\mu-E)/kT} \quad \text{et} \quad g(E) = CE^{1/2} .$$ (1)

Alors

$$
\begin{aligned}
E(T, \mu) &= \int_0^\infty f^B(E) g(E) E \, dE = C e^{\mu/kT} \int_0^\infty E^{3/2} e^{-E/kT} \, dE \\
&= C e^{\mu/kT} (kT)^{5/2} \int_0^\infty x^{3/2} e^{-x} \, dx \\
&= \Gamma(5/2) C (kT)^{5/2} e^{\mu/kT} \quad \text{et}
\end{aligned}
$$ (2)

$$
\begin{aligned}
N &= \int_0^\infty f^B(E) g(E) \, dE = C e^{\mu/kT} (kT)^{3/2} \int_0^\infty x^{1/2} e^{-x} \, dx \\
&= \Gamma(3/2) C (kT)^{3/2} e^{\mu/kT} .
\end{aligned}
$$ (3)

Exercice 6.6

De (2) et (3) on déduit que

$$E/N = \tfrac{3}{2}kT \; , \quad \text{i.e.} \quad E(T) = \tfrac{3}{2}NkT \; . \tag{4}$$

L'énergie moyenne d'une particule est $E/N = \tfrac{3}{2}kT$. Ce résultat clarifie la signi-fication du paramètre T, au moins dans le cas d'un gaz parfait classique : T est directement proportionnel à l'énergie par particule.

EXERCICE

6.7 Une particule dans un potentiel à deux centres

Nous considérons un modèle simple d'une molécule diatomique linéaire (à une dimension), consistant en deux puits de potentiel côte à côte (voir figure) ; le potentiel est décrit par (avec $a < l$)

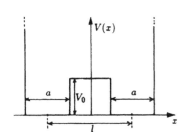

Représentation schématique d'un potentiel à deux centres

$$V(x) = \begin{cases} \infty & |x| > (l+a)/2 \\ 0 \quad \text{pour} & (l-a)/2 < |x| < (l+a)/2 \\ V_0 & |x| < (l-a)2 \; . \end{cases}$$

Des particules de masse m décrites par l'équation de Schrödinger se déplacent dans ce potentiel. Nous recherchons les valeurs propres $(0 < E < V_0)$ de l'opé-rateur hamiltonien et les fonctions d'onde correspondantes. Nous comparerons alors ces résultats à ceux obtenus pour deux atomes à grande distance $(l \gg a)$ et discuterons de l'origine de la liaison moléculaire.

Écrivons l'équation de Schrödinger,

$$E\psi(x) = \left[-\hbar^2 \frac{\Delta}{2m} + V(x)\right]\psi(x) \; ,$$

pour les régions II, III, IV.

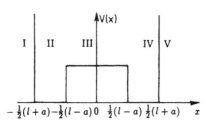

Les différentes régions du potentiel

$$\text{II, IV :} \quad -\frac{\hbar^2 \Delta}{2m}\psi(x) = E\psi(x) \; ;$$

$$\text{III :} \quad \left(-\frac{\hbar^2 \Delta}{2m} + V_0\right)\psi(x) = E\psi(x) \; . \tag{1}$$

Dans les régions I et V, la fonction d'onde doit s'annuler, $\psi_{\mathrm{I}} = \psi_{\mathrm{V}} = 0$. Ces équations donnent :

I) $\psi = 0$ $\qquad\qquad\qquad\qquad x < -\frac{1}{2}(l+a)\,,$

II) $\psi = A' \sin kx + A'' \cos kx \qquad -\frac{1}{2}(l+a) < x < -\frac{1}{2}(l-a)\,,$

III) $\psi = B e^{\beta x} + C e^{-\beta x} \qquad\quad -\frac{1}{2}(l-a) < x < +\frac{1}{2}(l-a)$

IV) $\psi = D' \sin kx + D'' \cos kx \qquad +\frac{1}{2}(l-a) < x < +\frac{1}{2}(l+a)\,,$

V) $\psi = 0$ $\qquad\qquad\qquad\qquad +\frac{1}{2}(l-a) < x\,,$ $\qquad\qquad$ (2)

avec

$$k = \sqrt{\frac{2mE}{\hbar^2}} \quad \text{et} \quad \beta = \sqrt{\frac{2m(V_0 - E)}{\hbar^2}}\,. \qquad\qquad (3)$$

La fonction d'onde doit être continue ; en particulier, nous devons avoir $\psi_{\mathrm{I}}(-\frac{1}{2}(l-a)) = \psi_{\mathrm{II}}(-\frac{1}{2}(l-a))$, etc. De plus, la dérivée doit être continue aux limites du potentiel $|x| = \frac{1}{2}(l-a)$. Par conséquent, nous devons «raccorder» les différentes solutions de manière appropriée, ce qui ne sera possible que pour certaines énergies $E(\sim k, \beta)$. Les conditions aux limites aux points $x = \pm\frac{1}{2}(l+a)$ implique que

II) $\psi(x) = A \sin k[x + \frac{1}{2}(l+a)]\,,$

IV) $\psi(x) = D \sin k[x - \frac{1}{2}(l-a)]\,.$ $\qquad\qquad$ (4)

Maintenant nous avons encore quatre conditions aux limites :

$$B e^{-\beta/2(l-a)} + C e^{+\beta/2(l-a)} = A \sin ka\,,$$
$$B\beta e^{-\beta/2(l-a)} - C\beta e^{+\beta/2(l-a)} = Ak \cos ka\,,$$
$$B e^{+\beta/2(l-a)} + C e^{-\beta/2(l-a)} = -D \sin ka\,,$$
$$B\beta e^{+\beta/2(l-a)} - C\beta e^{-\beta/2(l-a)} = Dk \cos ka$$

ou

$$2(B+C) \cosh\frac{\beta}{2}(l-a) = (A-D)\sin ka\,,$$

$$2(B-C)\beta \cosh\frac{\beta}{2}(l-a) = (A+D)k \cos ka\,,$$

$$-2(B-C) \sinh\frac{\beta}{2}(l-a) = (A+D)\sin ka\,,$$

$$-2(B+C)\beta \sinh\frac{\beta}{2}(l-a) = (A-D)k \cos ka\,. \qquad\qquad (5)$$

Ce sont quatre équations (partiellement découplées) pour les variables $B+C$, $B-C$, $A+D$ et $A-D$ qui ne doivent pas s'annuler simultanément.

Exercice 6.7

Ou $\frac{1}{2}\beta(l-a)$ est toujours $\neq 0$; par conséquent, nous pouvons diviser par les fonctions hyperboliques,

$$B + C = \frac{\sin ka}{2\cosh\frac{\beta}{2}(l-a)}(A-D) = -\frac{k\cos ka}{2\beta\sinh\frac{\beta}{2}(l-a)}(A-D)\,,$$

$$B - C = \frac{-\sin ka}{2\sinh\frac{\beta}{2}(l-a)}(A+D) = \frac{k\cos ka}{2\beta\cosh\frac{\beta}{2}(l-a)}(A+D)\,. \tag{6}$$

Ainsi,

$$\underbrace{\begin{cases} A - D = B + C = 0 \end{cases}}_{A_1}$$

ou

$$\underbrace{\left[\frac{1}{k}\tan ka = -\frac{1}{\beta}\coth\frac{\beta}{2}(l-a) \quad \text{et} \quad B + C = \frac{\sin ka}{2\cosh\frac{\beta}{2}(l-a)}(A-D)\right]}_{A_2}\Bigg\}$$

$$\tag{7}$$

et

$$\underbrace{\begin{cases} A + D = B - C = 0 \end{cases}}_{A_3}$$

ou

$$\underbrace{\left[\frac{1}{k}\tan ka = -\frac{1}{\beta}\tanh\frac{\beta}{2}(l-a) \quad \text{et} \quad B - C = \frac{-\sin ka}{2\sinh\frac{\beta}{2}(l-a)}(A-D)\right]}_{A_4}\Bigg\}\,.$$

$$\tag{8}$$

Les conditions A_1 à A_4 sont soit vraies soit fausses. Nous pouvons alors condenser les expressions ci-dessus en utilisant des symboles logiques :

$$(A_1 \vee A_2) \wedge (A_3 \vee A_4) = \text{vrai} ;$$

$\vee$ signifie «ou» et $\wedge$ veut dire «et».
Le développement donne

$$(A_1 \wedge A_3) \vee (A_1 \wedge A_4) \vee (A_2 \wedge A_3) \vee (A_2 \wedge A_4) = \text{vrai}\,.$$

En premier lieu, nous montrons que les conditions $(A_1 \wedge A_3)$ et $(A_2 \wedge A_4)$ ne peuvent pas être vraies :

$$(A_1 \wedge A_3) = \text{vrai} \quad \Leftrightarrow \quad A = B = C = D = 0\,, \tag{9}$$

puisqu'il n'est pas permis que toutes les variables s'annulent, nous avons

$$(A_1 \wedge A_3) = \text{faux}$$

$$(A_2 \wedge A_4) = \text{vrai} \quad \Rightarrow \quad \tanh \frac{\beta}{2}(l-a) = \coth \frac{\beta}{2}(l-a) \, . \tag{10}$$

Cette dernière équation n'est vraie que si $\beta = 0$; ce cas a aussi été exclu ci-dessus. D'où, $(A_2 \wedge A_4) = \text{faux}$, également. Notre équation logique se réduit donc à :

$$(A_1 \wedge A_4) \vee (A_2 \wedge A_3) = \text{vrai} \, .$$

En reportant les définitions, nous obtenons le système d'équations suivant :

$$\left\{ \begin{array}{rcl} A_1 - D_1 & = & B_1 + C_1 = 0 \, , \\[2mm] \frac{1}{k_1} \tan k_1 a & = & -\frac{1}{\beta_1} \tanh \frac{\beta_1}{2}(l-a) \, , \\[2mm] B_1 & = & \dfrac{-\sin k_1 a}{2 \sinh \frac{\beta_1}{2}(l-a)} A_1 \, , \end{array} \right\} \quad \text{ou}$$

$$\left. \begin{array}{rcl} A_2 + D_2 & = & B_2 - C_2 = 0 \, , \\[2mm] \frac{1}{k_2} \tan k_2 a & = & -\frac{1}{\beta_2} \coth \frac{\beta_2}{2}(l-a) \, , \\[2mm] B_2 & = & \dfrac{-\sin k_2 a}{2 \cosh \frac{\beta_2}{2}(l-a)} A_2 \end{array} \right\} \, . \tag{11}$$

Les deux équations du milieu donnent respectivement les valeurs propres $E_1^{(i)}$ et $E_2^{(i)}$, comme solution d'une équation compliquée

$$\left\{ k_i = (2mE_i/\hbar^2)^{1/2} \, , \quad \beta_i = [2m(V_0 - E_i)/\hbar^2]^{1/2} \right\} \, . \tag{12}$$

En ne tenant pas compte de l'exposant, qui numérote les différentes solutions, les fonctions d'onde dans les régions II, III, IV sont

II) $\psi_1 = A_1 \sin k_1 [x + \frac{1}{2}(l+a)] \, ,$

   $\psi_2 = A_2 \sin k_2 [x + \frac{1}{2}(l+a)] \, ,$

III) $\psi_1 = 2B_1 \sinh \beta_1 x \, ,$

   $\psi_2 = 2B_2 \cosh \beta_2 x \, ,$

IV) $\psi_1 = A_1 \sin k_1 [x - \frac{1}{2}(l+a)] \, ,$

   $\psi_2 = -A_2 \sin k_2 [x - \frac{1}{2}(l+a)] \, . \tag{13}$

En toute rigueur, nous devrions normaliser les fonctions d'onde. Puisqu'elles appartiennent à différentes valeurs propres, elles sont certainement orthogonales. La normalisation déterminerait les A_i et par conséquent aussi les B_i à la phase près.

Remarquons que ψ_1 et ψ_2 sont aussi des fonctions propres de l'opérateur parité : ψ_1 est de parité négative, ψ_2 de parité positive.

Exercice 6.7   Dans le cas de grandes distances ($l \to \infty$), par ex. deux atomes distincts, les deux équations déterminant l'énergie deviennent identiques,

$$\tan ka = -\frac{k}{\beta} \quad \text{ou} \quad \tan \frac{a}{\hbar}\sqrt{2mE} = -\sqrt{\frac{E}{V_0 - E}} \,. \tag{14}$$

Cette équation n'a pas de solution analytique. [si nous examinons le cas extrême $V_0 \to \infty$, les deux atomes seront séparés par un mur de potentiel très élevé et par conséquent indépendants. Dans cette hypothèse nous avons $\tan(a/h)\sqrt{2mE} = 0$ (voir exercice 6.1).]

Nous voulons maintenant établir une relation approchée pour les différences d'énergie $E_1 - E = \Delta_1$ et $E_2 - E = \Delta_2$. E est l'énergie de deux atomes complètement séparés ($l \to \infty$, $V_0 < \infty$) ; E_i ($i = 1, 2$) est l'énergie de deux atomes séparés par une grande distance finie l. Nous supposons $\beta_i(l - a) \gg 1$, c'est-à-dire que nous examinons les états de plus basse énergie. Pour condenser, nous posons $b = \frac{1}{2}(l - a)$; d'où $\beta_i b \gg 1$. k et β sont supposés avoir la même signification que ci-dessus ($l \to \infty$).

À l'aide de la formule de Taylor, nous avons

$$k_i = \frac{\sqrt{2m}}{\hbar}\sqrt{E + \Delta_i} = \frac{\sqrt{2mE}}{\hbar}\sqrt{1 + \frac{\Delta_i}{E}} = k\left(1 + \frac{\Delta_i}{2E}\right),$$

$$\beta_i = \frac{\sqrt{2m}}{\hbar}\sqrt{V_0 - E - \Delta_i} = \beta\sqrt{1 - \frac{\Delta_i}{V_0 - E}}$$

$$= \beta\left(1 - \frac{\Delta_i}{2(V_0 - E)}\right), \tag{15}$$

si nous négligeons les expressions contenant

$$\Delta_i^2, \quad \Delta_i\,e^{-2\beta b} \quad \text{et} \quad -e^{-4\beta b}\,.$$

En utilisant également $\tan ka = -k/\beta$, nous obtenons

$$\tan k_i a = \tan\left(ka + ka\frac{\Delta_i}{2E}\right) = \tan ka + \frac{1}{\cos^2 ka}ka\frac{\Delta_i}{2E}$$

$$= \tan ka + (1 + \tan^2 ka)ka\frac{\Delta_i}{2E}$$

$$= -\frac{k}{\beta} + \left(1 + \frac{k^2}{\beta^2}\right)ka\frac{\Delta_i}{2E}$$

$$= -\frac{k}{\beta} + \frac{ka}{2}\frac{\Delta_i}{E}\left(1 + \frac{E}{V_0 - E}\right)$$

$$= -\frac{k}{\beta} + \frac{kaV_0}{2E(V_0 - E)}\Delta_i\,, \tag{16}$$

$$\tan\beta_1 b = \tanh\left[\beta b - \beta b\frac{\Delta_1}{2(V_0 - E)}\right]$$

$$= \tanh \beta b - \frac{1}{\cosh^2 \beta b} \beta b \frac{\Delta_1}{2(V_0 - E)} = \tanh \beta b$$

$$= 1 + (\tanh \beta b - 1) = 1 + \frac{\sinh \beta b - \cosh \beta b}{\cosh \beta b}$$

$$= 1 - 2 e^{-2\beta b} \, , \tag{17}$$

$$\coth \beta_2 b = \coth \beta b = 1 + 2 e^{-2\beta b} \, .$$

Conséquemment,

$$\frac{1}{k_i} \tan k_i a = \frac{1}{k} \left(1 - \frac{\Delta_i}{2E} \right) \left[-\frac{k}{\beta} + \frac{kaV_0}{2E(V_0 - E)} \Delta_i \right]$$

$$= -\frac{1}{\beta} + \left[\frac{1}{2\beta E} + \frac{aV_0}{2E(V_0 - E)} \right] \Delta_i$$

$$= -\frac{1}{\beta} + \frac{V_0(1 + \alpha\beta) - E}{2\beta E(V_0 - E)} \Delta_i \, ,$$

$$-\frac{1}{\beta_1} \tanh \beta_1 b = -\frac{1}{\beta} \left[1 + \frac{\Delta_1}{2(V_0 - E)} \right] (1 - 2 e^{-2\beta b})$$

$$= -\frac{1}{\beta} + \frac{2}{\beta} e^{-2\beta b} - \frac{\Delta_1}{2\beta(V_0 - E)} \, ,$$

$$-\frac{1}{\beta_2} \coth \beta_2 b = -\frac{1}{\beta} - \frac{2}{\beta} e^{-2\beta b} - \frac{\Delta_2}{2\beta(V_0 - E)} \, . \tag{18}$$

D'où l'équation aux valeurs propres de E_1

$$-\frac{1}{\beta} + \frac{V_0(1 + \alpha\beta) - E}{2\beta E(V_0 - E)} \Delta_1 = -\frac{1}{\beta} + \frac{2}{\beta} e^{-2\beta b} - \frac{\Delta_1}{2\beta(V_0 - E)} \, , \tag{19}$$

dont la solution est

$$\Delta_1 = 4 \frac{E(V_0 - E)}{V_0(1 + \alpha\beta)} e^{-\beta(l-a)} \, , \tag{20}$$

réciproquement, $\Delta_2 = -\Delta_1$. L'énergie E_1 est plus grande que celle d'un atome isolé ; cependant, l'énergie E_2 est plus faible. Ainsi, nous avons le schéma suivant :

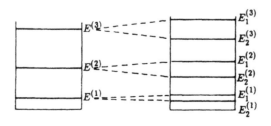

$l \to \infty$: deux puits de potentiels séparés, d'énergie $E^{(1)}$, $E^{(2)}$, ... ; l grand mais fini : les niveaux d'énergie dégénérés se séparent ; un niveau est abaissé, l'autre s'élève en énergie

Si nous rapprochons deux puits de potentiels (atomes) avec un électron dans l'état de plus basse énergie, l'énergie va décroître, c'est-à-dire nous obtenons un état lié pour la molécule formée des deux atomes.

Bien sûr, notre modèle est quelque peu irréaliste. D'une part, la description d'atomes par un puits de potentiel rectangulaire à une dimension est probablement peu appropriée. D'autre part, nous devons tenir compte de la répulsion coulombienne des noyaux des deux atomes qui affaiblit la liaison. Les deux atomes s'ajusteront à la distance à laquelle la force attractive due à la modification de l'énergie de l'électron compense la répulsion des deux noyaux. Dans cet état final, l'énergie totale du système (2 atomes $+1\,\mathrm{e}^-$) est minimale.

6.1 Conservation du nombre de particules en mécanique quantique

En électrodynamique nous connaissons l'équation de continuité

$$\frac{\partial \varrho_\mathrm{e}}{\partial t} + \mathrm{div}\, \boldsymbol{j}_\mathrm{e} = 0 \,, \tag{6.14}$$

où ϱ_e est la densité de charge et j_e, la densité de courant. Cette équation constitue la loi de conservation de la charge électrique : si la densité de charge dans un élément de volume change, alors un courant s'écoule à travers la surface qui délimite l'élément de volume (*Loi de Gauss*).

Nous allons essayer de trouver une relation similaire pour le nombre de particules dans une région de l'espace. Au lieu de la densité de charge, nous considérons la densité de probabilité $w = \psi^*\psi$. Si nous exigeons qu'aucune particule ne soit créée ou détruite, nous avons aussi une équation de continuité :

$$\frac{\partial w}{\partial t} + \mathrm{div}\, \boldsymbol{j} = 0 \,. \tag{6.15}$$

Notre but est de déduire la densité de courant de particules j. À cette fin, nous partons de l'équation de Schrödinger dépendante du temps

$$\frac{\partial \psi}{\partial t} = \frac{1}{\mathrm{i}\hbar} \hat{H}\psi \,. \tag{6.16}$$

L'équation complexe conjuguée est

$$\frac{\partial \psi^*}{\partial t} = -\frac{1}{\mathrm{i}\hbar} \hat{H}^*\psi^* \,. \tag{6.17}$$

En multipliant à gauche la première équation par ψ^* et la deuxième par ψ puis en additionnant les deux, nous obtenons

$$\frac{\partial}{\partial t}(\psi^*\psi) + \frac{\mathrm{i}}{\hbar}(\psi^*\hat{H}\psi - \psi\hat{H}^*\psi^*) = 0 \,. \tag{6.18}$$

Si nous supposons que le potentiel est réel et indépendant de la vitesse, nous pouvons reporter $\hat{H} = \hat{p}^2/2m + V(r)$, soit

$$\frac{\partial}{\partial t}(\psi^*\psi) + \frac{i\hbar}{2m}(\psi\boldsymbol{\nabla}^2\psi^* - \psi^*\boldsymbol{\nabla}^2\psi) = 0 \,. \tag{6.19}$$

De la seconde expression entre parenthèses, nous pouvons extraire un opérateur vectoriel nabla :

$$\psi\boldsymbol{\nabla}^2\psi^* - \psi^*\boldsymbol{\nabla}^2\psi = \psi\boldsymbol{\nabla}^2\psi^* + \boldsymbol{\nabla}\psi\boldsymbol{\nabla}\psi^* - \boldsymbol{\nabla}\psi\boldsymbol{\nabla}\psi^* - \psi^*\boldsymbol{\nabla}^2\psi$$
$$= \boldsymbol{\nabla}(\psi\boldsymbol{\nabla}\psi^* - \psi^*\boldsymbol{\nabla}\psi) \,.$$

D'où

$$\frac{\partial}{\partial t}(\psi^*\psi) + \frac{i\hbar}{2m}\,\mathrm{div}(\psi\boldsymbol{\nabla}\psi^* - \psi^*\boldsymbol{\nabla}\psi) = 0 \,. \tag{6.20}$$

Cette équation est de la forme de l'équation de continuité recherchée, si nous définissons la densité de courant de particules de la façon suivante :

$$\boldsymbol{j} = \frac{i\hbar}{2m}(\psi\boldsymbol{\nabla}\psi^* - \psi^*\boldsymbol{\nabla}\psi) \,. \tag{6.21}$$

L'application du théorème de Gauss

$$\int\limits_V (\mathrm{div}\,\boldsymbol{j})\,\mathrm{d}V = \oint\limits_F \boldsymbol{j}\cdot\boldsymbol{n}\,\mathrm{d}F \tag{6.22}$$

conduit à l'équation intégrale :

$$\frac{\partial}{\partial t}\int\limits_V \psi^*\psi\,\mathrm{d}V + \oint\limits_F j_\mathrm{n}\,\mathrm{d}F = 0 \,. \tag{6.23}$$

Le flux de particules à travers la surface $\mathrm{d}F$ limitant un élément de volume $\mathrm{d}V$ de l'espace, est équivalent à la variation de la densité de particules à l'intérieur de ce volume.

Nous avions requis la normalisation indépendante du temps de la fonction d'onde

$$\int\limits_V \psi^*\psi\,\mathrm{d}V = 1 \,,$$

c'est-à-dire que le courant de particules à travers un élément de surface infiniment éloigné s'annule. Soit, selon (6.23), seuls les états, dont le flux de courant à travers un élément de surface infiniment éloigné s'annule, peuvent être normalisés à 1. Si nous voulons calculer la densité de courant de masse ou le courant électrique à partir de la densité de courant de particules, nous devons multiplier l'équation de continuité par la masse (ou la charge), puisque la *densité de masse* ou de *charge* est donnée par

$$\varrho_\mathrm{m} = m\psi^*\psi \,, \quad (\varrho_\mathrm{e} = e\psi^*\psi) \,. \tag{6.24}$$

Par conséquent, il existe aussi une loi de conservation de la masse et de la charge d'un système.

À titre d'exemple du calcul d'un courant de particules, nous prenons une onde plane $\psi = A \exp(\mathrm{i}\boldsymbol{k} \cdot \boldsymbol{x})$. En utilisant la relation (6.21) on a :

$$\boldsymbol{j} = A^2 \frac{\hbar \boldsymbol{k}}{m} = \psi^* \psi \frac{\boldsymbol{p}}{m} = w \boldsymbol{v} \,. \tag{6.25}$$

La relation étroite entre le courant de particules $\boldsymbol{j}$ et la vitesse $\boldsymbol{v}$ est manifeste. Bien sûr, le courant à travers une surface située à une distance quelconque n'est pas nul dans ce cas, ainsi les fonctions ne sont pas normalisables de la manière habituelle ; les ondes planes doivent être normalisées à la fonction δ selon le chapitre 5.

6.2 États stationnaires

Rappelons que, dans le cas d'un hamiltonien $\hat{H}$ ne dépendant pas explicitement du temps, nous avions pu séparer les variable x et t de l'équation de Schrödinger dépendante du temps,

$$\mathrm{i}\hbar \frac{\partial}{\partial t} \psi(x, t) = \hat{H} \psi(x, t) \,. \tag{6.26}$$

Avec $\psi_n(x, t) = \psi_n(x) f_n(t)$ nous avions obtenu deux équations différentielles,

$$\mathrm{i}\hbar \frac{\partial f_n}{\partial t} = E_n f_n(t) \,, \quad \hat{H} \psi_n(x) = E_n \psi_n(x) \,. \tag{6.27}$$

De la première équation nous avions obtenu le facteur du temps $f_n(t) = \exp[-\mathrm{i}(E_n/\hbar)t]$, qui a été normalisé de sorte que $|f_n|^2 = 1$. L'équation (6.27) est l'équation de Schrödinger stationnaire. Avec $E_n = \hbar \omega_n$, nous avons les fonctions propres de $\hat{H}$:

$$\psi_n(x, t) = \psi_n(x) \mathrm{e}^{-\mathrm{i}\omega_n t} \,. \tag{6.28}$$

La solution générale $\Psi(x, t)$ de l'équation de Schrödinger dépendante du temps est une superposition de tous les $\psi_n(x, t)$:

$$\begin{aligned}
\Psi(x, t) &= \sum_n C_n(0) \psi_n(x, t) \\
&= \sum_n C_n(t) \psi_n(x) \quad \text{avec} \quad C_n(t) = C_n(0) \mathrm{e}^{-\mathrm{i}\omega_n t} \,.
\end{aligned} \tag{6.29}$$

Les coefficients C_n sont déterminés par l'intégrale

$$C_n(0) = \int \Psi(x, 0) \psi_n^*(x, 0) \, \mathrm{d}x \,. \tag{6.30}$$

Pour démontrer ceci, examinons d'abord (6.29) à l'instant $t = 0$:

$$\Psi(x, 0) = \sum_n C_n(0)\psi_n(x) \,. \tag{6.31}$$

Puisque les fonctions d'onde $\psi_n(x)$ sont orthonormées, c'est-à-dire $\langle \psi_n | \psi_m \rangle = \delta_{mn}$, nous pouvons multiplier les deux côtés par $\psi_m^*(x)$ et intégrer. Ceci nous donne

$$\int \Psi(x, 0)\psi_m^*(x)\,\mathrm{d}x = \sum_n C_n(0) \int \psi_n(x)\psi_n^*(x)\,\mathrm{d}x$$
$$= \sum_n C_n(0)\delta_{nm} = C_m(0) \,.$$

Ce qui est précisément le résultat (6.30) ; en particulier, nous référons à l'analogie du développement (6.29) pour la décomposition d'un vecteur quelconque A en termes d'une base orthonormée e_i :

$$A = \sum_i a_i e_i \,,$$

où les composantes (coefficients du développement)

$$a_i = A \cdot e_i$$

sont les produits scalaires du vecteur A et les vecteurs unitaires e_i de la base. D'où, nous pouvons considérer (6.29) comme la décomposition d'un état $\Psi(x, t)$ en termes de la base $\psi_n(x)$. Les coefficients du développement $C_n(t)$ sont par conséquent, les composantes de l'état $\Psi(x, t)$ en termes des *vecteurs de base* $\psi_n(x)$.

6.3 Propriétés des états stationnaires

Puisque le facteur de temps est normalisé, nous avons $\psi_n^*(x, t)\psi_n(x, t) = \psi_n^*(x)\psi_n(x)$. Par conséquent, la densité de probabilité est constante dans le temps pour des ondes stationnaires :

$$w(x, t) = w(x) \,. \tag{6.32}$$

Le courant $j_n(x, t)$ est donné par (6.21) :

$$j_n(x, t) = \frac{\mathrm{i}\hbar}{2m}\left[\psi_n(x, t)\nabla\psi_n^*(x, t) - \psi_n^*(x, t)\nabla\psi_n(x, t)\right] \,. \tag{6.33}$$

Puisque l'opérateur nabla n'affecte pas le facteur de temps, nous avons aussi

$$j_n(x, t) = j_n(x) \,, \tag{6.34}$$

c'est-à-dire le courant d'ondes stationnaires est constant dans le temps également. Maintenant, nous pouvons développer $\psi_n(x, t)$ en termes de fonctions propres d'un opérateur $\hat{A}$:

$$\psi_n(x, t) = \sum_A C_A(t)\psi_A(x) \ .$$

Pour des ondes stationnaires, les probabilités $|C_A|^2$ de trouver la valeur A de l'observable décrite par l'opérateur $\hat{A}$ sont indépendantes du temps, si $\hat{A}$ n'est pas explicitement fonction du temps, puisque

$$C_A(t) = \int \psi_A^*(x)\psi_n(x, t)\,\mathrm{d}x = \mathrm{e}^{-\mathrm{i}\omega_n t} \int \psi_A^*(x)\psi_n(x)\,\mathrm{d}x \ ,$$

où pour $t = 0$

$$C_A(0) = \int \psi_A^*(x)\psi_n(x)\,\mathrm{d}x \ .$$

De ces deux équations, nous déduisons

$$|C_A(t)|^2 = |C_A(0)|^2 \ . \tag{6.35}$$

EXERCICE

6.8 Densité de courant d'une onde sphérique

Soit l'onde sphérique :

$$\psi = \frac{\mathrm{e}^{\pm\mathrm{i}\boldsymbol{k}\cdot\boldsymbol{r}}}{r} \ ; \quad \boldsymbol{k} = k\frac{\boldsymbol{r}}{r} \ .$$

Problème. (a) Calculez la densité de courant de probabilité $\boldsymbol{j}$ pour cette fonction d'onde

(b) En posant $\boldsymbol{k} = k(\boldsymbol{r}/r)$, calculez le nombre de particules qui traversent par seconde la surface d'une sphère de rayon r. Quels sont les processus physiques décrits par ψ?

Solution. (a) La densité de courant de probabilité d'une fonction d'onde est définie par

$$\boldsymbol{j} = \frac{\hbar}{2\mathrm{i}m}(\psi^*\boldsymbol{\nabla}\psi - \psi\boldsymbol{\nabla}\psi^*) = \frac{\hbar}{m}\,\mathrm{Im}\{\psi^*\boldsymbol{\nabla}\psi\} \ .$$

Pour la fonction d'onde

$$\psi = \exp(\pm\mathrm{i}\boldsymbol{k}\cdot\boldsymbol{r})/r \ ,$$

le gradient est

$$\nabla \psi = \nabla \exp(\pm i\boldsymbol{k} \cdot \boldsymbol{r})/r$$
$$= \frac{1}{r} \nabla \exp(\pm i\boldsymbol{k} \cdot \boldsymbol{r}) + \exp(\pm i\boldsymbol{k} \cdot \boldsymbol{r}) \nabla(1/r),$$
$$= (\pm i\boldsymbol{k} - \boldsymbol{r}/r^2) \exp(\pm i\boldsymbol{k} \cdot \boldsymbol{r})/r.$$

De là, et en utilisant $\boldsymbol{p} = \hbar \boldsymbol{k}$, nous obtenons la densité de courant

$$\boldsymbol{j} = \pm \frac{\hbar \boldsymbol{k}}{m} \frac{1}{r^2} = \pm \boldsymbol{v} \frac{1}{r^2}.$$

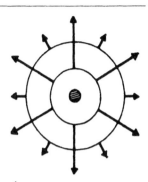

Émission d'une onde sphérique. Les vecteurs représentent la vitesse de phase de l'onde dirigée radialement

(b) Le nombre de particules traversant l'unité de surface par seconde est donné par

$$N = \boldsymbol{j} \cdot \boldsymbol{n} \times 1\text{s} = \boldsymbol{j} \cdot \frac{\boldsymbol{r}}{r} \times 1\text{s} = \pm \frac{v}{r^2}.$$

Ainsi,

$$N_S = \pm 4\pi v$$

exprime le nombre de particules traversant la surface totale de la sphère.

En fonction du signe, la fonction d'onde décrit soit l'émission soit l'absorption de particules.

EXERCICE

6.9 Une particule dans un potentiel périodique

Soit $V(x)$ un potentiel périodique avec $V(x + a) = V(x)$.

Problème. (a) Montrez que le hamiltonien

$$\hat{H} = -\frac{\hbar^2}{2m} \frac{\mathrm{d}^2}{\mathrm{d}x^2} + V(x) \tag{1}$$

commute avec l'opérateur de translation $\hat{T}(a)$, dont la propriété est

$$\hat{T}(a)\psi(x) = \psi(x + a). \tag{2}$$

(b) De la périodicité du potentiel, déduisez que la fonction d'onde est de la forme

$$\psi_k(x) = e^{ikx}\phi_k(x) \quad \text{(fonctions de Bloch)}, \tag{3}$$

où $k \in \mathbb{R}$ et $\phi_k(x + a) = \phi_k(x)$.

Exercice 6.9   *Conseil:* pour deux solutions linéairement indépendantes $\psi_1(x)$, $\psi_2(x)$ de la valeur propre de l'énergie E qui sont simultanément fonctions propres de $\hat{T}(a)$, nous avons

$$W(x) \equiv \left[\psi_1(x)\frac{\mathrm{d}}{\mathrm{d}x}\psi_2(x) - \psi_2(x)\frac{\mathrm{d}}{\mathrm{d}x}\psi_1(x) \right] = \text{cste} . \tag{4}$$

(c) Discutez la condition de valeur propre et déterminez le domaine d'énergie permise dans le potentiel

$$V(x) = -V_0 \sum_{n=-\infty}^{+\infty} \delta(x + na) ; \quad V_0 > 0 , \quad n \in \mathbb{Z} \tag{5}$$

[Modèle de *Kronig–Penney* pour les niveaux d'énergie dans les solides (structure en bande)].

Solution. (a) La translation d'une fonction d'onde $\psi(x)$ de la quantité a est donnée par

$$\psi(x + a) = \sum_n \frac{1}{n!} a^n \frac{\mathrm{d}^n}{\mathrm{d}x^n} \psi(x) = \sum_n \frac{1}{n!} \left(\frac{\mathrm{i}a}{\hbar}\right)^n \hat{p}^n \psi(x) \equiv \hat{T}(a)\psi(x) . \tag{6}$$

Ici nous avons utilisé la formule de Taylor pour développer $\psi(x + a)$. Manifestement, l'opérateur de translation est $\hat{T}(a) = \exp(\mathrm{i}\hat{p}a/\hbar)$ avec l'opérateur quantité de mouvement $\hat{p} = -\mathrm{i}\hbar\,(\mathrm{d}/\mathrm{d}x)$ et

$$-\frac{\hbar^2}{2m}\frac{\mathrm{d}^2}{\mathrm{d}x^2} = \frac{1}{2m}\hat{p}^2 . \tag{7}$$

D'où nous obtenons directement

$$\left[\hat{T}(a) , \frac{1}{2m}\hat{p}^2 \right] = 0 . \tag{8}$$

En outre,

$$\begin{aligned}
[\hat{T}(a), V(x)]\psi(x) &= \hat{T}(a)V(x)\psi(x) - V(x)\hat{T}(a)\psi(x) \\
&= V(x+a)\psi(x+a) - V(x)\psi(x+a) = 0 ,
\end{aligned} \tag{9}$$

car $V(x + a) = V(x)$, puisque il y a périodicité.

(b) L'équation de Schrödinger à une dimension est une équation différentielle du second ordre. Par conséquent, elle admet deux solutions linéairement indépendantes pour chaque valeur propre E : $\psi_E^{(1)}$ et $\psi_E^{(2)}$. Puisque $[\hat{T}(a), \hat{H}(a)] = 0$ nous pouvons choisir $\psi_E^{(1)}$, $\psi_E^{(2)}$ pour qu'elles soient fonctions propres simultanées de $\hat{T}(a)$, soit

$$\hat{T}(a)\psi_E^{(i)}(x) = \psi_E^{(i)}(x+a) = \lambda_E^{(i)}\psi_E^{(i)}(x) \quad i = 1, 2 . \tag{10}$$

Les $\lambda_E^{(i)}$ sont des nombres constants qui dépendent de l'énergie. Puisque $\hat{H}\psi_E^{(i)} = E\psi_E^{(i)}$, nous obtenons

$$\frac{\mathrm{d}}{\mathrm{d}x}[\psi_E^{(1)}(x)\psi_E^{(2)'}(x) - \psi_E^{(2)}(x)\psi_E^{(1)'}(x)] \equiv \frac{\mathrm{d}}{\mathrm{d}x}W(x)$$

$$= \psi_E^{(1)'}\psi_E^{(2)'} - \psi_E^{(2)'}\psi_E^{(1)'} + \psi_E^{(1)}\psi_E^{(2)''} - \psi_E^{(2)}\psi_E^{(1)''}$$

$$= \psi_E^{(1)}\frac{2m}{\hbar^2}(V(x) - E)\psi_E^{(2)} - \psi_E^{(2)}\frac{2m}{\hbar^2}(V - E)\psi_E^{(1)} = 0 \,. \tag{11}$$

D'où $W(x) = $ cste. Puisque nous avons aussi $W(x) = W(x+a) = \lambda_1\lambda_2 W(x)$, il s'ensuit que $\lambda_1\lambda_2 = 1$. En outre,

$$\psi_E^{(i)*}(x+a) = \hat{T}(a)\psi_E^{(i)*}(x) = \lambda_E^{(i)*}\psi_E^{(i)*}(x) \,; \tag{12}$$

c'est-à-dire $\lambda_E^{(i)*}$ sont aussi valeurs propres de $\hat{T}(a)$. Mais, elles ne peuvent différer de $\lambda_E^{(i)}$, car $\psi^{(1)}$ et $\psi^{(2)}$ sont linéairement indépendantes ; c'est-à-dire, soit

$$\lambda_E^{(1)*} = \lambda_E^{(1)} \quad \lambda_E^{(2)*} = \lambda_E^{(2)} \Rightarrow \lambda_E^{(i)} \in \mathbb{R} \tag{13}$$

ou bien,

$$\lambda_E^{(1)*} = \lambda_E^{(2)} \quad \lambda_E^{(2)*} = \lambda_E^{(1)} \Rightarrow |\lambda_E|^2 = 1 \,. \tag{14}$$

Si, dans le premier cas, nous supposons, sans restriction de généralité, que $\lambda_E^{(1)} > 1$, alors $\psi_E^{(1)}(x)$ ne peut pas être de carré sommable, parce que $\psi_E^{(1)}(x+na) = (\lambda_E^{(1)})^n\psi_E^{(1)}(x)$ à cause de (10) et $\psi_E^{(1)}(x)$ augmente indéfiniment lorsque $x \to \infty$. Par conséquent, le deuxième cas doit être vrai. Soit

$$\lambda_E^{(1)} = \mathrm{e}^{\mathrm{i}\alpha_E} \,, \quad \lambda_E^{(2)} = \mathrm{e}^{-\mathrm{i}\alpha_E} \,, \quad \alpha_E \in \mathbb{R} \tag{15}$$

($\alpha_E = 0$ inclut le cas $\lambda_E = 1$). Si nous posons $k_E = \alpha_E/a$, nous obtenons

$$\psi_E^{(1)}(x+a) = \mathrm{e}^{\mathrm{i}k_E a}\psi_E^{(1)}(x) \quad \text{et} \quad \psi_E^{(2)}(x+a) = \mathrm{e}^{-\mathrm{i}k_E a}\psi_E^{(2)}(x) \,. \tag{16}$$

Dans la décomposition

$$\psi_E^{(1)}(x) = \mathrm{e}^{\mathrm{i}k_E x}\phi_E^{(i)}(x) \tag{17}$$

nous devons avoir

$$\phi_E^{(1)}(x+a) = \phi_E^{(1)}(x) \,, \tag{18}$$

puisque

$$\mathrm{e}^{\mathrm{i}k_E a}\mathrm{e}^{\mathrm{i}k_E x}\phi_E^{(1)}(x) = \mathrm{e}^{\mathrm{i}k_E a}\psi_E^{(1)}(x) = \psi_E^{(1)}(x+a) = \mathrm{e}^{\mathrm{i}k_E a}\mathrm{e}^{\mathrm{i}k_E x}\phi_E^{(1)}(x+a)$$

(pour $i = 2$, la démonstration est analogue). En général, nous supprimons l'indice E de la fonction d'onde et écrivons

Exercice 6.9
$$\psi_k(x) = e^{ikx}\phi_k(x) \,,\tag{19}$$

où ψ_k et ψ_{-k} sont linéairement indépendantes et ϕ_k est périodique.

(c) Dans l'intervalle $0 < x < a$, $V(x) = 0$, et par conséquent

$$\psi_k(x) = A\,e^{i\kappa x} + B\,e^{-i\kappa x}$$

avec

$$\kappa^2 = 2mE/\hbar^2 \,, \quad x \in (0, a) \,.\tag{20}$$

Mais, d'après (16),

$$\psi_k(x) = e^{ika}\psi_k(x-a) \,;\tag{21}$$

donc, selon (20) dans l'intervalle $x \in (a, 2a)$, nous devons avoir

$$\psi_k(x) = e^{ika}[A\,e^{i\kappa(x-a)} + B\,e^{-i\kappa(x-a)}] \,.\tag{22}$$

La fonction d'onde ψ (mais pas la dérivée de ψ) est continue en a, comme nous pouvons le constater en intégrant l'équation de Schrödinger de $a - \varepsilon$ à $a + \varepsilon$:

$$0 = \int\limits_{a-\varepsilon}^{a+\varepsilon} dx \left[E\psi(x) + \frac{\hbar^2}{2m}\psi''(x) - V(x)\psi(x) \right]$$

$$= \int\limits_{a-\varepsilon}^{a+\varepsilon} dx \left[E\psi(x) + \frac{\hbar^2}{2m}\psi''(x) + V_0\delta(x-a)\psi(x) \right] \,.$$

D'où il découle

$$\frac{\hbar^2}{2m}\psi'(x)\Big|_{a-\varepsilon}^{a+\varepsilon} + V_0\psi(a) = 0 \quad \text{ou}$$

$$\frac{\hbar^2}{2m}[\psi'(a+\varepsilon) - \psi'(a-\varepsilon)] + V_0\psi(a) = 0 \,,$$

qui, lorsque $\varepsilon \to 0$, s'écrit

$$\frac{\hbar^2}{2m}[\psi'(a+0) - \psi'(a-0)] + V_0\psi(a) = 0 \,.\tag{23}$$

De la continuité de la fonction d'onde en $x = a$ on déduit

$$\psi(a-0) = \psi(a+0) \,.\tag{24}$$

Avec (22), (23) et (24) nous obtenons

$$A\,e^{i\kappa a} + B\,e^{-i\kappa a} = e^{ika}(A + B) \,,\tag{25}$$

$$e^{ika}(i\kappa A - i\kappa B) - (i\kappa A\,e^{i\kappa a} - i\kappa B\,e^{-i\kappa a}) + \frac{2m}{\hbar^2}V_0(A\,e^{i\kappa a} + B\,e^{-i\kappa a}) = 0 \,,$$

ou

Exercice 6.9

$$\left[\begin{array}{cc} e^{i\kappa a} - e^{ika} & e^{-i\kappa a} - e^{ika} \\ i\kappa(e^{i\kappa a} - e^{ika}) + \left(\frac{2m}{\hbar^2}\right) V_0 e^{ika} & -i\kappa(e^{ika} - e^{-i\kappa a}) + \left(\frac{2mV_0}{\hbar^2}\right) e^{-i\kappa a} \end{array}\right] \times \begin{pmatrix} A \\ B \end{pmatrix} = 0 .$$

(26)

À partir du déterminant ($= 0$), nous obtenons l'équation aux valeurs propres

$$\cos ka = \cos \kappa a - \frac{am V_0}{\hbar^2} \frac{\sin \kappa a}{\kappa a} \equiv f(\kappa a) .$$

(27)

Cette équation relie k de (16) à E. Au lieu de choisir E puis calculer k, nous pouvons aussi choisir k et déterminer E graphiquement. Puisque $|\cos ka| \leq 1$, nous n'avons pas de solution de l'équation aux valeurs propres pour $|f(\kappa a)| > 1$.

Cas 1. $E < 0$ (états liés),

$$\kappa = i\beta , \quad \beta \in \mathbb{R}_+ , \quad \beta = \sqrt{|2mE/\hbar^2|} .$$

(28)

Dans ce cas nous avons $\sin i\beta = i \sinh \beta$, $\cos i\beta = \cosh \beta$ et

$$f(i\beta a) = \cosh \beta a - \frac{am V_0}{\hbar^2} \frac{\sinh \beta a}{\beta a}$$

(29)

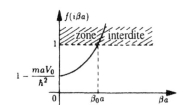

est une fonction paire, monotone et fortement croissante, de valeur supérieure à 1 en $\beta_0 a$ (voir figure ci-contre). Par conséquent,

$$|E| = \frac{\beta^2 \hbar^2}{2m} < \frac{\beta_0^2 \hbar^2}{2m} \equiv E_0 ,$$

(30)

Lorsque la fonction $f(i\beta a) > 1$, alors (27) n'a pas de solution

ou, puisque E est supposée négative, $E > -E_0$. Ceci est illustré sur la dernière figure ci-dessous.

Cas 2. $E > 0$, $\kappa \in \mathbb{R}_+$
Selon (27) $f(\kappa a)$ est paire et égale à 1 en $\kappa a = x$ avec

$$\cos x - \frac{am V_0}{\hbar^2} \frac{\sin x}{x} = 1 , \quad \text{c'est-à-dire}$$

(31)

$$-\frac{am V_0}{\hbar^2 x} 2 \sin \frac{x}{2} \cos \frac{x}{2} = 2 \sin^2 \frac{x}{2} .$$

(32)

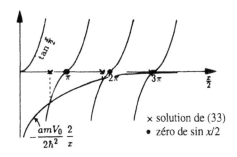

Représentation graphique des solutions de (33) : indiquées par x_n et déplacée par $-\Delta(n\pi)$ des zéros de la fonction $\sin(\frac{1}{2}x)$, localisés à $x/2 = n\pi$, $n = 0, 1, 2 \ldots$

× solution de (33)
• zéro de sin $x/2$

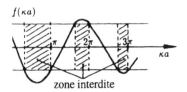

Régions permises et interdites

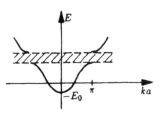

Bandes d'énergie permises et interdites, elles sont séparées par un gap (énergie d'activation)

Cette condition est remplie pour

$$\sin \frac{x}{2} = 0 \quad \text{ou} \quad \tan \frac{x}{2} = -\frac{amV_0}{2\hbar^2}\frac{1}{x/2} \tag{33}$$

c'est-à-dire pour $(x_1)_n = 2n\pi$ et $(x_2)_n = 2n\pi - \Delta(n\pi)$, où $n \in \mathbb{N}$ et $\lim_{n\to\infty} \Delta(n\pi) = 0$. De la même manière nous trouvons les points auxquels $f(\kappa a)$ est égal à -1 en $(x'_1)_n = (2n-1)\pi$ et $(x'_2)_n = (2n-1)\pi - \Delta[(2n-1)\pi]$. Entre $(x_2)_n$ et $(x_1)_n$, ou $(x'_2)_n$ et $(x'_1)_n$, il n'y a pas de valeurs propres de l'énergie permises, comme on peut le constater sur la figure ci-contre.

La représentation graphique de l'énergie en fonction du nombre d'onde k est caractérisée par des «régions interdites» qui se rétrécissent lorsque k augmente. Si $f(n\pi) = (-1)^n$, alors nous avons manifestement $ka = n\pi$ pour $\cos(ka) = (-1)^n$, c'est-à-dire nous avons des «gaps en énergie» en ces endroits (voir figure ci-contre). C'est pourquoi le spectre se sépare en zones d'énergie «permises» (appelées *bandes d'énergie* et zones d'énergie «interdites» (*gaps*) (voir figure). Les bandes d'énergie permises jouent un rôle important dans l'étude de la mobilité des électrons dans les structures périodiques en physique du solide (bandes de conduction, bandes de valence).

6.4 Notes biographiques

SCHRÖDINGER, Erwin, physicien autrichien, *Vienne 12.8.1887, † Alpbach (Tirol) 4.1.1961, fut étudiant de Hasenöhrl. Comme professeur à Zürich, Schrödinger travailla sur la thermodynamique statistique, la théorie de la relativité générale et la théorie de la vision des couleurs. Passionné par la thèse de Doctorat de L. de Broglie et les publications de A. Einstein sur la statistique de Bose, Schrödinger créa la *mécanique des ondes*. En décembre 1925, il établit l'*équation de Klein–Gordon*, et un peu plus tard, en janvier 1926, il inventa l'*équation de Schrödinger* qui décrit, dans l'approximation non relativiste, les valeurs propres atomiques. En mars 1926, il démontra l'équivalence mathématique de sa théorie avec la *mécanique matricielle* (M. Born, W. Heisenberg et P. Jordan). Schrödinger s'attaqua toujours à l'interprétation statistique de la théorie quantique (comme le firent Einstein, von Laue et de Broglie), spécialement l'«interprétation de Copenhague». En 1927 il s'installa à Berlin en tant que successeur de Planck et en 1933, libéral convaincu, émigra à Oxford. La même année, ensemble avec P.A.M. Dirac, il reçut le Prix Nobel de Physique. En 1936, il rejoignit l'université de Graz en Autriche et émigra une seconde fois lorsque l'Autriche fut annexée. L'«Institute for Advanced Studies» fut créé à Dublin pour lui et d'autres. En 1956, Schrödinger retourna en Autriche.

BOSE, Satyendra Nath, physicien indien, *1.1.1894, † 4.2.1974 Calcutta. Avec Einstein, il a formulé une théorie de statistique quantique (*statistique de Bose–Einstein*) qui diffère de la statistique classique de Boltzmann et également de la statistique de Fermi. Bose inventa cette statistique pour les photons ; Einstein l'a étendue aux particules massives. Bose fut professeur à Dacca et à Calcutta de 1926 à 1956.

BOLTZMANN, Ludwig, physicien autrichien, *Vienne 1844, † Duino près de Trieste 1906. Il étudia la physique à l'université de Vienne où il fut l'assistant de Josef Stefan. Boltzmann devient professeur de physique mathématique à l'université de Graz en 1869. Il enseigna aussi à Vienne, Munich et Leipzig. Parmi ses étudiants il y eut S. Arrhenius, W. Nernst, F. Hasenöhrl et L. Meitner. À ses débuts, Boltzmann oeuvra avec succès en physique expérimentale (à la demande de Maxwell, il fit la preuve de la relation entre l'indice de réfraction et la constante diélectrique pour le soufre). Vers la fin de sa vie, il se préoccupa de considérations philosophiques, cependant son intérêt majeur fut toujours en physique théorique.

Le problème central de ses travaux théoriques fut la relation entre thermodynamique et mécanique, qui requiert la levée de la contradiction entre la réversibilité des processus mécaniques et l'irréversibilité des processus thermodynamiques. Il montra la relation entre l'entropie S et la probabilité d'un état W avec $S = k \ln W$ (k : constante de Boltzmann). Ce fut le point de départ de la théorie quantique à la fois dans la formulation de Max Planck en 1900 et dans la version étendue d'Albert Einstein (1905). D'autres réussites de Boltzmann sont les relations pour la distribution en énergie d'atomes se déplaçant librement dans un champ de force (distribution de Maxwell–Boltzmann) et l'explication théorique de la loi du rayonnement du corps noir (loi de Stefan–Boltzmann, 1884).

Boltzmann fut un défenseur de la théorie atomique. Le peu d'enthousiasme, et même le rejet de beaucoup de physiciens contemporains, le déçurent profondément durant toute sa vie. Il ne vécut pas suffisamment longtemps pour assister à la victoire finale de la théorie atomique introduite en 1905 par la théorie du mouvement Brownien d'Einstein. – Boltzmann se suicida à l'âge de 62 ans.

FERMI, Enrico, physicien italien, *Rome 29.9.1901, † Chicago 28.11.1954. Fermi fut professeur à Florence et Rome puis rejoignit l'université Columbia à New York en 1939. Il y resta jusqu'en 1946, puis vint à Chicago. Fermi s'occupa principalement de mécanique quantique. Il découvrit la transmutation de noyaux par bombardement avec des neutrons, et ainsi, dès 1934, fut capable de produire beaucoup de substances radioactives nouvelles qu'il pensait être des transuraniens. Il formula la statistique qui porte son nom (statistique de Fermi), dans son traité «Sulla Quantizazione del gas perfetto monatomico» (Lincei Rendiconti 1935 ; Zeitschrift für Physik 1936). Il fut lauréat du Prix Nobel de Physique en 1938. Durant la seconde guerre mondiale, Fermi fut profondément engagé dans le projet de l'utilisation militaire de l'énergie atomique. Sous sa direction, la première réaction en chaîne fut réalisée près du réacteur nucléaire de Chicago le 2.12.1942. Le Prix Enrico Fermi fut créé aux États-Unis en sa mémoire.

GORDON, Walter, *Apolda (Thuringe) 3.8.1893, † Stockholm 24.12.1939. A étable, en 1926, indépendemment de O. Klein, l'équation d'onde relativiste d'une particule libre sans spin. En 1928, en même temps que C.G. Darwin, il a déduit la structure fine du spectre de l'hydrogène de l'équation d'onde de Dirac [BR].

KLEIN, Oscar Benjamin, physicien suédois, *15.9.1894, † 1984. Klein fut professeur de physique théoretique à l'université de Stockholm de 1931 à 1962. En dehors de l'équation de Klein–Gordon, il contribua à la formule de Klein–Nishina, la théorie de Kaluza–Klein et énonça les paradoxes de Klein. En 1960 il reçut la Médaille Max Planck de la «Deutsche Physikalische Gesellschaft».

7. L'oscillateur harmonique

Comme exemple d'application de l'équation de Schrödinger, nous allons calculer les états d'une particule dans un potentiel harmonique. De l'étude de la mécanique classique, nous savons l'importance d'un tel potentiel, car beaucoup de potentiels compliqués peuvent être approchés au voisinage de leur point d'équilibre par un oscillateur harmonique. En développant un potentiel $V(x)$ à une dimension en série de Taylor, on a :

$$V(x) = V(a + (x - a))$$
$$= V(a) + V'(a)(x - a) + \tfrac{1}{2}V''(a)(x - a)^2 + \dots . \tag{7.1}$$

Si un équilibre stable existe en $x = a$, $V(x)$ admet un minimum en $x = a$, c'est-à-dire $V'(a) = 0$ et $V''(a) > 0$. Nous pouvons choisir a comme origine du système de coordonnées et poser $V(a) = 0$; alors un potentiel harmonique est en effet une bonne approximation au voisinage de $x = a$, c'est-à-dire au voisinage de la position d'équilibre.

Dans la suite nous considérerons le cas à une dimension. Dans ce cas, le hamiltonien classique d'une particule de masse m, oscillant avec la fréquence (pulsation) ω, prend la forme

$$H = \frac{p_x^2}{2m} + \frac{m}{2}\omega^2 x^2 , \tag{7.2}$$

et le hamiltonien quantique correspondant s'écrit

$$\hat{H} = -\frac{\hbar^2}{2m}\frac{\mathrm{d}^2}{\mathrm{d}x^2} + \frac{m}{2}\omega^2 x^2 . \tag{7.3}$$

Puisque le potentiel est constant dans le temps, l'équation de Schrödinger indépendante du temps (stationnaire) détermine les solutions stationnaires ψ_n et les valeurs propres correspondantes (énergies) E_n. L'équation de Schrödinger s'écrit :

$$-\frac{\hbar^2}{2m}\frac{\mathrm{d}^2}{\mathrm{d}x^2}\psi(x) + \frac{m}{2}\omega^2 x^2\psi(x) = E\psi(x) . \tag{7.4}$$

À cause de l'importance de l'oscillateur harmonique et de ses solutions en mécanique quantique, nous allons étudier en détail la méthode de résolution de ces équations différentielles. En posant

$$k^2 = \frac{2m}{\hbar^2} E \,, \quad \lambda = \frac{m\omega}{\hbar} \,, \tag{7.5}$$

nous réécrivons l'équation différentielle

$$\frac{\mathrm{d}^2\psi}{\mathrm{d}x^2} + (k^2 - \lambda^2 x^2)\psi = 0 \,. \tag{7.6}$$

L'équation (7.6) est connue sous le nom d'*équation différentielle de **Weber***.
Nous introduisons la simplification supplémentaire

$$y = \lambda x^2 \,, \tag{7.7}$$

et obtenons

$$y\frac{\mathrm{d}^2\psi}{\mathrm{d}y^2} + \frac{1}{2}\frac{\mathrm{d}\psi}{\mathrm{d}y} + \left(\frac{\kappa}{2} - \frac{1}{4}y\right)\psi = 0 \,, \tag{7.8}$$

avec

$$\kappa = \frac{k^2}{2\lambda} = \frac{\hbar k^2}{2m\omega} = \frac{E}{\hbar\omega} \,. \tag{7.9}$$

Pour réécrire (7.8) dans sa forme usuelle, nous séparons la solution asymptotique. Cette dernière peut être déduite en examinant le comportement dominant des termes linéaires en y dans la région asymptotique $y \to \infty$. Ainsi, nous essayons d'écrire

$$\psi(y) = \mathrm{e}^{-y/2}\varphi(y) \,. \tag{7.10}$$

En utilisant

$$\frac{\mathrm{d}\psi}{\mathrm{d}y} = \left[-\frac{1}{2}\varphi(y) + \frac{\mathrm{d}\varphi}{\mathrm{d}y}\right]\mathrm{e}^{-y/2} \quad \text{et} \quad \frac{\mathrm{d}^2\psi}{\mathrm{d}y^2} = \left[\frac{1}{4}\varphi(y) - \frac{\mathrm{d}\varphi}{\mathrm{d}y} + \frac{\mathrm{d}^2\varphi}{\mathrm{d}y^2}\right]\mathrm{e}^{-y/2} \,,$$

l'équation différentielle de $\varphi(y)$ se déduit de (7.8) :

$$y\frac{\mathrm{d}^2\varphi}{\mathrm{d}y^2} + \left(\frac{1}{2} - y\right)\frac{\mathrm{d}\varphi}{\mathrm{d}y} + \left(\frac{\kappa}{2} - \frac{1}{4}\right)\varphi = 0 \,. \tag{7.11}$$

Avant d'aller plus avant dans l'examen de (7.11), nous allons opérer une digression dans le domaine des fonctions hypergéométriques. Notre but est de comprendre les propriétés mathématiques fondamentales sans aller dans des considérations trop rigoureuses ; un traitement heuristique sera suffisant.

EXEMPLE ██████████████████████████████

7.1 Complément mathématique : fonctions hypergéométriques

L'équation différentielle hypergéométrique

L'équation différentielle hypergéométrique, exprimée par **C.F. Gauss** sous la forme

$$z(1-z)\frac{d^2\phi}{dz^2} + [c - (a+b+1)z]\frac{d\phi}{dz} - ab\phi = 0 \tag{1}$$

contient les trois paramètres libres a, b, c et possède une grande variété de solutions. Elle a trois singularités en $z = 0, 1, \infty$. Pour résoudre (1), nous substituons la série en puissances de z

$$\phi(z) = z^\sigma \sum_{\nu=0}^\infty c_\nu z^\nu$$

dans l'équation différentielle (1) et trouvons la relation de récurrence

$$z(1-z)z^\sigma \sum_{\nu=0}^\infty c_\nu(\nu+\sigma)(\nu+\sigma-1)z^{\nu-2}$$

$$+ [c - (a+b+1)z]\, z^\sigma \sum_{\nu=0}^\infty c_\nu(\nu+\sigma)z^{\nu-1} - abz^\sigma \sum_{\nu=0}^\infty c_\nu z^\nu = 0\,. \tag{2}$$

En effectuant la multiplication des facteurs et en ordonnant les termes, on a

$$c_0\sigma(c+\sigma-1)z^{\sigma-1} + \sum_{\nu=0}^\infty [c_{\nu+1}(\nu+\sigma+1)(\nu+c+\sigma)$$

$$- c_\nu(\nu+a+\sigma)(\nu+b+\sigma)]\, z^{\nu+\sigma} = 0\,. \tag{3}$$

Pour que cette expression s'annule, il faut que tous les coefficients soient égaux à zéro, c'est-à-dire

$$\sigma(c-1+\sigma) = 0 \quad \text{(«équation des indices»)} \quad \text{et} \tag{4}$$

$$c_{\nu+1} = \frac{(\nu+a+\sigma)(\nu+b+\sigma)}{(\nu+1+\sigma)(\nu+c+\sigma)}c_\nu\,. \tag{5}$$

Une solution de (1) (si nous posons $c_0 = 1$) est par conséquent donnée par

$$\phi(z) = z^\sigma \sum_{\nu=0}^\infty \frac{(a+\sigma)_\nu(b+\sigma)_\nu}{(1+\sigma)_\nu(c+\sigma)_\nu}z^\nu\,, \tag{6}$$

en utilisant les abréviations (symboles de Pochammer)

$$(a)_\nu = a(a+1)\ldots(a+\nu-1)\,,$$
$$(a)_0 = 1\,. \tag{7}$$

Le rayon de convergence peut être déduit du test des rapports pour la convergence,

$$r = \lim_{\nu \to \infty} \left| \frac{c_\nu}{c_\nu + 1} \right| = 1 \,. \tag{8}$$

L'équation des indices (4) donne deux valeurs possibles pour l'exposant σ :

(1) $\sigma = 0$. Dans ce cas la solution est la *série hypergéométrique*

$$\phi_1(z) = {}_2F_1(a, b; c; z) = \sum_{\nu=0}^{\infty} \frac{(a)_\nu (b)_\nu}{(c)_\nu} \frac{z^\nu}{\nu!} \,. \tag{9}$$

Les indices de ${}_2F_1$ sont liés à la généralisation de la série hypergéométrique sous la forme

$$_pF_q(\alpha_1, \ldots, \alpha_p; \beta_1, \ldots, \beta_q; z) = \sum_{\nu=0}^{\infty} \frac{(\alpha_1)_\nu (\alpha_2)_\nu \ldots (\alpha_p)_\nu}{(\beta_1)_\nu \ldots (\beta_q)_\nu} \frac{z^\nu}{\nu!} \,. \tag{10}$$

La solution (9) n'a de sens que si, dans la série ${}_2F_1$, aucun des dénominateurs des divers termes s'annule, c'est-à-dire l'existence de ${}_2F_1$ implique la condition $c \neq -n$, où $n = 0, 1, \ldots$. Alors la série est holomorphe dans le cercle unité. Si $a = -n$ ou $b = -n$, la série s'interrompt et définit un polynôme de degré n. Par exemple,

$$_2F_1(-n, n+1; 1; x) = P_n(1 - 2x) \tag{11}$$

est un *polynôme de Legendre* (voir les exemples 4.8–10). Les polynômes de Gegenbauer et Tschebycheff, parmi d'autres, sont des cas spéciaux.[1]

(2) $\sigma = 1 - c$. Selon (6) et (9), la deuxième solution peut être exprimée par la fonction hypergéométrique en changeant les paramètres, à savoir

$$\phi_2(z) = z^{1-c} {}_2F_1(a + 1 - c, b + 1 - c; 2 - c; z) \,. \tag{12}$$

Remarquez le facteur z^{1-c} devant la fonction hypergéométrique ${}_2F_1$. La solution ϕ_2 existe seulement si $c \neq 2, 3, \ldots$. La *solution générale* de l'équation différentielle hypergéométrique est par conséquent

$$\phi(z) = A\,{}_2F_1(a, b; c; z) + Bz^{1-c}\,{}_2F_1(a + 1 - c, b + 1 - c; 2 - c; z)\,, \tag{13}$$

avec la condition que c ne soit pas un entier positif ; sinon il n'y a qu'une solution unique. La deuxième solution indépendante devient alors très compliquée.

---

[1] Voir, par exemple, George Arfken: *Mathematical Methods for Physicists*, 2nd ed. (Academic Press, New York 1970) ou Milton Abramowitz et I.A. Stegun : *Handbook of Mathematical Functions* (Dover Publ., New York 1972).

Pour l'extension analytique de la solution au-delà de sa région de convergence, nous utilisons la formule appropriée

$$_2F_1(a, b; c; z)$$

$$= \frac{\Gamma(c)\Gamma(b-a)}{\Gamma(b)\Gamma(c-a)}(-z)^{-a} \, _2F_1\left(a, 1-c+a; 1-b+a; \frac{1}{z}\right)$$

$$+ \frac{\Gamma(c)\Gamma(a-b)}{\Gamma(a)\Gamma(c-b)}(-z)^{-b} \, _2F_1\left(b, 1-c+b; 1-a+b; \frac{1}{z}\right) . \tag{14}$$

Nous en déduisons le comportement asymptotique pour $|z| \to \infty$:

$$_2F_1(a, b; c; z) = \frac{\Gamma(c)\Gamma(b-a)}{\Gamma(b)\Gamma(c-a)}(-z)^{-a} + \frac{\Gamma(c)\Gamma(a-b)}{\Gamma(a)\Gamma(c-b)}(-z)^{-b} . \tag{15}$$

L'équation différentielle hypergéométrique confluente

Par l'extension analytique du cercle unité à tout le plan complexe, nous pourrions déduire une autre équation différentielle importante de (1). En substituant la transformation linéaire $x = bz$ dans (1) on a

$$x\left(1 - \frac{x}{b}\right)\frac{d^2\phi}{dx^2} + \left[c - (a+1)\frac{x}{b} - x\right]\frac{d\phi}{dx} - a\phi = 0 . \tag{16}$$

Lorsque $b \to \infty$, nous obtenons l'*équation différentielle de **Kummer*** :

$$x\frac{d^2\phi}{dx^2} + (c-x)\frac{d\phi}{dx} - a\phi = 0 . \tag{17}$$

Cette équation a une singularité «non essentielle» en $x = 0$ et une singularité «essentielle» en $x = \infty$, qui se produit de l'amalgamation (confluence) de $z = 1$ et $z = \infty$. La solution générale de (17) est obtenue à nouveau par un développement en série au voisinage de $x = 0$. Par conséquent,

$$\phi(x) = A \, _1F_1(a; c; x) + Bx^{1-c} \, _1F_1(a-c+1; 2-c; x) , \tag{18}$$

avec la *fonction hypergéométrique confluente*

$$_1F_1(a; c; x) = \sum_{\nu=0}^{\infty} \frac{(a)_\nu}{(c)_\nu}\frac{x^\nu}{\nu!} = 1 + \frac{a}{c}\frac{x}{1!} + \frac{a(a+1)}{c(c+1)}\frac{x^2}{2!} + \dots . \tag{19}$$

La solution (19) provient de (13) pour $b \to \infty$, avec $x = bz$. La série (19) n'existe qu'à la condition $c \neq -n$. Elle converge pour des valeurs quelconques de x. Le cas $a = -n$ produit un polynôme à nombre fini de termes. Les polynômes d'Hermite et de Laguerre en sont des cas spéciaux.

Le comportement asymptotique pour $|x| \to \infty$ est

$$_1F_1(a; c; x) \to \frac{\Gamma(c)}{\Gamma(c-a)}e^{-ia\pi}x^{-a} + \frac{\Gamma(c)}{\Gamma(a)}e^x x^{a-c} . \tag{20}$$

Exemple 7.1

Pour $a = -n$, des polynômes de degré n se présentent, en particulier les *polynômes de **Laguerre***,

$$L_n^{(m)}(z) = \frac{(n+m)!}{n!m!} \, {}_1F_1(-n; m+1; z) \,, \tag{21}$$

et les *polynômes d'Hermite*,

$$H_{2n}(z) = (-1)^n \frac{(2n)!}{n!} \, {}_1F_1\left(-n; \frac{1}{2}; z^2\right) \quad \text{et}$$

$$H_{2n+1}(z) = (-1)^n \frac{(2n+1)!}{n!} 2z \, {}_1F_1\left(-n; \frac{3}{2}; z^2\right) \,. \tag{22}$$

Finalement nous citons une intégrale utile pour les fonctions hypergéométriques[2] :

$$\int_0^\infty e^{-st} t^{d-1} \, {}_AF_B[(a),(b); kt] \, {}_{A'}F_B[(a'),(b'); k't] \, dt$$

$$= s^{-d} \Gamma(d) \sum_{m=0}^\infty \frac{(a)_m (d)_m k^2}{(b)_m m! s^m} \, {}_{A'+1}F_{B'}[(a'), d+m; b'; k'/s] \tag{23}$$

avec les notations suivantes :

$$(a)_m = a(a+1)(a+2)\ldots(a+m-1) \quad \text{et}$$

$$_AF_B[(a),(b); z]$$

$$= {}_AF_B[a_1, a_2, \ldots, a_A; b_1, b_2, \ldots, b_B; z]$$

$$= 1 + \frac{a_1 a_2 \ldots a_A}{b_1 b_2 \ldots b_B} \frac{z}{1!} + \frac{a_1(a_1+1)a_2(a_2+1)\ldots a_A(a_A+1)}{b_1(b_1+1)b_2(b_2+1)\ldots b_B(b_B+1)} \frac{z^2}{2!} + \ldots \, . \tag{24}$$

---

[2] Voir L.J. Slater : *Confluent Hypergeometric Functions* (Cambridge University Press, Cambridge 1960) p. 54.

7.1 La solution de l'équation de l'oscillateur

En comparant (7.11) à (7) de l'exemple précédent, nous identifions (7.11) comme l'équation différentielle de Kummer. Sa solution générale est donnée par (18) de l'exemple :

$$\varphi(y) = A \, {}_1F_1(a; \tfrac{1}{2}; y) + B y^{1/2} \, {}_1F_1(a + \tfrac{1}{2}; \tfrac{3}{2}; y) , \tag{7.12}$$

où

$$a = -\left(\frac{\kappa}{2} - \frac{1}{4}\right) . \tag{7.13}$$

La solution de notre problème physique est déterminée par la fonction d'onde de (7.10). Par conséquent, la nécessité de ψ d'être de carré sommable implique que ψ doit s'annuler à l'infini. Néanmoins, comme nous le constatons avec (20) de l'exemple, les deux solutions particulières, tant qu'elles ne sont pas des polynômes finis, pour les grandes valeurs de y se comportent comme suit :

$$y \to \infty : \varphi(y) \to \text{cste } e^y y^{a-1/2} ; \quad \text{c'est-à-dire}$$

$$\psi(y) = e^{-y/2} \varphi(y) \to \text{cste } e^{y/2} y^{a-1/2} . \tag{7.14}$$

Ceci veut dire que l'intégrale de normalisation diverge. Cependant, si pour la série hypergéométrique la condition d'interruption est satisfaite, φ devient un polynôme. Grâce au facteur $\exp(-y/2)$ [voir (7.14)], ψ s'annule à l'infini. Par conséquent, la condition requise pour la normalisation conduit à la *quantification de l'énergie*. Considérons maintenant les deux cas possibles :

(1) $a = -n$ et $B = 0$ avec $n = 0, 1, 2, \ldots$; c'est-à-dire

$$\frac{\kappa}{2} - \frac{1}{4} = n ,$$

avec la fonction propre

$$\psi_n(x) = N_n \, e^{-(\lambda/2)x^2} \, {}_1F_1\left(-n; \tfrac{1}{2}; \lambda x^2\right) , \tag{7.15}$$

et l'énergie

$$E_n = \hbar\omega(2n + \tfrac{1}{2}) . \tag{7.16}$$

(2) $a + \tfrac{1}{2} = -n$; c'est-à-dire

$$\frac{\kappa}{2} - \frac{1}{4} = n + \frac{1}{2} ,$$

avec la fonction propre

$$\psi_n(x) = N_n \, e^{-(\lambda/2)x^2} x \, {}_1F_1\left(-n; \tfrac{1}{2}; \lambda x^2\right) , \tag{7.17}$$

et l'énergie

$$E_n = \hbar\omega[(2n+1) + \tfrac{1}{2}]\,. \tag{7.18}$$

En utilisant (7.9) nous trouvons les valeurs de l'énergie :

$$E_n = (2n + \tfrac{1}{2})\hbar\omega \quad \text{et}$$

$$E_n = (2n + \tfrac{3}{2})\hbar\omega = [(2n+1) + \tfrac{1}{2}]\hbar\omega\,.$$

En combinant ces deux résultats, nous obtenons le spectre discret d'énergie :

$$E_n = (n + \tfrac{1}{2})\hbar\omega\,, \quad n = 0, 1, 2\ldots\,. \tag{7.19}$$

Comme nous pouvons le constater, les niveaux du spectre en énergie de l'oscillateur harmonique sont équidistants de $\hbar\omega$ et l'énergie du niveau fondamental ($n = 0$) a une valeur finie $\tfrac{1}{2}\hbar\omega$, *l'énergie au zéro absolu* (voir figure 7.1).

Les polynômes apparaissant dans (7.15) et (7.17) sont les *polynômes d'Hermite*. Avec le facteur de normalisation habituel, ils sont définis par

$$H_{2n}(\xi) = (-1)^n \frac{(2n)!}{n!}\,{}_1F_1\left(-n; \frac{1}{2}; \xi^2\right)\,,$$

$$H_{2n-1}(\xi) = (-1)^n \frac{2(2n+1)!}{n!}\xi\,{}_1F_1\left(-n; \frac{3}{2}; \xi^2\right)\,. \tag{7.20}$$

Les fonctions propres et les énergies (7.15–17) peuvent alors s'écrire

$$\text{(a)} \quad \psi_n = N_n\,\mathrm{e}^{(-\lambda/2)x^2}\,H_{2n}(\sqrt{\lambda}x)\,, \quad E_n = (2n + \tfrac{1}{2})\hbar\omega\,;$$

$$\text{(b)} \quad \psi_n = N_n\,\mathrm{e}^{(-\lambda/2)x^2}\,H_{2n+1}(\sqrt{\lambda}x)\,,$$

$$E_n = [(2n+1) + \tfrac{1}{2}]\hbar\omega \quad n = 0, 1, 2\ldots\,;$$

et peuvent finalement être rassemblés sous la forme :

$$\psi_n = N_n\,\mathrm{e}^{(-\lambda/2)x^2}\,H_n(\sqrt{\lambda}x)\,,$$

$$E_n = (n + \tfrac{1}{2})\hbar\omega \quad n = 0, 1, 2\ldots\,. \tag{7.21}$$

Pour les polynômes d'Hermite, nous avons la relation usuelle :

$$H_n(\xi) = (-1)^n\,\mathrm{e}^{\xi^2}\,\frac{\mathrm{d}^n}{\mathrm{d}\xi^n}\,\mathrm{e}^{-\xi^2}\,, \tag{7.22}$$

que nous allons démontrer dans le prochain exemple.

EXEMPLE

7.2 Complément mathématique : polynômes d'Hermite

D'après les considérations précédentes, les fonctions $\exp[-(\lambda/2)x^2]H_n(\sqrt{\lambda}x)$, c'est-à-dire les polynômes d'Hermite multipliés par $\exp[-(\lambda/2)x^2]$, satisfont à l'équation différentielle (7.6) si

$$k^2 = \frac{2m}{\hbar^2}E_n = \frac{2m}{\hbar^2}\hbar\omega(n+\tfrac{1}{2})$$

$$= \frac{2m\omega}{\hbar}(n+\tfrac{1}{2}) = 2\lambda(n+\tfrac{1}{2}) \ .$$

Par conséquent, en reportant $\exp[-(\lambda/2)x^2]H_n(\sqrt{\lambda}x)$ dans (7.6) et (en effectuant), on trouve les calculs

$$\frac{\mathrm{d}}{\mathrm{d}x}\exp[-(\lambda/2)x^2]H_n(\sqrt{\lambda}x)$$

$$= -\lambda x \exp[-(\lambda/2)x^2]H_n(\sqrt{\lambda}x) + \exp[-(\lambda/2)x^2]\frac{\mathrm{d}H_n(\sqrt{\lambda}x)}{\mathrm{d}x} \ ;$$

$$\frac{\mathrm{d}^2}{\mathrm{d}x^2}\exp[-(\lambda/2)x^2]H_n(\sqrt{\lambda}x)$$

$$= (\lambda x)^2 \exp[-(\lambda/2)x^2]H_n(\sqrt{\lambda}x) + \exp[-(\lambda/2)x^2]\frac{\mathrm{d}^2 H_n(\sqrt{\lambda}x)}{\mathrm{d}x^2}$$

$$- \lambda \exp[-(\lambda/2)x^2]H_n(\sqrt{\lambda}x) - 2\lambda x \exp[-(\lambda/2)x^2]\frac{\mathrm{d}H_n(\sqrt{\lambda}x)}{\mathrm{d}x} \ . \qquad (1)$$

D'où

$$(\lambda^2 x^2 - \lambda)H_n(\sqrt{\lambda}x) - 2\lambda x\frac{\mathrm{d}H_n(\sqrt{\lambda}x)}{\mathrm{d}x} + \frac{\mathrm{d}^2 H_n(\sqrt{\lambda}x)}{\mathrm{d}x^2}$$

$$+ [2\lambda(n+\tfrac{1}{2}) - \lambda^2 x^2]H_n(\sqrt{\lambda}x) = 0 \ , \qquad (2)$$

ou

$$\frac{\mathrm{d}^2 H_n(\sqrt{\lambda}x)}{\mathrm{d}x^2} - 2\lambda x\frac{\mathrm{d}H_n(\sqrt{\lambda}x)}{\mathrm{d}x} + 2\lambda n H_n(\sqrt{\lambda}x) = 0 \ .$$

En posant $\xi = \sqrt{\lambda}x$ et en divisant par λ

$$\frac{\mathrm{d}^2 H_n(\xi)}{\mathrm{d}\xi^2} - 2\xi\frac{\mathrm{d}H_n(\xi)}{\mathrm{d}\xi} + 2n H_n(\xi) = 0 \ , \quad n = 0, 1, 2\ldots. \qquad (3)$$

Cette équation différentielle est l'*équation différentielle définissant* les polynômes d'Hermite si n est un entier positif. De (3) nous pouvons donner une formulation plus maniable et élégante des polynômes d'Hermite, en utilisant la *fonction génératrice* $S(\xi, s)$, de sorte que

$$S(\xi, s) = \mathrm{e}^{\xi^2-(s-\xi)^2} = \mathrm{e}^{-s^2+2s\xi} = \sum_{n=0}^{\infty}\frac{H_n(\xi)}{n!}s^n \ . \qquad (4)$$

En développant la fonction exponentielle en puissances de s et ξ, nous constatons que les coefficients des s^n sont des polynômes en termes de ξ – les polynômes d'Hermite. Nous pouvons montrer ceci de la manière suivante : nous avons

$$\frac{\partial S}{\partial \xi} = 2s\,\mathrm{e}^{-s^2+2s\xi} = \sum_{n=0}^{\infty} \frac{2s^{n+1}}{n!} H_n(\xi) = \sum_{n=0}^{\infty} \frac{s^n}{n!} \frac{\partial H_n(\xi)}{\partial \xi} \,,$$

$$\frac{\partial S}{\partial s} = (-2s + 2\xi)\,\mathrm{e}^{-s^2+2s\xi} = \sum_{n=0}^{\infty} \frac{(-2s+2\xi)s^n}{n!} H_n(\xi)$$

$$= \sum_{n=0}^{\infty} \frac{s^{n-1}}{(n-1)!} H_n(\xi) \,. \tag{5}$$

En comparant les puissances égales de s dans les sommes de ces deux équations, nous obtenons

$$\frac{\partial H_n(\xi)}{\partial \xi} = 2n\,H_{n-1}(\xi)\,, \quad H_{n+1}(\xi) = 2\xi H_n(\xi) - 2n H_{n-1}(\xi)\,. \tag{6}$$

D'où nous déduisons que

$$\frac{\partial H_n(\xi)}{\partial \xi} = 2\xi H_n(\xi) - H_{n+1}(\xi)\,, \tag{7}$$

et ainsi

$$\frac{\partial^2 H_n(\xi)}{\partial \xi^2} = 2H_n(\xi) + 2\xi \frac{\partial H_n(\xi)}{\partial \xi} - \frac{\partial H_{n+1}(\xi)}{\partial \xi}$$

$$= 2\xi \frac{\partial H_n(\xi)}{\partial \xi} + 2H_n(\xi) - (2n+2)H_n(\xi)$$

$$= 2\xi \frac{\partial H_n(\xi)}{\partial \xi} - 2n H_n(\xi)\,. \tag{8}$$

Ce qui est exactement l'équation différentielle (3), prouvant que les $H_n(\xi)$ de la fonction génératrice (4) sont effectivement des polynômes d'Hermite.

Les formules de récurrence (6) peuvent être utilisées pour calculer les H_n et leurs dérivées. Un autre expression explicite, très utile, peut être obtenue directement à partir de la fonction génératrice ; nous allons établir cette importante relation. De (4) nous déduisons que

$$\left.\frac{\partial^n S(\xi, s)}{\partial s^n}\right|_{s=0} = H_n(\xi)\,. \tag{9}$$

Maintenant, pour une fonction quelconque $f(s - \xi)$, nous avons aussi

$$\frac{\partial f}{\partial s} = -\frac{\partial f}{\partial \xi}\,. \tag{10}$$

D'où

$$\frac{\partial^n S}{\partial s^n} = e^{\xi^2} \frac{\partial^n e^{-(s-\xi)^2}}{\partial s^n} = (-1)^n e^{\xi^2} \frac{\partial^n}{\partial \xi^n} e^{-(s-\xi)^2} . \tag{11}$$

La comparaison de (11) avec (9) donne la formule très utile,

$$H_n(\xi) = (-1)^n e^{\xi^2} \frac{\partial^n}{\partial \xi^n} e^{-\xi^2} . \tag{12}$$

Les $H_n(\xi)$ sont des polynômes de degré n en ξ avec le terme dominant $2^n \xi^n$. Les cinq premiers $H_n(\xi)$ calculés avec (7.22) ou (12) de l'exemple précédent sont :

$$H_0(\xi) = 1 , \qquad H_1(\xi) = 2\xi ,$$
$$H_2(\xi) = 4\xi^2 - 2 , \qquad H_3(\xi) = 8\xi^3 - 12\xi ,$$
$$H_4(\xi) = 16\xi^4 - 48\xi^2 + 12 . \tag{7.23}$$

Les fonctions propres (7.21) ont été associées en posant $\xi = \sqrt{\lambda} x$ et en utilisant les polynômes d'Hermite d'une façon compatible avec les valeurs paires et impaires de n, c'est-à-dire

$$\psi_n(x) = N_n e^{(-1/2)\xi^2} H_n(\xi) , \quad \xi = \sqrt{\lambda} x . \tag{7.24}$$

La constante N_n, qui dépend de l'indice n, est déterminée par la condition de normalisation

$$\int_{-\infty}^{\infty} |\psi_n(x)|^2 \, dx = 1 , \tag{7.25}$$

puisque la probabilité de présence d'une particule dans tout l'espace de configuration doit être égale à 1. D'où

$$\int_{-\infty}^{\infty} |\psi_n(x)|^2 \, dx = \frac{1}{\sqrt{\lambda}} N_n^2 \int_{-\infty}^{\infty} e^{-\xi^2} H_n(\xi)^2 \, d\xi = 1 . \tag{7.26}$$

Le calcul de l'intégrale de normalisation se simplifie si on utilise les relations (12) de l'exemple 7.2 pour exprimer l'un des polynômes d'Hermite de l'intégrant

$$\int_{-\infty}^{\infty} |\psi_n(x)|^2 \, dx = (-1)^n \frac{N_n^2}{\sqrt{\lambda}} \int_{-\infty}^{\infty} H_n(\xi) \frac{d^n}{d\xi^n} e^{-\xi^2} \, d\xi . \tag{7.27}$$

En intégrant par parties nous obtenons

$$\int\limits_{-\infty}^{\infty} H_n(\xi) \frac{d^n}{d\xi^n} e^{-\xi^2} d\xi$$

$$= \left[\left(\frac{d^{n-1}}{d\xi^{n-1}} e^{-\xi^2}\right) H_n(\xi)\right]_{-\infty}^{\infty} - \int\limits_{-\infty}^{\infty} \frac{dH_n}{d\xi} \frac{d^{n-1}}{d\xi^{n-1}} e^{-\xi^2} d\xi . \qquad (7.28)$$

Le premier terme est égal à $(-1)^{n-1} e^{-\xi^2} H_{n-1}(\xi) H_n(\xi)$, à cause de (12) de l'exemple 7.2. Il s'annule à l'infini du fait de la fonction exponentielle.

Après n intégrations par parties, il reste

$$\int\limits_{-\infty}^{\infty} H_n(\xi) \frac{d^n}{d\xi^n} e^{-\xi^2} d\xi = (-1)^n \int\limits_{-\infty}^{\infty} \frac{d^n H_n}{d\xi^n} e^{-\xi^2} d\xi . \qquad (7.29)$$

Puisque $H_n(\xi)$ est un polynôme de degré n avec le terme dominant $2^n \xi^n$, la $n^{\text{ième}}$ dérivée est,

$$\frac{d^n}{d\xi^n} H_n(\xi) = 2^n n! \qquad (7.30)$$

D'où

$$\int\limits_{-\infty}^{\infty} H_n(\xi) \frac{d^n}{d\xi^n} e^{-\xi^2} d\xi = (-1)^n (2^n) n! \int\limits_{-\infty}^{\infty} e^{-\xi^2} d\xi$$

$$= (-1)^n (2^n) n! \sqrt{\pi} , \qquad (7.31)$$

avec la constante de normalisation,

$$N_n = \sqrt{\sqrt{\frac{\lambda}{\pi}} \frac{1}{2^n n!}} .$$

Les états stationnaires de l'oscillateur harmonique en mécanique quantique sont par conséquent :

$$\psi_n(x) = \sqrt{\frac{1}{2^n n!} \sqrt{\frac{\lambda}{\pi}}} \exp\left(-\frac{1}{2}\lambda x^2\right) H_n(\sqrt{\lambda} x) . \qquad (7.32)$$

Nous avons ici négligé le facteur de phase $(-1)^n$, car il n'est pas essentiel. Pour discuter de cette solution, nous examinons les trois premières fonctions propres de l'oscillateur harmonique linéaire (voir figure 7.1) :

$$n = 0 : \quad \psi_0(x) = \sqrt[4]{\frac{\lambda}{\pi}} \exp\left(-\frac{1}{2}\lambda x^2\right) ,$$

$$n = 1 : \quad \psi_1(x) = 2\sqrt{\frac{1}{2}\sqrt{\frac{\lambda}{\pi}}} \exp\left(-\frac{1}{2}\lambda x^2\right) \sqrt{\lambda} x ,$$

$$n = 2 : \quad \psi_2(x) = \sqrt{\frac{1}{8}\sqrt{\frac{\lambda}{\pi}}} \exp\left(-\frac{1}{2}\lambda x^2\right) (4\lambda x^2 - 2) . \tag{7.33}$$

De (7.24) et (7.30) nous déduisons que les fonctions propres ont la propriété de symétrie

$$\psi_n(-x) = (-1)^n \psi_n(x) . \tag{7.34}$$

Ceci signifie que

$$n \text{ pair} \quad : \quad \psi(-x) = \quad \psi(x) \rightarrow \text{parité} + 1$$
$$n \text{ impair} : \quad \psi(-x) = -\psi(x) \rightarrow \text{parité} - 1 .$$

Pour les H_n les plus bas, on peut aisément montrer qu'ils admettent n zéros réels différents et $n + 1$ extremums (voir figure 7.1). En ce qui concerne (12) de l'exemple 7.2, nous avons

$$H_{n+1} = -\mathrm{e}^{\xi^2} \frac{\mathrm{d}}{\mathrm{d}\xi}(\mathrm{e}^{-\xi^2} H_n) . \tag{7.35}$$

Dans l'hypothèse selon laquelle H_n admet $n + 1$ extremums réels, nous pouvons conclure à l'existence de $n + 1$ extremums de $\mathrm{e}^{-\xi^2} H_n$ (puisque $\mathrm{e}^{-\xi^2} \rightarrow 0$ pour $\xi \rightarrow \infty$). Les extremums ont lieu pour les mêmes valeurs que les zéros de la dérivée $\mathrm{d}/\mathrm{d}\xi$; en conséquence H_{n+1} admet exactement $n + 1$ zéros réels. Cette conclusion montre que les polynômes d'Hermite $H_n(\xi)$ – et par conséquent, les fonctions d'onde $\psi_n(\xi)$ – admettent n zéros réels différents. Ceci est un cas particulier du théorème général qui stipule que le nombre quantique principal d'une fonction propre est égal au nombre de zéros.

Dans figure 7.1, quelques ψ_n sont représentés avec un diagramme des énergies. Les valeurs propres de l'énergie sont représentées par des lignes horizontales d'ordonnées $E_n = (n + \frac{1}{2})\hbar\omega$. À chaque ligne correspond une fonction propre $\psi_n(x)$ reportée avec une échelle arbitraire.

La fonction énergie potentielle est également représentée sur cette figure :

$$V(x) = \frac{1}{2}m\omega^2 x^2 . \tag{7.36}$$

Ainsi, nous pouvons faire une comparaison avec l'oscillateur harmonique classique, qui oscille avec une certaine amplitude définie par l'annulation de l'énergie cinétique au point de rebroussement. Puisque $E = T + V$, le domaine classique des oscillations est limité par les points d'intersection de la parabole

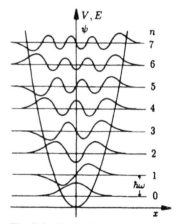

Fig. 7.1. Potentiel, niveaux d'énergie ainsi que les fonctions d'onde correspondantes de l'oscillateur

$V(x)$ et la ligne droite représentative de l'énergie totale E. En fait, la figure montre que les valeurs extrêmes de la fonction ψ sont situées à l'intérieur de la région classique, néanmoins, la fonction d'onde s'étend jusqu'à l'infini.

Cette différence de comportement devient encore plus significative si on considère la probabilité de présence de la particule. Soit T la période de révolution de la particule, classiquement nous avons alors

$$w_{\mathrm{cl}}(x)\,\mathrm{d}x = \frac{\mathrm{d}t}{T/2} = \frac{2\omega}{2\pi}\,\mathrm{d}t = \frac{\omega}{\pi}\frac{\mathrm{d}x}{\mathrm{d}x/\mathrm{d}t}\ . \tag{7.37}$$

La particule effectue des oscillations harmoniques :

$$x = a\sin\omega t\ ,\qquad \frac{\mathrm{d}x}{\mathrm{d}t} = a\omega\cos\omega t = \omega a\sqrt{1-(x/a)^2}\ ; \tag{7.38}$$

d'où,

$$w_{\mathrm{cl}}(x)\,\mathrm{d}x = \frac{1}{\pi a}\frac{1}{\sqrt{1-(x/a)^2}}\,\mathrm{d}x\ . \tag{7.39}$$

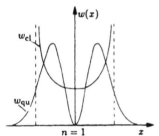

Fig. 7.2. Comparaison des densités de probabilités classiques et quantiques de trouver une particule dans un potentiel harmonique. Les traits tiretés indiquent les limites classiques

L'amplitude a des oscillations est déduite de l'énergie $E = \frac{1}{2}m\omega^2 a^2$, c'est-à-dire $a = \sqrt{2E/m\omega^2}$. En revanche, en mécanique quantique la probabilité de localiser une particule dans un intervalle $x + \mathrm{d}x$ est donnée par (voir figure 7.2):

$$w_{\mathrm{qu}}(x)\,\mathrm{d}x = |\psi(x)|^2\,\mathrm{d}x\ , \tag{7.40}$$

qui veut dire, par exemple, que pour $n = 1$ en tenant compte de (7.33) :

$$w_{\mathrm{qu}}(x)\,\mathrm{d}x = |\psi_1(x)|^2\,\mathrm{d}x = 2\sqrt{\frac{\lambda}{\pi}}\,\mathrm{e}^{-\lambda x^2}\lambda x^2\,\mathrm{d}x\ . \tag{7.41}$$

Nous pouvons montrer facilement que $w_{\mathrm{qu}}(x)$ admet un minimum en $x = 0$ et un maximum en

$$x_{\mathrm{max\ qu}} = \frac{\pm 1}{\lambda} = \pm\sqrt{\frac{\hbar}{m\omega}}\ , \tag{7.42}$$

alors que classiquement, avec $E = 3/2\hbar\omega$, on a

$$x_{\mathrm{max\ cl}} = \pm a = \pm\sqrt{\frac{2E}{m\omega^2}} = \pm\sqrt{\frac{3\hbar}{m\omega}}\ . \tag{7.43}$$

L'accord entre probabilité classique et quantique s'améliore rapidement avec l'augmentation du nombre quantique n. À titre d'exemple, le cas $n = 15$ est représenté sur la figure 7.3 ; pour des nombres quantiques élevés (ici $n = 15$), la valeur moyenne de la distribution quantique est une bonne approximation de la limite classique.

Au-delà de la région limitée classiquement par la relation $E = T + V$, la densité de probabilité n'est pas nulle. Ceci est une conséquence du fait que T et V ne commutent pas, c'est-à-dire qu'elles n'ont pas des valeurs exactes simultanément, car $V(x)$ est une fonction de l'espace, alors que $T = p^2/2m$ est

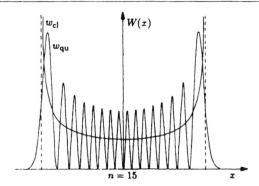

Fig. 7.3. Densités de probabilités classiques et quantiques pour une particule dans un potentiel harmonique avec une énergie $E = (15 + 1/2)\,\hbar\,\omega$, c'est-à-dire dans l'état $n = 15$. Les traits tiretés indiquent les limites classiques

une fonction de la quantité de mouvement. Par conséquent, à cause de la relation d'incertitude $[\hat{p}, \hat{x}]_- = -i\hbar$, il est impossible de séparer l'énergie dans $E = T + V$. Il pourrait sembler que la localisation d'une particule au-delà de la région permise classiquement implique la violation de la conservation de l'énergie ; cependant ceci n'est pas le cas. Si nous essayons de localiser la particule (c'est-à-dire concentrer sa fonction d'onde) dans les faibles queues de la fonction d'onde ψ, l'incertitude sur la quantité de mouvement augmente à un point ou la nouvelle énergie totale surpasse l'énergie potentielle $V(x)$. Ainsi, au point de vue de l'énergie, la particule peut prendre pour x une valeur supérieure à la région permise classiquement. En tous les cas, c'est le caractère ondulatoire de la fonction d'onde quantique qui autorise la pénétration des «murs» du potentiel, et finalement la particule passe au travers par effet tunnel. Cet effet est analogue au saut d'une onde électromagnétique (lumière) par dessus des fentes étroites[3].

Le comportement décrit ci-dessus est responsable de l'*effet tunnel*, selon lequel une barrière de potentiel V_0 peut être surmontée par des particules d'énergie $E < V_0$. L'effet tunnel se manifeste, par exemple, dans le cas de la radioactivité α et de l'émission par effet de champ. Récemment, un intérêt particulier s'est porté à son application au microscope électronique à effet tunnel.[4] Une autre différence entre l'oscillateur classique et quantique est l'état de plus faible énergie. Classiquement une particule peut être dans un état d'équilibre en $x = 0$, $p = 0$, $E = 0$. En mécanique quantique la valeur la plus petite possible pour l'énergie est $E = \hbar\omega/2$, l'*énergie au zéro absolu*.

Cette énergie au zéro absolu est une conséquence directe de la relation d'incertitude

$$\overline{\Delta x^2 \Delta p^2} \geq \frac{\hbar}{4} \ . \tag{7.44}$$

---

[3] Voir J. D. Jackson : *Classical Electrodynamics*, 2nd ed. (Wiley, New York 1980) et W. Greiner : Classical Theoretical Physics : *Classical Electrodynamics* (Springer, New York 1998).

[4] En 1986 G. Binnig et H. Rohrer reçurent le Prix Nobel de Physique pour le développement du microscope électronique à effet tunnel ; voir G. Binnig, H. Rohrer : Scientific American, Aug. 1985, p. 40.

Examinons de plus près les expressions

$$\overline{\Delta p^2} = \overline{(p - \bar{p})^2} = \overline{p^2 - 2p\bar{p} + \bar{p}^2} = \overline{p^2} - 2\overline{p}\overline{p} + \overline{p}^2 = \overline{p^2} - \bar{p}^2 \; . \qquad (7.45)$$

Similairement, $\overline{\Delta x^2} = \overline{x^2} - \bar{x}^2$. D'autre part, dans un état d'énergie donnée, les valeurs moyennes $\bar{p}$ et $\bar{x}$ sont égales à zéro puisque l'intégrant est une fonction impaire :

$$\bar{x} = \int\limits_{-\infty}^{\infty} \psi_n^*(x) x \psi_n(x)\, \mathrm{d}x = \int\limits_{-\infty}^{\infty} |\psi_n(x)|^2 x\, \mathrm{d}x = 0 \; , \qquad (7.46)$$

et

$$\bar{p}_x = \int\limits_{-\infty}^{\infty} \psi_n^*(x) \hat{p}_x \psi_n(x)\, \mathrm{d}x = -\mathrm{i}\hbar \int\limits_{-\infty}^{\infty} \psi_n^*(x) \frac{\mathrm{d}}{\mathrm{d}x} \psi_n(x)\, \mathrm{d}x$$

$$= -\frac{\mathrm{i}\hbar}{2} \int\limits_{-\infty}^{\infty} \frac{\mathrm{d}}{\mathrm{d}x} |\psi_n(x)|^2\, \mathrm{d}x = -\frac{\mathrm{i}\hbar}{2} |\psi_n(x)|^2 \Big|_{-\infty}^{\infty} = 0 \; . \qquad (7.47)$$

Par conséquent

$$\overline{\Delta p^2} = \overline{p^2} \; , \qquad \overline{\Delta x^2} = \overline{x^2} \; . \qquad (7.48)$$

De ceci, nous pouvons écrire la relation d'incertitude sous la forme

$$\overline{p^2}\,\overline{x^2} \geq \frac{\hbar^2}{4} \; . \qquad (7.49)$$

Alors l'énergie moyenne de l'oscillateur est

$$\overline{H} = \frac{\overline{p^2}}{2m} + \frac{m\omega^2}{2} \overline{x^2} \; . \qquad (7.50)$$

En comparant ces deux équations, nous constatons que lorsque l'énergie potentielle augmente, l'énergie cinétique décroît et réciproquement.

En combinant ces deux équations, nous obtenons

$$\overline{H} \geq \frac{\overline{p^2}}{2m} + \frac{m\omega^2}{8} \frac{\hbar^2}{\overline{p^2}} \; . \qquad (7.51)$$

La fonction $\overline{H} = \overline{H}(\overline{p^2})$ admet un minimum pour $\overline{p^2} = \frac{1}{2} m\omega\hbar$, ce qui se vérifie aisément en évaluant ses dérivées première et seconde.

Puisqu'un état d'énergie donnée est caractérisé par $\overline{H} = E$, nous obtenons le minimum des valeurs propres possibles de l'énergie

$$\min E \geq \frac{\hbar\omega}{2} = E_0 \; .$$

L'énergie au zéro absolu E_0 est par conséquent la plus petite valeur de l'énergie compatible avec la relation d'incertitude.

Il est possible de révéler le mouvement au zéro absolu (qui conduit à l'énergie au zéro absolu) en observant la dispersion de la lumière dans les cristaux. Dans les solides, les atomes et les molécules effectuent de petites oscillations ; selon la théorie classique, leurs amplitudes devraient diminuer lorsque la température s'abaisse. Ces oscillations produisent la dispersion de la lumière, qui, par conséquent, devrait s'annuler lorsque la température diminue. Cependant, l'expérience montre que l'intensité de la lumière diffusée converge vers une limite finie quand la température s'approche du zéro absolu, ce qui prouve que, même à cette température, des oscillations atomique persistent.

7.2 La description de l'oscillateur harmonique par les opérateurs de création et d'annihilation

Les fonctions propres normalisées de l'oscillateur harmonique prennent toutes la forme

$$\psi_n(\xi) = \frac{\sqrt[4]{\lambda}}{\sqrt{\sqrt{\pi} 2^n n!}} e^{-\xi^2/2} H_n(\xi) , \quad \xi = \sqrt{\lambda} x . \tag{7.52}$$

La relation de récurrence suivante est valable pour les polynômes d'Hermite $H_n(\xi)$ (voir l'exemple 7.2) :

$$\xi H_n = n H_{n-1} + \frac{1}{2} H_{n+1} , \quad \frac{\mathrm{d}}{\mathrm{d}\xi} H_n = 2n H_{n-1} . \tag{7.53}$$

À partir de ces formules, nous pouvons établir des relations entre les fonctions propres de l'oscillateur harmonique relatives à des nombres quantiques voisins :

$$\xi \psi_n = \sqrt{\frac{n}{2}} \psi_{n-1} + \sqrt{\frac{n+1}{2}} \psi_{n+1} , \tag{7.54}$$

$$\frac{\partial}{\partial \xi} \psi_n = 2\sqrt{\frac{n}{2}} \psi_{n-1} - \xi \psi_n . \tag{7.55}$$

Nous réécrivons l'équation (7.55) à l'aide de (7.54), de sorte que les termes des membres de droite se ressemblent :

$$\frac{\partial}{\partial \xi} \psi_n = \sqrt{\frac{n}{2}} \psi_{n-1} - \sqrt{\frac{n+1}{2}} \psi_{n+1} . \tag{7.56}$$

Par addition (ou soustraction) de (7.54) et (7.56), nous obtenons les relations

$$\frac{1}{\sqrt{2}} \left(\xi + \frac{\partial}{\partial \xi} \right) \psi_n = \sqrt{n} \psi_{n-1} ,$$

$$\frac{1}{\sqrt{2}} \left(\xi - \frac{\partial}{\partial \xi} \right) \psi_n = \sqrt{n+1} \psi_{n+1} . \tag{7.57}$$

Avec ces équations nous pouvons maintenant évaluer les fonctions propres voisines ψ_{n-1} et ψ_{n+1} à partir de la fonction propre ψ_n. Par souci de simplification, nous définissons les opérateurs

$$\frac{1}{\sqrt{2}} \left(\xi + \frac{\partial}{\partial \xi} \right) = \hat{a} , \quad \frac{1}{\sqrt{2}} \left(\xi - \frac{\partial}{\partial \xi} \right) = \hat{a}^+ , \tag{7.58}$$

et ainsi, nous obtenons pour (7.57),

$$\hat{a}\psi_n = \sqrt{n}\psi_{n-1} , \quad \hat{a}^+\psi_n = \sqrt{n+1}\psi_{n+1} . \tag{7.59}$$

Pour le moment, nous allons appeler $\hat{a}$ l'*opérateur abaisseur* (bémol) et $\hat{a}^+$ l'*opérateur élévateur* (dièze) puisque l'indice n de l'état ψ_n est respectivement abaissé ou élevé. Par la suite nous formulerons une meilleure interprétation de $\hat{a}$ et $\hat{a}^+$ et nous leur donnerons alors des noms plus appropriés.

7.3 Propriétés des opérateurs $\hat{a}$ et $\hat{a}^+$

Les opérateurs $\hat{a}$ et $\hat{a}^+$ sont adjoints l'un à l'autre (c'est-à-dire pas auto-adjoints), puisque par intégration par parties on a

$$\int \psi^* \left(\xi\varphi + \frac{\partial \varphi}{\partial \xi} \right) \, \mathrm{d}\xi = \int \left(\xi\psi^* - \frac{\partial \psi^*}{\partial \xi} \right) \varphi \, \mathrm{d}\xi , \tag{7.60}$$

ou, en écriture abrégée,

$$\langle \psi | \hat{a}\varphi \rangle = \langle \hat{a}^+\psi | \varphi \rangle . \tag{7.61}$$

Nous avons utilisé le fait que les opérateurs sont réels par définition (7.58), c'est-à-dire $\hat{a} = \hat{a}^*$ et $\hat{a}^+ = (\hat{a}^+)^*$.

La fonction d'onde ψ_n est une fonction propre du produit d'opérateurs $\hat{a}^+\hat{a}$ car

$$\hat{a}^+\hat{a}\psi_n = \sqrt{n}\hat{a}^+\psi_{n-1} = n\psi_n , \tag{7.62}$$

que nous pouvons vérifier avec (7.59). La valeur propre n est l'indice de la fonction d'onde ψ_n de l'oscillateur. Par conséquent, nous définissons un *opérateur nombre* $\hat{N}$

$$\hat{N} = \hat{a}^+\hat{a} , \quad \hat{N}\psi_n = n\psi_n . \tag{7.63}$$

Les valeurs propres de l'opérateur $\hat{N}$ sont n ; les ψ_n sont les fonctions propres. Nous obtenons facilement le commutateur, en évaluant les deux produits selon (7.58).

$$[\hat{a}, \hat{a}^+]_- = 1 . \tag{7.64}$$

En appliquant successivement $\hat{a}^+$ à ψ, nous pouvons calculer toutes les fonctions propres, en commençant par l'état fondamental. De (7.59) nous déduisons que

$$\psi_n = \frac{1}{\sqrt{n}}\hat{a}^+\psi_{n-1} = \ldots = \frac{1}{\sqrt{n!}}(\hat{a}^+)^n\psi_0 \ . \tag{7.65}$$

Jusqu'à présent, nous avons développé un formalisme en termes de $\hat{a}$ et $\hat{a}^+$ qui nous permet d'établir une équation différentielle pour l'état fondamental. Avec $n = 0$, nous trouvons à l'aide de (7.58) et de (7.59) :

$$\hat{a}\psi_0 = 0 \quad \text{et} \quad \xi\psi_0 + \frac{\partial\psi_0}{\partial\xi} = 0 \ . \tag{7.66}$$

La substitution $\psi_0 \approx e^{\alpha\xi^2}$ donne $\alpha = -\frac{1}{2}$. Ainsi, la fonction pour l'état fondamental, au facteur de normalisation près, est

$$\psi_0 \approx e^{-\xi^2/2} \ ,$$

qui coïncide avec la solution de l'équation de Schrödinger de l'oscillateur harmonique et donne pour l'état fondamental (normalisé) (7.33)

$$\psi_0 = \sqrt[4]{\frac{\lambda}{\pi}}\,e^{-\xi^2/2} \ . \tag{7.67}$$

7.4 Représentation du hamiltonien de l'oscillateur en termes de $\hat{a}$ et $\hat{a}^+$

Le hamiltonien de l'oscillateur harmonique à une dimension est

$$\hat{H} = \hat{T} + \hat{V} = -\frac{\hbar^2}{2m}\frac{\partial^2}{\partial x^2} + \frac{1}{2}m\omega^2 x^2 \ . \tag{7.68}$$

En introduisant les nouvelles variables $\xi = \sqrt{\lambda}x = \sqrt{(m\omega/\hbar)}x$, nous pouvons définir un nouvel opérateur quantité de mouvement

$$\hat{p}_\xi = -\mathrm{i}\frac{\partial}{\partial\xi} \Rightarrow \hat{p}_\xi^2 = -\frac{\partial^2}{\partial\xi^2} = -\frac{\hbar}{m\omega}\frac{\partial^2}{\partial x^2} \ , \tag{7.69}$$

de sorte que le hamiltonien devient

$$\hat{H} = \frac{1}{2}\hbar\omega(\xi^2 + \hat{p}_\xi^2) = \frac{1}{2}\hbar\omega\left(\xi^2 - \frac{\partial^2}{\partial\xi^2}\right) \ . \tag{7.70}$$

De la relation facilement vérifiable avec (7.58)

$$\xi^2 - \frac{\partial^2}{\partial\xi^2} = \hat{a}\hat{a}^+ + \hat{a}^+\hat{a} \ ,$$

et en utilisant la propriété de commutation (7.64) et la définition (7.63), nous pouvons déduire la représentation simplifiée du hamiltonien

$$\hat{H} = \hbar\omega(\hat{a}^+\hat{a} + \tfrac{1}{2}) = \hbar\omega(\hat{N} + \tfrac{1}{2}) . \tag{7.71}$$

d'où nous évaluons les valeurs propres de l'énergie

$$\hat{H}\psi_n = \hbar\omega(\hat{N} + \tfrac{1}{2})\psi_n = \hbar\omega(n + \tfrac{1}{2})\psi_n = E_n\psi_n . \tag{7.72}$$

Donc, les valeurs propres de l'énergie sont $E_n = \hbar\omega(n + \tfrac{1}{2})$.

7.5 Interprétation de $\hat{a}$ et $\hat{a}^+$

L'état fondamental ψ_0 a l'énergie du zéro absolu $E_0 = \hbar\omega/2$. Puisque les niveaux du spectre d'énergie de l'oscillateur harmonique sont équidistants, l'état ψ_n possède une énergie $n\hbar\omega$ plus grande. Nous allons distribuer cette énergie en n quanta d'énergie $\hbar\omega$ (quanta du champ de l'oscillateur), appelés *phonons*. ψ_n est appelé un *état à n phonons*. Dans la notation de Dirac il s'écrit

$$\psi_n = |n\rangle . \tag{7.73}$$

Les «kets» $|n\rangle$ contiennent le nombre de phonons. L'état à zéro phonons $|0\rangle$ est encore appelé le *vide*. En utilisant la notation ci-dessus, les équations (7.59) deviennent

$$\hat{a}|n\rangle = \sqrt{n}\,|n-1\rangle , \quad \hat{a}^+|n\rangle = \sqrt{n+1}\,|n+1\rangle . \tag{7.74}$$

Nous pouvons maintenant donner une interprétation appropriée : en agissant sur la fonction d'onde, l'opérateur $\hat{a}$ *annihile* un phonon à la fois, tandis que $\hat{a}^+$ en *crée* un. C'est pourquoi, à partir de maintenant, nous appellerons respectivement $\hat{a}$ et $\hat{a}^+$ l'*opérateur annihilation* et *opérateur création*. $\hat{N}$ est appelé l'*opérateur nombre de phonon*, car ses valeurs propres données par l'équation

$$\hat{N}|n\rangle = n|n\rangle , \tag{7.75}$$

sont les nombres de phonons de l'état correspondant.

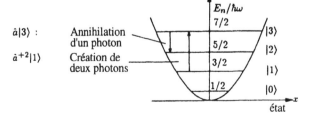

Fig. 7.4. Niveaux d'énergie d'un oscillateur harmonique et les opérateurs de création et d'annihilation

L'introduction de la représentation par des phonons est souvent appelée la *seconde quantification*. Les *quanta* du champ d'onde de l'oscillateur sont précisément les *phonons*. Ceci devient évident si nous considérons l'analogie avec les *photons*.

Cependant, pour un traitement mathématique complet de la seconde quantification du champ électromagnétique, il est nécessaire de faire appel aux méthodes de la théorie quantique des champs.[5]

EXEMPLE

7.3 L'oscillateur harmonique à trois dimensions

Problème. Déterminez les valeurs propres et les fonctions propres du Hamiltonien de l'oscillateur harmonique à trois dimensions à symétrie sphérique.

Solution. Le hamiltonien de l'oscillateur harmonique à symétrie sphérique est de la forme

$$\hat{H} = -\frac{\hbar^2}{2m}\nabla^2 + \frac{m\omega^2}{2}r^2 \ . \tag{1}$$

À cause de la symétrie du problème nous résolvons l'équation de Schrödinger indépendante du temps en coordonnées sphériques

$$\hat{H}\psi_{nl} = E_{nl}\psi_{nl} \tag{2}$$

n, l sont les nombres quantiques qui caractérisent les fonctions propres et seront spécifiés par la suite. Le laplacien en coordonnées sphériques est

$$\nabla^2 = \frac{\partial^2}{\partial r^2} + \frac{2}{r}\frac{\partial}{\partial r} - \frac{\hat{L}^2}{\hbar^2 r^2} \ , \tag{3}$$

où l'opérateur de moment cinétique $\hat{L}$ contient les dérivées par rapport aux angles ϑ et φ [voir (4.75–4.77) et (4.82)]. Les fonctions propres de $\hat{L}^2$ sont les harmoniques sphériques [voir (4.76–4.80) et l'exemple 4.9] :

$$\hat{L}^2 Y_{lm}(\vartheta, \varphi) = -\hbar^2 l(l+1) Y_{lm}(\vartheta, \varphi) \ . \tag{4}$$

Afin de séparer les parties angulaire et radiale de la fonction d'onde ψ_{nlm}, nous écrivons

$$\psi_{nlm}(r, \vartheta, \varphi) = \frac{R_{nl}(r)}{r} Y_{lm}(\vartheta, \varphi) \ . \tag{5}$$

---

[5] Voir W. Greiner, J. Reinhardt : *Quantum Electrodynamics*, 2nd ed. (Springer, Heidelberg 1994).

Exemple 7.3   En reportant (5) dans l'équation de Schrödinger (2) et à l'aide de (1) nous obtenons une équation différentielle pour la partie radiale de la fonction d'onde $R_{nl}(r)$:

$$R_{nl}'' + \left(\frac{2mE_{nl}}{\hbar^2} - \frac{m^2\omega^2}{\hbar^2}r^2 - \frac{l(l+1)}{r^2} \right) R_{nl}(r) = 0 \ . \tag{6}$$

En utilisant les abréviations définies en (7.5), cette équation différentielle devient identique à (7.6), excepté pour le terme $l(l+1)/r^2$, habituellement appelé la *barrière de moment cinétique* ,

$$R_{nl}'' + \left(k^2 - \lambda^2 r^2 - \frac{l(l+1)}{r^2} \right) R_{nl} = 0 \ . \tag{7}$$

Cette équation différentielle, en remplaçant R_{nl} par une expression appropriée, peut être écrite sous la même forme usuelle (7.8).

Cette transformation sera différente de (7.10) à cause de la barrière de moment cinétique. Comme précédemment dans le cas de l'oscillateur à une dimension, nous essayons de séparer le comportement asymptotique de la fonction d'onde. Lorsque $r \to \infty$, nous pouvons négliger le terme de moment cinétique $l(l+1)/r^2$. Alors la solution de l'équation différentielle doit se comporter comme

$$R_{nl}(r) \xrightarrow[r \to \infty]{} \sim \exp[-(\lambda/2)r^2] \ . \tag{8}$$

À $r = 0$, le terme de moment cinétique devient prédominant, indépendant du potentiel. Ainsi, nous effectuons un développement en série

$$R_{nl} = r^\alpha \sum_{i=0}^{\infty} a_i r^i \ .$$

En reportant dans l'équation différentielle asymptotique

$$R_{nl}'' - \frac{l(l+1)}{r^2} R_{nl} = 0 \tag{9}$$

nous avons

$$\alpha(\alpha - 1) - l(l+1) = 0 \ ,$$

avec les solutions $\alpha_1 = -l$, $\alpha_2 = l + 1$. D'où nous obtenons,

$$R_{nl}(r) \xrightarrow[r \to \infty]{} \sim r^{l+1} \quad \text{ou} \quad \sim r^{-l} \ . \tag{10}$$

La première possibilité de (10) suggère de poser

$$R_{nl}(r) = r^{l+1} \exp[-(\lambda/2)r^2] v(r) \ . \tag{11}$$

Remarquons que nous pourrions aussi continuer le calcul en posant

$$R_{nl}(r) = r^{-l} \exp[-(\lambda/2)r^2] u(r) \ .$$

Cependant, ceci conduit exactement aux mêmes solutions que (11). Ceci n'est pas évident à première vue, mais peut être montré en répétant les étapes suivantes en utilisant la substitution (11)[6]. En utilisant (11), (7) devient

$$v'' + 2\left(\frac{l+1}{r} - \lambda r\right)v' - (\lambda(2l+3) - k^2)v = 0 \, . \tag{12}$$

En posant

$$t = \lambda r^2 \, , \tag{13}$$

(12) se transforme en une équation différentielle de Kummer [voir (17) de l'exercice 7.1] :

$$t\frac{d^2v}{dt^2} + \left(l + \frac{3}{2} - t\right)\frac{dv}{dt} - \left[\frac{1}{2}\left(l + \frac{3}{2}\right) - \frac{\kappa}{2}\right]v = 0 \, , \tag{14}$$

avec $\kappa = k^2/2\lambda = \hbar k^2/2mw = E/\hbar w$ [voir (7.9)]. Ses solutions sont

$$\begin{aligned}
v(r) = {}& C_1 F_1\left[\tfrac{1}{2}(l + \tfrac{3}{2} - \kappa)l + \tfrac{3}{2}; \lambda r^2\right] \\
&+ C_2 r^{-(2l+1)} \times {}_1F_1\left[\tfrac{1}{2}(-l + \tfrac{1}{2} - \kappa), -l + \tfrac{1}{2}, \lambda r^2\right] \, .
\end{aligned} \tag{15}$$

Pour $l \neq 0$, la seconde solution particulière ne peut pas être normalisée, car elle diverge fortement en $r = 0$. C'est pourquoi nous posons $C_2 = 0$. La même chose a lieu pour $l = 0$. Il n'est pas facile de le démontrer, nous allons simplement le vérifier. (Dans le cas de l'oscillateur linéaire, la seconde solution particulière serait logique du point de vue physique. La différence entre les deux cas provient du fait que précédemment l'intégrale de normalisation était à une dimension, tandis que dans le cas présent elle est à trois dimensions et doit donc être intégrée sur un élément de volume différent).

Nous commençons en exigeant que l'opérateur de moment cinétique $-i\hbar\nabla$ soit autoadjoint, puisqu'il représente une quantité physique et de ce fait doit avoir des valeurs propres réelles :

$$\int u_n^*(-i\hbar\nabla)u_m \, d\tau = \int (-i\hbar\nabla u_n)^* u_m \, d\tau \, , \tag{16}$$

où u_n, u_m sont des éléments d'un ensemble de solutions orthonormés appartenant à un hamiltonien donné, par exemple le hamiltonien (1) :

$$\int u_n^* u_m \, d\tau = \delta_{nm} \, . \tag{17}$$

Puisque les u_n forment un système complet, nous pouvons développer les composantes de $-i\hbar\nabla u_m$ en termes de u_n :

$$-i\hbar\nabla_i u_m = \sum_k \alpha_{ik} u_k \, . \tag{18}$$

---

[6] Voir J. M. Eisenberg, W. Greiner : *Nuclear Theory 1, Nuclear Models*, 3rd ed. (North-Holland, Amsterdam 1987) pp. 145–146.

Alors de (16) nous pouvons déduire

$$\int u_n^*(-i\hbar\nabla)(-i\hbar\nabla u_m)\,d\tau = \int (-i\hbar\nabla u_n)^*(i\hbar\nabla u_m)\,d\tau \ , \tag{19}$$

ou

$$\int u_n^*\Delta u_m\,d\tau = -\int \nabla u_n^*\nabla u_m\,d\tau \ , \tag{20}$$

en employant le théorème de ***Green***, qui requiert que l'intégrale de surface s'annule. Si nous multiplions (20) par $-\hbar/2m$ et posons $n = m$, alors le membre de gauche devient la valeur moyenne de l'énergie cinétique de l'état u_n :

$$\langle E_{\text{cin}}\rangle_n = \frac{\hbar^2}{2m}\int |\nabla u_n|^2\,d\tau \ . \tag{21}$$

La deuxième solution particulière de (15) avec $l = 0$ se comporte comme

$$\frac{R(r)}{r} \sim \frac{1}{r}\,{}_1F_1\left(\frac{1}{4}-\frac{\kappa}{2},\frac{1}{2};\,\lambda r^2\right)e^{-(\lambda/2)r^2} \ , \tag{22}$$

qui veut dire que l'intégrale (21) diverge, tandis que la valeur moyenne de l'énergie potentielle $m\omega^2r^2/2$ reste finie (ce calcul simple est laissé aux bons soins du lecteur comme exercice). L'intégrale de l'énergie cinétique diverge parce que la fonction d'onde diverge à l'origine $r = 0$; où

$$\nabla\frac{R}{r} \sim \frac{1}{r^2}$$

et ainsi

$$\left(\nabla\frac{R}{r}\right)2r^2\,dr \sim dr \ .$$

Ce terme manifestement diverge. En conséquence, nous devons aussi exclure la solution (22).

Nous revenons maintenant à (15). Avec les mêmes arguments que nous avons utilisés dans le cas de l'oscillateur linéaire, nous concluons que, puisque les solutions doivent être régulières à l'infini, la fonction hypergéométrique doit s'y interrompre, ce qui à présent conduit à la condition

$$\tfrac{1}{2}(l+\tfrac{3}{2}-\kappa) = -n \quad (n \in \mathbb{N}_0) \ ,$$

c'est-à-dire à une quantification de l'énergie :

$$E_{nl} = \hbar\omega(2n+l+\tfrac{3}{2}) \ . \tag{23}$$

Le terme $(3/2)\hbar\omega$ représente l'*énergie au zéro absolu de l'oscillateur harmonique tri-dimensionel*. Puisqu'il y a maintenant des oscillations au zéro absolu le long des axes x, y et z, l'énergie y est trois fois plus grande que pour l'oscillateur à une dimension.

Spectre d'un oscillateur harmonique à trois dimensions   *Exemple 7.3*

$N = 2n + l$	n	l	Énergie	Nombre des états dégénérés	
0	0	0(s)	$\frac{3}{2}\hbar\omega$	1	
1	0	1(p)	$\frac{5}{2}\hbar\omega$	3	
2	1	0(s)	$\left.\begin{array}{c} \\ \\ \end{array}\right\}\frac{7}{2}\hbar\omega$	1	6
	0	2(d)		5	
3	1	1(s)	$\left.\begin{array}{c} \\ \\ \end{array}\right\}\frac{9}{2}\hbar\omega$	3	10
	0	3(f)		7	
4	2	0(s)		1	
	1	2(d)	$\left.\begin{array}{c} \\ \\ \\ \end{array}\right\}\frac{11}{2}\hbar\omega$	5	15
	0	4(g)		9	

La fonction propre, non encore normalisée, appartenant à la valeur propre E_{nl} est alors

$$\psi_{nlm}(r, \vartheta, \varphi) = r^l \, e^{-(\lambda/2)r^2} \, {}_1F_1(-n, l + \tfrac{3}{2}; \lambda r^2) Y_{lm}(\vartheta, \varphi) \, . \tag{24}$$

Les $2l + 1$ états propres de même (n, l), mais de nombres quantiques magnétiques m différents, sont dégénérés. De plus, les états avec $N \equiv 2n + l$ sont aussi dégénérés. C'est pourquoi N est parfois appelé le *nombre quantique principal*. Le tableau ci-dessus montre la dégénérescence des états propres les plus bas de l'oscillateur tri-dimensionel.

En spectroscopie, on utilise communément la notation s, p, d, f, ... pour les moments orbitaux $l = 0, 1, 2, 3, ...$ Par exemple, un état $5p$ est caractérisé par le nombre quantique principal $N = 5$ et le moment cinétique (orbital) $l = 1$ (voir le tableau).

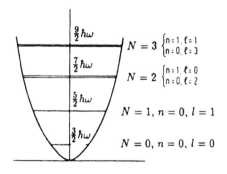

Structure des niveaux d'une particule dans un potentiel à trois dimensions. Remarquez la dégénérescence des états supérieurs

Exemple 7.3   Le diagramme illustre le spectre de l'oscillateur harmonique à trois dimensions. L'oscillateur tri-dimensionel a une importance fondamentale en physique nucléaire lorsqu'on établit le hamiltonien pour le modèle en couches. En fait, il constitue une partie essentielle : le modèle en couches du noyau est basé sur l'hypothèse que les nucléons individuels se déplacent dans un potentiel moyen généré par l'ensemble de tous les autres nucléons.

Ce potentiel moyen est souvent approché par un oscillateur à trois dimensions.[7] De plus, il y a une *interaction spin–orbite*, avec laquelle nous nous familiariserons en discutant de la mécanique quantique relativiste.

7.6 Notes biographiques

WEBER, Heinrich, mathématicien allemand, *5.3.1842 Heidelberg, † 17.5.1913 Strasbourg. Weber étudia à Heidelberg, Leipzig et Königsberg. En 1873 il fut professeur à Berlin, en 1844 à Marburg, en 1892 à Göttingen et à partir de 1895, à Strasbourg. Weber fut des contributions significatives à la physique mathématique, à la théorie des nombres et à l'algèbre. Il fut également co-auteur d'excellents manuels.

GAUSS, Carl Friedrich, mathématicien, astronome et physicien allemand, *30.4.1777 Brunswick, † 23.2.1855 Göttingen. Gauss était le fils d'un journalier et très jeune attira l'attention par ses talents mathématiques extraordinaires. À partir de 1791 il fut éduqué aux frais du Duc de Brunswick. Entre 1795 et 1798, Gauss étudia à Göttingen et obtint son doctorat en 1799 à Helmstedt. À partir de 1807 Gauss fut directeur de l'observatoire de Göttingen et professeur à l'Université de Göttingen. Il déclina toutes les offres pour aller ailleurs, par exemple, pour rejoindre l'Académie de Berlin. Gauss débuta ses activités scientifiques en 1791 avec ses investigations sur la moyenne harmonique, la distribution des nombres premiers et en 1792 les *fondements de la géométrie*. En 1794, Gauss inventa la méthode des *moindres carrés* et en 1795, il commença à travailler intensément sur la théorie des nombres, par exemple sur la loi de réciprocité quadratique. En 1796 il publia son premier ouvrage dans lequel il démontra que des polygones à *n* côtés (*n*-gones) équilatéraux peuvent être construits avec un compas et une équerre, si *n* est un nombre premier de Fermat (en particulier les polygones à 17 côtés). Dans sa thèse de doctorat, Gauss fournit la démonstration du *théorème fondamental de l'algèbre*, suivi d'autres démonstrations. De ses legs, nous savons que la même année il avait déjà jeté les bases de la théorie des fonctions elliptiques. Son premier travail de grande ampleur, publié en 1801, sont ses fameux *Disquisitiones arithmeticae*, qui marquent le début de la théorie moderne des nombres. Ce travail contient la théorie des congruences quadratiques et la première démonstration de la loi de réciprocité quadratique, le *theorema aureum* aussi bien que la *science des partitions du cercle*. À partir d'environ 1801, Gauss s'intéressa à l'astronomie. Les résultats de ses études concernent le calcul de l'orbite de Cérès (1801), les perturbations séculaires (1809 et 1818) et l'attraction de l'ellipsoïde universel (1813). En 1812, Gauss publia son traité sur les *séries*

---

[7] Voir J. M. Eisenberg, W. Greiner : *Nuclear Theory 1, Nuclear Models*, 3rd ed. (North-Holland, Amsterdam 1987).

hypergéométriques, qui constitue sa première et exacte investigation de la convergence. À partir de 1820, Gauss se consacra de plus en plus à la topologie. Son accomplissement théorique le plus remarquable fut la *théorie des surfaces*, qui contient le *Theorema egregium* (1827). Gauss s'exerça à la géodésie et effectua des études très complètes pendant les années 1821–25. En dépit d'aussi vastes réussites, en 1825 et 1831, ses publications sur les *restes biquadratiques* apparurent aussi. Le second de ces traités donne une description des nombres complexes dans le plan et une nouvelle théorie des nombres premiers. Dans ses dernières années, Gauss prit plaisir à certains problèmes physiques. Sa contribution la plus importante sont l'invention d'un télégraphe électrique, réalisé en 1833/34 avec W. Weber, et en 1839/40 la *théorie potentielle* qui devint une nouvelle branche des mathématiques. Il détermina le fonctionnement de systèmes optiques sous les faibles incidences (méthode d'approximation de Gauss). Il étudia les distributions statistiques et énonça sa loi de Gauss ou loi de Laplace–Gauss ou loi normale : loi donnant la probabilité d'une variable aléatoire continue et dont la courbe représentative a la forme d'une cloche (courbe de Gauss en cloche). Beaucoup des résultats importants de Gauss ne furent connus qu'à travers ses lettres et son journal ; par exemple, Gauss avait découvert le géométrie non euclidienne vers 1816. La répugnance de Gauss a publier des résultats important était due au niveau extraordinairement haut qu'il exigeait pour la présentation de ses recherches et ses efforts pour éviter des controverses superflues.

KUMMER, Ernst Eduard, mathématicien allemand, *29.1.1810 Sorau (Zary), † 14.5.1893 Berlin. Kummer était professeur de lycée à Liegnitz de 1832 à 1842 ; plus tard il fut à l'Université de Breslau (Wrocław) jusqu'en 1856. Pendant les années qui ont suivi et jusqu'en 1883, il fut professeur à l'Université de Berlin. Il travailla principalement sur la géométrie différentielle des congruences et l'introduction des nombres parfaits dans la théorie des nombres algébriques.

LAGUERRE, Edmond Nicolas, mathématicien français, *9.4.1834, † 13.8.1886 Bar-le-Duc. Laguerre fut l'un des fondateurs de la géométrie moderne. Il devint membre de l'Académie Française en 1885. En dehors des problèmes de géométrie (en particulier l'interprétation de la géométrie réelle et imaginaire), Laguerre fit progresser les théories des équations algébriques et des fractions continues.

GREEN, George, mathématicien anglais, *14.7.1793 à Nottingham, † 31.3.1841 à Sneinton près de Nottingham. En dehors de ses activités en tant que successeur de son père boulanger et meunier, Green suivi de près toutes les découvertes concernant l'électricité et lu les travaux de Laplace. Après des études à Cambridge, il y travailla au collège Caius. Son principal travail «Essays on the Application of Mathematical Analysis to Theories of Electricity and Magnetism» (1828) représente la première tentative d'une description mathématique des phénomènes électriques, et marque, en même tant que les travaux de Gauss, le début de la théorie potentielle.

8. Transition de la mécanique classique à la mécanique quantique

8.1 Déplacement des valeurs moyennes

Considérons un opérateur hermitique $\hat{L}$. Nous avons vu que la valeur moyenne de l'opérateur est définie par

$$\overline{L} = \int \psi^* \hat{L} \psi \, dV . \tag{8.1}$$

Puisque à la fois l'opérateur $\hat{L}$ et la fonction d'onde ψ peuvent dépendre du temps, la valeur moyenne $\overline{L}$ sera généralement dépendante du temps aussi. Quand nous évaluons la variation temporelle de $\hat{L}$, nous pouvons échanger différentiation et intégration. Ceci donne

$$\frac{d}{dt}\overline{L} = \int \psi^* \frac{\partial \hat{L}}{\partial t} \psi \, dV + \int \left(\frac{\partial \psi^*}{\partial t} \hat{L} \psi + \psi^* \hat{L} \frac{\partial \psi}{\partial t} \right) dV . \tag{8.2}$$

La première intégrale représente la valeur moyenne de la dérivée partielle de l'opérateur $\hat{L}$ par rapport au temps. La seconde intégrale peut être simplifiée à l'aide de l'équation de Schrödinger dépendante du temps :

$$\frac{\partial \psi}{\partial t} = -\frac{i}{\hbar} \hat{H} \psi , \qquad \frac{\partial \psi^*}{\partial t} = \frac{i}{\hbar} \hat{H}^* \psi^* . \tag{8.3}$$

Si nous faisons usage de l'hermiticité de $\hat{H}$ nous obtenons

$$\frac{d}{dt}\overline{L} = \int \psi^* \frac{\partial \hat{L}}{\partial t} \psi \, dV + \frac{i}{\hbar} \int \psi^* [\hat{H}, \hat{L}]_- \psi \, dV \tag{8.4}$$

ou, plus simplement,

$$\frac{d}{dt}\overline{L} = \overline{\frac{\partial \hat{L}}{\partial t}} + \frac{i}{\hbar} \overline{[\hat{H}, \hat{L}]_-} . \tag{8.5}$$

En prenant (8.5) comme base, nous pouvons définir la dérivée totale de l'opérateur $d\hat{L}/dt$ par rapport au temps :

$$\frac{d\hat{L}}{dt} = \frac{\partial \hat{L}}{\partial t} + \frac{i}{\hbar} [\hat{H}, \hat{L}]_- . \tag{8.6}$$

De cette définition, nous constatons que la dérivée par rapport au temps de la valeur moyenne $\hat{L}$ est égale à la valeur moyenne de $\mathrm{d}\hat{L}/\mathrm{d}t$. La somme et le produit obéissent aux règles de dérivation :

$$\frac{\mathrm{d}}{\mathrm{d}t}(\hat{A}+\hat{B}) = \frac{\mathrm{d}\hat{A}}{\mathrm{d}t} + \frac{\mathrm{d}\hat{B}}{\mathrm{d}t} ,\tag{8.7}$$

$$\frac{\mathrm{d}}{\mathrm{d}t}(\hat{A}\hat{B}) = \frac{\mathrm{d}\hat{A}}{\mathrm{d}t}\hat{B} + \hat{A}\frac{\mathrm{d}\hat{B}}{\mathrm{d}t} ,\tag{8.8}$$

ce qui peut être vérifié en appliquant (8.6). La relation (8.8) se démontre comme suit :

$$\begin{aligned}
\frac{\mathrm{d}}{\mathrm{d}t}(\hat{A}\hat{B}) &= \frac{\partial}{\partial t}(\hat{A}\hat{B}) + \frac{\mathrm{i}}{\hbar}[\hat{H},\hat{A}\hat{B}]_- \\
&= \frac{\partial A}{\partial t}\hat{B} + \hat{A}\frac{\partial\hat{B}}{\partial t} + \frac{\mathrm{i}}{\hbar}(\hat{H}\hat{A}\hat{B} - \hat{A}\hat{H}\hat{B} + \hat{A}\hat{H}\hat{B} - \hat{A}\hat{B}\hat{H}) \\
&= \frac{\partial\hat{A}}{\partial t}\hat{B} + \hat{A}\frac{\partial\hat{B}}{\partial t} + \frac{\mathrm{i}}{\hbar}([\hat{H},\hat{A}]_-\hat{B} + \hat{A}[\hat{H},\hat{B}]_-) \\
&= \frac{\partial\hat{A}}{\partial t}\hat{B} + \hat{A}\frac{\partial\hat{B}}{\partial t} .
\end{aligned}\tag{8.9}$$

8.2 Théorème d'Ehrenfest

Considérons la dérivée par rapport au temps de l'opérateur position (ou quantité de mouvement). Aucun de ces opérateurs n'est explicitement fonction du temps ; d'où, pour les composantes sur x, nous avons :

$$\frac{\mathrm{d}\hat{x}}{\mathrm{d}t} = \frac{\mathrm{i}}{\hbar}[\hat{H},\hat{x}]_- ,\tag{8.10}$$

$$\frac{\mathrm{d}\hat{p}_x}{\mathrm{d}t} = \frac{\mathrm{i}}{\hbar}[\hat{H},\hat{p}_x]_- .\tag{8.11}$$

Des expressions analogues sont valables pour les autres composantes. Pour évaluer les commutateurs, examinons le hamiltonien d'une particule dans le potentiel :

$$\hat{H} = \frac{1}{2m}(\hat{p}_x^2 + \hat{p}_y^2 + \hat{p}_z^2) + \hat{V}(x,y,z) .\tag{8.12}$$

L'opérateur $\hat{x}$ commute avec $\hat{p}_z^2$, $\hat{p}_y^2$ et le potentiel, qui est supposé être une fonction exclusivement de l'espace. Ainsi

$$\begin{aligned}
[\hat{H},x]_- &= \frac{1}{2m}[\hat{p}_x^2,x]_- = \frac{1}{2m}[\hat{p}_x(x\hat{p}_x - \mathrm{i}\hbar) - x\hat{p}_x^2] \\
&= \frac{1}{2m}[(-\mathrm{i}\hbar + x\hat{p}_x)\hat{p}_x - \mathrm{i}\hbar\hat{p}_x - x\hat{p}_x^2] = \frac{\hbar}{\mathrm{i}}\frac{\hat{p}_x}{m} .
\end{aligned}\tag{8.13}$$

Le commutateur avec la composante de la quantité de mouvement $\hat{p}_x$ donne

$$[\hat{H}, \hat{p}_x]_- = [\hat{V}(x, y, z), \hat{p}_x]_- = -\frac{\hbar}{i} \frac{\partial \hat{V}}{\partial x} \,. \tag{8.14}$$

D'où, de (8.10) et (8.11) nous obtenons

$$\frac{d\hat{x}}{dt} = \frac{\hat{p}_x}{m} \,, \tag{8.15}$$

$$\frac{d\hat{p}_x}{dt} = -\frac{\partial \hat{V}}{\partial x} \,. \tag{8.16}$$

Ainsi, les mêmes relations existent entre les opérateurs position et quantité de mouvement que celles qu'on a entre position et quantité de mouvement en mécanique classique :

$$\frac{dx}{dt} = \frac{p_x}{m} = v_x \,, \qquad \frac{dp_x}{dt} = -\frac{\partial V}{\partial x} = F_x \,. \tag{8.17}$$

En évaluant les valeurs moyennes de (8.15) et (8.16) et en considérant $\overline{dx/dt} = d\bar{x}/dt$, on déduit les deux théorèmes d'*Ehrenfest*

$$\frac{d}{dt} \int \psi^* \hat{x} \psi \, dx = \frac{1}{m} \int \psi^* \hat{p}_x \psi \, dx \,,$$

$$\frac{d}{dt} \int \psi^* \hat{p}_x \psi \, dx = - \int \psi^* \frac{\partial V}{\partial x} \psi \, dx \,. \tag{8.18}$$

Ceci peut se résumer par le *théorème d'Ehrenfest* (1927) : les valeurs moyennes de variables quantiques satisfont aux mêmes équations du mouvement que les variables classiques correspondantes, dans la description classique correspondante.

8.3 Constantes du mouvement, lois de conservation

Un opérateur dépendant du temps est une constante du mouvement s'il commute avec le hamiltonien. En effet, dans le cas de la non dépendance en temps, nous avons

$$\frac{d\hat{L}}{dt} = \frac{\partial \hat{L}}{\partial t} + \frac{i}{\hbar} [\hat{H}, \hat{L}]_- = 0 \,. \tag{8.19}$$

Si l'opérateur lui-même n'est pas explicitement fonction du temps, c'est-à-dire $\partial \hat{L}/\partial t = 0$, on déduit que $[\hat{H}, \hat{L}] = 0$. Ainsi, les seuls opérateurs $\hat{L}$ qui représentent des constantes du mouvement sont ceux qui (1) ne dépendent pas explicitement du temps et (2) commutent avec le hamiltonien. Ce fait sera très important dans la suite de notre étude de la mécanique quantique.

L'opérateur $\hat{H}$ de l'énergie totale manifestement commute avec lui-même. Par conséquent, il constitue une constante du mouvement s'il n'est pas explicitement dépendant du temps. Ceci est la *conservation de l'énergie*.

La quantité de mouvement $\hat{p}$ ne dépend pas explicitement du temps. De (8.14), il découle que $\hat{p}_x$ =constant si $\partial V/\partial x = 0$. Donc, la *conservation de la quantité de mouvement* est également valable en mécanique quantique.

Le potentiel $V(r)$ associé aux forces centrales n'est fonction que du rayon r. Par conséquent, l'opérateur moment cinétique $\hat{L}^2 = -\hbar^2 \nabla^2_{\theta,\varphi}$ [voir (4.75)] commute avec $V(r)$. Le hamiltonien complet est [voir (4.82a)]

$$\hat{H} = \hat{T}_r + \hat{L}^2/2mr^2 + \hat{V}(r) \; ; \tag{8.20}$$

d'où,

$$[\hat{H}, \hat{L}^2] = 0 \; . \tag{8.21}$$

Donc, la *conservation du moment cinétique* est valable (seconde loi de Kepler : loi des aires). Les mêmes considérations sont vraies pour la composante sur z du moment cinétique, car $[\hat{L}^2, \hat{L}_z] = 0$ et $[\hat{H}, \hat{L}_z] = 0$.

EXERCICE ███████████████████████████████

8.1 Relations de commutation

Problème. Par application de la relation de commutation canonique

$$[\hat{p}_i, \hat{q}_k]_- = \frac{\hbar}{i}\delta_{ik} \; , \tag{1}$$

montrez que les relations de commutations

$$[\hat{H}, \hat{p}_i]_- = -\frac{\hbar}{i}\frac{\partial \hat{H}}{\partial \hat{q}_i} \; , \quad [\hat{H}, \hat{q}_i]_- = \frac{\hbar}{i}\frac{\partial \hat{H}}{\partial \hat{p}_i} \tag{2}$$

sont valables pour des hamiltoniens de la forme

$$\hat{H} = \hat{q}_i, \hat{q}_i^2, \ldots, \hat{q}_i^n, \hat{p}_i^n \quad \text{et} \tag{3}$$

$$\hat{H} = \sum_k C_{mn} \hat{p}_k^m \hat{q}_k^n \; . \tag{4}$$

Solution. L'équation

$$[\hat{H}, \hat{p}_i]_- = -\frac{\hbar}{i}\frac{\partial \hat{H}}{\partial \hat{q}_i} \tag{5}$$

est manifestement vérifiée pour $\hat{H} = \hat{q}_i$. Nous la supposons aussi vérifiée pour $\hat{H} = \hat{q}_i^n$. Alors, pour $\hat{H} = \hat{q}_i^{n+1}$, nous avons aussi

$$[\hat{q}_i^{n+1}, \hat{p}_i]_- = \hat{q}_i^{n+1}\hat{p}_i - \hat{p}_i\hat{q}_i^{n+1} = \hat{q}_i(\hat{q}_i^n\hat{p}_i - \hat{p}_i\hat{q}_i^n) + (\hat{q}_i\hat{p}_i - \hat{p}_i\hat{q}_i)\hat{q}_i^n$$

$$= \hat{q}_i\left(-\frac{\hbar}{i}n\hat{q}_i^{n-1}\right) + \left(-\frac{\hbar}{i}\right)\hat{q}_i^n$$

$$= -\frac{\hbar}{i}(n+1)\hat{q}_i^n = -\frac{\hbar}{i}\frac{\partial\hat{H}}{\partial\hat{q}_i} \; ; \tag{6}$$

donc, la relation est valable pour tout n. La démonstration de $[\hat{H}, \hat{p}_i]_-$ et de $\hat{H} = \hat{p}_i^n$ est menée de manière analogue.

Si $\hat{H} = \sum C_{mn}\hat{p}_i^m\hat{q}_i^n$, alors nous avons

$$[\hat{H}, \hat{p}_i]_- = \sum C_{mn}\hat{p}_i^m[\hat{q}_i^n, \hat{p}_i] = \sum C_{mn}\hat{p}_i^m\left(-\frac{\hbar}{i}\frac{\partial\hat{q}_i^n}{\partial\hat{q}_i}\right)$$

$$= \sum C_{mn}\hat{p}_i^m\left(-\frac{\hbar}{i}n\hat{q}_i^{n-1}\right) = -\frac{\hbar}{i}\frac{\partial\hat{H}}{\partial\hat{q}_i} \; . \tag{7}$$

EXERCICE ▬▬▬▬▬▬▬▬▬▬▬▬▬▬▬▬▬▬

8.2 Théorème du viriel

Le *théorème du viriel* exprime une relation générale entre la valeur moyenne de l'énergie cinétique $\langle|\hat{T}|\rangle$ et le potentiel V :

$$2\langle|\hat{T}|\rangle = \langle|\hat{r}\cdot\nabla V(\hat{r})|\rangle \; . \tag{1}$$

Il est valable à la fois en mécanique classique et en mécanique quantique, et peut être démontré de façon similaire dans les deux cas. En mécanique classique, nous partons de la valeur moyenne de la dérivée par rapport au temps de la quantité $\hat{r}\cdot p$, c'est-à-dire $d(\hat{r}\cdot p)/dt$, qui s'annule pour les mouvements périodiques. Parallèlement, en mécanique quantique, nous considérons la valeur moyenne de $d(r\cdot\hat{p})/dt$ et obtenons

$$\left\langle\left|\frac{d}{dt}\hat{r}\cdot\hat{p}\right|\right\rangle = \frac{d}{dt}\langle|\hat{r}\cdot\hat{p}|\rangle = \frac{1}{i\hbar}\langle|[\hat{r}\cdot\hat{p}, \hat{H}]_-|\rangle = 0 \; . \tag{2}$$

La dernière identité peut être aisément vérifiée en écrivant :

$$\langle\psi_E|[\hat{r}\cdot\hat{p}, \hat{H}]_-|\psi_E\rangle = \langle\psi_E|\hat{r}\cdot\hat{p}E - E\hat{r}\cdot\hat{p}|\psi_E\rangle$$

$$= (E-E)\langle\psi_E|\hat{r}\cdot\hat{p}|\psi_E\rangle = 0 \; . \tag{3}$$

La dernière étape est basée sur l'hermiticité de $\hat{H}$ et le fait que E est réelle. D'autre part, le commutateur $[\hat{r}\cdot\hat{p}, \hat{H}]_-$ est facilement calculable pour tous les

Exercice 8.2 $\hat{H}$ de la forme $\hat{H} = \hat{p}^2/2m + V(r)$:

$$[\hat{\boldsymbol{r}} \cdot \hat{\boldsymbol{p}}, \hat{H}]_- = \left[x\hat{p}_x + y\hat{p}_y + z\hat{p}_z, \frac{\hat{p}_x^2 + \hat{p}_y^2 + \hat{p}_z^2}{2m} + V(x, y, z) \right]_-$$

$$= \frac{\mathrm{i}\hbar}{m}(\hat{p}_x^2 + \hat{p}_y^2 + \hat{p}_z^2) - \mathrm{i}\hbar \left(x\frac{\partial V}{\partial x} + y\frac{\partial V}{\partial y} + z\frac{\partial V}{\partial z} \right)$$

$$= 2\mathrm{i}\hbar\hat{T} - \mathrm{i}\hbar(\hat{\boldsymbol{r}} \cdot \nabla V) \,. \tag{4}$$

Ainsi nous avons $2\langle|\hat{T}|\rangle = \langle|\hat{\boldsymbol{r}} \cdot \nabla V(r)|\rangle$. Remarquons qu'il importe peu, pour la démonstration, que nous démarrions de $\hat{\boldsymbol{r}} \cdot \hat{\boldsymbol{p}}$ ou de $\hat{\boldsymbol{p}} \cdot \hat{\boldsymbol{r}}$, car la différence entre les termes est une constante qui, manifestement, commute avec $\hat{H}$. Si V est un potentiel à symétrie sphérique, c'est-à-dire $V(r) \sim r^n$, le théorème du viriel donne $2\langle|\hat{T}|\rangle = n\langle|V|\rangle$. Ceci est valable pour tout n, où, évidemment, la valeur moyenne $\langle|V|\rangle$ existe.

8.4 Quantification en coordonnées curvilignes

L'équation (8.6), qui donne la dérivée par rapport au temps d'un opérateur $\hat{F}$

$$\frac{\mathrm{d}\hat{F}}{\mathrm{d}t} = \frac{\partial\hat{F}}{\partial t} + \frac{1}{\mathrm{i}\hbar}[\hat{F}, \hat{H}]_- \,, \tag{8.22}$$

a un analogue formel en mécanique classique : le *crochet de **Poisson***. La dérivée par rapport au temps d'une fonction $F(p_i, q_i, t)$ est donnée par

$$\frac{\mathrm{d}F}{\mathrm{d}t} = \frac{\partial F}{\partial t} + \sum_{i=1}^{f} \left(\frac{\partial F}{\partial q_i}\dot{q}_i + \frac{\partial F}{\partial p_i}\dot{p}_i \right) \,, \tag{8.23}$$

où p_i, q_i sont respectivement les coordonnées généralisées de la quantité de mouvement et de la position et f est le nombre de degrés de liberté. En utilisant les équations de Hamilton, le second terme du membre de droite de (8.23) se transforme en

$$\sum_{i=1}^{f} \left(\frac{\partial F}{\partial q_i}\dot{q}_i + \frac{\partial F}{\partial p_i}\dot{p}_i \right) = \sum_{i=1}^{f} \left(\frac{\partial F}{\partial q_i}\frac{\partial H}{\partial p_i} - \frac{\partial F}{\partial p_i}\frac{\partial H}{\partial q_i} \right) \equiv \{F, H\} \,,$$

et, ainsi, (8.23) devient

$$\frac{\mathrm{d}F}{\mathrm{d}t} = \frac{\partial F}{\partial t} + \{F, H\} \,. \tag{8.24}$$

L'analogie entre l'équation classique (8.24) et l'équation en mécanique quantique (8.22) est manifeste. Le terme $\{F, H\}$, impliquant la fonction hamiltonienne H, est appelé le crochet de Poisson. Le passage de la mécanique classique à la mécanique quantique peut manifestement être effectué en utilisant les opérateurs et en remplaçant le crochet de Poisson $\{\,,\,\}$ par le commutateur $(1/\mathrm{i}\hbar)[\,,\,]_-$. L'opérateur $(1/\mathrm{i}\hbar)[\hat{F}, \hat{H}]_-$ est aussi appelé le *crochet de Poisson quantique*.

Ces analogies peuvent être poursuivies. En mécanique classique, nous travaillons avec des variables canoniques et disons qu'une transformation de q_i, p_i en Q_i, P_i est canonique si Q_i et P_i satisfont encore l'équation de Hamilton. Ceci signifie la transformation

$$H(p_i, q_i) \rightarrow \mathcal{H}(P_i, Q_i) \,, \tag{8.25}$$

où $\mathcal{H}$ représente la nouvelle fonction de Hamilton qui dépend des coordonnées P_i et Q_i. La même chose peut être exprimée par le crochet de Poisson ; en effet

$$\{q_i, p_i\} = \delta_{ij} \,, \tag{8.26}$$

équivalent à

$$\sum_{\sigma=1}^{f} \left(\frac{\partial q_i}{\partial q_\sigma} \frac{\partial p_j}{\partial p_\sigma} - \frac{\partial q_i}{\partial p_\sigma} \frac{\partial p_j}{\partial q_\sigma} \right) = \delta_{ij} \,. \tag{8.27}$$

Le terme $(\partial q_i / \partial p_\sigma)(\partial p_j / \partial q_\sigma)$ s'annule toujours et $(\partial q_i / \partial q_\sigma)(\partial p_j / \partial p_\sigma)$ ne donne l'égalité que pour $i = j$, d'où, δ_{ij}. Si nous transformons en Q_i, P_i, la transformation n'est alors canonique que si

$$\{Q_i, P_j\} = \delta_{ij} \tag{8.28}$$

est valable. (Ceci sera expliqué dans l'exercice 8.4.) De plus, les équations suivantes sont aussi valables :

$$\{Q_i, Q_j\} = 0 \quad \text{et} \quad \{P_i, P_j\} = 0 \,. \tag{8.29}$$

En passant à la mécanique quantique, nous obtenons la même relation, à condition de poser $\hat{p}_j = -\mathrm{i}\hbar \partial / \partial \hat{x}_j$ dans le crochet de Poisson quantique défini ci-dessus :

$$-\frac{\mathrm{i}\hbar}{\mathrm{i}\hbar} \left[\hat{x}_i, \frac{\partial}{\partial \hat{x}_j} \right]_- = \delta_{ij} \,. \tag{8.30}$$

Ainsi, la quantité de mouvement est remplacée par l'opérateur. De même, les deux relations (8.29) considérées ci-dessus sont valables en mécanique quantique :

$$[\hat{x}_i, \hat{x}_j]_- = 0 \quad \text{et} \quad \left[\frac{\partial}{\partial \hat{x}_i}, \frac{\partial}{\partial \hat{x}_j} \right]_- = 0 \,. \tag{8.31}$$

De plus, les relations suivantes sont valables pour le crochet de Poisson classique :

$$\{A, B\} = -\{B, A\}, \quad \{A, C\} = 0 \quad \text{pour} \quad C = \text{cste},$$
$$\{A_1 A_2, B\} = \{A_1, B\} A_2 + A_1 \{A_2, B\},$$
$$\{A_1 + A_2, B\} = \{A_1, B\} + \{A_2, B\},$$
$$\{A, \{B, C\}\} + \{B, \{C, A\}\} + \{C, \{A, B\}\} = 0 \quad \text{(identité de Jacobi)}. \quad (8.32)$$

On peut facilement vérifier que le commutateur quantique satisfait aux mêmes relations algébriques. Ceci fut noté pour la première fois par P.A.M. Dirac, qui l'utilisa pour montrer l'analogie formelle entre mécanique quantique et hamiltonienne. Le passage de la mécanique classique à la mécanique quantique peut être accompli formellement par une transformation canonique particulière avec les commutateurs :

$$[\hat{p}_i, \hat{x}_j]_- = i\hbar \delta_{ij}, \quad [\hat{x}_i, \hat{x}_j]_- = 0, \quad [\hat{p}_i, \hat{p}_j]_- = 0. \quad (8.33)$$

Un court exemple montre, néanmoins, qu'il faut être très prudent avec ce passage, maintenant que la quantité de mouvement est un opérateur. Les termes

$$p^2, \quad \frac{1}{x} p x p, \quad \frac{1}{x^2} p x p x, \quad \text{etc}. \quad (8.34)$$

sont équivalent en mécanique classique. Si, cependant, nous remplaçons la quantité de mouvement par l'opérateur $\hat{p} = -i\hbar \partial/\partial x$, nous obtenons des termes différents en mécanique quantique.

Des difficultés similaires surviennent si nous utilisons des *coordonnées curvilignes*. La nature particulière des coordonnées cartésiennes deviennent claires lorsque nous considérons l'énergie cinétique. L'énergie cinétique en coordonnées généralisées prend la forme

$$T = \sum_{i,k=1}^{3} m_{ik}(q_1, q_2, q_3) p_i p_k. \quad (8.35)$$

Les coefficients de masse m_{ik} sont en général des fonctions de l'espace. Ainsi, si la quantité de mouvement est mesurée, ils ne peuvent pas être déterminés exactement en même temps. Ici, ceci signifie que l'énergie cinétique ne peut pas être déterminée en mesurant uniquement les quantités de mouvement. En coordonnées cartésiennes, pour une particule de masse m, les coefficients obéissent à la relation $m_{ik} = 1/2m \delta_{ik}$; d'où

$$T = \frac{p_x^2 + p_y^2 + p_z^2}{2m}, \quad (8.36)$$

et l'énergie cinétique est exclusivement déterminée par les quantités de mouvement. Bien sûr, la forme de l'énergie cinétique est essentielle pour la détermination de l'opérateur hamiltonien (le hamiltonien). Pour obtenir l'opérateur à partir de la fonction de Hamilton, il est toujours nécessaire de transformer la fonction en coordonnées cartésiennes avant de la porter dans les opérateurs. Ceci constitue la manière la plus sûre de passer d'un système classique au système quantique correspondant.

Nous allons maintenant montrer les différents résultats de deux procédures, en prenant l'exemple d'un potentiel central.

Méthode correcte

Nous considérons un problème à force centrale (par exemple l'atome d'hydrogène) avec le potentiel $V(r) = -e^2/r$. La fonction hamiltonienne en coordonnées cartésiennes prend la forme $H = \boldsymbol{p}^2/2m + V(r)$. Nous remplaçons la quantité de mouvement par l'opérateur $-i\hbar\nabla$ et obtenons le hamiltonien

$$\hat{H} = -\frac{\hbar^2\nabla^2}{2m} + V(\boldsymbol{r}) = -\frac{\hbar^2\Delta}{2m} + V(\boldsymbol{r}) . \tag{8.37}$$

Maintenant nous devons exprimer l'opérateur Δ dans le système de coordonnées sphériques r, ϑ, φ, appropriées à ce problème. Le résultat de ce calcul est bien connu et conduit à l'équation de Schrödinger

$$\hat{H}\psi = -\frac{\hbar^2}{2m}\left[\frac{1}{r^2}\frac{\partial}{\partial r}r^2\frac{\partial}{\partial r}\psi + \frac{1}{r^2\sin\vartheta}\frac{\partial}{\partial\vartheta}\left(\sin\vartheta\frac{\partial}{\partial\vartheta}\psi\right)\right.$$
$$\left. + \frac{1}{r^2\sin^2\vartheta}\frac{\partial^2}{\partial\varphi^2}\psi\right] + V(\boldsymbol{r})\psi = E\psi . \tag{8.38}$$

Méthode incorrecte

Nous démarrons avec la fonction hamiltonienne quantique et passons des coordonnées cartésiennes aux coordonnées sphériques. D'où nous obtenons la fonction hamiltonienne :

$$H = \frac{1}{2m}\left(p_r^2 + \frac{1}{r^2}p_\vartheta^2 + \frac{1}{r^2\sin^2\vartheta}p_\varphi^2\right) + V(\boldsymbol{r}). \tag{8.39}$$

Maintenant, en effectuant le passage vers la mécanique quantique avec les équations de transformation :

$$[\hat{p}_r, \hat{r}] = -i\hbar , \quad \hat{p}_r = -i\hbar\frac{\partial}{\partial r} ;$$
$$[\hat{p}_\vartheta, \hat{\vartheta}] = -i\hbar , \quad \hat{p}_\vartheta = -i\hbar\frac{\partial}{\partial\vartheta} ;$$
$$[\hat{p}_\varphi, \hat{\varphi}] = -i\hbar , \quad \hat{p}_\varphi = -i\hbar\frac{\partial}{\partial\varphi} , \tag{8.40}$$

et en écrivant le hamiltonien quantique,

$$\hat{H} = \frac{1}{2m}\left(\frac{\partial^2}{\partial r^2} + \frac{1}{r^2}\frac{\partial^2}{\partial\vartheta^2} + \frac{1}{r^2\sin^2\vartheta}\frac{\partial^2}{\partial\varphi^2}\right) + V(\boldsymbol{r}) , \tag{8.41}$$

nous remarquons que les résultats des deux procédures diffèrent ; dans le second cas, nous avons perdu quelques termes lors de la transformation.

La transformation des opérateurs d'énergie cinétique d'un système cartésien vers un système curvilignes apparaît délicate, et dans certains cas il peut s'avérer impossible d'exprimer l'énergie cinétique en coordonnées cartésiennes. Ainsi, la question de savoir comment opérer dans ces cas se pose.

Dans la suite, nous expliquons une méthode qui, en partant d'un système quelconque de coordonnées, permet d'obtenir l'expression correcte du hamiltonien quantique.

Nous considérons un système de N particules possédant $3N$ degrés de liberté. Les coordonnées cartésiennes des particules sont $x_1, x_2, \ldots, x_{3N}$. Les quantités de mouvement correspondantes sont désignées par $p_1, p_2, \ldots, p_{3N}$. D'où la fonction hamiltonienne classique :

$$H = \sum_{k=1}^{3N} \frac{p_k^2}{2m} + V(x_1, \ldots, x_{3N}) \,. \tag{8.42}$$

L'énergie cinétique y apparaissant est de structure cartésienne, c'est-à-dire elle est diagonale pour les quantités de mouvement et a des coefficients de masse $1/2m$ constants. Sur la base de notre expérience avec des systèmes à particule individuelle [par ex. : l'atome d'hydrogène – voir (8.36) et (8.38)], nous sommes capables de transformer cette énergie cinétique dans sa forme quantique. L'opérateur de l'énergie cinétique est

$$\hat{T} = -\frac{\hbar^2}{2m} \Delta_{3N} = -\frac{\hbar^2}{2m} \left(\frac{\partial^2}{\partial x_1^2} + \ldots + \frac{\partial^2}{\partial x_{3N}^2} \right) \,, \tag{8.43}$$

où l'opérateur de Laplace à $3N$ dimensions (laplacien) est écrit entre parenthèses. Disons clairement que ceci est un modèle qui est, en effet, justifié par notre expérience.

De manière analogue, nous considérons maintenant un système de coordonnées curvilignes $(u_1, u_2, \ldots, u_{3N})$. Le carré d'un élément de longueur dans l'espace à $3N$ dimensions prend la forme

$$\mathrm{d}s^2 = \sum_{i,k=1}^{3N} g_{ik} \, \mathrm{d}u_i \, \mathrm{d}u_k \,. \tag{8.44}$$

Les coefficients $g_{ik}(u_j)$ sont les éléments du *tenseur métrique* ; en général ils dépendent des coordonnées u_j. En partant de

$$T = \frac{m}{2} \left(\frac{\mathrm{d}s}{\mathrm{d}t} \right)^2 \tag{8.45}$$

l'énergie cinétique donne la relation

$$T = \frac{m}{2} \sum_{i,k=1}^{3N} g_{ik} \frac{\mathrm{d}u_i}{\mathrm{d}t} \frac{\mathrm{d}u_k}{\mathrm{d}t} \,. \tag{8.46}$$

Ainsi, les $g_{ik}(u_j)$ sont une sorte de coefficients de masse. Nous appelons le déterminant de la matrice (g_{ik}) $\det(g_{ik}) = g$, et la matrice inverse $(g_{ik})^{-1} = (g^{ik})$. En coordonnées curvilignes l'opérateur de Laplace Δ_{3N} est [1]

$$\Delta = \frac{1}{\sqrt{g}} \sum_{i,k=1}^{3N} \frac{\partial}{\partial u_i} \left(\sqrt{g} g^{ik} \frac{\partial}{\partial u_k} \right) \; . \tag{8.47}$$

En utilisant cette forme de l'opérateur de Laplace nous obtenons toujours le bon opérateur de l'énergie cinétique lors du passage vers la mécanique quantique, à savoir

$$\hat{T} = -\frac{\hbar^2}{2m} \frac{1}{\sqrt{g}} \sum_{i,k} \frac{\partial}{\partial u_i} \sqrt{g} g^{ik} \frac{\partial}{\partial u_k} \; . \tag{8.48}$$

Cette méthode générale de quantification est particulièrement importante en physique nucléaire pour la quantification des phénomènes collectifs.[2] Dans le cas des vibrations d'un noyau, par exemple, nous avons à faire à un système dont la masse (*masse vibrante*) dépend de l'amplitude des oscillations. Plus les oscillations sont grandes, plus de nucléons participent au mouvement (cf figure 8.1). Le tenseur métrique (*tenseur de masse*) devient dépendant des coordonnées et la quantification (8.48) est d'importance décisive.

Fig. 8.1a,b. Oscillations de surface d'un noyau. Dans le cas (**a**), petites amplitudes, moins de nucléons participent que dans le cas (**b**), grandes amplitudes. La masse oscillante devient alors dépendante de l'amplitude (dépendante de la position)

EXEMPLE

8.3 L'opérateur énergie cinétique en coordonnées sphériques

En utilisant l'exemple des coordonnées sphériques, nous établissons à nouveau l'opérateur énergie cinétique (8.38), mais cette fois à partir de (8.48), qui s'applique à toutes les coordonnées. L'élément de longueur en coordonnées sphériques est

$$ds^2 = dr^2 + r^2 d\vartheta^2 + r^2 \sin^2 \vartheta \, d\varphi^2 = \sum_i g_{ii} (du_i)^2 \; . \tag{1}$$

D'où, nous obtenons pour les seuls éléments du tenseur métrique

$$g_{11} = 1 \; , \quad g_{22} = r^2 \; , \quad g_{33} = r^2 \sin^2 \vartheta \; , \tag{2}$$

qui forment la matrice diagonale

$$(g_{ik}) = \begin{pmatrix} 1 & 0 & 0 \\ 0 & r^2 & 0 \\ 0 & 0 & r^2 \sin^2 \vartheta \end{pmatrix} \; . \tag{3}$$

---

[1] Voir, par ex., M.R. Spiegel: *Vector Analysis* (Schaum, New York 1959).

[2] Voir J. M. Eisenberg, W. Greiner: *Nuclear Theory 1: Nuclear Models*, 3rd ed. (North-Holland, Amsterdam 1987).

Exemple 8.3   Le déterminant et la matrice inverse se calculent facilement :

$$\det(g_{ik}) \equiv g = r^4 \sin^2 \vartheta \quad \text{et}$$

$$(g^{ik}) = \begin{pmatrix} 1 & 0 & 0 \\ 0 & 1/r^2 & 0 \\ 0 & 0 & 1/r^2 \sin^2 \vartheta \end{pmatrix} . \tag{4}$$

Puisque tous les $g_{ik} = 0$ pour $i \neq k$, l'opérateur énergie cinétique est constitué de trois termes seulement :

$$\begin{aligned}
\hat{T} &= -\frac{\hbar^2}{2m} \frac{1}{\sqrt{g}} \left(\frac{\partial}{\partial r} \sqrt{g} \frac{\partial}{\partial r} + \frac{\partial}{\partial \vartheta} \frac{\sqrt{g}}{r^2} \frac{\partial}{\partial \vartheta} + \frac{\partial}{\partial \varphi} \frac{\sqrt{g}}{r^2 \sin^2 \vartheta} \frac{\partial}{\partial \varphi} \right) \\
&= -\frac{\hbar^2}{2m} \left(\frac{\partial^2}{\partial r^2} + \frac{2}{r} \frac{\partial}{\partial r} + \frac{1}{r^2 \sin \vartheta} \frac{\partial}{\partial \vartheta} \sin \vartheta \frac{\partial}{\partial \vartheta} + \frac{1}{r^2 \sin^2 \vartheta} \frac{\partial^2}{\partial \varphi^2} \right) .
\end{aligned} \tag{5}$$

Ce résultat est en accord avec (8.38), qui a été obtenu en faisant d'abord le passage de la mécanique classique à la mécanique quantique en coordonnées cartésiennes et en effectuant alors la transformation en coordonnées sphériques.

EXERCICE

8.4 Rappel de quelques relations utiles de la mécanique classique : crochets de Lagrange et de Poisson

Considérons une transformation d'un ensemble de coordonnées d'espace et de quantité de mouvement q_i, p_i en un nouvel ensemble Q_i, P_i, où

$$Q_i = Q_i(q_j, p_j, t) , \quad P_i = P_i(q_j, p_j, t) . \tag{1}$$

Cette transformation est dite *canonique* si une fonction $\mathcal{H}(Q_i, P_i, t)$ (hamiltonien) existe, telle que

$$H(q_i, p_i) \rightarrow \mathcal{H}(Q_i, P_i) . \tag{2}$$

$H = \sum_i p_i q_i - L$ et $\mathcal{H} = \sum_i P_i Q_i - L'$ sont les relations respectives entre le lagrangien L et H, et L' et $\mathcal{H}$. En bref,

$$\dot{Q}_i = \frac{\partial \mathcal{H}}{\partial P_i} , \quad \dot{P}_i = -\frac{\partial \mathcal{H}}{\partial Q_i} . \tag{3}$$

Le *théorème de* **Poincaré** stipule que l'intégrale de surface suivante est invariante par transformations canoniques :

$$J_1 = \iint\limits_A \sum_i \mathrm{d}q_i \, \mathrm{d}p_i ;$$

d'où on déduit que le *crochet* de **Lagrange** est invariant par transformation canonique.

$$\{\{u, v\}\} = \sum_i \left(\frac{\partial q_i}{\partial u} \frac{\partial p_i}{\partial v} - \frac{\partial p_i}{\partial u} \frac{\partial q_i}{\partial v} \right) . \tag{4}$$

Le *crochet de Poisson* est défini par :

$$\{u, v\} = \sum_i \left(\frac{\partial u}{\partial q_i} \frac{\partial v}{\partial p_i} - \frac{\partial u}{\partial p_i} \frac{\partial v}{\partial q_i} \right) . \tag{5}$$

Problème. (a) Démontrez le théorème de **Poincaré**.

(b) Montrez l'invariance du crochet de Lagrange par transformations canoniques.

(c) Montrez l'invariance du crochet de Poisson fondamental par transformations canoniques quelconques :

$$\{p_i, p_j\} = 0 ,$$
$$\{q_i, q_j\} = 0 .$$
$$\{q_i, p_j\} = \delta_{ij} . \tag{6}$$

(d) Vérifiez la relation :

$$\{F, G\}_{q, p} = \{F, G\}_{Q, P} \tag{7}$$

pour deux fonctions quelconques F et G, c'est-à-dire l'invariance du crochet de Poisson par transformations canoniques quelconques.

Solution. (a) La position d'un point sur une surface à deux dimensions A de l'espace de phase est complètement déterminée par deux paramètres, u et v. Sur cette surface, nous pouvons exprimer les coordonnées q_i et p_i en fonction de u et v, puisque $q_i = q_i(u, v)$, $p_i = p_i(u, v)$. À l'aide du déterminant de Jacobi, les éléments de surface $du\, dv$ et $dq_i\, dp_i$ peuvent se transformer l'un dans l'autre ; le déterminant de Jacobi étant

$$\frac{\partial(q_i, p_i)}{\partial(u, v)} = \begin{vmatrix} \dfrac{\partial q_i}{\partial u} & \dfrac{\partial p_i}{\partial u} \\ \dfrac{\partial q_i}{\partial v} & \dfrac{\partial p_i}{\partial v} \end{vmatrix} . \tag{8}$$

Les deux éléments de surface sont reliés par

$$dq_i\, dp_i = \frac{\partial(q_i, p_i)}{\partial(u, v)} du\, dv , \tag{9}$$

c'est-à-dire l'affirmation que J_1 a la même valeur pour toutes transformations canoniques,

$$\iint_A \sum_i dq_i\, dp_i = J_1 = \iint_A \sum_k dQ_k\, dP_k , \tag{10}$$

Exercice 8.4   peut être exprimée à l'aide de (9), soit

$$\iint_A \sum_i \frac{\partial(q_i, p_i)}{\partial(u, v)} \, du \, dv = \iint_A \sum_k \frac{\partial(Q_k, P_k)}{\partial(u, v)} \, du \, dv \ . \tag{11}$$

Ainsi, la démonstration se résume par

$$\sum_i \frac{\partial(q_i, p_i)}{\partial(u, v)} = \sum_k \frac{\partial(Q_k, P_k)}{\partial(u, v)} \ , \tag{12}$$

c'est-à-dire les deux déterminants de Jacobi sont identiques. Considérons maintenant la transformation canonique $q, p \to Q, P$ effectuée par la fonction génératrice $F_2(q, P, t)$, pour laquelle on a :

$$p_i = \frac{\partial F_2}{\partial q_i} \ , \quad Q_i = \frac{\partial F_2}{\partial P_i} \ , \quad \mathcal{H} = H + \frac{\partial F_2}{\partial t} \tag{13}$$

pour le calcul du déterminant fonctionnel nous avons besoin en premier de :

$$\frac{\partial p_i}{\partial u} = \frac{\partial}{\partial u} \left(\frac{\partial F_2}{\partial q_i} \right) \ , \tag{14}$$

où nous avons utilisé (13). En raison de sa définition, F_2 dépend seulement de q_k et P_k ; ici, le temps est un paramètre (pas une coordonnées). À l'aide de la différentielle exacte de F_2, nous obtenons

$$\frac{\partial p_i}{\partial u} = \sum_k \frac{\partial^2 F_2}{\partial q_i \partial P_k} \frac{\partial P_k}{\partial u} \sum_k \frac{\partial^2 F_2}{\partial q_i \partial q_k} \frac{\partial q_k}{\partial u} \ . \tag{15}$$

Un résultat similaire est obtenu pour $\partial p_i / \partial v$, de sorte que le déterminant fonctionnel adopte la forme

$$\sum_i \frac{\partial(q_i, p_i)}{\partial(u, v)} = \sum_i \begin{vmatrix} \dfrac{\partial q_i}{\partial u}, & \displaystyle\sum_k \frac{\partial^2 F_2}{\partial q_i \partial P_k} \frac{\partial P_k}{\partial u} + \sum_k \frac{\partial^2 F_2}{\partial q_i \partial q_k} \frac{\partial q_k}{\partial u} \\[3mm] \dfrac{\partial q_i}{\partial v}, & \displaystyle\sum_k \frac{\partial^2 F_2}{\partial q_i \partial P_k} \frac{\partial P_k}{\partial v} + \sum_k \frac{\partial^2 F_2}{\partial q_i \partial q_k} \frac{\partial q_k}{\partial v} \end{vmatrix} \ . \tag{16}$$

Après application des règles d'addition et de multiplication de déterminants par des facteurs constants, ceci se transforme en

$$\sum_i \frac{\partial(q_i, p_i)}{\partial(u, v)} = \sum_{i,k} \frac{\partial^2 F_2}{\partial q_i \partial q_k} \begin{vmatrix} \dfrac{\partial q_i}{\partial u} & \dfrac{\partial q_k}{\partial u} \\[3mm] \dfrac{\partial q_i}{\partial v} & \dfrac{\partial q_k}{\partial v} \end{vmatrix} + \sum_{i,k} \frac{\partial^2 F_2}{\partial q_i \partial P_k} \begin{vmatrix} \dfrac{\partial q_i}{\partial u} & \dfrac{\partial P_k}{\partial u} \\[3mm] \dfrac{\partial q_i}{\partial v} & \dfrac{\partial P_k}{\partial v} \end{vmatrix} \ . \tag{17}$$

Le premier terme est manifestement antisymétrique par rapport à l'échange des indices de sommation i et k, car ceci implique seulement d'échanger deux colonnes. Ainsi le premier s'annule et peut être remplacé par un autre terme s'annulant aussi :

Exercice 8.4

$$\sum_i \frac{\partial(q_i, p_i)}{\partial(u, v)} = \sum_{i,k} \frac{\partial^2 F_2}{\partial P_i \partial P_k} \begin{vmatrix} \dfrac{\partial P_i}{\partial u} & \dfrac{\partial P_k}{\partial u} \\[2mm] \dfrac{\partial P_i}{\partial v} & \dfrac{\partial P_k}{\partial v} \end{vmatrix} + \sum_{i,k} \frac{\partial^2 F_2}{\partial q_i \partial P_k} \begin{vmatrix} \dfrac{\partial q_i}{\partial u} & \dfrac{\partial P_k}{\partial u} \\[2mm] \dfrac{\partial q_i}{\partial v} & \dfrac{\partial P_k}{\partial v} \end{vmatrix} . \tag{18}$$

En transformant (18) sous la forme (16), l'élément a_{11} devient

$$\sum_i \frac{\partial^2 F_2}{\partial P_i \partial P_k} \frac{\partial P_i}{\partial u} + \sum_i \frac{\partial^2 F_2}{\partial q_i \partial p_k} \frac{\partial p_i}{\partial u} = \frac{\partial}{\partial u} \frac{\partial F_2}{\partial P_k} . \tag{19}$$

Au contraire de (16), nous avons déplacé la somme sur k devant le déterminant et la somme sur i à l'intérieur du déterminant. À cause de (13), nous avons dans (1)

$$\frac{\partial F_2}{\partial P_k} = Q_k ; \quad \text{d'où},$$

$$\sum_i \frac{\partial(q_i, p_i)}{\partial(u, v)} = \sum_k \begin{vmatrix} \dfrac{\partial Q_k}{\partial u} & \dfrac{\partial P_k}{\partial u} \\[2mm] \dfrac{\partial Q_k}{\partial v} & \dfrac{\partial P_k}{\partial v} \end{vmatrix} = \sum_k \frac{\partial(Q_k, P_k)}{\partial(u, v)} . \tag{20}$$

Donc, avec ceci et (12), le théorème de **_Poincaré_** est démontré.

(b) Puisque nous avons déjà vérifié le théorème de Poincaré dans la partie (a), nous avons la relation (4) :

$$\sum_i \frac{\partial(q_i, p_i)}{\partial(u, v)} = \sum_i \frac{\partial(Q_i, P_i)}{\partial(u, v)} . \tag{21}$$

Ceci est identique à la relation (20) que nous venons de démontrer pour les déterminants de Jacobi. En effet, en réécrivant cette expression sous la forme :

$$\Longleftrightarrow \sum_i \left(\frac{\partial q_i}{\partial u} \frac{\partial p_i}{\partial v} - \frac{\partial p_i}{\partial u} \frac{\partial q_i}{\partial v} \right) = \sum_i \left(\frac{\partial Q_i}{\partial u} \frac{\partial P_i}{\partial v} - \frac{\partial P_i}{\partial u} \frac{\partial Q_i}{\partial v} \right) , \tag{22}$$

nous constatons l'équivalence avec l'invariance du crochet de Lagrange :

$$\{\{u, v\}\}_{p,q} = \{\{u, v\}\}_{P,Q} . \tag{23}$$

(c) Montrons d'abord une relation utile. Soit u_l, $l = 1, 2, \ldots, 2n$ un ensemble de $2n$ fonctions indépendantes telles que chaque u_l est une fonction de $2n$ coordonnées $q_1, q_2, \ldots, q_n, p_1, p_2, \ldots, p_n$. Alors, la relation

$$\sum_{l=1}^{2n} \{\{u_l, u_i\}\}\{u_l, u_j\} = \delta_{ij} \tag{24}$$

est toujours valable. Selon la définition des crochets de Lagrange et de Poisson, on déduit que

$$\sum_{l}^{2n} \{\{u_l, u_i\}\}\{u_l, u_j\} = \sum_{l}^{2n} \sum_{k}^{n} \sum_{m}^{n} \left(\frac{\partial q_k}{\partial u_l} \frac{\partial p_k}{\partial u_i} - \frac{\partial q_k}{\partial u_i} \frac{\partial p_k}{\partial u_l} \right)$$
$$\times \left(\frac{\partial u_l}{\partial q_m} \frac{\partial u_j}{\partial p_m} - \frac{\partial u_j}{\partial q_m} \frac{\partial u_l}{\partial p_m} \right) . \tag{25}$$

Le premier terme peut se transformer en

$$\sum_{k,m}^{n} \frac{\partial p_k}{\partial u_i} \frac{\partial u_j}{\partial p_m} \sum_{l}^{2n} \frac{\partial q_k}{\partial u_l} \frac{\partial u_l}{\partial q_m} = \sum_{k,m} \frac{\partial p_k}{\partial u_i} \frac{\partial u_j}{\partial p_m} \frac{\partial q_k}{\partial q_m}$$
$$= \sum_{k,m} \frac{\partial p_k}{\partial u_i} \frac{\partial u_j}{\partial p_m} \delta_{km} = \sum_{k}^{n} \frac{\partial u_j}{\partial p_k} \frac{\partial p_k}{\partial u_i} . \tag{26}$$

Le dernier terme de (25) peut être évalué de la même façon :

$$\left(\sum_{k,m}^{n} \frac{\partial q_k}{\partial u_i} \frac{\partial u_j}{\partial q_m} \right) \left(\sum_{l}^{2n} \frac{\partial p_k}{\partial u_l} \frac{\partial u_l}{\partial p_m} \right) = \sum_{k}^{n} \frac{\partial u_j}{\partial q_k} \frac{\partial q_k}{\partial u_i} , \tag{27}$$

de sorte que la somme des termes de (26) et (27) donne une différentielle exacte par rapport à u_j :

$$\sum_{k}^{n} \left(\frac{\partial u_j}{\partial p_k} \frac{\partial p_k}{\partial u_i} + \frac{\partial u_j}{\partial q_k} \frac{\partial q_k}{\partial u_i} \right) = \frac{\partial u_j}{\partial u_i} = \delta_{ij} . \tag{28}$$

Les deuxième et troisième termes de (25) s'annulent toujours ; nous allons montrer ceci, à titre d'exemple, pour le deuxième terme :

$$\left(\sum_{k,m}^{n} \frac{\partial q_k}{\partial u_i} \frac{\partial u_j}{\partial p_m} \right) \left(\sum_{l}^{2n} \frac{\partial p_k}{\partial u_l} \frac{\partial u_l}{\partial q_m} \right) = 0 , \tag{29}$$

car

$$\sum_{l}^{2n} \frac{\partial p_k}{\partial q_m} = 0 . \tag{30}$$

Ainsi, nous avons montré que

$$\sum_{l}^{2n} \{\{u_l, u_i\}\}\{u_l, u_j\} = \frac{\partial u_j}{\partial u_i} = \delta_{ij} . \tag{31}$$

Nous remarquons que jusqu'à présent, le choix d'un système de coordonnées était hors de propos. Ainsi, (31) est valable pour tout changement de coordonnées, pas seulement les transformations canoniques. Cette dernière propriété sert à l'évaluation de plusieurs crochets de Poisson, sans nous obliger à choisir un système de coordonnées particulier.

Pour les $2n$ fonctions indépendantes u_l, nous choisissons le jeu $q_1, \dots, q_n$, $p_1, \dots, p_n$ et considérons le cas particulier $u_i = q_i$, $u_j = p_j$. Ainsi (24) ou (31) (qui sont identiques) donne

$$\sum_l^n \{\{p_l, q_i\}\}\{p_l, p_j\} + \sum_l^n \{\{q_l, q_i\}\}\{q_l, p_j\} = 0 \,, \tag{32}$$

car $\partial u_i / \partial u_j = \partial q_i / \partial p_j = 0$ pour tout i, j. Ainsi que nous l'avons montré dans la partie (b), le crochet de Lagrange est invariant par transformations canoniques. Nous utiliserons cette propriété pour montrer l'invariance du crochet de Poisson qui apparaît dans (32). Les expressions suivantes sont alors invariantes :

$$\{\{p_l, q_i\}\} = -\delta_{il} \quad \text{et} \quad \{\{q_l, q_i\}\} = 0 \,. \tag{33}$$

En reportant cela dans (32) le second terme s'annule et il reste :

$$\{p_i, p_j\} = 0 \,. \tag{34}$$

Puisque (32) est valable pour toutes transformations, la même chose s'applique pour le crochet de Poisson ci-dessus.

En choisissant $u_i = p_i$ et $u_j = q_i$ dans (31) nous obtenons

$$\{q_i, q_j\} = 0 \,, \tag{35}$$

qui est encore valable pour toutes transformations. Avec $u_i = q_i$, $u_i = q_j$ dans (31) on a

$$\sum_l^n \{\{q_l, q_i\}\}\{q_l, q_j\} + \sum_l^n \{\{p_l, q_i\}\}\{p_l, q_i\} = \delta_{ij} \,. \tag{36}$$

Puisque le premier terme s'annule, la seconde expression doit satisfaire

$$-\sum_l \delta_{il}\{\{p_l, q_j\}\} = \delta_{ij} \,, \tag{37}$$

ce qui n'est possible que si

$$\{q_i, p_j\} = \delta_{ij} \,. \tag{38}$$

Par conséquent, l'invariance du crochet fondamental de Poisson par une transformation canonique quelconque est démontrée à l'aide des propriétés d'invariance du crochet de Lagrange. En particulier

$$\{q_i, p_j\} = \{Q_i, P_j\} = \delta_{ij} \,, \quad \text{c'est-à-dire}$$

$$\left(\sum_{l=1}^n \frac{\partial q_i}{\partial q_l} \frac{\partial p_j}{\partial p_l} - \frac{\partial q_i}{\partial p_l} \frac{\partial p_j}{\partial q_l} \right) = \left(\sum_{l=1}^n \frac{\partial Q_i}{\partial Q_l} \frac{\partial P_j}{\partial P_l} - \frac{\partial Q_i}{\partial P_l} \frac{\partial P_j}{\partial Q_l} \right) = \delta_{ij} \,. \tag{39}$$

(d) Pour deux fonctions quelconques F et G, le crochet de Poisson est défini par rapport aux variables q, p de la manière suivante :

$$\{F, G\}_{q,p} = \sum_j \left(\frac{\partial F}{\partial q_j} \frac{\partial G}{\partial p_j} - \frac{\partial F}{\partial p_j} \frac{\partial G}{\partial q_j} \right) . \tag{40}$$

Les q_j et p_k sont des fonctions des nouvelles variables Q_j et P_k, et réciproquement. La fonction G peut alors être exprimée en fonction de Q_i, P_k ; ceci nous permet de transformer (40), soit

$$\{F, G\}_{q,p} = \sum_{j,k} \left[\frac{\partial F}{\partial q_j} \left(\frac{\partial G}{\partial Q_k} \frac{\partial Q_k}{\partial p_j} + \frac{\partial G}{\partial P_k} \frac{\partial P_k}{\partial p_j} \right) \right.$$
$$\left. - \frac{\partial F}{\partial p_j} \left(\frac{\partial G}{\partial Q_k} \frac{\partial Q_k}{\partial q_j} + \frac{\partial G}{\partial P_k} \frac{\partial P_k}{\partial q_j} \right) \right] . \tag{41}$$

Un réarrangement adroit de plusieurs termes conduit à :

$$\{F, G\}_{q,p} = \sum_k \left(\frac{\partial G}{\partial Q_k} \{F, Q_k\}_{q,p} + \frac{\partial G}{\partial P_k} \{F, P_k\}_{q,p} \right) . \tag{42}$$

En remplaçant F par Q_j et G par F donne

$$\{Q_k, F\}_{q,p} = \sum_j \frac{\partial F}{\partial Q_j} \{Q_k, Q_j\}_{q,p} + \sum_j \frac{\partial F}{\partial P_j} \{Q_k, P_j\}_{q,p} . \tag{43}$$

Puisqu'il ne reste plus que des crochets de Poisson invariants [cf (a)], nous pouvons évaluer

$$\{Q_k, F\}_{q,p} = \sum_j \frac{\partial F}{\partial P_j} \delta_{jk} = \frac{\partial F}{\partial P_k} . \tag{44}$$

Des relations analogues à (35) et (38) sont utilisées pour Q, P (l'invariance des crochets fondamentaux de Poisson!). D'autre part, en substituant P_j à F et F à G, donne

$$\{P_k, F\}_{q,p} = \sum_j \frac{\partial F}{\partial Q_j} \{P_k, Q_j\} + \sum_j \frac{\partial F}{\partial P_j} \{P_k, P_j\} ;$$

d'où

$$\{F, P_k\}_{q,p} = \frac{\partial F}{\partial Q_k} , \quad \{F, Q_k\} = -\frac{\partial F}{\partial P_k} . \tag{45}$$

En reportant les résultats (44) et (45) dans (42) nous obtenons finalement

$$\{F, G\}_{q,p} = \sum_k \left(\frac{\partial F}{\partial Q_k} \frac{\partial G}{\partial P_k} - \frac{\partial F}{\partial P_k} \frac{\partial G}{\partial Q_k} \right) = \{F, G\}_{Q,P} . \tag{46}$$

Par conséquent, nous avons démontré l'invariance du crochet de Poisson par transformations canoniques.

8.5 Notes biographiques

EHRENFEST, Paul, physicien autrichien, *Vienne 18.1.1880, † Leiden 25.9.1933. Ehrenfest fut professeur à Leiden (Pays-Bas) à partir de 1912. Il contribua à la physique atomique avec son hypothèse des invariants adiabatiques. (BR).

POISSON, Siméon Denis, mathématicien français, *Pithiviers 21.6.1781, † Paris 25.4.1840. Poisson fut étudiant à l'École Polytechnique et y enseigna après avoir terminé ses études. Il fut membre du Bureau des Longitudes et de l'Académie des Sciences ainsi que Pair de France à partir de 1837. Poisson a travaillé dans de nombreux domaines : la mécanique générale, la conduction thermique, la théorie potentielle, les équations différentielles et le calcul des probabilités.

POINCARE, Henri, mathématicien français, *Nancy 29.4.1854, † Paris 17.7.1912. Poincaré étudia à l'École Polytechnique et devint professeur à Caen en 1879, plus tard, à Paris. Il publia plus de 30 livres. À la fin du siècle dernier il était considéré comme le mathématicien le plus remarquable. Sa plus grande contribution à la physique mathématique est son article sur la dynamique de l'électron (1906) dans lequel, indépendamment d'Einstein, il obtint beaucoup des résultats de la relativité. Einstein développa sa théorie à partir de considérations élémentaires de la lumière, tandis que Poincaré fonda son raisonnement sur la théorie électromagnétique. Les écrits de Poincaré sur la philosophie des sciences furent aussi importants que ses contributions en mathématique. Il devint membre de l'Académie Française en 1908. (Encyclopedia Britannica, édition 1960)

LAGRANGE, Joseph Louis, mathématicien français, *Turin 25.1.1736, † Paris 10.4.1813. Lagrange, de famille franco-italienne, devint professeur à Turin en 1755. En 1766, il vint à Berlin en tant que directeur de la section de physique mathématique de l'Académie. En, 1786, après la mort de Frédéric II, il alla à Paris où, professeur à plusieurs Universités, il encouragea fortement la réforme du système des mesures. Ses vastes travaux concernent de nouvelles bases pour le calcul variationel (1760) et ses applications à la dynamique, des contributions au problème à 3 corps (1722). Avec sa «Mécanique analytique» (1788), Lagrange devint l'initiateur de cette discipline. Sa «Théorie des fonctions analytiques, contenant les principes du calcul différentiel» (1789) est importante pour la théorie des fonctions, de même que son «Traité de la résolution des équations numériques de tous degrés» (1798) pour l'algèbre.

9. Particules chargées dans des champs magnétiques

9.1 Couplage au champ électromagnétique

Une particule de charge e, qui se déplace à la vitesse v dans un champ électromagnétique, est soumise à la force de Lorentz

$$F = e \left(E + \frac{v}{c} \times B \right) . \tag{9.1}$$

Les champs électrique et magnétique peuvent être exprimés par les potentiels correspondants $A(r, t)$ et $\phi(r, t)$ selon

$$E = -\nabla\phi - \frac{1}{c}\frac{\partial A}{\partial t} , \quad B = \nabla \times A \tag{9.2}$$

où $A(r, t)$ est le potentiel vecteur et $\phi(r, t)$ le potentiel coulombien. En mécanique classique, ce mouvement est décrit par la fonction de Hamilton

$$H = \frac{1}{2m} \left(p - \frac{e}{c}A \right)^2 + e\phi , \tag{9.3}$$

qui sera discutée dans l'exercice 9.1. Ceci est la manière la plus simple de coupler le champ électrique au mouvement de la particule. La quantité de mouvement p est remplacée par le terme $p - (e/c)A$. La substitution $p - (e/c)A$ est invariante de jauge et représente ce qui est appelée le *couplage minimal*. L'*impulsion canonique* de Hamilton p est la somme du *moment cinétique* mv et du terme $(e/c)A$, qui est déterminé par le potentiel vecteur, d'où

$$p = mv + \frac{e}{c}A . \tag{9.4}$$

Le passage à la mécanique quantique est effectué en remplaçant l'impulsion canonique p par $(\hbar/i)\nabla$, selon les règles de quantification dans la représentation position (voir chapitre 8). Ainsi, nous obtenons le hamiltonien

$$\hat{H} = \frac{1}{2m} \left(\frac{\hbar}{i}\nabla - \frac{e}{c}A \right)^2 + e\phi . \tag{9.5}$$

En effectuant l'élévation au carré, notons que, en général, le gradient et le potentiel vecteur ne commutent pas. On a

$$\hat{H} = -\frac{\hbar^2}{2m}\Delta - \frac{e\hbar}{2\mathrm{i}mc}(\boldsymbol{\nabla}\cdot\boldsymbol{A} + \boldsymbol{A}\cdot\boldsymbol{\nabla}) + \frac{e^2}{2mc^2}\boldsymbol{A}^2 + e\phi\,,$$

$$\hat{H} = -\frac{\hbar^2}{2m}\Delta + \frac{\mathrm{i}e\hbar}{mc}\boldsymbol{A}\cdot\boldsymbol{\nabla} + \frac{\mathrm{i}e\hbar}{2mc}(\boldsymbol{\nabla}\cdot\boldsymbol{A}) + \frac{e^2}{2mc^2}\boldsymbol{A}^2 + e\phi\,. \tag{9.6}$$

Il est bien connu que les potentiels électromagnétiques $\boldsymbol{A}$ et ϕ ne sont pas uniques, mais sont dépendants de jauge. En particulier, dans la jauge de Coulomb, on a $\boldsymbol{\nabla}\cdot\boldsymbol{A} = 0$; par conséquent le troisième terme s'annule. Si nous modifions l'ordre des termes et, par souci de simplification, nous utilisons l'opérateur quantité de mouvement $\hat{\boldsymbol{p}}$, nous obtenons

$$\hat{H} = \frac{\hat{\boldsymbol{p}}^2}{2m} + e\phi - \frac{e}{mc}\boldsymbol{A}\cdot\hat{\boldsymbol{p}} + \frac{e^2}{2mc^2}\boldsymbol{A}^2\,,$$

$$\hat{H} = \hat{H}_0 - \frac{e}{mc}\boldsymbol{A}\cdot\hat{\boldsymbol{p}} + \frac{e^2}{2mc^2}\boldsymbol{A}^2\,. \tag{9.7}$$

Ici, l'opérateur $\hat{H}_0$ représente le mouvement de la particule en l'absence d'un champ magnétique ; le couplage du mouvement de la particule au champ magnétique est donné par le produit $\boldsymbol{A}\cdot\hat{\boldsymbol{p}}$. Le troisième terme dépend seulement du champ $\boldsymbol{A}$; pour des champs de faible intensité il peut être négligé. Si le potentiel vecteur $\boldsymbol{A}$ décrit une onde électromagnétique plane, les termes de couplage de (9.7) conduisent à des transitions radiatives (émission et absorption). Les états de la particule dans un champ électromagnétique sont les solutions de l'équation de Schrödinger avec le hamiltonien établi ci-dessus dans (9.5) :

$$\left\{\frac{[\hat{\boldsymbol{p}} - (e/c)\boldsymbol{A}]^2}{2m} + e\phi\right\}\psi = \mathrm{i}\hbar\frac{\partial}{\partial t}\psi\,. \tag{9.8}$$

Nous pouvons vérifier que le théorème d'Ehrenfest s'applique aussi à cette équation de Schrödinger qui, comme nous allons le montrer maintenant, est invariante de jauge. L'invariance de jauge veut dire que les solutions de l'équation de Schrödinger décrivent les mêmes états physiques si nous soumettons les potentiels aux transformations

$$\boldsymbol{A}' = \boldsymbol{A} + \boldsymbol{\nabla}f(\boldsymbol{r}, t)\quad\text{et}\quad\phi' = \phi - \frac{1}{c}\frac{\partial f(\boldsymbol{r}, t)}{\partial t} \tag{9.9}$$

avec la fonction quelconque $f(\boldsymbol{r}, t)$. En notation quadrivectorielle les composantes A_μ du vecteur $(A, \mathrm{i}\phi)$ se transforment selon

$$A'_\mu = A_\mu + \frac{\partial f}{\partial x^\mu}\,,\quad \mu = 1, 2, 3, 4 \tag{9.10}$$

où $x^1 = x$, $x^2 = y$, $x^3 = z$, $x^4 = \mathrm{i}ct$. Si nous désignons le hamiltonien avec les potentiels «primés» par $\hat{H}'$, l'équation de Schrödinger correspondante devient

$$\hat{H}'\psi' = \mathrm{i}\hbar\frac{\partial}{\partial t}\psi'\,. \tag{9.11}$$

Nous affirmons maintenant que ψ et ψ' diffèrent seulement par un facteur de phase. Dans ce cas, la transformation de jauge ne change pas les quantités physiques car, seuls les produits de la forme $\psi^*\psi$ ou des éléments de matrice $\langle\psi|\ldots|\psi\rangle$, pour lesquels la phase se réduit, interviennent dans les calculs. Nous commençons avec

$$\psi' = \psi \exp\left(\frac{\mathrm{i}e}{\hbar c}f(\boldsymbol{r},t)\right) \tag{9.12}$$

et reportons ceci dans (9.11), qui devient ainsi

$$\frac{[\hat{\boldsymbol{p}} - (e/c)\boldsymbol{A} - (e/c)\boldsymbol{\nabla}f]^2}{2m}\psi\exp\left(\frac{\mathrm{i}e}{\hbar c}f\right) + \left(e\phi - \frac{e}{c}\frac{\partial f}{\partial t}\right)\psi\exp\left(\frac{\mathrm{i}e}{\hbar c}f\right)$$

$$= \mathrm{i}\hbar\frac{\partial\psi}{\partial t}\exp\left(\frac{\mathrm{i}e}{\hbar c}f\right) - \frac{e}{c}\frac{\partial f}{\partial t}\psi\exp\left(\frac{\mathrm{i}e}{\hbar c}f\right) . \tag{9.13}$$

Nous constatons que

$$\left(\hat{\boldsymbol{p}} - \frac{e}{c}\boldsymbol{A}'\right)\psi' = \left(\frac{\hbar}{\mathrm{i}}\boldsymbol{\nabla} - \frac{e}{c}\boldsymbol{A} - \frac{e}{c}\boldsymbol{\nabla}f\right)\psi\exp\left(\frac{\mathrm{i}e}{\hbar c}f\right)$$

$$= \exp\left(\frac{\mathrm{i}e}{\hbar c}f\right)\left(\frac{\hbar}{\mathrm{i}}\boldsymbol{\nabla} + \frac{e}{c}\boldsymbol{\nabla}f - \frac{e}{c}\boldsymbol{A} - \frac{e}{c}\boldsymbol{\nabla}f\right)\psi$$

$$= \exp\left(\frac{\mathrm{i}e}{\hbar c}f\right)\left(\frac{\hbar}{\mathrm{i}}\boldsymbol{\nabla} - \frac{e}{c}\boldsymbol{A}\right)\psi . \tag{9.14}$$

En appliquant à nouveau l'opérateur $[\hat{\boldsymbol{p}} - (e/c)\boldsymbol{A}']$, nous obtenons l'équation

$$\hat{H}\psi = \mathrm{i}\hbar\frac{\partial\psi}{\partial t} . \tag{9.15}$$

En d'autres termes, (9.15) découle de (9.11) en utilisant (9.12). Ce résultat nous montre que les solutions de l'équation de Schrödinger (9.8) décrivent encore les mêmes états physiques, même après la transformation de jauge. Les états ψ_n et ψ'_n diffèrent seulement par un facteur de phase unique (c'est-à-dire ne dépendant pas de l'état) $\exp[(\mathrm{i}e/\hbar c)f(\boldsymbol{r},t)]$. Les observables physiques ne sont pas affectées comme mentionné ci-dessus. Il est clair que ce n'est pas l'impulsion canonique $p \to -\mathrm{i}\hbar\boldsymbol{\nabla}$ (dont la valeur moyenne n'est pas invariante de jauge), mais le moment linéaire $m\boldsymbol{v} \leftrightarrow \mathrm{i}\hbar\boldsymbol{\nabla} - (e/c)\boldsymbol{A}$ (qui est invariant de jauge), qui représenté une quantité mesurable.

Ainsi, si dans un problème physique où des champs électromagnétiques sont présents, l'opérateur quantité de mouvement $\hat{\boldsymbol{p}}$ apparaît, l'opérateur $\hat{\boldsymbol{p}}$ doit toujours être remplacé par $\hat{\boldsymbol{p}} - (e/c)\boldsymbol{A}$. Ceci est le seul moyen de garantir l'invariance de jauge en théorie quantique ; autrement, certains potentiels $\boldsymbol{A}$ et ϕ pourraient être déterminés en mécanique quantique, mais cela ne devrait pas être possible !

Nous résumerons à nouveau l'idée principale de l'invariance de jauge en mécanique quantique avec la notation relativiste. La transformation de jauge pour le champ électromagnétique $A_\mu(x_\nu)$ est

$$A'_\mu = A_\mu + \frac{\partial f}{\partial x_\mu}, \quad \text{avec}$$

$$\{A_\mu\} = \{\boldsymbol{A}, \mathrm{i}\phi\} \quad \text{et} \quad \{x_\mu\} = \{\boldsymbol{x}, \mathrm{i}ct\}. \tag{9.16}$$

Ceci ne modifie pas les observables électromagnétiques $\boldsymbol{E}$ et $\boldsymbol{B}$. L'opérateur quantité de mouvement est

$$\hat{p}_\mu = -\mathrm{i}\hbar \left\{ \frac{\partial}{\partial x_1}, \frac{\partial}{\partial x_2}, \frac{\partial}{\partial x_3}, \frac{\partial}{\partial \mathrm{i}ct} \right\} = \left\{ \hat{\boldsymbol{p}}, \frac{\mathrm{i}\hat{E}}{c} \right\}, \tag{9.17}$$

et le couplage minimum est obtenu par la substitution

$$\hat{p}_\mu \to \hat{p}_\mu - \frac{e}{c} A_\mu. \tag{9.18}$$

En mécanique quantique, la transformation de jauge (9.16) doit être complétée par la transformation de phase de la fonction d'onde

$$\psi'(x_r) = \psi(x_\mu) \exp\left(\frac{\mathrm{i}e}{\hbar c} f(x_\mu) \right), \tag{9.19}$$

de manière à avoir

$$\left(\hat{p}_\mu - \frac{e}{c} A'_\mu \right) \psi' = \left(\hat{p}_\mu - \frac{e}{c} A_\mu - \frac{e}{c} \frac{\partial f}{\partial x_\mu} \right) \exp\left(\frac{\mathrm{i}e}{\hbar c} f(x_\mu) \right) \psi(x_\mu)$$

$$= \exp\left(\frac{\mathrm{i}e}{\hbar c} f(x_\mu) \right) \left(\hat{p}_\mu - \frac{e}{c} A_\mu \right) \psi(x_\mu). \tag{9.20}$$

Alors nous pouvons être certains que les observables du type

$$\left\langle \psi'_f(x_\mu) \left| V(x_\mu) \right| \psi'_i(x_\mu) \right\rangle = \left\langle \psi_f(x_\mu) \left| V(x_\mu) \right| \psi_i(x_\mu) \right\rangle \quad \text{et} \tag{9.21}$$

$$\left\langle \psi'_f(x_\mu) \left| F\left(\hat{p}_\mu - \frac{e}{c} A'_\mu \right) \right| \psi'_i(x_\mu) \right\rangle = \left\langle \psi_f(x_\mu) \left| F\left(\hat{p}_\mu - \frac{e}{c} A_\mu \right) \right| \psi_i(x_\mu) \right\rangle$$

ne sont pas modifiées par les transformations de jauge. Les équations (9.20) sont exactement le membre de droite des précédentes équations (9.13) pour $\mu = 4$ et (9.14) pour $\mu = 1, 2, 3$. Les exemples et exercices suivants vont clarifier cette discussion.

EXEMPLE ██

9.1 Les équations de Hamilton dans un champ électromagnétique

Soit $q_1, q_2, \ldots, q_s, \ldots, q_f$ les coordonnées généralisées de position qui déterminent la configuration du système, et $p_1, p_2, \ldots, p_s, \ldots, p_f$ les impulsions canoniques conjuguées. La fonction hamiltonienne H est une fonction de ces coordonnées, et , en général, du temps t.

Les équations de Hamilton sont,

$$\frac{\mathrm{d}p_s}{\mathrm{d}t} = -\frac{\partial H}{\partial q_s}\,, \qquad \frac{\mathrm{d}q_s}{\mathrm{d}t} = \frac{\partial H}{\partial p_s}\,. \tag{1}$$

La dérivée de toute fonction $F(q_i, p_j, t)$ des coordonnées généralisées, impulsion et temps, par rapport au temps est

$$\frac{\mathrm{d}F}{\mathrm{d}t} = \frac{\partial F}{\partial t} + \sum_{s=1}^{f} \frac{\partial F}{\partial q_s}\frac{\mathrm{d}q_s}{\mathrm{d}t} + \sum_{s=1}^{f} \frac{\partial F}{\partial p_s}\frac{\mathrm{d}p_s}{\mathrm{d}t}\,. \tag{2}$$

À l'aide de l'équation de Hamilton (1) nous pouvons modifier (2) sous la forme :

$$\frac{\mathrm{d}F}{\mathrm{d}t} = \frac{\partial F}{\partial t} + \{H, F\}\,, \tag{3}$$

où $\{H, F\}$ est égal à

$$\{H, F\} = \sum_{s=1}^{f} \left\{ \frac{\partial F}{\partial q_s}\frac{\partial H}{\partial p_s} - \frac{\partial H}{\partial q_s}\frac{\partial F}{\partial p_s} \right\}\,, \tag{4}$$

qui est appelé le crochet de Poisson [cf (8.14)].

Manifestement, nous pouvons réécrire l'équation de Hamilton (1)

$$\frac{\mathrm{d}p_s}{\mathrm{d}t} = \{H, p_s\}\,, \qquad \frac{\mathrm{d}q_s}{\mathrm{d}t} = \{H, q_s\}\,,$$
$$s = 1, 2, \ldots, f \tag{5}$$

[il suffit de poser $F = p_s$ et $F = q_s$ dans (3)].

Au chapitre 8 nous avons appris qu'en mécanique quantique, les équations du mouvement sont écrites de façon analogue. Dans le cas particulier d'un système cartésien et d'une particule dans un champ dérivant d'un potentiel $V(x, y, z, t)$, nous avons

$$H = \frac{p_x^2 + p_y^2 + p_z^2}{2m} + V(x, y, z, t)\,, \tag{6}$$

où $q_1 = x$, $q_2 = y$, $q_3 = z$ et $p_1 = p_x$, $p_2 = p_y$, et $p_3 = p_z$. Avec (5) nous obtenons

$$\frac{\mathrm{d}p_x}{\mathrm{d}t} = \{H, p_x\} = -\frac{\partial H}{\partial x} = -\frac{\partial V}{\partial x}\,,$$
$$\frac{\mathrm{d}x}{\mathrm{d}t} = \{H, x\} = \frac{\partial H}{\partial p_x} = \frac{p_x}{m}\,. \tag{7}$$

Exemple 9.1

Les équations des autres coordonnées et impulsions sont obtenues de la même manière. De (7) nous avons

$$m\frac{\mathrm{d}^2x}{\mathrm{d}t^2} = -\frac{\partial V}{\partial x} \ , \tag{8}$$

c'est-à-dire les *équations du mouvement de Newton*.

Considérons maintenant le mouvement d'une particule de charge e et de masse m dans un champ électromagnétique décrit par un potentiel $\phi = (1/e)V(\boldsymbol{x}, t)$ et un potentiel vecteur $\boldsymbol{A}$, tels que

$$\boldsymbol{E} = -\nabla\phi - \frac{1}{c}\frac{\partial \boldsymbol{A}}{\partial t} \ , \tag{9}$$

$$\boldsymbol{B} = \mathbf{rot}\,\boldsymbol{A} \ , \tag{10}$$

où $\boldsymbol{E}$ et $\boldsymbol{B}$ sont les champs électrique et magnétique. Dans ce cas, la fonction de Hamilton peut s'écrire

$$H = \frac{1}{2m}\left(\boldsymbol{p} - \frac{e}{c}\boldsymbol{A}\right)^2 + e\phi \ . \tag{11}$$

En effet, nous allons montrer que les équations de Hamilton qui découlent de cette fonction,

$$\frac{\mathrm{d}p_x}{\mathrm{d}t} = -\frac{\partial H}{\partial x} \ , \quad \frac{\mathrm{d}p_y}{\mathrm{d}t} = -\frac{\partial H}{\partial y} \ , \quad \frac{\mathrm{d}p_z}{\mathrm{d}t} = -\frac{\partial H}{\partial z} \ , \tag{12}$$

$$\frac{\mathrm{d}x}{\mathrm{d}t} = \frac{\partial H}{\partial p_x} \ , \quad \frac{\mathrm{d}y}{\mathrm{d}t} = \frac{\partial H}{\partial p_y} \ , \quad \frac{\mathrm{d}z}{\mathrm{d}t} = \frac{\partial H}{\partial p_z} \ , \tag{13}$$

sont équivalentes aux équations de Newton pour la même particule soumise à la force de Lorentz :

$$m\frac{\mathrm{d}^2\boldsymbol{r}}{\mathrm{d}t^2} = e\left(\boldsymbol{E} + \frac{1}{c}\boldsymbol{v}\times\boldsymbol{B}\right) \ , \quad \text{ou}$$

$$m\frac{\mathrm{d}^2x}{\mathrm{d}t^2} = e\left[E_x + \frac{1}{c}\left(\frac{\mathrm{d}y}{\mathrm{d}t}B_z - \frac{\mathrm{d}z}{\mathrm{d}t}B_y\right)\right] \ ,$$

$$m\frac{\mathrm{d}^2y}{\mathrm{d}t^2} = e\left[E_y + \frac{1}{c}\left(\frac{\mathrm{d}z}{\mathrm{d}t}B_x - \frac{\mathrm{d}x}{\mathrm{d}t}B_z\right)\right] \ ,$$

$$m\frac{\mathrm{d}^2z}{\mathrm{d}t^2} = e\left[E_z + \frac{1}{c}\left(\frac{\mathrm{d}x}{\mathrm{d}t}B_y - \frac{\mathrm{d}y}{\mathrm{d}t}B_x\right)\right] \ . \tag{14}$$

En reportant H de (11) dans (12) et (13), après dérivation nous pouvons écrire :

$$\frac{\mathrm{d}p_x}{\mathrm{d}t} = \frac{e}{mc}\left[\left(p_x - \frac{e}{c}A_x\right)\frac{\partial A_x}{\partial x} + \left(p_y - \frac{e}{c}A_y\right)\frac{\partial A_y}{\partial x}\right.$$

$$\left. + \left(p_z - \frac{e}{c}A_z\right)\frac{\partial A_z}{\partial x}\right] - e\frac{\partial \phi}{\partial x} \ . \tag{15}$$

De (13) nous avons

$$\frac{dx}{dt} = \frac{1}{m}\left(p_x - \frac{e}{c}A_x\right) ,$$
$$\frac{dy}{dt} = \frac{1}{m}\left(p_y - \frac{e}{c}A_y\right) ,$$
$$\frac{dz}{dt} = \frac{1}{m}\left(p_z - \frac{e}{c}A_z\right) . \tag{16}$$

Ce qui implique que

$$\frac{dp_x}{dt} = m\frac{d^2x}{dt^2} + \frac{e}{c}\frac{dA_x}{dt} . \tag{17}$$

Ainsi, nous écrivons (15) sous la forme suivante :

$$m\frac{d^2x}{dt^2} + \frac{e}{c}\frac{dA_x}{dt} = \frac{e}{c}\frac{dx}{dt}\frac{\partial A_x}{\partial x} + \frac{e}{c}\frac{dy}{dt}\frac{\partial A_y}{\partial x} + \frac{e}{c}\frac{dz}{dt}\frac{\partial A_z}{\partial x} - e\frac{\partial \phi}{\partial x} . \tag{18}$$

Puisque la valeur du potentiel vecteur A est obtenue à la position de la charge e, la dérivée de A_x par rapport au temps est

$$\frac{dA_x}{dt} = \frac{\partial A_z}{\partial t} + \frac{\partial A_x}{\partial x}\frac{dx}{dt} + \frac{\partial A_x}{\partial y}\frac{dy}{dt} + \frac{\partial A_x}{\partial z}\frac{dz}{dt} . \tag{19}$$

En reportant dans (15) et (16) les valeurs de $[p_x - (e/c)A_x]$, $[p_y - (e/c)A_y]$ et $[p_z - (e/c)A_z]$ et de dp_x/dt de (17), à l'aide de (19) nous trouvons que

$$m\frac{d^2x}{dt^2}$$
$$= -\frac{e}{c}\frac{\partial A_x}{\partial t} - e\frac{\partial \phi}{\partial x} + \frac{e}{c}\left[\frac{dy}{dt}\left(\frac{\partial A_y}{\partial x} - \frac{\partial A_x}{\partial y}\right) + \frac{dz}{dt}\left(\frac{\partial A_z}{\partial x} - \frac{\partial A_x}{\partial z}\right)\right] . \tag{20}$$

Nous pouvons alors utiliser les relations (9) et (10), qui relient champs et potentiel, pour obtenir

$$m\frac{d^2x}{dt^2} = eE_x + \frac{e}{c}\left(\frac{dy}{dt}B_z - \frac{dz}{dt}B_y\right) . \tag{21}$$

Ceci est la première des équations de (14) ; les deux autres s'établissent de la même manière. Nous voyons ainsi que les équations de Hamilton (12) et (13) déduites de la fonction de Hamilton (11), sont équivalentes aux équations de Newton (14). Les potentiels A et ϕ peuvent être choisis arbitrairement à condition que les relations (9) et (10) conduisent au champ électromagnétique requis. En utilisant A' et ϕ' au lieu de A et ϕ, où

$$A' = A + \nabla f \quad \text{et} \quad \phi' = \phi - \frac{1}{c}\frac{\partial f}{\partial t} , \tag{22}$$

et f est une fonction quelconque de la position et du temps, nous obtenons $E' = E$ et $B' = B$. Si nous remplaçons A et ϕ dans la fonction de Hamilton (11) par

A' et ϕ', nous obtenons l'équation du mouvement (20), où A et ϕ sont remplacés par A' et ϕ', c'est-à-dire avec les *mêmes* équations (14). Ainsi, avec (22), nous avons montré que les équations (14) sont indépendantes du choix des potentiels. Cette propriété des équations de Hamilton est appelée l'*invariance de jauge*.

Remarquez que la fonction de Hamilton H est modifiée par la transformation (22) en contraste avec les équations (14). Par exemple, le mouvement dans un champ électrique uniforme parallèle à l'axe x peut être décrit par les potentiels $A = 0$ et $\phi = -Ex$ aussi bien que, par exemple, $A' = (-cEt, 0, 0)$ et $\phi' = 0$, selon (22). On peut aisément vérifier que les deux choix conduisent à l'équation de Newton d'un mouvement uniformément accéléré, mais dans le premier cas, la fonction de Hamilton représente l'énergie totale de la particule, alors que dans le second, elle représente l'énergie cinétique.

EXERCICE

9.2 Le lagrangien, le hamiltonien d'une particule chargée

Problème. Déterminez le lagrangien et le hamiltonien d'une particule chargée placée dans un champ électromagnétique. Dans le mesure du possible, utilisez le calcul vectoriel.

Solution. L'effet du champ électromagnétique sur une particule chargée peut être décrit par un potentiel généralisé dépendant de la vitesse. En démarrant avec la force de Lorentz, nous déterminons ce potentiel, le lagrangien et la fonction de Hamilton. La force de Lorentz prend la forme

$$F = e\left(E + \frac{v}{c} \times B\right) . \tag{1}$$

Les champs électrique et magnétique sont exprimés par les potentiels :

$$E = -\nabla\phi - \frac{1}{c}\frac{\partial A}{\partial t} , \quad B = \nabla \times A . \tag{2}$$

En reportant (2) dans l'expression de la force de Lorentz (1), nous avons

$$F = e\left(-\nabla\phi - \frac{1}{c}\frac{\partial A}{\partial t} + \frac{1}{c}v \times (\nabla \times A)\right) . \tag{3}$$

Pour effectuer le double produit vectoriel, nous pouvons utiliser la relation

$$B \times (\nabla \times C) = \nabla(B \cdot C) - (B \cdot \nabla)C - (C \cdot \nabla)B - C \times (\nabla \times B)$$

soit :

$$v \times (\nabla \times A) = \nabla(v \cdot A) - (v \cdot \nabla)A , \tag{4}$$

puisque la vitesse v n'est pas une fonction explicite de la position.

La dérivée totale du potentiel vecteur par rapport au temps est donnée par *Exercice 9.2*

$$\frac{\mathrm{d}A}{\mathrm{d}t} = \frac{\partial A}{\partial t} + (v \cdot \nabla)A \, . \tag{5}$$

Le premier terme est la variation explicite du potentiel vecteur avec le temps ; le second terme provient du fait que la position à laquelle la valeur du potentiel est obtenue change à cause du mouvement de la particule.

Nous remplaçons maintenant le produit vectoriel (3) par les relations (4) et (5) et obtenons

$$F = e\left[-\nabla\phi + \frac{1}{c}\nabla(v \cdot A) - \frac{1}{c}\frac{\mathrm{d}A}{\mathrm{d}t}\right] \, . \tag{6}$$

Pour déduire les forces généralisées Q_i d'un potentiel dépendant de la vitesse $U(q_i, \dot{q}_i)$, nous dépendons du formalisme de Lagrange d'où on a la relation

$$Q_i = -\frac{\partial U}{\partial q_i} + \frac{\mathrm{d}}{\mathrm{d}t}\left(\frac{\partial U}{\partial \dot{q}_i}\right) \, . \tag{7}$$

Afin de comparer avec (7), nous transformons

$$\frac{\mathrm{d}A}{\mathrm{d}t} = \frac{\mathrm{d}}{\mathrm{d}t}\nabla_v(A \cdot v) \, , \tag{8}$$

où ∇_v signifie la dérivée (gradient) par rapport aux trois composantes de la vitesse. Nous prenons, par exemple, la composante sur x et comparons (6) et (7) en utilisant la relation (8) :

$$F_x = -\frac{\partial}{\partial x}\left(e\phi - \frac{e}{c}v \cdot A\right) + \frac{\mathrm{d}}{\mathrm{d}t}\frac{\partial}{\partial v_x}\left(e\phi - \frac{e}{c}v \cdot A\right) \, , \tag{9}$$

puisque le potentiel électrostatique $\phi(r, t)$ est indépendant de la vitesse, nous pouvons l'ajouter au dernier terme. Nous obtenons ainsi le potentiel généralisé,

$$U = e\phi - \frac{e}{c}v \cdot A \, . \tag{10}$$

Avec $L = T - U$ nous obtenons le lagrangien

$$L = \frac{1}{2}mv^2 - e\phi + \frac{e}{c}v \cdot A \, , \tag{11}$$

et, en utilisant les coordonnées généralisées, nous avons

$$L = \frac{1}{2}m\sum_i\left(\dot{q}_i^2 - e\phi(q_i)\right) + \frac{e}{c}\sum_i\dot{q}_iA_i \, . \tag{12}$$

L'*impulsion canonique* est donnée par

$$p_i = \frac{\partial L}{\partial \dot{q}_i} = m\dot{q}_i + \frac{e}{c}A_i \tag{13}$$

Exercice 9.2

ou, sous la forme vectorielle,

$$p = mv + \frac{e}{c}A . \tag{14}$$

Maintenant le hamiltonien peut être déduit de la fonction de Lagrange L par

$$H = \sum_i p_i \dot{q}_i - L \tag{15}$$

qui a la forme

$$H = \frac{1}{2m} \left(p - \frac{e}{c}A \right)^2 + e\phi , \tag{16}$$

où la vitesse peut être remplacée en utilisant (14).

EXERCICE ▬▬▬▬▬▬▬▬▬▬

9.3 États de Landau

Problème. (a) Quelle est l'équation de Schrödinger pour le mouvement de particules chargées placées dans un champ magnétique constant $B = Be_z$? Choisissez le potentiel vecteur suivant :

$$A = (-By, 0, 0) \quad \text{et} \quad \phi = 0 .$$

(b) Montrez que la séparation de variables :

$$\psi(x, y, z) = e^{i(\alpha x + \beta z)} \varphi(y) ,$$

utilisée après la substitution $y = y' - \hbar \alpha c / eB$, conduit à l'équation de l'oscillateur harmonique ;

(c) Quelles sont les valeurs propres de l'énergie ?

Solution. (a) Nous pouvons vérifier facilement que le potentiel vecteur choisi conduit en fait au champ magnétique $B = Be_z$.

Comme nous l'avons déjà établi [voir (9.8)], l'équation de Schrödinger (dans sa forme indépendante du temps) est

$$\frac{1}{2m} \left(\hat{p} - \frac{e}{c}A \right)^2 \psi(r) = E\psi(r) . \tag{1}$$

En effectuant le produit $[\hat{p} - (e/c)A]^2$ et en reportant A nous obtenons

$$\frac{1}{2m} \left[-\hbar^2 \frac{\partial^2}{\partial x^2} - \frac{e}{c} \left(i\hbar \frac{\partial}{\partial x} By + By i\hbar \frac{\partial}{\partial x} \right) \right.$$
$$\left. + \frac{e^2}{c^2} B^2 y^2 - \hbar^2 \frac{\partial^2}{\partial y^2} - \hbar^2 \frac{\partial^2}{\partial z^2} \right] \psi = E\psi \tag{2}$$

ou

$$\left(-\frac{\hbar^2}{2m}\Delta - \mathrm{i}\frac{\hbar eB}{mc}y\frac{\partial}{\partial x} + \frac{e^2B^2}{2mc^2}y^2\right)\psi = E\psi . \tag{3}$$

(b) L'expression $\psi(x, y, z) = \exp(\mathrm{i}\alpha x + \mathrm{i}\beta z)\varphi(y)$ avec deux constantes α et β conduit à

$$\left[-\frac{\hbar^2}{2m}(-\alpha^2 - \beta^2) - \frac{\hbar^2}{2m}\frac{\partial^2}{\partial y^2} + \frac{\hbar eB\alpha}{mc}y + \frac{e^2B^2}{2mc^2}y^2\right] \times \mathrm{e}^{\mathrm{i}(\alpha x + \beta z)}\varphi(y)$$

$$= E\,\mathrm{e}^{\mathrm{i}(\alpha x + \beta z)}\varphi(y) \tag{4}$$

d'où

$$\left(-\frac{\hbar^2}{2m}\frac{\mathrm{d}^2}{\mathrm{d}y^2} + \frac{\hbar eB\alpha}{mc}y + \frac{e^2B^2}{2mc^2}y^2\right)\varphi(y)$$

$$= \left(E - \frac{\hbar^2}{2m}\alpha^2 - \frac{\hbar^2}{2m}\beta^2\right)\varphi(y) . \tag{5}$$

Le fait que $\psi \propto \exp(\mathrm{i}\alpha x + \mathrm{i}\beta z)\varphi(y)$ semble impliquer que la particule est libre de se déplacer dans les directions x et z ($\perp \boldsymbol{B}$ et $\parallel \boldsymbol{B}$), et que ce mouvement est relié aux énergies cinétiques respectives $(\hbar^2/2m)\alpha^2$ et $(\hbar^2/2m)\beta^2$.

Nous reviendrons sur ce point par la suite. Maintenant, en substituant

$$y = y' - \frac{\hbar c\alpha}{eB} = y' - \frac{\hbar\alpha}{m\omega_0} \tag{6}$$

et en posant

$$\omega_0 = \frac{eB}{mc} , \quad \text{et} \quad \varepsilon = E - \frac{\hbar^2}{2m}\beta^2 , \tag{7}$$

l'équation de Schrödinger devient

$$\left[-\frac{\hbar^2}{2m}\frac{\mathrm{d}^2}{\mathrm{d}y'^2} + \hbar\omega_0\alpha\left(y' - \frac{\hbar\alpha}{m\omega_0}\right) + \frac{m}{2}\omega_0^2\left(y' - \frac{\hbar\alpha}{m\omega_0}\right)^2\right]\varphi'(y')$$

$$= \left(\varepsilon - \frac{\hbar^2}{2m}\alpha^2\right)\varphi'(y') . \tag{8}$$

Ce qui se simplifie en

$$\left(-\frac{\hbar^2}{2m}\frac{\mathrm{d}^2}{\mathrm{d}y'^2} + \frac{m}{2}\omega_0^2 y'^2\right)\varphi'(y') = \varepsilon\varphi'(y') . \tag{9}$$

Nous avons à nouveau l'équation d'un oscillateur harmonique. Remarquons que l'«énergie cinétique» dans la direction x $(\hbar^2/2m)\alpha^2$ a été absorbée dans le degré de liberté y'.

Exercice 9.3

(c) De ce qui précède, nous pouvons immédiatement déduire les valeurs propres de l'énergie, à savoir

$$\varepsilon_n = \hbar\omega_0(n + \frac{1}{2}) , \quad n = 0, 1, 2, \dots \tag{10}$$

Les fonctions $\varphi'(y')$ sont reliées aux polynômes d'Hermite et sont localisées autour de

$$y' = 0 , \quad \text{c'est-à-dire} \quad y_0 = -(\hbar c/eB)\alpha .$$

L'énergie totale est

$$E_n(\beta) = \frac{\hbar^2}{2m}\beta^2 + \hbar\omega_0(n + \frac{1}{2}) . \tag{11}$$

En négligeant le mouvement dans la direction z ($\beta = 0$), l'énergie $E_n(0)$ est quantifiée. Pour un α donné, la fonction d'onde

$$\psi(x, y, z) = \exp(\mathrm{i}\alpha x + \mathrm{i}\beta z)\varphi(y)$$

est localisée dans la direction y, mais pas dans la direction x. Ce résultat est inattendu, car les deux directions devraient être représentées identiquement. Cependant, comme nous l'avons vu ci-dessus, l'énergie est indépendante de α, de sorte que nous avons une dégénérescence infinie.

Donc nous avons des paquets d'onde de la forme

$$\psi_{n\beta}(x, y, z) = \int\limits_{-\infty}^{+\infty} c(\alpha)\,\mathrm{e}^{\mathrm{i}(\alpha x + \beta z)}\varphi_\alpha(y)\,\mathrm{d}\alpha , \tag{12}$$

où $c(\alpha)$ peut être choisi de façon (presque) quelconque, qui sont aussi solutions de l'équation de Schrödinger (2). Par conséquent, nous pouvons choisir $c(\alpha)$ de sorte que la solution soit aussi localisée dans la direction x. De tels états liés dans le plan x-y ne sont pas restreints dans la direction z, c'est-à-dire le long de la direction du champ magnétique $\boldsymbol{B}$. Elles correspondent classiquement à des électrons orbitant perpendiculairement à $\boldsymbol{B}$, mais se déplaçant avec une vitesse constante le long de $\boldsymbol{B}$ et sont appelés les *états* de $\boldsymbol{Landau}$; les niveaux d'énergie (11) sont les *niveaux de Landau*.

9.2 L'atome d'hydrogène

L'atome d'hydrogène constitue l'exemple le plus important du mouvement d'une particule dans un potentiel.

Les électrons et les protons s'attirent mutuellement avec une force proportionnelle à e^2/r^2, correspondant à un potentiel de la forme $-e^2/r$. La coordonnée du mouvement relatif r est la quantité qui nous intéresse pour le moment. Nous choisissons le proton comme origine de notre système de coordonnées ; la masse m, utilisée dans la suite de notre développement, est alors la masse réduite de l'électron :

$$m = \frac{m_e}{1 + m_e/m_p} \approx m_e \left(1 - \frac{1}{1836} \right) \ . \tag{9.22}$$

Puisque le potentiel est central, nous utiliserons des coordonnées sphériques. L'équation de Schrödinger stationnaire est alors

$$\hat{H}\psi = E\psi = \left(\frac{\hat{p}^2}{2m} - \frac{e^2}{r} \right) \psi \ . \tag{9.23}$$

Le carré de l'opérateur quantité de mouvement

$$\hat{p}^2 = -\hbar^2 \Delta = -\hbar^2 \left(\frac{1}{r^2} \frac{\partial}{\partial r} r^2 \frac{\partial}{\partial r} + \frac{1}{r^2} \Delta_{\vartheta,\varphi} \right) \ ,$$

à l'aide de $\hat{L}^2 = -\hbar^2 \Delta_{\vartheta,\varphi}$, peut être séparé en une partie radiale et une partie rotationnelle contenant l'opérateur moment cinétique $\hat{L}$ (voir exemple 4.9). Par conséquent, l'équation de Schrödinger prend la forme

$$\left(\frac{1}{r^2} \frac{\partial}{\partial r} r^2 \frac{\partial}{\partial r} - \frac{\hat{L}^2}{\hbar^2 r^2} \right) \psi + \frac{2m}{\hbar^2} \left(E + \frac{e^2}{r} \right) \psi = 0 \ . \tag{9.24}$$

Dans cette équation de Schrödinger un terme centrifuge $-\hat{L}^2/2mr^2$ apparaît, similaire à celui du problème de Kepler en mécanique classique.

Nous pouvons séparer (9.24) en parties radiale et angulaire, avec la séparations des variables suivante :

$$\psi(r, \vartheta, \varphi) = \frac{R(r)}{r} Y(\vartheta, \varphi) \ . \tag{9.25}$$

Nous commençons avec

$$\frac{1}{r^2} \frac{\partial}{\partial r} r^2 \frac{\partial}{\partial r} \frac{R(r)}{r} = \frac{1}{r} \frac{\partial^2 R(r)}{\partial r^2} \tag{9.26}$$

puis nous introduisons la constante de séparation $l(l+1)\hbar^2$ pour obtenir

$$\frac{r^2}{R(r)} \frac{\partial^2 R(r)}{\partial r^2} + r^2 \frac{2m}{\hbar^2} \left(E + \frac{e^2}{r} \right) = l(l+1) \frac{1}{\hbar^2} \frac{1}{Y(\vartheta, \phi)} \hat{L}^2 Y(\vartheta, \phi)$$

$$= l(l+1) \ . \tag{9.27}$$

D'où nous obtenons les deux équations

$$\frac{\partial^2 R_l}{\partial r^2} + \left[\frac{2m}{\hbar^2}E + \frac{e^2}{r} - \frac{l(l+1)}{r^2}\right]R_l(r) = 0 \quad \text{et} \tag{9.28}$$

$$\hat{L}^2 Y_{lm}(\vartheta, \phi) = \hbar^2 l(l+1) Y_{lm}(\vartheta, \phi) , \quad \text{avec}$$

$$l = 0, 1, 2, \ldots \quad \text{et} \ -l \leq m \leq +l . \tag{9.29}$$

Les solutions de l'équation différentielle angulaire (9.29) sont les harmoniques sphériques $Y_{lm}(\vartheta, \varphi)$, qui nous sont maintenant familiers (voir les exemples 4.8–9). La constante de séparation donne le nombre quantique $l(l+1)$ du moment cinétique associé au carré $\overline{\boldsymbol{L}}^2 = l(l+1)\hbar^2$. Le nombre quantique supplémentaire m qui apparaît dans (9.29) caractérise la composante du moment cinétique $\hat{L}_z \geq m\hbar$ suivant z. [Nous discuterons à nouveau en détails la solution de (9.29) dans l'exercice 9.4.] La fonction radiale $R_l(r)$ dépend du nombre quantique l de moment angulaire total, comme vous pouvez le constater dans (9.28). Bientôt, nous verrons que la condition que la fonction d'onde doit être de carré intégrable (normalisation), nécessite l'introduction d'un autre nombre quantique n_r appelé le *nombre quantique radial* .

Pour trouver le spectre en énergie, il suffit de s'occuper de la partie radiale, car l'énergie E n'apparaît que dans (9.28). En effet, puisque le problème admet une symétrie sphérique, l'énergie ne peut dépendre que de la partie radiale $R(r)$ de la fonction d'onde. (Dans le problème classique de Kepler, l'énergie dépend de la distance relative des deux particules). L'integrale de normalisation

$$\int \psi\psi^* \, \mathrm{d}V = 1 \tag{9.30}$$

conduit à

$$\int_0^\infty R_l(r)R_l^*(r) \, \mathrm{d}r = 1 \tag{9.31}$$

à cause de la séparation (9.25) et l'orthonormalité des harmoniques sphériques. Ici, nous ne déterminons que les états liés (discrets) qui sont caractérisés par des valeurs propres négatives.[1]

Pour trouver une substitution appropriée pour résoudre l'équation différentielle (9.28), il est utile de considérer d'abord les limites $r \to 0$ et $r \to \infty$. Pour $r \to 0$, le terme contenant le moment cinétique prédomine et on obtient l'équation

$$\frac{\mathrm{d}^2 R_l}{\mathrm{d}r^2} - \frac{l(l+1)}{r^2}R_l = 0 . \tag{9.32}$$

---

[1] Une discussion des solutions du continuum ($E > 0$) peut être trouvée par ex. dans A.S. Davydov: *Quantum Mechanics* (Pergamon Press, Oxford 1965).

En développant en série $R_l = r^\alpha (1 + a_1 r + a_2 r^2 + \dots)$ et en négligeant les termes d'ordre supérieur, il reste :

$$\alpha(\alpha - 1)r^{\alpha-2} - l(l+1)r^{\alpha-2} = 0 . \tag{9.33}$$

Les solutions pour α sont alors $\alpha = l + 1$ et $\alpha = -l$. Le cas $\alpha = -l$ conduit, de même que l'oscillateur à trois dimensions (cf exercice 7.2), aux mêmes solutions que le cas $\alpha = l + 1$.

Pour l'autre limite asymptotique ($r \to \infty$), la forme approchée de (9.28) est

$$\frac{\mathrm{d}^2 R_l}{\mathrm{d}r^2} + \frac{2m}{\hbar^2} E R_l = 0 . \tag{9.34}$$

On choisi souvent de poser

$$\gamma^2 = -\frac{2m}{\hbar^2} E \tag{9.35}$$

puisque les énergies des états liés doivent être négatives. Dans ce cas, la solution de (9.34) est

$$U_l = A\,\mathrm{e}^{-\gamma r} + B\,\mathrm{e}^{\gamma r} , \tag{9.36}$$

où nous avons exclu le deuxième terme, parce qu'il tend vers l'infini lorsque $r \to \infty$. Avec les solutions des deux cas extrêmes («asymptotiques»), (9.32) et (9.34), nous posons

$$R_l(r) = r^{l+1}\,\mathrm{e}^{-\gamma r} F(r) . \tag{9.37}$$

Après report de ceci dans (9.28) et en écrivant

$$z = 2\gamma r \quad \text{et} \quad k = \frac{m\,\mathrm{e}^2}{\gamma \hbar^2} , \tag{9.38}$$

nous obtenons

$$z\frac{\mathrm{d}^2 F}{\mathrm{d}z^2} + (2l + 2 - z)\frac{\mathrm{d}F}{\mathrm{d}z} - (l + 1 - k)F = 0 . \tag{9.39}$$

En nous rappelant la discussion mathématique dans le chapitre 7, nous reconnaissons une équation différentielle de Kummer. Sa solution est donnée dans (18) de l'exercice 7.1. Nous négligeons le deuxième terme de la solution générale, puisqu'il se comporte comme r^{-2l-1} ($r \to 0$), c'est-à-dire que $R_l \sim r^{-l}$ diverge toujours.

Ainsi, nous avons

$$F = C\,_1F_1(l + 1 - k, 2l + 2; 2\gamma r) . \tag{9.40}$$

Pour être normalisable, la série confluente doit se terminer à un terme donné ; ceci conduit à la quantification de l'énergie.

En posant

$$l + 1 - k = -n_r , \quad n_r = 0, 1, 2, \ldots , \tag{9.41}$$

et en réarrangeant les termes, on a

$$k = n_r + l + 1 = n . \tag{9.42}$$

Le nombre n est le *nombre quantique principal* ($n = 1, 2, \ldots$) et est déterminé par le nombre quantique radial n_r ($n_r = 0, 1, 2, \ldots$) et le nombre quantique de moment cinétique l ($l = 0, 1, 2, \ldots$).

Les définitions (9.35) et (9.38) nous permettent de déterminer l'énergie de liaison :

$$E_n = -\frac{me^4}{2\hbar^2}\frac{1}{n^2} \equiv -\frac{1}{2}\frac{e^2}{a_0 n^2} , \tag{9.43}$$

où $a_0 = \hbar^2/me^2 = 0{,}53$ Å est appelé le rayon de **Bohr**.

Si nous posons $n = 1$, nous obtenons l'*énergie de liaison de l'atome d'hydrogène* dans son état fondamental,

$$E_0 = -\frac{1}{2}\frac{e^2}{a_0} = -13{,}6\,\text{eV} . \tag{9.44}$$

Les fonctions d'onde de l'atome d'hydrogène sont

$$\psi_{nlm}(\mathbf{r}) = N_{nl} r^l \, \text{e}^{-\gamma_n r} \, {}_1F_1(-n_r, 2l+2, 2\gamma_n r) Y_{lm}(\vartheta, \varphi)$$
$$= N_{nl}\frac{R_{nl}(r)}{r} Y_{lm}(\vartheta, \varphi) , \tag{9.45}$$

où $\gamma_n = me^2/\hbar^2 n = 1/na_0$ et avec la constante de normalisation

$$N_{nl} = \frac{1}{(2l+1)!}\sqrt{\frac{(n+l)!}{2n(n-l-1)!}}(2\gamma_n)^{l+3/2} a_0^{3/2} , \quad n = n_r + l + 1 . \tag{9.46}$$

La partie radiale de la fonction d'onde $R_{nl}(r)$ manifestement dépend de deux nombres quantiques, n et l (ou n_r et l). La dépendance en l résulte de la séparation des variables dans (9.25), par laquelle le terme rotationnel $l(l+1)/r^2$ a été introduit dans l'équation différentielle (9.28), tandis que la dépendance en n est due à l'équation aux valeurs propres, qui provient de la condition que la fonction d'onde doit être de carré intégrable [condition de normalisation (9.31)].

Les ψ_{nlm} sont des fonctions propres de l'équation de Schrödinger (9.24) appartenant aux valeurs propres de l'énergie E_n. Les équations (9.41) et (9.42) permettent aux nombres quantiques l et m de prendre les valeurs $0 \leq l \leq (n-1)$ et $-l \leq m \leq l$. En comptant tous les états possibles de même énergie, nous constatons que chaque valeur propre est dégénérée n^2 fois :

$$\sum_{l=0}^{n-1}\sum_{m=-l}^{l} m = \sum_{l=0}^{n-1}(2l+1) = n^2 . \tag{9.47}$$

Les tables 9.1 et 9.2 présentent les fonctions d'onde normalisées pour les états de plus basse énergie de l'atome d'hydrogène. Dans le deuxième tableau, les fonctions d'ondes sont séparées en leur partie radiale $(R_{nl}(r)/r)$ et angulaire $(Y_{lm}(\vartheta, \varphi))$. Les énergies (E_n) ne dépendent que du nombre quantique principal n et sont reportées dans la dernière colonne. L'unité est l'énergie de Rydberg (Ry) $\mathrm{Ry} = e^2/2a_0 = 13{,}6\,\mathrm{eV}$. L'énergie du niveau fondamental est

Table 9.1. Fonctions d'onde ψ_{nlm} des états les plus bas de l'atome d'hydrogène de Schrödinger

n	l	m	$\psi_{nlm}(r, \vartheta, \varphi)$	E_n
1	0	0	$\frac{1}{\sqrt{\pi}} \times \gamma^{3/2} \times e^{-\gamma r}$	1
2	0	0	$\frac{1}{\sqrt{\pi}} \times \gamma_2^{3/2} \times (1-\gamma r) \times e^{-\gamma_2 r}$	$\frac{1}{4}$
2	1	0	$\frac{1}{\sqrt{\pi}} \times \gamma_2^{5/2} \times r \times e^{-\gamma_2 r} \times \cos\vartheta$	$\frac{1}{4}$
2	1	± 1	$\frac{1}{\sqrt{2\pi}} \times \gamma_2^{5/2} \times r \times e^{-\gamma_2 r} \times \sin\vartheta\, e^{\pm i\varphi}$	$\frac{1}{4}$
3	0	0	$\frac{1}{3\sqrt{\pi}} \times \gamma_3^{3/2} \times (3-6\gamma r+2\gamma^2 r^2) \times e^{-\gamma_3 r}$	$\frac{1}{9}$
3	1	0	$\frac{2}{\sqrt{3\pi}} \times \gamma_3^{5/2} \times (2-\gamma r)r \times e^{-\gamma_3 r} \times \cos\vartheta$	$\frac{1}{9}$
3	1	± 1	$\frac{1}{\sqrt{3\pi}} \times \gamma_3^{5/2} \times (2-\gamma r)r \times e^{-\gamma_3 r} \times \sin\vartheta\, e^{\pm i\varphi}$	$\frac{1}{9}$
3	2	0	$\frac{1}{3\sqrt{2\pi}} \times \gamma_3^{7/2} \times r^2 \times e^{-\gamma_3 r} \times (3\cos^2\vartheta - 1)$	$\frac{1}{9}$
3	2	± 1	$\frac{1}{\sqrt{3\pi}} \times \gamma_3^{7/2} \times r^2 \times e^{-\gamma_3 r} \times \sin\vartheta\cos\vartheta\, e^{\pm i\varphi}$	$\frac{1}{9}$
3	2	± 2	$\frac{1}{2\sqrt{3\pi}} \times \gamma_3^{7/2} \times r^2 \times e^{-\gamma_3 r} \times \sin^2\vartheta\, e^{\pm 2i\varphi}$	$\frac{1}{9}$

Table 9.2. Parties radiales et angulaires des fonctions d'onde de la table 9.1

n	l	m	$R_{nl}(r)$	$Y_{lm}(\vartheta, \varphi)$	E_n
1	0	0	$2 \times \gamma^{3/2} \times$	$e^{-\gamma r} \times \frac{1}{\sqrt{4\pi}}$	1
2	0	0	$2 \times \gamma_2^{3/2} \times (1-\gamma r)$	$e^{-\gamma_2 r} \times \frac{1}{\sqrt{4\pi}}$	$\frac{1}{4}$
2	1	0	$\frac{2}{\sqrt{3}} \times \gamma_2^{5/2} \times r$	$e^{-\gamma_2 r} \times \sqrt{\frac{3}{4\pi}}\cos\vartheta$	$\frac{1}{4}$
2	1	± 1	$\frac{2}{\sqrt{3}} \times \gamma_2^{5/2} \times r$	$e^{-\gamma_2 r} \times \sqrt{\frac{3}{8\pi}}\sin\vartheta \times e^{\pm i\varphi}$	$\frac{1}{4}$
3	0	0	$\frac{2}{3} \times \gamma_3^{3/2} \times (3-6\gamma r+2\gamma^2 r^2)$	$e^{-\gamma_3 r} \times \frac{1}{\sqrt{4\pi}}$	$\frac{1}{9}$
3	1	0	$\frac{\sqrt{8}}{3} \times \gamma_3^{5/2} \times (2-\gamma r)$	$e^{-\gamma_3 r} \times \sqrt{\frac{3}{4\pi}}\cos\vartheta$	$\frac{1}{9}$
3	1	± 1	$\frac{\sqrt{8}}{3} \times \gamma_3^{5/2} \times (2-\gamma r)$	$e^{-\gamma_3 r} \times \sqrt{\frac{3}{8\pi}}\sin\vartheta \times e^{\pm i\varphi}$	$\frac{1}{9}$
3	2	0	$\sqrt{\frac{8}{45}} \times \gamma_3^{7/2} \times r^2$	$e^{-\gamma_3 r} \times \sqrt{\frac{5}{4\pi}}\left(\frac{3}{2}\cos^2\vartheta - \frac{1}{2}\right)$	$\frac{1}{9}$
3	2	± 2	$\sqrt{\frac{8}{45}} \times \gamma_3^{7/2} \times r^2$	$e^{-\gamma_3 r} \times \sqrt{\frac{5}{24\pi}}\,3\sin\vartheta\cos\vartheta \times e^{\pm i\varphi}$	$\frac{1}{9}$
3	2	± 1	$\sqrt{\frac{8}{45}} \times \gamma_3^{7/2} \times r^2$	$e^{-\gamma_3 r} \times \sqrt{\frac{5}{96\pi}}\,3\sin^2\vartheta \times e^{\pm 2i\varphi}$	$\frac{1}{9}$

égale à -1Ry et $\gamma_n = 1/na_0$, $a_0 = \hbar^2/me^2 = 0{,}52$ Å. Chaque état de fonction propre ψ_{nlm} caractérisé par les trois nombres quantiques n, l et m est un état propre de trois quantités mesurables simultanément :

(1) l'énergie $E_n = (-me^4/2\hbar^2)(1/n^2)$,

(2) le moment cinétique au carré $\hat{L}^2$ et

(3) la projection $\hat{L}_z$ du moment cinétique sur l'axe z.

Le nombre quantique principal n caractérise le niveau d'énergie E_n ; le *nombre quantique azimuthal (orbital)* l donne l'intensité du moment cinétique (moment angulaire orbital) $\hat{L}^2$; et le *nombre quantique magnétique* m donne la grandeur $\hat{L}_z$ de la composante sur z du moment cinétique. Ainsi, les valeurs propres des trois quantités E_n, $\hat{L}^2$ et $\hat{L}_z$ suffisent à déterminer la fonction d'onde $\psi_{nlm}(r, \vartheta, \varphi)$.

La probabilité de trouver un électron de fonction d'onde $\psi_{nlm}(r, \vartheta, \varphi)$ dans l'élément de volume $dV = r^2 \sin\vartheta\, d\vartheta\, d\varphi\, dr$ est

$$w_{nlm}(r, \vartheta, \varphi)\, dV = |\psi_{nlm}(r, \vartheta, \varphi)|^2\, dV \ . \tag{9.48}$$

Avec

$$\psi_{nlm}(r, \vartheta, \varphi) = \frac{R_{nl}(r)}{r} Y_{lm}(\vartheta, \varphi) \ ,$$

nous pouvons écrire la probabilité de la manière suivante :

$$w_{nlm}(r, \vartheta, \varphi) r^2\, dr\, d\Omega = R_{nl}^2(r)\, dr\, |Y_{lm}(\vartheta, \varphi)|^2\, d\Omega \ . \tag{9.49}$$

L'intégration sur $d\Omega$ donne la probabilité $w_{nl}(r)\, dr$ pour avoir un électron compris entre deux surfaces sphériques respectivement de rayons r et $r + dr$:

$$w_{nl}\, dr = w_{nlm}(r) r^2\, dr = R_{nl}^2(r)\, dr \ . \tag{9.50}$$

Par exemple, dans l'état ψ_{100}, la probabilité est

$$w_{10}(r)\, dr = N_{10}^2 e^{-2r/a_0} r^2\, dr \ , \tag{9.51}$$

où N_{10} est la constante de normalisation (9.46). (La probabilité w est représentée en fonction de r sur figure 9.1).

Les fonctions d'onde de l'atome d'hydrogène décrivent également les états d'ions à un seul électron (hydrogénoïdes), tels que He$^+$, Li^{++}, ... La seule différence réside dans la charge e^2 qu'il faut remplacer par Ze^2, (cf la dernière section de ce chapitre «Atomes hydrogénoïdes»).

Si nous avons affaire à des atomes dont le nombre de charge est Z fois plus grand que 1, nous devons remplacer a_0 par a_0/Z et la probabilité maximum se rapproche du noyau comme $1/Z$, c'est-à-dire l'électron est forcé dans une orbite plus proche du noyau par l'attraction coulombienne.

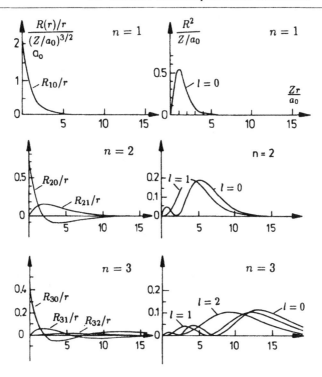

Fig. 9.1. Fonctions radiales normalisées R_{nl}/r (à gauche) et densités de probabilité normalisées w_{nl} (à gauche) de l'atome d'hydrogène pour les nombres quantiques principaux $n = 1$, 2 et 3

Le maximum de la fonction $R_{nl}^2(r)$, c'est-à-dire la distance la plus probable de l'électron pour l'état ψ_{100}, est donnée par

$$r_0 = a_0\,, \quad a_0 = \frac{\hbar^2}{me^2} = 0,53\,\text{Å}\,. \tag{9.52}$$

Ceci est le *rayon classique de Bohr*, car selon la théorie classique, l'électron devrait se déplacer autour du noyau sur une trajectoire circulaire de rayon a_0.

Pour des nombres quantiques principaux n croissants, le maximum de la distribution de charge s'éloigne du noyau ; l'électron est plus faiblement lié. Selon le nombre quantique radial n_r, il y a généralement plusieurs maxima, un *maximum principal* et quelques *maxima supplémentaires* (voir figure 9.1).

9.3 Densités électroniques à trois dimensions

En regardant les schémas dans les figures 9.2, 3, on peut se demander pourquoi il y a des états non symétriques dans un potentiel de Coulomb à symétrie sphérique. Bien sûr, la fonction d'onde qui n'a pas la symétrie sphérique est acceptable si un faible champ magnétique est appliqué. Les distributions représentées ont une symétrie cylindrique d'axe z. L'importance de l'axe z provient

Fig. 9.2. Coupe transversale de la distribution de la densité électronique $|\Psi|^2$ pour plusieurs états de l'atome d'hydrogène. La densité du charge est proportionnelle à la densité de probabilité des électrons

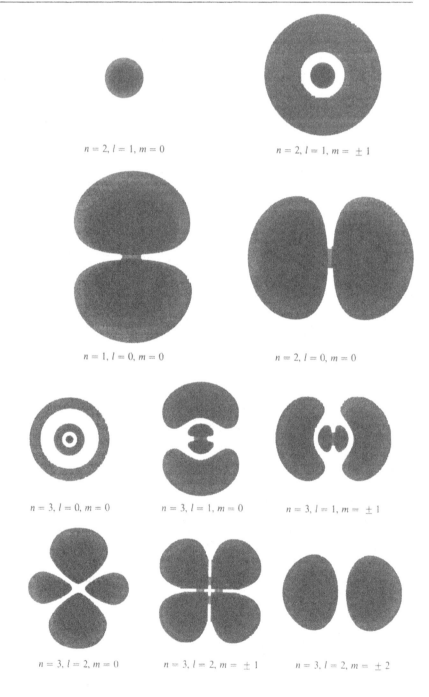

$n = 2, l = 1, m = 0$ $n = 2, l = 1, m = \pm 1$

$n = 1, l = 0, m = 0$ $n = 2, l = 0, m = 0$

$n = 3, l = 0, m = 0$ $n = 3, l = 1, m = 0$ $n = 3, l = 1, m = \pm 1$

$n = 3, l = 2, m = 0$ $n = 3, l = 2, m = \pm 1$ $n = 3, l = 2, m = \pm 2$

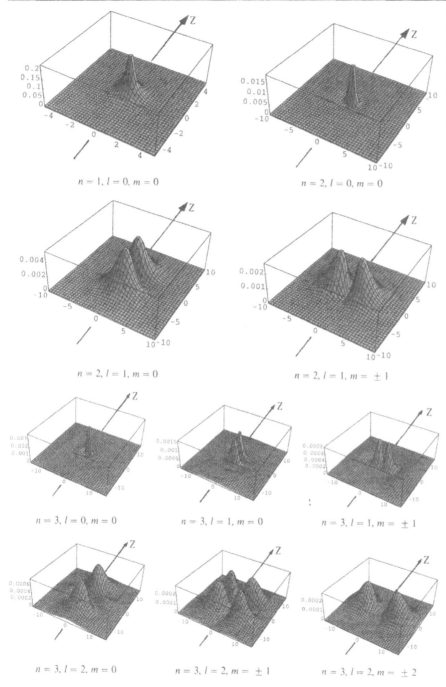

Fig. 9.3. Représentation à trois dimensions de la densité électronique $|\Psi|^2$ des états les plus bas de l'atome d'hydrogène. Les variables radiales sont exprimées en unités de rayon de Bohr $(0,53\ \text{Å})$

$n = 1, l = 0, m = 0$

$n = 2, l = 0, m = 0$

$n = 2, l = 1, m = 0$

$n = 2, l = 1, m = \pm 1$

$n = 3, l = 0, m = 0$

$n = 3, l = 1, m = 0$

$n = 3, l = 1, m = \pm 1$

$n = 3, l = 2, m = 0$

$n = 3, l = 2, m = \pm 1$

$n = 3, l = 2, m = \pm 2$

du choix des coordonnées sphériques. Physiquement l'axe z peut être fixé, par exemple par un (faible) champ magnétique. La solution complète de l'équation de Schrödinger (9.23, 24), correspondant à la valeur propre de l'énergie E_n est une combinaison linéaire de toutes les ψ_{nlm}, puisque la fonction d'onde ψ_n est n^2 fois dégénérée. Ainsi, en l'absence d'un champ magnétique, nous aurons généralement

$$\psi_n = \sum_{l=0}^{n-1} \sum_{m=-l}^{l} a_{nlm} \psi_{nlm} \ , \tag{9.53}$$

avec des coefficients quelconques a_{nlm}. En particulier, nous pouvons construire des états ψ_n contenant les ψ_{nlm} avec des probabilités égales. Puisque les fonctions d'onde ψ_{nlm} sont orthonormées, les carrés des coefficients du développement sont, dans ce dernier cas, les inverses du facteur de dégénérescence

$$|a_{nlm}|^2 = \frac{1}{n^2} \ . \tag{9.54}$$

Ceci est vrai, comme nous l'avons déjà mentionné, si pour une raison physique (par ex. un champ magnétique), aucune des composantes ne prédomine.

La superposition de toutes les ψ_{nlm} de (9.53) est en fait un état à symétrie sphérique, ce que nous pouvons aisément vérifier. Si une direction particulière est sélectionnée par un champ extérieur, la dégénérescence cesse et la densité électronique est anisotrope (par exemple : les effets Stark et Zeeman).

9.4 Le spectre des atomes d'hydrogène

Les valeurs de l'énergie de (9.43) caractérisent les niveaux d'énergie de l'atome d'hydrogène :

$$E_n = -\frac{m\,e^4}{2\hbar^2} \frac{1}{n^2} = -\frac{1}{2} \frac{e^2}{a_0} \frac{1}{n^2} \ . \tag{9.55}$$

Pendant la transition d'un électron du niveau E_n vers un autre niveau $E_{n'}$, l'atome émet un photon d'énergie

$$\hbar\omega_{nn'} = E_n - E_{n'} \quad \text{(fréquence de Bohr)} \ . \tag{9.56}$$

En reportant E_n (ou $E_{n'}$) il vient

$$\omega_{nn'} = \frac{e^4 m}{2\hbar^3} \left(\frac{1}{n'^2} - \frac{1}{n^2} \right) \ , \quad n' < n \ , \tag{9.57}$$

et pour la fréquence

$$\nu_{nn'} = R \left(\frac{1}{n'^2} - \frac{1}{n^2} \right) \ , \tag{9.58}$$

où $R = m\,\mathrm{e}^4/4\pi\hbar^3 = 3{,}27 \cdot 10^{+15}\,\mathrm{s}^{-1}$ est la *constante de* **Rydberg**. La quantité $E_n/\hbar$ est appelée le *terme spectral*. Les différences entre des termes spectraux déterminent la fréquence (pulsation) $\omega_{nn'}$.

La figure 9.4 montre un schéma des niveaux d'énergie de l'atome d'hydrogène et les transitions les plus importantes. Nous constatons que les différences entre niveaux d'énergie diminuent lorsque le nombre quantique principal n augmente, c'est-à-dire :

$$\lim_{n\to\infty} E_n = 0 \quad \text{et} \quad \lim_{n\to\infty} (E_n - E_{n-1}) = 0 \,. \tag{9.59}$$

Si les énergies sont positives, les valeurs sont arbitrairement proches les unes des autres (continuum). Ce continuum décrit un atome ionisé. *L'énergie d'ionisation* est égale à *l'énergie de liaison, changée de signe*.

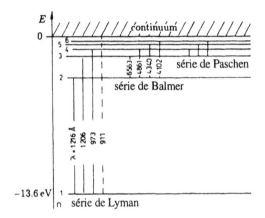

Fig. 9.4. Niveaux d'énergie et séries spectrales de l'atome d'hydrogène

Toutes les fréquences concernées par des transitions qui aboutissent au même niveau final forment une *série spectrale*. Les transitions vers le niveau fondamental $n' = 1$ constituent la *série de* **Lyman**. Ses fréquences sont :

$$\nu = R \left(\frac{1}{1^2} - \frac{1}{n^2} \right) \,, \quad n = 2, 3, \dots. \tag{9.60}$$

Les transitions vers les états $n' = 2, 3, 4$ et 5 sont respectivement appelées *série de* **Balmer**, **Paschen**, **Brackett** et **Pfund**. Récemment, des atomes hydrogénoïdes ont été observés dans des états hautement excités (jusqu'à $n = 100$; on les appelle les *atomes de Rydberg*. Leur diamètre est environ 10^5 fois plus grand que celui de leur état fondamental.[2]

---

[2] Voir aussi M. L. Littman et al. : Phys. Rev. **20**, 2251 (1979).

9.5 Courants dans l'atome d'hydrogène

L'opérateur densité de courant j a été introduit au chapitre 6

$$j = \frac{i\hbar}{2\mu}(\psi \nabla \psi^* - \psi^* \nabla \psi) , \tag{9.61}$$

où μ désigne la masse de l'électron (pour ne pas confondre avec le nombre quantique magnétique m).

La fonction propre de l'atome d'hydrogène (9.45) est écrite sous la forme

$$\psi_{nlm} = N_{nl} \frac{R_{nl}(r)}{r} P_l^{|m|}(\vartheta) \, e^{im\varphi} ,$$

où $R_{nl}(r)$ est la partie radiale et N_{nl} la constante de normalisation [voir (9.45) et (9.46)]. Nous utilisons les coordonnées sphériques pour faciliter les calculs. Alors ∇ s'écrit

$$\nabla = \left\{ \frac{\partial}{\partial r}, \frac{1}{r} \frac{\partial}{\partial \vartheta}, \frac{1}{r \sin \vartheta} \frac{\partial}{\partial \varphi} \right\} . \tag{9.62}$$

Les composantes de la densité de courant sont maintenant

$$j_r^{(nlm)} = \frac{i\hbar}{2\mu} \left(\psi_{nlm} \frac{\partial}{\partial r} \psi_{nlm}^* - \psi_{nlm}^* \frac{\partial}{\partial r} \psi_{nlm} \right) ,$$

$$j_\vartheta^{(nlm)} = \frac{i\hbar}{2\mu} \left(\psi_{nlm} \frac{1}{r} \frac{\partial}{\partial \vartheta} \psi_{nlm}^* - \psi_{nlm}^* \frac{1}{r} \frac{\partial}{\partial \vartheta} \psi_{nlm} \right) ,$$

$$j_\varphi^{(nlm)} = \frac{i\hbar}{2\mu} \left(\psi_{nlm} \frac{1}{r \sin \vartheta} \frac{\partial}{\partial \varphi} \psi_{nlm}^* - \psi_{nlm}^* \frac{1}{r \sin \vartheta} \frac{\partial}{\partial \varphi} \psi_{nlm} \right) . \tag{9.63}$$

Alors nous obtenons

$$\psi_{nlm} \frac{\partial}{\partial r} \psi_{nlm}^* = N_{nl}^2 \left(\frac{R_{nl}(r)}{r} P_l^{|m|}(\vartheta) \, e^{im\varphi} \right) \frac{\partial}{\partial r} \left(\frac{R_{nl}^*(r)}{r} P_l^{*|m|}(\vartheta) \, e^{-im\varphi} \right)$$

$$= N_{nl}^2 \left(P_l^{|m|}(\vartheta) \right)^2 \frac{R_{nl}(r)}{r} \frac{\partial}{\partial r} \left(\frac{R_{nl}(r)}{r} \right) = \psi_{nlm}^* \frac{\partial}{\partial r} \psi_{nlm}$$

$$\tag{9.64}$$

ainsi que

$$\psi_{nlm} \frac{1}{r} \frac{\partial}{\partial \vartheta} \psi_{nlm}^* = \psi_{nlm}^* \frac{1}{r} \frac{\partial}{\partial \vartheta} \psi_{nlm} ; \tag{9.65}$$

$R_{nl}(r)$ et $P_l^{|m|}(\vartheta)$ sont des fonctions réelles. Il s'ensuit que

$$j_r = j_\vartheta = 0 . \tag{9.66}$$

Ceci paraît raisonnable, car un courant dans une direction radiale signifierait que toutes les charges sont soit collectées dans le noyau, soit émises par l'atome au bout d'un certain temps.

La seule composante non nulle du courant est la composante suivant φ, puisque, selon la dernière équation de (9.63), elle contient la seule dérivée d'une partie complexe de la fonction. La densité de courant dans la direction ϕ est

$$
\begin{aligned}
j_\varphi &= \frac{i\hbar}{2\mu} \left(\psi_{nlm} \frac{1}{r\sin\vartheta} (-im)\psi_{nlm}^* - \psi_{nlm}^* \frac{1}{r\sin\vartheta}(im)\psi_{nlm} \right) \\
&= \frac{\hbar\mu}{mr\sin\vartheta} |\psi_{nlm}|^2 ,
\end{aligned}
\tag{9.67}
$$

ce qui signifie que le courant azimutal est principalement déterminé par le nombre quantique azimutal m. L'idée d'un électron décrivant une orbite autour du noyau semble intuitivement correcte et conforme au modèle de Bohr.

9.6 Le moment magnétique

Si $d\sigma$ est un élément de surface perpendiculaire à la direction du courant (voir figure 9.5), le courant dI_φ traversant cet élément de surface est

$$
dI_\varphi = j_\varphi \, d\sigma .
\tag{9.68}
$$

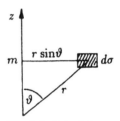

Fig. 9.5. Calcul du moment magnétique

Dans les cours d'électrodynamique, on montre qu'un courant électrique dI, circulant *autour* d'un surface plane F, produit un moment magnétique $dM = (F/c)\,dI$[3]. Dans un atome, sa composante suivant z est par conséquent

$$
dM_z = \frac{F}{c} dI_\varphi = \frac{1}{c} j_\varphi F \, d\sigma .
\tag{9.69}
$$

Pour obtenir la densité de courant électrique dont nous avons besoin, nous devons multiplier la densité de courant de particules par la charge $-e$.

Puisque dans notre exemple $F = \pi r^2 \sin^2\vartheta$, le moment magnétique devient

$$
dM_z = \frac{-e\hbar m}{cr\sin\vartheta\mu} |\psi_{nlm}|^2 \pi r^2 \sin^2\vartheta \, d\sigma ,
\tag{9.70}
$$

c'est-à-dire

$$
dM_z = -\frac{e\hbar m}{c\mu} |\psi_{nlm}|^2 \pi r \sin\vartheta \, d\sigma ,
$$

et finalement

$$
M_z = -\frac{e\hbar m}{2c\mu} ,
\tag{9.71}
$$

---

[3] Voir J.D. Jackson : *Classical Electrodynamics*, 2nd ed. (Wiley, New York 1975) et W. Greiner : Classical Theoretical Physics : *Classical Electrodynamics* (Springer, New York 1998).

car $dV = 2\pi r \sin \vartheta\, d\sigma$ est l'élément de volume de section $d\sigma$ parcouru par le courant, et l'intégration sur la fonction d'onde normalisée est 1. Puisqu'il n'y a pas d'autres courants dans l'atome, le moment magnétique vaut :

$$M = M_z = -\mu_B m\ ,\tag{9.72}$$

où $\mu_B = -e\hbar/2\mu c$ est appelé le *magnéton de Bohr*. La plus grande valeur absolue du moment magnétique est $\mu_B l$; le moment minimum vaut zéro.

Nous savons que la composante du moment cinétique suivant z a la valeur $L_z = m\hbar$, nous pouvons calculer le *facteur gyromagnétique* (en bref : le facteur g) de l'électron défini comme le rapport de la valeur absolue du moment magnétique $|M_z|$ au moment cinétique en unités $\hbar$, c'est-à-dire

$$g = \frac{|M_z|/\mu_B}{|L_z|/\hbar}\ ,\tag{9.73}$$

et par conséquent $g = 1$. Par définition, le moment magnétique est mesuré en unités de μ_B et le moment cinétique est mesuré en unités de $\hbar$, ce qui explique le numérateur $|M_z|/\mu_B$ et le dénominateur $|L_z|/\hbar$ dans (9.73).

Puisque l'électron possède un autre moment cinétique intrinsèque, le spin, nous pouvons définir un autre facteur g par rapport au spin. Ceci sera fait aux chapitres 12 et 13.

Ainsi, nous constatons qu'il existe effectivement des courants électriques réels dans l'atome, similaires à ceux prévus par Bohr dans son modèle où les électrons décrivent des orbites circulaires autour du noyau. En mécanique quantique aussi, le modèle semi-classique de Bohr donne une image réaliste des états décrits de façon précise par la mécanique quantique.

9.7 Atomes hydrogénoïdes

Les ions ou les atomes n'ayant qu'un seul électron de valence dans leur couche la plus externe peuvent être décrits de façon similaire à l'atome d'hydrogène. Au chapitre 14 nous verrons que, à cause du principe d'exclusion de Pauli, chaque état ne peut être occupé que par un seul électron. En outre, jusqu'à présent, nous n'avons pas tenu compte du spin dans la fonction d'onde. Comme nous le verrons, le spin de l'électron peut prendre deux valeurs : soit parallèle, soit anti-parallèle à l'axe z. Ainsi, un état ψ_{nlm} peut être occupé par deux électrons. De plus, nous devons considérer le fait que les électrons des couches internes font écran (écrantent) au potentiel du noyau, cet effet pouvant être décrit par la *charge effective du noyau* Z_{eff}. Ce nombre de charge est égal à Z (le nombre de protons dans le noyau) diminué par l'intégrale de la densité d'électrons sur la sphère de rayon r :

$$
Z_{\text{eff}}(r) = Z - \frac{4\pi}{e} \int\limits_0^r \varrho r'^2 \, dr'
$$

$$
= Z - 4\pi \times 2 \sum_{nlm} \int\limits_0^r \left| \psi_{nlm}(r') \right|^2 r'^2 \, dr' . \tag{9.74}
$$

Ici, ϱ est la densité volumique de charge et la somme est étendue à toutes les couches complètement remplies. En pratique, la valeur du nombre effectif de charge est déterminé (ajusté) par l'expérience. Ce procédé fournit un moyen adéquat pour décrire les spectres des atomes alcalins.

Récemment, grâce au développement des accélérateurs d'ions lourds, qui permettent de produire, par exemple, des ions uranium de grande énergie (jusqu'à 1 GeV/nucléon), il devient possible de produire des noyaux lourds complètement «déshabillés» (ionisés, privés de tous leurs électrons). Par exemple, des noyaux d'uranium privés de tous leurs électrons, ou avec un ou deux électrons restants ont été observés. De toute évidence, la fonction d'onde électronique d'un atome d'uranium ionisé 91 fois est une fonction d'onde similaire à celle d'un atome d'hydrogène. Néanmoins, les effets relativistes et d'électrodynamique quantique deviennent importants pour ces atomes de Z élevé, ceci ouvre un nouveau champ de recherches.

La *méthode de Hartree* offre une méthode de calcul itérative. Le potentiel d'un électron i est la superposition du potentiel coulombien central $-Ze^2/r_i$ et du potentiel dû aux électrons restants. Ceci conduit à l'équation de Schrödinger indépendante du temps de la forme

$$
\left(\frac{\hat{p}_i^2}{2m} - \frac{Ze^2}{r_i} + 2e^2 \sum_{\substack{j=1 \\ j \neq i}}^Z \int \frac{\psi_j^* \psi_j(\boldsymbol{r}_j)}{|\boldsymbol{r}_i - \boldsymbol{r}_j|} \, dV_j \right) \psi_i = E_i \psi_i , \quad i = 1, 2, \ldots, Z .
\tag{9.75}
$$

Les termes entre parenthèses contiennent respectivement, l'énergie cinétique, l'énergie de l'interaction coulombienne de l'électron i avec le noyau et de l'électron i avec le reste des électrons.

Nous obtenons ainsi Z équations différentielles couplées pour les différentes fonctions d'ondes $\psi_i(r_i)$. De plus, à cause des termes quadratiques dans ψ_j, ces équations ne sont pas linéaires. Elles peuvent être résolues par itération en commençant avec la fonction d'onde de l'hydrogène. La méthode de Hartree ne conduit pas à des résultats très précis à cause de l'interaction quantique entre deux particules identiques, cette *interaction d'échange* est négligée. Cet effet supplémentaire (que nous traiterons pour des atomes à deux électrons dans le chapitre 14) est pris en compte dans la *méthode de **Hartree–Fock***.

EXERCICE ████████████████████████

9.4 La partie angulaire de la fonction d'onde de l'hydrogène

Nous avons déjà introduit l'équation de Schrödinger pour l'atome d'hydrogène que nous avons séparée, en parties radiale et angulaire (avec la constante de séparation C). L'équation différentielle pour la partie angulaire de la fonction d'onde [voir (9.27) et (9.29)] est de la forme

$$\Delta_{\vartheta,\varphi} Y + CY = 0 \,. \tag{1}$$

Nous pouvons maintenant déterminer les solutions de l'équation différentielle et les nombres quantiques correspondants.

Bien que nous avons déjà traité les harmoniques sphériques dans l'exemple 4.9, par souci pédagogique, nous allons les établir à nouveau d'une manière un peu différente. La partie du laplacien dépendante de l'angle est

$$\Delta_{\vartheta,\varphi} = \frac{1}{\sin\vartheta}\frac{\partial}{\partial\vartheta}\left(\sin\vartheta\frac{\partial}{\partial\vartheta}\right) + \frac{1}{\sin^2\vartheta}\frac{\partial^2}{\partial\varphi^2} \,. \tag{2}$$

Pour résoudre (1), nous reportants le laplacien :

$$\frac{1}{\sin\vartheta}\frac{\partial}{\partial\vartheta}\left(\sin\vartheta\frac{\partial Y}{\partial\vartheta}\right) + \frac{1}{\sin^2\vartheta}\frac{\partial^2 Y}{\partial\varphi^2} + CY = 0 \,. \tag{3}$$

Les variables ϑ et φ sont séparées comme suit :

$$Y(\vartheta,\varphi) = \Theta(\vartheta)\phi(\varphi) \,. \tag{4}$$

Multipliée par $\sin^2\vartheta/(\Theta(\vartheta)\phi(\varphi))$, (3) prend la forme :

$$\frac{\sin^2\vartheta}{\Theta(\vartheta)\sin\vartheta}\frac{\partial}{\partial\vartheta}\left(\sin\vartheta\frac{\partial\Theta(\vartheta)}{\partial\vartheta}\right) + C\sin^2\vartheta = -\frac{1}{\phi(\varphi)}\frac{\partial^2\phi(\varphi)}{\partial\varphi^2} \,.$$

Le membre de gauche de cette équation dépend seulement de ϑ ; le membre de droite, seulement de φ. Nous égalons les deux membres à une constante K et obtenons les équations différentielles

$$\frac{1}{\sin\vartheta}\frac{\mathrm{d}}{\mathrm{d}\vartheta}\left(\sin\vartheta\frac{\mathrm{d}\Theta(\vartheta)}{\mathrm{d}\vartheta}\right) + C\Theta(\vartheta) - K\frac{\Theta(\vartheta)}{\sin^2\vartheta} = 0 \,, \tag{5}$$

$$\frac{\mathrm{d}^2\phi(\varphi)}{c\varphi^2} + K\phi(\varphi) = 0 \,. \tag{6}$$

La solution de (6) est

$$\phi(\varphi) = \mathrm{e}^{\pm\mathrm{i}\sqrt{K}\varphi} \,.$$

Nous exigeons que la fonction d'onde ait une solution unique. Ceci signifie que

$$\mathrm{e}^{\pm\mathrm{i}\sqrt{K}\varphi} = \mathrm{e}^{\pm\mathrm{i}\sqrt{K}(\varphi+2\pi)} = \mathrm{e}^{\pm\mathrm{i}\sqrt{K}\varphi\pm2\mathrm{i}\sqrt{K}\pi} \,.$$

De cette équation nous obtenons $K = m^2$ et $m = 0, 1, 2, 3, \ldots$, où m est le nombre quantique magnétique (le nombre quantique du moment magnétique). Ainsi, les valeurs entières de m découlent de l'unicité de la fonction d'onde. En posant

$$t = \cos \vartheta , \quad \sin \vartheta = \sqrt{1 - t^2} ,$$
$$d\vartheta = -\frac{dt}{\sqrt{1-t^2}} ,$$

(5) prend la forme :

$$\frac{d}{dt}\left[(1-t^2)\frac{d\Theta}{dt}\right] + \left(C - \frac{m^2}{1-t^2}\right)\Theta = 0 . \tag{7}$$

Pour résoudre (7), nous essayons

$$\Theta = (1-t^2)^{m/2} v_m(t) .$$

L'équation pour $v_m(t)$ s'écrit alors

$$\frac{d}{dt}\left\{(1-t^2)\frac{d}{dt}[(1-t^2)^{m/2}v_m(t)]\right\} + \left(C - \frac{m^2}{1-t^2}\right)(1-t^2)^{m/2}v_m(t) = 0 ,$$

d'où, après différentiation et en réordonnant, nous obtenons,

$$(1-t^2)v_m''(t) - 2(m+1)tv_m'(t) + [C - m(m+1)]v_m(t) = 0 . \tag{8}$$

La différentiation de (8) donne la même équation différentielle pour $v_m'(t)$, où les coefficients m sont remplacés par $m+1$:

$$(1-t^2)(v_m')'' - 2(m+2)t(v_m') + [C - (m+1)(m+2)](v_m') = 0 .$$

Ainsi, les solutions $v_m' = v_{m+1}$ sont possibles ou, représentées par une fonction v_0,

$$v_m(t) = \frac{d^m v_0(t)}{dt^m} . \tag{9}$$

Pour $m = 0$, l'équation différentielle (8) s'écrit :

$$(1-t^2)v_0'' - 2tv_0' + Cv_0 = 0 ; \tag{10}$$

qui est l'*équation différentielle de Legendre* (voir l'exemple 4.8). Nous essayons de la résoudre au voisinage de $t = 0$ en utilisant la série

$$v_0(t) = a_0 + a_1 t + a_2 t^2 + a_3 t^3 + \ldots , \tag{11}$$

où $v_0(t=0) = a_0$ et $v_0'(t=0) = a_1$.

Exercice 9.4 Pour déterminer les coefficients de la série, nous la différentions terme à terme deux fois :

$$v_0' = a_1 + 2a_2t + 3a_3t^2 + 4a_4t^3 + \dots , \tag{12}$$

$$v_0'' = 2a_2 + 3 \times 2a_3t + 4 \times 3a_4t^2 + \dots . \tag{13}$$

En reportant (11), (12) et (13) dans l'équation différentielle de Legendre (10), nous trouvons

$$\sum_{\nu=2}^{\infty} \nu(\nu-1)a_\nu t^{\nu-2} - \sum_{\nu=2}^{\infty} \nu(\nu-1)a_\nu t^\nu - \sum_{\nu=1}^{\infty} 2\nu a_\nu t^\nu + C \sum_{\nu=0}^{\infty} a_\nu t^\nu = 0 . \tag{14}$$

Puisque le facteur $\nu(\nu-1)$ s'annule pour $\nu=0$ et $\nu=1$, nous pouvons changer les bornes de la sommation

$$\sum_{\nu=2}^{\infty} \nu(\nu-1)a_\nu t^\nu = \sum_{\nu=0}^{\infty} \nu(\nu-1)a_\nu t^\nu ,$$

ou

$$\sum_{\nu=1}^{\infty} 2\nu a_\nu t^\nu = \sum_{\nu=0}^{\infty} 2\nu a_\nu t^\nu .$$

Alors (14) se simplifie en

$$\sum_{\nu=2}^{\infty} \nu(\nu-1)a_\nu t^{\nu-2} = \sum_{\nu=0}^{\infty} [\nu(\nu+1) - C]a_\nu t^\nu .$$

Pour comparer les coefficients de la puissance t^l, nous devons poser $\nu = l+2$ dans le membre de gauche et $\nu = l$ dans le membre de droite. Nous obtenons alors

$$(l+2)(l+1)a_{l+2} = [l(l+1) - C]a_l . \tag{15}$$

Avec la formule de récurrence (15) nous pouvons évaluer tous les coefficients de a_0 et a_1 car

$$a_{l+2} = \frac{l(l+1) - C}{(l+1)(l+2)}a_l \quad (l \geq 0) .$$

Par report successif de cette équation, on peut montrer que les coefficients satisfont la relation générale :

$$a_{2k} = (-1)^k C(C - 2 \times 3) \dots [C - (2k-2)(2k-1)]\frac{a_0}{(2k)!} ,$$

$$a_{2k+1} = (-1)^k(C - 1 \times 2) \dots [C - (2k-1)(2k)]\frac{a_1}{(2k+1)!} .$$

La solution complète de l'équation différentielle de Legendre est alors donnée par la somme des deux séries :

Exercice 9.4

$$v_0(t) = a_0 \left\{ 1 - C\frac{t^2}{2!} + C(C - 2 \times 3)\frac{t^4}{4!} - C(C - 2 \times 3)(C - 4 \times 5)\frac{t^6}{6!} + \ldots \right.$$

$$\left. + (-1)^k C(C - 2 \times 3) \ldots [C - (2k - 2)(2k - 1)]\frac{t^{2k}}{(2k)!} + \ldots \right\}$$

$$+ a_1 \left\{ t - (C - 1 \times 2)\frac{t^3}{3!} + (C - 1 \times 2)(C - 3 \times 4)\frac{t^5}{5!} + \ldots \right.$$

$$+ (-1)^k (C - 1 \times 2)(C - 3 \times 4) \ldots [C - (2k - 1)2k]\frac{t^{2k+1}}{(2k + 1)!}$$

$$\left. + \ldots \right\} .$$

Chacune de ces séries diverge si elle ne se termine pas à un terme donné. On peut forcer la convergence de ces séries en posant soit $a_0 = 0$ et $a_1 \neq 1$, soit $a_0 \neq 0$ et $a_1 = 0$.

De plus, nous choisissons $C = l(l + 1)$, où $l = 0, 2, 4, \ldots$ dans le premier cas, et $l = 1, 3, 5, \ldots$ dans le second. Alors, seulement un nombre fini de

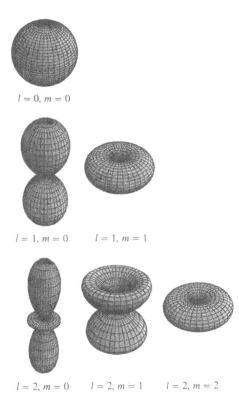

$l = 0, m = 0$

$l = 1, m = 0$ $l = 1, m = 1$

$l = 2, m = 0$ $l = 2, m = 1$ $l = 2, m = 2$

Les harmoniques sphériques $Y_{lm}(\theta, \phi)$ pour les valeurs les plus basses de l et m. La fonction $|Y_{lm}(\theta, \phi)|^2$ est représentée en coordonnées sphériques. Pour une direction θ et ϕ donnée, la distance de la surface à l'origine est égale au carré de la valeur absolue de l'harmonique sphérique

Exercice 9.4

coefficients sont différents de zéro, et la série converge, c'est-à-dire que nous avons des polynômes. Ces polynômes sont les seules solutions régulières pour $|t| = 1$, et qui peuvent être considérées comme solutions du problème physique. On les appelle les *polynômes de Legendre* $P_l(t)$ $(l = 0, 1, 2, \ldots)$, (voir aussi l'exemple 4.8). Ils sont normalisés de sorte que $P_l(1) = 1$, et ils satisfont la relation d'orthogonalité :

$$\int_{-1}^{+1} P_l(t) P_{l'}(t)\,\mathrm{d}t = \frac{2}{2l+1}\delta_{ll'}\;.$$

En restituant les diverses substitutions, la solution complète de (1) s'écrit

$$Y(\vartheta, \varphi) = Y_{lm}(\vartheta, \varphi) \equiv \mathrm{e}^{\pm im\varphi}\sin^m\vartheta\,\frac{\mathrm{d}^m P_l(\cos\vartheta)}{\mathrm{d}(\cos\vartheta)^m}\;.$$

À nouveau, nous constatons que la partie angulaire de la fonction d'onde de l'hydrogène est représentée par les harmoniques sphériques Y_{lm}.

EXEMPLE

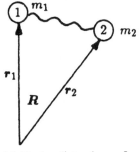

Molécule diatomique. Les rayons vecteur r_1 et r_2 désignent les centres (noyaux) des atomes. R indique leur centre de gravité

9.5 Spectre d'une molécule diatomique

À l'aide de la technique que nous avons développée, nous voulons maintenant déterminer le spectre d'une molécule diatomique de manière qualitative. Le potentiel interatomique est supposé local et ne dépendant pas explicitement du temps, il est fonction de la distance entre les deux atomes (voir la figure),

$$V = V(r_1, r_2).$$

Le laplacien qui apparaît dans l'équation de Schrödinger doit être appliqué aux coordonnées des deux atomes :

$$\Delta = \Delta_1 + \Delta_2\,, \quad \text{avec}$$

$$\Delta_1 = \frac{\partial^2}{\partial x_1^2} + \frac{\partial^2}{\partial y_1^2} + \frac{\partial^2}{\partial z_1^2} \quad \text{et}$$

$$\Delta_2 = \frac{\partial^2}{\partial x_2^2} + \frac{\partial^2}{\partial y_2^2} + \frac{\partial^2}{\partial z_2^2}\;.$$

Par conséquent, l'équation de Schrödinger indépendante du temps devient

$$\left(\frac{-\hbar^2}{2m_1}\Delta_1 + \frac{-\hbar^2}{2m_2}\Delta_2\right)\psi(r_1, r_2) + V(r_1, r_2)\psi(r_1, r_2) = E\psi(r_1, r_2)\;. \tag{1}$$

En introduisant la coordonnée du centre de gravité R et la coordonnée relative r, le problème à deux corps peut être réduit à un problème à un corps équivalent. Nous avons les relations suivantes :

Exemple 9.5

$$M R = m_1 r_1 + m_2 r_2 \quad \text{avec la masse totale}$$
$$M = m_1 + m_2 , \quad \text{et} \tag{2}$$
$$r = r_1 - r_2 . \tag{3}$$

Nous devons aussi exprimer le laplacien dans le nouveau système de coordonnées. Avec les définitions (2) et (3), et, par exemple, pour la coordonnée x, nous obtenons :

$$X = \frac{m_1 x_1 + m_2 x_2}{M} , \quad x = x_1 - x_2 .$$

D'où, les dérivées partielles par rapport à x_1 et x_2,

$$\frac{\partial}{\partial x_1} = \frac{m_1}{M} \frac{\partial}{\partial X} + \frac{\partial}{\partial x} \quad \text{et}$$
$$\frac{\partial}{\partial x_2} = \frac{m_2}{M} \frac{\partial}{\partial X} - \frac{\partial}{\partial x} .$$

Soit,

$$-\frac{\hbar^2}{2m_1} \frac{\partial^2}{\partial x_1^2} - \frac{\hbar^2}{2m_2} \frac{\partial^2}{\partial x_2^2} = -\frac{\hbar^2}{2M} \frac{\partial^2}{\partial X^2} - \frac{\hbar^2}{2\mu} \frac{\partial^2}{\partial x^2} ,$$

où $1/\mu = 1/m_1 + 1/m_2$ est la *masse réduite*. Les autres composantes se calculent de manière analogue, et l'équation de Schrödinger (1) prend la forme

$$-\frac{\hbar^2}{2M} \Delta_R \psi(r, R) - \frac{\hbar^2}{2\mu} \Delta_r \psi(r, R) + V(r) \psi(r, R) = E \psi(r, R) .$$

Avec $\psi(r, R) = f(r) F(R)$ et en exprimant l'énergie par $E = E_r + E_R$, nous séparons l'équation différentielle du mouvement en *mouvement du centre de masse*

$$-\frac{\hbar^2}{2M} \Delta_R F(R) = E_R F(R) , \tag{4}$$

et en *mouvement relatif*

$$-\frac{\hbar^2}{2\mu} \Delta_r f(r) + V(r) f(r) = E_r f(r) . \tag{5}$$

L'équation (4) ne contient plus le potentiel ; le mouvement du centre de masse est libre et décrit par une onde plane :

$$F(R) = C \exp \left(-\frac{\mathrm{i}}{\hbar} P \cdot R \right) ,$$

avec $P^2 = 2M E_R$. Ceci semble raisonnable, puisque nous nous attendons à ce que la molécule, dans son intégralité, se déplace librement dans l'espace.

Exemple 9.5

Dans l'équation du mouvement relatif, nous effectuons la séparation des variables habituelles pour un potentiel central :

$$f(r) = f(r, \vartheta, \varphi) = \frac{R(r)}{r} Y_{lm}(\vartheta, \varphi) \,.$$

Ceci conduit à l'équation radiale [voir par ex. : (9.28)]

$$-\frac{\hbar^2}{2\mu}\frac{\partial^2 R}{\partial r^2} + W_l(r) = E_R R \,, \tag{6}$$

avec le *potentiel effectif*

$$W_l(r) = V(r) + \frac{\hbar^2}{2\mu}\frac{l(l+1)}{r^2} \,, \tag{7}$$

qui, comme en mécanique classique, est la somme du vrai potentiel $V(r)$ et de l'énergie de rotation $L^2/2\mu r^2$. Pour avoir une idée qualitative des valeurs propres E_n de l'énergie qui constituent le spectre de la molécule, nous cherchons une forme acceptable pour le potentiel.

Comme la figure ci-dessus le montre, le potentiel doit être répulsif si les deux atomes se rapprochent beaucoup l'un de l'autre. À la distance r_0 le potentiel doit passer par un minimum et devenir attractif pour de grandes distances r et tendre vers zéro. La répulsion qui a lieu pour $r < r_0$ est due aux deux noyaux pratiquement privés d'électrons qui se font face. Le minimum pour $r = r_0$ est du aux électrons moléculaires qui se déplacent autour des deux centres (noyaux) [Nous expliquerons ceci en détails plus loin (voir molécule d'hydrogène dans l'exemple 14.5).]

Si la molécule possède un moment cinétique, le potentiel centrifuge (répulsif) doit être ajouté. De ce fait, le minimum devient moins prononcé et est déplacé vers les distances plus grandes, comme le montre la figure ci-dessous.

Dans le cas de petites oscillations, les valeurs propres de l'énergie peuvent être calculées en remplaçant le potentiel, au voisinage du minimum, par une parabole. Puisque la position du minimum dépend du moment cinétique, nous la désignons par r_l. Développons maintenant $W_l(r)$ au voisinage du point r_l :

$$W_l(r) = W_l(r_l) + \frac{dW_l(r)}{dr}\bigg|_{r=r_l}(r-r_l) + \frac{1}{2}\frac{d^2 W_l(r)}{dr^2}\bigg|_{r=r_l}(r-r_l)^2 + \dots \,. \tag{8}$$

Les termes d'ordre supérieur sont négligés, puisque nous ne considérons que de petites oscillations autour de la position d'équilibre $|r - r_l| \ll r_l$. La dérivée seconde s'écrit

$$\frac{d^2 W_l(r_l)}{dr^2} \equiv \mu\omega_l^2 \,. \tag{9}$$

Ceci nous donne un potentiel approximativement parabolique. La dérivée première s'annule au point d'équilibre $r = r_l$, en posant $x = r_l$, (8) devient,

$$W_l(r) = V(r_l) + \frac{\hbar^2 l(l+1)}{2\mu r_l^2} + \frac{1}{2}\mu\omega_l^2 x^2 \,.$$

Avec le moment d'inertie $\Theta_l = \mu r_l^2$, l'équation de Schrödinger (6) se transforme en

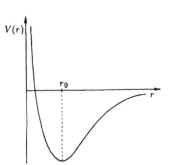

$V(r)$

r_0

r

Représentation qualitative du potentiel $V(r)$ entre les deux atomes

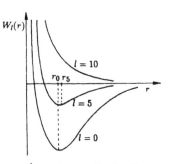

$W_l(r)$

$l = 10$

$r_0\ r_5$

r

$l = 5$

$l = 0$

Évolution qualitative du potentiel effectif $W_l(r)$ entre deux noyaux. r_0, r_5 (ou en général r_l) indique les positions des minima du potentiel l-dépendant

$$-\frac{\hbar^2}{2\mu}\frac{d^2R}{dx^2}+\left[V(r_l)+\frac{\hbar^2 l(l+1)}{2\Theta_l}+\frac{1}{2}\mu\omega_l^2 x^2\right]R=E_r R \ .$$

En conséquence, notre approximation conduit à l'équation de l'oscillateur harmonique linéaire. Nous pouvons le vérifier aisément en posant

$$E'=E-V(r_l)-\frac{\hbar^2 l(l+1)}{2\Theta_l} \ ,$$

qui donne

$$-\frac{\hbar^2}{2\mu}\frac{d^2R}{dx^2}+\frac{1}{2}\mu\omega_l^2 x^2 R=E'R \ .$$

Ainsi que nous le savons déjà, les valeurs propres de l'oscillateur harmonique linéaire sont (voir chapitre 7)

$$E_n'=\hbar\omega_l\left(n+\frac{1}{2}\right) \ , \quad n=0,1,2,\ldots \ ,$$

et ainsi le spectre complet est donné par

$$E=E_{nl}=V(r_l)+\hbar\omega_l\left(n+\frac{1}{2}\right)+\frac{\hbar^2 l(l+1)}{2\Theta_l} \ . \tag{10}$$

Manifestement, l'énergie consiste en une partie *rotationnelle* $\hbar^2 l(l+1)/2\Theta_l$, et une partie *vibrationnelle* $\hbar\omega_l(n+1/2)$. De plus, la fréquence des vibrations ω_l est déterminée par la rotation ; ω_l dépend de l [voir (9)]. À cause de notre approximation, la solution (10) n'est valable que pour les petits nombres quantiques n et l.

Les rotations sont observées dans la partie lointaine et les vibrations dans la partie proche du spectre infra-rouge. Ceci signifie que la densité de niveaux de rotation à une énergie de vibrations donnée est plus grande que la densité de niveaux pour des nombres quantiques n différents. En d'autres termes, les états rotationnels peuvent être classés selon leurs états vibrationnels. Les niveaux de vibration sont équidistants, comme nous le constatons dans (10), tandis que les les énergies de niveaux rotationnels sont dans les rapports $1:2:3:4:\ldots$, si le moment d'inertie Θ_l reste constant. Le schéma de niveaux de rotation–vibration est représenté sur la figure suivante.

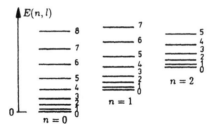

Spectre de rotation–vibration d'une molécule diatomique

De tels spectres de rotation–vibration existent aussi pour les noyaux et probablement même pour les particules élémentaires ; pour ces questions nous vous renvoyons vers d'autres ouvrages.[4]

EXEMPLE ▬▬▬▬▬▬▬▬▬▬▬▬

9.6 Coordonnées de Jacobi

Les coordonnées de Jacobi sont une généralisation des coordonnées relatives et de centre de masse utilisées dans l'exemple 9.5. Ces dernières sont appropriées pour la description d'un système à deux corps. Mais à quoi ressemble le traitement d'un problème à N corps? Les coordonnées de Jacobi nous donnent la réponse.

D'abord nous prenons les particules 1 et 2 et les traitons de la manière habituelle :

$$\xi_1 = \frac{m_1 x_1}{m_1} - x_2 = x_1 - x_2 \,,$$
$$\eta_1 = \frac{m_1 y_1}{m_1} - y_2 = y_1 - y_2 \,,$$
$$\zeta_1 = \frac{m_1 z_1}{m_1} - z_2 = z_1 - z_2 \,. \tag{1}$$

Le premier vecteur de Jacobi $\boldsymbol{\xi}_1 = \{\xi_1, \eta_1, \zeta_1\}$ est le vecteur relatif entre les particules 1 et 2. La deuxième coordonnée de Jacobi est maintenant définie comme le vecteur relatif entre le centre de masse des deux premières particules et la troisième particule. Le troisième vecteur de Jacobi relie la quatrième particule au centre de masse des trois premières et ainsi de suite (cf section 14.2). Par conséquent, nous avons

$$\xi_1 = \frac{m_1 x_1}{m_1} - x_2 \,,$$
$$\xi_2 = \frac{m_1 x_1 + m_2 x_2}{m_1 + m_2} - x_3 \,,$$
$$\vdots$$
$$\xi_j = \frac{\sum_{k=1}^{j} m_k x_k}{\sum_{k=1}^{j} m_k} - x_{j+1} \,,$$
$$\vdots$$
$$\xi_N = \frac{1}{M} \sum_{k=1}^{N} m_k x_k \equiv X \,, \tag{2}$$

---

[4] Voir, par ex. : J. M. Eisenberg and W. Greiner : «*Nuclear Theory 1, Nuclear Models*», 3rd ed. (North Holland, Amsterdam 1987).

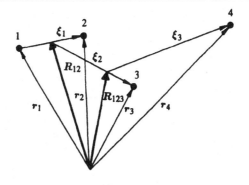

Les coordonnées de Jacobi de quatre particules, 1, 2, 3, 4. r_i sont leurs rayons vecteur. R_{12}, R_{123}, R_{1234} sont les vecteurs position des centres de gravité respectivement des deux premières, puis troisième et quatrième particules. Les vecteurs ξ_i pointent du centre de gravité des i premières particules vers la particule $i + 1$

et des équations analogues sont valables pour les composantes η_i et ζ_i. Ceci est illustré sur la figure ci-dessus.

De toute évidence, ξ_N est le vecteur du centre de masse du système complet. Maintenant, nous voulons exprimer l'opérateur énergie cinétique

$$\hat{T} = \frac{-\hbar^2}{2} \sum_{k=1}^{N} \frac{1}{m_k} \left(\frac{\partial^2}{\partial x_k^2} + \frac{\partial^2}{\partial y_k^2} + \frac{\partial^2}{\partial z_k^2} \right) \tag{3}$$

avec les coordonnées de Jacobi. Notons d'abord que, selon les relations de transformation (2), on déduit

$$\frac{\partial \xi_j}{\partial x_k} = \frac{m_k}{M_j}, \quad k \le j; \quad \frac{\partial \xi_j}{\partial x_k} = -1, \quad k = j+1;$$

$$\frac{\partial \xi_j}{\partial x_k} = 0, \quad k > j+1, \quad \text{où} \tag{4}$$

$$M_j = \sum_{k=1}^{j} m_k \tag{5}$$

est la somme des masses de j premières particules. À l'aide de (4) et de (5) nous trouvons :

$$\sum_{k=1}^{N} \frac{\partial \psi}{\partial x_k} = \sum_{k=1}^{N} \sum_{j=1}^{N} \frac{\partial \psi}{\partial \xi_j} \frac{\partial \xi_j}{\partial x_k} = \sum_{j=1}^{N} \frac{\partial \psi}{\partial \xi_j} \sum_{k=1}^{N} \frac{\partial \xi_j}{\partial x_k}$$

$$= \sum_{j=1}^{N} \frac{\partial \psi}{\partial \xi_j} \left(\sum_{k=1}^{j} \frac{m_k}{M_j} + \frac{\partial \xi_j}{\partial x_{j+1}} \right) = \frac{\partial \psi}{\partial \xi_N}, \tag{6}$$

remarquez que $(\sum_{k=1}^{j} m_k / M_j - 1) = 0$ pour $j < N$. L'expression entre parenthèses n'est différente de zéro (et égale à 1) que dans le cas $j = N$.

L'opérateur énergie cinétique est calculé de manière analogue. Il suffit d'évaluer l'opérateur :

$$\hat{D}_x \psi = \sum_{k=1}^{N} \frac{1}{m_k} \frac{\partial^2 \psi}{\partial x_k^2} = \sum_{k=1}^{N} \frac{1}{m_k} \sum_{j=1}^{N} \sum_{j'=1}^{N} \frac{\partial^2 \psi}{\partial \xi_j \partial \xi_{j'}} \frac{\partial \xi_j}{\partial x_k} \frac{\partial \xi_{j'}}{\partial x_k}. \tag{7}$$

Alors, en utilisant (4) et (5), nous obtenons,

$$
\begin{aligned}
\hat{D}_z \psi &= \sum_{k=1}^{N} \frac{1}{m_k} \left(\sum_{j=k}^{N} \sum_{j'=k}^{N} \frac{m_k^2}{M_j M_{j'}} \frac{\partial^2 \psi}{\partial \xi_j \partial \xi_{j'}} \right) \\
&\quad - 2 \sum_{k=2}^{N} \sum_{j=k}^{N} \frac{1}{m_k} \frac{m_k}{M_j} \frac{\partial^2 \psi}{\partial \xi_j \partial \xi_{k-1}} + \sum_{k=2}^{N} \frac{1}{m_k} \frac{\partial^2 \psi}{\partial \xi_{k-1}^2} \\
&= \sum_{k=1}^{N} \frac{1}{m_k} \left(2 \sum_{j'=k}^{N} \sum_{j>j'}^{N} \frac{m_k^2}{M_j M_{j'}} \frac{\partial^2 \psi}{\partial \xi_j \partial \xi_{j'}} - 2 \sum_{j=k}^{N} \frac{m_k}{M_j} \frac{\partial^2 \psi}{\partial \xi_j \partial \xi_{k-1}} \right) \\
&\quad + \sum_{k=1}^{N} \frac{1}{m_k} \left(\sum_{j=k}^{N} \frac{m_k^2}{M_j^2} \frac{\partial^2 \psi}{\partial \xi_j^2} + \frac{\partial^2 \psi}{\partial \xi_{k-1}^2} \right) \\
&= 2 \left(\sum_{k=1}^{N} \sum_{j'=k}^{N} \sum_{j>j'}^{N} \frac{m_k}{M_j M_{j'}} \frac{\partial^2 \psi}{\partial \xi_j \partial \xi_{j'}} - \sum_{k=1}^{N} \sum_{j=k}^{N} \frac{1}{M_j} \frac{\partial^2 \psi}{\partial \xi_j \partial \xi_{k-1}} \right) \\
&\quad + \sum_{k=1}^{N} \left(\sum_{j=k}^{N} \frac{m_k}{M_j^2} \frac{\partial^2 \psi}{\partial \xi_j^2} + \frac{1}{m_k} \frac{\partial^2 \psi}{\partial \xi_{k-1}^2} \right) \\
&\stackrel{(*)}{=} 2 \left(\sum_{j'=1}^{N} \sum_{j>j'}^{N} \sum_{k=1}^{j'} \frac{m_k}{M_j M_{j'}} \frac{\partial^2 \psi}{\partial \xi_j \partial \xi_{j'}} - \sum_{j=1}^{N} \sum_{k=1}^{j} \frac{1}{M_j} \frac{\partial^2 \psi}{\partial \xi_j \partial \xi_{k-1}} \right) \\
&\quad + \sum_{k=1}^{N} \left(\sum_{j=k}^{N} \frac{m_k}{M_j^2} \frac{\partial^2 \psi}{\partial \xi_j^2} + \frac{1}{m_k} \frac{\partial^2 \psi}{\partial \xi_{k-1}^2} \right) \\
&= 2 \left(\sum_{j'=1}^{N} \sum_{j>j'}^{N} \frac{1}{M_j} \frac{\partial^2 \psi}{\partial \xi_j \partial \xi_{j'}} - \sum_{j=1}^{N} \sum_{k'=0}^{j-1} \frac{1}{M_j} \frac{\partial^2 \psi}{\partial \xi_j \partial \xi_{k-1}} \right) \quad \text{[à cause de (5)]} \\
&\quad + \sum_{k=1}^{N} \left(\sum_{j=k}^{N} \frac{m_k}{M_j^2} \frac{\partial^2 \psi}{\partial \xi_j^2} + \frac{1}{m_k} \frac{\partial^2 \psi}{\partial \xi_{k-1}^2} \right) \\
&= 2 \left(\sum_{j=1}^{N} \sum_{j'=1}^{j-1} \frac{1}{M_j} \frac{\partial^2 \psi}{\partial \xi_j \partial \xi_{j'}} - \sum_{j=1}^{N} \sum_{j'=1}^{j-1} \frac{1}{M_j} \frac{\partial^2 \psi}{\partial \xi_j \partial \xi_{j'}} \right) \\
&\quad + \sum_{k=1}^{N} \left(\sum_{j=k}^{N} \frac{m_k}{M_j^2} \frac{\partial^2 \psi}{\partial \xi_j^2} + \frac{1}{m_k} \frac{\partial^2 \psi}{\partial \xi_{k-1}^2} \right) \\
&= \sum_{k=1}^{N} \left(\sum_{j=k}^{N} \frac{m_k}{M_j^2} \frac{\partial^2 \psi}{\partial \xi_j^2} + \frac{1}{m_k} \frac{\partial^2 \psi}{\partial \xi_{k-1}^2} \right) . \tag{8}
\end{aligned}
$$

Où nous avons changé l'ordre de sommation sur k, j et j' en $(*)$ de la page précédente. La dernière somme se transforme en

$$\sum_{k=1}^{N} \frac{1}{m_k} \left(\sum_{j=k}^{N} \frac{m_k^2}{M_j^2} \frac{\partial^2 \psi}{\partial \xi_j^2} + \frac{\partial^2 \psi}{\partial \xi_{k-1}^2} \right)$$

$$= \sum_{j=1}^{N} \sum_{k=1}^{j} \frac{m_k}{M_j^2} \frac{\partial^2 \psi}{\partial \xi_j^2} + \sum_{k=1}^{N-1} \frac{1}{m_{k+1}} \frac{\partial^2 \psi}{\partial \xi_k^2}$$

$$= \sum_{j=1}^{N} \frac{1}{M_j} \frac{\partial^2 \psi}{\partial \xi_j^2} + \sum_{j=1}^{N-1} \frac{1}{m_{j+1}} \frac{\partial^2 \psi}{\partial \xi_j^2}$$

$$= \frac{1}{M} \frac{\partial^2 \psi}{\partial \xi_N^2} + \sum_{j=1}^{N-1} \left(\frac{1}{M_j} + \frac{1}{m_{j+1}} \right) \frac{\partial^2 \psi}{\partial \xi_j^2} \, , \tag{9}$$

qui signifie que

$$\hat{D}_x \psi = \frac{1}{M} \frac{\partial^2 \psi}{\partial \xi_N^2} + \sum_{j=1}^{N-1} \frac{1}{\mu_j} \frac{\partial^2 \psi}{\partial \xi_j^2} \, , \tag{10}$$

où μ_j est la masse réduite du centre de masse des j premières particules et de la particule $j+1$:

$$\frac{1}{\mu_j} = \frac{1}{M_j} + \frac{1}{m_{j+1}} \, . \tag{11}$$

En tenant compte de

$$\hat{D}\psi = (\hat{D}_x + \hat{D}_y + \hat{D}_z)\psi \, , \tag{12}$$

de (10) nous obtenons la relation

$$\hat{D}\psi = \frac{1}{M} \nabla_N^2 \psi + \sum_{j=1}^{N-1} \frac{1}{\mu_j} \nabla_j^2 \psi \, . \tag{13}$$

Ceci est l'opérateur énergie cinétique (au facteur $-\hbar^2/2$ près), exprimé avec les coordonnées de Jacobi. Comme attendu, le mouvement du centre de masse se sépare. Il est décrit par le premier terme du membre de droite de (13).

9.8 Notes biographiques

BOHR, Niels Hendrik David, physicien danois, *Copenhagen 7.10.1885, † Copenhagen 18.11.1962. Professeur depuis 1916, Bohr devint directeur de l'Institut de Physique théorique à l'Université de Copenhague en 1920. En 1913, il avait réussi à appliquer l'hypothèse quantique de Planck (1900) au modèle atomique planétaire de Rutherford. Ce *modèle de Bohr* fut le premier à expliquer les séries spectrales de l'atome d'hydrogène. Bohr généralisa ce modèle afin d'inclure la description d'autres éléments et développa une théorie du système périodique des éléments. Son *principe de correspondance*, qui porte son nom, a établi une relation entre les théories classiques et quantiques. Il fut lauréat du Prix Nobel de Physique en 1920. Ensemble, avec le jeune W. Heisenberg, Bohr développa l'«interprétation de Copenhague» de la mécanique quantique en 1927, qui est l'interprétation physique prévalente du formalisme quantique, basée sur le principe d'incertitude de Heisenberg et la dualité onde–corpuscule. Plus tard, il travailla sur des problèmes de physique nucléaire et de particules élémentaires. De 1933 à 1936 il utilisa le «modèle du sac de sable» pour décrire les collisions nucléaires. Son interprétation de la fission nucléaire de l'Uranium, fut importante pour les développements techniques futurs. De 1943 à 1945, Bohr participa au développement de la bombe atomique à Los Alamos.

LANDAU, Lew Dawidowitsch, physicien soviétique, *22.1.1908 Bakou, † 1.4.1968 Moscou, directeur de l'Institut de physique théorique de l'Académie soviétique des sciences. Landau, en particulier, étudia le diamagnétisme et la physique des basses températures. En 1962, il reçut le Prix Nobel pour son explication de la superfluidité telle qu'elle apparaît dans HeII.

RYDBERG, Janne (John) Robert, physicien suédois, *Hamlstad 8.11.1854, † Lund 28.12.1919. Professeur à Lund à partir de 1901, Rydberg a travaillé sur le système périodique et les séries spectrales. En 1889 il avait soumis son article «Recherches sur la constitution des spectres d'émission des éléments» à l'Académie des Sciences de Suède. La *constante de Rydberg* et, récemment, les *atomes de Rydberg* portent son nom. En 1913 il publia ses articles «Elektron, der erste Grundstoff» et «Untersuchungen über das System der Grundstoffe».

LYMAN, Théodore, physicien américain, *Boston 23.11.1874, † Cambridge (Mass.) 11.10.1954. De 1910 à 1947, Lyman fut directeur du «Jefferson Physical Laboratory» de Harvard. Il a été un pionnier dans le domaine de la spectroscopie UV et, en 1906 il découvrit une série spectrale de l'atome d'hydrogène qui porte son nom.

BALMER, Johann Jakob, mathématicien suisse, *Lausen (Bâle) 1.5.1858, † Bâle 2.3.1898. Balmer enseigna dans le collège de jeunes filles de Bâle et de 1865 à 1890, il fut aussi maître de conférences à l'Université de Bâle. En 1885 il fut le premier à établir une relation décrivant les spectres de l'atome d'hydrogène connus à cette date (série de Balmer).

PASCHEN, Friedrich, physicien allemand, *Schwerin 2.1.1865, † Potsdam 25.2.1947. Paschen fut professeur à Tübingen et Bonn. En 1924, il devint président de la «Physikalisch Technische Reichsanstalt Berlin» et professeur à l'Université de Berlin. Il a construit des galvanomètres très sensibles et des électromètres à quadrants et a travaillé avec C. Runge, principalement sur des expériences de spectroscopie. En 1908 il a étendu la formule de Balmer aux raies IR du spectre de l'hydrogène (*série de Paschen*). En 1912/13, ensemble avec Back, il découvrit l'*effet Paschen–Back* : le dédoublement des lignes dans un champ magnétique intense. La *loi de Paschen* (1889) stipule que la tension de décharge dans un gaz ne dépend que de la distance des électrodes et de la pression du gaz.

BRACKETT, F. S., astronome américain.

HARTREE, Douglas Rayner, physicien et mathématicien britannique, *Cambridge 27.3.1897, † Cambridge 12.2.1958. De 1929 à 1937, Hartree fut professeur de mathématiques appliquées, puis de physique théorique à l'Université de Manchester ; de 1946 à 1958, il fut professeur à Cambridge. Hartree devint membre de la «Royal Society» en 1932. Son succès le plus important a été le développement de méthodes d'approximation pour le calcul de fonctions d'onde de systèmes à plusieurs électrons. Par ailleurs, il a travaillé sur des problèmes de calculateurs numériques, de balistique et de physique atmosphérique. Ses principales publications sont «Numerical Analysis» (1952) et «The Calculation of Atomic Structures» (1957).

FOCK, Wladimir Alexandrowitsch, physicien soviétique, *Saint Pétersbourg 22.12.1898, † 1974. Fock devint professeur à l'Université de Léningrad en 1932. En 1939, il a rejoint l'Académie des Sciences d'URSS et a collaboré à plusieurs instituts. Le principal domaine d'activité de Fock fut la mécanique quantique et l'électrodynamique quantique, il est l'un des fondateurs de la théorie quantique des systèmes à grand nombre de particules. En 1926, indépendamment de O. Klein, il a établi une équation relativiste pour des particules sans spin placées dans un champ magnétique. En 1928, ensemble avec M. Born, il démontra la validité du principe adiabatique en mécanique quantique et, en 1930, développa une méthode d'approximation pour les équations d'onde de systèmes à plusieurs particules (la *méthode de Hartree–Fock*) De 1932 à 1934, il généralisa l'équation de Schrödinger aux systèmes à nombre variable de particules dans «l'espace de Fock». Il œuvra également dans les domaines de la théorie quantique, de la relativité générale («Theory of space, time and gravitation» 1955), de l'élasticité et la théorie de la propagation et de la réfraction des ondes radioélectriques.

10. Les fondements mathématiques de la mécanique quantique II

10.1 Représentations position, impulsion et énergie

L'état d'une particule est complètement décrit par sa fonction d'onde normalisée $\psi(r, t)$, que nous avons utilisée jusqu'à présent. Dans l'équation de Schrödinger,

$$\left(\frac{\hat{p}^2}{2m} + V(r)\right)\psi(r, t) = i\hbar \frac{\partial}{\partial t}\psi(r, t) , \qquad (10.1)$$

qui nous donne l'évolution en temps de l'état, nous avons exprimé l'opérateur quantité de mouvement (opérateur impulsion) par l'opérateur différentiel, $\hat{p} = -i\hbar \nabla$. Cette représentation $\psi(r, t)$ de l'état d'une particule est appelée la *représentation position*. À cause du principe d'incertitude de Heisenberg, la quantité de mouvement p d'une particule n'est pas connue de façon précise, si sa position r est fixée. Selon (3.50), la quantité de mouvement moyenne est

$$\langle \hat{p} \rangle = \int \psi^*(r, t)(-i\hbar \nabla)\psi(r, t)\, dV . \qquad (10.2)$$

Nous pouvons extraire des informations concernant la quantité de mouvement d'une particule de la fonction d'onde $\psi(r, t)$ si nous la développons en termes de fonctions propres de l'opérateur quantité de mouvement ; ceci est simplement une transformation de Fourier. L'intégrale de Fourier s'écrit

$$\begin{aligned}
\psi(r, t) &= \frac{1}{(2\pi\hbar)^{3/2}} \int a(p, t) \exp\left(\frac{i}{\hbar} p \cdot r\right) d^3 p \\
&= \int a(p, t)\psi_p(r)\, d^3 p .
\end{aligned} \qquad (10.3)$$

L'intégration est étendue sur tout l'espace des moments ; la fonction $a(p, t)$ est la transformée de Fourier de $\psi(r, t)$ à l'instant t. Les ondes planes $\psi_p(r)$ sont fonctions propres de la quantité de mouvement (voir l'exemple 4.4). En effet, nous avons

$$\psi_p = \frac{1}{(2\pi\hbar)^{3/2}} \exp\left(\frac{i}{\hbar} p \cdot r\right) , \quad \text{avec}$$

$$\hat{p}\psi_p = \frac{\hbar}{i} \nabla \exp\left(\frac{i}{\hbar} p \cdot r\right) = p\psi_p . \qquad (10.4)$$

Maintenant, en examinant (10.3) il devient évident que le fonction $a(\boldsymbol{p}, t)$ décrit l'état de la particule aussi complètement que la fonction $\psi(\boldsymbol{r}, t)$. Nous appelons $a(\boldsymbol{p}, t)$ la *représentation impulsion* de l'état de la particule. De la réciprocité de la transformation de Fourier et de (10.3), on déduit que

$$
\begin{aligned}
a(\boldsymbol{p}, t) &= \frac{1}{(2\pi\hbar)^{3/2}} \int \psi(\boldsymbol{r}, t) \exp\left(\frac{\mathrm{i}}{\hbar}\boldsymbol{p}\cdot\boldsymbol{r}\right) \mathrm{d}^3 r \\
&= \int \psi(\boldsymbol{r}, t)\psi_{\boldsymbol{p}}^*(\boldsymbol{r}) \mathrm{d}^3 r .
\end{aligned}
\tag{10.5}
$$

Ainsi, si $\psi(\boldsymbol{r}, t)$ est connue, nous pouvons construire $a(\boldsymbol{p}, t)$ selon (10.5) ; et réciproquement, si $a(\boldsymbol{p}, t)$ est connue, nous pouvons construire $\psi(\boldsymbol{r}, t)$ à l'aide de (10.3). Similairement, l'équivalence de la normalisation peut être facilement montrée :

$$
\int |\psi(\boldsymbol{r}, t)|^2 \mathrm{d}^3 r = \int |a(\boldsymbol{p}, t)|^2 \mathrm{d}^3 p .
\tag{10.6}
$$

En effet, (3.41) exprime ceci pour des particules dans une boîte. La relation qui correspond à (10.2) pour la moyenne de l'opérateur position s'écrit :

$$
\langle \hat{\boldsymbol{r}} \rangle = \int a^*(\boldsymbol{p}, t)(\mathrm{i}\hbar\boldsymbol{\nabla}_p)a(\boldsymbol{p}, t)\mathrm{d}^3 p ,
\tag{10.7}
$$

où $\boldsymbol{\nabla}_p = (\partial/\partial p_x, \partial/\partial p_y, \partial/\partial p_z)$ est l'*opérateur nabla* de l'*espace des impulsions*. En effet, avec (10.3), nous pouvons facilement calculer

$$
\begin{aligned}
\langle \boldsymbol{r} \rangle &= \int \psi^*(\boldsymbol{r}, t)\,\boldsymbol{r}\,\psi(\boldsymbol{r}, t)\mathrm{d}^3 r \\
&= \int \mathrm{d}^3 r\,\mathrm{d}^3 p\,\mathrm{d}^3 p'\,a^*(\boldsymbol{p}, t)\psi_{\boldsymbol{p}}^*(\boldsymbol{r})\,\boldsymbol{r}\,a(\boldsymbol{p}', t)\psi_{\boldsymbol{p}'}(\boldsymbol{r}) \\
&= \int \mathrm{d}^3 p\,\mathrm{d}^3 p'\,a^*(\boldsymbol{p}, t)a(\boldsymbol{p}', t)\int \mathrm{d}^3 r\psi_{\boldsymbol{p}}^*(\boldsymbol{r})\boldsymbol{r}\psi_{\boldsymbol{p}'}(\boldsymbol{r}) .
\end{aligned}
\tag{10.8}
$$

Maintenant, en utilisant la première des équations de (10.4), nous pouvons remplacer le vecteur $\boldsymbol{r}$ dans l'intégrale triple par

$$
\begin{aligned}
\int \mathrm{d}^3 r\psi_{\boldsymbol{p}}^*(\boldsymbol{r})\,\boldsymbol{r}\,\psi_{\boldsymbol{p}'}(\boldsymbol{r}) &= \int \psi_{\boldsymbol{p}}^*(\boldsymbol{r})(-\mathrm{i}\hbar\boldsymbol{\nabla}_{p'})\psi_{\boldsymbol{p}'}(\boldsymbol{r})\mathrm{d}^3 r \\
&= -\mathrm{i}\hbar\boldsymbol{\nabla}_{p'}\int \psi_{\boldsymbol{p}}^*(\boldsymbol{r})\psi_{\boldsymbol{p}'}(\boldsymbol{r})\mathrm{d}^3 r \\
&= -\mathrm{i}\hbar\boldsymbol{\nabla}_{p'}\delta^3(\boldsymbol{p} - \boldsymbol{p}')
\end{aligned}
\tag{10.9}
$$

de sorte que (10.8) devient

$$
\begin{aligned}
\langle \boldsymbol{r} \rangle &= \int \mathrm{d}^3 p\,\mathrm{d}^3 p'\,a^*(\boldsymbol{p}, t)a(\boldsymbol{p}', t)(-\mathrm{i}\hbar\boldsymbol{\nabla}_{p'})\delta^3(\boldsymbol{p} - \boldsymbol{p}') \\
&= \int \mathrm{d}^3 p\,a^*(\boldsymbol{p}, t)\left[a(\boldsymbol{p}', t)(-\mathrm{i}\hbar)\delta^3(\boldsymbol{p} - \boldsymbol{p}')\Big|_{-\infty}^{+\infty}\right.
\end{aligned}
$$

$$
\left. - \int \mathrm{d}^3 p'(-\mathrm{i}\hbar \boldsymbol{\nabla}_{p'}) a(\boldsymbol{p}', t)\delta^3(\boldsymbol{p} - \boldsymbol{p}') \right]
$$

$$
= \int \mathrm{d}^3 p\, a^*(\boldsymbol{p}, t)(\mathrm{i}\hbar \boldsymbol{\nabla}_p) a(\boldsymbol{p}, t)\,.
$$

La fonction $a(\boldsymbol{p}, t)$ représente la distribution en impulsion de l'état de la particule $\psi(\boldsymbol{r}, t)$. Le carré $|a(\boldsymbol{p}, t)|^2$ donne la probabilité de trouver une particule de quantité de mouvement (impulsion) $\boldsymbol{p}$, c'est-à-dire avec la fonction d'onde

$$
\psi_p(\boldsymbol{r}) = \frac{1}{(2\pi\hbar)^{3/2}} \exp\left(\frac{\mathrm{i}}{\hbar}\boldsymbol{p}\cdot\boldsymbol{r}\right)
$$

dans l'état $\psi(\boldsymbol{r}, t)$. Par conséquent, $|a(\boldsymbol{p}, t)|^2$ est la densité de probabilité dans l'espace des impulsions.

Jusqu'à présent, nous avons basé nos considérations sur le point de vue physique que la fonction d'onde $\psi(\boldsymbol{r}, t)$ d'une particule est déterminée en mesurant sa distribution spatiale. La distribution en impulsion se déduit par une transformation de Fourier. Mais, en physique, nous sommes souvent amenés à adopter une démarche inverse ; par exemple, dans les expériences de diffusion d'électrons, on mesure les distributions en impulsion (facteurs de forme). Alors la distribution de charge (spatiale) d'un noyau se déduit d'une analyse de Fourier (voir, par exemple : l'exemple 11.8).

Les représentations position ou impulsion sont toutes les deux adaptées à une description de l'état d'une particule. Les équations (10.3) et (10.5) permettent le passage d'une représentation à l'autre.

Considérons brièvement la *représentation énergie*. Par souci de simplicité, nous supposons que la particule a un spectre en énergie discret avec les valeurs propres $E_1, E_2, \ldots, E_n, \ldots$ et un système de fonctions propres orthonormées correspondantes $\psi_1, \psi_2, \ldots, \psi_n, \ldots$. Le développement de la fonction d'onde $\psi(\boldsymbol{r}, t)$ en termes des fonctions propres de l'énergie, s'écrit

$$
\psi(\boldsymbol{r}, t) = \sum_n a_n(t)\psi_n(\boldsymbol{r})\,, \tag{10.10}
$$

où l'indice n indique la dépendance en énergie. Nous pouvons obtenir les coefficients du développement à partir de la fonction (10.10) en la multipliant par ψ_m^* puis en intégrant sur tout l'espace :

$$
a_m(t) = \int \psi_m^*(\boldsymbol{r})\psi(\boldsymbol{r}, t)\,\mathrm{d}^3 r\,. \tag{10.11}
$$

Il est clair que l'état de la particule est entièrement déterminé par les a_n, c'est-à-dire la représentation en énergie. En effet, $\psi(\boldsymbol{r}, t)$ et les $a_n(t)$ se déduisent l'une de l'autre ; les transformations sont données par (10.10) et (10.11). Ceci est tout à fait analogue à la situation précédente où nous étions capables d'évaluer $\psi(\boldsymbol{r}, t)$ à partir de $a(\boldsymbol{p}, t)$ à l'aide de (10.3) ou $a(\boldsymbol{p}, t)$ à partir de $\psi(\boldsymbol{r}, t)$ avec (10.5).

EXEMPLE ▬▬▬▬▬▬▬▬▬▬▬

10.1 Distribution en impulsion du niveau fondamental de l'hydrogène

Pour appliquer notre formalisme, nous évaluons la distribution en impulsion d'un électron dans le niveau fondamental d'un atome d'hydrogène. La fonction d'onde normalisée de cet état est donnée par [$\gamma_n = 1/na_0$; voir (9.45, 46) et la table 9.1]

$$\psi(\boldsymbol{r}, t) = \frac{\mathrm{e}^{-\mathrm{i}\omega t}}{\sqrt{\pi a_0^3}} \exp\left(-\frac{r}{a_0}\right) , \tag{1}$$

où ω désigne la fréquence et a_0 le rayon de Bohr. La représentation en impulsion est donnée par

$$a(\boldsymbol{p}, t) = \frac{1}{(2\pi\hbar)^{3/2}} \int \psi(\boldsymbol{r}, t) \exp\left(-\frac{\mathrm{i}}{\hbar}\boldsymbol{p}\cdot\boldsymbol{r}\right) \mathrm{d}V . \tag{2}$$

En reportant (1), nous avons

$$a(\boldsymbol{p}, t) = \frac{\mathrm{e}^{-\mathrm{i}\omega t}}{\pi^2(2\hbar a_0)^{3/2}} \int\limits_{-\infty}^{\infty} \exp\left(-\frac{r}{a_0}\right) \exp\left(-\frac{\mathrm{i}}{\hbar}\boldsymbol{p}\cdot\boldsymbol{r}\right) \mathrm{d}V . \tag{3}$$

Pour simplifier cette intégrale, nous choisissons l'axe z parallèle à la quantité de mouvement et obtenons en coordonnées sphériques (voir la figure) :

$$a(\boldsymbol{p}, t) = \frac{\mathrm{e}^{-\mathrm{i}\omega t}}{\pi^2(2a_0\hbar)^{3/2}} \int \exp\left(-\frac{r}{a_0}\right) \exp\left(-\frac{\mathrm{i}}{\hbar}pr\cos\vartheta\right) r^2\,\mathrm{d}r \sin\vartheta\,\mathrm{d}\vartheta\,\mathrm{d}\varphi ,$$

$$a(\boldsymbol{p}, t) = \frac{\mathrm{e}^{-\mathrm{i}\omega t}}{\pi\sqrt{2a_0^3\hbar^3}} \int\limits_{0}^{\infty} \left[\exp\left(-\frac{r}{a_0}\right) \int\limits_{-1}^{1} \exp\left(-\frac{\mathrm{i}}{\hbar}pr\cos\vartheta\right)\,\mathrm{d}\cos\vartheta \right] r^2\,\mathrm{d}r . \tag{4}$$

L'intégration sur l'angle donne

$$a(\boldsymbol{p}, t) = \frac{\mathrm{i}\,\mathrm{e}^{-\mathrm{i}\omega t}}{\pi p\sqrt{2a_0^3\hbar}} \int\limits_{0}^{\infty} \left\{ \exp\left[-r\left(\frac{1}{a_0}+\mathrm{i}\frac{p}{\hbar}\right)\right] \right.$$
$$\left. - \exp\left[-r\left(\frac{1}{a_0}-\mathrm{i}\frac{p}{\hbar}\right)\right] \right\} r\,\mathrm{d}r , \tag{5}$$

d'où nous déduisons directement que

$$a(\boldsymbol{p}, t) = \frac{1}{\pi}\left(\frac{2a_0}{\hbar}\right)^{3/2} \frac{\mathrm{e}^{-\mathrm{i}\omega t}}{[1 + (p^2/\hbar^2)a_0^2]^2} . \tag{6}$$

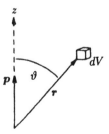

Choix particulier de coordonnées pour évaluer l'intégrale

La densité de probabilité dans l'espace des positions est obtenue à partir de (1)

$$|\psi(r, t)|^2 = \frac{\exp[-(r/a_0)^2]}{\pi a_0^3} \,,$$

Tandis que nous obtenons la densité de probabilité dans l'espace des impulsions à partir de (6)

$$|a(\boldsymbol{p}, t)|^2 = \frac{8a_0^3}{\pi \hbar^3 [1 + (p^2 a_0^2/\hbar^2)]^4} \,. \tag{7}$$

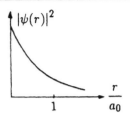

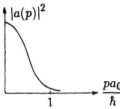

Distribution de probabilité pour le niveau fondamental de l'atome d'hydrogène dans l'espace des positions (*haut*) et dans l'espace des impulsions

La forme des deux densités est représentée sur les figures.

L'Intégration de la densité en impulsion donne également la valeur correcte 1 :

$$\int_{-\infty}^{\infty} |a(\boldsymbol{p})|^2 \, \mathrm{d}^3 p = \int |a(\boldsymbol{p})|^2 4\pi p^2 \, \mathrm{d}p = \frac{32}{\pi} \int \frac{x^2 \, \mathrm{d}x}{(1 + x^2)^4} = 1 \,. \tag{8}$$

Ici nous avons posé $p a_0/\hbar = x$. La distribution en moment (7) peut être vérifiée expérimentalement en observant les photoélectrons dans des expériences de photoionisation ou en mesurant la diffusion inélastique d'électrons. La relation (7) a été confirmée par de telles expériences.

10.2 Représentation d'opérateurs

L'équation d'opérateur

$$\varphi = \hat{L}\psi \tag{10.12}$$

transforme une fonction ψ en une autre fonction φ. Pour un calcul explicite nous devons choisir une certaine forme de représentation. Jusqu'à présent nous avons utilisé les coordonnées r pour exprimer un opérateur ; c'est-à-dire nous avons travaillé dans une *représentation position*. Dans ce cas, l'opérateur $\hat{L}$ prend généralement la forme

$$\hat{L} = \hat{L}(\hat{\boldsymbol{p}}, \hat{\boldsymbol{r}}) = \hat{L}\left(\frac{\hbar}{\mathrm{i}} \nabla, \boldsymbol{r}\right) \,. \tag{10.13}$$

Si nous changeons de représentation pour la fonction d'onde, nous devons transformer l'opérateur en conséquence.

Considérons la *représentation énergie*. Nous développons les fonctions d'onde $\psi(\boldsymbol{r})$ et $\varphi(\boldsymbol{r})$ de (10.12) en termes de fonctions propres de l'énergie, c'est-à-dire du hamiltonien ($\hat{H}\psi_n = E_n\psi_n$). Soit

$$\psi(\boldsymbol{r}) = \sum_n a_n\psi_n(\boldsymbol{r}) \quad \text{et} \quad \varphi(\boldsymbol{r}) = \sum_n b_n\psi_n(\boldsymbol{r})\,. \tag{10.14}$$

La représentation en énergie des fonctions ψ et φ, selon la section précédente, est alors donnée par le jeu de coefficients respectifs a_n et b_n.

Pour obtenir la représentation énergie de l'opérateur $\hat{L}$, nous reportons les développements (10.14) dans (10.12), soit

$$\sum_n b_n\psi_n = \hat{L}\sum_n a_n\psi_n = \sum_n a_n\hat{L}\psi_n\,.$$

Après multiplication par ψ_m^* et intégration, on déduit de cette équation que

$$\sum_n b_n\delta_{mn} = \sum_n a_n\int\psi_m^*\hat{L}\psi_n\,\mathrm{d}V\,. \tag{10.15}$$

Ceci suggère l'introduction de l'*élément de matrice*

$$L_{mn} = \int\psi_m^*\hat{L}\psi_n\,\mathrm{d}V \tag{10.16}$$

comme abréviation, de sorte que nous pouvons maintenant réécrire (10.15) :

$$b_m = \sum_n L_{mn}a_n\,. \tag{10.17}$$

Cette équation est la *représentation énergie* de (10.12). Le jeu complet des L_{mn}, c'est-à-dire la matrice L_{mn}, constitue la *représentation énergie* de $\hat{L}$. Comme nous l'avons déjà indiqué, grâce aux deux indices, les L_{mn} sont constitués en matrice. Puisque les deux indices courent sur les mêmes nombres et parce qu'il y a un nombre infini de valeurs propres de l'énergie, la matrice L_{mn} est *carrée et infinie*. Pour donner un exemple d'un opérateur avec des valeurs propres continues, nous allons maintenant calculer la *représentation impulsion* de (10.12). Le problème est simplifié si nous considérons le cas à une dimension ($\boldsymbol{r} \to x$, $\boldsymbol{p} \to p_x \equiv p$). Puisque nous cherchons la représentation impulsion, nous développons en termes de fonctions propres de $\hat{p}$, c'est-à-dire

$$\psi_p = \frac{1}{\sqrt{2\pi\hbar}}\exp\left(\frac{\mathrm{i}}{\hbar}px\right)\,,$$

mais nous ne les écrirons pas explicitement, soit

$$\psi(x) = \int a(p)\psi_p(x)\,\mathrm{d}p\,, \quad \varphi(x) = \int b(p)\psi_p(x)\,\mathrm{d}p\,. \tag{10.18}$$

Les fonctions $a(p)$ et $b(p)$ sont les représentations impulsion respectivement de ψ et φ. En reportant (10.18) dans (10.12) on a

$$\int b(p)\psi_p(x)\,\mathrm{d}p = \hat{L}\int a(p)\psi_p(x)\,\mathrm{d}p = \int a(p)\hat{L}\psi_p(x)\,\mathrm{d}p\,. \tag{10.19}$$

Puisque l'opérateur $\hat{L}$ est supposé être donné dans la représentation position (10.13), il dépend de x et pas de p. Par conséquent nous pouvons le rentrer dans l'intégrale. En multipliant par $\psi_{p'}^*(x)$ puis en intégrant, on obtient

$$\int b(p)\,\mathrm{d}p \int \psi_{p'}^*(x)\psi_p(x)\,\mathrm{d}x = \int a(p)\,\mathrm{d}p \int \psi_{p'}^*(x)\hat{L}\psi_p(x)\,\mathrm{d}x\,. \quad (10.20)$$

Avec la relation d'orthogonalité

$$\int \psi_{p'}^*(x)\psi_p(x)\,\mathrm{d}x = \delta(p'-p) \quad (10.21)$$

et en posant

$$L_{p'p} = \int \psi_{p'}^*(x)\hat{L}\psi_p(x)\,\mathrm{d}x \quad (10.22)$$

nous obtenons la *représentation impulsion* de (10.12),

$$b(p') = \int L_{p'p}a(p)\,\mathrm{d}p\,. \quad (10.23)$$

Les indices p et p' sont continus et ainsi l'élément de matrice

$$L_{p'p} = L(p', p)$$

est une fonction des variables p et p'. Mais le terme «élément de matrice» est aussi utilisé dans ce cas. La *matrice infinie* $(L_{pp'})$ *est la représentation position de* $\hat{L}$. Pour les calculs explicites voir les exemples 10.2 et 10.3.

Nous voulons maintenant revoir quelques règles de calcul matriciel et montrer leur validité pour les éléments de matrice d'opérateurs.

Une matrice $L = (L_{mn}\delta_{mn})$ est dite *diagonale* ; en particulier, pour $L_{nn} = 1$ nous avons la matrice unité $\mathbf{1} = (\delta_{mn})$. La matrice appelée *matrice complexe conjuguée* de L est définie par

$$L^* = (L_{mn}^*)\,. \quad (10.24)$$

La matrice *transposée* $\tilde{L}$ de $L = (L_{mn})$ est

$$\tilde{L} = (\tilde{L}_{mn}) = (L_{nm})\,. \quad (10.25)$$

Elle est obtenue à partir de la matrice originale en transposant les indices, c'est-à-dire en intervertissant les lignes et les colonne.
La *matrice adjointe* est la matrice conjuguée de la transposée. Les éléments de la *matrice adjointe* L^+ satisfont la relation :

$$L^+ = (\tilde{L}_{mn}^+) = (\tilde{L}_{mn}^*) = (L_{nm}^*)\,. \quad (10.26)$$

Dans le cas ou $L = L^+$, la matrice L est dite *autoadjointe ou hermitique*. Maintenant nous montrons qu'un opérateur hermitique est représenté par une matrice hermitique. En effet,

$$L_{mn} = \int \psi_m^* \hat{L} \psi_n \, dx = \int \psi_n \hat{L}^* \psi_m^* \, dx$$

$$= \left(\int \psi_n^* \hat{L} \psi_m \, dx \right)^* = L_{mn}^* \; . \tag{10.27}$$

L'addition de deux matrices est effectuée élément par élément :

$$C_{nm} = A_{nm} + B_{nm} \; . \tag{10.28}$$

Soit $\hat{C}$ la somme des opérateurs $\hat{A}$ et $\hat{B}$. Nous pouvons montrer que la matrice correspondant à $\hat{C}$ est la somme de matrices correspondantes $\hat{A}$ et $\hat{B}$:

$$C_{mn} = \int \psi_m^* \hat{C} \psi_n \, dx = \int \psi_n^* (\hat{A} + \hat{B}) \psi_n \, dx$$

$$= \int \psi_m^* \hat{A} \psi_n \, dx + \int \psi_m^* \hat{B} \psi_n \, dx = A_{mn} + B_{mn} \; . \tag{10.29}$$

La multiplication de matrices est définie par

$$C_{mn} = \sum_k A_{mk} B_{kn} \; . \tag{10.30}$$

Démontrons que les matrices d'opérateurs satisfont à la même relation. Si $\hat{C} = \hat{A}\hat{B}$, alors manifestement

$$C_{mn} = \int \psi_m^* \hat{C} \psi_n \, dx = \int \psi_m^* \hat{A} \hat{B} \psi_n \, dx = \int \psi_m^* \hat{A} (\hat{B} \psi_n) \, dx \; . \tag{10.31}$$

Nous posons $(\hat{B}\psi_n) = \varphi_n(x)$ et développons cette fonction en termes de fonctions orthogonales $\psi_k(x)$

$$\varphi_n(x) = \hat{B} \psi_n = \sum_k b_{kn} \psi_k(x) \; , \tag{10.32}$$

avec les coefficients b_{kn} :

$$b_{kn} = \int \psi_k^* \hat{B} \psi_n \, dx = B_{kn} \; . \tag{10.33}$$

En reportant (10.33) dans (10.32) et le résultat dans (10.31), nous obtenons pour C_{mn} :

$$C_{mn} = \int \psi_m^* \hat{A} \left(\sum_k b_{kn} \psi_k \right) dx = \int \psi_m^* \sum_k b_{kn} \hat{A} \psi_k \, dx$$

$$= \sum_k B_{kn} \int \psi_m^* \hat{A} \psi_k \, dx \; . \tag{10.34}$$

Par analogie avec (10.33), nous définissons

$$\int \psi_m^*(x) \hat{A} \psi_k(x) \, dx = A_{mk} \; , \tag{10.35}$$

et vérifions avec

$$C_{mn} = \sum_k B_{kn} A_{mk} = \sum_k A_{mk} B_{kn} \tag{10.36}$$

que la règle de multiplication (10.30) est également valable pour les matrices d'opérateurs.

Dans la suite, les fonctions d'onde $\varphi(x)$ et $\psi(x)$ sont respectivement représentées par les vecteurs colonne

$$(a_n) = \begin{pmatrix} a_1 \\ a_2 \\ \vdots \end{pmatrix}, \quad (b_n) = \begin{pmatrix} b_2 \\ b_2 \\ \vdots \end{pmatrix}. \tag{10.37}$$

L'équation $\varphi = \hat{L}\psi$ peut alors s'écrire sous la forme matricielle

$$(b_n) = (L_{mn})(a_n), \tag{10.38}$$

soit explicitement :

$$\begin{pmatrix} b_1 \\ b_2 \\ \vdots \end{pmatrix} = \begin{pmatrix} L_{11} & L_{12}\ldots & \\ L_{21} & L_{22}\ldots & \\ \vdots & & \ldots \end{pmatrix} \begin{pmatrix} a_1 \\ a_2 \\ \vdots \end{pmatrix}. \tag{10.39}$$

Nous appelons les (a_n) et les (b_n) les *représentations* des fonctions d'onde respectivement de ψ et φ, dans la base choisie ψ_k.

La valeur moyenne $\langle\psi|\hat{L}|\psi\rangle$ d'un opérateur $\hat{L}$ dans l'état $\psi(x)$ est déterminée aisément dans la représentation matricielle. Nous avons

$$\begin{aligned} \bar{L} = \langle\psi(x)|\,\hat{L}\,|\psi(x)\rangle &= \int \psi^*(x)\hat{L}\psi(x)\,\mathrm{d}x \\ &= \int \mathrm{d}x \sum_{n,m} a_n^* \psi_n(x)\hat{L}(x)a_m\psi_m(x) \\ &= \sum_{n,m} a_n^* a_m \int \mathrm{d}x\, \psi_m^*(x)\hat{L}(x)\psi(x) = \sum_{n,m} a_n^* L_{nm} a_m \\ &= (a_1^*, a_2^*, \ldots) \begin{pmatrix} L_{11} & L_{12}\ldots \\ \vdots & \end{pmatrix} \begin{pmatrix} a_1 \\ a_2 \\ \vdots \end{pmatrix}. \end{aligned} \tag{10.40}$$

Les résultats de cette section sont très importants. Nous avons appris qu'en plus de la représentation en coordonnées, il existe une variété de représentations pour condenser les relations de la mécanique quantique. Plus loin dans chapitre 12, ceci s'avèrera utile pour la description du spin.

EXEMPLE ████████████████████████████████

10.2 Représentation impulsion de l'opérateur position

Nous voulons transformer l'opérateur $\hat{x} = x\hat{I}$ de la coordonnée x en sa représentation impulsion. Selon (10.22) il vient

$$x_{p'_x p_x} = \int \psi^*_{p'_x}(x)\, x\, \psi_{p_x}(x)\, \mathrm{d}x \,. \tag{1}$$

Pour les fonctions propres de l'impulsion, nous choisissons de nouveau des ondes planes

$$\psi_{p_x}(x) = \frac{\exp[\mathrm{i}(p_x/\hbar)x]}{\sqrt{2\pi\hbar}}$$

et obtenons

$$x_{p_x p'_x} = \frac{1}{2\pi\hbar} \int \exp\left(-\mathrm{i}\frac{p_x}{\hbar}x\right) x \exp\left(\mathrm{i}\frac{p'_x}{\hbar}x\right) \mathrm{d}x \,. \tag{2}$$

Ceci peut être écrit comme une dérivée partielle par rapport à p'_x :

$$\begin{aligned}
x_{p_x p'_x} &= \frac{1}{2\pi\hbar} \int \exp\left(-\mathrm{i}\frac{p_x}{\hbar}x\right) \frac{\hbar}{\mathrm{i}} \frac{\partial}{\partial p'_x} \exp\left(\mathrm{i}\frac{p'_x}{\hbar}x\right) \mathrm{d}x \\
&= \frac{\hbar}{\mathrm{i}} \frac{\partial}{\partial p'_x} \frac{1}{2\pi\hbar} \int \exp\left(\frac{\mathrm{i}}{\hbar}(p'_x - p_x)x\right) \mathrm{d}x \\
&= \frac{\hbar}{\mathrm{i}} \frac{\partial}{\partial p'_x} \delta(p'_x - p_x) \,.
\end{aligned} \tag{3}$$

Ceci est la *représentation impulsion de l'opérateur de la coordonnée x dans la représentation matricielle*. Avec les représentations en moment $b(p_x)$ et $a(p_x)$ respectivement des fonctions $\varphi(x)$ et $\psi(x)$, l'équations $\varphi(x) = x\psi(x)$ devient

$$\begin{aligned}
b(p_x) &= \int x_{p_x p'_x} a(p'_x)\, \mathrm{d}p'_x \\
&= -\int \mathrm{i}\hbar \left(\frac{\partial}{\partial p'_x} \delta(p'_x - p_x)\right) a(p'_x)\, \mathrm{d}p'_x \,.
\end{aligned} \tag{4}$$

L'intégration par parties donne

$$\begin{aligned}
b(p_x) &= -\mathrm{i}\hbar[\delta(p'_x - p_x)a(p'_x)]^{+\infty}_{-\infty} + \mathrm{i}\hbar \int \delta(p'_x - p_x) \frac{\partial a(p'_x)}{\partial p'_x}\, \mathrm{d}p'_x \\
&= \mathrm{i}\hbar \frac{\partial}{\partial p_x} a(p_x) \,.
\end{aligned} \tag{5}$$

En comparant cette équation avec $\varphi(x) = \hat{x}\psi(x) = x\psi(x)$, qui est en représentation position, nous remarquons que la coordonnée x est remplacée par l'opérateur $i\hbar \partial/\partial p_x$; celui-ci doit être interprété comme la représentation impulsion de l'opérateur x. Pour les autres coordonnées y et z, on peut opérer de façon similaire, et obtenir ainsi la représentation impulsion de $\hat{r}$:

$$\hat{r} = i\hbar \boldsymbol{\nabla}_p \,, \tag{6}$$

où $\boldsymbol{\nabla}_p$ est l'opérateur nabla (gradient) dans l'espace de moments.

La table suivant montre la relation entre les opérateurs de moment et de coordonnées :

Représentation	$\hat{r}$	$\hat{p}$
Espace des positions (représentation position)	r	$-i\hbar \boldsymbol{\nabla}$
Espace des impulsions (représentation impulsion)	$i\hbar \boldsymbol{\nabla}_p$	p

En représentation position, $\hat{r} = r$ est un vecteur ordinaire dont les composantes sont des nombres ; $\hat{p} = -i\hbar \boldsymbol{\nabla}$ est un vecteur dont les composantes sont des opérateurs différentiels par rapport à x. En représentation impulsion, la situation est inversée : $\hat{r} = i\hbar \boldsymbol{\nabla}_p$ est un vecteur dont les composantes sont des opérateurs différentiels par rapport à p, tandis que $\hat{p} = p$ est un vecteur ordinaire dont les composantes sont des nombres.

EXEMPLE ▬▬▬▬▬▬▬▬▬▬▬▬▬

10.3 L'oscillateur harmonique dans l'espace des impulsions

Nous allons montrer maintenant que la solution de l'oscillateur harmonique quantique à une dimension donne les mêmes valeurs propres dans l'espace des impulsions qu'en représentation position. Pour ce faire, nous remplaçons le hamiltonien dans l'espace x,

$$\hat{H} = \frac{\hat{p}^2}{2m} + \frac{m}{2}\omega^2 x^2 \,, \tag{1}$$

par le hamiltonien dans sa représentation dans l'espace des impulsions (voir la table de l'exemple 10.2) :

$$\hat{H} = \frac{p^2}{2m} + \frac{m}{2}\omega^2(i\hbar)^2 \frac{\partial^2}{\partial p^2} \,. \tag{2}$$

L'équation de Schrödinger $\hat{H}\psi = E\psi$ s'écrit alors

$$\left(\frac{p^2}{2m} - \frac{m}{2}\omega^2\hbar^2 \frac{\partial^2}{\partial p^2} \right) \psi = E\psi \,, \quad \text{ou} \tag{3}$$

$$\left(\frac{p^2}{2m} - \frac{m}{2}\omega^2\hbar^2 \frac{\partial^2}{\partial p^2} - E \right) \psi = 0 \,. \tag{4}$$

Exemple 10.3

Nous divisons les deux membres de l'équation par $m^2\omega^2$ et obtenons

$$\left(-\frac{\hbar^2}{2m}\frac{\partial^2}{\partial p^2}+\frac{p^2}{2m^3\omega^2}-\frac{E}{m^2\omega^2}\right)\psi=0\,. \tag{5}$$

En posant

$$E'=\frac{E}{m^2\omega^2}\quad\text{et}\quad\omega'=\frac{1}{m^2\omega}\,, \tag{6}$$

l'équation différentielle (5) devient

$$\left(-\frac{\hbar^2}{2m}\frac{\partial^2}{\partial p^2}+\frac{m}{2}\omega'^2 p^2-E'\right)\psi=0\,. \tag{7}$$

Cette équation prend la forme bien connue de l'équation d'un oscillateur dans l'espace de configuration [voir (7.4)]. Par conséquent, toutes les conclusions du chapitre 7 peuvent s'appliquer avec le résultat que

$$E'=\hbar\omega'\left(n+\frac{1}{2}\right)\,. \tag{8}$$

En substituant à nouveau E' et ω' nous obtenons

$$E=\hbar\omega\left(n+\frac{1}{2}\right)\,, \tag{9}$$

c'est-à-dire les mêmes valeurs pour l'énergie que dans notre précédent calcul dans l'espace de configuration (voir chapitre 7). De plus, les fonctions d'onde prennent la même forme dans les deux représentations.

Dans ce qui suit nous donnons la *représentation matricielle* (nous l'appellerons aussi la *forme matricielle*) de plusieurs opérateurs. Ceci nous sera utile dans nos études ultérieures.

Matrice de l'opérateur position $\hat{x}$ dans l'espace des positions (représentation x)

Nous montrons que la forme matricielle de l'opérateur position $\hat{x}$ dans la représentation x est donné par

$$x_{xx'}=x'\delta(x-x')\,. \tag{10.41}$$

En effet, les règles de multiplication de matrices donnent

$$\varphi(x')=\int_{-\infty}^{\infty}x_{x'x}\psi(x)\,\mathrm{d}x=\int_{-\infty}^{\infty}x'\delta(x-x')\psi(x)\,\mathrm{d}x=x'\psi(x')\,, \tag{10.42}$$

c'est-à-dire que la matrice de $\hat{x}$ produit le bon facteur (valeur propre) x' dans l'équation $\varphi(x')=x'\psi(x')$. Par conséquent, nous appelons $x_{xx'}=x'\delta(x-x')$ la *forme matricielle* de la coordonnée x de la représentation x.

Matrice de $V(x)$ dans l'espace des positions

Soit $V(x)$ une fonction quelconque de la coordonnée x. Comme ci-dessus nous reportons $V_{x'x} = V(x')\delta(x - x')$ dans l'équation

$$\varphi(x) = V(x)\psi(x) \tag{10.43}$$

et obtenons

$$\varphi(x') = \int\limits_{-\infty}^{\infty} V_{x'x}\psi(x)\,\mathrm{d}x = \int\limits_{-\infty}^{\infty} V(x')\delta(x - x')\psi(x)\,\mathrm{d}x$$

$$= V(x')\psi(x') \;. \tag{10.44}$$

Manifestement, les équations (10.43) et (10.44) sont identiques. Par conséquent, $V_{xx'} = V(x')\delta(x - x')$ est la forme matricielle du potentiel dans la représentation position (représentation x).

Forme matricielle de l'opérateur quantité de mouvement dans l'espace des positions

Cette matrice s'écrit

$$\hat{p}_{x'x} = \mathrm{i}\hbar \frac{\partial}{\partial x}\delta(x' - x) \;. \tag{10.45}$$

En la reportant dans

$$\varphi(x) = \hat{p}\psi(x) \tag{10.46}$$

nous obtenons

$$\varphi(x') = \int\limits_{-\infty}^{\infty} \hat{p}_{x'x}\psi(x)\,\mathrm{d}x = \mathrm{i}\hbar \int\limits_{-\infty}^{\infty} \frac{\partial}{\partial x}\delta(x' - x)\psi(x)\,\mathrm{d}x \;. \tag{10.47}$$

L'intégration par parties donne

$$\varphi(x') = \mathrm{i}\hbar\,[\delta(x' - x)\psi(x)]_{-\infty}^{+\infty} - \mathrm{i}\hbar \int\limits_{-\infty}^{\infty} \delta(x' - x)\frac{\partial}{\partial x}\psi(x)\,\mathrm{d}x \;. \tag{10.48}$$

Le premier terme s'annule et ainsi

$$\varphi(x') = -\mathrm{i}\hbar \int\limits_{-\infty}^{\infty} \delta(x' - x)\frac{\partial}{\partial x}\psi(x)\,\mathrm{d}x = -\mathrm{i}\hbar \frac{\partial}{\partial x'}\psi(x') \;, \tag{10.49}$$

qui est la forme ordinaire de (10.46) et vérifie notre hypothèse.

10.3 Le problème des valeurs propres

Un problème important et fréquemment rencontré en mécanique quantique concerne la recherche des valeurs propres et fonctions propres d'un opérateur $\hat{A}$ donné. Si cet opérateur $\hat{A}$ est donné dans la représentation de ses fonctions propres, les éléments diagonaux de la matrice correspondante A_{mn} sont ses valeurs propres. Nous allons développer des méthodes pour trouver les valeurs et fonctions propres de l'opérateur $\hat{A}$ s'il n'est pas donné dans la représentation de ses fonctions propres (représentation propre).

Les fonctions propres ψ_a de $\hat{A}$ satisfont l'équation

$$\hat{A}\psi_a(x) = a\psi_a(x) . \tag{10.50}$$

Nous les développons en termes de fonctions φ_n qui ne sont pas des fonctions propres de $\hat{A}$:

$$\psi_a(x) = \sum c_n^a \varphi_n(x) . \tag{10.51}$$

En combinant (10.50) et (10.51) on a

$$\hat{A} \sum c_n^a \varphi_n = a \sum c_n^a \varphi_n . \tag{10.52}$$

En multipliant par φ_k^* puis en intégrant nous obtenons

$$\sum_n c_n^a A_{kn} = a c_k^a , \tag{10.53}$$

où l'abréviation A_{kn} signifie

$$A_{kn} = \int \varphi_k^* \hat{A} \varphi_n \, dV . \tag{10.54}$$

Supposons maintenant que la matrice A_{kn} soit donnée et que les valeurs propres a et les coefficients $\{c_n^a\}$ caractérisant les vecteurs propres dans (10.53) sont à calculer. Si les deux sont connus, le problème des valeurs propres est résolu dans n'importe quelle représentation, car avec $\{c_n^a\}$, à l'aide de (10.51) nous pouvons construire les fonctions propres de $\hat{A}$, c'est-à-dire $\psi_a(x)$, dans la représentation x aussi. Pour trouver les c_n^a, il est commode d'écrire (10.53) sous la forme

$$\sum_n (A_{kn} - a\delta_{kn}) c_n^a = 0 . \tag{10.55}$$

Manifestement (10.55) représente un système infini homogène d'équations pour les coefficients c_n^a. Un tel système admet une solution non triviale si le déterminant des coefficients s'annule, c'est-à-dire si

$$\det(A_{kn} - a\delta_{kn}) = 0 . \tag{10.56}$$

Une difficulté est que, en général, ce déterminant est infini. Pour résoudre (10.56), nous considérons d'abord des déterminants séculiers de degré N :

$$D_N(a) = \begin{vmatrix} A_{11} - a & A_{12} & \vdots & A_{1N} \\ A_{21} & A_{22} - a & \vdots & A_{2N} \\ \dots & \dots & \dots & \dots \\ A_{N1} & A_{N2} & \vdots & A_{NN} - a \end{vmatrix} = 0 \ . \tag{10.57}$$

Ceci est une troncature du développement (10.51) à une certaine valeur $n = N$. Nous vérifions la convergence en augmentant le paramètre N. L'équation $D_N(a) = 0$ est de degré N et par conséquent admet N solutions pour a. Ces solutions

$$a_1^{(N)}, a_2^{(N)}, \dots, a_N^{(N)} \tag{10.58}$$

sont réelles, car $D_N(a)$ est le déterminant d'une matrice hermitique (l'opérateur $\hat{A}$ est supposé hermitique, comme tous les opérateurs associés à des observables doivent l'être en mécanique quantique).

Nous évaluons maintenant chaque valeur propre a_i pour une séquence de déterminants croissants D_N et obtenons une suite de solutions :

$$a_i^{(1)}, a_i^{(2)}, \dots, a_i^{(N)} \to a_i \ . \tag{10.59}$$

La convergence de cette suite peut être rendue plausible par des arguments physiques. Les éléments de matrice A_{kn} mesurent la corrélation entre les états φ_k et φ_n. Mais dans le cas $n \gg k$, cette relation est généralement négligeable (par exemple, les états fortement excités perturbent à peine l'état fondamental). Alors les éléments A_{kn} sont très petits et ne contribuent que faiblement aux premières racines du déterminant séculier.

Nous reportons chaque a_i calculé ainsi dans (10.55) et obtenons les coefficients $c_n(a_i)$ et avec (10.51), les fonctions propres

$$\psi_{a_i} = \sum_n c_n(a_i) \varphi_n(x) \ . \tag{10.60}$$

Quand les spectres et les matrices des opérateurs sont continus, nous obtenons une intégrale à la place d'une somme dans (10.55) et cette équation devient une *équation intégrale de **Fredholm*** de deuxième espèce :

$$\int A(\xi', \xi) c(\xi) \, d\xi = ac(\xi') \ . \tag{10.61}$$

Nous aurons à nous occuper de tels problèmes de continuum plus tard en électrodynamique quantique lors de la discussion de la décroissance spontanée du vide. Ils apparaissent aussi dans la décroissance d'états liés dans plusieurs continua. À ce stade nous n'allons pas nous en occuper davantage.

10.4 Transformations unitaires

Un opérateur $\hat{A}$ peut être représenté par des matrices de plusieurs façons. En effet, pour n'importe quel ensemble complet de fonctions d'onde $\psi_n(x)$, nous pouvons construire la représentation correspondante de l'opérateur $\hat{A}$ [voir (10.16)]. Considérons maintenant le comportement de ces matrices lorsqu'on change de représentations.

Un opérateur $\hat{A}$ peut être donné dans une représentation avec une base de fonctions $\psi_n(\boldsymbol{r})$, qui sont les fonctions propres d'un opérateur $\hat{L}$ (c'est-à-dire $\hat{L}\psi_n(\boldsymbol{r}) = L_n\psi_n(\boldsymbol{r})$). Alors,

$$A_{mn} = \int \psi_m^*(\boldsymbol{r})\hat{A}\psi_n(\boldsymbol{r})\,\mathrm{d}V \tag{10.62}$$

est la *représentation* en L de l'opérateur $\hat{A}$. D'autre part, une représentation de $\hat{A}$ avec des fonctions propres $\varphi_\mu(\boldsymbol{r})$ de $\hat{M}$ [c'est-à-dire $\hat{M}\varphi_\mu(\boldsymbol{r}) = M_\mu\varphi(r)$] est aussi possible :

$$A_{\mu\nu} = \int \varphi_\mu^*(\boldsymbol{r})\hat{A}\varphi_\nu(\boldsymbol{r})\,\mathrm{d}V\ . \tag{10.63}$$

Pour distinguer ces représentations, nous utilisons des indices arabes pour la représentation en L et des indices grecs pour la représentation en M.

Nous voulons maintenant déterminer la matrice de transformation qui relie (A_{mn}) à $(A_{\mu\nu})$. Pour ce faire, nous développons les fonctions propres de $\hat{M}$ en termes de fonctions propres de $\hat{L}$:

$$\varphi_\mu = \sum_n S_{n\mu}\psi_n\ . \tag{10.64}$$

En multipliant par ψ_m^* puis en intégrant on obtient

$$\int \psi_m^*\varphi_\mu\,\mathrm{d}V = \sum_n S_{n\mu}\delta_{mn} = S_{m\mu}\ . \tag{10.65}$$

Manifestement l'*élément de matrice* $S_{m\mu}$ est la projection de ψ_m sur l'état φ_μ. En remplaçant les fonctions propres de $\hat{M}$ (dans (10.63)) selon (10.64) on trouve

$$A_{\mu\nu} = \int \sum_n S_{n\mu}^*\psi_n^*\hat{A}\sum_m S_{m\nu}\psi_m\,\mathrm{d}V = \sum_{n,m} S_{n\mu}^*S_{m\nu}\int \psi_n^*\hat{A}\psi_m\,\mathrm{d}V\ ,$$

$$A_{\mu\nu} = \sum_{nm} S_{n\mu}^*A_{nm}S_{m\nu}\ . \tag{10.66}$$

Si maintenant nous utilisons les éléments de la matrice adjointe

$$S_{n\mu}^* = S_{\mu n}^+ \tag{10.67}$$

nous obtenons la règle de transformation des matrices de $\hat{A}$ dans les deux représentations :

$$A_{\mu v} = \sum_{n,m} S_{\mu n}^+ A_{nm} S_{nv} \,, \tag{10.68}$$

ou, en désignant les matrices par des lettres capitales seulement :

$$A_M = S^+ A_L S \,. \tag{10.69}$$

Les indices M et L réfèrent aux diverse représentations de $\hat{A}$. La condition que les ψ_n de même que les φ_μ soient des fonctions d'ondes orthonormées implique l'unitarité de S. Nous pouvons montrer ceci comme suit :

$$\delta_{\mu v} = \int \varphi_\mu^* \varphi_v \, dV = \int \sum_m S_{m\mu}^* \psi_m^* \sum_n S_{nv} \psi_n \, dV = \sum_{n,m} S_{m\mu}^* S_{nv} \delta_{mn} \,,$$

$$\delta_{\mu v} = \sum_m S_{m\mu}^* S_{mv} = [S^+ S]_{\mu v} \,. \tag{10.70}$$

Cette relation entre éléments de matrice montre que le produit de S par sa matrice adjointe S^+ est égal à la matrice unité :

$$S^+ S = \mathbf{1} \,. \tag{10.71}$$

Unitaire signifie aussi l'équivalence de la matrice adjointe S^+ avec la matrice inverse S^{-1}. Remarquons qu'une matrice unitaire n'est pas nécessairement hermitique :

$$S^+ = S^{-1} \neq S \,. \tag{10.72}$$

La signification physique de la transformation unitaire (10.64) est la conservation de la probabilité : si une particule est dans l'état φ_u avec la probabilité 1, elle peut être trouvée dans les états ψ_n avec la probabilité $|S_{\mu n}|^2$. L'ensemble $|S_{\mu 1}|^2, \ldots, |S_{\mu n}|^2, \ldots$ donne alors la distribution de probabilité de la particule par rapport aux états ψ_n. C'est pourquoi on doit avoir

$$\sum_n |S_{\mu n}|^2 = \sum_n S_{\mu n}^* S_{\mu n} = 1 \,, \tag{10.73}$$

c'est-à-dire que, selon (10.70), S est unitaire.

Un théorème important et fréquemment utilisé est celui de l'invariance de la trace d'une matrice par transformations unitaires. La trace d'une matrice A est désignée par tr$A$ et définie comme la somme de tous les éléments diagonaux. Selon (10.66) et (10.70), nous calculons la trace

$$\text{tr} A_M = \sum_\mu A_{\mu\mu} = \sum_\mu \sum_{n,m} S^*_{n\mu} A_{nm} S_{m\mu} ,$$

$$= \sum_{\mu,n,m} A_{nm} S_{m\mu} S^*_{n\mu} ,$$

$$= \sum_{n,m} A_{nm} [SS^+]_{mn} = \sum_{n,m} A_{nm} \delta_{mn} ,$$

$$= \sum_n A_{nn} = \text{tr} A_L . \tag{10.74}$$

D'où, $\text{tr} A_M = \text{tr} A_L$. Ainsi, la trace d'une matrice ne dépend pas d'une représentation particulière.

10.5 La matrice S

L'évolution temporelle d'un système peut être décrite comme une série de transformations unitaires. L'opérateur de cette transformation temporelle sera noté $\hat{S}$; la matrice correspondante est la *matrice S* (matrice de diffusion). Nous allons maintenant établir l'opérateur $\hat{S}$ et montrer quelques unes de ses propriétés.

L'opérateur en question doit transformer un état à l'instant $t = 0$ dans cet état à l'instant t :

$$\psi(\mathbf{r}, t) = \hat{S}(t)\psi(\mathbf{r}, 0) . \tag{10.75}$$

Si nous reportons $\psi(\mathbf{r}, t)$ dans l'équation de Schrödinger dépendante du temps, nous pouvons déterminer $\hat{S}$, soit

$$\left(i\hbar \frac{\partial}{\partial t} - \hat{H} \right) \hat{S}(t)\psi(\mathbf{r}, 0) = \left(i\hbar \frac{\partial \hat{S}}{\partial t} - \hat{H}\hat{S} \right) \psi(\mathbf{r}, 0) = 0 ,$$

$$i\hbar \frac{\partial \hat{S}}{\partial t} - \hat{H}\hat{S} = 0 . \tag{10.76}$$

Dans le cas où $\hat{H}$ n'est pas explicitement fonction du temps, on obtient la solution suivante :

$$\hat{S} = \exp\left(-\frac{i}{\hbar} \hat{H} t \right) . \tag{10.77}$$

De (10.75), on déduit que $\hat{S}(0) = 1$. Par conséquent, la constante d'intégration dans (10.77) est posée égale à 1. Si nous appliquons l'opérateur $\hat{S}$ à une fonction comme dans (10.75), nous développons la fonction exponentielle en une série :

$$\hat{S} = \exp\left(-\frac{i}{\hbar} \hat{H} t \right) = \sum_n \frac{1}{n!} \left(-\frac{i}{\hbar} \hat{H} t \right)^n . \tag{10.78}$$

Nous examinons particulièrement la représentation énergie, dans laquelle $\hat{H}$ est diagonale, c'est-à-dire $H\psi_n = E_n\psi_n(x)$. Avec

$$\psi(r, 0) = \sum_n a_n\psi_n(r) \,, \tag{10.79}$$

nous obtenons l'évolution temporelle de $\psi(r, 0)$ en appliquant l'opérateur $\hat{S}$ selon (10.75). Ceci donne

$$\psi(r, 0) = \hat{S}\psi(r, 0) = \sum_n a_n\hat{S}\psi_n$$

$$= \sum_n a_n \sum_k \frac{1}{k!}\left(-\frac{i}{\hbar}\hat{H}t\right)^k \psi_n$$

$$= \sum_n a_n \sum_k \frac{1}{k!}\left(-\frac{i}{\hbar}E_nt\right)^k \psi_n \,,$$

$$\hat{S}\psi(r, 0) = \sum_n a_n \exp\left(-\frac{i}{\hbar}E_nt\right)\psi_n(r) \,. \tag{10.80}$$

Manifestement, la dépendance en temps, bien connue pour les états stationnaires, s'en déduit. Dans la représentation énergie, $\hat{S}$ est diagonale, comme nous pouvons le constater dans (10.80) :

$$S_{mn} = \int \psi_m^* \hat{S}\psi_n \, dV = \exp\left(-\frac{i}{\hbar}E_nt\right)\delta_{mn} \,. \tag{10.81}$$

L'équation (10.78) montre aussi, que $\hat{S}$ est un opérateur unitaire :

$$\hat{S}^+ = \left[\exp\left(-\frac{i}{\hbar}\hat{H}t\right)\right]^+ = \exp\left(\frac{i}{\hbar}\hat{H}^+t\right) = \exp\left(\frac{i}{\hbar}\hat{H}t\right) = \hat{S}^{-1} \,, \tag{10.82}$$

puisque $\hat{H}$ est hermitique. Nous développons maintenant la fonction d'onde $\psi(r, t)$ par rapport au fonctions propres φ_n de l'opérateur $\hat{L}$:

$$\psi(r, t) = \sum_n b_n(t)\varphi_n(r) \,. \tag{10.83}$$

Si nous décrivons à nouveau l'évolution temporelle par $\hat{S}$, selon (10.75) nous obtenons

$$\sum_n b_n(t)\varphi_n(r) = \sum_n \hat{S}b_n(0)\varphi_n(r) \,. \tag{10.84}$$

La multiplication par φ_m^*, puis l'intégration donnent l'équation matricielle :

$$b_m(t) = \sum_n S_{mn}(t)b_n(0) \,, \tag{10.85}$$

où $S_{mn} = \int \varphi_m^* \hat{S}\varphi_n \, dV$. Considérons maintenant le cas particulier $b_n(0) = 1$. Alors tous les autres $b_{n'}(0)$, $n' \neq n$, sont nuls à cause de la normalisation. Ceci signifie qu'en représentation L, la particule à l'instant $t = 0$ est entièrement dans l'état $\varphi_n(\boldsymbol{r})$. Nous pouvons dire que le système est préparé initialement dans l'état $\varphi_n(\boldsymbol{r})$. En conséquence, (10.85) donne

$$b_m(t) = S_{mn}(t) \, . \tag{10.86}$$

Ceci est un résultat intéressant avec une interprétation physique évidente.

L'élément de matrice $S_{mn}(t)$ donne alors l'amplitude avec laquelle le système est passé de l'état φ_n à l'état φ_m après le temps t. Ou, en d'autres termes, la valeur

$$\omega(n \to m) = |S_{mn}(t)|^2 \tag{10.87}$$

nous donne la *probabilité de transition* de l'état φ_n vers l'état φ_m sous l'influence de $\hat{H}$. Cette relation jouera un rôle important dans nos futurs calculs de probabilités de transition d'un système quantique et de processus de diffusion en électrodynamique quantique (transition d'un état entrant vers un état sortant).[1]

10.6 L'équation de Schrödinger sous forme matricielle

Comme exemple du formalisme développé jusqu'ici, nous examinons la solution de l'équation de Schrödinger

$$i\hbar \frac{\partial \psi}{\partial t} = \hat{H} \psi \, , \tag{10.88}$$

et utilisons la représentation énergie de la fonction d'onde, c'est-à-dire la représentation propre du hamiltonien non explicitement dépendant du temps,

$$\hat{H} \psi_n = E_n \psi_n \, . \tag{10.89}$$

En développant la fonction d'onde par rapport aux fonctions propres du hamiltonien,

$$\psi(\boldsymbol{r}, t) = \sum_n a_n(t) \psi_n(\boldsymbol{r}) \, , \tag{10.90}$$

et en le reportant dans l'équation de Schrödinger (10.88) nous avons

$$i\hbar \sum_n \frac{\partial a_n}{\partial t} \psi_n(\boldsymbol{r}) = \sum_n E_n a_n \psi_n(\boldsymbol{r}) \, , \tag{10.91}$$

où nous avons aussi utilisé (10.69). En multipliant par ψ_m^* et en intégrant, nous obtenons

$$i\hbar \frac{\partial a_m(t)}{\partial t} = E_m a_m(t) \, . \tag{10.92}$$

---

[1] Comparez ceci avec le prochain chapitre (théorie des perturbations dépendante du temps, règle d'or).

C'est le choix de la représentation énergie avec $H_{mn} = E_n \delta_{mn}$ qui est seule responsable du fait que les équations différentielles pour $a_m(t)$ ne sont pas couplées. La solution de (10.92) est :

$$a_m(t) = a_m(0) \exp\left(-\frac{\mathrm{i}}{\hbar} E_m t\right) . \tag{10.93}$$

Les amplitudes des états stationnaires sont dépendantes du temps ; les constantes d'intégration se déduisent des conditions initiales. Si nous utilisons une représentation autre qu'en énergie, nous avons alors l'équation (10.97) ci-dessous, dans laquelle nous remarquons le couplage des différentes amplitudes $a_m(t)$ par les éléments de matrice.

Maintenant, de façon similaire, nous voulons calculer l'évolution en fonction du temps de la valeur moyenne d'un opérateur $\hat{L}$. La valeur moyenne est donnée par

$$\left\langle \hat{L} \right\rangle = \int \psi^* \hat{L} \psi \, \mathrm{d}V . \tag{10.94}$$

En reportant le développement des fonctions propres (10.90) on a

$$\left\langle \hat{L} \right\rangle = \int \sum_m a_m^*(t) \psi_m^*(\boldsymbol{r}) \hat{L} \sum_n a_n(t) \psi_n(\boldsymbol{r}) \, \mathrm{d}V$$

$$= \sum_{nm} a_m^*(t) L_{mn} a_n(t) , \tag{10.95}$$

selon la définition (10.16) de l'élément de matrice. L'équation (10.95) donne la valeur moyenne de l'opérateur en représentation matricielle en fonction du temps. La dérivée par rapport au temps est

$$\frac{\mathrm{d}\langle \hat{L} \rangle}{\mathrm{d}t} = \sum_{m,n} \frac{\partial a_m^*}{\partial t} L_{mn} a_n + \sum_{n,m} a_m^* \frac{\partial L_{mn}}{\partial t} a_n + \sum_{n,m} a_m^* L_{mn} \frac{\partial a_n}{\partial t} . \tag{10.96}$$

Les dérivées par rapport au temps des coefficients d'évolution $a_m(t)$ sont maintenant exprimées selon (10.88) et (10.91) par les éléments de matrice H_{nk} du hamiltonien :

$$\mathrm{i}\hbar \frac{\partial a_n}{\partial t} = \sum_k H_{nk} a_k . \tag{10.97}$$

Ceci constitue l'équation de Schrödinger (10.88) en représentation matricielle[2] ; elle est valable dans n'importe quelle représentation. Dans la représentation en

---

[2] Heisenberg [Z. Phys. 33, 879 (1925)] a introduit ces éléments de matrice comme analogues quantiques des amplitudes de Fourier en mécanique classique. De la même manière qu'une quantité classique est déterminée par ses amplitudes de Fourier, la quantité quantique correspondante devrait être déterminée par tous ses éléments de matrice. Heisenberg, à l'origine, n'a pas utilisé le terme «élément de matrice» ; Born et Jordan établirent [Z. Phys. 34, 858 (1925)] que la loi de multiplication de quantités

énergie (10.89), en particulier, elle se réduit aux équations découplées simples (10.92). Si nous reportons (10.97) et la formule complexe-conjuguée dans $\mathrm{d}\langle\hat{L}\rangle/\mathrm{d}t$ de (10.96), nous obtenons

$$
\frac{\mathrm{d}\langle\hat{L}\rangle}{\mathrm{d}t} = -\frac{1}{\mathrm{i}\hbar}\sum_{m,n,k}a_k^*H_{mk}^*L_{mn}a_n + \sum_{m,n}a_m^*\frac{\partial L_{mn}}{\partial t}a_n
$$
$$
+ \frac{1}{\mathrm{i}\hbar}\sum_{m,n,k}a_m^*L_{mn}a_kH_{nk} . \tag{10.98}
$$

Puisque le hamiltonien est hermitique, nous avons

$$
H_{mk}^* = H_{km} , \tag{10.99}
$$

et avec un changement d'indices du premier et du troisième termes [dans le premier terme nous substituons $(m, n, k) \rightarrow (n, k, m)$], nous pouvons résumer de la manière suivante :

$$
\frac{\mathrm{d}\langle\hat{L}\rangle}{\mathrm{d}t} = \sum_{m,n}a_m^*\frac{\partial L_{mn}}{\partial t}a_n + \frac{1}{\mathrm{i}\hbar}\sum_{m,k}a_m^*\sum_n(L_{mn}H_{nk} - L_{nk}H_{mn})a_k . \tag{10.100}
$$

Selon les règles de la multiplication de matrices et en introduisant les produits d'opérateurs, une simplification supplémentaire est possible, soit :

$$
\frac{\mathrm{d}\langle\hat{L}\rangle}{\mathrm{d}t} = \sum_{m,l}a_m^*\frac{\partial L_{mk}}{\partial t}a_k + \frac{1}{\mathrm{i}\hbar}\sum_{m,k}a_m^*[\hat{L}\hat{H} - \hat{H}\hat{L}]_{mk}a_k . \tag{10.101}
$$

Nous combinons les sommes doubles et introduisons le commutateur $[\hat{H}, \hat{L}] = \hat{H}\hat{L} - \hat{L}\hat{H}$ de façon à obtenir

$$
\frac{\mathrm{d}\langle\hat{L}\rangle}{\mathrm{d}t} = \sum_{m,k}a_m^*\left(\frac{\partial L_{mk}}{\partial t} + \frac{\mathrm{i}}{\hbar}[\hat{H}, \hat{L}]_{mk}\right)a_k . \tag{10.102}
$$

En posant $\mathrm{d}\langle\hat{L}\rangle/\mathrm{d}t = \langle\mathrm{d}L/\mathrm{d}t\rangle$ et en utilisant (10.95), nous obtenons l'élément de matrice de la variation temporelle de l'opérateur :

$$
\left(\frac{\mathrm{d}\hat{L}}{\mathrm{d}t}\right)_{mn} = \frac{\partial L_{mn}}{\partial t} + \frac{\mathrm{i}}{\hbar}[\hat{H}, \hat{L}]_{mn} . \tag{10.103}
$$

Nous avions déjà déduit ce résultat dans chapitre 8, et nous l'avons utilisé pour établir le théorème d'Ehrenfest ; nous l'avons maintenant en représentation matricielle.

quantiques donnée par Heisenberg, est identique à celle de la multiplication des matrices ordinaires. Toute la théorie fut développée et définitivement établie à l'aide du calcul matriciel [M. Born, W. Heisenberg, P. Jordan. Z. Phys. 35, 557 (1926)]. Les articles cités ici peuvent être considérés comme fondamentaux au développement de la mécanique quantique.

10.7 Le point de vue de Schrödinger

Dans notre précédente description de l'évolution dynamique d'un système physique, nous avons utilisé des *fonctions d'états dépendantes du temps* $\psi(\boldsymbol{r}, t)$. Les quantités physiques, au moins celles qui ne dépendent pas explicitement du temps, sont décrites par des *opérateurs indépendants du temps*. Ce type de description constitue le point de vue (ou l'image) de Schrödinger.

10.8 Le point de vue de Heisenberg

Dans *le point de vue de Heisenberg (ou image de Heisenberg)*, la situation est inversée : *les fonctions d'onde sont indépendantes du temps* et l'évolution dynamique est décrite par des *opérateurs indépendants du temps*.

Les deux points de vue sont complètement équivalents pour la description d'un système ; ils conduisent aux mêmes valeurs moyennes, les mêmes spectres, etc. Le passage d'un point de vue à l'autre est obtenu par une transformation unitaire dépendante du temps, comme nous le verrons ci-dessous.

Pour expliquer les différents types de points de vue nous examinons l'élément de matrice d'un opérateur $\hat{L}$:

$$L_{mn} = \int \psi_m^*(\boldsymbol{r}, t) \hat{L} \psi_n(\boldsymbol{r}, t) \, \mathrm{d}V . \tag{10.104}$$

Pour la fonction d'onde, en représentation énergie, nous écrivons :

$$\psi_m(\boldsymbol{r}, t) = \psi_m(\boldsymbol{r}) \exp\left(-\frac{\mathrm{i}}{\hbar} E_m t\right) . \tag{10.105}$$

La dépendance en temps de l'état stationnaire est donnée par un facteur exponentiel. En reportant ceci dans l'intégrale (10.104) on a

$$\begin{aligned}
L_{mn}(t) &= \sum \psi_m^*(\boldsymbol{r}) \exp\left(\frac{\mathrm{i}}{\hbar} E_m t\right) \hat{L} \psi_n(\boldsymbol{r}) \exp\left(-\frac{\mathrm{i}}{\hbar} E_n t\right) \mathrm{d}V \\
&= \int \psi_m^*(\boldsymbol{r}) \hat{L} \exp\left(\frac{\mathrm{i}}{\hbar}(E_m - E_n)t\right) \psi_n(\boldsymbol{r}) \, \mathrm{d}V , \\
L_{mn} &= \int \psi_m^*(\boldsymbol{r}) \hat{L}_\mathrm{H}(t) \psi_n(\boldsymbol{r}) \, \mathrm{d}V . \tag{10.106}
\end{aligned}$$

Bien sûr, l'élément de matrice n'est pas modifié par notre manipulation. Les équations (10.104) et (10.106) diffèrent seulement par le fait que la dépendance en temps est dans un des cas [(10.104)] dans la fonction d'onde $\psi(\boldsymbol{r}, t)$; et dans l'autre cas [(10.106)] dans l'opérateur $\hat{L}_H(t)$. L'opérateur dans la représentation de Heisenberg est ainsi

$$\hat{L} \rightarrow \hat{L}_\mathrm{H} = \hat{L} \exp\left(\frac{\mathrm{i}}{\hbar}(E_m - E_n)\right) t . \tag{10.107}$$

Ceci est vrai si l'opérateur n'est pas explicitement dépendant du temps. Dans le cas général, nous pouvons décrire le passage du point de vue de Schrödinger à celui de Heisenberg par une transformation unitaire. Avec l'opérateur

$$\hat{S} = \exp\left(-\frac{i}{\hbar}\hat{H}t\right) \tag{10.108}$$

nous obtenons

$$\psi_H(r) = \hat{S}^{-1}\psi_S(r, t) \tag{10.109}$$

pour les fonctions d'onde, et pour les opérateurs

$$\hat{L}_H(t) = \hat{S}^{-1}(t)\hat{L}_S\hat{S}(t) , \tag{10.110}$$

où l'indice H *signifie Heisenberg* et S *Schrödinger*. La comparaison avec (10.106) et (10.107) montre la validité de la transformation (10.110) dans la représentation en énergie.

10.9 Image d'interaction

Si nous avons un système dont le hamiltonien se sépare en une partie $\hat{H}_0$ et une interaction additionnelle $\hat{V}$,

$$\hat{H} = \hat{H}_0 + \hat{V} , \tag{10.111}$$

nous le décrivons dans l'image d'interaction. Dans cette description, à la fois les fonctions d'état et les opérateurs sont dépendants du temps. De la transformation unitaire on déduit

$$\hat{S}_I = \exp\left(\frac{i}{\hbar}\hat{H}_0t\right) \tag{10.112}$$

dans l'image de Schrödinger. L'équation (10.112) est analogue à (10.108). Ainsi qu'avec (10.109), nous obtenons la fonction d'onde avec

$$\psi_I(r, t) = \hat{S}_I^{-1}\psi_S(r, t) . \tag{10.113}$$

L'opérateur dans l'image d'interaction s'obtient comme

$$\hat{L}_I(t) = \hat{S}_I^{-1}(t)\hat{L}_S\hat{S}_I(t) , \tag{10.114}$$

qui est similaire à (10.110).

10.10 Notes biographiques

FREDHOLM, Erik Ivar, mathématicien suédois, *Stockholm 7.4.1866, †Mörby 17.8.1927. Son célèbre travail sur les équations intégrales a été publié en 1903, il y a établi les bases de la théorie moderne de ce domaine. Il fut lauréat du Prix Wallmark de l'Académie suédoise des Sciences ainsi que du Prix de l'Académie française des Sciences. En 1906, il fut nommé professeur de physique théorique à Stockholm.

11. Théorie des perturbations

Il n'existe de solution exacte de l'équation de Schrödinger que pour quelques problèmes idéaux ; dans la plupart des cas elle doit être résolue par des méthodes approchées. La théorie des perturbations est appliquée dans les cas où le système réel peut être décrit par de petites modifications d'un système idéal dont les solutions peuvent être obtenues facilement. Le hamiltonien du système est alors de la forme

$$\hat{H} = \hat{H}_0 + \varepsilon \hat{W} , \tag{11.1}$$

ici $\hat{H}$ et $\hat{H}_0$ sont peu différents l'un de l'autre. $\hat{H}_0$ est appelé le *hamiltonien du système non perturbé* ; la perturbation $\varepsilon \hat{W}$ (c'est-à-dire l'adaptation au système réel) *doit être très petite* ; et ε est un paramètre réel qui permet le développement des fonctions d'onde et des énergies en série de puissance de ε. Le paramètre ε est appelé le *paramètre de perturbation*.

De cette manière nous pouvons décrire un grand nombre de problèmes rencontrés en physique atomique, pour lesquels le noyau produit un fort potentiel central pour les électrons ; les autres interactions de moindre intensité sont décrites par une perturbation. Ces interactions supplémentaires sont par exemple : l'interaction magnétique (le couplage spin–orbite), la répulsion électrostatique des électrons et l'influence de champs extérieurs. Pour l'instant, nous nous limitons à des perturbations constantes dans le temps et un hamiltonien $\hat{H}_0$, dont le spectre est discret et non dégénéré.

11.1 Théorie des perturbations stationnaires

Nous supposons que le hamiltonien s'écrit selon (11.1), et que les valeurs et fonctions propres du hamiltonien $\hat{H}_0$ non perturbé sont connues :

$$\hat{H}_0 \psi_n^0 = E_n^0 \psi_n^0 . \tag{11.2}$$

Nous recherchons les valeurs et fonctions propres du hamiltonien complet $\hat{H}$, c'est-à-dire

$$\hat{H}\Psi = E\Psi , \tag{11.3}$$

$$(\hat{H}_0 + \varepsilon \hat{W})\Psi = E\Psi . \tag{11.4}$$

La fonction d'onde exacte souhaitée Ψ est développée en termes des solutions connues ψ_n^0 du système non perturbé :

$$\Psi(\boldsymbol{r}) = \sum_n a_n \psi_n^0(\boldsymbol{r}) .$$ (11.5)

En reportant ceci dans (11.4) et en utilisant (11.2) nous avons

$$\sum_n a_n (E_n^0 - E + \varepsilon \hat{W}) \psi_n^0 = 0 .$$

En multipliant par ψ_m^{0*} puis en intégrant nous obtenons

$$\sum_n a_n [(E_n^0 - E) \delta_{mn} + \varepsilon W_{mn}] = 0 .$$ (11.6)

Nous avons utilisé le fait que les fonctions propres sont orthonormées :

$$\int \psi_m^{0*} \psi_n^0 \, \mathrm{d}V = \delta_{mn} .$$

L'élément de matrice W_{mn} vaut

$$W_{mn} = \int \psi_m^{0*} \hat{W} \psi_n^0 \, \mathrm{d}V .$$ (11.7)

L'équation (11.6) peut se transformer en

$$a_m (E_m^0 - E + \varepsilon W_{mm}) + \varepsilon \sum_{n \neq m} a_n W_{mn} = 0 .$$ (11.6a)

Pour $\varepsilon = 0$, nous obtenons l'état idéal, avec $a_m^0 = 1$ et $E^0 = E_m^0$, de sorte que, selon (11.5), $\psi = \psi_m^0$. Si $\varepsilon \neq 0$, la fonction d'onde se modifie et d'autres états voisins ψ_n^0 avec $n \neq m$ vont s'y mélanger (voir figure 11.1).

Pour calculer ceci, nous utilisons le fait que la perturbation est faible. Nous développons les coefficients a_m recherchés et les valeurs propres de l'énergie E_k en puissances du paramètre de perturbation ε :

$$\begin{aligned} a_m &= a_m^{(0)} + \varepsilon a_m^{(1)} + \varepsilon^2 a_m^{(2)} + \dots , \\ E &= E_k = E^{(0)} + \varepsilon E^{(1)} + \varepsilon^2 E^{(2)} + \dots . \end{aligned}$$ (11.8)

Les nombres entre crochets nous indiquent le degré d'approximation, c'est-à-dire $a_m^{(2)}$ signifie que ce coefficient est petit au second ordre de ε. Nous reportons maintenant la série (11.8) dans (11.6a) et ordonnons en puissances croissantes de ε :

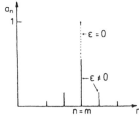

Fig. 11.1. Effet d'une perturbation : pour $\varepsilon \neq 0$ d'autres états ψ_n^0 se mélangent avec des amplitudes a_n à l'état non perturbé ψ_m^0. Les états au voisinage de ψ_m^0 présentent des amplitudes de mélange plus importants que des états plus éloignés

$$\begin{aligned} &(E_m^0 - E^{(0)}) a_m^{(0)} + \varepsilon \left[(W_{mm} - E^{(1)}) a_m^{(0)} + (E_m^0 - E^{(0)}) a_m^{(1)} + \sum_{n \neq m} W_{mn} a_n^{(0)} \right] \\ &+ \varepsilon^2 \left[(W_{mm} - E^{(1)}) a_m^{(1)} + (E_m^0 - E^{(0)}) a_m^{(2)} + \sum_{n \neq m} W_{mn} a_n^{(1)} - E^{(2)} a_m^{(0)} \right] \\ &+ \varepsilon^3 [\dots] + \dots = 0 . \end{aligned}$$ (11.9)

À partir de cette formule nous pouvons déterminer les valeurs de l'énergie et les coefficients du développement aux différents ordres d'approximation, que nous allons maintenant étudier systématiquement.

Approximation à l'ordre 0

Si nous posons $\varepsilon = 0$, il n'y a pas de perturbation et (11.9) donne

$$(E_m^0 - E^{(0)})a_m^{(0)} = 0 . \tag{11.10}$$

m couvre tous les niveaux, $m = 1, 2, 3, \ldots$. Focalisons sur le niveau $m = k$ et examinons le changement de son énergie et de sa fonction d'onde. De l'équation (11.10) nous obtenons alors

$$E^{(0)} = E_k^0 , \qquad a_m^{(0)} = \delta_{mk} . \tag{11.11}$$

Approximation à l'ordre 1

En reportant ces valeurs dans (11.9) et en ne considérant que les termes d'ordre inférieur ou égal à 1 dans ε, nous avons

$$(E_m^0 - E_k^0)\delta_{mk} + \varepsilon \left[(W_{mm} - E^{(1)})\delta_{mk} + (E_m^0 - E_k^0)a_m^{(1)} + \sum_{n \neq m} \delta_{nk} W_{mn} \right] = 0 . \tag{11.12}$$

Le premier terme ne contribue pas du tout à cause de la solution de l'approximation d'ordre 0. Pour $m = k$, nous obtenons, en première approximation, le déplacement en énergie du niveau k :

$$E^{(1)} = W_{kk} . \tag{11.13}$$

Les amplitudes de mélange pour les autres états se déduisent de (11.12) pour $m \neq k$:

$$(E_m^0 - E_k^0)a_m^{(1)} + W_{mk} = 0 \quad \text{et} \quad a_m^{(1)} = \frac{W_{mk}}{E_k^0 - E_m^0} , \qquad m \neq k . \tag{11.14}$$

Dans le cas $m = k$, nous n'obtenons manifestement pas de condition pour $a_{m=k}^{(1)}$ de (11.12). Par conséquent, nous devons déterminer $a_k^{(1)}$ d'une autre façon, c'est-à-dire par la normalisation de la fonction d'onde ψ_k. En effet, selon (11.8), en théorie perturbative au premier ordre, nous obtenons pour ψ_k

$$\psi = \sum_n a_n \psi_n^0 = \sum_n \left(\sum_{i=0,1} \varepsilon^i a_n^{(i)} \right) \psi_n^0 = \psi_k^0 + \varepsilon \left(a_k^{(1)} \psi_k^0 + \sum_{n \neq k} a_n^{(1)} \psi_n^0 \right)$$

$$= \psi_k^0 + \varepsilon \left(a_k^{(1)} \psi_k^0 + \sum_{n \neq k} \frac{W_{nk}}{E_k^0 - E_n^0} \psi_n^0 \right) . \tag{11.15}$$

Puisque les ψ_k devraient aussi constituer un système orthonormé de fonctions d'ondes, nous avons

$$\langle \psi_k | \psi_k \rangle = 1 = \left\langle \psi_k^0 \middle| \psi_k^0 \right\rangle + \left\langle \psi_k^0 \middle| \varepsilon a_k^{(1)} \psi_k^0 \right\rangle + \left\langle \varepsilon a_k^{(1)} \psi_n^0 \middle| \psi_k^0 \right\rangle$$

$$+ \varepsilon^2 \left\langle a_k^{(1)} \psi_k^0 \middle| a_k^{(1)} \psi_k^0 \right\rangle = 1 + \varepsilon(a_k^{(1)} + a_k^{(1)*}) + \varepsilon^2 \left| a_k^{(1)} \right|^2 . \tag{11.16}$$

En négligeant le terme proportionnel à ε^2 (puisque nous calculons seulement au premier ordre), nous avons

$$0 = \varepsilon(a_k^{(1)} + a_k^{(1)*}) . \tag{11.17}$$

Comme la fonction d'onde n'est déterminée qu'à un facteur de phase près, nous pouvons choisir des $a_m^{(1)}$ réels. Alors, manifestement, nous avons $a_k^{(1)} = 0$.

Approximation au deuxième ordre

Si nous reportons la valeur de la première approximation dans (11.9) pour $m = k$, seulement des parties du coefficient de ε^2 subsistent et pour l'énergie il s'ensuit que

$$E^{(2)} = \sum_{n \neq k} \frac{W_{kn} W_{nk}}{E_k^0 - E_n^0} , \tag{11.18}$$

et de manière analogue pour les amplitudes avec $m \neq k$,

$$a_m^{(2)} = -\frac{W_{kk} W_{mk}}{(E_m^0 - E_k^0)^2} + \sum_{n \neq k} \frac{W_{mn} W_{nk}}{(E_k^0 - E_n^0)(E_k^0 - E_m^0)} , \quad m, n \neq k . \tag{11.19}$$

À nouveau, nous n'obtenons qu'une condition pour $a_m^{(2)}$ dans le cas $m = k$, ainsi nous devons encore faire appel à la condition de normalisation de la fonction d'onde. Ce procédé peut être poursuivie de sorte que les effets perturbatifs peuvent être déterminés à n'importe quel degré d'approximation. Selon (11.8) nous avons, dans l'approximation au deuxième ordre obtenue pour l'énergie de l'état k,

$$E_k = E_k^0 + \varepsilon W_{kk} - \varepsilon^2 \sum_{n \neq k} \frac{W_{kn} W_{nk}}{E_n^0 - E_k^0} + \dots . \tag{11.20}$$

Ceci contient le résultat intéressant que, au premier ordre, la correction de l'énergie est simplement la valeur moyenne de la perturbation W. Si k désigne l'état fondamental du système, $E_k^0 < E_n^0$, et l'effet d'une approximation au second ordre est toujours négative, indépendamment du signe de la perturbation, parce que

$$W_{nk}W_{kn} = |W_{kn}|^2 \quad \text{et} \quad E_n^0 - E_k^0 > 0$$

sont toujours positifs. Ceci est très important, et peut être utilisé dans de nombreux problèmes, particulièrement dans ces cas où la correction de premier ordre W_{kk} s'annule pour une raison quelconque.

Pour appliquer la théorie des perturbations, nous avons supposé que la perturbation était faible, c'est-à-dire que les niveaux d'énergie et leurs différences ne sont pas modifiés de façon importante. Nous pouvons exprimer ceci de la manière suivante :

$$\left| \frac{\varepsilon W_{mn}}{E_m^0 - E_n^0} \right| \ll 1 \quad \text{pour} \quad m \neq n . \tag{11.21}$$

Puisque les énergies E_m^0 et E_n^0 sont proches l'une de l'autre pour des valeurs élevées des nombres quantiques dans le champ de Coulomb [voir (9.43)], la théorie de perturbation peut seulement s'appliquer aux états fortement liés. Pour établir les relations de perturbation, nous avons requis que la nature des spectres ne change pas qualitativement. Les états perturbés ψ_k devraient émerger de façon continue des états non perturbés $\psi_k^{(0)}$ lorsque la perturbation $\hat{W}$ est activée.

11.2 Dégénérescence

Nous allons maintenant discuter sommairement de l'application de la théorie des perturbations à un spectre avec des états dégénérés. Jusqu'à présent nous avons considéré des états non dégénérés ; en effet, pour une énergie E_k^0, nous avons supposé qu'un seul état bien défini ψ_k^0 existe ; dans un système où il y a dégénérescence, ceci n'est plus le cas. Pour un niveau d'énergie E_n^0, il peut exister une série de fonctions propres $\psi_{n\beta}^0$, $\beta = 1, 2, \ldots, f_n$ (β désigne un ou plusieurs nombres quantiques). Les valeurs propres d'énergie sont indépendantes de β. Un tel niveau est appelé *n-fois dégénéré* ou *dégénéré d'ordre n*.

En reprenant (11.6a), nous devons maintenant la réécrire dans la forme suivante :

$$a_{m\alpha}(E_m^0 + \varepsilon W_{m\alpha m\alpha} - E) + \varepsilon \sum_{n\beta \neq m\alpha} a_{n\beta} W_{m\alpha n\beta} = 0 , \tag{11.22}$$

où, selon (11.7), les éléments de matrice sont donnés par

$$W_{m\alpha n\beta} = \int \psi_{m\alpha}^{0*} \hat{W} \psi_{n\beta}^0 \, \mathrm{d}V . \tag{11.23}$$

La valeur propre de l'énergie E_n^0 de l'état non perturbé ne contient pas d'autres indices. Elle est indépendante de α à cause de la dégénérescence ; ce qui est précisément la particularité de la dégénérescence.

L'effet de la perturbation sur l'état dégénéré peut être constaté clairement en examinant l'approximation 0. De (11.10), nous obtenons, dans l'approximation 0, pour le niveau $m = k$

$$a_{k\alpha}^{(0)}(E_k^0 - E^{(0)}) = 0 \ . \tag{11.24}$$

Manifestement,

$$E^{(0)} = E_k^0 \quad \text{et} \quad a_{k\alpha}^{(0)} = a_{k\alpha}^0 \neq 0 \quad \text{pour} \quad \alpha = 1 \ldots f_k$$

$$\text{et} \quad a_m^0 = 0 \quad \text{pour} \quad m \neq k.$$

La sommation double sur n et β se réduit à une somme simple sur β pour l'approximation 0 (car $n = k$ seulement) et pour le $k^{\text{ième}}$ niveau nous obtenons

$$(E_k^0 + \varepsilon W_{k\alpha k\alpha} - E)a_{k\alpha}^0 + \varepsilon \sum_{\beta \neq \alpha}^{f_k} a_{k\beta}^0 W_{k\alpha k\beta} = 0 \ . \tag{11.25}$$

L'indice α va de 1 à f_k. Par conséquent (11.25) représente un système de f_k équations linéaires pour les $a_{k\alpha}^{(0)}$. Le déterminant du système a l'ordre f_k. Il doit s'annuler si le système d'équations linéaires doit donner des solutions non triviales $a_{k\alpha}^0$, c'est-à-dire des solutions différentes de zéro. Soit

$$D_k = \begin{vmatrix} E^0 + \varepsilon W_{11} - E & \varepsilon W_{12} \cdots & \varepsilon W_{1f_k} \\ \varepsilon W_{21} & E^0 + \varepsilon W_{22} - E \cdots & \varepsilon W_{2f_k} \\ \vdots & & \vdots \\ \varepsilon W_{f_k 1} & \cdots & E^0 + \varepsilon W_{f_k f_k} - E \end{vmatrix} = 0 \ . \tag{11.26}$$

Nous avons supprimé l'indice k dans le déterminant car il apparaît toujours de la même manière. L'équation (11.26) est appelée une *équation séculaire*. C'est une équation de degré f_k pour la détermination de l'énergie E et ainsi a en général f_k solutions $E_{k\alpha}$ pour E. Comme la perturbation $\varepsilon \hat{W}$ est faible, les solutions sont proches les unes des autres. *En général la dégénérescence d'un niveau est levée sous l'influence d'une perturbation et l'état f_k-fois dégénéré se sépare énergétiquement en f_k états voisins d'énergies $E_{k\alpha}$ $\alpha = 1, \ldots, f_k$.*

L'apparition d'une dégénérescence peut toujours être attribuée à une symétrie du système. Par exemple, la dégénérescence du moment cinétique d'ordre $(2l + 1)$ de l'état d'une particule dans un potentiel central (voir l'exercice 7.2 et le chapitre 9), résulte de la symétrie sphérique (isotropie de l'espace) du potentiel. Si la symétrie est brisée par une perturbation (brisure de symétrie), les niveaux dégénérés se séparent en une série de niveaux voisins. Une telle perturbation peut être produite par une interaction faible supplémentaire (par ex : le couplage spin–orbite produit la séparation dite de structure fine) ou par l'application d'un champ extérieur.

Les fonctions propres $\varphi_{k\alpha}$ des énergies $E_{k\alpha}$ sont des combinaisons linéaires particulières des états dégénérés $\psi_{k\beta}^0$. Les amplitudes correspondantes $a_{k\alpha\beta}^0$ sont obtenues en reportant les solutions $E = E_{k\alpha}$ dans (11.25), qui peut être résolue pour $a_{k\alpha}^0$. Les fonctions propres résultantes sont alors de la forme

$$\varphi_{k\alpha} = \sum_{\beta=1}^{f_k} a_{k\alpha\beta}^0 \psi_{k\beta}^0 \,. \tag{11.27}$$

Puisque nous avons maintenant à nouveau des niveaux non dégénérés, nous pouvons pour les approximations ultérieures, opérer de la même manière que ci-dessus.

EXEMPLE ▮▮▮▮▮▮▮▮▮▮▮

11.1 L'effet Stark

Comme exemple de la théorie des perturbations, nous calculons maintenant la séparation des niveaux d'un atome d'hydrogène placé dans un champ électrique uniforme. Ainsi que nous le verrons, l'effet d'un tel champ électrique sur un atome est la décomposition des lignes spectrales. Ce phénomène fut montré expérimentalement en 1913 par **Stark**.

L'expérience a montré que l'effet d'un champ électrique sur des atomes d'hydrogène ou d'autres atomes dépend de l'intensité du champ. Mais l'effet sur un atome d'hydrogène est différent de celui sur d'autres atomes. Les niveaux d'énergie de l'hydrogène (par ex : la *série de Balmer* pour des champ faibles, se séparent proportionnellement à l'intensité du champ (*l'effet Stark linéaire*), alors que la séparation des niveaux d'énergie de tous les autres atomes est proportionelle au carré de l'intensité du champ (*effet Stark quadratique*).

Il n'y avait pas d'explication pour l'*effet Stark*[1] en théorie classique ; seule la mécanique quantique indiquait comment comprendre ce phénomène. Nous allons maintenant discuter en détails la théorie de l'effet Stark linéaire, en nous limitant au deuxième niveau ($n = 2$) de l'atome d'hydrogène.

Le champ électrique externe appliqué E (dans l'expérience il était de 10^4–10^5 V/cm) est bien plus faible que le champ atomique interne produit par le noyau qui est de l'ordre de $E_{\text{nucl}} = e/a_0^2 \approx 5 \cdot 10^9$ V/cm (a_0 est le rayon de la première orbite de Bohr). Pour résoudre ce problème nous utilisons la théorie des perturbations dans le cas d'états dégénérés. *L'énergie potentielle de l'électron dans le champ électrique externe*, $\hat{V}$, est traité comme la perturbation.

Le premier niveau ψ_{100} de l'atome d'hydrogène n'est pas dégénéré. Par conséquent, dans le cas le plus simple, nous partons de la séparation du deuxième

---

[1] Une discussion générale des problèmes de symétrie en mécanique quantique peut être trouvée dans W. Greiner, B. Müller: *Mécanique Quantique – Symétries*, 2nd éd. (Springer, Berlin, Heidelberg 1999).

niveau. Comme nous l'avons appris, les niveaux de l'hydrogène sont n^2-fois dégénérés ; c'est-à-dire quatre fonctions propres appartenant à l'énergie $E_n^0 = E_2^0$ de l'atome d'hydrogène non perturbé. Ces fonctions d'onde sont (voir tableau 9.1)

$$\varphi_1 = \Psi_{200} = \frac{(1 - r/2a_0)}{\sqrt{2a_0^3}} \, \mathrm{e}^{-r/2a_0} Y_{00} \quad \text{(état } 2s\text{)} \, , \tag{1a}$$

$$\varphi_2 = \Psi_{210} = \frac{r/2a_0}{\sqrt{6a_0^3}} \, \mathrm{e}^{-r/2a_0} Y_{10} \tag{1b}$$

$$\text{(états } 2p\text{)} \, .$$

$$\varphi_{3,4} = \Psi_{21\pm1} = \frac{r/2a_0}{\sqrt{6a_0^3}} \, \mathrm{e}^{-r/2a_0} Y_{1\pm1} \tag{1c}$$

La dégénérescence d'ordre quatre est levée par l'apparition d'un champ électrique. Il y a maintenant une énergie potentielle supplémentaire pour l'électron placé dans le champ uniforme E, due au moment dipolaire er de l'électron dans le champ. Si nous disposons le champ électrique dans la direction z, l'énergie potentielle sera donnée par

$$V = -er \cdot E = -ez|E| = -e|E|r\sqrt{\frac{4\pi}{3}} Y_{10} \, . \tag{2}$$

Désignons par $\hat{H}_0$ le hamiltonien du système non perturbé. Le hamiltonien du système avec perturbation sera alors

$$\hat{H} = \hat{H}_0 + \hat{V} \, .$$

Nous calculons les éléments de matrice de la perturbation selon (11.26) et utilisons les fonctions φ_α introduites dans (1). Ces éléments de matrice sont de la forme

$$V_{\alpha\beta} = \int\limits_{-\infty}^{\infty} \varphi_\alpha^* \hat{V} \varphi_\beta \, \mathrm{d}V \, .$$

La plupart des intégrants sont des fonctions impaires des coordonnées d'espace ; ceci peut être constaté immédiatement en reportant la perturbation (2) et les fonctions φ_α de (1). Après intégration, seuls les éléments de matrice V_{12} et V_{21} s'avèrent non nuls. Dans ce cas,

$$V_{12} = V_{21}$$

$$= \int\limits_{-\infty}^{\infty} \frac{1 - r/2a_0}{\sqrt{2a_0^3}} \, \mathrm{e}^{-r/2a_0} (-e|E|) \frac{r/2a_0}{\sqrt{6a_0^3}} \, \mathrm{e}^{-r/2a_0} r Y_{00}^* Y_{10} Y_{10} \sqrt{\frac{4\pi}{3}} \, \mathrm{d}V$$

$$= -e\,|\boldsymbol{E}| \int\limits_0^\infty (1 - r/2a_0) \frac{r^2}{12\,a_0^4}\, \mathrm{e}^{-r/a_0} r^3\, \mathrm{d}r \int \mathrm{d}\Omega\,|Y_{10}|^2(\vartheta, \varphi)$$

$$= -\frac{e|E|a_0}{12} \int\limits_0^\infty \varrho^4\,\mathrm{d}\varrho(1 - \varrho/2)\,\mathrm{e}^{-\varrho} \times 1 = 3e\,|\boldsymbol{E}|\,a_0\;. \tag{3}$$

Nous avons ici utilisé le fait que $Y_{00} = (4\pi)^{-1/2}$. À cause de la dégénérescence du système, la solution générale du hamiltonien, pour la valeur propre de l'énergie E_2^0, est donnée par une combinaison linéaire des fonctions φ_α :

$$\Psi = \sum_{\alpha=1}^4 a_\alpha \varphi_\alpha\;. \tag{4}$$

Pour déterminer les coefficients a_α, nous utilisons le système d'équations (11.25), qui, dans ce cas, s'écrit

$$(E_2^0 + V_{\alpha\alpha} - E)a_\alpha + \sum_{\beta\neq\alpha}^4 a_\beta V_{\alpha\beta} = 0\;,$$

$$\alpha = 1, 2, 3, 4\;. \tag{5}$$

Puisque, à l'exception de V_{12} et V_{21}, tous les éléments de matrice s'annulent le système se réduit à quatre équations, soit

$$(E_2^0 - E)a_1 + V_{12}a_2 = 0\;, \tag{6a}$$

$$V_{21}a_1 + (E_2^0 - E)a_2 = 0\;, \tag{6b}$$

$$(E_2^0 - E)a_3 = 0\;, \tag{6c}$$

$$(E_2^0 - E)a_4 = 0\;. \tag{6d}$$

Pour une solution non triviale, le déterminant des coefficients doit être nul, c'est-à-dire

$$\begin{vmatrix} E_2^0 - E & V_{12} & 0 & 0 \\ V_{12} & E_2^0 - E & 0 & 0 \\ 0 & 0 & E_2^0 - E & 0 \\ 0 & 0 & 0 & E_2^0 - E \end{vmatrix} = 0\;.$$

De la solution du déterminant nous obtenons aisément les quatre valeurs des énergies des niveaux perturbés. Le résultat est :

$$E_a = E_b = E_2^0\;, \quad E_c = E_2^0 + V_{12}\;, \quad E_d = E_2^0 - V_{12}\;. \tag{7}$$

Manifestement, la superposition du champ électrique uniforme n'a pas complè-

Exemple 11.1

tement supprimé la dégénérescence. Ceci peut être expliqué par le fait que nous avons maintenant, due à la perturbation, une symétrie cylindrique à la place de la symétrie sphérique précédente. En d'autres termes, il n'y a pas brisure de symétrie complète. La séparation résultante est montrée sur la figure.

Les quatre niveaux dégénérés de l'hydrogène appartenant au nombre quantique principal $n = 2$, par l'effet Stark, se séparent en trois niveaux. L'énergie moyenne, qui correspond à l'énergie non perturbée E_2^0, est encore 2-fois dégénéré

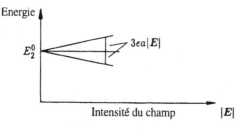

La séparation linéaire des niveaux par un champ électrique ne se manifeste que dans le cas de l'hydrogène. Elle résulte de la linéarité de V_{12} dans E [voir (3)] et à cause de (7).

Il n'y a pas dégénérescence de l dans les systèmes à plusieurs électrons ; par conséquent il n'y a pas de moment dipolaire moyen permanent, mais l'atome est polarisé par le champ électrique externe. Le moment dipolaire induit est proportionnel à l'intensité du champ ; par conséquent, les énergies de l'atome varient avec $|E|^2$. Ce phénomène est appelé l'*effet Stark quadratique*. Pour obtenir les fonctions d'onde (4) correspondantes aux valeurs de l'énergie (7), nous reportons les énergies dans le système (6) :

Pour $E_a = E_b = E_2^0$,   il résulte que $a_1 = a_2 = 0$, a_3 et a_4 arbitraires.

Pour $E_c = E_2^0 + V_{12}$,   il résulte que $a_1 = a_2$, $a_3 = a_4 = 0$.

Pour $E_d = E_2^0 - V_{12}$,   nous obtenons $a_1 = -a_2$, $a_3 = a_4 = 0$.

Avec le champ appliqué $|E|$ nous obtenons la fonction d'onde suivante :

pour $E = E_2^0$: $\Psi_{\mathrm{III,IV}} = a_3\varphi_3 + a_4\varphi_4 = a_3\psi_{211} + a_4\Psi_{21-1}$,

avec $a_3^2 + a_4^2 = 1$,

pour $E = E_2^0 + V_{12}$: $\Psi_{\mathrm{II}} = \dfrac{1}{\sqrt{2}}(\varphi_1 + \varphi_2)$

$= \dfrac{1}{\sqrt{2}}(\psi_{200} + \psi_{210})$,

pour $E = E_2^0 - V_{12}$: $\Psi_{\mathrm{I}} = \dfrac{1}{\sqrt{2}}(\varphi_1 - \varphi_2)$

$= \dfrac{1}{\sqrt{2}}(\psi_{200} - \psi_{210})$.   (8)

Il est facile de montrer que la matrice, construite avec les fonctions $\Psi_{\mathrm{I,II,III,IV}}$, est diagonale.

L'*effet Stark avec $n = 2$* est *qualitativement* interprété de la manière suivante. Puisque le mouvement de la fonction d'onde caractéristique de l'électron

n'est pas à symétrie sphérique, l'atome possède un moment dipolaire électrique *Exemple 11.1*
p. Pour cette raison, un atome dans le champ électrique

$$\boldsymbol{E} = (E_x = 0, \ E_y = 0, \ E_z = E)$$

gagne l'énergie supplémentaire

$$V = -(\boldsymbol{p} \cdot \boldsymbol{E}) = -|\boldsymbol{p}| \, E \cos \gamma \, , \tag{9}$$

où γ est l'angle formé par la direction du dipôle électrique de l'atome et la direction de l'axe z.

Si nous comparons cette expression à (3) et (7), nous voyons que le moment dipolaire électrique de l'atome est $|\boldsymbol{p}| = 3a_0 e$, où la solution $\Psi_{\mathrm I}$ correspond à $\gamma = 0$, mais Ψ_{II} correspond à $\gamma = \pi$. Pour les troisième et quatrième solutions nous avons alors $\gamma = \pm\frac{\pi}{2}$. *Ce dernier résultat est dû à un moment dipolaire électrique perpendiculaire au champ électrique ; pour cette raison, il n'y a pas d'énergie supplémentaire. En d'autres termes, l'effet Stark linéaire dans un atome d'hydrogène avec $n = 2$ est produit par le moment dipolaire électrique caractéristique* **p**.

Les résultats de ces calculs, obtenus à l'aide de la mécanique quantique, ne sont en accord avec les expériences que pour des champs faibles ($E \sim 10^3$ V/cm). Pour des champs forts ($E > 10^4$ V/cm), une séparation supplémentaire se produit (l'effet Stark quadratique), produit par le fait que la dégénérescence du nombre quantique de moment angulaire est brisée. L'effet Stark disparaît complètement si l'intensité du champ est plus grande que 10^5 V/cm. Ce phénomène est lié à l'autoionisation des atomes dans un champ électrique intense : les électrons dans un état excité perdent leur liaison à l'atome si des champs électriques intenses externes sont superposés.

EXERCICE

11.2 Comparaison d'un résultat de la théorie des perturbations avec un résultat exact

Considérons un atome hydrogénoïde avec un noyau central de charge Z et un électron périphérique $1s$.

Problème. Calculez le changement d'énergie en augmentant la charge du noyau d'une unité ($Z \to Z + 1$). Utilisez la théorie des perturbations au premier ordre et comparez ce résultat au résultat exact.

Solution. La fonction d'onde du premier électron s'écrit :

$$\psi_{1s} = \frac{1}{\sqrt{\pi}} \gamma^{3/2} \mathrm{e}^{\gamma r} \, , \quad \gamma = \frac{me^2}{\hbar^2} Z \, . \tag{1}$$

L'énergie non perturbée est

$$E_{1s}(Z) = -\frac{me^4}{2\hbar^2} Z^2 \, . \tag{2}$$

Exercice 11.2

Le changement d'énergie avec la théorie des perturbations au premier ordre est donné par

$$\Delta E_{1s} = \langle \psi | \, \Delta \hat{H} \, | \psi \rangle \; , \tag{3}$$

c'est-à-dire par la valeur moyenne de l'opérateur de la perturbation $\Delta \hat{H}$. Dans notre cas, nous avons

$$\Delta \hat{H} = \Delta V = -\frac{e^2}{r} \; . \tag{4}$$

Ceci donne

$$
\begin{aligned}
\Delta E_{1s} &= \frac{1}{\pi} \gamma^3 4\pi \int\limits_0^\infty \mathrm{d}r \, r^2 \mathrm{e}^{-2\gamma r} \left(-\frac{e^2}{r} \right) \\
&= -4\gamma^3 e^2 \int\limits_0^\infty \mathrm{d}r \, r \mathrm{e}^{-2\gamma r} = -4\gamma^3 e^2 \frac{1}{4\gamma^2} \\
&= -\gamma e^2 = -\frac{me^4}{\hbar^2} Z \; .
\end{aligned}
\tag{5}
$$

En comparaison, le résultat exact est

$$
\begin{aligned}
E_{1s}(Z+1) - E_{1s}(Z) &= -\frac{me^4}{2\hbar^2}[(Z+1)^2 - Z^2] \\
&= -\frac{me^4}{\hbar^2}\left(Z + \frac{1}{2} \right) \; .
\end{aligned}
\tag{6}
$$

La théorie des perturbations donne manifestement un résultat convenable pour les valeurs élevées de Z.

EXERCICE ▮▮▮▮▮▮▮▮▮▮▮▮▮▮▮

11.3 Croisement de niveaux de deux états

Soit un hamiltonien H_0 qui possède deux niveaux voisins d'énergies $E_1^{(0)} \approx E_2^{(0)}$ et des fonctions propres $\psi_1^{(0)}, \psi_2^{(0)}$. On admet que toutes les autres valeurs propres sont très différentes, de sorte que ces deux niveaux puissent être considérés comme isolés énergétiquement.

Problème. Étudiez le hamiltonien

$$\hat{H} = \hat{H}_0 + \hat{V} \quad \text{et}$$

(a) Montrez, en utilisant la théorie des perturbations, que d'une part, seuls ces niveaux contribuent à la correction des valeurs propres de l'énergie et que d'autre part, on ne peut plus utiliser la théorie des perturbations. Que doivent être ψ_1^0 et ψ_2^0?

(b) Montrez que la théorie des perturbations peut être améliorée en diagonalisant le problème à deux niveaux, qui donne

$$E_{1,2} = \frac{1}{2}(H_{11} + H_{22}) \pm \frac{1}{2}\sqrt{(H_{11} - H_{22})^2 + 4\,|H_{12}|^2}\,,$$

avec

$$H_{ij} = \int \psi_i^{(0)*}\,\hat{H}\psi_j^{(0)}\,\mathrm{d}x\,.$$

(c) Représentez graphiquement $E_{1,2}$ en fonction de $\Delta = H_{11} - H_{22}$. À quoi ressemble $\Delta E = E_1 - E_2$ si, en première approximation, il y a un croisement de niveaux, c'est-à-dire si le potentiel V est tel que $H_{11} = H_{22}$?

Solution. (a) La première correction des valeurs propres de l'énergie est

$$E_i^{(1)} = E_i^{(0)} + V_{ii} = H_{ii}\,, \tag{1}$$

et, au second ordre,

$$E_i^{(2)} = H_{ii} - \sum_{j \neq i} |V_{ij}|^2 \big/ (E_j^{(0)} - E_i^{(0)})\,. \tag{2}$$

Pour les deux niveaux nous avons $E_1^0 \approx E_2^0$, c'est-à-dire le dénominateur devient petit et nous pouvons négliger tous les autres termes si $V_{ij} \neq 0$ (ce qui signifie que pour un potentiel à symétrie radiale, les fonctions d'onde ψ_1 et ψ_2 doivent avoir les mêmes nombres quantiques de moment angulaire). Dans ce cas, nous pouvons négliger tous les états exceptés 1 et 2. Néanmoins, à cause des faibles dénominateurs dans (2) certains termes dans tous les ordres de la théorie des perturbations seront très grands et la théorie des perturbations perd sa signification.

(b) Soient ψ_1^0, ψ_2^0 les fonctions propres de $\hat{H}_0$ avec

$$\hat{H}_0\psi_i^{(0)} = E_i^{(0)}\psi_i^{(0)}\,, \quad i = 1,2\,. \tag{3}$$

Nous diagonalisons le hamiltonien $\hat{H} = \hat{H}_0 + V$ dans cette base à deux états, c'est-à-dire nous recherchons ψ dans

$$\hat{H}\psi = (\hat{H}_0 + \hat{V})\psi = E\psi\,, \tag{4}$$

avec

$$\psi = a\psi_1^{(0)} + b\psi_2^{(0)}\,. \tag{5}$$

En multipliant à gauche par ψ_1^{0*} et ψ_2^{0*}, puis en intégrant sur x, nous obtenons le système d'équations linéaires suivant pour a et b :

$$\begin{aligned} (H_{11} - E)a + V_{12}b &= 0\,, \\ V_{21}a + (H_{22} - E)b &= 0\,, \end{aligned} \tag{6}$$

Exercice 11.3

qui admet une solution $(a, b) \neq (0, 0)$ si

$$\det \begin{pmatrix} H_{11} - E & V_{12} \\ V_{21} & H_{22} - E \end{pmatrix} = (H_{11} - E)(H_{22} - E) - |V_{12}|^2$$

$$= E^2 - (H_{11} + H_{22})E - H_{11} + H_{22}|V_{12}|^2 = 0 \tag{7}$$

ou

$$E_{1,2} = \frac{1}{2}(H_{11} + H_{22}) \pm \frac{1}{2}\sqrt{(H_{11} - H_{22})^2 + 4|V_{12}|^2}. \tag{8}$$

Si nous pouvons utiliser la théorie des perturbations, c'est-à-dire si

$$\left| E_1^{(0)} - E_2^{(0)} \right| \gg |V_{12}| \quad \text{et}$$

$$\left| E_1^{(0)} - E_2^{(0)} \right| \gg |V_{22} - V_{11}| \tag{9}$$

est valide, nous obtenons les énergies à partir de (8),

$$E_i = E_i^{(0)} + V_{ii} \pm |V_{12}|^2/(E_i^{(0)} - E_j^{(0)})$$

$$i = 1, 2; \quad j = 2, 1. \tag{10}$$

Ce qui est exactement le résultat de la théorie des perturbations au deuxième ordre.

(c) En posant

$$\Delta = H_{11} - H_{22};$$

il vient

$$E_{1,2} = H_{11} - \frac{1}{2}\Delta \pm \frac{1}{2}\sqrt{\Delta^2 + 4|V_{12}|^2}. \tag{11}$$

La plus petite différence entre les valeurs propres de l'énergie est $2|V_{12}|$, c'est-à-dire le croisement de niveaux est évité par l'interaction. Ceci est lié à l'*effet Landau–Zener* que nous n'exposerons pas ici. Notons seulement que l'effet Landau–Zener est relatif au transfert d'une particule (par exemple un électron) occupant l'un des deux niveaux qui se croisent ; comme nous pouvons l'imaginer intuitivement, le transfert de la particule vers l'autre niveau dépend de la distance entre les deux niveaux et aussi de la vitesse avec laquelle le croisement de niveaux est passé. En reportant les énergies $E_{1,2}$ de (8) dans (6), les nouveaux états peuvent être calculés facilement :

$$\psi_1 = a_1\psi_1^{(0)} + b_1\psi_2^{(0)}$$

$$= V_{12}\psi_1^{(0)} - \left(+\frac{1}{2}\Delta - \frac{1}{2}\sqrt{\Delta^2 + 4|V_{12}|^2} \right)\psi_2^{(0)},$$

$$\psi_2 = a_2\psi_1^{(0)} + b_2\psi_2^{(0)}$$

$$= V_{12}\psi_1^{(0)} - \left(+\frac{1}{2}\Delta + \frac{1}{2}\sqrt{\Delta^2 + 4|V_{12}|^2} \right)\psi_2^{(0)}, \tag{12}$$

avec le résultat intéressant que les fonctions d'onde sont fortement mélangées près du croisement de niveaux, mais ne sont pratiquement pas perturbées loin du point de croisement ($|\Delta|$ grand). De plus, $\psi_1^{(\Delta)}$ est proche de $\psi_2^{(0)}$ loin à gauche du croisement (Δ grand et négatif) et elle est proche de $\psi_1^{(0)}$ loin à droite du croisement (Δ grand et positif). Pour $\psi_2^{(\Delta)}$ la situation est opposée. Ce fait peut être expliqué comme suit : les fonctions d'onde non perturbées se croisent en effet et restent inchangées à l'exception du voisinage immédiat du point de croisement. Les énergies $E_1^{(\Delta)}$ et $E_2^{(\Delta)}$ aussi changent d'une valeur non perturbée, respectivement $E_1^{(0)}$ et $E_2^{(0)}$, à l'autre, c'est-à-dire respectivement $E_2^{(0)}$ et $E_1^{(0)}$. Cette situation est illustrée par la figure ci-dessous.

Exercice 11.3

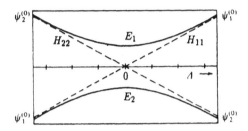

Croisement de niveaux : les niveaux d'énergie E_1, E_2, dépendant de de la différence d'énergie Δ du système non perturbé. Les valeurs de H_{11} et H_{22} sont indiqués par des *tirets*

Comme exemple d'un croisement de niveaux, nous examinons les niveaux d'énergie d'un électron dans un potentiel à deux centres produit par deux noyaux de plomb dont les centres sont séparés de R. Un tel potentiel n'est plus à symétrie radiale ; la symétrie est simplement azimutale, c'est-à-dire que j_z reste un bon nombre quantique. De plus, le hamiltonien commute avec l'opérateur de parité. Les solutions, exposées ci-dessous, n'ont pas été obtenues avec l'équation de Schrödinger, mais avec l'équation relativiste de Dirac. Si nous partons d'un $\hat{H}_0$ relatif à une distance entre centres R puis qui passe à $R + \Delta R$, le potentiel change de

$$\Delta V = V(R + \Delta R; r) - V(R; r) \,,$$
$$V(R; r) = Ze\left(\frac{1}{\left|r - \frac{R}{2}e_z\right|} + \frac{1}{\left|r + \frac{R}{2}e_z\right|} \right) \,. \tag{13}$$

Cette perturbation ne modifie pas les symétries azimutale et de parité. Les éléments de matrice V_{12} s'annulent si les états ont une parité différente ou un nombre quantique magnétique différent ; autrement, ils sont généralement différents de zéro.

Maintenant nous pouvons comprendre la figure présentée dans la marge.[2] (Nous n'expliciterons pas tous les symboles). Comme nous pouvons le constater, l'état $3s\sigma$ croise l'état $3d_{5/2}\pi$ à $R \approx 650\,\mathrm{fm}$. Ceci est possible parce que $V_{ij} = 0$ (nombres quantiques m différents, désignés ici par $\sigma(m = 0)$ ou $\pi(m = 1)$). D'autre part, ces états $3s\sigma$ et $3d_{5/2}\sigma$ se repoussent. Ces états ont

---

[2] Figure parue dans G. Soff, W. Greiner, W. Betz, B. Müller : Phys. Rev. A **20**, 169 (1979).

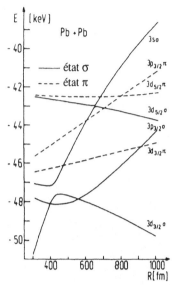

Exemple de croisements de niveaux dans une quasimolécule super lourde, comme on peut en rencontrer dans une collisions entre ions lourds, par exemple plomb sur plomb. Ces croisements jouent un rôle important dans l'ionisation qui se produit lors de tels collisions ions–atomes

le même nombre quantique m et la même parité. Les états $3p_{3/2}\sigma$ et $3d_{3/2}\sigma$ peuvent se croiser, car ils diffèrent par leurs parités ($\rightarrow V_{ij} = 0$) alors que leurs nombres quantiques m concordent.

EXERCICE

11.4 Perturbation harmonique d'un oscillateur harmonique

Soit le hamiltonien d'un oscillateur harmonique

$$\hat{H} = \hat{H}_0 + \hat{W} \quad \text{avec} \quad \hat{H}_0 = \frac{\hbar^2}{2m}\frac{d^2}{dx^2} + \frac{C_0}{2}x^2$$

et $W = C_1 x^2/2$ le potentiel de la perturbation.

Problème. Calculez, en utilisant la théorie des perturbations, les valeurs propres de l'énergie et comparez les aux valeurs exactes.

Solution. Dans ce cas, les solutions stationnaires de l'équation de Schrödinger, avec les hamiltoniens $\hat{H}_0$ et $\hat{H}$, sont connues, ce sont celles de l'oscillateur harmonique. Les valeurs propres exactes de $\hat{H}$ sont :

$$E_n = \hbar\omega(n + \tfrac{1}{2}), \quad \omega = \sqrt{\frac{C_0 + C_1}{m}}, \tag{1}$$

et celles de $\hat{H}_0$ sont :

$$E_n^0 = \hbar\omega_0(n + \tfrac{1}{2}), \quad \omega_0 = \sqrt{\frac{C_0}{m}}. \tag{2}$$

Cependant, nous voulons calculer les valeurs propres de $\hat{H}$ de façon approchée en utilisant la théorie des perturbations afin d'éprouver son efficacité. Il a été montré dans (11.20) qu'avec la théorie au second ordre

$$E = E_l^0 + W_{ll} + \sum_{n \neq l} \frac{W_{ln}W_{nl}}{E_l^0 - E_n^0} + \dots \tag{3}$$

avec

$$W_{ln} = \left\langle \phi_l \left| \hat{W} \right| \phi_n \right\rangle = W_{nl}^* = \left\langle \phi_l \left| \frac{C_1}{2}x^2 \right| \phi_n \right\rangle. \tag{4}$$

Pour calculer W_{ln}, nous avons besoin des relations déjà déterminées et d'introduire la coordonnée

$$\xi = \sqrt{\lambda}x = \sqrt{\frac{m\omega_0}{\hbar}}x.$$

Les fonctions de la base [voir (7.52)] sont

$$\phi_n = \frac{(m\omega_0/\hbar)^{1/4}}{(\pi^{1/2}2^n n!)^{1/2}}\, e^{-\xi^2/2}\, H_n(\xi)\,, \tag{5}$$

où $H_n(\xi)$ sont les polynômes d'Hermite. Les ψ_n sont les fonctions propres de H_0. Alors

$$\xi\phi_n = \sqrt{\frac{n}{2}}\,\phi_{n-1} + \sqrt{\frac{n+1}{2}}\,\phi_{n+1}\,. \tag{6}$$

Nous avons besoin de

$$\begin{aligned}
\xi^2\phi_n &= \sqrt{\frac{n}{2}}\,\xi\phi_{n-1} + \sqrt{\frac{n+1}{2}}\,\xi\phi_{n+1} \\
&= \tfrac{1}{2}\sqrt{n(n-1)}\,\phi_{n-2} + \left(n+\tfrac{1}{2}\right)\phi_n + \tfrac{1}{2}\sqrt{(n+1)(n+2)}\,\phi_{n+2}\,. \tag{7}
\end{aligned}$$

Avec ceci nous calculons

$$\begin{aligned}
W_{ln} &= \left\langle \phi_l \left| \frac{C_1}{2}x^2 \right| \phi_n \right\rangle = \frac{C_1}{2}\frac{\hbar}{m\omega_0}\left\langle \phi_l \left| \xi^2 \right| \phi_n \right\rangle \\
&= \frac{C_1}{2}\frac{\hbar}{m\omega_0}\left[\frac{1}{2}\sqrt{n(n-1)}\,\Delta_{l,n-2} + \left(n+\frac{1}{2}\right)\Delta_{l,n}\right. \\
&\quad \left. + \frac{1}{2}\sqrt{(n+1)(n+2)}\,\Delta_{l,n+2}\right]. \tag{8}
\end{aligned}$$

Ainsi, nous obtenons l'énergie du niveau fondamental $(l=0)$

$$E = E_{l=0}^0 + W_{00} + \sum_{n=1}\frac{W_{n0}W_{0n}}{E_{l=0}^0 - E_n^0} + \dots\,. \tag{9}$$

Puisque tous les $W_{0n} = 0$ excepté pour $n=2$, il s'ensuit que

$$\begin{aligned}
E &= \frac{1}{2}\hbar\omega_0 + \left\langle \phi_0 \left| (C_1/2)x^2 \right| \phi_0 \right\rangle + \frac{|\langle\phi_0|(C_1/2)x^2|\phi_2\rangle|^2}{E_{l=0}^0 - E_{n=2}^0} + \dots \\
&= \frac{1}{2}\hbar\omega_0 + \frac{C_1}{2}\frac{\hbar}{m\omega_0}\frac{1}{2} + \frac{(C_1^2/4)(\hbar^2/m^2\omega_0^2)(1/2)}{\frac{1}{2}\hbar\omega_0 - \frac{5}{2}\hbar\omega_0} + \dots \\
&= \frac{1}{2}\hbar\omega_0\left[1 + \frac{1}{2}\frac{C_1}{C_0} - \frac{1}{8}\left(\frac{C_1}{C_0}\right)^2 \pm \dots\right], \tag{10}
\end{aligned}$$

puisque $C_0 = m\omega_0^2$.

En fait il est possible de prendre en compte tous les ordres de la théorie des perturbations. Le résultat sera

$$
\begin{aligned}
E &= \frac{1}{2}\hbar\omega_0 \left[1 + \frac{1}{2}\frac{C_1}{C_0} - \frac{1}{2\times 4}\left(\frac{C_1}{C_0}\right)^2 \right.\\
&\quad \left. + \frac{1\times 3}{2\times 4\times 6}\left(\frac{C_1}{C_0}\right)^3 - \frac{1\times 3\times 5}{2\times 4\times 6\times 8}\left(\frac{C_1}{C_0}\right)^4 \pm \ldots \right]\\
&= \frac{1}{2}\hbar\omega_0 \sqrt{1 + \frac{C_1}{C_0}}\\
&= \frac{1}{2}\hbar\sqrt{\frac{C_0}{m}}\sqrt{1 + \frac{C_1}{C_0}} = \frac{1}{2}\hbar\sqrt{\frac{C_0+C_1}{m}} = \frac{1}{2}\hbar\omega .
\end{aligned}
\tag{11}
$$

Ce qui est le résultat exact en théorie des perturbations à l'ordre infini. Il est aussi clair que la théorie des perturbation au second ordre (10) fourni une correction pour l'oscillateur non perturbé qui mène au résultat exact pour l'oscillateur modifié (11).

EXERCICE

11.5 Oscillateur harmonique avec une perturbation linéaire

Soit le hamiltonien de l'oscillateur harmonique

$$
\hat{H} = \hat{H}_0 + W \quad \text{avec} \quad \hat{H}_0 = -\frac{\hbar^2}{2m}\frac{d^2}{dx^2} + \frac{C_0}{2}x^2
$$

avec $W = C_0 ax$ le potentiel linéaire de la perturbation.

Problème. Calculez, à l'aide de la théorie des perturbations, les valeurs propres de l'énergie et comparez les au résultat exact.

Solution. Dans ce cas, les solutions stationnaires exactes sont également connues :

$$
-\frac{\hbar^2}{2m}\frac{d^2}{dx^2}\psi + \frac{C_0}{2}(x^2+2ax)\psi = E\psi ,
\tag{1}
$$

qui, en posant $y = x + a$, devient

$$
-\frac{\hbar^2}{2m}\frac{d^2}{dy^2}\psi + \frac{C_0}{2}(y^2-a^2)\psi = E\psi
\tag{2}
$$

ou

$$
-\frac{\hbar^2}{2m}\frac{d^2}{dy^2}\psi + \frac{C_0}{2}y^2\psi = E'\psi ;
$$

$$
E' = E + \frac{C_0}{2}a^2 .
\tag{3}
$$

L'équation (3) est l'équation ordinaire de l'oscillateur, dont les valeurs propres sont :

Exercice 11.5

$$E'_n = \hbar\omega_0 \left(n + \tfrac{1}{2}\right) , \quad n = 0, 1, \ldots$$
$$\omega_0 = \sqrt{\frac{C_0}{m}} \tag{4}$$

ou

$$E_n = \hbar\omega_0(n + \tfrac{1}{2}) - \frac{C_0}{2} a^2 . \tag{5}$$

Essayons maintenant de trouver ce résultat par la théorie des perturbations. Pour ce faire, nous avons à nouveau besoin des éléments de matrice

$$W_{ln} = \langle \phi_l | C_0 a x | \phi_n \rangle = C_0 a \sqrt{\frac{\hbar}{m\omega_0}} \langle \phi_l | \xi | \phi_n \rangle \; ;$$
$$\omega_0 = \sqrt{\frac{C_0}{m}} . \tag{6}$$

Pour l'énergie du niveau fondamental ($l = 0$), en utilisant

$$\begin{aligned}
W_{0n} &= C_0 a \sqrt{\frac{\hbar}{m\omega_0}} \langle \phi_0 | \xi | \phi_n \rangle \\
&= C_0 a \sqrt{\frac{\hbar}{m\omega_0}} \left(\sqrt{\frac{n}{2}} \Delta_{0,n-1} + \sqrt{\frac{n+1}{2}} \Delta_{0,n+1} \right) ,
\end{aligned} \tag{7}$$

nous obtenons les équations :

$$W_{00} = 0 , \quad W_{01} = C_0 a \sqrt{\frac{\hbar}{m\omega_0}} \sqrt{\frac{1}{2}} \; ;$$
$$W_{0n} = 0 \quad \text{pour} \quad n \neq 0, 1 . \tag{8}$$

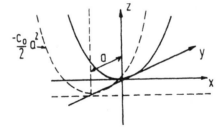

La superposition d'un potentiel d'oscillateur et d'un potentiel linéaire, produit un déplacement de l'oscillateur original. Le lignes en tirets se rapportent au système de coordonnées déplacées

Exercice 11.5

Ce qui donne

$$E_{n=0} = \frac{1}{2}\hbar\omega_0 + 0 + \frac{C_0^2 a^2 (\hbar/m\omega_0)\frac{1}{2}}{\frac{1}{2}\hbar\omega_0 - \frac{1}{2}\hbar\omega_0 3} + \dots$$

$$= \frac{1}{2}\hbar\omega_0 - \frac{C_0^2 a^2}{2m\omega_0^2} + \dots$$

$$= \frac{1}{2}\hbar\omega_0 - \frac{C_0 a^2}{2} . \tag{9}$$

Ceci est en accord avec le résultat exact donné ci-dessus. Par conséquent, nous pouvons conclure que pour le niveau fondamental, les ordres supérieurs de la théorie des perturbations doivent s'annuler.

11.3 Méthode variationnelle de Ritz

Il est possible de déterminer l'état fondamental sans faire appel à la solution explicite de l'équation de Schrödinger en exigeant que son énergie soit la plus faible de celles de toutes les fonctions d'onde possibles. Pour comprendre ceci, nous considérons un hamiltonien quelconque $\hat{H}$ et demandons que son spectre possède une *limite inférieure*. Ceci veut dire qu'il possède une valeur propre minimale de l'énergie :

$$\hat{H}\psi_n = E_n\psi_n ; \quad (n = 0, 1, \dots) ; \tag{11.28}$$

$$E_n > E_0 ; \quad (n \neq 0) . \tag{11.29}$$

Nous pouvons développer une fonction d'onde normalisée quelconque ψ en fonctions propres de $\hat{H}$ et obtenir

$$|\psi\rangle = \sum_n a_n \psi_n , \quad \sum_n |a_n|^2 = 1 . \tag{11.30}$$

Alors, l'énergie moyenne dans l'état ψ est

$$\left\langle \psi \left| \hat{H} \right| \psi \right\rangle = \sum_{nm} a_n^* \left\langle \psi_n \left| \hat{H} \right| \psi_m \right\rangle a_m = \sum_{nm} a_n^* a_m E_n \delta_{nm}$$

$$= \sum_n E_n |a_n|^2 \geq E_0 \sum_n |a_n|^2 = E_0 . \tag{11.31}$$

Manifestement, cela signifie que chaque autre état ψ, qui diffère du vrai état fondamental ψ_0, possède une énergie supérieure à celle de ψ_0. Ce résultat peut aussi s'écrire sous la forme

$$E_0 = \min_{\psi \in H} \left[\frac{\langle\psi|\hat{H}|\psi\rangle}{\langle\psi|\psi\rangle} \right] . \tag{11.32}$$

Ici, $\psi \in H$ indique que ψ est un élément de l'espace de Hilbert H. ψ n'a même pas besoin d'être normalisée dans cette équation. Trouver l'énergie du niveau fondamental est de ce fait devenu un *problème variationnel*. Que l'expression entre crochets (dans (11.32)) soit stationnaire est une *condition nécessaire* pour avoir un extrêmum (minimum) :

$$\delta(E_\psi) \equiv \delta \frac{\langle \psi | \hat{H} | \psi \rangle}{\langle \psi | \psi \rangle} = 0 \,. \tag{11.33}$$

De la règle de différentiation du rapport de deux fonctions, nous déduisons que

$$\frac{(\delta \langle \psi | \hat{H} | \psi \rangle) \, \langle \psi | \psi \rangle - \langle \psi | \hat{H} | \psi \rangle (\delta \, \langle \psi | \psi \rangle)}{\langle \psi | \psi \rangle^2} = 0 \,, \tag{11.34}$$

où il est suffisant que le numérateur s'annule. Comme ψ est une fonction complexe, nous pouvons considérer ψ et ψ^* comme deux fonctions indépendantes. Comme dans le cas du principe de Hamilton en mécanique classique, nous trouvons

$$\frac{\delta}{\delta \psi^*(x)} \int \mathrm{d}^3 x \, \psi^*(\hat{H} \psi) = \hat{H} \psi(x) \,, \tag{11.35a}$$

$$\frac{\delta}{\delta \psi^*(x)} \int \mathrm{d}^3 x \, \psi^* \psi = \psi(x) \,. \tag{11.35b}$$

Avec (11.34) nous obtenons alors une équation aux valeurs propres pour ψ :

$$\langle \psi | \psi \rangle \, \hat{H} \psi(x) - \langle \psi | \hat{H} | \psi \rangle \, \psi(x) = 0 \quad \text{ou}$$

$$\hat{H} \psi(x) = \frac{\langle \psi | \hat{H} | \psi \rangle}{\langle \psi | \psi \rangle} \psi(x) \equiv E_\psi \psi(x) \,, \tag{11.36}$$

qui est exactement l'équation de Schrödinger.

Le principe variationnel (11.33), connu comme la *méthode variationnelle de Ritz*, est ainsi équivalent au formalisme de Schrödinger de la mécanique quantique (pour des états stationnaires). Avec la condition supplémentaire que E_ψ est un minimum absolu, nous obtenons alors (11.32) et ainsi l'énergie du niveau fondamental.

La méthode de Ritz est utilisée pour plusieurs raisons pratiques ; nous procédons de la manière suivante : la fonction d'onde (d'essai) $\psi(x, \alpha_1, \ldots, \alpha_n)$ est choisie dépendante du paramètre réel α_i ; selon (11.33) nous cherchons le minimum de $E_\psi(\alpha_1, \ldots, \alpha_n)$:

$$\frac{\partial}{\partial \alpha_i} (E_\psi(\alpha_1, \ldots, \alpha_n)) = 0 \,. \tag{11.37}$$

De cette manière nous obtenons une limite supérieure pour l'énergie du niveau fondamental.

Il est également possible d'utiliser la méthode variationnelle de Ritz pour trouver les états de plus basse énergie de nature particulière ; par exemple, les états de plus basse énergie de moment angulaire $l = 0, l = 1, l = 2$ etc. Les fonctions d'onde d'essai doivent avoir les mêmes particularités, c'est-à-dire qu'elles doivent être des fonctions des moments angulaires $l = 0, l = 1$, ou $l = 2$ etc.

Nous pouvons aussi déterminer le second état de plus faible énergie de la même nature, si nous demandons qu'il soit orthogonal à l'état de plus basse énergie. D'autres applications sont possibles.

EXEMPLE ▬▬▬▬▬▬▬▬▬▬▬▬▬▬▬▬

11.6 Application de la méthode variationnelle de Ritz : l'oscillateur harmonique

Nous cherchons l'état fondamental d'une particule placée dans un potentiel harmonique

$$V(x) = \tfrac{1}{2}m\omega^2 x^2 \,. \tag{1}$$

Nous utilisons la fonction d'onde d'essai

$$|\varphi\rangle = A \exp\left(-\frac{\lambda^2}{2}x^2\right)\,, \tag{2}$$

où A et λ sont des paramètres libres. A décrit la normalisation de la fonction d'onde, le paramètre intéressant est λ. Nous obtenons

$$\begin{aligned}
\hat{H}\,|\varphi\rangle &= \left(-\frac{\hbar^2}{2m}\frac{\partial^2}{\partial x^2} + \frac{1}{2}m\omega^2 x^2\right) A \exp\left(-\frac{\lambda^2}{2}x^2\right) \\
&= A\left[\frac{\hbar^2}{2m}(\lambda^2 - \lambda^4 x^2) + \frac{1}{2}m\omega^2 x^2\right]\exp\left(-\frac{\lambda^2}{2}x^2\right)
\end{aligned} \tag{3}$$

et par conséquent

$$\begin{aligned}
\langle\varphi|\,\hat{H}\,|\varphi\rangle &= A^2\left[\frac{\hbar^2}{2m}\left(\lambda^2\frac{\sqrt{\pi}}{\lambda} - \lambda^4\frac{\sqrt{\pi}}{2\lambda^3}\right) + \frac{1}{2}m\omega^2\frac{\sqrt{\pi}}{2\lambda^3}\right] \\
&= \frac{A^2\sqrt{\pi}}{2\lambda^3}\left(\frac{\hbar^2\lambda^4}{2m} + \frac{1}{2}m\omega^2\right)
\end{aligned} \tag{4}$$

et

$$\langle\varphi|\varphi\rangle = A^2\frac{\sqrt{\pi}}{\lambda}\,. \tag{5}$$

L'énergie, en fonction de λ, est donnée par

$$E(\lambda) = \frac{\langle\varphi|\hat{H}|\varphi\rangle}{\langle\varphi|\varphi\rangle} = \frac{1}{2\lambda^2}\left(\frac{\hbar^2\lambda^4}{2m} + \frac{m\omega^2}{2}\right)\,. \tag{6}$$

Ainsi, la méthode de Ritz conduit à

$$\frac{\partial E}{\partial \lambda} = \frac{\hbar^2 \lambda}{2m} - \frac{m\omega^2}{2\lambda^3} = 0 \, , \tag{7}$$

soit

$$\lambda_0^4 = \frac{m^2 \omega^2}{\hbar^2} \Rightarrow \lambda_0^2 = \frac{m\omega}{\hbar} \, . \tag{8}$$

L'énergie du niveau fondamental est par conséquent

$$\begin{aligned} E_0(\lambda_0) &= \frac{\hbar^2 \lambda_0^2}{4m} + \frac{m\omega^2}{4\lambda_0^2} \\ &= \frac{\omega\hbar}{4} + \frac{\hbar\omega}{4} = \frac{1}{2}\hbar\omega \, . \end{aligned} \tag{9}$$

Nous constatons que dans cet exemple, nous obtenons par la méthode variationnelle exactement le niveau fondamental (voir chapitre 7). La fonction d'onde du niveau fondamental est alors déterminée en reportant λ_0 de (8) dans (2).

11.4 Théorie des perturbations dépendante du temps

Le *calcul des probabilités de transition* d'un état ψ_n vers un autre ψ_m est l'une des préoccupations principales de la mécanique quantique. Une telle transition se produit sous l'influence d'une perturbation dépendante du temps $V(r, t)$, qui, pour ainsi dire, «secoue» le système d'un état vers l'autre. La question de la transition d'un système d'un état vers un autre n'a en général de sens que si la cause de la transition, c'est-à-dire $V(r, t)$, agit seulement pendant un *intervalle de temps fini*, par exemple de $t = 0$ à $t = T$. Excepté pour cet intervalle de temps, l'énergie totale du système est une *constante du mouvement* qui peut être mesurée.

Le changement de la fonction d'onde, pendant que $V(r, t)$ agit, est donné par l'équation de Schrödinger. La résolution de cette équation, conduit généralement à de grandes difficultés. Des prévisions générales ne peuvent être faites que si la transition est produite par des influences *faibles*, c'est-à-dire des potentiels $V(r, t)$ faibles. Ces influences peuvent être interprétées comme des *perturbations*.

Si des perturbations sont déjà prises en compte dans l'*équation de Schrödinger*, elle prend la forme suivante

$$i\hbar \frac{\partial \psi}{\partial t} = \hat{H}_0(r)\psi + V(r, t)\psi \, . \tag{11.38}$$

Fig. 11.2. Forme générale d'une perturbation dans l'intervalle de temps $0 \leq t \leq T$. Une telle perturbation peut être produite, par exemple, par un champ externe qui agit pendant cet intervalle de temps uniquement, ou par une particule qui passe. Dans ce dernier cas, T est une mesure du temps de collision (temps d'interaction)

Ici, $\hat{H}_0(\boldsymbol{r})$ est l'opérateur de l'énergie totale du système sans perturbation ; l'indice 0 désigne l'indépendance en temps. $V(\boldsymbol{r}, t)$ est la perturbation (*potentiel de perturbation*).

Pour le calcul de la probabilité de transition $W_{mn}(t)$ du niveau d'énergie E_n vers le niveau E_m du système non perturbé [décrit par $\hat{H}_0(\boldsymbol{r})$] il est recommandé d'utiliser la *représentation E* (représentation en énergie). Mais considérons d'abord les valeurs propres du problème non perturbé, soit :

$$\mathrm{i}\hbar \frac{\partial \tilde{\psi}}{\partial t} = \hat{H}_0(\boldsymbol{r})\tilde{\psi} \ . \tag{11.39}$$

Si la partie stationnaire de la fonction d'onde normalisée satisfait à l'équation

$$\hat{H}_0(\boldsymbol{r})\psi_k(\boldsymbol{r}) = E_k \psi_k(\boldsymbol{r}) \ , \tag{11.40}$$

alors les fonctions dépendantes du temps

$$\tilde{\psi}_k(\boldsymbol{r}, t) = \psi_k(\boldsymbol{r}) \exp\left(-\frac{\mathrm{i}}{\hbar} E_k t\right) \tag{11.41}$$

sont les solutions du système non perturbé. Elles forment un *ensemble complet de fonctions* et les solutions du problème principal (11.38) peuvent être développées en termes de ces fonctions, c'est-à-dire

$$\psi(\boldsymbol{r}, t) = \sum_k a_k(t)\psi_k(\boldsymbol{r}) \exp\left(-\frac{\mathrm{i}}{\hbar} E_k t\right) = \sum_k a_k(t)\tilde{\psi}_k(\boldsymbol{r}, t) \ . \tag{11.42}$$

En reportant ceci dans l'équation originale (11.38), nous obtenons

$$\mathrm{i}\hbar \sum_k \frac{\mathrm{d}a_k}{\mathrm{d}t} \tilde{\psi}_k + \sum_k a_k \mathrm{i}\hbar \frac{\partial \tilde{\psi}_k}{\partial t} = \sum_k a_k \hat{H}_0 \tilde{\psi}_k + \sum_k a_k V \tilde{\psi}_k \tag{11.43}$$

ou, parce que $\mathrm{i}\hbar \partial \tilde{\psi}_k / \partial t = \hat{H}_0 \tilde{\psi}_k$,

$$\mathrm{i}\hbar \sum_k \frac{\mathrm{d}a_k}{\mathrm{d}t} \tilde{\psi}_k(\boldsymbol{r}, t) = \sum_k a_k(t) V \tilde{\psi}_k(\boldsymbol{r}, t) \ . \tag{11.44}$$

Après multiplication par $\psi_m^*(\boldsymbol{r}, t)$ ceci devient

$$\mathrm{i}\hbar \sum_k \frac{\mathrm{d}a_k}{\mathrm{d}t} \psi_m^* \psi_k \exp\left[-\frac{i}{\hbar}(E_k - E_m)t\right]$$

$$= \sum_k a_k(t) \psi_m^* \hat{V} \psi_k \exp\left[-\frac{i}{\hbar}(E_k - E_m)t\right] \ . \tag{11.45}$$

En considérant la normalisation de la fonction d'onde ψ_k et les simplifications

$$V_{mk}(t) \equiv \int \mathrm{d}^3 x \ \psi_m^* V \psi_k \quad \text{et} \quad \omega_{km} \equiv \frac{E_k - E_m}{\hbar} \ , \tag{11.46}$$

après intégration sur $\mathrm{d}V$, (11.45) conduit à

$$\mathrm{i}\hbar \sum_k \frac{\mathrm{d}a_k}{\mathrm{d}t}\delta_{mk}\,\mathrm{e}^{\mathrm{i}\omega_{mk}t} = \sum_k a_k(t)V_{mk}(t)\,\mathrm{e}^{\mathrm{i}\omega_{mk}t}\ . \tag{11.47}$$

Avec $\omega_{mm}=0$, nous obtenons finalement

$$\mathrm{i}\hbar\frac{\mathrm{d}a_m}{\mathrm{d}t} = \sum_k a_k(t)V_{mk}(t)\,\mathrm{e}^{\mathrm{i}\omega_{mk}t}\ . \tag{11.48}$$

Les fréquences ω_{mk} sont parfois appelées les *fréquences de Bohr* de la transition $E_m \to E_k$.

Nous supposons qu'au début (c'est-à-dire avant que la perturbation agisse), le système est dans l'état E_n. Ainsi à $t=0$ nous avons

$$\psi(\boldsymbol{r},0) = \sum_k a_k(0)\tilde{\psi}_k(\boldsymbol{r},0) \overset{!}{=} \tilde{\psi}_n(\boldsymbol{r},0) = \psi_n(\boldsymbol{r})\ . \tag{11.49}$$

Ceci signifie simplement que

$$a_n(0) = 1 \quad \text{et} \quad a_k(0) = 0 \quad \text{pour} \quad k \neq n\ , \tag{11.50}$$

et suggère déjà une interprétation pour les $a_k(t)$.

Pour une meilleure compréhension, examinons d'abord la normalisation de $\psi(\boldsymbol{r},t)$. Nous trouvons

$$\begin{aligned}
1 &= \int \mathrm{d}^3x\,\tilde{\psi}^*(\boldsymbol{r},t)\tilde{\psi}(\boldsymbol{r},t) \\
&= \sum_{k,k'} a_k^*(t)a_{k'}(t)\exp\left[\frac{i}{\hbar}(E_{k'}-E_k)t\right]\int \mathrm{d}^3x\,\psi_k^*(\boldsymbol{r})\psi_{k'}(\boldsymbol{r}) \\
&= \sum_{k,k'} a_k^*(t)a_{k'}(t)\,\mathrm{e}^{\mathrm{i}\omega_{k'k}t}\delta_{kk'} \\
&= \sum_k |a_k(t)|^2\ .
\end{aligned} \tag{11.51}$$

Les coefficients du développement $a_k(t)$ doivent évidemment satisfaire à la condition de normalisation à chaque instant t, en particulier dans l'intervalle de temps d'action de la perturbation ($0 \leq t \leq T$).

Nous voulons maintenant discuter la signification des $a_k(t)$. À l'instant t nous pouvons écrire les fonctions d'onde $\psi(\boldsymbol{r},t)$ comme

$$\psi(\boldsymbol{r},t) = \sum_k a_k(t)\psi_k(\boldsymbol{r})\exp\left(-\frac{i}{\hbar}E_k t\right)\ . \tag{11.52}$$

L'élément de matrice

$$\begin{aligned}
\langle \psi_m(\boldsymbol{r})|\psi(\boldsymbol{r},t)\rangle &= \left\langle \psi_m(\boldsymbol{r})\Big| \sum_k a_k(t)\psi_k(\boldsymbol{r})\exp\left(-\frac{i}{\hbar}E_k t\right)\right\rangle \\
&= a_m(t)\exp\left(-\frac{i}{\hbar}E_m t\right)
\end{aligned} \tag{11.53}$$

décrit le recouvrement de la fonction d'onde dépendante du temps $\psi(r, t)$ et la fonction d'onde stationnaire $\psi_m(r)$. La probabilité de trouver l'état $\psi_m(r)$ dans $\psi(r, t)$ à l'instant t avec l'énergie E_m est donné par le carré de ce terme, c'est-à-dire par

$$| \langle \psi_m(r) | \psi(r, t) \rangle |^2 = |a_m(t)|^2 . \tag{11.54}$$

Puisque, selon les conditions initiales [voir (11.50)], à $t = 0$, nous avons $a_m(t = 0) = \delta_{mn}$ et puisque, en général, $a_m(t) \neq 0$ (pour tout m) pour $t > 0$, les quantités $|a_k(t)|^2$ donnent la probabilité de trouver, à l'instant t, le système dans l'état $\tilde{\psi}_k$ avec l'énergie E_k. En tenant compte des conditions initiales, $|a_m(t)^2$ est la probabilité de la transition de l'état φ_n vers φ_m durant l'intervalle $t = 0$ à T :

$$W_{mn}(t) = |a_m(t)|^2 . \tag{11.55}$$

Nous devons maintenant calculer les amplitudes $a_m(t)$ à partir des équations différentielles couplées (11.48) et des conditions initiales (11.50). Le problème est à présent formulé précisément et clairement. Cependant, la solution ne peut en général être obtenue qu'approximativement et par étapes. Nous considérons le fait que $\hat{V}(r, t)$ représente une petite perturbation ; en l'absence de perturbation, le système reste inchangé dans son état initial. De sorte qu'à *l'ordre zéro* nous pouvons faire l'approximation suivante (ne considérant que de *petites* perturbations) :

$$a_k^{(0)}(t) = \delta_{nk} , \tag{11.56}$$

qui signifie que nous commençons l'approximation à l'ordre zéro avec les conditions initiales (11.50). Cette approximation est utilisée pour calculer la prochaine approximation, quand nous reportons cette solution dans le membre de droite des équations différentielles (11.48) (*approximations successives*) :

$$i\hbar \frac{da_m^{(1)}}{dt} = \sum_k a_k^{(0)}(t) V_{mk}(t) e^{i\omega_{mk}t} = V_{mn}(t) e^{i\omega_{mn}t} . \tag{11.57}$$

Ce procédé peut être répétée jusqu'à atteindre la précision souhaitée ou nécessaire. En général, l'itération pour les équations (11.48) peut être formulée de la manière suivante

$$i\hbar \frac{da_m^{(i+1)}}{dt} = \sum_k a_k^{(i)} V_{mk}(t) e^{i\omega_{mk}t} . \tag{11.58}$$

Nous nous restreignons à l'*approximation du premier ordre* et après intégration, nous trouvons que

$$a_m^{(1)}(t) = \frac{1}{i\hbar} \int\limits_0^t V_{mn}(\tau) e^{i\omega_{mn}\tau} d\tau + \delta_{mn} . \tag{11.59}$$

Maintenant nous utilisons les propriétés de la perturbations mentionnées ci-dessus. Nous supposons d'une part, que $\hat{V}(\boldsymbol{r}, t) = 0$ pour $t < 0$ et $t > T$ et d'autre part, que $V_{mn}(t)$ est assez petit pour que l'approximation au premier ordre reste valable même pour $t = T$. Alors, pour $t \geq T$

$$
\begin{aligned}
a_m^{(1)}(t) &= \frac{1}{\mathrm{i}\hbar} \int\limits_0^T V_{mn}(\tau) e^{\mathrm{i}\omega_{mn}\tau} \, \mathrm{d}\tau \\
&= \frac{1}{\mathrm{i}\hbar} \int\limits_{-\infty}^\infty V_{mn}(\tau) \, e^{\mathrm{i}\omega_{mn}\tau} \, \mathrm{d}\tau \,, \quad m \neq n \,.
\end{aligned} \tag{11.60}
$$

Ceci signifie que, en particulier, $a_m^{(1)}(t)$ est constant pour $t > T$. C'est une constante du mouvement pour $t > T$. La perturbation a cessé et le système se trouve dans un nouvel état.

Étudions maintenant en détail la signification de $a_m^{(1)}(t)$. Pour ce faire, nous remarquons que la perturbation peut être développée en une *série de Fourier* :

$$
V(\boldsymbol{r}, t) = \int\limits_{-\infty}^\infty V(\boldsymbol{r}, \omega) e^{-\mathrm{i}\omega t} \, \mathrm{d}\omega \,. \tag{11.61}
$$

Selon le théorème des intégrales de Fourier, la *composante de Fourier* $\hat{V}(\boldsymbol{r}, \omega)$ est

$$
V(\boldsymbol{r}, \omega) = \frac{1}{2\pi} \int\limits_{-\infty}^\infty V(\boldsymbol{r}, t) \, e^{\mathrm{i}\omega t} \, \mathrm{d}t \,. \tag{11.62}
$$

Pour l'élément de matrice (11.46) nous obtenons alors

$$
\begin{aligned}
V_{mn}(t) &= \int \mathrm{d}^3x \, \psi_m^*(\boldsymbol{r}) V(\boldsymbol{r}, t) \psi_n(\boldsymbol{r}) \,, \\
&= \int\limits_{-\infty}^\infty e^{-\mathrm{i}\omega t} \, \mathrm{d}\omega \int \mathrm{d}^3x \, \psi_m^*(\boldsymbol{r}) V(\boldsymbol{r}, \omega) \psi_n(\boldsymbol{r}) \,, \\
&= \int\limits_{-\infty}^\infty e^{-\mathrm{i}\omega t} V_{mn}(\omega) \, \mathrm{d}\omega \,,
\end{aligned} \tag{11.63}
$$

où $V_{mn}(\omega)$ est maintenant l'élément de matrice de la transformée de Fourier $V(\boldsymbol{r}, \omega)$ car, selon le théorème de Fourier et par analogie avec l'équation (11.62),

$$
V_{mn}(\omega) = \frac{1}{2\pi} \int\limits_{-\infty}^\infty V_{mn}(t) \, e^{\mathrm{i}\omega t} \, \mathrm{d}t \,. \tag{11.64}
$$

En comparant ceci avec l'expression pour $a_m^{(1)}(t)$ (11.60), nous obtenons la relation

$$a_m^{(1)}(t) = \frac{2\pi}{i\hbar} V_{mn}(\omega_{mn}) \,. \tag{11.65}$$

Ainsi, la probabilité de transition est

$$W_{mn}(t) = \frac{4\pi^2}{\hbar^2} |V_{mn}(\omega_{mn})|^2 \,; \quad t \geq T \,. \tag{11.66}$$

Par conséquent, pour des temps $t \geq T$, la probabilité de transition W_{mn} est constante et – comme nous pouvons le constater – n'est différente de zéro que si $V_{mn}(\omega_{mn}) \neq 0$, aussi. Ceci veut dire que la transition de l'état ψ_n (niveau E_n) vers l'état ψ_m (niveau E_m) n'est possible que si la fréquence $\omega_{mn} = (E_m - E_n)/\hbar$ est contenue dans le spectre de la perturbation, c'est-à-dire dans le spectre de Fourier $V_{mn}(\omega_{mn})$ de la perturbation [voir (11.63)]. Ainsi, la transition montre un *comportement résonnant*.

Manifestement, nous avons la même situation qu'avec un système d'oscillateurs ayant des fréquences propres égales à la fréquence de Bohr ω_{mn}. Si une perturbation extérieure, variable dans le temps, se produit, alors seuls les oscillateurs, dont les fréquences propres font partie du spectre de Fourier de la perturbation, sont stimulés.

11.5 Perturbation constante sur un intervalle de temps

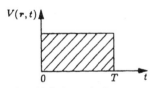

Fig. 11.3. Perturbation constante dans le temps dans l'intervalle $0 \leq t \leq T$

Si

$$V(\boldsymbol{r}, t) \begin{cases} = V(\boldsymbol{r}) & \text{pour} \quad 0 \leq t \leq T \\ = 0 & \text{autrement} \,, \end{cases} \tag{11.67}$$

c'est-à-dire si la perturbation n'est pas dépendante du temps pendant qu'elle agit dans l'intervalle $0 \leq t \leq T$ (voir figure 11.3), alors les intégrales peuvent être évaluées facilement et, à partir de (11.59), nous trouvons que

$$W_{mn}(t) = |a_m^{(1)}|^2 = \frac{1}{\hbar^2} |V_{mn}|^2 \underbrace{\left| \int_0^t e^{i\omega_{mn}t} \, dt \right|^2}_{f(t, \,\omega_{mn})} \tag{11.68}$$

avec

$$f(t, \omega) = \frac{1}{\omega^2} \left| e^{i\omega t} - 1 \right|^2 = \frac{4}{\omega^2} \sin^2 \frac{\omega}{2} t = \frac{2}{\omega^2} (1 - \cos \omega t) \,. \tag{11.69}$$

En tant que fonction de ω, la quantité $f(t, \omega)$ prend la forme présentée dans figure 11.4. Elle présente un pic bien défini de largeur $2\pi/t$ à $\omega = 0$, qui devient plus prononcé et pointu lorsque t augmente.

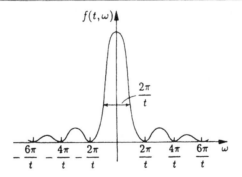

Fig. 11.4. La fonction $f(t, \omega)$ se transforme en $2\pi t\delta(\omega)$ pour $t \to \infty$, c'est-à-dire le maximum à $\omega = 0$ devient de plus en plus étroit

Les relations suivantes sont exactes (comparez avec l'exercice 11.10)

$$\int_{-\infty}^{\infty} f(t, \omega)\,\mathrm{d}\omega = 2\pi t \tag{11.70}$$

et

$$\lim_{t \to \infty} f(t, \omega) = 2\pi t\delta(\omega) \,. \tag{11.71}$$

Pour une valeur donnée de t, la probabilité W_{mn} dans (11.68) dépend de façon simple de l'état final m. À une constante près, elle est égale au carré de l'élément de matrice de la perturbation $|V_{mn}|^2$ multiplié par le facteur $f(t, \omega_{mn})$ qui dépend de la fréquence de Bohr ω_{mn} de cette transition. Puisque le facteur de pondération $f(t, \omega_{mn})$ possède un pic bien défini de largeur $2\pi/t$ à $\omega_{mn} = 0$, les transitions se produiront principalement vers les états ayant des énergies dans une bande de largeur $\delta E \simeq 2\pi\hbar/t$ autour de l'énergie de l'état initial. Ceci signifie que : *les transitions conservent l'énergie jusqu'à une valeur de l'ordre de* $\delta E \simeq 2\pi\hbar/t$. Pour $t \to \infty$ (et par conséquent $T \to \infty$) il n'y a pas de transitions. Intuitivement, une perturbation constante dans le temps ne peut pas induire une transition ; elle ne «secoue» pas le système. Il n'est pas surprenant qu'ici toutes les fréquences se produisent, puisque la transformée de Fourier d'une fonction constante dans un certain intervalle de temps, contient toutes les fréquences, excepté éventuellement celles d'un sous ensemble limité.

11.6 Transitions entre états du continuum

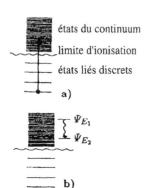

états du continuum

limite d'ionisation

états liés discrets

a)

Ψ_{E_1}

Ψ_{E_2}

b)

Fig. 11.5. (a) Transition d'un état discret vers le continuum lors d'une ionisation ; **(b)** transition d'un état du continuum ψ_{E_1} vers un autre état ψ_{E_2} du continuum, induite par Bremsstrahlung. En même temps, un photon d'énergie $\hbar\omega = E_1 - E_2$ est émis

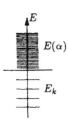

E

$E(\alpha)$

E_k

Fig. 11.6. Spectre avec une partie discrète (E_k) et une partie continue $E(\alpha)$

Jusqu'à présent nous avons considéré un opérateur «non perturbé» $\hat{H}_0(r)$, qui possède *seulement un spectre discret*. Nous avons aussi utilisé un formalisme qui présuppose que les états sont *non dégénérés*. En modifiant ce formalisme de façon appropriée, nous pouvons bien sûr l'appliquer à des états dégénérés. La généralisation à un spectre continu est quelque peu plus compliquée, mais très souvent d'une importance pratique, par exemple : l'ionisation d'atomes (transition d'un état discret lié vers un état du continuum – voir figure 11.5a) due au champ de perturbation d'une particule chargée qui passe près de l'atome, ou le rayonnement de freinage (Bremsstrahlung, transition continuum–continuum – voir figure 11.5b) d'une particule chargée soumise à une accélération ou une décélération dans le champ d'une autre particule. Discutons maintenant ce problème d'un point de vue plus général.

Si l'opérateur $\hat{H}_0(r)$ possède aussi un spectre continu (voir figure 11.5), nous avons les fonctions propres

$$\hat{H}_0\psi_k(r) = E_k\psi_k(r) \quad \text{et} \quad \hat{H}_0\psi_\alpha(r) = E(\alpha)\psi_\alpha(r) \,. \tag{11.72}$$

Ici, α est un indice continu qui caractérise les états du continuum du spectre. Les solutions stationnaires, appartenant à l'équation de Schrödinger dépendante du temps, sont en conséquence

$$\tilde{\psi}_k(r, t) = \psi_k(r) \exp\left(-\frac{\mathrm{i}}{\hbar}E_k t\right) \,,$$

$$\tilde{\psi}_\alpha(r, t) = \psi_\alpha(r) \exp\left(-\frac{\mathrm{i}}{\hbar}E(\alpha)t\right) \,. \tag{11.73}$$

Pour la normalisation des fonctions propres des états discrets, nous avons à nouveau

$$\int \tilde{\psi}_{k'}^*(r, t)\tilde{\psi}_k(r, t)\,\mathrm{d}^3x = \delta_{k'k} \,. \tag{11.74}$$

Pour les intégrales de recouvrement entre $\tilde{\psi}_k$ et $\tilde{\psi}_\alpha$, nous avons (à cause de l'orthogonalité de ces états)

$$\int \tilde{\psi}_k^*(r, t)\tilde{\psi}_\alpha(r, t)\,\mathrm{d}^3x = 0 \,. \tag{11.75}$$

Cependant, la normalisation des fonctions d'onde caractérisant le spectre continu est donnée par

$$\int \tilde{\psi}_\alpha^*(r, t)\tilde{\psi}_\alpha(r, t)\,\mathrm{d}^3x = \frac{1}{n(\alpha)}\delta(\alpha - \alpha') \,, \tag{11.76}$$

où $n(\alpha)$ est une fonction positive de α. Manifestement les fonctions $\tilde{\tilde{\psi}}_\alpha(r, t) = \sqrt{n(\alpha)}\tilde{\psi}(r, t)$ sont normalisées à une fonction δ (voir chapitre 5).

Pour la solution du problème «perturbé», nous devons utiliser toutes les fonctions propres, c'est-à-dire l'ensemble complet, ainsi nous obtenons la combinaison linéaire

$$\psi(\boldsymbol{r}, t) = \sum_k a_k(t)\tilde{\psi}_k(\boldsymbol{r}, t) + \int a_\alpha(t)\tilde{\psi}_\alpha(\boldsymbol{r}, t)\, d\alpha \,. \tag{11.77}$$

En reportant ceci dans l'équation de Schrödinger

$$i\hbar\, \frac{\partial \psi}{\partial t} = (\hat{H}_0 + V(\boldsymbol{r}, t))\psi \tag{11.78}$$

nous obtenons

$$i\hbar \left(\sum_k \frac{da_k}{dt}\tilde{\psi}_k + \int \frac{da_\alpha(t)}{dt}\tilde{\psi}_\alpha\, d\alpha \right) + \sum_k a_k i\hbar \frac{\partial \tilde{\psi}_k}{\partial t} + \int a_\alpha(t) i\hbar \frac{\partial \tilde{\psi}_\alpha}{\partial t}\, d\alpha$$

$$= \sum_k a_k \hat{H}_0 \tilde{\psi}_k + \int a_\alpha(t) \hat{H}_0 \tilde{\psi}_\alpha\, d\alpha + \sum_k a_k V \tilde{\psi}_k$$

$$+ \int a_\alpha(t) V \tilde{\psi}_\alpha\, d\alpha \,, \tag{11.79}$$

de sorte qu'il reste

$$i\hbar \left(\sum_k \frac{da_k}{dt}\tilde{\psi}_k + \int \frac{da_\alpha(t)}{dt}\tilde{\psi}_\alpha\, d\alpha \right)$$

$$= \sum_k a_k V \tilde{\psi}_k + \int a_\alpha(t) V \tilde{\psi}_\alpha\, d\alpha \,. \tag{11.80}$$

Maintenant, en procédant comme ci-dessus [voir (11.43ff.)], nous trouvons, après multiplication par la fonction d'onde $\tilde{\psi}_k^*$ ou $\tilde{\psi}_{\alpha'}^*$, que

$$i\hbar \left\{ \sum_k \frac{da_k}{dt} \exp\left[\frac{i}{\hbar}(E_{k'} - E_k)t \right] \psi_{k'}^* \psi_k \right.$$

$$\left. + \int \frac{da_\alpha(t)}{dt} \exp\left[\frac{i}{\hbar}(E_{k'} - E(\alpha))t \right] \psi_{k'}^* \psi_\alpha\, d\alpha \right\}$$

$$= \sum_k a_k \exp\left[\frac{i}{\hbar}(E_{k'} - E_k)t \right] \psi_{k'}^* V \psi_k$$

$$+ \int a_\alpha(t) \exp\left[\frac{i}{\hbar}(E_{k'} - E(\alpha))t \right] \psi_{k'}^* V \psi_\alpha\, d\alpha \tag{11.81}$$

ou

$$i\hbar \left\{ \sum_k \frac{da_k}{dt} \exp\left[\frac{i}{\hbar}(E(\alpha') - E_k)t \right] \psi_{\alpha'}^* \psi_k \right.$$

$$\left. + \int \frac{da_\alpha(t)}{dt} \exp\left[\frac{i}{\hbar}(E(\alpha') - E(\alpha))t \right] \psi_{\alpha'}^* \psi_\alpha\, d\alpha \right\}$$

$$= \sum_k a_k \exp\left[\frac{i}{\hbar}(E(\alpha') - E_k)t\right] \psi_{\alpha'}^* V \psi_k$$

$$+ \int a_\alpha(t) \exp\left[\frac{i}{\hbar}(E(\alpha') - E(\alpha))t\right] \psi_{\alpha'}^* V \psi_\alpha \, d\alpha \,. \tag{11.82}$$

L'intégration sur les coordonnées d'espace, en tenant compte de la normalisation et des intégrales de recouvrement, conduit à

$$i\hbar \sum_k \frac{da_k}{dt} \exp\left[\frac{i}{\hbar}(E_{k'} - E_k)t\right] \delta_{kk'}$$

$$= \sum_k a_k \exp\left[\frac{i}{\hbar}(E_{k'} - E_k)t\right] \int d^3x \, \psi_{k'}^* V \psi_k$$

$$+ \iint a_\alpha(t) \exp\left[\frac{i}{\hbar}(E_{k'} - E(\alpha))t\right] \psi_{k'}^* V \psi_\alpha \, d\alpha \, d^3x \tag{11.83}$$

et

$$i\hbar \int \frac{da_\alpha(t)}{dt} \exp\left[\frac{i}{\hbar}(E(\alpha') - E(\alpha))t\right] \frac{1}{n(\alpha)} \delta(\alpha - \alpha') \, d\alpha$$

$$= \sum_k a_k \exp\left[\frac{i}{\hbar}(E(\alpha') - E_k)t\right] \int d^3x \, \psi_{\alpha'}^* V \psi_k$$

$$+ \int d^3x \int a_\alpha(t) \exp\left[\frac{i}{\hbar}(E(\alpha') - E(\alpha))t\right] \psi_{\alpha'}^* V \psi_\alpha \, d\alpha \,. \tag{11.84}$$

Maintenant, il est commode d'utiliser les mêmes symboles pour les éléments de matrice d'interaction que dans (11.46), où les indices σ et τ peuvent désigner à la fois le spectre discret et le spectre continu. Ainsi

$$V_{\sigma\tau}(t) \equiv \int d^3x \psi_\sigma^* V(\boldsymbol{r}, t) \psi_\tau \,. \tag{11.85}$$

De la même manière, nous généralisons les fréquences de Bohr :

$$\omega_{\sigma\tau} = \frac{1}{\hbar}(E_\sigma - E_\tau) \,. \tag{11.86}$$

Ici, à la fois $E_\sigma = E(\alpha)$ et $E_\sigma = E_k$ sont possibles, dépendant à quelle partie du spectre l'indice σ correspond. Alors le système d'équations différentielles couplées prend la forme

$$i\hbar \frac{da_{k'}}{dt} = \sum_k a_k e^{i\omega_{k'k}t} V_{k'k}(t) + \int a_\alpha(t) e^{i\omega_{k'\alpha}} V_{k'\alpha}(t) \, d\alpha \tag{11.87a}$$

$$\frac{1}{n(\alpha')} i\hbar \frac{da_{\alpha'}(t)}{dt}$$

$$= \sum_k a_k e^{i\omega_{\alpha'k}t} V_{\alpha'k}(t) + \int a_\alpha(t) e^{i\omega_{\alpha'\alpha}t} V_{\alpha'\alpha}(t) \, d\alpha \,. \tag{11.87b}$$

Nous connaissons déjà la signification des a_k ; pour les $a_\alpha(t)$, la situation est légèrement différente. Pour déterminer leur signification, nous procédons comme précédemment dans (11.51) :

$$
\begin{aligned}
1 = \int \mathrm{d}^3x\, \psi^* \psi &= \sum_{kk'} a_k^* a_{k'} e^{\mathrm{i}\omega_{kk'}t} \int \mathrm{d}^3x\, \psi_k^* \psi_{k'} \\
&+ \sum_k \int \mathrm{d}\alpha \left(a_k^* a_\alpha(t) e^{\mathrm{i}\omega_{k\alpha}t} \int \mathrm{d}^3x\, \psi_k^* \psi_\alpha + a_\alpha^*(t) a_k\, e^{\mathrm{i}\omega_{\alpha k}t} \int \mathrm{d}^3x\, \psi_\alpha^* \psi_k \right) \\
&+ \int \mathrm{d}\alpha \int \mathrm{d}\alpha'\, a_\alpha^*(t) a_{\alpha'}(t)\, e^{\mathrm{i}\omega_{\alpha\alpha'}t} \int \mathrm{d}^3x\, \psi_\alpha^* \psi_{\alpha'} \\
&= \sum_k |a_k|^2 + \int \mathrm{d}\alpha \int \mathrm{d}\alpha'\, a_\alpha^*(t) a_{\alpha'}(t)\, e^{\mathrm{i}\omega_{\alpha\alpha'}t} \frac{1}{n(\alpha)} \delta(\alpha - \alpha') \\
&= \sum_k |a_k|^2 + \int \mathrm{d}\alpha\, |a_\alpha(t)|^2 \frac{1}{n(\alpha)} \ .
\end{aligned}
\tag{11.88}
$$

Comme nous l'attendons pour des fonctions d'onde du spectre continu, seule l'expression

$$
|a_\alpha(t)|^2 \frac{1}{n(\alpha)}\, \mathrm{d}\alpha
\tag{11.89}
$$

a la signification d'une probabilité. Plus précisément, (11.89) donne la probabilité de trouver le système dans les états entre α et $\alpha + \mathrm{d}\alpha$.

Projecteurs

Nous désignons par $B(\alpha)$ un petit domaine de valeurs du paramètre α (ceci correspond à un groupe d'états «voisins» ; voir figure 11.7) de sorte que l'opérateur

$$
\hat{P}_B = \int\limits_{B(\alpha)} \mathrm{d}\alpha\, \tilde{\psi}_\alpha(\boldsymbol{r}, t) n(\alpha) \tilde{\psi}_\alpha^*(\boldsymbol{r}', t)
\tag{11.90}
$$

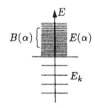

Fig. 11.7. Domaine $B(\alpha)$ du spectre continu

représente le *projecteur* (*opérateur projection*) sur les états contenus dans l'intervalle et caractérisés par les valeurs du paramètre α dans le domaine de valeurs $B(\alpha)$. Les fonctions projections sont :

$$
\hat{P}_B \psi = \int\limits_{B(\alpha)} \mathrm{d}\alpha\, \tilde{\psi}_\alpha(\boldsymbol{r}', t) n(\alpha) \int \mathrm{d}^3x'\, \tilde{\psi}_\alpha^*(\boldsymbol{r}', t) \psi(\boldsymbol{r}', t) \ .
\tag{11.91}
$$

L'action de $\hat{P}_B$ sur une fonction d'onde $\psi(\boldsymbol{r}', t)$ est définie par l'intégrale sur $\boldsymbol{r}'$ dans (11.91). Le projecteur est, d'une certaine façon, similaire au paquet de Weyl (différentielle propre – voir sections 4.4 et 5.1). Maintenant, si ψ est une fonction d'onde quelconque, nous trouvons, à partir du développement,

$$\psi = \sum_k a_k \tilde{\psi}_k(\mathbf{r}', t) + \int d\alpha' a_{\alpha'}(t) \tilde{\psi}_{\alpha'}(\mathbf{r}', t)$$

$$= \sum_k a_k \exp\left(-\frac{i}{\hbar} E_k t\right) \psi_k(\mathbf{r}')$$

$$+ \int d\alpha' a_{\alpha'}(t) \exp\left(-\frac{i}{\hbar} E(\alpha') t\right) \psi_{\alpha'}(\mathbf{r}') \tag{11.92}$$

que nous avons

$$\hat{P}_B \psi = \int_{B(\alpha)} d\alpha \, \tilde{\psi}_\alpha(\mathbf{r}', t) n(\alpha)$$

$$\left\{ \sum_k a_k \exp\left[\frac{i}{\hbar}(E(\alpha) - E_k)t\right] \int d^3x' \psi_\alpha^*(\mathbf{r}')\psi_k(\mathbf{r}') \right.$$

$$\left. + \int d\alpha' a_{\alpha'}(t) \exp\left[+\frac{i}{\hbar}(E(\alpha) - E(\alpha'))t\right] \int d^3x' \psi_\alpha^*(\mathbf{r}')\psi_{\alpha'}(\mathbf{r}') \right\}$$

$$= \int_{B(\alpha)} d\alpha \, \tilde{\psi}_\alpha(\mathbf{r}', t) n(\alpha) \int d\alpha' a_{\alpha'}(t) \exp\left[+\frac{i}{\hbar}(E(\alpha) - E(\alpha'))t\right]$$

$$\frac{i}{n(\alpha)} \delta(\alpha - \alpha')$$

$$= \int_{B(\alpha)} d\alpha \, a_\alpha(t) \tilde{\psi}_\alpha(\mathbf{r}', t) \, . \tag{11.93}$$

L'application de l'opérateur $\hat{P}_B$ ainsi *projette la fonction d'onde sur ce domaine d'états $\tilde{\psi}_\alpha$ caractérisé par des valeurs α de l'intervalle $B(\alpha)$.* Ceci justifie le nom de *projecteur*. Si nous considérons maintenant l'énergie $E(\alpha)$ comme une nouvelle variable (c'est-à-dire nous transformons α en l'énergie E), et que nous désignons par $B(E)$ le domaine d'énergie correspondant, nous pouvons aussi écrire le projecteur de la façon suivante :

$$\hat{P}_B = \int_{B(E)} dE \, \tilde{\psi}_\alpha(\mathbf{r}', t) \varrho_\alpha(E) \tilde{\psi}_\alpha^*(\mathbf{r}', t) \, , \tag{11.94}$$

avec

$$\varrho_\alpha(E) = n(\alpha) \frac{d\alpha}{dE} \, . \tag{11.95}$$

Cette quantité $\varrho_\alpha(E)$ est appelée la *densité d'états α à l'énergie E.* En examinant l'opérateur (11.94), nous constatons qu'en effet, $\varrho_\alpha(E)$ *est le nombre d'états par unité d'énergie.* Nous examinerons maintenant les propriétés de $\hat{P}_B$.

(a) Idempotence : $\hat{P}_B^2 = \hat{P}_B$

En effet nous trouvons avec $\psi = \sum a_k \tilde{\psi}_k + \int d\alpha a_\alpha(t) \tilde{\psi}_\alpha$ que

$$\hat{P}_B^2 \psi = \hat{P}_B(\hat{P}_B \psi)$$

$$= \hat{P}_B \int_{B(\alpha)} d\alpha a_\alpha(t) \tilde{\psi}_\alpha(\boldsymbol{r}', t)$$

$$= \int_{B(\alpha')} d\alpha' \tilde{\psi}_{\alpha'}(\boldsymbol{r}', t) n(\alpha') \int d^3x' \tilde{\psi}_{\alpha'}^*(\boldsymbol{r}', t) \int_{B(\alpha)} d\alpha a_\alpha(t) \tilde{\psi}_\alpha(\boldsymbol{r}', t)$$

$$= \int_{B(\alpha')} d\alpha' \tilde{\psi}_{\alpha'}(\boldsymbol{r}', t) n(\alpha') \int_{B(\alpha)} d\alpha a_\alpha(t) \underbrace{\int d^3x' \tilde{\psi}_{\alpha'}^*(\boldsymbol{r}', t) \tilde{\psi}_\alpha(\boldsymbol{r}', t)}_{[1/n(\alpha)]\delta(\alpha-\alpha')}$$

$$= \int_{B(\alpha)} d\alpha a_\alpha(t) \tilde{\psi}_\alpha(\boldsymbol{r}', t) = \hat{P}_B \psi . \tag{11.96}$$

Puisque cette relation doit être vérifiée pour tout ψ, nous pouvons conclure que la relation $\hat{P}_B^2 = \hat{P}_B$ est généralement vérifiée.

(b) Hermiticité : $\hat{P}_B^+ = \hat{P}_B$

Si $\phi = \sum b_k \tilde{\psi}_k + \int d\alpha b_\alpha(t) \tilde{\psi}_\alpha$, alors il s'ensuit que

$$\hat{P}_B \phi = \int_{B(\alpha)} d\alpha b_\alpha(t) \tilde{\psi}_\alpha(\boldsymbol{r}', t) . \tag{11.97}$$

Nous étudions l'action de l'opérateur $\hat{P}_B^+$ pour des ϕ et ψ quelconques, en considérant l'intégrale

$$\int d^3x \phi^* \hat{P}_B^+ \psi = \int d^3x (\hat{P}_B \phi)^* \psi$$

$$= \int d^3x \left(\int_{B(\alpha)} d\alpha b_\alpha(t) \tilde{\psi}_\alpha(\boldsymbol{r}', t) \right)^* \left(\sum a_k \tilde{\psi}_k + \int d\alpha' a_{\alpha'}(t) \tilde{\psi}_{\alpha'} \right)$$

$$= \int_{B(\alpha)} d\alpha b_\alpha^*(t) \left(a_k \underbrace{\int d^3x \tilde{\psi}_\alpha^* \tilde{\psi}_k}_{=0} + \int a_{\alpha'}(t) \underbrace{\int d^3x \tilde{\psi}_\alpha^* \tilde{\psi}_{\alpha'} d\alpha'}_{[1/n(\alpha)]\delta(\alpha-\alpha')} \right)$$

$$= \int_{B(\alpha)} d\alpha b_\alpha^*(t) \int d\alpha' a_{\alpha'}(t) \frac{1}{n(\alpha)} \delta(\alpha - \alpha')$$

$$= \int_{B(\alpha)} d\alpha b_\alpha^*(t) a_\alpha(t) \frac{1}{n(\alpha)} . \tag{11.98}$$

D'autre part, nous calculons

$$
\int d^3x\phi^* \hat{P}_B \psi
$$

$$
= \int d^3x \left(\sum b_k \tilde{\psi}_k + \int d\alpha' b_{\alpha'}(t)\psi_{\alpha'} \right)^* \int\limits_{B(\alpha)} d\alpha a_\alpha(t)\tilde{\psi}_\alpha(\mathbf{r}',t)
$$

$$
= \int\limits_{B(\alpha)} d\alpha a_\alpha(t) \left(\sum b_k^* \underbrace{\int d^3x \tilde{\psi}_k^* \tilde{\psi}_\alpha}_{=0} + \int b_{\alpha'}^*(t) \underbrace{\int d^3x \tilde{\psi}_\alpha^* \tilde{\psi}_{\alpha'} d\alpha'}_{|1/n(\alpha)|\delta(\alpha-\alpha')} \right)
$$

$$
= \int\limits_{B(\alpha)} d\alpha a_\alpha(t) \int d\alpha' b_{\alpha'}^*(t) \frac{1}{n(\alpha)}\delta(\alpha-\alpha')
$$

$$
= \int\limits_{B(\alpha)} d\alpha b_\alpha^*(t) a_\alpha(t) \frac{1}{n(\alpha)} = \int d^3x\phi^* \hat{P}_B^+ \psi \ . \tag{11.99}
$$

Puisque cette relation est valable pour tout ϕ et ψ, il s'ensuit que $\hat{P}_B^+ = \hat{P}_B$. Ceci signifie que $\hat{P}_B$ est hermitique.

Maintenant nous pouvons revenir au calcul des probabilités de transition. Parce que $\hat{P}_B\psi$ donne la partie de la fonction d'onde qui se situe au voisinage des états ψ_α dans l'intervalle caractérisé par $B(\alpha)$, la valeur absolue $\int |\hat{P}_B\psi|^2 d^3x$ représente la probabilité W_B de trouver le système dans les états du domaine $B(\alpha)$:

$$
W_B \stackrel{\text{def}}{\equiv} \int |\hat{P}_B\psi|^2 d^3x = \int d^3x(\hat{P}_B\psi)^* \hat{P}_B \psi(\mathbf{r}',t)
$$

$$
= \int d^3x\psi^* \hat{P}_B^+ \hat{P}_B \psi = \int d^3x\psi^* \hat{P}_B \hat{P}_B \psi = \int d^3x\psi^* \hat{P}_B \psi(\mathbf{r}',t)
$$

$$
= \int d^3x \left(\sum a_k \tilde{\psi}_k(\mathbf{r}',t) + \int d\alpha' a_{\alpha'}(t)\tilde{\psi}_{\alpha'}(\mathbf{r}',t) \right)^* \int\limits_{B(\alpha)} d\alpha a_\alpha(t)\tilde{\psi}_\alpha(\mathbf{r}',t)
$$

$$
= \int d\alpha' a_{\alpha'}^*(t) \int\limits_{B(\alpha)} d\alpha a_\alpha(t) \frac{1}{n(\alpha)}\delta(\alpha-\alpha')
$$

$$
= \int\limits_{B(\alpha)} d\alpha a_\alpha^*(t) a_\alpha \frac{1}{n(\alpha)} = \int\limits_{B(\alpha)} d\alpha |\frac{a_\alpha(t)}{n(\alpha)}|^2 n(\alpha)
$$

$$
= \int\limits_{B(E)} |\frac{a_\alpha(t)}{n(\alpha)}|^2 \varrho_\alpha(E)\,dE \ . \tag{11.100}
$$

Il est maintenant facile de déterminer la probabilité de transition si le système est initialement dans un état n du spectre discret, c'est-à-dire $a_k(0) = \delta_{nk}$,

$a_\alpha(0) = 0$. D'où, au premier ordre, nous obtenons à partir de (11.87) :

$$\mathrm{i}\hbar \frac{\mathrm{d}a_k^{(1)}}{\mathrm{d}t} = \mathrm{e}^{\mathrm{i}\omega_{kn}t} V_{kn}(t) ; \quad \frac{1}{n(\alpha)} \mathrm{i}\hbar \frac{\mathrm{d}a_\alpha^{(1)}(t)}{\mathrm{d}t} = \mathrm{e}^{\mathrm{i}\omega_{\alpha n}t} V_{\alpha n}(t) . \qquad (11.101)$$

Pour la partie discrète du spectre, il n'y a pas de changement par rapport au résultat antérieur [voir (11.57)]. Par conséquent, nous examinerons ici seulement la seconde partie, qui décrit les transitions vers le continuum. (De tels problèmes se présentent, par exemple, dans le cas de l'ionisation quand des particules passent près de systèmes perturbés). Après intégration de (11.101), nous trouvons que

$$\frac{a_\alpha^{(1)}(t)}{n(\alpha)} = \frac{1}{\mathrm{i}\hbar} \int_0^t V_{\alpha n}(\tau) \mathrm{e}^{\mathrm{i}\omega_{\alpha n}\tau} \mathrm{d}\tau \qquad (11.102)$$

et

$$\begin{aligned} W_{n \to B} &= \int_{B(E)} \left| \frac{a_\alpha^{(1)}(t)}{n(\alpha)} \right|^2 \varrho_\alpha(E)\,\mathrm{d}E \\ &= \frac{1}{\hbar^2} \int_{B(E)} \left| \int_0^t V_{\alpha n}(\tau) \mathrm{e}^{\mathrm{i}\omega_{\alpha n}\tau} \mathrm{d}\tau \right|^2 \varrho_\alpha(E)\,\mathrm{d}E , \end{aligned} \qquad (11.103)$$

parce que, si la transition se produit à partir d'un état spécifique, la probabilité de transition est juste la probabilité de trouver le système dans des états $\tilde{\psi}_\alpha(E)$ du domaine $B(E)$ à un instant plus tard. Remarquez que $\alpha = \alpha(E)$ dans (11.103)!

Si l'état initial (caractérisé par $\alpha = \beta$) appartient au continuum, alors $\alpha_k^{(0)} = 0$ et $a_\alpha^{(0)} = \delta(\beta - \alpha)$. Le résultat est tout à fait similaire, soit

$$\frac{a_\alpha(t)}{n(\alpha)} = \frac{1}{\mathrm{i}\hbar} \int_0^t V_{\alpha\beta}(\tau) \mathrm{e}^{\mathrm{i}\omega_{\alpha\beta}\tau} \mathrm{d}\tau . \qquad (11.104)$$

Ceci conduit à la probabilité de transition $W_{\beta \to \alpha}$;

$$W_{\beta \to B} = \frac{1}{\hbar^2} \int_{B(E)} \left| \int_0^t V_{\alpha\beta}(\tau) \mathrm{e}^{\mathrm{i}\omega_{\alpha\beta}\tau} \mathrm{d}\tau \right|^2 \varrho_\alpha(E)\,\mathrm{d}E . \qquad (11.105)$$

Si la perturbation est constante dans l'intervalle $0 < t < T$, c'est-à-dire

$$V(\boldsymbol{r}, t) \begin{cases} = V(\boldsymbol{r}) & \text{pour} \quad 0 \leq t \leq T \\ = 0 & \text{autrement} , \end{cases}$$

alors

$$V_{\alpha\beta}(\tau) \equiv \int d^3 x \psi_\alpha^* \hat{V}(r) \psi_\beta = V_{\alpha\beta} , \qquad (11.106)$$

de sorte que

$$W_{\beta \to B} = \frac{1}{\hbar^2} \int\limits_{B(E)} |V_{\alpha\beta}|^2 f(t, \omega_{\alpha\beta}) \varrho_\alpha(E) \, dE , \qquad (11.107)$$

où à nouveau [voir (11.69)]

$$f(t, \omega) = \left| \int\limits_0^t e^{i\omega\tau} \, d\tau \right|^2 = \frac{2}{\omega^2} (1 - \cos \omega t) . \qquad (11.108)$$

Dans (11.107), le carré de l'élément de matrice $|V_{\alpha\beta}|^2$ ne peut pas être sorti de l'intégrale, parce qu'il est lié à la variable d'intégration par $\alpha(E)$. Autrement (11.107) est totalement analogue au résultat antérieur (11.68), mis à part que, ici, apparaît la densité des états finals $\varrho_\alpha(E)$. Si ces états finals sont concentrés autour de l'état d'énergie E_1, c'est-à-dire $\varrho_\alpha(E) = \delta(E - E_1)$, alors (11.68) peut être immédiatement déduite de (11.107).

EXEMPLE

11.7 Probabilité de transition par unité de temps – règle d'or de Fermi

Ici, nous souhaitons examiner la transition vers des états $\tilde{\psi}_\alpha$ dans l'intervalle d'énergie $[E_1 - (\varepsilon/2), E_1 + (\varepsilon/2)]$. La largeur ε est choisie suffisamment petite dans cet intervalle pour que $V_{\alpha\beta}$ et $\varrho_\alpha(E)$ puissent être considérés comme constants, c'est-à-dire indépendant de α ou E. Alors nous pouvons écrire pour la probabilité de transition (11.107) :

$$W_{\beta \to B} = \frac{1}{\hbar^2} |V_{\alpha\beta}|^2 \varrho_\alpha(E_1) \int\limits_{B(E)} f(t, \omega_{\alpha\beta}) \, dE , \qquad (1)$$

où maintenant $B(E) = [E|E_1 - (\varepsilon/2) < E < E_1 + (\varepsilon/2)]$.

Si le temps est choisi suffisamment grand, pour que ε devienne bien plus grand que les fréquences d'oscillation contenues dans la fonction $f(t, \omega)$, c'est-à-dire de sorte que

$$\varepsilon \gg \frac{2\pi\hbar}{t} , \qquad (2)$$

[comparez avec figure 11.4 pour $f(t, \omega)$], alors l'intégrale restante dans $W_{\alpha \to \beta}$ peut être évaluée simplement. Néanmoins, nous devons distinguer deux cas.

(a) Le pic central de $f(t, \omega)$ se situe en dehors de l'intervalle d'intégration (voir figure), c'est-à-dire

$$E_1 - E_\beta \gg \varepsilon \gg \frac{2\pi\hbar}{t} \, . \tag{3}$$

Manifestement, dans ce cas, le système change d'énergie sous l'influence de la perturbation (*pas de conservation de l'énergie*). Avec

$$f(t, \omega) = \frac{2}{\omega^2}(1 - \cos\omega t)$$

nous obtenons

$$\int\limits_{B(E)} f(t, \omega_{\alpha\beta})\, dE$$

$$= \int\limits_{E_1 - \varepsilon/2}^{E_1 + \varepsilon/2} \frac{2\hbar^2}{(E - E_\beta)^2}\, dE - \int\limits_{(E_1 - \varepsilon/2 - E_\beta)/\hbar}^{(E_1 + \varepsilon/2 - E_\beta)/\hbar} \frac{2\hbar}{\omega^2} \cos\omega t\, d\omega \, . \tag{4}$$

La seconde intégrale contribue de façon négligeable car, selon l'hypothèse (2) pour ϱ, l'intervalle d'intégration contient de nombreuses oscillations et $\cos\omega t$ prend à plusieurs reprises, toutes les valeurs entre -1 et 1. Par conséquent

$$\int\limits_{B(E)} f(t, \omega_{\alpha\beta})\, dE = -\frac{2\hbar^2}{E - E_\beta}\bigg|_{E_1 - \varepsilon/2}^{E_1 + \varepsilon/2} \frac{2\hbar^2\varepsilon}{(E_1 - E_\beta)^2 - \varepsilon^2/4}$$

$$\approx \frac{2\hbar^2\varepsilon}{(E_1 - E_\beta)^2} \, , \tag{5}$$

et l'*expression indépendante du temps* pour la probabilité de transition en résulte :

$$W_{\beta \to B(E_1)} = \frac{2\varepsilon|V_{\alpha\beta}|^2}{(E_1 - E_\beta)^2}\varrho(E_1) \, . \tag{6}$$

(b) Considérons maintenant le cas

$$E_1 - E_\beta \approx \varepsilon \gg \frac{2\pi\hbar}{t} \, . \tag{7}$$

Ici, le pic central est situé à l'intérieur de l'intervalle d'intégration et la contribution principale à l'intégrale sur le temps provient de cette partie (voir figure ci-contre). Nous commettons seulement une petite erreur en étendant les limites d'intégration jusqu'à $\pm\infty$, c'est à dire

$$\int\limits_{B(E)} f(t, \omega_{\alpha\beta})\, dE \approx 2\hbar \int\limits_{-\infty}^{\infty} \frac{1 - \cos\omega t}{\omega^2}\, d\omega \, . \tag{8}$$

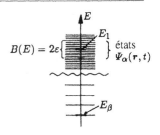

$$B(E) = 2\varepsilon$$

Dans le cas (a), on considère les transitions de l'état ψ_β d'énergie E_β vers les états du continuum $\tilde{\psi}_{\alpha(E)}$ dans le domaine $B(E)$ autour de E_1

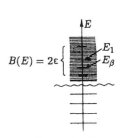

$$B(E) = 2\varepsilon$$

Dans le cas (b), E_β est dans le domaine $B(E)$

Exemple 11.7   La valeur de l'intégrale est déterminée à l'aide du théorème des résidus :

$$2 \int_{-\infty}^{\infty} \frac{1 - \cos \omega t}{\omega^2} \, d\omega = 2\pi t, \quad \text{d'où} \quad \int_{B(E)}^{-\infty} f(t, \omega_{\alpha\beta}) \, dE \approx 2\pi \hbar t \tag{9}$$

avec ceci nous obtenons

$$W_{\beta \to B(E)} = \frac{2\pi}{\hbar} |V_{\alpha\beta}(E)|^2 \varrho_\alpha(E) t \,. \tag{10}$$

Ici, nous avons pris E comme argument, parce que la principale contribution provient de $\omega = 0$, c'est-à-dire pour $E_\alpha = E_\beta = E$. Puisque l'état final a la même énergie que l'état initial, cette transition *conserve l'énergie*. De plus, parce que $\varepsilon \gg 2\pi\hbar/t$, la probabilité de transition est plus grande que la somme de toutes les autres contributions.

Introduisons maintenant la *probabilité de transition par unité de temps* $w_{\alpha \to \beta}$, qui est naturellement définie par

$$w_{\beta \to B(E)} \equiv \frac{dW_{\beta \to B(E)}}{dt} \,. \tag{11}$$

Puisqu'il a été montré dans (6) que $W_{\alpha \to \beta}$ est indépendante du temps pour les transitions qui ne conservent pas l'énergie, $w_{\alpha \to \beta}$ s'annule. Pour des transitions qui conservent l'énergie, nous trouvons l'importante relation

$$p_{\beta \to B(E)} = \frac{2\pi}{\hbar} |V_{\alpha\beta}(E)|^2 \varrho_\alpha(E) \,. \tag{12}$$

Nous devrions souligner à nouveau que les éléments de matrice qui apparaissent et la densité de niveaux sont affectés à des états α, qui ont la même énergie E_β que l'état initial. L'expression (12) est appelée la *règle d'or de Fermi*.

Les conditions de validité de cette relation sont évidentes dans son établissement. Récapitulons les deux hypothèses le plus essentielles : il est nécessaire que le temps t soit suffisamment long pour garantir que $\varepsilon \gg 2\pi\hbar/t$; par ailleurs, ce temps t doit être assez petit pour justifier l'approximation au premier ordre de la théorie des perturbations, c'est-à-dire $w_{\alpha \to \beta} t \ll 1$.

EXEMPLE ▆▆▆▆▆▆▆▆▆▆▆▆▆▆▆▆▆▆▆▆

11.8 Diffusion élastique d'un électron par un noyau atomique

Dans cet exemple, nous décrivons une application de la règle d'or de Fermi et, simultanément, nous illustrons quelques concepts de la théorie de diffusion.

Nous étudions la diffusion d'un électron de grande vitesse par un noyau de nombre de charge Z. L'interaction électron–noyau, dans ce cas l'énergie coulombienne, est traitée comme une perturbation :

$$V(\boldsymbol{r}, \boldsymbol{R}) = \frac{Ze^2}{|\boldsymbol{r} - \boldsymbol{R}|} \exp\left(-\frac{|\boldsymbol{r} - \boldsymbol{R}|}{d}\right) \,. \tag{1}$$

r désigne les coordonnées de l'électron, **R** ceux du noyau. Le facteur de l'exponentielle dans (1) est introduit pour tenir compte de l'effet d'écran du nuage d'électrons sur la charge du noyau. Il est aussi nécessaire pour des raisons mathématiques, puisqu'il permet d'éviter que les intégrales divergent. La longueur d est une mesure de la distance d'écran. Pour $|r - R| \gg d$, l'interaction disparaît, car la charge du noyau est alors complètement «écrantée» par les électrons liés.

Avant diffusion, tout le système est décrit par l'état $|\psi_i\rangle$ et après, par l'état $|\psi_f\rangle$. Nous voulons calculer la probabilité pour la transition $|\psi_i\rangle \to |\psi_f\rangle$ pour étudier la structure (distribution de charge) du noyau en la composant à l'expérience. L'électron est dans un état de quantité de mouvement p_0 et d'énergie E_0 avant la diffusion et est diffusé par le champ coulombien (1) dans un état avec p et E. Puisque ceux-ci sont des états du continuum, la probabilité de transition par unité de temps est donnée par (12) de l'exemple 11.7 :

$$w = \frac{2\pi}{\hbar} \left| \langle \psi_f | V | \psi_i \rangle \right|^2 \varrho_f(E) . \tag{2}$$

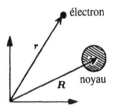

Exemple 11.8

Un électron diffusé par un noyau

Les fonctions d'onde du système électron–noyau sont les produits de la fonction d'onde de l'électron par celle du noyau. *Nous utilisons des ondes planes comme approximation de la fonction d'onde de l'électron.* Cette approximation est appelée l'*approximation de Born*. Mais elle est uniquement valable si l'interaction électron–noyau reste faible, c'est-à-dire que la charge du noyau ne devrait pas être trop grande et que la vitesse de l'électron devrait être suffisamment grande. Ces conditions sont résumées par la relation

$$\frac{Z}{137} \frac{c}{v} \ll 1 , \tag{3}$$

où $\frac{Z}{137}\frac{c}{v} = \frac{e^2}{\hbar c}$ est la constante de structure fine et c la vitesse de la lumière. Ainsi, les fonctions d'onde sont

$$\psi_i = \exp\left(\frac{i}{\hbar} p_0 \cdot r\right) \phi_i(R) ,$$

$$\psi_f = \exp\left(\frac{i}{\hbar} p \cdot r\right) \phi_f(R) , \tag{4}$$

ou, écrites d'une autre façon, en introduisant les vecteurs d'onde $k_0 = p_0/\hbar$ et $k = \phi/\hbar$

$$|\psi_i\rangle = |k\rangle\, |f\rangle \tag{5}$$

et en utilisant la forme de la fonction d'onde (voir, par exemple, chapitre 15)

$$\langle r | k_0 \rangle = \exp(i k_0 \cdot r) = \exp\left(\frac{i}{\hbar} p_0 \cdot r\right) ,$$

$$\langle r | k \rangle = \exp(i k \cdot r) = \exp\left(\frac{i}{\hbar} p \cdot r\right) ,$$

$$\langle R | i \rangle = \phi_i(R) ,$$

$$\langle R | f \rangle = \phi_f(R) . \tag{6}$$

Exemple 11.8

Les $\phi(\boldsymbol{R})$ sont les fonctions d'onde normalisées du noyau. Nous n'avons pas normalisé les ondes planes (4) – selon les relations (11.76) et (11.95) – de manière à définir la densité des ondes planes d'une manière générale (incluant les ondes planes qui ne sont pas normalisées aux fonctions *delta*).

Les vecteurs $|\boldsymbol{k}\rangle$ forment un ensemble complet de fonctions orthogonales :

$$\langle \boldsymbol{k}|\boldsymbol{k}'\rangle = (2\pi)^3 \delta(\boldsymbol{k}-\boldsymbol{k}') , \quad \int |\boldsymbol{k}\rangle \frac{\mathrm{d}^3 k}{(2\pi)^3} \langle \boldsymbol{k}| = \mathbf{1} . \tag{7}$$

Ces relations seront nécessaires quand nous calculerons la densité des états. Mais évaluons maintenant les éléments de matrice. Puisque la fonction d'onde peut se factoriser en un terme électronique et un terme nucléaire, l'élément de volume $\mathrm{d}V$ implique une intégration sur les deux volumes $\mathrm{d}V_e$ (espace de l'électron) et $\mathrm{d}V_n$ (espace du noyau). Ainsi,

$$\langle \psi_f |V| \psi_i \rangle$$
$$= Ze^2 \int \phi_f^*(\boldsymbol{R})\phi_i(\boldsymbol{R}) \int \frac{\exp(-|\boldsymbol{r}-\boldsymbol{R}|/d)}{|\boldsymbol{r}-\boldsymbol{R}|} \mathrm{e}^{\mathrm{i}(\boldsymbol{k}_0-\boldsymbol{k})\cdot\boldsymbol{r}} \mathrm{d}V_e \mathrm{d}V_n . \tag{8}$$

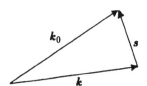

Nous intégrons d'abord sur les coordonnées de l'électron et posons $\boldsymbol{s} = \boldsymbol{k}_0 - \boldsymbol{k}$ (voir la figure suivante) :

$$\boldsymbol{s} = \boldsymbol{k}_0 - \boldsymbol{k} . \tag{9}$$

Le vecteur $\hbar\boldsymbol{s}$ décrit le moment transféré de l'électron vers le noyau $\boldsymbol{p}_0 = \hbar\boldsymbol{k}_0$ et $\boldsymbol{p} = \hbar\boldsymbol{k}$ sont les moments de l'électron avant et après la collision

Par conséquent, $\hbar\boldsymbol{s} = \boldsymbol{p}_0 - \boldsymbol{p}$ est le *transfert d'impulsion* de l'électron vers le noyau pendant la diffusion (voir figure). L'intégrale sur $\mathrm{d}V_e$ est une fonction de $\boldsymbol{R}$:

$$J_e(\boldsymbol{R}) = \int \frac{\exp(-|\boldsymbol{r}-\boldsymbol{R}|/d)}{|\boldsymbol{r}-\boldsymbol{R}|} \mathrm{e}^{\mathrm{i}(\boldsymbol{k}_0-\boldsymbol{k})\cdot\boldsymbol{r}} \mathrm{d}V_e . \tag{10}$$

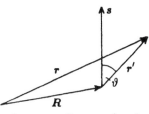

Les nouvelles coordonnées $\boldsymbol{r}'$. Le vecteur $\boldsymbol{s}$ est pris comme axe polaire

Puisque nous intégrons sur tout l'espace, nous pouvons changer notre système de coordonnées et intégrer à nouveau sur tout l'espace (les bornes d'intégrations doivent être changées). Nous remplaçons $\boldsymbol{r}$ par $\boldsymbol{r}' = \boldsymbol{r} - \boldsymbol{R}$ et introduisons les coordonnées sphériques où ϑ est l'angle entre $\boldsymbol{s}$ et $\boldsymbol{r}'$ (voir figure ci-contre).

Avec ces coordonnées, nous avons

$$\mathrm{d}V_e = r'^2 \mathrm{d}r' \sin\vartheta \, \mathrm{d}\vartheta \, \mathrm{d}\varphi \tag{11}$$

et, comme $\boldsymbol{r} = \boldsymbol{r}' + \boldsymbol{R}$, nous obtenons

$$(\boldsymbol{k}_0-\boldsymbol{k})\cdot\boldsymbol{r} = \boldsymbol{s}\cdot\boldsymbol{r} = \boldsymbol{s}\cdot\boldsymbol{r}' + \boldsymbol{s}\cdot\boldsymbol{R}$$
$$= sr'\cos\vartheta + \boldsymbol{s}\cdot\boldsymbol{R} . \tag{12}$$

L'intégrale devient ainsi

Exemple 11.8

$$J_e(\boldsymbol{R}) = \int \frac{e^{-r'/d}}{r'} e^{i(sr'\cos\vartheta + \boldsymbol{s}\cdot\boldsymbol{R})} r'^2 \sin\vartheta \, dr' \, d\vartheta \, d\varphi$$

$$= 2\pi e^{i\boldsymbol{s}\cdot\boldsymbol{R}} \int\limits_0^\infty \int\limits_0^\pi r' e^{-r'/d} e^{isr'\cos\vartheta} \sin\vartheta \, d\vartheta \, dr'$$

$$= 2\pi e^{i\boldsymbol{s}\cdot\boldsymbol{R}} \int\limits_0^\infty r' e^{-r'/d} \frac{1}{isr'} (e^{isr'} - e^{-isr'}) \, dr'$$

$$= 2\pi e^{i\boldsymbol{s}\cdot\boldsymbol{R}} \frac{1}{is} \int\limits_0^\infty (e^{(is-1/d)r'} - e^{-(is+1/d)r'}) \, dr'$$

$$= 2\pi e^{i\boldsymbol{s}\cdot\boldsymbol{R}} \frac{1}{is} \left(\frac{e^{isr'}}{is-1/d} + \frac{e^{-isr'}}{is+1/d} \right) e^{-r'd} \bigg|_0^\infty$$

$$= -2\pi e^{i\boldsymbol{s}\cdot\boldsymbol{R}} \frac{1}{is} \left(\frac{1}{is-1/d} + \frac{1}{is+1/d} \right)$$

$$= e^{i\boldsymbol{s}\cdot\boldsymbol{R}} \frac{4\pi}{s^2 + 1/d^2} \ . \tag{13}$$

Ce résultat peut être simplifié : le terme $1/d^2$ du dénominateur peut être négligé si $s^2 d^2 \gg 1$. Ceci signifie que le transfert d'impulsion ne doit pas devenir trop petit. D'où

$$J_e(\boldsymbol{R}) \approx e^{i\boldsymbol{s}\cdot\boldsymbol{R}} \frac{4\pi}{s^2} \ . \tag{14}$$

Par conséquent, l'élément de matrice prend la forme

$$\langle \psi_f | V | \psi_i \rangle = Ze^2 \frac{4\pi}{s^2} \int \phi_f^*(\boldsymbol{R}) e^{i\boldsymbol{s}\cdot\boldsymbol{R}} \phi_i(\boldsymbol{R}) \, dV_n \ . \tag{15}$$

Lors d'une diffusion élastique, l'état du noyau n'est pas modifié. Si le noyau est dans son état fondamental ϕ, nous avons $\phi_f = \phi_i = \phi$, et le produit $Z\phi^*\phi(\boldsymbol{R})$ est la distribution de densité des protons dans le noyaux. À la place des fonctions d'onde, nous pouvons introduire la densité de charge $\varrho_p(\boldsymbol{R})$ du noyau (plus exactement : $\varrho_p(\boldsymbol{R})$ est la densité de charge sans le facteur e, que nous avons retiré explicitement) :

$$Z\phi^*\phi = \varrho_p(\boldsymbol{R}) \quad \text{avec} \quad \int \varrho_p(\boldsymbol{R}) \, dV_n = Z \ . \tag{16}$$

Comme simplification supplémentaire, nous supposons une *distribution de charge à symétrie sphérique* :

$$\varrho_p(\boldsymbol{R}) = \varrho_p(R) \ . \tag{17}$$

Cette hypothèse est seulement valable pour des noyaux au voisinage des nombres magiques. Les autres noyaux sont généralement prolates (en forme de cigare). Par conséquent les éléments de matrices sont

$$\langle \psi_f | \hat{V} | \psi_i \rangle = \frac{4\pi e^2}{s^2} \int \varrho_p(R) \, e^{i s \cdot R} \, dV_k$$

$$= \frac{4\pi e^2}{s^2} F(s) \, . \tag{18}$$

La quantité $F(s)$ est appelée le *facteur de forme*. C'est la *transformée de Fourier* de la distribution de charge et reflète la différence de la distribution de charge du noyau d'avec celle d'une charge ponctuelle. En effet, si nous supposons que la charge du noyau est ponctuelle (c'est-à-dire $\varrho_p(R) = \delta^3(R)$), nous avons $F = 1$.

Le facteur de forme $F(s) = \int \varrho_p(R) e^{i s \cdot R} dV_k$ peut être évalué en introduisant les coordonnées sphériques et en utilisant l'axe défini par s comme axe polaire. Nous obtenons alors

$$dV_k = R^2 \sin\vartheta \, dR \, d\vartheta \, d\varphi \quad \text{et} \quad r \cdot R = Rs \cos\vartheta \, , \tag{19}$$

et par conséquent,

$$F(s) = 2\pi \int\limits_0^\infty \int\limits_0^\pi \varrho_p(R) \, e^{i s R \cos\vartheta} R^2 \sin\vartheta \, dR \, d\vartheta$$

$$= 2\pi \int\limits_0^\infty \varrho_p(R) \left(-\int\limits_0^\pi e^{i s R \cos\vartheta} \, d(\cos\vartheta) \right) R^2 \, dR$$

$$= 2\pi \int\limits_0^\infty \varrho_p(R) \frac{1}{i s R} (e^{i s R} - e^{-i s R}) R^2 \, dR$$

$$= \frac{4\pi}{s} \int\limits_0^\infty \varrho_p(R) \sin(s R) R \, dR \, . \tag{20}$$

La dernière intégrale peut seulement être calculée si la distribution de charge $\varrho_p(R)$ est connue. Nous considérerons ce point ultérieurement (voir l'exercice 11.9). Notre résultat présent peut être résumé par

$$\langle \psi_f | V | \psi_i \rangle = \frac{4\pi e^2}{s^2} F(s) \, , \tag{21}$$

et nous pouvons maintenant calculer la *densité des états*. La relation d'orthogonalité et de fermeture (7) implique que $n(\alpha)$ est égal à $(2\pi)^{-3}$ si α est identifié à k. En d'autres termes, dans l'espace des vecteurs k, la densité des états est constante et égale à $(2\pi)^{-3}$, c'est-à-dire le nombre des états dans l'intervalle $[k, k+dk]$ est égal à $(2\pi)^{-3} d^3 k$. Si, depuis le début, nous avions utilisé des ondes planes normalisées aux fonctions δ, la densité aurait été $n(k) = 1$.

Nous sommes maintenant intéressés par des états dont les impulsions pointent dans une certaine direction Ω. Ces impulsions ne diffèrent entre eux que par leur énergie. Par conséquent, la densité de ces états est $\varrho(\Omega, E)$, c'est-à-dire $\varrho(\Omega, E)\, \mathrm{d}\Omega\, \mathrm{d}E$ est égal au nombre d'états qui ont une impulsion pointant dans l'angle solide $[\Omega, \Omega + \mathrm{d}\Omega]$ et dont l'énergie est dans l'intervalle $[E, E + \mathrm{d}E]$. Ainsi, nous obtenons

$$\varrho(\Omega, E)\, \mathrm{d}\Omega\, \mathrm{d}E = \frac{\mathrm{d}^3 k}{(2\pi)^3} \ . \tag{22}$$

En introduisant les coordonnées sphériques dans l'espace des k

$$\mathrm{d}^3 k = k^2\, \mathrm{d}k\, \mathrm{d}\Omega \ , \tag{23}$$

nous obtenons

$$\varrho(\Omega, E)\, \mathrm{d}\Omega\, \mathrm{d}E = \frac{k^2\, \mathrm{d}k}{(2\pi)^3}\, \mathrm{d}\Omega \ . \tag{24}$$

Remarquons que la densité des états est indépendante de Ω, ce qui nous permet d'écrire $\varrho(\Omega, E) = \varrho(E)$. En substituant l'impulsion p à k, la densité des états $\varrho(E)$ devient

$$\varrho(E) = \frac{p^2\, \mathrm{d}p}{(2\pi\hbar)^3\, \mathrm{d}E} = \frac{p^2}{(2\pi\hbar)^3} \frac{1}{\mathrm{d}E/\mathrm{d}p} \ . \tag{25}$$

Pour calculer la dérivée, nous devons examiner les conditions énergétiques de la collision. Nous supposons que l'électron a une vitesse élevée et par conséquent, nous partons de l'expression relativiste de l'énergie en fonction de l'impulsion

$$\sqrt{p_0^2 c^2 + m^2 c^4} + Mc^2 = \sqrt{p^2 c^2 + m^2 c^4} + \sqrt{\hbar^2 s^2 c^2 + M^2 c^4} = E \ . \tag{26}$$

Si l'énergie cinétique de l'électron est grande comparée à son énergie au repos, le terme mc^2 peut être négligé et nous obtenons

$$\frac{E}{c} = p_0 + Mc = p + \sqrt{\hbar^2 s^2 + M^2 c^2} \ . \tag{27}$$

D'après la définition de s, on a

$$\hbar^2 s^2 = p_0^2 + p^2 - 2p_0 p \cos \Theta \ . \tag{28}$$

À cause de la grande différence de masse entre noyau et électron, le transfert d'énergie est petit comparé à Mc^2, par conséquent $p \approx p_0$ et $(p - p_0)^2 \approx 0$, d'où on déduit $p^2 + p_0^2 = 2pp_0$. Ainsi

$$\hbar^2 s^2 = \quad 2p_0 p (1 - \cos \Theta) = 4p_0 p \sin^2 \frac{\Theta}{2} \ . \tag{29}$$

Exemple 11.8

De la relation (27) nous avons

$$
\begin{aligned}
(p_0 - p + Mc)^2 &= \hbar^2 s^2 + M^2 c^2 \\
&= 4 p_0 p \sin^2 \tfrac{\Theta}{2} + M^2 c^2 \, .
\end{aligned}
\tag{30}
$$

D'autre part, nous avons

$$
\begin{aligned}
(p_0 - p + Mc)^2 &= (p_0 - p)^2 + 2(p_0 - p)Mc + M^2 c^2 \\
&\approx 2(p_0 - p)Mc + M^2 c^2 \, ,
\end{aligned}
\tag{31}
$$

car $p_0 - p \approx 0$ et ainsi son carré $(p - p_0)^2$ est négligeable. En comparant ces deux dernières relations, nous obtenons

$$
(p_0 - p)Mc \approx 2 p_0 p \sin^2 \tfrac{\Theta}{2} \, ,
\tag{32}
$$

d'où finalement,

$$
p = \frac{p_0}{1 + (2 p_0 / Mc) \sin^2 \Theta / 2} \, .
\tag{33}
$$

Nous devons maintenant calculer dE/dp. Pour ce faire, nous partons de (27)

$$
E = pc + \sqrt{\hbar^2 s^2 c^2 + M^2 c^4} \, ,
\tag{34}
$$

d'où

$$
\begin{aligned}
\frac{dE}{dp} &= c + \frac{\hbar^2 c^2 (ds^2 / dp)}{2\sqrt{\hbar^2 s^2 c^2 + M^2 c^4}} \\
&\approx c + \frac{\hbar^2 c^2}{2 M c^2} \frac{ds^2}{dp}
\end{aligned}
\tag{35}
$$

et, en utilisant (29) et (33) :

$$
\frac{dE}{dp} \approx c \left(1 + \frac{2 p_0}{Mc} \sin^2 \frac{\Theta}{2} \right) = c \frac{p_0}{p} \, .
\tag{36}
$$

Finalement, nous obtenons l'expression suivante pour la densité d'états (25) :

$$
\varrho(E) = \frac{p^2}{(2\pi\hbar)^3} \frac{p}{c p_0} = \frac{p^3}{(2\pi\hbar)^3} \frac{1}{c p_0} \, .
\tag{37}
$$

À l'aide de la règle d'or de Fermi formulée par (12) de l'exemple 11.7, et dans (21) et (37), la *probabilité de transition par unité de temps* est donnée par

$$
\begin{aligned}
p_{i \to f} &= \frac{2\pi}{\hbar} \left| \langle \psi_f | \hat{V} | \psi_i \rangle \right|^2 \varrho(E) = \frac{2\pi}{\hbar} \left(\frac{4\pi e^2}{s^2} \right)^2 |F(s)|^2 \frac{p^3}{(2\pi\hbar)^3} \frac{1}{c p_0} \\
&= \frac{4(2\pi)^3 e^4}{\hbar} |F(s)|^2 \frac{1}{(4 p_0 p / \hbar^2)^2 \sin^4 \Theta/2} \frac{p^3}{(2\pi\hbar)^3} \frac{1}{c p_0} \\
&= \frac{4 e^4 |F(s)|^2}{16 p_0^2 p^2 \sin^4 \Theta/2} \frac{p^3}{c p_0} = \left(\frac{e^2}{2 p_0} \right)^2 \frac{1}{c} \frac{p}{p_0} \frac{1}{\sin^4 \Theta/2} |F(s)|^2 \, .
\end{aligned}
\tag{38}
$$

Cette probabilité de transition ne peut pas être mesurée directement, mais nous pouvons mesurer une quantité appelée section efficace ou, plus exactement, la *section efficace de diffusion*, désignées respectivement par σ ou $d\sigma_i$ (voir figure). $d\sigma_{i\to f}$ est le *nombre de particules diffusées par unité de temps et par unité du courant de particules incidentes dans l'élément d'angle solide* $(\Omega, \Omega + d\Omega)$. Puisque les états $|k\rangle$ représentent de particules dont le courant est v, nous obtenons la *section efficace différentielle* :

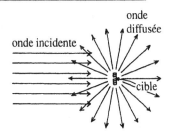

L'onde associée à la particule incidente et l'onde diffusée

$$d\sigma_{i\to f} = \frac{p_{i\to f}\, d\Omega}{v_i}\ . \tag{39}$$

La vitesse des électrons v_i est approximativement égale à la vitesse de la lumière c ; d'où

$$\frac{d\sigma_{i\to f}}{d\Omega} = \frac{1}{c}\, p_{i\to f} = \left(\frac{e^2}{2p_0 c}\right)^2 \frac{p}{p_0}\, \frac{1}{\sin^4 \Theta/2}\, |F(s)|^2\ . \tag{40}$$

Ceci est la *section efficace de diffusion de Rutherford* . En reportant p/p_0 de (33) nous obtenons finalement

$$\frac{d\sigma_{i\to f}}{d\Omega} = \left(\frac{e^2}{2p_0 c}\right)^2 \frac{1}{\sin^4 \Theta/2}\, |F(s)|^2 \cdot \frac{1}{1 + (2p_0/Mc)\sin^2 \Theta/2}\ . \tag{41}$$

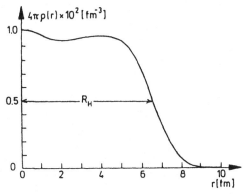

La distribution de charge $4\pi\varrho(r)$ d'un noyau de plomb, déterminé par diffusion élastique d'électrons. $\varrho(r)$ est approximativement constant à l'intérieur du noyau jusqu'à $r \approx 5$ fm et décroît dans la région de surface sur une épaisseur de ≈ 2 fm. D'autre noyau présentent un comportement similaire : alors que l'épaisseur de la surface est à peu près la même pour tous les noyaux, le rayon R_H, pour lequel $4\pi\varrho(r)$ prend la moitié de la valeur du maximum, varie selon $R_H = r_0 A^{1/3}$, où $r_0 \approx 1,2$ fm, et A est le nombre de nucléons

L'effet dû au recul du noyau est pris en compte par le dernier terme. Si le noyau est très lourd ($M \to \infty$), ce terme tend vers 1, ce qui correspond à une diffusion sans transfert d'impulsion. Le facteur de forme $|F(s)|^2$ prend en considération les caractéristiques de la densité de charge du noyau. Il peut être déterminé expérimentalement à l'aide de (41) et en comparant à la section efficace différentielle mesurée. À partir de cette valeur expérimentale du facteur de forme et selon (20), la distribution de charge du noyau peut être déterminée. Robert **Hofstadter**, qui effectua des mesures systématiques de cette nature, fut lauréat du Prix Nobel en 1961 pour ce travail. Certaines des mesures les plus précises de distribution de charge de noyau ont été effectuées de la même façon par Peter **Brix** auprès de l'accélérateur à électrons de Darmstadt (Allemagne).

À titre d'exemple, nous montrons la distribution de charge d'un noyau de plomb (voir figure sur la page précédente). Elle est presque constante à l'intérieur du noyau et a une épaisseur de la couche externe de ≈ 2 fm.

EXERCICE ▬▬▬▬▬▬▬▬▬▬▬▬▬▬▬▬

11.9 Limite du transfert de petites impulsions

Problème. Montrez que la diffusion d'un électron avec un faible transfert d'impulsion ne permet de déterminer que la charge totale et le rayon quadratique moyen d'un noyau.

Solution. Pour résoudre ce problème, nous partons de la fonction de structure (20) de l'exemple 11.8:

$$F(s) = \frac{4\pi}{s} \int \varrho_{\mathrm{p}}(R) \sin(sR) R \, \mathrm{d}R . \tag{1}$$

En supposant un faible transfert d'impulsion s, ou, plus précisément $sR \ll 1$, nous pouvons développer $\sin(sR)$ pour obtenir

$$\sin(sR) \approx sR - \frac{(sR)^3}{6} . \tag{2}$$

Ainsi $F(s)$ devient

$$F(s) = 4\pi \int\limits_0^\infty \varrho_{\mathrm{p}}(R) R^2 \, \mathrm{d}R - \frac{2\pi}{3} s^2 \int\limits_0^\infty \varrho_{\mathrm{p}}(R) R^4 \, \mathrm{d}R \equiv Z - \frac{2\pi}{3} s^2 \left\langle R^2 \right\rangle . \tag{3}$$

Le premier terme est la charge totale Z du noyau, tandis que le deuxième contient le rayon quadratique moyen. Pour mesurer la distribution de charge $\varrho_{\mathrm{p}}(R)$ avec plus de détails, l'impulsion transférée doit être augmentée [comparez avec (29) de l'exemple 11.8] :

$$(\hbar s)^2 = 4 p_0 p \sin^2 \frac{\Theta}{2} . \tag{4}$$

Ceci peut être fait en augmentant l'énergie E de l'électron et simultanément l'impulsion $p_0 \approx p$. Bien sûr, nous devrions choisir le meilleur angle de diffusion possible ($\theta = 180°$), c'est-à-dire nous devons détecter les électrons de plus grande énergie rétro-diffusés. Le terme suivant du développement du sinus devient alors plus important, de sorte que

$$\sin(sR) \approx sR - \frac{(sR)^3}{3!} + \frac{(sR)^5}{5!} \, , \tag{5}$$

avec le résultat suivant :

$$F(s) = 4\pi \langle R \rangle - \frac{2\pi}{3} s^2 \langle R^2 \rangle + \frac{4\pi}{5!} s^4 \langle R^4 \rangle \, . \tag{6}$$

Nous remarquons que les différents facteurs devant les puissances s^{2n} du facteur de forme, correspondent à des *moments plus grands de la distribution de charge*.

EXERCICE

11.10 Propriétés de la fonction $f(t, \omega)$

Problème. Montrez que la fonction

$$f(t, \omega) = 1/\omega^2 |e^{i\omega t} - 1|^2$$

satisfait les relations suivantes :

$$\int_{-\infty}^{\infty} f(t, \omega) \, d\omega = 2\pi t \quad \text{et}$$

$$\lim_{t \to \infty} f(t, \omega) = 2\pi t \delta(\omega) \, .$$

Solution. Selon (11.69) la fonction $f(t, \omega)$ est définie par

$$f(t, \omega) = \frac{2}{\omega^2}(1 - \cos \omega t) \, ; \tag{1}$$

par conséquent

$$\int_{-\infty}^{\infty} f(t, \omega) \, d\omega = 2 \int_{-\infty}^{\infty} \frac{1 - \cos \omega t}{\omega^2} \, d\omega \, . \tag{2}$$

En posant $\omega t = x$, l'intégrale devient

$$\int_{-\infty}^{\infty} f(t, \omega) \, d\omega = 2t \int_{-\infty}^{\infty} \frac{1 - \cos x}{x^2} \, dx \, , \tag{3}$$

Exercice 11.9

Exercice 11.10   qui peut être intégrée par parties :

$$\int_{-\infty}^{\infty} \frac{1-\cos x}{x^2}\,\mathrm{d}x = 2 \int_0^{\infty} \frac{\sin x}{x}\,\mathrm{d}x\;. \tag{4}$$

À l'aide de la relation

$$\frac{1}{x} = \int_0^{\infty} e^{-ux}\,\mathrm{d}u \quad \text{pour} \quad x > 0\;, \tag{5}$$

l'intégrale (4) peut être calculée :

$$\begin{aligned}
\int_0^{\infty} \frac{\sin x}{x}\,\mathrm{d}x &= \int_0^{\infty} \sin x \int_0^{\infty} e^{-ux}\,\mathrm{d}u\,\mathrm{d}x \\
&= \int_0^{\infty} \mathrm{d}u \int_0^{\infty} e^{-ux} \sin x\,\mathrm{d}x \\
&= \int_0^{\infty} \frac{\mathrm{d}u}{1+u^2} = \operatorname{Arctan} u\big|_0^{\infty} = \frac{\pi}{2}\;.
\end{aligned} \tag{6}$$

Par conséquent, nous obtenons

$$\int_{-\infty}^{\infty} f(t,\omega)\,\mathrm{d}\omega = 2t \times 2 \times \frac{\pi}{2} = 2\pi t\;. \tag{7}$$

Pour résoudre la deuxième partie du problème, nous utilisons la représentation de la fonction δ (voir l'exemple 5.2) :

$$\delta(\omega) = \frac{1}{\pi} \lim_{t \to \infty} \frac{1-\cos \omega t}{\omega^2 t}\;. \tag{8}$$

À l'aide de (1), il vient

$$\begin{aligned}
\lim_{t \to \infty} f(t,\omega) &= \lim_{t \to \infty} \frac{2}{\omega^2}(1-\cos \omega t) \\
&= 2\pi \lim_{t \to \infty} t\frac{1}{\pi}\frac{(1-\cos \omega t)}{\omega^2 t} \Rightarrow 2\pi t\delta(\omega)\;.
\end{aligned} \tag{9}$$

EXERCICE ███████████████████████████████

11.11 Théorie élémentaire de la constante diélectrique

Soit $\hat{H}_0$ le hamiltonien d'un électron de charge $-e$, par exemple dans une molécule (pour simplifier le problème, nous supposons que le spectre est discret). Une onde plane incidente, monochromatique, polarisée linéairement ne sera pas influencée par la polarisation diélectrique de la molécule, c'est-à-dire sa fréquence ω doit être différente de toutes les raies d'absorption. On peut aussi montrer que la contribution de la composante magnétique de l'onde ne produit que des effets négligeables.

Problème. (a) Dans ces circonstances, l'onde peut être décrite par un potentiel externe homogène, périodique en temps, d'amplitude F_0 et de fréquence ω. Trouvez l'équation de Schrödinger correspondante, si l'axe z pointe dans la direction de l'oscillation.

(b) Soit ψ_0 l'état fondamental de $\hat{H}_0$ d'énergie E_0. Prenez

$$\psi(\boldsymbol{x}, t) = \psi_0(\boldsymbol{x}) \exp\left(-\frac{\mathrm{i}}{\hbar} E_0 t\right) + F_0 \psi^{(1)}(\boldsymbol{x}, t) \tag{1}$$

et trouvez la première correction $\psi^{(1)}$ à l'«état fondamental stationnaire» dans le potentiel périodique en temps.

Conseil. Posez

$$\begin{aligned}
\psi^{(1)}(\boldsymbol{x}, t) = {} & \omega_+(\boldsymbol{x}) \exp\left[-\frac{\mathrm{i}}{\hbar}(E_0 + \hbar\omega)t\right] \\
& + \omega_-(\boldsymbol{x}) \exp\left[-\frac{\mathrm{i}}{\hbar}(E_0 - \hbar\omega)t\right].
\end{aligned} \tag{2}$$

(c) En l'absence d'un champ externe, supposez la molécule dans l'état fondamental ψ_0, sans moment dipolaire, c'est-à-dire

$$\langle \boldsymbol{p}_0 \rangle = -e \int \psi_0^* \boldsymbol{r} \psi_0 \, \mathrm{d}V = 0 . \tag{3}$$

Pour calculer la constante diélectrique, partez de la définition de la constante diélectrique ε par la relation

$$\varepsilon \boldsymbol{E} = \boldsymbol{E} + 4\pi \boldsymbol{P} , \tag{4}$$

et reportez la polarisation $\boldsymbol{P}$ dans un solide non conducteur donné par

$$\boldsymbol{P} = P\boldsymbol{e}_z = N\bar{p}\boldsymbol{e}_z , \tag{5}$$

où N est la densité des molécules (c'est-à-dire le nombre de molécules par cm^3) et $\bar{p}$, la partie du moment dipolaire moyen $-e \int \psi^* z \psi \, \mathrm{d}V$, linéaire en F_0, d'une molécule unique orienté dans la direction z. Calculez la constante diélectrique ε.

Solution. (a) Soit le champ électrique

$$\boldsymbol{E} = F_0 \sin \omega t \boldsymbol{e}_z .$$

Le potentiel correspondant $\phi(\boldsymbol{r}, t)$ doit satisfaire

$$\boldsymbol{E} = -\operatorname{grad}\phi , \tag{6}$$

de sorte que $\phi(\boldsymbol{r}, t)$ peut s'écrire

$$\phi(\boldsymbol{r}, t) = \phi(z, t) = -zF_0 \sin\omega t . \tag{7}$$

Alors l'électron ressent le potentiel

$$V(\boldsymbol{r}, t) = -e\phi(\boldsymbol{r}, t) = ezF_0 \sin\omega t \tag{8}$$

et l'équation de Schrödinger pour les électrons moléculaires peut s'écrire

$$(\hat{H}_0 + ezF_0 \sin\omega t)\psi(\boldsymbol{r}, t) = \mathrm{i}\hbar\frac{\partial}{\partial t}\psi(\boldsymbol{r}, t) . \tag{9}$$

(b) Avec la formulation (1) de ψ, l'équation de Schrödinger est

$$(\hat{H}_0 + ezF_0 \sin\omega t)\left[\psi_0(\boldsymbol{r})\exp\left(-\frac{\mathrm{i}}{\hbar}E_0 t\right) + F_0\psi^{(1)}(\boldsymbol{r}, t)\right]$$
$$= E_0\psi_0(\boldsymbol{r})\exp\left(-\frac{\mathrm{i}}{\hbar}E_0 t\right) + \mathrm{i}\hbar F_0\frac{\partial}{\partial t}\psi^{(1)}(\boldsymbol{r}, t) . \tag{10}$$

En comparant les termes linéaires en F_0 des deux côtés, nous obtenons

$$ezF_0 \sin\omega t\psi_0\exp\left(-\frac{\mathrm{i}}{\hbar}E_0 t\right) + F_0\hat{H}_0\psi^{(1)}(\boldsymbol{r}, t) = \mathrm{i}\hbar F_0\frac{\partial}{\partial t}\psi^{(1)}(\boldsymbol{r}, t)$$
$$\Rightarrow \left[\hat{H}_0 - \mathrm{i}\hbar\frac{\partial}{\partial t}\right]\psi^{(1)} = -ez\sin\omega t\psi_0\exp\left(-\frac{\mathrm{i}}{\hbar}E_0 t\right) . \tag{11}$$

Si nous utilisons le conseil donné pour $\psi^{(1)}$, et si nous remarquons que

$$\sin\omega t = \frac{1}{2\mathrm{i}}(\mathrm{e}^{\mathrm{i}\omega t} - \mathrm{e}^{-\mathrm{i}\omega t}) ,$$

il vient

$$\hat{H}_0 w_+ \exp\left[-\frac{\mathrm{i}}{\hbar}(E_0 + \hbar\omega)t\right] + \hat{H}_0 w_- \exp\left[-\frac{\mathrm{i}}{\hbar}(E_0 - \hbar\omega)t\right]$$
$$- (E_0 + \hbar\omega)w_+ \exp\left[-\frac{\mathrm{i}}{\hbar}(E_0 + \hbar\omega)t\right]$$
$$- (E_0 - \hbar\omega)w_- \exp\left[-\frac{\mathrm{i}}{\hbar}(E_0 - \hbar\omega t)t\right]$$
$$= -\frac{ez}{2\mathrm{i}}\psi_0\exp\left(-\frac{\mathrm{i}}{\hbar}E_0 t\right)(\mathrm{e}^{\mathrm{i}\omega t} - \mathrm{e}^{-\mathrm{i}\omega t}) . \tag{12}$$

Le facteur $\exp[-(\mathrm{i}/\hbar)E_0 t]$ peut se simplifier ; les fonctions $\mathrm{e}^{\mathrm{i}\omega t}$ et $\mathrm{e}^{-\mathrm{i}\omega t}$ sont linéairement indépendantes, c'est-à-dire que leurs coefficients s'annulent. Ceci donne

$$\hat{H}_0 w_+ - (E_0 + \hbar\omega)w_+ = \frac{ez}{2\mathrm{i}}\psi_0 ,$$
$$\hat{H}_0 w_- - (E_0 - \hbar\omega)w_- = -\frac{ez}{2\mathrm{i}}\psi_0 . \tag{13}$$

Maintenant $E_0 + \hbar\omega$ *n'est pas* une valeur propre de $\hat{H}_0$: sinon, ω serait une fréquence d'absorption ; $E_0 - \hbar\omega$ n'est pas non plus une valeur propre, car E_0 est la valeur propre la plus basse de $\hat{H}_0$ (l'état fondamental). Par conséquent, les équations n'ont pas de solution homogène et peuvent être résolues sans ambiguïté. Soient $E_j (j = 0, 1, 2, \ldots)$ les valeurs propres de $\hat{H}_0$ (que nous avons supposées discrètes) et $\varphi_j(r)$, les fonctions propres correspondantes. Alors w_+ peut être développé :

$$w_+ = \sum_{j=0}^{\infty} C_j^{(+)} \varphi_j \, . \tag{14}$$

Parce que $\hat{H}_0 \varphi_j = E_j \varphi_j$, nous obtenons

$$\sum_{j=0}^{\infty} C_j^{(+)} E_j \varphi_j - (E_0 + \hbar\omega) \sum_{j=0}^{\infty} C_j^{(+)} \varphi_j = +\frac{ez}{2i} \psi_0 \, . \tag{15}$$

La multiplication par φ_k^* puis l'intégration donnent :

$$sC_k^{(+)}(E_k - E_0 - \hbar\omega) = +\frac{1}{2i} \langle \varphi_k |ez| \psi_0 \rangle \quad \text{et} \tag{16}$$

$$w_+(r) = +\frac{e}{2i} \sum_{j=1}^{\infty} \frac{\langle \varphi_j | z | \psi_0 \rangle}{E_j - E_0 - \hbar\omega} \varphi_j(r) \tag{17}$$

de même,

$$w_-(r) = -\frac{e}{2i} \sum_{j=1}^{\infty} \frac{\langle \varphi_j | z | \psi_0 \rangle}{E_j - E_0 + \hbar\omega} \varphi_j(r) \, . \tag{18}$$

Par conséquent, nous pouvons écrire les fonctions d'onde

$$\psi(r, t) = \left[\psi_0(r) + \frac{eF_0}{2i} \sum_{j=1}^{\infty} \varphi_j(r) \langle \varphi_j |z| \psi_0 \rangle \right.$$
$$\left. \times \left(\frac{e^{-i\omega t}}{E_j - E_0 - \hbar\omega} - \frac{e^{i\omega t}}{E_j - E_0 + \hbar\omega} \right) \right] \exp\left(-\frac{i}{\hbar} E_0 t \right) \, . \tag{19}$$

(c) Le moment dipolaire moyen dans la direction du champ est

$$-e \langle \psi |z| \psi \rangle = -\frac{e^2 F_0}{2i} \sum_{j=1}^{\infty} | \langle \varphi_j |z| \psi_0 \rangle |^2$$

$$\times \left(\frac{e^{-i\omega t}}{E_j - E_0 - \hbar\omega} - \frac{e^{i\omega t}}{E_j - E_0 + \hbar\omega} \right) + \frac{e^2 F_0}{2i} \sum_{j=1}^{\infty} | \langle \varphi_j |z| \psi_0 \rangle |^2$$

$$\times \left(\frac{e^{i\omega t}}{E_j - E_0 - \hbar\omega} - \frac{e^{-i\omega t}}{E_j - E_0 + \hbar\omega} \right) + O(F_0^2) \, , \tag{20}$$

et de là

$$\bar{p} = \frac{e^2 F_0}{2\mathrm{i}} \sum_{j=1}^{\infty} |\langle \varphi_j |z| \psi_0 \rangle|^2 2\mathrm{i} \sin \omega t \frac{2(E_j - E_0)}{(E_j - E_0)^2 - \hbar^2 \omega^2} \,. \tag{21}$$

En l'absence du champ ($F_0 = 0$), seul l'état fondamental $\psi_0 = \varphi_{j=0}$ est peuplé, dont le moment dipolaire s'annule :

$$\langle \psi_0 |z| \psi_0 \rangle = 0 \,.$$

Par conséquent, c'est le champ électrique de l'onde de lumière qui polarise partiellement les atomes ou les molécules. Ceci est assez raisonnable et est attendu intuitivement.

Avec $\hbar \omega_j = E_j - E_0$ et *la force d'oscillateur*

$$f_j = \frac{2m_\mathrm{e}}{\hbar} |\langle \varphi_j |z| \psi_0 \rangle|^2 \omega_j$$

(où m_e = masse de l'électron), nous obtenons pour la constante diélectrique

$$\varepsilon F_0 \boldsymbol{e}_z \sin \omega t = F_0 \boldsymbol{e}_z \sin \omega t + \boldsymbol{e}_z \frac{8\pi N e^2}{\hbar}$$

$$\times \sum_{j=1}^{\infty} |\langle \varphi_j |z| \psi_0 \rangle|^2 \frac{\omega_j}{\omega_j^2 - \omega^2} F_0 \sin \omega t$$

$$= \left(1 + \frac{4\pi N e^2}{m_\mathrm{e}} \sum_{j=1}^{\infty} \frac{f_j}{\omega_j^2 - \omega^2} \right) F_0 \sin \omega t \boldsymbol{e}_z \,. \tag{22}$$

D'où,

$$\varepsilon(\omega) = 1 + \frac{4\pi N e^2}{m_\mathrm{e}} \sum_{j=1}^{\infty} \frac{f_j}{\omega_j^2 - \omega^2} \,. \tag{23}$$

Ceci correspond à l'expression classique de la constante diélectrique.

Puisque, en bonne approximation, l'indice de réfraction n est lié à la constante diélectrique par $n^2 = \varepsilon$, la relation (23) ci-dessus peut être considéré

L'indice de réfraction n dans le domaine de la dispersion anormale dans le cas de la réfraction (**a**) positive et (**b**) négative

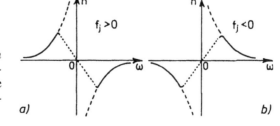

a)   b)

comme le calcul quantique de l'*indice de réfraction*. Contrairement à l'expression classique, la force d'oscillateur quantique

$$f_j = \frac{2m_e}{\hbar^2} |\langle \varphi_j | z | \varphi_0 \rangle|^2 (E_j - E_0) \tag{24}$$

peut aussi avoir des valeurs négatives si l'atome ou la molécule se trouve initialement dans un état excité. Ceci conduit au phénomène de *réfraction négative* (voir figure dans la page précédente).

Exercice 11.11

11.7 Notes biographiques

STARK, Johannes, physicien allemand, *15.4.1874 Schickenhof, à Thansüß, district d'Amberg, † 21.6.1957 Traunstein. Stark devint professeur à Hannovre ; en 1909 il vint à Aix-la-Chapelle, en 1917, à Greifswald et en 1920, à Würzburg. Il a créé le «Jahrbuch der Radioaktivität und Elektronik» en 1904 et en 1905 il découvrit l'*effet Doppler* optique dans les rayons canaux et en 1913 l'*effet Stark*. Il fut lauréat du Prix Nobel en 1919. En 1933 il devint président de la «Notgemeinschaft der Deutschen Wissenschaft». Il était un ami de P. Lenard et un défenseur de la «physique allemande» ; et de ce fait rejeta la théorie quantique et la théorie de la relativité comme "produits de la pensée juive".

HOFSTADTER, Robert, physicien américain, *5.2.1915 New York, † 17.11.1990 Stanford. Hofstadter est professeur à l'université Stanford, Californie. Il a étudié des problèmes de la structure moléculaire et a contribué au développement des détecteurs à scintillation. Il a démontré que le proton et le neutron ont une dimension et une structure finie. En examinant la diffusion d'électrons par des noyaux, il réussit à déterminer la distribution de charge non seulement pour les protons et les neutrons, mais systématiquement pour beaucoup d'autres noyaux du système périodique. Pour cette recherche, Hofstadter se vit décerner le Prix Nobel de Physique en 1961, en même temps que R. Mössbauer.

BRIX, Peter, physicien allemand, *20.10.1918 Kappeln/Schlei. Il fut professeur à Darmstadt de 1957 à 1973, puis directeur à l'Institut Max-Planck de Heidelberg. Ensemble avec Kopfermann, il étudia le déplacement isotopique et construisit le premier accélérateur à électrons allemand à Darmstadt, auprès duquel avec ses collègues, il mesura précisément les distributions de charge de noyaux.

12. Spin

Nous avons souvent évoqué le spin dans nos précédentes considérations. Dans ce chapitre, nous discuterons de l'évidence expérimentale de l'existence du spin et nous développerons sa description mathématique.

Comme le principe de Pauli, le spin est un phénomène qui se manifesta pour la première fois en mécanique quantique et qui n'a pas d'équivalent en mécanique classique. L'électron est la première particule élémentaire dont le spin fut détecté. À la suite de plusieurs expériences, qui n'ont pas pu être interprétées en termes de mécanique classique, **Goudsmit** et **Uhlenbeck** formulèrent l'hypothèse suivante en 1925 :

Tout électron possède un moment angulaire intrinsèque (spin) égal à $\frac{1}{2}\hbar$, qui correspond à un moment magnétique d'un magnéton de Bohr, $\mu_B = |e|\hbar/2mc$.

Dans la suite nous allons décrire succinctement trois expériences particulières. Dans le premier chapitre, nous avons mentionné l'expérience de Stern et Gerlach (1922) comme un exemple de la quantification du moment angulaire.[1] La figure 12.1 montre le principe de l'expérience. Un faisceau d'atomes d'hydrogène (des atomes d'argent dans l'expérience originale) traverse une région où règne un champ magnétique inhomogène. Les atomes sont dans leur état fondamental, ce qui implique que leurs électrons sont dans l'état $1s$; par conséquent leur moment angulaire orbital est nul. De ce fait, ces atomes ne devraient pas avoir de moment magnétique. Néanmoins, *une séparation du faisceau en deux composantes est observée*, ainsi que le montre la distribution d'intensité donnée dans le chapitre 1. Cette séparation est due à une force[2]

$$\boldsymbol{F} = -\boldsymbol{\nabla}(-\boldsymbol{M}\cdot\boldsymbol{B}) = \boldsymbol{\nabla}(\boldsymbol{M}\cdot\boldsymbol{B}) = (\boldsymbol{M}\cdot\boldsymbol{\nabla})\boldsymbol{B} . \tag{12.1}$$

qui agit sur le moment magnétique $\boldsymbol{M}$ dans le champ magnétique non uniforme $\boldsymbol{B}$. La séparation en deux faisceaux laisse supposer que l'électron possède un

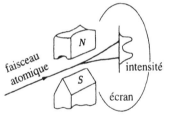

Fig. 12.1. L'expérience de Stern et Gerlach

---

[1] Cette expérience fut réalisée à l'Institut de Physique de l'Université de Francfort. À cette époque O. Stern était «Privatdozent» et travaillait avec le Professeur E. Madelung à l'Institut de Physique Théorique. W. Gerlach était «Dozent» à l'Institut de Physique expérimentale.

[2] Voir J.D. Jackson : *Classical Electrodynamics*, 2nd ed. (Wiley, New York 1975) et W. Greiner : Classical Theoretical Physics : *Classical Electrodynamcis* (Springer, New York 1998).

moment magnétique intrinsèque. Puisque le faisceau se sépare en deux parties d'égales intensités, tous les électrons ont un moment magnétique de même valeur absolue et deux orientations possibles : parallèle et anti-parallèle au champ magnétique.

En principe il est aussi possible que le moment magnétique ait son origine dans le noyau. Mais nous verrons par la suite que le rapport des moments magnétiques des noyaux au magnéton de Bohr est approximativement égal au rapport inverse des masses correspondantes ($m_{\text{électron}}/m_{\text{proton}}$). En effet, une analyse plus fine de l'expérience de Stern et Gerlach révèle une structure fine des lignes due aux moments magnétiques des noyaux.

12.1 Dédoublement de raies spectrales

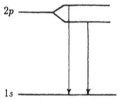

Fig. 12.2. Dédoublement de niveaux

Une preuve supplémentaire de l'existence du spin de l'électron est donnée par la structure en multiplets des spectres atomiques. Prenons, par exemple, la séparation en doublet du sodium. Le sodium possède un électron de valence, la transition de cet électron du premier niveau excité vers le niveau fondamental ($2p \rightarrow 1s$; voir figure 12.2) conduit à deux lignes spectrales adjacentes de 5890 Å et 5896 Å.

Bien que le niveau $2p$ soit de dégénérescence 3 ($m = 0, \pm 1$), la dégénérescence peut être levée par un champ magnétique externe. Cependant, le dédoublement peut même être observé sans champ magnétique externe. Ceci peut être expliqué en admettant l'existence d'un spin de l'électron de la manière suivante.

À cause du champ magnétique du au mouvement orbital des électrons, le moment magnétique intrinsèque – provenant du spin – s'oriente dans deux directions différentes (interaction spin–orbite). Ceci est analogue au dédoublement du faisceau atomique de l'expérience de Stern et Gerlach. La séparation en doublet provient des deux orientations possibles. Le dédoublement des raies spectrales du au spin est observé pour tous les atomes. Le couplage spin–orbite produit des *multiplets de structure fine* .

La grandeur du moment magnétique du au mouvement orbital de l'électron peut être mesurée expérimentalement. C'est un multiple du *magnéton de Bohr* :

$$|M| = \mu_{\text{B}} = |e|\hbar/2mc \ . \tag{12.2}$$

En effet, classiquement le moment magnétique orbital est donné par la relation[3]

$$M = \frac{1}{2c} \int r' \times j(r') \, dV' = \frac{1}{2c} r \times I = \frac{q}{2c} r \times v = \frac{q}{2mc} L \ , \tag{12.3}$$

[3] Voir J.D. Jackson: *Classical Electrodynamics*, 2nd ed. (Wiley, New York 1975) et W. Greiner : Classical Theoretical Physics : *Classical Electrodynamcis* (Springer, New York 1998).

où q est la charge, v la vitesse, m la masse, $j(r') = qv(r')\delta(r' - r)$ est la densité de courant et L le moment cinétique orbital de la particule.

Ainsi que nous l'avons vu au chapitre 4, la composante selon O_z du moment cinétique orbital est quantifiée :

$$m_l = 0, \pm 1, \ldots, l \,. \tag{12.4}$$

Par conséquent, de (12.3) nous attendons que $M_z = \mu_B m_l$. Pour chaque moment cinétique $l\hbar$ il y a $2l+1$ possibilités pour le moment magnétique [c'est-à-dire $(2l+1)$ valeurs pour m_l – voir (12.4)]. Dans le cas du moment cinétique de spin, seulement deux orientations différentes sont possibles. C'est pourquoi, par analogie, nous concluons que la composante du spin parallèle au champ est seulement la moitié de la constante de Planck :

$$S_z = \tfrac{1}{2}\hbar \quad \text{et} \quad S_z = -\tfrac{1}{2}\hbar \,. \tag{12.5}$$

Puisque de $(2l_s + 1) = 2$ on déduit que $l_s = 1/2$, il est clair que le spin de l'électron, c'est-à-dire son moment cinétique intrinsèque, est $\tfrac{1}{2}\hbar$. Ceci expliquerait alors les *deux* orientations observées à la fois dans l'expérience de Stern et Gerlach et lors de la séparation en doublet des lignes spectrales.

Nous disons alors que le spin de l'électron est demi-entier. Cette propriété du spin marque une différence supplémentaire entre moment cinétique orbital et de spin. Un moment cinétique orbital $l\hbar$ a un moment magnétique au plus égal à $l\mu_B$ [voir (12.3)]. En accord avec l'expérience, le spin d'un électron de grandeur $\tfrac{1}{2}\hbar$ implique un moment magnétique de μ_B. Ceci est très surprenant car on s'attendrait à ce que le moment magnétique de spin soit égal à $\tfrac{1}{2}\mu_B$.

Pour résoudre ce dilemme, nous introduisons un facteur g. La relation entre le moment cinétique et le moment magnétique est généralement écrite comme :

$$M = g(q/2mc)J \,, \tag{12.6}$$

où J désigne le moment cinétique orbital ou le spin et q est la charge de la particule. La quantité g est le *facteur gyromagnétique* ou facteur g. Pour le moment cinétique orbital nous avons $g = 1$ [voir (12.3)]. Pour le spin, cependant, $g = 2$. Puisque l'électron est chargé négativement, $q = -e$, son moment magnétique est toujours anti-parallèle à son moment cinétique. Si nous combinons le moment cinétique orbital L et le spin S, pour obtenir le vecteur moment angulaire total J, le moment magnétique total résultant M n'est pas parallèle au moment cinétique à cause de la différence des facteurs gyromagnétiques (voir figure 12.3). Le moment magnétique total M précesse autour du moment angulaire total J. Par conséquent, en moyennant sur le temps, seule la composante parallèle à la direction de J subsiste. (Dans l'exemple 12.3 nous examinerons ce point en détail.)

Dans le cas des noyaux, le «*magnéton nucléaire*» est communément utilisé comme unité de moment magnétique. Il diffère du magnéton de Bohr par le remplacement de la masse de l'électron m par celle du proton m_p dans le dénominateur de (12.2). Ainsi, les moments magnétiques nucléaires sont approximativement plus petits de trois ordres de grandeur que ceux des électrons

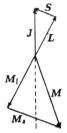

Fig. 12.3. Addition vectorielle des moments cinétiques orbital (L) et de spin (S) et les moments magnétiques correspondants M_l et M_s. Le moment magnétique total résultant M – à cause du facteur g de spin $g = 2$ – n'est pas colinéaire au moment angulaire total J. Ceci entraîne la précession de M autour de J

atomiques. L'interaction entre le moment nucléaire et le moment électronique produit la *structure hyperfine des spectres*.

12.2 L'expérience d'Einstein–de Haas

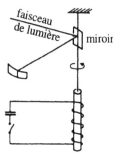

Fig. 12.4. Expérience de Einstein–de Haas

Lorsqu'un barreau de fer est aimanté, non seulement les moments magnétiques élémentaires, mais aussi les moment cinétiques élémentaires qui les produisent, changent et sont orientés. À cause de la conservation du moment cinétique, le barreau aimanté dans son ensemble modifie aussi son moment cinétique macroscopique. De l'aimantation et du moment cinétique du barreau aimanté, on peut alors déterminer le facteur gyromagnétique.

Cette idée a conduit Einstein et *de Haas* en 1915 à imaginer une expérience permettant de mesurer le rapport gyromagnétique (voir figure 12.4). Un cylindre ferromagnétique suspendu par son axe dans l'axe d'un solénoïde, subit une impulsion de rotation lorsqu'on l'aimante en envoyant un courant électrique dans le solénoïde. Le moment cinétique L correspondant est mesuré. Supposons que N électrons de moment angulaire élémentaire j contribuent à l'aimantation. Alors nous avons

$$Nj + L = 0 \rightarrow L = -Nj \tag{12.7}$$

et pour l'aimantation correspondante

$$M_{\text{bar}} = N M_{\text{électron}} = Ng(e/2mc)j = -g(e/2mc)L = +g(\mu_B/\hbar)L \ . \tag{12.8}$$

En mesurant les quantités macroscopiques L et M_{bar}, nous pouvons déterminer le rapport gyromagnétique g des moments magnétiques élémentaires et les moments cinétiques qui les produisent. L est mesuré par la déviation du rayon de lumière (voir figure 12.4); M_{bar} est déterminé par l'aimantation résiduelle (après étalonnage).

Du résultat de l'expérience d'Einstein–de Haas, on déduit un moment magnétique de $+2\mu_B$; soit $g = 2$. Le signe moins provient de la charge négative des électrons. Cette valeur de deux magnétons de Bohr, exclut l'hypothèse selon laquelle le moment cinétique orbital est à l'origine du ferromagnétisme et peut seulement être expliqué par l'existence d'un spin de l'électron.

Une autre conclusion peut être tirée de cette expérience : l'aimantation du barreau de fer ne provient pas de monopoles magnétiques élémentaires , mais est due aux courants électriques produits par les moments cinétiques.

Signalons aussi l'effet Barnett : un corps ferromagnétique désaimanté acquiert un moment magnétique lorsqu'on le met en rotation rapide. Des mesures analogues permettent également de déterminer une valeur voisine de 2 pour le facteur g.

Remarquons enfin que la détermination précise du facteur g de l'électron, résulte de mesures de dédoublement de raies spectrales et aussi de l'expérience de Rabi, que nous discuterons ci-dessous dans l'exemple 12.2.

12.3 Description mathématique du spin

Le spin est un moment cinétique ; par conséquent, sa description mathématique est analogue au formalisme du moment cinétique orbital, que nous avons étudié précédemment.[4] Dans ce chapitre nous traiterons de quelques propriétés particulières qui résultent du fait que le spin est demi-entier et qu'il ne peut s'orienter que dans une de deux directions.

Des expériences suggèrent l'existence d'un vecteur de spin $\hat{\boldsymbol{S}} = \{\hat{S}_x, \hat{S}_y, \hat{S}_x\}$, qui a trois composantes : $\hat{S}_x$, $\hat{S}_y$ et $\hat{S}_z$; ce devrait être un opérateur vectoriel de moment cinétique. La propriété caractéristique des opérateurs de moment cinétique est traduite par leurs relations de commutation . C'est pourquoi nous exigeons que $\hat{S}_x$, $\hat{S}_y$, $\hat{S}_z$ obéissent aux *mêmes relations de commutation que les opérateurs* $\hat{L}_x$, $\hat{L}_y$, $\hat{L}_z$ du moment cinétique. Ceci traduit le fait que le spin est un moment cinétique. D'où,

$$\hat{S}_x\hat{S}_y - \hat{S}_y\hat{S}_x = i\hbar\hat{S}_z ,$$
$$\hat{S}_y\hat{S}_z - \hat{S}_z\hat{S}_y = i\hbar\hat{S}_x ,$$
$$\hat{S}_z\hat{S}_x - \hat{S}_x\hat{S}_z = i\hbar\hat{S}_y , \tag{12.9}$$

ou, en posant $\{\hat{S}_1, \hat{S}_2, \hat{S}_3\} \equiv \{\hat{S}_x, \hat{S}_y, \hat{S}_z\}$,

$$\hat{S}_i\hat{S}_j - \hat{S}_j\hat{S}_i = i\hbar\varepsilon_{ijk}\hat{S}_k . \tag{12.10}$$

Ici, ε_{ijk} est le tenseur complètement antisymétrique

$$\varepsilon_{ijk} = \begin{cases} +1 & \text{pour les permutations paires de } 1, 2, 3 \\ 0 & \text{pour 2 ou plus d'indices égaux} \\ -1 & \text{pour les permutations impaires de } 1, 2, 3 . \end{cases} \tag{12.11}$$

Avec ce tenseur ε_{ijk}, le produit de deux vecteurs $\boldsymbol{A} = \{A_i\}$ et $\boldsymbol{B} = \{B_i\}$ peut s'écrire comme

$$(\boldsymbol{A} \times \boldsymbol{B})_k = \sum_{i,j} \varepsilon_{ijk} A_i B_j . \tag{12.12}$$

De plus, les opérateurs $\hat{S}_i$ doivent être hermitiques, c'est-à-dire $\hat{S}_i = \hat{S}_i^+$, pour assurer que leurs valeurs moyennes sont réelles.

Pour la représentation de ces opérateurs, on utilise habituellement les matrices de ***Pauli*** $\hat{\sigma}_i$. Pour exclure le facteur $\frac{1}{2}\hbar$ de ces équations, nous les définissons de la manière suivante :

$$\hat{S}_x = \tfrac{1}{2}\hbar\hat{\sigma}_x , \quad \hat{S}_y = \tfrac{1}{2}\hbar\hat{\sigma}_y , \quad \hat{S}_z = \tfrac{1}{2}\hbar\hat{\sigma}_z . \tag{12.13}$$

---

[4] Nous traiterons l'algèbre du moment cinétique orbital en détail, quand nous discuterons des symétries dans W. Greiner, B. Müller : *Mécanique quantique – Symétries* (Springer, Berlin, Heidelberg 1999).

Ainsi, les relations de commutation (12.9) prennent la forme :

$$\hat{\sigma}_x\hat{\sigma}_y - \hat{\sigma}_y\hat{\sigma}_x = 2\mathrm{i}\hat{\sigma}_z \,,$$
$$\hat{\sigma}_y\hat{\sigma}_z - \hat{\sigma}_z\hat{\sigma}_y = 2\mathrm{i}\hat{\sigma}_x \,,$$
$$\hat{\sigma}_z\hat{\sigma}_x - \hat{\sigma}_x\hat{\sigma}_z = 2\mathrm{i}\hat{\sigma}_y \,; \qquad (12.14)$$

ou, sous une forme plus compacte,

$$\hat{\sigma}_i\hat{\sigma}_j - \hat{\sigma}_j\hat{\sigma}_i = 2\mathrm{i}\varepsilon_{ijk}\hat{\sigma}_k \,. \qquad (12.15)$$

Parce que les composantes du spin $\hat{S}_i$, à cause de leur deux possibilités d'orientation, ont seulement deux valeurs propres, $\pm\frac{1}{2}\hbar$, les matrices de spin doivent être des matrices 2×2 qui ont – comme nous le savons – exactement deux valeurs propres. Dans la suite, nous prendrons la direction O_z comme « direction de quantification » (axe de quantification). Alors l'axe z est l'axe par rapport auquel le spin est orienté. Mathématiquement, ceci signifie que les fonctions de spin sont données comme les fonctions propres de la matrice $\hat{\sigma}_z$.

La matrice $\hat{\sigma}_z$ est diagonale dans sa représentation propre et a les valeurs propres ± 1 comme éléments diagonaux :

$$\hat{\sigma}_z = \begin{pmatrix} 1 & 0 \\ 0 & -1 \end{pmatrix} \quad \text{et} \quad \hat{\sigma}_z^2 = \begin{pmatrix} 1 & 0 \\ 0 & 1 \end{pmatrix} = \mathbf{1} \,. \qquad (12.16)$$

Pour les matrices $\hat{\sigma}_x$ et $\hat{\sigma}_y$, des relations analogues valent dans leurs représentations propres. Puisque la matrice unité reste inchangée quand nous changeons de représentation, l'identité

$$\hat{\sigma}_x^2 = \hat{\sigma}_y^2 = \hat{\sigma}_z^2 = \mathbf{1} \qquad (12.17)$$

est généralement vérifiée. Pour obtenir les matrices $\hat{\sigma}_x$ et $\hat{\sigma}_y$ dans les représentations propres de $\hat{\sigma}_z$, nous partons des relations de commutation (12.14). En multipliant la seconde équation de (12.14) à gauche et à droite par $\hat{\sigma}_y$, et en les additionnant, nous obtenons

$$2\mathrm{i}(\hat{\sigma}_x\hat{\sigma}_y + \hat{\sigma}_y\hat{\sigma}_x) = (\hat{\sigma}_y\hat{\sigma}_z - \hat{\sigma}_z\hat{\sigma}_y)\hat{\sigma}_y + \hat{\sigma}_y(\hat{\sigma}_y\hat{\sigma}_z - \hat{\sigma}_z\hat{\sigma}_y)$$
$$= \hat{\sigma}_y^2\hat{\sigma}_z - \hat{\sigma}_z\hat{\sigma}_y^2 = 0 \qquad (12.18)$$

si nous tenons aussi compte de (12.17). Ceci signifie que, indépendamment de la représentation, nous avons

$$\hat{\sigma}_x\hat{\sigma}_y + \hat{\sigma}_y\hat{\sigma}_x = 0 \qquad (12.19)$$

et de même pour les autres composantes.

Les matrices de Pauli sont *anticommutatives*. Ces relations peuvent aussi être écrites sous la forme :

$$[\hat{\sigma}_x, \hat{\sigma}_y]_+ = [\hat{\sigma}_y, \hat{\sigma}_z]_+ = [\hat{\sigma}_z, \hat{\sigma}_x]_+ = 0 \,. \qquad (12.20)$$

Les relations (12.17) et (12.20) peuvent être combinées sous la forme compacte :

$$\hat{\sigma}_i \hat{\sigma}_j + \hat{\sigma}_j \hat{\sigma}_i = 2\delta_{ij} . \tag{12.21}$$

Pour calculer les matrices $\hat{\sigma}_x$ et $\hat{\sigma}_y$ explicitement, nous écrivons :

$$\hat{\sigma}_x = \begin{pmatrix} a_{11} & a_{12} \\ a_{21} & a_{22} \end{pmatrix} , \quad \hat{\sigma}_y = \begin{pmatrix} b_{11} & b_{12} \\ b_{21} & b_{22} \end{pmatrix} . \tag{12.22}$$

Des relations d'anticommutation (12.20) de $\hat{\sigma}_x$ et $\hat{\sigma}_y$ avec $\hat{\sigma}_z$, nous obtenons

$$\begin{pmatrix} a_{11} & a_{12} \\ -a_{21} & -a_{22} \end{pmatrix} = \begin{pmatrix} -a_{11} & a_{12} \\ -a_{21} & a_{22} \end{pmatrix} , \tag{12.23}$$

et ainsi $a_{11} = a_{22} = 0$. Par conséquent,

$$\hat{\sigma}_x = \begin{pmatrix} 0 & a_{12} \\ a_{21} & 0 \end{pmatrix} . \tag{12.24}$$

Puisque les matrices doivent être hermitiques, nous avons $\hat{\sigma}_x = \hat{\sigma}_x^+ = \hat{\sigma}_x^*$ d'où

$$a_{21} = a_{12}^* , \tag{12.25}$$

de sorte que

$$\hat{\sigma}_x = \begin{pmatrix} 0 & a_{12} \\ a_{12}^* & 0 \end{pmatrix} \quad \text{et} \quad \hat{\sigma}_x^2 = \begin{pmatrix} |a_{12}|^2 & 0 \\ 0 & |a_{12}|^2 \end{pmatrix} . \tag{12.26}$$

À cause de (12.17), $\hat{\sigma}_x^2$ doit être $\hat{\mathbb{1}}$; il s'en suit que

$$|a_{12}|^2 = 1 . \tag{12.27}$$

La manière appropriée d'écrire l'élément de matrice est $e^{i\alpha}$, α étant réel.

Pour la matrice $\hat{\sigma}_y$ nous pouvons procéder de manière analogue ; c'est-à-dire nous écrivons les matrices sous la forme

$$\hat{\sigma}_x = \begin{pmatrix} 0 & e^{i\alpha} \\ e^{-i\alpha} & 0 \end{pmatrix} , \quad \hat{\sigma}_y = \begin{pmatrix} 0 & e^{i\beta} \\ e^{-i\beta} & 0 \end{pmatrix} . \tag{12.28}$$

Par application de la relation d'anticommutation (12.20) à $\hat{\sigma}_x$ et $\hat{\sigma}_y$ nous obtenons

$$\begin{pmatrix} e^{i(\alpha-\beta)} & 0 \\ 0 & e^{-i(\alpha-\beta)} \end{pmatrix} = - \begin{pmatrix} e^{-i(\alpha-\beta)} & 0 \\ 0 & e^{i(\alpha-\beta)} \end{pmatrix} , \tag{12.29}$$

ou

$$e^{i(\alpha-\beta)} = -e^{-i(\alpha-\beta)} \rightarrow e^{2i(\alpha-\beta)} = -1 . \tag{12.30}$$

D'où, $\alpha - \beta = \frac{1}{2}\pi$. Toutes les relations peuvent être satisfaites, si seulement la dernière l'est. Par conséquent, nous posons

$$\alpha = 0 , \quad \beta = -\tfrac{1}{2}\pi , \tag{12.31}$$

et obtenons les matrices de Pauli dans la représentation $\hat{\sigma}_z$:

$$\hat{\sigma}_x = \begin{pmatrix} 0 & 1 \\ 1 & 0 \end{pmatrix} , \quad \hat{\sigma}_y = \begin{pmatrix} 0 & -i \\ i & 0 \end{pmatrix} , \quad \hat{\sigma}_z = \begin{pmatrix} 1 & 0 \\ 0 & -1 \end{pmatrix} . \tag{12.32}$$

La matrice unité avec les matrices de Pauli constitue un ensemble de quatre matrices linéairement indépendantes, qui peuvent être prises comme base dans l'espace des matrices à deux dimensions (comparez avec l'exercice 13.1). Elles conviennent également pour la description d'autres quantités physiques qui n'apparaissent que dans deux états distincts. Précisément pour cette raison, nous retrouvons les matrices de Pauli dans le formalisme de l'*isospin*, qui décrit les états «proton» et «neutron» d'un nucléon.

Le spin total est

$$\begin{aligned}
\mathbf{S}^2 &= \hat{S}_x^2 + \hat{S}_y^2 + \hat{S}_z^2 = \frac{\hbar^2}{4}(\hat{\sigma}_x^2 + \hat{\sigma}_y^2 + \hat{\sigma}_z^2) \\
&= \frac{3}{4}\hbar^2 \hat{\mathbb{1}} = \frac{1}{2}\left(\frac{1}{2}+1\right)\hbar^2 \hat{\mathbb{1}} ,
\end{aligned} \tag{12.33}$$

en complète analogie avec le formalisme du moment cinétique orbital. Les relations de commutation (12.9), entraînent aussi que $[\mathbf{S}^2, \hat{S}_i]_- = 0$, c'est-à-dire chaque composante du spin commute avec le carré du spin total.[5] Bien sûr, ceci se déduit aussi de (12.32) et (12.33), puisque la matrice unité commute avec toute autre matrice. Puisque $\hat{S}^2$ est proportionnel à la matrice unité, il devient évident que

$$[\hat{S}^2, \hat{S}_i]_- = 0$$

vaut pour tout $\hat{S}_i$.

12.4 Fonctions d'onde avec spin

En prenant en compte le spin, nous attribuons un degré de liberté supplémentaire à une particule. Pour décrire ce degré de liberté, nous introduisons la composante S_z du spin dans la direction z comme argument de la fonction d'onde. La composante S_z peut seulement prendre deux valeurs, à savoir

---

[5] A cette fin, les conclusions tirées dans chapitre 4 peuvent ici être répétées point par point.

$\pm \frac{1}{2}\hbar$. Par conséquent, la fonction d'onde, dans l'espace des coordonnées, a la représentation suivante

$$\psi = \psi(\boldsymbol{r}, S_z, t) \, . \tag{12.34}$$

Puisque S_z ne prend que deux valeurs, les fonctions d'onde avec spin sont représentées par des vecteurs colonne à deux composantes, les (*spineurs*). Ceci est en accord avec le fait que les opérateurs de spin $\hat{S}_i$ sont représentés par des matrices 2×2. Les deux composantes du spineur sont

$$\psi_1(\boldsymbol{r}, t) = \psi(\boldsymbol{r}, +\frac{1}{2}\hbar, t) \, , \quad \psi_2(\boldsymbol{r}, t) = \psi(\boldsymbol{r}, -\frac{1}{2}\hbar, t) \, , \tag{12.35}$$

alors que la fonction d'onde complète est

$$\begin{aligned} \Psi = \begin{pmatrix} \psi_1(\boldsymbol{r}, t) \\ \psi_2(\boldsymbol{r}, t) \end{pmatrix} &= \psi_1(\boldsymbol{r}, t)\chi_+ + \psi_2(\boldsymbol{r}, t)\chi_- \\ &= \psi_1(\boldsymbol{r}, t) \begin{pmatrix} 1 \\ 0 \end{pmatrix} + \psi_2(\boldsymbol{r}, t) \begin{pmatrix} 0 \\ 1 \end{pmatrix} \, . \end{aligned} \tag{12.36}$$

L'introduction de fonctions produit pour les deux composantes, c'est-à-dire

$$\psi_1(\boldsymbol{r}, t)\chi_+ = \psi_1(\boldsymbol{r}, t) \begin{pmatrix} 1 \\ 0 \end{pmatrix} \quad \text{et} \quad \psi_2(\boldsymbol{r}, t)\chi_- = \psi_2(\boldsymbol{r}, t) \begin{pmatrix} 0 \\ 1 \end{pmatrix} \, , \tag{12.37}$$

est particulièrement commode. Les fonctions $\chi_\pm$ indiquent seulement l'état du spin, c'est-à-dire «spin up» ou «spin down». $|\psi_1|^2$ est manifestement la probabilité de trouver un électron avec un «spin up» à la position $\boldsymbol{r}$ à l'instant t. Réciproquement, $|\psi_2|^2$ est la probabilité de trouver un électron avec un «spin down» au point $\boldsymbol{r}$ à l'instant t. Cette interprétation suggère que la probabilité totale de trouver un électron, indépendamment de la direction de son spin, doit être 1 ; ainsi,

$$\begin{aligned} \int (|\psi_1(\boldsymbol{r}, t)|^2 + |\psi_2(\boldsymbol{r}, t)|^2) \, \mathrm{d}V &= \int (\psi_1^* \psi_2^*) \begin{pmatrix} \psi_1 \\ \psi_2 \end{pmatrix} \mathrm{d}V \\ &= \int \Psi^+ \Psi(\boldsymbol{r}, t) \, \mathrm{d}V = 1 \, . \end{aligned} \tag{12.38}$$

La notation spineur offre une formulation claire de la manière dont les opérateurs de spin, écrits sous forme de matrices de Pauli, agissent sur les spineurs. Les états propres de l'opérateur $\hat{\sigma}_z$ sont

$$\hat{\sigma}_z \begin{pmatrix} \psi_1 \\ 0 \end{pmatrix} = \begin{pmatrix} 1 & 0 \\ 0 & -1 \end{pmatrix} \begin{pmatrix} \psi_1 \\ 0 \end{pmatrix} = (+1) \begin{pmatrix} \psi_1 \\ 0 \end{pmatrix} \quad \text{et} \tag{12.39}$$

$$\hat{\sigma}_z \begin{pmatrix} 0 \\ \psi_2 \end{pmatrix} = \begin{pmatrix} 1 & 0 \\ 0 & -1 \end{pmatrix} \begin{pmatrix} 0 \\ \psi_2 \end{pmatrix} = (-1) \begin{pmatrix} 0 \\ \psi_2 \end{pmatrix} \, . \tag{12.40}$$

Les fonctions de spin $\chi_\pm$ sont des *spineurs unité* :

$$\chi_+ = \begin{pmatrix} 1 \\ 0 \end{pmatrix} \quad \text{et} \quad \chi_- = \begin{pmatrix} 0 \\ 1 \end{pmatrix} \, . \tag{12.41}$$

Manifestement,

$$\begin{pmatrix} \psi_1 \\ 0 \end{pmatrix} = \psi_1 \chi_+ \quad \text{ou} \quad \begin{pmatrix} 0 \\ \psi_2 \end{pmatrix} = \psi_2 \chi_- . \tag{12.42}$$

Les spineurs unité, comme on peut le constater, sont les fonctions propres de l'opérateur de spin $\hat{\sigma}_z$ respectivement de valeurs propres $+1$ et -1 :

$$\hat{\sigma}_z \chi_+ = (+1)\chi_+ \quad \text{et} \quad \hat{\sigma}_z \chi_- = (-1)\chi_+ . \tag{12.43}$$

Écrivons un opérateur de spin quelconque, sous la forme

$$\hat{S} = \begin{pmatrix} S_{11} & S_{12} \\ S_{21} & S_{22} \end{pmatrix} . \tag{12.44}$$

Si nous utilisons la représentation matricielle, un opérateur agit sur une fonction de spin par multiplication de matrice (voir chapitre 10) :

$$\Phi = \hat{S}\Psi , \quad \text{où} \quad \Phi = \begin{pmatrix} \varphi_1 \\ \varphi_2 \end{pmatrix} \quad \text{et} \quad \Psi = \begin{pmatrix} \psi_1 \\ \psi_2 \end{pmatrix} . \tag{12.45}$$

Sous une forme plus détaillée, cette relation s'écrit

$$\begin{pmatrix} \varphi_1 \\ \varphi_2 \end{pmatrix} = \begin{pmatrix} S_{11} & S_{12} \\ S_{21} & S_{22} \end{pmatrix} \begin{pmatrix} \psi_1 \\ \psi_2 \end{pmatrix} = \begin{pmatrix} S_{11}\psi_1 + S_{12}\psi_2 \\ S_{21}\psi_1 + S_{22}\psi_2 \end{pmatrix} ; \tag{12.46}$$

ou, pour chaque composante :

$$\begin{aligned} \varphi_1 &= S_{11}\psi_1 + S_{12}\psi_2 , \\ \varphi_2 &= S_{21}\psi_1 + S_{22}\psi_2 . \end{aligned} \tag{12.47}$$

La valeur moyenne d'un opérateur est définie par [comparez avec (10.94)]

$$\langle \hat{S} \rangle = \int \Psi^+ \hat{S} \Psi \, dV . \tag{12.48}$$

Si les fonctions d'onde sont des spineurs, nous devons utiliser les fonctions d'onde conjuguées hermitiques au lieu des conjuguées complexes [voir (10.26)], soit

$$\begin{pmatrix} \psi_1 \\ \psi_2 \end{pmatrix}^+ = (\psi_1^* \, \psi_2^*) . \tag{12.49}$$

La valeur moyenne se calcule alors aisément :

$$\langle \hat{S}(t) \rangle = \int \langle \hat{S}(r, t) \rangle \, dV = \int \Psi^+ \hat{S}(r, t) \Psi \, dV , \tag{12.50}$$

avec

$$\begin{aligned} \langle \hat{S}(r, t) \rangle &= \Psi^+ S \Psi \\ \langle \hat{S}(r, t) \rangle &= (\psi_1^* \, \psi_2^*) \begin{pmatrix} S_{11} & S_{12} \\ S_{21} & S_{22} \end{pmatrix} \begin{pmatrix} \psi_1 \\ \psi_2 \end{pmatrix} , \\ \langle \hat{S}(r, t) \rangle &= \psi_1^* S_{11} \psi_1 + \psi_1^* S_{12} \psi_2 + \psi_2^* S_{21} \psi_1 + \psi_2^* S_{22} \psi_2 . \end{aligned} \tag{12.51}$$

Ici, $\langle \hat{S}(r,t) \rangle$ est la valeur moyenne de l'opérateur de spin (moyenné sur les directions du spin) au point r et à l'instant t. D'autre part, $\langle \hat{S}(t) \rangle$ est la moyenne sur les directions du spin *et* chaque point à l'instant t.

Appliquons ceci au calcul de la valeur moyenne des matrices de Pauli sur les deux états de spin possibles. Pour la composante x, nous avons

$$\langle \sigma_x(r,t) \rangle = \Psi^+ \hat{\sigma}_x \Psi = (\psi_1^* \psi_2^*) \begin{pmatrix} 0 & 1 \\ 1 & 0 \end{pmatrix} \begin{pmatrix} \psi_1 \\ \psi_2 \end{pmatrix} = \psi_1^* \psi_2 + \psi_2^* \psi_1 \,. \quad (12.52)$$

De manière similaire pour la composante y

$$\langle \hat{\sigma}_y \rangle = (\psi_1^* \psi_2^*) \begin{pmatrix} 0 & -i \\ i & 0 \end{pmatrix} \begin{pmatrix} \psi_1 \\ \psi_2 \end{pmatrix} = -i\psi_1^* \psi_2 + i\psi_2^* \psi_1 \quad \text{et} \quad (12.53)$$

$$\langle \hat{\sigma}_z \rangle = (\psi_1^* \psi_2^*) \begin{pmatrix} 1 & 0 \\ 0 & -1 \end{pmatrix} \begin{pmatrix} \psi_1 \\ \psi_2 \end{pmatrix} = \psi_1^* \psi_1 - \psi_2^* \psi_2 \,. \quad (12.54)$$

12.5 L'équation de Pauli

Dans le chapitre 9 nous avons établi le hamiltonien d'un électron (charge e) en mouvement dans un champ électromagnétique sans tenir compte du spin. Le hamiltonien est :

$$\hat{H}_0 = \frac{1}{2m} \left(\hat{p} - \frac{e}{c} A \right)^2 + e\phi \,, \quad (12.55)$$

où A est le potentiel vecteur et ϕ le potentiel scalaire. Puisque le spin interagit avec le champ magnétique, l'électron acquiert une énergie potentielle supplémentaire. Son moment magnétique est

$$\hat{M} = g \left(\frac{-|e|}{2mc} \right) \hat{S} = 2 \left(\frac{-|e|}{2mc} \right) \hat{S} = -\mu_B \hat{\sigma} \,, \quad (12.56)$$

$\mu_B = (|e|\hbar/2mc)$ et son énergie potentielle dans le champ magnétique est[6]

$$U = -M \cdot B \,. \quad (12.57)$$

Le hamiltonien d'un électron avec spin, prend la forme suivante :

$$\hat{H} = \hat{H}_0 + \mu_B \hat{\sigma} \cdot B \,. \quad (12.58)$$

Nous pouvons ici utiliser le facteur g de l'électron ($g = 2$), que nous avons étudié précédemment. Avec cet hamiltonien [(12.55) et (12.58)], nous obtenons l'équation de Schrödinger d'une particule avec spin, connue sous le nom d'*équation de Pauli*,

---

[6] Voir J.D. Jackson : *Classical Electrodynamics*, 2nd ed. (Wiley, New York 1975) et W. Greiner : Classical Theoretical Physics : *Classical Electrodynamics* (Springer, New York 1998).

$$\left[\frac{1}{2m}\left(\hat{p}-\frac{e}{c}A\right)^2+e\phi+\mu_{\mathrm{B}}\hat{\sigma}\cdot B\right]\Psi=\mathrm{i}\hbar\frac{\partial\Psi}{\partial t}\,,\qquad(12.59)$$

où

$$\Psi=\begin{pmatrix}\psi_1\\\psi_2\end{pmatrix}\qquad(12.60)$$

sont les *fonctions d'onde du spineur*. De telles fonctions d'onde à deux composantes, sont appelées des *spineurs* ; parfois elles sont appelées *spineurs à deux composantes* pour les distinguer des *spineurs à quatre composantes* qui interviennent dans la théorie quantique relativiste[7].

Ainsi, l'équation de Pauli est un système de deux équations différentielles couplées pour ψ_1 et ψ_2, qui décrivent des électrons dont la composante du spin est respectivement parallèle ou antiparallèle à l'axe z. Grâce à la forme des matrices de spin de Pauli, nous pouvons constater que le système (12.59) est découplé pour $\hat{\sigma}_z$ et couplé seulement par $\hat{\sigma}_x$ et $\hat{\sigma}_y$. Dans la suite nous calculerons la densité de courant qui résulte de l'équation du spineur (12.59). Pour ce faire, nous l'écrivons sous la forme

$$\mathrm{i}\hbar\frac{\partial\Psi}{\partial t}=\hat{H}_0\Psi+\mu_{\mathrm{B}}\hat{\sigma}\cdot B\Psi\,.\qquad(12.61)$$

L'équation adjointe de (12.61) s'écrit

$$-\mathrm{i}\hbar\frac{\partial\Psi^+}{\partial t}=\hat{H}_0^*\Psi^++\mu_{\mathrm{B}}(\hat{\sigma}\cdot B\Psi)^+=\hat{H}_0^*\Psi^++\mu_{\mathrm{B}}\Psi^+\hat{\sigma}\cdot B\,,\qquad(12.62)$$

parce que $\hat{\sigma}$ est hermitique et que le champ magnétique B est réel. Maintenant, nous multiplions (12.61) à gauche par Ψ^+ et (12.62) à droite par Ψ. Après soustraction, nous obtenons

$$\mathrm{i}\hbar\frac{\partial}{\partial t}\Psi^+\Psi=\Psi^+(\hat{H}_0\Psi)-(\hat{H}_0^*\Psi^+)\Psi\,.\qquad(12.63)$$

Si nous reportons $\hat{H}_0$, tous les termes qui ne contiennent pas d'opérateur s'éliminent, soit

$$\mathrm{i}\hbar\frac{\partial}{\partial t}\Psi^+\Psi=-\frac{\hbar^2}{2m}[\Psi^+\nabla^2\Psi-(\nabla^2\Psi^+)\Psi]+\frac{\mathrm{i}\hbar e}{2mc}$$
$$\left\{\Psi^+(\nabla\cdot A+A\cdot\nabla)\Psi\quad+[(\nabla\cdot A+A\cdot\nabla)\Psi^+]\Psi\right\}\,.\qquad(12.64)$$

Le premier terme du membre de droite peut se transformer en :

$$\Psi^+\nabla^2\Psi-\Psi\nabla^2\Psi^+=\mathrm{div}(\Psi^+\nabla\Psi-\Psi\nabla\Psi^+)\,.\qquad(12.65)$$

---

[7] Voir chapitre 13 et W. Greiner: *Relativistic Quantum Mechanics – Wave Equations* (Springer, Berlin, Heidelberg 1990).

Pour le second terme (nous devons faire attention à l'ordre ; Ψ^+ est le premier et Ψ le second facteur!), on a

$$\Psi^+(\nabla \cdot \boldsymbol{A} + \boldsymbol{A} \cdot \nabla)\Psi + [(\nabla \cdot \boldsymbol{A} + \boldsymbol{A} \cdot \nabla)\Psi^+]\Psi$$
$$= 2\Psi^+\Psi \operatorname{div}\boldsymbol{A} + 2\boldsymbol{A} \cdot (\Psi^+\nabla\Psi + (\nabla\Psi^+)\Psi)$$
$$= 2\Psi^+\Psi \operatorname{div}\boldsymbol{A} + 2\boldsymbol{A} \cdot \nabla(\Psi^+\Psi) = 2\operatorname{div}(\boldsymbol{A}\Psi^+\Psi) , \qquad (12.66)$$

Par conséquent, de (12.63) nous déduisons que

$$\mathrm{i}\hbar\frac{\partial}{\partial t}\Psi^+\Psi = -\frac{\hbar^2}{2m}\operatorname{div}[\Psi^+\nabla\Psi - (\nabla\Psi^+)\Psi] + \frac{\mathrm{i}\hbar e}{mc}\operatorname{div}(\boldsymbol{A}\Psi^+\Psi) . \quad (12.67)$$

Ceci est l'équation de continuité sous la forme

$$\frac{\partial w}{\partial t} + \operatorname{div}\boldsymbol{j} = 0 , \qquad (12.68)$$
$$\text{où} \quad w = \Psi^+\Psi \qquad (12.69)$$

est la *densité de probabilité* et

$$\boldsymbol{j} = -\frac{\mathrm{i}\hbar}{2m}[\Psi^+\nabla\Psi - (\nabla\Psi^+)\Psi] - \frac{e}{mc}\boldsymbol{A}\Psi^+\Psi \qquad (12.70)$$

est la *densité de courant* des électrons.

Maintenant nous reportons la fonction d'onde à deux composantes

$$\Psi = \begin{pmatrix} \psi_1 \\ \psi_2 \end{pmatrix} \quad \text{et} \quad \Psi^+ = (\psi_1^*, \psi_2^*) \qquad (12.71)$$

et obtenons

$$w = (\psi_1^*\psi_1 + \psi_2^*\psi_2) \qquad (12.72)$$

et

$$\boldsymbol{j} = \frac{\mathrm{i}\hbar}{2m}(\psi_1\nabla\psi_1^* + \psi_2\nabla\psi_2^* - \psi_1^*\nabla\psi_1 - \psi_2^*\nabla\psi_2)$$
$$- \frac{e}{mc}\boldsymbol{A}(\psi_1^*\psi_1 + \psi_2^*\psi_2) \qquad (12.73)$$

ou, en réarrangeant,

$$\boldsymbol{j} = \frac{\mathrm{i}\hbar}{2m}(\psi_1\nabla\psi_1^* - \psi_1^*\nabla\psi_1) - \frac{e}{mc}\boldsymbol{A}\psi\,\mathrm{d}_1^*\psi_1$$
$$+ \frac{\mathrm{i}\hbar}{2m}(\psi_2\nabla\psi_2^* - \psi_2^*\nabla\psi_2) - \frac{e}{mc}\boldsymbol{A}\psi_2^*\psi_2 . \qquad (12.74)$$

Il s'avère qu'à la fois la densité de probabilité et la densité de courant sont composées additivement des deux directions du spin. En multipliant la *densité de courant de particule* $\boldsymbol{j}$ par la charge e nous obtenons la *densité de courant électrique* $\boldsymbol{j}_{\mathrm{e}}$.

La densité de courant j_e ne contient pas le spin ; c'est plutôt la densité de courant produite par le *mouvement orbital des électrons* (avec un spin différent). Cependant, le spin d'un électron produit aussi un moment magnétique, qui peut être exprimé par un courant correspondant. Nous appellerons *densité de courant de spin* cette partie j_s de la densité de courant. Cette densité de courant ne peut pas apparaître dans une équation de continuité dans laquelle la conservation de la charge est exprimée par des courants de convexion.

Pour calculer la densité de courant de spin j_s, nous partons des équations de Maxwell.

Pour le rotationnel du champ B, nous avons la relation bien connue[8] :

$$\mathbf{rot}\, B = (4\pi/c)(j_e + c\,\mathbf{rot}\, \langle M \rangle) \,. \tag{12.75}$$

Dans ce cas, nous avons remplacé l'*aimantation* par la densité moyenne du moment magnétique $\langle M \rangle$, obtenue en moyennant sur les états de spin. La densité magnétique dipolaire est donnée par

$$\langle M \rangle = -\mu_B \Psi^+ \hat{\sigma} \Psi \,, \tag{12.76}$$

et par conséquent

$$\mathbf{rot}\, B = \left(\frac{4\pi}{c}\right) j = \left(\frac{4\pi}{c}\right)(j_e - c\mu_B\, \mathbf{rot}\, \Psi^+ \hat{\sigma}) = \left(\frac{4\pi}{c}\right)(j_e + j_s) \,. \tag{12.77}$$

La contribution

$$j_s = -c\mu_B\, \mathbf{rot}\, \Psi^+ \hat{\sigma} \Psi \tag{12.78}$$

est le courant produit par les moments magnétiques des électrons et qui leur est équivalent.

EXERCICE

12.1 Précession du spin dans un champ magnétique uniforme

Problème. Déterminez la précession du spin dans un champ magnétique uniforme (voir figure).

Solution. Lorsque qu'une particule chargée se déplace dans un champ magnétique uniforme, elle décrit une trajectoire circulaire autour de la direction du champ avec une fréquence $\omega = 2\omega_L = -eB/mc$, où $-e$ est la charge de

Spin d'une particule et moment magnétique M précessant dans un champ magnétique B

---

[8] Voir J.D. Jackson : *Classical Elektrodynamics*, 2nd ed. (Wiley, New York 1975) et W. Greiner : Classical Theoretical Physics : *Classical Electrodynamics* (Springer, New York 1998).

l'électron. Ceci résulte de l'équilibre entre la force de Lorentz et la force centrifuge :

$$-eBv/c = mr\omega^2 \ . \tag{1}$$

D'où

$$\omega = -eB/mc \ , \tag{2}$$

$\omega_L = -eB/2mc$ est appelé la *fréquence de **Larmor***.

La fonction de spin à l'instant $t = 0$ s'écrit

$$\chi = a_0 \chi_+ + b_0 \chi_- \ . \tag{3}$$

Si pour les constantes nous posons $a_0 = e^{i\gamma} \cos(\Theta/2)$ et $b_0 = e^{i\delta} \sin(\Theta/2)$, la condition de normalisation

$$|a_0|^2 + |b_0|^2 = 1 \tag{4}$$

est manifestement satisfaite. Calculons maintenant la fréquence de précession du spin dans le champ magnétique $\boldsymbol{B} = \{0, 0, B_z\}$.

Supposons que l'électron est lié à une position donnée et que son spin est son seul degré de liberté. La partie de l'équation de Pauli (12.59) qui contient le spin donne

$$i\hbar \frac{\partial \chi}{\partial t} = \mu_B \hat{\boldsymbol{\sigma}} \cdot \boldsymbol{B} \chi = -\frac{e\hbar}{2mc} \hat{\sigma}_z B_z \chi$$

$$i\hbar \frac{\partial \chi}{\partial t} = \hbar \omega_L \hat{\sigma}_z \chi \ . \tag{5}$$

La fonction de spin, écrite sous forme d'un vecteur colonne est

$$\chi = a\chi_+ + b\chi_- = a \begin{pmatrix} 1 \\ 0 \end{pmatrix} + b \begin{pmatrix} 0 \\ 1 \end{pmatrix} = \begin{pmatrix} a \\ b \end{pmatrix} \ . \tag{6}$$

En reportant ceci dans (5) nous avons

$$i \begin{pmatrix} \dot{a} \\ \dot{b} \end{pmatrix} = \omega_L \begin{pmatrix} 1 & 0 \\ 0 & -1 \end{pmatrix} \begin{pmatrix} a \\ b \end{pmatrix} = \omega_L \begin{pmatrix} a \\ -b \end{pmatrix} \ , \tag{7}$$

et par conséquent

$$\dot{a} = -i\omega_L a \ , \quad \dot{b} = i\omega_L b \ . \tag{8}$$

Après intégration nous obtenons

$$a = a_0 e^{-i\omega_L t} \ , \quad b = b_0 e^{i\omega_L t} \ . \tag{9}$$

La fonction de spin dépendante du temps est alors

$$\chi = \begin{pmatrix} e^{-i\omega_L t} e^{i\gamma} \cos(\Theta/2) \\ e^{i\omega_L t} e^{i\delta} \sin(\Theta/2) \end{pmatrix} \ . \tag{10}$$

Exercice 12.1

La valeur moyenne du spin est déduite de

$$
\begin{aligned}
\langle \hat{S} \rangle &= \frac{\hbar}{2} \langle \hat{\sigma} \rangle = \frac{\hbar}{2} \chi^{+} \hat{\sigma} \chi \\
&= \frac{\hbar}{2} (\chi^{+} \hat{\sigma}_x \chi, \; \chi^{+} \hat{\sigma}_y \chi, \; \chi^{+} \hat{\sigma}_z \chi) \,.
\end{aligned}
\tag{11}
$$

En reportant les matrices de Pauli de (12.32) et χ de (10) dans (11) on a

$$
\langle \hat{S} \rangle = \frac{\hbar}{2} [\cos(2\omega_L t + \delta - \gamma) \sin \Theta, \; \sin(2\omega_L t + \delta - \gamma) \sin \Theta, \; \cos \Theta] \,.
\tag{12}
$$

Manifestement, la composante du spin S_z dans la direction du champ est conservée, tandis que le spin précesse autour de l'axe z avec la fréquence double de la fréquence de Larmor $2\omega_L$. Ceci est dû à la valeur $g = 2$ du facteur gyromagnétique du spin. En revanche, la valeur moyenne du moment cinétique orbital précesse, autour de l'axe z, seulement avec la fréquence ω_L [voir l'exemple 12.3, (15ff).].

EXEMPLE

12.2 L'expérience de Rabi (résonance de spin)

Pour mesurer le moment magnétique nucléaire, **Rabi** a développé une méthode de *résonance de spin*. Le dispositif expérimental est représenté sur le schéma ci-dessous.

Expérience de Rabi. Les champs magnétiques des aimants 1 et 3 ont des gradients élevés dans des directions opposées, tandis que le champ de l'aimant 2 est uniforme

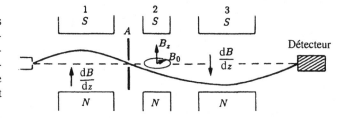

Lorsque les particules atteignent la région de champ magnétique non uniforme 1, elles sont déviées en fonction de l'orientation de leur spin, de sorte que la fente A n'est traversée que par des particules ayant une certaine orientation de spin. Le champ uniforme 2 n'a aucune influence sur la déviation des particules. Les particules sont ensuite soumises au champ non uniforme 3, dont le gradient est opposé à celui du champ 1, ceci annule la déviation la déviation initiale de sorte que les particules entrent dans le détecteur.

Si, au champ uniforme 2, on superpose un champ magnétique alternatif qui produit un *basculement du spin*, les particules seront déviées dans la mauvaise direction dans le champ 3 et ne pourront pas atteindre le détecteur. Le moment magnétique des particules peut alors être déduit de la valeur de la fréquence du champ alternatif (fréquence de résonance) qui produit un minimum d'intensité dans le détecteur.

Examinons maintenant le comportement d'une particule de spin $\pm\frac{1}{2}\hbar$ dans un champ magnétique non uniforme B_z auquel on superpose un champ magnétique alternatif de faible intensité. Le champ magnétique s'écrit

$$\boldsymbol{B} = (B_0 \cos \omega_0 t, \ B_0 \sin \omega_0 t, \ B_z) . \tag{1}$$

Et pour la fonction de spin nous écrivons :

$$\chi(t) = a(t)\, \mathrm{e}^{-\mathrm{i}\tilde{\omega}t}\chi_+ + b(t)\, \mathrm{e}^{\mathrm{i}\tilde{\omega}t}\chi_- , \tag{2}$$

où $\tilde{\omega} = \mu B_z/\hbar$ est la fréquence de Larmor de la précession des spins autour du champ uniforme. Le coefficient μ caractérise la relation entre le moment magnétique et le spin de la particule :

$$\boldsymbol{M} = \boldsymbol{\sigma}\mu . \tag{3}$$

Nous partons de la partie dépendante du spin de l'équation de Pauli :

$$\mathrm{i}\hbar \frac{\partial \chi}{\partial t} = -\boldsymbol{B}\cdot\boldsymbol{M}\chi = -\mu \boldsymbol{B}\cdot\hat{\boldsymbol{\sigma}}\,\chi . \tag{4}$$

En reportant (1) et (2) dans (4) on obtient

$$\mathrm{i}\hbar \frac{\partial}{\partial t} \begin{pmatrix} a(t)\,\mathrm{e}^{-\mathrm{i}\tilde{\omega}t} \\ b(t)\,\mathrm{e}^{\mathrm{i}\tilde{\omega}t} \end{pmatrix} = -\mu(B_0 \cos \omega_0 t\, \hat{\sigma}_x \\ + B_0 \sin \omega_0 t\, \hat{\sigma}_y + B_z \hat{\sigma}_z) \begin{pmatrix} a(t)\,\mathrm{e}^{-\mathrm{i}\tilde{\omega}t} \\ b(t)\,\mathrm{e}^{\mathrm{i}\tilde{\omega}t} \end{pmatrix} . \tag{5}$$

En utilisant explicitement les matrices de Pauli, après dérivation nous obtenons

$$\mathrm{i}\hbar \begin{pmatrix} \dot{a}\,\mathrm{e}^{-\mathrm{i}\tilde{\omega}t} \\ \dot{b}\,\mathrm{e}^{\mathrm{i}\tilde{\omega}t} \end{pmatrix} + \hbar\omega_\mathrm{L} \begin{pmatrix} a\,\mathrm{e}^{-\mathrm{i}\tilde{\omega}t} \\ -b\,\mathrm{e}^{\mathrm{i}\tilde{\omega}t} \end{pmatrix} = -\mu B_0 \cos \omega_0 t \begin{pmatrix} b\,\mathrm{e}^{\mathrm{i}\tilde{\omega}t} \\ a\,\mathrm{e}^{-\mathrm{i}\tilde{\omega}t} \end{pmatrix} \\ - \mathrm{i}\mu B_0 \sin \omega_0 t \begin{pmatrix} -b\,\mathrm{e}^{\mathrm{i}\tilde{\omega}t} \\ a\,\mathrm{e}^{-\mathrm{i}\tilde{\omega}t} \end{pmatrix} - \mu B_z \begin{pmatrix} a\,\mathrm{e}^{-\mathrm{i}\tilde{\omega}t} \\ -b\,\mathrm{e}^{\mathrm{i}\tilde{\omega}t} \end{pmatrix} . \tag{6}$$

Les derniers termes du membre de gauche et du membre de droite s'annulent car $\hbar\tilde{\omega} = -\mu B_z$. Avec $\hbar\tilde{\omega}' = -\mu B_0$, les deux composante du spineur χ s'écrivent alors

$$\dot{a} = -\mathrm{i}\tilde{\omega}' b\, \mathrm{e}^{\mathrm{i}(2\tilde{\omega}-\omega_0)t} , \tag{7}$$

$$\dot{b} = -\mathrm{i}\tilde{\omega}' a\, \mathrm{e}^{-\mathrm{i}(2\tilde{\omega}-\omega_0)t} . \tag{8}$$

Ces équations peuvent être découplées en prenant la dérivée de la première puis en éliminant b et $\dot{b}$:

$$\ddot{a} - \mathrm{i}(2\tilde{\omega}-\omega_0)\dot{a} + \tilde{\omega}'^2 a = 0 . \tag{9}$$

Exemple 12.2

Pour résoudre cette équation différentielle homogène, nous posons $a \propto e^{i\omega t}$ et obtenons ainsi l'équation caractéristique pour ω qui admet les solutions :

$$\omega_{1,2} = \tilde{\omega} - \frac{\omega_0}{2} \pm \sqrt{(\tilde{\omega} - \omega_0/2)^2 + \tilde{\omega}'^2} \tag{10}$$

où

$$\omega_{1,2} = \Omega \pm \delta , \quad \Omega = \tilde{\omega} - \frac{\omega_0}{2} ,$$

$$\delta = \sqrt{(\tilde{\omega} - \omega_0/2)^2 + \tilde{\omega}'^2} . \tag{11}$$

La solution générale pour les coefficients a est par conséquent

$$a(t) = a_1 e^{i(\Omega + \delta)t} + a_2 e^{i(\Omega - \delta)t} . \tag{12}$$

Nous choisissons les conditions initiales de sorte qu'à l'instant $t = 0$ la particule est dans l'état de spin χ_+, c'est-à-dire $|a(t=0)|^2 = 1$ et $b(t=0) = 0$. Ainsi, de (12) découle que

$$a_1 + a_2 = 1 . \tag{13}$$

Avec (12) et (7) nous obtenons pour le coefficient b

$$b(t) = \frac{-e^{-2i\Omega t}}{\tilde{\omega}'} [a_1(\Omega + \delta) e^{i(\Omega + \delta)t} + a_2(\Omega - \delta) e^{i(\Omega - \delta)t}] . \tag{14}$$

En partant des conditions initiales, nous pouvons maintenant calculer les coefficients a_1 et a_2. De $b(t=0) = 0$ découle que

$$a_1(\Omega + \delta) + a_2(\Omega - \delta) = 0 . \tag{15}$$

Et avec (13) nous obtenons

$$a_1 = \frac{1}{2}\left(1 - \frac{\Omega}{\delta}\right) , \quad a_2 = \frac{1}{2}\left(1 + \frac{\Omega}{\delta}\right) . \tag{16}$$

Les amplitudes $a(t)$ et $b(t)$ sont données par

$$a(t) = \left(\cos \delta t - i\frac{\Omega}{\delta} \sin \delta t\right) e^{i\Omega t} ,$$

$$b(t) = -i\frac{\tilde{\omega}'}{\delta} \sin \delta t \, e^{-i\Omega t} . \tag{17}$$

À partir des termes de (2), en revenant au spin, nous réalisons que la quantité $|b(t)|^2$ est la probabilité de trouver la particule dans l'état χ_- au temps t :

$$|b(t)|^2 = (\tilde{\omega}'^2/\delta^2) \sin^2 \delta t . \tag{18}$$

Soit t_0 le temps que met la particule pour traverser le champ alternatif. Les paramètres de l'expérience doivent être ajustées de manière à ce qu'après ce temps, le plus grand nombre possible de particules soient dans l'état χ_-. À cet instant, la probabilité maximum de retournement de spin $|b(t)|^2$ sera atteinte. De $d|b|^2/dt = 0$ on déduit que

Exemple 12.2

$$\sin \delta t \cos \delta t = 0 \ . \tag{19}$$

La courbe $\sin^2 \delta t$ de (18) atteint ses maxima pour les mêmes valeurs que la fonction sinus. Ainsi, le maximum que nous recherchons, a lieu lorsque la fonction cosinus s'annule.

C'est pourquoi, au temps t_0, nous avons

$$\delta t_0 = \frac{\pi}{2} \quad \text{or} \quad t_0 = \frac{\pi}{2\sqrt{(\tilde{\omega} - \omega_0/2)^2 + \tilde{\omega}'^2}} \ . \tag{20}$$

Le temps t_0 est déterminé par la vitesse de la particule et la longueur de la région occupée par le champ magnétique alternatif. L'équation (20) dépend, en plus, des données du champ magnétique et du moment magnétique inconnu μ, qui peut alors être déterminé.

EXEMPLE ▬▬▬▬▬▬▬▬▬▬▬▬▬▬▬▬▬▬

12.3 L'effet Zeeman normal (champs magnétiques faibles)

Comme autre exemple d'application de l'équation de Pauli, nous considérons le dédoublement des raies spectrales dans un champ magnétique de faible intensité. Nous traiterons de l'effet **Zeeman** normal, c'est-à-dire en négligeant le couplage spin–orbite.

L'interaction spin–orbite conduit à la structure fine des raies spectrales, une décomposition supplémentaire dont nous ne tiendrons pas compte ici.[9]

Le champ magnétique doit être uniforme et n'avoir de composante que sur z :

$$\boldsymbol{B} = \{0, 0, B\} \ . \tag{1}$$

Dans ce cas, nous pouvons l'exprimer par son potentiel vecteur

$$\boldsymbol{A} = \{-\tfrac{1}{2}By, \tfrac{1}{2}Bx, 0\} \ , \tag{2}$$

comme nous pouvons le constater par la relation

$$\boldsymbol{B} = \text{rot} \, A \ . \tag{3}$$

Nous désignons le potentiel de Coulomb par ϕ.

---

[9] Ce sujet est discuté dans W. Greiner: *Relativistic Quantum Mechanics – Wave Equations* (Springer, Berlin, Heidelberg 1997), où il découle naturellement de l'équation de Dirac.

À nouveau, nous partons de l'équation de Pauli d'une particule de charge e. Le hamiltonien s'écrit

$$\hat{H} = \frac{1}{2m}\left(\hat{p} - \frac{e}{c}A\right)^2 + e\phi - \frac{e\hbar}{2mc}\hat{\sigma} \cdot B. \tag{4}$$

Puisque le champ magnétique est de faible intensité, nous négligeons le terme en A^2 et en utilisant div $A = 0$, nous obtenons

$$\left(\frac{\hat{p}^2}{2m} - \frac{e}{mc}A \cdot \hat{p} + e\phi - \frac{e\hbar}{2mc}B \cdot \hat{\sigma}\right)\Psi = i\hbar\frac{\partial}{\partial t}\Psi. \tag{5}$$

À la place de $A \cdot \hat{p}$, nous introduisons l'opérateur moment cinétique. Selon (2) il vient

$$A \cdot \hat{p} = -\frac{B}{2}(y\hat{p}_x - x\hat{p}_y) = i\hbar\frac{B}{2}\left(y\frac{\partial}{\partial x} - x\frac{\partial}{\partial y}\right) = \frac{B}{2}\hat{L}_z.$$

Avec $\hat{H}_0 = \hat{p}^2/2m + e\phi$, (5) conduit à

$$i\hbar\frac{\partial}{\partial t}\Psi = \hat{H}_0\Psi - \frac{eB}{2mc}(\hat{L}_z + \hbar\hat{\sigma}_z)\Psi. \tag{6}$$

Puisque nous nous intéressons uniquement aux énergies des états stationnaires, nous écrivons :

$$\psi(r, t) = \psi(r)\exp\left(-\frac{i}{\hbar}Et\right). \tag{7}$$

Alors (6) peut être transformée en l'équation aux valeurs propres

$$\hat{H}_0\Psi - \frac{eB}{2mc}(\hat{L}_z + \hbar\hat{\sigma}_z)\Psi = E\Psi. \tag{8}$$

En prenant la fréquence de Larmor $\omega_L = -eB/2mc$, et en utilisant la notation des spineurs, nous avons

$$\hat{H}_0\begin{pmatrix}\psi_1 \\ \psi_2\end{pmatrix} + \omega_L\left[\hat{L}_z + \hbar\begin{pmatrix}1 & 0 \\ 0 & -1\end{pmatrix}\right]\begin{pmatrix}\psi_1 \\ \psi_2\end{pmatrix} = E\begin{pmatrix}\psi_1 \\ \psi_2\end{pmatrix}.$$

Les deux composantes du spineur sont découplées (puisque $\hat{\sigma}_z$ est diagonale), d'où les équations

$$\hat{H}_0\psi_1 + \omega_L(\hat{L}_z + \hbar)\psi_1 = E\psi_1,$$
$$\hat{H}_0\psi_2 + \omega_L(\hat{L}_z - \hbar)\psi_2 = E\psi_2. \tag{9}$$

Si le champ magnétique était absent, les solutions seraient les états propres de $\hat{H}_0$ – solutions identiques, en fait – pour les deux composantes du spineur, comme nous pouvons le constater à partir de (9) :

$$\psi_1 = \psi_2 = \psi_{nlm} = R_{nl}(r)Y_{lm}(\theta, \phi). \tag{10}$$

Puisque la fonction d'onde ψ_{nlm} est une fonction propre de $\hat{L}_z$,   *Exemple 12.3*

$$\hat{L}_z\psi_{nlm} = \hbar m\psi_{nlm}\ ; \tag{11}$$

ψ_{nlm} est aussi une fonction propre des équations (9) complètes. Par conséquent, les fonctions d'ondes ne sont pas altérées par l'approximation ($A^2 = 0$) que nous avons utilisée.

Avec l'équation aux valeurs propres de l'opérateur $\hat{H}_0$

$$\hat{H}_0\psi_{nlm} = E_{nlm}\psi_{nlm}$$

et les relations (10) et (11) de (9), nous obtenons les valeurs propres de l'énergie :

$$E'_{nlm} = E^0_{nl} + \omega_L\hbar(m+1) \quad \text{pour} \quad \Psi = \begin{pmatrix} \psi_{nlm} \\ 0 \end{pmatrix}$$

et

$$E''_{nlm} = E^0_{nl} - \omega_L\hbar(m+1) \quad \text{pour} \quad \Psi = \begin{pmatrix} 0 \\ \psi_{nlm} \end{pmatrix}\ . \tag{12}$$

À cause du champ magnétique, l'énergie dépend de l'orientation du moment magnétique par rapport à la direction du champ. Les niveaux, dégénérés en l'absence de champ, sont alors dédoublés lorsqu'on applique le champ. Le dédoublement des états s, dont le moment magnétique orbital est nul, est la preuve de l'existence du spin (expérience de Stern et Gerlach).

La figure suivante montre la décomposition d'un état ψ_{100} et d'un état ψ_{21m}.

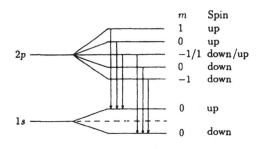

m	Spin
1	up
0	up
−1/1	down/up
0	down
−1	down
0	up
0	down

Dédoublement des niveaux $1s$ et $2p$ dans un champ magnétique (effet Zeeman)

L'état $2p$ se décompose en cinq niveaux ; l'un d'entre eux est doublement dégénéré.

Puisque l'interaction du spin avec l'onde lumineuse, émise lors d'une transition, est faible, le spin n'est pas modifié. Par conséquent, des transitions ne se produisent qu'entre états de *même direction de spin* ; ces transitions sont représentées sur la figure. (Communément, la règle de sélection $\Delta m = \pm 1, 0$ s'applique.)

Nous déduisons les fréquences des transitions à partir des différences d'énergies (12).

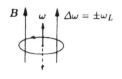

Interprétation classique de l'effet Zeeman

Puisque la direction du spin n'est pas modifiée, nous avons

$$\hbar\omega = E_{n'l'm'} - E_{n''l''m''}$$
$$= E^0_{n'l'} - E^0_{n''l''} + \omega_{\mathrm{L}}\hbar(m' - m'')$$
$$= \omega_0 + \omega_{\mathrm{L}}(m' - m'') \; ,$$

où ω_0 est la fréquence de la transition en l'absence de champ magnétique. Puisque la différence est $m' - m'' = \pm 1, 0$, nous obtenons deux raies spectrales lorsque le champ magnétique est appliqué, décalées de la raie initiale de $\pm\omega_{\mathrm{L}}$.

Ce résultat coïncide exactement avec celui de la théorie classique de l'effet Zeeman (voir la figure ci-contre). Dans le cas classique, on étudie le mouvement circulaire d'un électron dans le champ magnétique. La force centrifuge $mr\omega^2$ et la force de Lorentz $\pm er\omega B/c$ agissent sur l'électron en fonction de la direction du mouvement.

Ainsi, nous avons

$$mr\omega^2 \pm er\omega B/c = mr(\omega \pm \Delta\omega)^2 \; .$$

Si nous négligeons le terme quadratique nous obtenons

$$\Delta\omega = eB/2mc = \omega_{\mathrm{L}} \; .$$

La figure illustre la décomposition du mouvement circulaire. Le mouvement qui conduit à un déplacement de fréquence a lieu dans un plan perpendiculaire au champ. $\Delta\omega = 0$ correspond à un mouvement parallèle au champ.

Nous avons vu précédemment que le moment cinétique d'une particule chargée, placée dans un champ magnétique, précesse autour de la direction du champ magnétique avec la fréquence de Larmor (voir l'exercice 12.1). Il est également possible d'identifier une précession en traitant l'effet Zeeman en mécanique quantique.

Le hamiltonien de (6) peut être écrit sous la forme

$$\hat{H} = \hat{H}_0 + \omega_{\mathrm{L}}\hat{L}_z + 2\omega_{\mathrm{L}}\hat{S}_z \; . \tag{13}$$

La variation du moment cinétique résulte des relations de commutation

$$\frac{\mathrm{d}\hat{L}_x}{\mathrm{d}t} = \frac{\mathrm{i}}{\hbar}[\hat{H}, L_x] \; ,$$

et de même pour les autres composantes ainsi que pour le spin. Les composantes du moment cinétique orbital commutent avec $\hat{H}_0$ et $\hat{S}_z$; par conséquent, seules les relations de commutation contenant $\hat{L}_z$ subsistent. Avec les relations de commutation de (4.65), on déduit que

$$\frac{\mathrm{d}\hat{L}_z}{\mathrm{d}t} = -\omega_{\mathrm{L}}\hat{L}_y \; , \qquad \frac{\mathrm{d}\hat{L}_y}{\mathrm{d}t} = +\omega_{\mathrm{L}}\hat{L}_x \; , \qquad \frac{\mathrm{d}\hat{L}_z}{\mathrm{d}t} = 0 \; . \tag{14}$$

Les dérivées secondes par rapport au temps se déduisent directement de ces équations :

$$\frac{\mathrm{d}^2\hat{L}_x}{\mathrm{d}t^2} = -\omega_{\mathrm{L}}^2\hat{L}_x \; , \qquad \frac{\mathrm{d}^2\hat{L}_y}{\mathrm{d}t^2} = -\omega_{\mathrm{L}}^2\hat{L}_y \; . \tag{15}$$

Nous savons que les valeurs moyennes satisfont aux mêmes relations que les opérateurs. Comme nous pouvons le calculer facilement, (14) et (15) admettent les mêmes solutions :

$$\langle L_x \rangle = A \sin(\omega_L t + \phi) ,$$
$$\langle L_y \rangle = -A \cos(\omega_L t + \phi) ,$$
$$\langle L_z \rangle = \text{cste} . \tag{16}$$

Les mêmes relations de commutation sont aussi valables pour le spin. L'opérateur de spin commute avec $\hat{H}_0$ et $\hat{L}_z$, mais ne commute pas avec le terme contenant $\hat{S}_z$ de (13). Nous obtenons des relations équivalentes à (14) et (15), par lesquelles, correspondant à (13), ω_L est remplacée par $2\omega_L$ (cf Exercice 12.1) :

$$\langle S_x \rangle = A \sin(2\omega_L t + \phi) ,$$
$$\langle S_y \rangle = -A \cos(2\omega_L t + \phi) ,$$
$$\langle S_z \rangle = \text{cste} . \tag{17}$$

Comme le montre la figure ci-contre, ces équations impliquent que les composantes des moments cinétiques orbital et de spin (respectivement L_z et S_z), parallèles au champ magnétique, sont des constantes du mouvement. D'autre part, les composantes orthogonales au champ magnétique $\boldsymbol{L}_\perp = (L_x, L_y)$ et $\boldsymbol{S}_\perp = (S_x, S_y)$, tournent avec la fréquence de Larmor, respectivement ω_L et $2\omega_L$.

Puisque nous avons négligé le couplage entre le moment cinétique orbital et le spin, les deux vecteurs précessent autour de la direction du champ magnétique, indépendamment l'un de l'autre. La composante z du moment cinétique orbital L_z, et celle du spin S_z, sont constantes. Remarquons que le spin tourne deux fois plus vite que le moment cinétique. En prenant en compte le facteur gyromagnétique correspondant (comparez avec la section «Dédoublement des raies spectrales»), le moment magnétique $\hat{\boldsymbol{M}}$, donné par

$$\hat{\boldsymbol{M}} = \hat{\boldsymbol{M}}_L + \hat{\boldsymbol{M}}_S = (\mu_B/\hbar)(\hat{\boldsymbol{L}} + 2\hat{\boldsymbol{S}}) , \tag{18}$$

se comporte de manière similaire. En raison de l'absence de couplage spin–orbite (couplage-$\boldsymbol{LS}$), la composante z de $\hat{\boldsymbol{M}}$ est

$$M_z = (\mu_B/\hbar)(L_z + 2S_z) . \tag{19}$$

Exemple 12.3

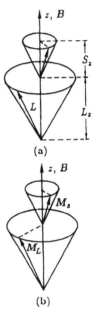

Précession du moment cinétique orbital et du spin (**a**), ainsi que leurs moments magnétiques correspondants (**b**), autour du champ magnétique (axe z)

12.6 Notes biographiques

GOUDSMIT, Samuel Abraham, physicien américain, d'origine hollandaise, * 11.7.1902, † 4.12.1978. De 1928 à 1941 Goudsmit a enseigné à l'Université du Michigan à Ann Arbor, et fut membre du Massachusetts Institute of Technology à Cambridge, Mass. de 1941 à 1946. Depuis 1948 il a travaillé au Brookhaven National Laboratory à Upton, N.Y., en particulier sur la structure des spectres atomiques. Pour interpréter de tels spectres, en 1925 avec G. Uhlenbeck, il avait introduit le spin de l'électron dans la théorie quantique. Ce concept s'avéra d'une bien plus grande importance que le découvreur l'imagina. En 1944/45, Goudsmit fut le chef de la mission secrète («Alsos») dans le but d'examiner le projet allemand sur l'énergie atomique. En 1964, il reçut la médaille Max Planck de la Société de Physique Allemande.

UHLENBECK, Georg Eugen, physicien américano-hollandais, *Batavia, 6.12.1900, † 1988. Uhlenbeck, professeur à Ultrecht et à Ann Arbor, avec Goudsmitt a introduit en 1925 l'hypothèse du «spin» décrivant la rotation intrinsèque de l'électron. En 1927 il publia, parmi d'autres travaux, «Over statistische methoden in de theorie der quanta» et reçut en même temps que S. A. Goudsmitt, la médaille Max Planck de la Société de Physique Allemande en 1964 [BR].

de HAAS, Wonder Johannes, physicien hollandais, *Lisse à Leiden 2.5.1878, † Bilthoven 26.4.1960. De 1913 jusqu'à 1915 de Haas a été un collaborateur de la «Physikalisch Technische Reichsanstalt» à Berlin. Avec Einstein, il démontra l'*effet Einstein – de Haas* en 1915, c'est-à-dire l'apparition d'un couple quand un barreau est aimanté dans différentes directions. La verification de cet effect fut considéré comme une confirmation de l'existence des courants moléculaires d'Ampère. Après avoir occupé un poste de professeur dans une école secondaire de Deventer et de «Konservator» de la Fondation Texler à Haarlem, de Haas fut nommé professeur à l'Université Technique de Delft et à l'Université de Groningen. De 1924 à 1948, il succéda à H. Kamerlingh Onnes et avec W. H. Keesom, fut directeur adjoint du laboratoire des basses températures à Leiden. Là, avec ses étudiants, il effectua des études fondamentales sur le paramagnétisme à très basse température, la superfluidité de l'Hélium et la supraconductivité. En 1927, simultanément, mais indépendemment de W. F. Giauque, de Haas appliqua la méthode de désaimantation adiabatique de sels paramagnétiques pour produire des températures bien en-dessous de 1 K. Cette méthode avait été suggérée par P. Debye en 1926. De plus, en 1930, avec son assistant J. van Alphen, il découvrit l'effet nommé d'après ces deux découvreurs. Cet effet est important pour l'étude du comportement des électrons dans les métaux. [BR].

PAULI, Wolfgang, physicien Austro-Germano-Suisse, *Vienne 4.12.1900, † Zurich 15.12.1958. En tant qu'étudiant de 5ème semestre de A. Sommerfeld à Munich, Pauli écrivit un résumé sur la théorie de la relativité pour la Mathematische Enzyklopaedia. En 1921, dans sa thèse de Doctorat, il démontra que la théorie quantique en ce temps était encore incorrecte. Dans ses discussions avec W. Heisenberg, M. Born et N. Bohr, Pauli contribua substantiellement au développement de la *mécanique matricielle*. Au début de 1926, il appliqua avec succès cette théorie à l'atome d'hydrogène. En 1924, il découvrit le principe d'exclusion (principe de Pauli), qui lui valut l'attribution du Prix Nobel de Physique en 1945. La même année il avait postulé l'existence d'un spin nucléaire pour expliquer la structure hyperfine. En 1927 il établit les équations de champ pour l'électron, qui comportaient le spin dans une forme non relativiste ; les années suivantes, avec Heisenberg, il fut les contributions initiales à la théorie quantique des champs. Après des périodes, pendant lesquelles il travailla à Göttingen, Copenhague, et Hambourg, Pauli retourna à Zurich en 1928 comme professeur l'ETH. En 1930, il avança l'hypothèse du neutrino. De 1940 à 1945, en travaillant aux Etats-Unis, il s'occupa principalement de la théorie des mésons. En 1946 il retourna à Zurich, il se consacra à la théorie quantique des champs et à la physique des particules. En 1953, il commença des discussions avec Heisenberg sur la *théorie unifiée de la matière* («Weltformel»), que ce dernier avait conçue. Pauli a beaucoup influencé la physique de son temps. Avec son analyse profonde des hypothèses épistémologiques de la science et sa critique de l'obscurantisme, il était considéré comme la «conscience de la physique». [BR]

LARMOR, Sir Joseph, physicien et mathématicien anglais, *Magheragall, Co. Antrim, Irelande 11.7.1857, † 1942. À partir de 1903, Larmor fut professeur de mathématiques à l'Université de Cambridge. Il travailla sur des problèmes en physique théorique, particulièrement sur la théorie de l'électron, pendant ces travaux il découvrit la «précession de Larmor». Il fit des contributions importantes à la théorie de la relativité et publia *Aether and Matter* (1900).

RABI, Isaac Isidor, physicien américain, *Rymanov (Galicie) 29.7.1898, † 1988. À partir de 1929, Rabi fut professeur à l'Université Columbia à New York. En modifiant convenablement la méthode des faisceaux moléculaires imaginée par O. Stern, Rabi put détecter le spin nucléaire du sodium en 1933/34 et déterminer les moment magnétiques nucléaires et la structure hyperfine des lignes spectrales. Rabi a développé la méthode des résonances pour déterminer les propriétés magnétiques des noyaux atomiques. En 1944, il se vit décerner le Prix Nobel de Physique. Durant la deuxième guerre mondiale, Rabi participa au développement du Radar. [BR]

ZEEMAN, Pieter, physicien hollandais, *Zonnemaire (à Zierikezee) 25.5.1865, † Amsterdam 9.10.1943. Zeeman fut professeur à l'Université d'Amsterdam. En 1895, il découvrit et étudia l'*effet Zeeman*, qui avait déjà été observé dix ans plus tôt par Charles Jean Baptiste Fievez. En 1902, avec H. A. Lorentz, qui donna une explication de l'effet Zeeman sur la base de la *théorie de l'électron* – entre temps obsolète –, Zeeman reçut le Prix Nobel de Physique. [BR]

13. Une équation d'onde non-relativiste avec spin

Dans ce chapitre, nous introduisons une nouvelle méthode pour établir – de façon théorique – l'équation de Pauli de l'électron *avec le facteur g correct*. Contrairement aux méthodes précédentes, nous ne nous référons pas à des faits empiriques, mais développons le nouveau concept théorique de la *linéarisation de l'équation d'onde*.

Ce que ceci signifie deviendra clair dans les quelques prochaines sections. Conceptuellement nous traitons de la même méthode, qui sera utilisée plus tard en théorie quantique relativiste, pour établir l'équation de Dirac à partir de l'équation de Klein–Gordon. *Lévy-Leblond*[1], par exemple, a effectué une telle linéarisation pour l'équation de Schrödinger. Nous suivons ici partiellement cette argumentation, en l'abandonnant néanmoins à un certain point, de façon à exposer les idées plus facilement et clairement.

13.1 La linéarisation de l'équation de Schrödinger

Nous désignons l'opérateur de Schrödinger par

$$\hat{S} \equiv i\hbar \frac{\partial}{\partial t} + \frac{\hbar^2}{2m} \Delta = \hat{E} - \frac{\hat{p}^2}{2m} \ . \tag{13.1}$$

L'équation libre de Schrödinger s'écrit alors

$$\hat{S}\psi = 0 \ . \tag{13.2}$$

Elle est asymétrique en ce qui concerne les dérivées par rapport au temps ($\partial/\partial t$) et à l'espace ($\partial/\partial x$). Ceci vient du fait que la première intervient linéairement dans $\hat{S}$, tandis que $\hat{S}$ est quadratique en $\hat{p}$. Pour enlever cette asymétrie, nous essayons de construire une équation d'onde de forme générale

$$\hat{\Theta}\psi = (\hat{A}\hat{E} + \hat{\boldsymbol{B}} \cdot \hat{\boldsymbol{p}} + \hat{C})\psi = 0 \ . \tag{13.3}$$

Ici $\hat{A}$, $\hat{\boldsymbol{B}}$ et $\hat{C}$ doivent être des opérateurs linéaires (matrices) qu'il reste à déterminer, mais qui ne dépendent plus ni de $\hat{E}$ ni de $\hat{p}$. Selon (13.2), nous exigeons

---

[1] J.M. Lévy-Leblond : Comm. Math. Phys. 6, **286** (1967).

aussi que les solutions ψ de (13.3) soient simultanément solutions de l'équation de Schrödinger. Ceci veut dire que les équations

$$\hat{\Theta}\psi = 0 \tag{13.4a}$$

et

$$\hat{S}\psi = 0 \tag{13.4b}$$

doivent être vérifiées simultanément. Alors, un opérateur

$$\hat{\Theta}' = \hat{A}'\hat{E} + \hat{\boldsymbol{B}}' \cdot \hat{\boldsymbol{p}} + \hat{C}' \tag{13.5}$$

doit exister de sorte que la multiplication de (13.4a) par $\hat{\Theta}'$ redonne l'équation de Schrödinger (13.4b), c'est-à-dire

$$\hat{\Theta}'\hat{\Theta} = 2m\hat{S} . \tag{13.6}$$

Le facteur $2m$ est en fait arbitraire, mais sera utile par la suite. Les opérateurs $\hat{A}'$, $\hat{\boldsymbol{B}}'$ et $\hat{C}'$, introduits en (13.5), de nouveau ne doivent contenir ni $\hat{E}$ ni $\hat{\boldsymbol{p}}$; ils restent à déterminer, ainsi que $\hat{A}$, $\hat{\boldsymbol{B}}$ et $\hat{C}$. Si notre façon de procéder s'avérait infructueuse ou impossible, nous serions dans l'incapacité de trouver les opérateurs $\hat{A}$, $\hat{\boldsymbol{B}}$ et $\hat{C}$. Si notre démarche s'avère fructueuse, alors l'équation $\Theta\psi = 0$ représente une équation d'onde plus ou moins équivalente à l'équation de Schrödinger, mais linéaire à la fois en $\hat{E}$ et $\hat{\boldsymbol{p}}$. Alors (13.3) sera appelée l'*équation de Schrödinger linéarisée*.

Pour construire $\hat{A}$, $\hat{A}'$, $\hat{\boldsymbol{B}}$, $\hat{\boldsymbol{B}}'$, $\hat{C}$ et $\hat{C}'$, nous multiplions les expressions (13.3) et (13.5) et, selon (13.6), comparons les coefficients avec $2m\hat{S}$. Nous obtenons

$$\left(\hat{A}'\hat{E} + \sum_{i=1}^{3} \hat{B}'_i\hat{p}_i + \hat{C}'\right)\left(\hat{A}\hat{E} + \sum_{j=1}^{3} \hat{B}_j\hat{p}_j + \hat{C}\right) \stackrel{!}{=} 2m\hat{E} - \sum_{k=1}^{3} \hat{p}_k^2 , \tag{13.7}$$

soit

$$
\begin{array}{ll}
\hat{A}'\hat{A} = 0 & \hat{A}'\hat{B}_i + \hat{B}'_i\hat{A} = 0 \\
\hat{A}'\hat{C} + \hat{C}'\hat{A} = 2m & \hat{B}'_i\hat{B}_j + \hat{B}'_j\hat{B}_i = -2\delta_{ij} \\
\hat{C}'\hat{C} = 0 & \hat{C}'\hat{B}_i + \hat{B}'_i\hat{C} = 0 \quad (i, j = 1, 2, 3) .
\end{array}
\tag{13.8}
$$

Pour simplifier ces conditions, nous définissons les nouveaux opérateurs

$$
\begin{aligned}
\hat{B}_4 &= \mathrm{i}\left(\hat{A} + \frac{1}{2m}\hat{C}\right) , & \hat{B}'_4 &= \mathrm{i}\left(\hat{A}' + \frac{1}{2m}\hat{C}'\right) , \\
\hat{B}_5 &= \hat{A} - \frac{1}{2m}\hat{C} , & \hat{B}'_5 &= \hat{A}' - \frac{1}{2m}\hat{C}' .
\end{aligned}
\tag{13.9}
$$

Alors (13.8) devient

$$\hat{B}'_\mu\hat{B}_\nu + \hat{B}'_\nu\hat{B}_\mu = -2\delta_{\mu\nu} , \quad ((\mu, \nu) = 1 \text{ à } 5) . \tag{13.10}$$

Ces relations peuvent encore être transformées en une forme plus usuelle en mécanique quantique relativiste. Soit $\hat{M}$ un opérateur quelconque, non singulier (avec $\hat{M}\hat{M}^{-1} = 1$). Alors nous choisissons

$$\hat{B}_\alpha = \hat{M}\hat{\gamma}_\alpha \quad \hat{B}'_\alpha = -\hat{\gamma}_\alpha \hat{M}^{-1} \quad (\alpha = 1, \ldots, 4)$$
$$\hat{B}_5 = -\mathrm{i}\hat{M} \quad \hat{B}'_5 = -\mathrm{i}\hat{M}^{-1} . \tag{13.11}$$

Les *relations d'anticommutation* s'obtiennent en reportant (13.11) dans (13.10) :

$$\hat{\gamma}_\alpha \hat{\gamma}_\beta + \hat{\gamma}_\beta \hat{\gamma}_\alpha = 2\delta_{\alpha\beta} , \quad (\alpha, \beta = 1, \ldots, 4) . \tag{13.12}$$

Remarquons que ces relations ne sont valables que pour quatre opérateurs $\hat{\gamma}_\alpha$, alors que dans (13.10) il y a *cinq* opérateurs $\hat{B}_\mu$. On constate facilement que les définitions (13.11) satisfont automatiquement aux relations d'anticommutation (13.10) dans le cas ou un ou les deux indices sont égaux à 5 ($\mu = 5$ ou $\nu = 5$, ou $\mu = \nu = 5$).

Par exemple, nous calculons

$$\hat{B}'_5 \hat{B}_\nu + \hat{B}'_\nu \hat{B}_5 = -\mathrm{i}\hat{M}^{-1}\hat{M}\hat{\gamma}_\nu - \hat{\gamma}_\nu \hat{M}^{-1}(-\mathrm{i})\hat{M}$$
$$= -\mathrm{i}(\hat{\gamma}_\nu - \hat{\gamma}_\nu) = 0 \quad \text{pour} \quad \nu = 1, 2, 3, 4 , \tag{13.13}$$

et

$$\hat{B}'_5 \hat{B}_5 + \hat{B}_5 \hat{B}'_5 = -\mathrm{i}\hat{M}^{-1}(-\mathrm{i})\hat{M} + (-\mathrm{i})\hat{M}(-\mathrm{i})\hat{M}^{-1} = 2\mathrm{i}^2 = -2 . \tag{13.14}$$

Ainsi les cinq opérateurs $\hat{B}_\nu$ seront remplacés par les quatre $\hat{\gamma}_\alpha$ et l'opérateur $\hat{M}$ choisi arbitrairement (qui ne doit pas être singulier, car il doit avoir un opérateur inverse $\hat{M}^{-1}$).

Les relations d'anticommutation (13.12) définissent une algèbre, qui est connue dans la littérature sous le nom d'*algèbre de Clifford*. Elle peut être représentée par des matrices et conduit à l'algèbre des matrices 4×4 complexes (particulièrement importantes en théorie quantique relativiste) comme représentation particulière.

Afin d'obtenir une représentation explicite pour les $\hat{\gamma}_\alpha$, et par conséquent pour les $\hat{B}_\nu$, nous examinons (13.12) plus soigneusement, et vérifions immédiatement que nous devons avoir [2]

$$\gamma_1^2 = \gamma_2^2 = \gamma_3^2 = \gamma_4^2 = 1 \quad \text{et} \tag{13.15}$$
$$\gamma_\alpha \gamma_\beta = -\gamma_\beta \gamma_\alpha \quad \text{pour} \quad \alpha \neq \beta . \tag{13.16}$$

En d'autres termes, les carrés des γ_α sont 1 et les différents opérateurs γ anticommutent.

De ce qui précède il découle que les valeurs propres de γ_α doivent être ± 1. Les matrices représentant les γ, selon (13.15) doivent être quadratiques. Et de

---

[2] À partir de maintenant, nous omettrons le symbole d'opérateur pour les opérateurs γ_α, en gardant en mémoire, néanmoins, leur caractère d'opérateur.

(13.16), il s'ensuit que les traces de ces matrices doivent s'annuler, parce que pour $\alpha \neq \beta$, nous avons

$$\gamma_\beta \gamma_\alpha = -\gamma_\alpha \gamma_\beta \Rightarrow \gamma_\alpha = -\gamma_\beta \gamma_\alpha \gamma_\beta \Rightarrow$$

$$\mathrm{tr}\gamma_\alpha = -\mathrm{tr}\gamma_\beta \gamma_\alpha \gamma_\beta = -\mathrm{tr}\gamma_\alpha \gamma_\beta^2 = -\mathrm{tr}\gamma_\alpha \,, \tag{13.17}$$

et par conséquent la trace $\gamma_\alpha = 0$. Dans la dernière étape, nous avons utilisé trace $\hat{A}\hat{B} = \sum_{i,k} A_{ik}B_{ki} = \mathrm{trace}\ \hat{B}\hat{A}$ et le fait que $\gamma_\beta^2 = 1$, selon (13.15). Puisque la trace est juste la somme sur toutes les valeurs propres, les nombres de valeurs propres négatives et positives doivent être égaux. Par conséquent, les matrices γ doivent être de dimension paire. La plus petite dimension paire, $N = 2$, doit être exclue, car dans l'espace des matrices 2×2, il n'y a de place que pour 3 matrices anticommutantes $\hat{\sigma}_i$ et la matrice unité. Les $\hat{\sigma}_i$, $i = 1, 2, 3$, sont les matrices de Pauli bien connues, qui anticommutent selon (12.21). (Dans l'exercice 13.1 nous montrerons que les trois matrices $\hat{\sigma}_i$ et la matrice unité $\mathbf{1}(2 \times 2)$ couvre complètement l'espace des matrices 2×2.)

En conséquence, nous concluons que la plus petite dimension pour laquelle les conditions énumérées ci-dessus pour les 4 matrices anticommutantes γ_α peuvent être satisfaites est $N = 4$. À cause des propriétés des matrices de Pauli, décrites au chapitre 12, il n'est pas difficile de donner la représentation suivante pour les γ_α :

$$\gamma_i = \begin{pmatrix} 0 & \hat{\sigma}_i \\ \hat{\sigma}_i & 0 \end{pmatrix} \quad (i = 1, 2, 3)\,, \quad \gamma_4 = \begin{pmatrix} \mathbf{1} & 0 \\ 0 & -\mathbf{1} \end{pmatrix}\,. \tag{13.18}$$

Ici, 0, $\mathbf{1}$ et les $\hat{\sigma}_i$ désignent des sous-matrices 2×2 ; ainsi (13.18) est une abréviation. Explicitement, (13.18) s'écrit :

$$\gamma_1 = \begin{pmatrix} 0 & 0 & 0 & 1 \\ 0 & 0 & 1 & 0 \\ 0 & 1 & 0 & 0 \\ 1 & 0 & 0 & 0 \end{pmatrix}, \quad \gamma_2 = \begin{pmatrix} 0 & 0 & 0 & -i \\ 0 & 0 & i & 0 \\ 0 & -i & 0 & 0 \\ i & 0 & 0 & 0 \end{pmatrix},$$

$$\gamma_3 = \begin{pmatrix} 0 & 0 & 1 & 0 \\ 0 & 0 & 0 & -1 \\ 1 & 0 & 0 & 0 \\ 0 & -1 & 0 & 0 \end{pmatrix}, \quad \gamma_4 = \begin{pmatrix} 1 & 0 & 0 & 0 \\ 0 & 1 & 0 & 0 \\ 0 & 0 & -1 & 0 \\ 0 & 0 & 0 & -1 \end{pmatrix}. \tag{13.19}$$

La validité des relations (13.15) et (13.16) peut être vérifiée aisément. Par exemple

$$\gamma_i^2 = \begin{pmatrix} 0 & \hat{\sigma}_i \\ \hat{\sigma}_i & 0 \end{pmatrix}\begin{pmatrix} 0 & \hat{\sigma}_i \\ \hat{\sigma}_i & 0 \end{pmatrix} = \begin{pmatrix} \hat{\sigma}_i^2 & 0 \\ 0 & \hat{\sigma}_i^2 \end{pmatrix} = \begin{pmatrix} \mathbf{1} & 0 \\ 0 & \mathbf{1} \end{pmatrix} = \mathbf{1}_4 \,.$$

$$\gamma_4^2 = \begin{pmatrix} \mathbf{1} & 0 \\ 0 & -\mathbf{1} \end{pmatrix}\begin{pmatrix} \mathbf{1} & 0 \\ 0 & -\mathbf{1} \end{pmatrix} = \begin{pmatrix} \mathbf{1} & 0 \\ 0 & \mathbf{1} \end{pmatrix} = \mathbf{1}_4 \,,$$

$$\gamma_i\gamma_j + \gamma_j\gamma_i = \begin{pmatrix} 0 & \hat{\sigma}_i \\ \hat{\sigma}_i & 0 \end{pmatrix}\begin{pmatrix} 0 & \hat{\sigma}_j \\ \hat{\sigma}_j & 0 \end{pmatrix} + \begin{pmatrix} 0 & \hat{\sigma}_j \\ \hat{\sigma}_j & 0 \end{pmatrix}\begin{pmatrix} 0 & \hat{\sigma}_i \\ \hat{\sigma}_i & 0 \end{pmatrix}$$

$$= \begin{pmatrix} \hat{\sigma}_i\hat{\sigma}_j + \hat{\sigma}_j\hat{\sigma}_i & 0 \\ 0 & \hat{\sigma}_i\hat{\sigma}_j + \hat{\sigma}_j\hat{\sigma}_i \end{pmatrix} = \begin{pmatrix} 2\delta_{ij} & 0 \\ 0 & 2\delta_{ij} \end{pmatrix}$$

$$= 2\begin{pmatrix} \mathbf{1} & 0 \\ 0 & \mathbf{1} \end{pmatrix}\delta_{ij}\,, \quad \text{pour} \quad i,j = 1,2,3\,, \tag{13.20}$$

$$\gamma_i\gamma_4 + \gamma_4\gamma_i = \begin{pmatrix} 0 & \hat{\sigma}_i \\ \hat{\sigma}_i & 0 \end{pmatrix}\begin{pmatrix} \mathbf{1} & 0 \\ 0 & -\mathbf{1} \end{pmatrix}$$

$$+ \begin{pmatrix} \mathbf{1} & 0 \\ 0 & -\mathbf{1} \end{pmatrix}\begin{pmatrix} 0 & \hat{\sigma}_i \\ \hat{\sigma}_i & 0 \end{pmatrix} = \begin{pmatrix} 0 & 0 \\ 0 & 0 \end{pmatrix} = 0\,. \tag{13.21}$$

Pour obtenir une représentation matricielle pour les $\hat{B}_\nu$ en accord avec (13.11), nous choisissons

$$\hat{M} = \begin{pmatrix} 0 & \mathbf{1} \\ \mathbf{1} & 0 \end{pmatrix} = \begin{pmatrix} 0 & 0 & 1 & 0 \\ 0 & 0 & 0 & 1 \\ 1 & 0 & 0 & 0 \\ 0 & 1 & 0 & 0 \end{pmatrix} = \hat{M}^{-1}\,. \tag{13.22}$$

La relation

$$\hat{M}\hat{M}^{-1} = \begin{pmatrix} \mathbf{1} & 0 \\ 0 & \mathbf{1} \end{pmatrix}$$

est évidente. Nous poursuivons le calcul :

$$\hat{B}_i = \hat{M}\gamma_i = \begin{pmatrix} 0 & \mathbf{1} \\ \mathbf{1} & 0 \end{pmatrix}\begin{pmatrix} 0 & \hat{\sigma}_i \\ \hat{\sigma}_i & 0 \end{pmatrix} = \begin{pmatrix} \hat{\sigma}_i & 0 \\ 0 & \hat{\sigma}_i \end{pmatrix} \quad \text{pour} \quad i = 1,2,3$$

$$\hat{B}_4 = \hat{M}\gamma_4 = \begin{pmatrix} 0 & \mathbf{1} \\ \mathbf{1} & 0 \end{pmatrix}\begin{pmatrix} \mathbf{1} & 0 \\ 0 & -\mathbf{1} \end{pmatrix} = \begin{pmatrix} 0 & -\mathbf{1} \\ \mathbf{1} & 0 \end{pmatrix}\,,$$

$$\hat{B}_5 = -\mathrm{i}\hat{M} = -\mathrm{i}\begin{pmatrix} 0 & \mathbf{1} \\ \mathbf{1} & 0 \end{pmatrix}\,. \tag{13.23}$$

Comme nous venons juste de le mentionner, les matrices de Pauli $\hat{\sigma}_i$ et la matrice unité $\mathbf{1}$ couvrent complètement l'espace des matrices 2×2. Ceci signifie que n'importe quelle matrice 2×2 peut être exprimée par les $\hat{\sigma}_i$ et $\mathbf{1}$. Nous montrerons ceci dans l'exercice suivant.

EXERCICE ▐███████████████████████████████

13.1 Les matrices de Pauli

Problème. Montrez que toute matrice 2×2 $\begin{pmatrix} u_{11} & u_{12} \\ u_{21} & u_{22} \end{pmatrix}$ peut être exprimée par $\mathbf{1}$ et $\hat{\sigma}_i$.

Solution. Tout d'abord, nous écrivons la proposition

$$
\begin{aligned}
\begin{pmatrix} u_{11} & u_{12} \\ u_{21} & u_{22} \end{pmatrix} &= \sum_{i=1}^{3} a_i \hat{\sigma}_i + a_4 \mathbf{1} \\
&= a_1 \begin{pmatrix} 0 & 1 \\ 1 & 0 \end{pmatrix} + a_2 \begin{pmatrix} 0 & -i \\ i & 0 \end{pmatrix} + a_3 \begin{pmatrix} 1 & 0 \\ 0 & -1 \end{pmatrix} + a_4 \begin{pmatrix} 1 & 0 \\ 0 & 1 \end{pmatrix} \\
&= \begin{pmatrix} (a_3 + a_4) & (a_1 - i a_2) \\ (a_1 + i a_2) & (-a_3 + a_4) \end{pmatrix} .
\end{aligned} \tag{1}
$$

Les éléments des deux matrices doivent être égaux, nous obtenons donc le système d'équations :

$$
\begin{aligned}
u_{11} &= 0 a_1 + 0 a_2 + a_3 + a_4 \\
u_{12} &= a_1 - i a_2 + 0 a_3 + 0 a_4 \\
u_{21} &= a_1 + i a_2 + 0 a_3 + 0 a_4 \\
u_{22} &= 0 a_1 + 0 a_2 - a_3 + a_4 ,
\end{aligned} \tag{2}
$$

avec le déterminant des coefficients

$$
\begin{vmatrix} 0 & 0 & 1 & 1 \\ 1 & -i & 0 & 0 \\ 1 & i & 0 & 0 \\ 0 & 0 & -1 & 1 \end{vmatrix} = 4i \neq 0 , \tag{3}
$$

qui est toujours différent de zéro. Par conséquent, une solution non triviale existe toujours ; c'est-à-dire les coefficients a_i ne peuvent pas tous s'annuler, démontrant ainsi la proposition ; $\hat{\sigma}_i$ et $\mathbf{1}$ couvre tout l'espace des matrices 2×2 !

EXERCICE ▐███████████████████████████████

13.2 Règle de calcul pour les matrices de Pauli

Problème. Soit A et B des vecteurs quelconques. Démontrez la relation

$$
(\hat{\boldsymbol{p}} \cdot \boldsymbol{A})(\hat{\boldsymbol{\sigma}} \cdot \boldsymbol{B}) = \boldsymbol{A} \cdot \boldsymbol{B} + i \hat{\boldsymbol{\sigma}} \cdot (\boldsymbol{A} \times \boldsymbol{B}) . \tag{1}
$$

Solution. Les relations de commutation pour $\hat{\sigma}_i$ sont

Exercice 13.2

$$\hat{\sigma}_i\hat{\sigma}_j = i\varepsilon_{ijk}\hat{\sigma}_k + \delta_{ij} , \quad \text{où}$$

$$\varepsilon_{ijk} = \begin{cases} 1 & \text{permutation paire de } 1, 2, 3 \\ -1 & \text{permutation impaire de } 1, 2, 3 \\ 0 & \text{autrement} . \end{cases} \tag{2}$$

L'addition (ou la soustraction) donne alors

$$\hat{\sigma}_i\hat{\sigma}_j - \hat{\sigma}_j\hat{\sigma}_i = 2i\varepsilon_{ijk}\hat{\sigma}_k ,$$
$$\hat{\sigma}_i\hat{\sigma}_j + \hat{\sigma}_j\hat{\sigma}_i = 2\delta_{ij} . \tag{3}$$

Nous développons le produit scalaire

$$(\hat{\boldsymbol{\sigma}} \cdot \boldsymbol{A})(\hat{\boldsymbol{\sigma}} \cdot \boldsymbol{B}) = \left(\sum_{i=1}^{3} \hat{\sigma}_i A_i\right)\left(\sum_{j=1}^{3} \hat{\sigma}_j B_j\right) . \tag{4}$$

Pour les composantes individuelles, nous pouvons écrire

$$\hat{\sigma}_i A_i \hat{\sigma}_j B_j = A_i B_j (i\varepsilon_{ijk}\hat{\sigma}_k + \delta_{ij}) , \tag{5}$$

et

$$\sum_{ij} A_i B_j \delta_{ij} = \sum_i A_i B_i$$

est juste le produit scalaire $\boldsymbol{A} \cdot \boldsymbol{B}$. Dans le premier terme, la somme peut être développée suivant k sans autre modification :

$$\sum_{i,j} \varepsilon_{ijk} A_i B_j \hat{\sigma}_k = \sum_{i,j,k} \varepsilon_{ijk} A_i B_j \hat{\sigma}_k , \tag{6}$$

parce que, par exemple, pour $i, j = 1, 2, k$ doit être égal à 3 et les termes additionnels de la sommation supplémentaire sur k avec $k = 1, 2$ s'annulent. Maintenant $\varepsilon_{ijk} A_i B_j$ sont juste les composantes du produit vectoriel $\boldsymbol{A} \times \boldsymbol{B}$. Par conséquent, nous avons

$$\sum_{i,j} \varepsilon_{ijk} A_i B_j \hat{\sigma}_k = \sum_{i,j,k} \varepsilon_{ijk} A_i B_j \hat{\sigma}_k$$
$$= \sum_k (\boldsymbol{A} \times \boldsymbol{B})_k \hat{\sigma}_k = \hat{\boldsymbol{\sigma}} \cdot (\boldsymbol{A} \times \boldsymbol{B}) . \tag{7}$$

Finalement, tout compte fait nous obtenons

$$(\hat{\boldsymbol{\sigma}} \cdot \boldsymbol{A})(\hat{\boldsymbol{\sigma}} \cdot \boldsymbol{B}) = \boldsymbol{A} \cdot \boldsymbol{B} + i\hat{\boldsymbol{\sigma}} \cdot (\boldsymbol{A} \times \boldsymbol{B}) .$$

De (13.3) il découle que la fonction d'onde

$$\psi = \begin{pmatrix} \varphi \\ \chi \end{pmatrix} \equiv \begin{pmatrix} \varphi_1 \\ \varphi_2 \\ \chi_1 \\ \chi_2 \end{pmatrix} \tag{13.24}$$

doit avoir quatre composantes, parce que $\hat{A}$, $\hat{B}$ et $\hat{C}$ sont des matrices 4×4. Ici, $\varphi = \begin{pmatrix} \varphi_1 \\ \varphi_2 \end{pmatrix}$ et $\chi = \begin{pmatrix} \chi_1 \\ \chi_2 \end{pmatrix}$ sont des spineurs à deux composantes, qui ensemble forment les spineurs à quatre composantes ψ.

Nous résolvons maintenant (13.9) pour $\hat{A}$ et $\hat{C}$:

$$\hat{A} = \tfrac{1}{2}(B_5 - \mathrm{i}B_4) , \quad \hat{C} = -m(B_5 + \mathrm{i}B_4) , \tag{13.25}$$

et ainsi

$$\hat{A} = -\mathrm{i} \begin{pmatrix} 0 & 0 \\ \mathbf{1} & 0 \end{pmatrix} \quad \text{et} \quad \hat{C} = 2m\mathrm{i} \begin{pmatrix} 0 & \mathbf{1} \\ 0 & 0 \end{pmatrix} . \tag{13.26}$$

Dans l'étape suivante, les matrices $\hat{A}$, $\hat{B}$ et $\hat{C}$ sont reportées dans l'équation du mouvement (13.3), donnant

$$\left[-\mathrm{i} \begin{pmatrix} 0 & 0 \\ \mathbf{1} & 0 \end{pmatrix} \hat{E} + \begin{pmatrix} \hat{\sigma} & 0 \\ 0 & \hat{\sigma} \end{pmatrix} \cdot \hat{p} + 2m\mathrm{i} \begin{pmatrix} 0 & \mathbf{1} \\ 0 & 0 \end{pmatrix} \right] \begin{pmatrix} \varphi \\ \chi \end{pmatrix} = 0 . \tag{13.27}$$

En écrivant cette équation matricielle sous forme de composantes, nous obtenons le système d'équations couplées pour les spineurs à deux composantes χ et φ :

$$\hat{\sigma} \cdot \hat{p}\varphi + 2m\mathrm{i}\chi = 0 \quad \hat{\sigma} \cdot \hat{p}\chi - \mathrm{i}\hat{E}\varphi = 0 , \tag{13.28}$$

où $\hat{\boldsymbol{\sigma}}$ est le vecteur de composantes $\hat{\sigma}_i$: $\hat{\boldsymbol{\sigma}} = \{\hat{\sigma}_1, \hat{\sigma}_2, \hat{\sigma}_3\}$.

EXERCICE ▬▬▬▬▬▬▬▬▬▬

13.3 Spineurs satisfaisant à l'équation de Schrödinger

Problème. Montrez que les spineurs φ et χ satisfont à l'équation ordinaire de Schrödinger.

Solution. Nous éliminons d'abord $\chi = -(\hat{\boldsymbol{\sigma}} \cdot \hat{\boldsymbol{p}}/2m\mathrm{i})\varphi$ et obtenons de (13.28) que

$$\left[-\mathrm{i}E - \frac{(\hat{\boldsymbol{\sigma}} \cdot \hat{\boldsymbol{p}})(\hat{\boldsymbol{\sigma}} \cdot \hat{\boldsymbol{p}})}{2m\mathrm{i}} \right] \varphi = 0 . \tag{1}$$

Puisque $(\hat{\boldsymbol{\sigma}} \cdot \hat{\boldsymbol{p}})(\hat{\boldsymbol{\sigma}} \cdot \hat{\boldsymbol{p}}) = \hat{\boldsymbol{p}}^2$, nous obtenons

Exercice 13.3

$$\left(\hat{E} - \frac{\hat{\boldsymbol{p}}^2}{2m} \right) \varphi = 0 \,. \tag{2}$$

Ceci est l'équation de Schrödinger pour φ.

Maintenant nous éliminons $\hat{E}\varphi = (\hat{\boldsymbol{\sigma}} \cdot \hat{\boldsymbol{p}})\chi/\mathrm{i}$ de la seconde équation de (13.28), et reportons le résultat dans la première équation de (13.28). En multipliant ce résultat par $\hat{E}$ nous obtenons

$$\left[(1/\mathrm{i})(\hat{\boldsymbol{\sigma}} \cdot \hat{\boldsymbol{p}})(\hat{\boldsymbol{\sigma}} \cdot \hat{\boldsymbol{p}}) + 2m\mathrm{i}\hat{E} \right]\chi = 0 \quad \text{ou}$$

$$\left(\hat{E} - \frac{\hat{\boldsymbol{p}}^2}{2m} \right) \chi = 0 \,. \tag{3}$$

Par conséquent, χ satisfait aussi à l'équation de Schrödinger, comme il fallait le démontrer.

Dans l'exercice 13.3 nous montrons que le spineur à quatre composantes $\psi = \begin{pmatrix} \varphi \\ \chi \end{pmatrix}$ de l'équation de Schrödinger linéarisée (13.3, 28) satisfait effectivement à l'équation ordinaire de Schrödinger, comme nous l'avons exigé. Par conséquent, les valeurs propres de l'énergie sont aussi dans les deux cas $E = p^2/2m$. Après élimination de χ, les vecteurs propres correspondants prennent la forme

$$\psi = \left[\begin{array}{c} \varphi \\ (-\hat{\boldsymbol{\sigma}} \cdot \hat{\boldsymbol{p}}/2m\mathrm{i})\varphi \end{array} \right] \,. \tag{13.29}$$

Ici, il semblerait que la fonction d'onde ψ avec les composantes χ contienne des informations redondantes. Que ceci n'est pas vrai en général va être démontré en considérant le couplage avec un champ électromagnétique externe.

13.2 Particules dans un champ externe et le moment magnétique

L'invariance de jauge de l'équation de Schrödinger nécessite la substitution (couplage minimum – voir chapitre 9)

$$\mathrm{i}\hbar \frac{\partial}{\partial t} \rightarrow \mathrm{i}\hbar \frac{\partial}{\partial t} - eV(\boldsymbol{x}, t) \quad \text{et} \quad -\mathrm{i}\hbar \nabla \rightarrow \mathrm{i}\hbar \nabla - \frac{e}{c}\boldsymbol{A}(\boldsymbol{x}, t) \,; \tag{13.30}$$

ou, en notation covariante de Lorentz,

$$-\mathrm{i}\hbar \frac{\partial}{\partial x_\mu} \rightarrow \left(-\mathrm{i}\hbar \frac{\partial}{\partial x_\mu} - \frac{e}{c}A_\mu \right) \,, \quad \mu = 1, 2, 3, 4 \,, \tag{13.31}$$

où le potentiel quadridimensionnel est donné par

$$\hat{A} = \{A_\mu\} = \{\hat{A}, iV\} \,. \tag{13.32}$$

Ici, e est la charge électrique de la particule, $V(\pmb{x}, t)$ est le potentiel de Coulomb et $\pmb{A}(\pmb{x}, t)$ est le potentiel vecteur. Rappelons l'argument essentiel : une transformation de jauge est décrite par

$$A'_\mu = A_\mu + \frac{\partial f}{\partial x_\mu} \tag{13.33}$$

avec une fonction $f(x_\mu)$ quelconque. Le couplage minimum (13.30), avec la transformation de phase de l'équation d'onde

$$\psi' = \psi \exp\left[-\frac{e}{i\hbar c} f(x_\mu)\right] \,, \tag{13.34}$$

conduit alors à

$$
\begin{aligned}
\left(-i\hbar \frac{\partial}{\partial x_\mu} - \frac{e}{c} A'_\mu\right)\psi' & \\
&= \left(-i\hbar \frac{\partial}{\partial x_\mu} - \frac{e}{c} A_\mu - \frac{e}{c}\frac{\partial f}{\partial x_\mu}\right)\psi \exp[-(e/i\hbar c)f] \\
&= \left[\left(-i\hbar \frac{\partial}{\partial x_\mu} - \frac{e}{c} A_\mu\right)\psi\right] \exp[-(e/i\hbar c)f] \\
&\quad + \left(\frac{e}{c}\frac{\partial f}{\partial x_\mu} - \frac{e}{c}\frac{\partial f}{\partial x_\mu}\right)\psi \exp[-(e/i\hbar c)f] \\
&= \left[\left(-i\hbar \frac{\partial}{\partial x_\mu} - \frac{e}{c} A_\mu\right)\psi\right] \exp[-(e/i\hbar c)f] \,.
\end{aligned}
\tag{13.35}
$$

Ceci signifie qu'une transformation de jauge peut être absorbée avec la phase indépendante de l'état $\exp[-(e/i\hbar c)f(\pmb{r}, t)]$ et par conséquent, ne modifie pas la physique (éléments de matrice, valeurs moyennes etc.). Ainsi, le couplage minimum (13.30) conduit aux théories quantiques invariantes de jauge.

Avec (13.30), les équations du mouvement (13.28) deviennent

$$\hat{\pmb{p}} \cdot \left(\hat{\pmb{p}} - \frac{e}{c}\pmb{A}\right)\chi - i(\hat{E} - eV)\varphi = 0$$

$$\hat{\pmb{\sigma}} \cdot \left(\hat{\pmb{p}} - \frac{e}{c}\pmb{A}\right)\varphi + i2m\chi = 0 \,. \tag{13.36}$$

À nouveau nous éliminons $\chi = -[\hat{\pmb{\sigma}} \cdot (\pmb{p} - e\pmb{A}/c)/2mi]\varphi$ et obtenons

$$\left[-i(\hat{E} - eV) - \frac{1}{2mi}\hat{\pmb{\sigma}} \cdot \left(\hat{\pmb{p}} - \frac{e}{c}\pmb{A}\right)\hat{\pmb{\sigma}} \cdot \left(\hat{\pmb{p}} - \frac{e}{c}\pmb{A}\right)\right]\varphi = 0 \,, \tag{13.37}$$

$$\left[\hat{E} - eV - \frac{1}{2m}\hat{\pmb{\sigma}} \cdot \left(\hat{\pmb{p}} - \frac{e}{c}\pmb{A}\right)\hat{\pmb{\sigma}} \cdot \left(\hat{\pmb{p}} - \frac{e}{c}\pmb{A}\right)\right]\varphi = 0 \,. \tag{13.38}$$

En utilisant encore une fois l'identité

$$(\hat{\boldsymbol{\sigma}}\cdot\boldsymbol{\pi})(\hat{\boldsymbol{\sigma}}\cdot\boldsymbol{\pi}) = \pi^2 + i\hat{\boldsymbol{\sigma}}\cdot(\boldsymbol{\pi}\times\boldsymbol{\pi}) , \tag{13.39}$$

il vient

$$\hat{\boldsymbol{\sigma}}\cdot\left(\hat{\boldsymbol{p}}-\frac{e}{c}\boldsymbol{A}\right)\hat{\boldsymbol{\sigma}}\cdot\left(\hat{\boldsymbol{p}}-\frac{e}{c}\boldsymbol{A}\right)$$
$$= \left(\hat{\boldsymbol{p}}-\frac{e}{c}\boldsymbol{A}\right)^2 + i\hat{\boldsymbol{\sigma}}\cdot\left[\left(\hat{\boldsymbol{p}}-\frac{e}{c}\boldsymbol{A}\right)\times\left(\hat{\boldsymbol{p}}-\frac{e}{c}\boldsymbol{A}\right)\right] . \tag{13.40}$$

Le dernier terme se réduit à

$$\left(\hat{\boldsymbol{p}}-\frac{e}{c}\boldsymbol{A}\right)\times\left(\hat{\boldsymbol{p}}-\frac{e}{c}\boldsymbol{A}\right)$$
$$= -\frac{e}{c}(\hat{\boldsymbol{p}}\times\boldsymbol{A}+\boldsymbol{A}\times\hat{\boldsymbol{p}})$$
$$= -\frac{e}{c}[(\hat{\boldsymbol{p}}\times\boldsymbol{A})-\boldsymbol{A}\times\hat{\boldsymbol{p}}+\boldsymbol{A}\times\hat{\boldsymbol{p}}] = -\frac{e}{c}(\hat{\boldsymbol{p}}\times\boldsymbol{A}) , \tag{13.41}$$

finalement (13.38) peut s'écrire

$$\left[\hat{E}-eV-\frac{1}{2m}\left(\hat{\boldsymbol{p}}-\frac{e}{c}\boldsymbol{A}\right)^2 + \frac{ie}{2mc}\hat{\boldsymbol{\sigma}}\cdot(\hat{\boldsymbol{p}}\times\boldsymbol{A})\right]\varphi = 0 . \tag{13.42}$$

Maintenant $\hat{\boldsymbol{p}} = -i\hbar\nabla$ et $\boldsymbol{B} = \nabla\times\boldsymbol{A}$. Par conséquent, (13.42) devient

$$\left[\hat{E}-eV-\frac{1}{2m}\left(\hat{\boldsymbol{p}}-\frac{e}{c}\boldsymbol{A}\right)^2 + \frac{e\hbar}{2mc}\hat{\boldsymbol{\sigma}}\cdot\boldsymbol{B}\right]\varphi = 0 . \tag{13.43}$$

Ce qui est justement l'équation de Pauli! – Voir chapitre 12.

Le dernier terme de l'équation du mouvement (13.43) représente l'énergie d'interaction du champ magnétique avec le moment magnétique intrinsèque de la particule

$$\hat{\boldsymbol{\mu}} = \frac{e\hbar}{2mc}\hat{\boldsymbol{\sigma}} , \tag{13.44}$$

ou, parce que l'opérateur de spin de la particule est $\hat{\boldsymbol{S}} = (1/2)\hat{\boldsymbol{\sigma}}$,

$$\hat{\boldsymbol{\mu}} = \frac{e\hbar}{mc}\hat{\boldsymbol{S}} = g_{\text{spin}}\mu_B\hat{\boldsymbol{S}} = 2\mu_B\hat{\boldsymbol{S}} . \tag{13.45}$$

Le facteur g_{spin} est appelé le *rapport gyromagnétique* ou *facteur gyromagnétique* et s'avère être deux fois plus grand que celui provenant du *mouvement orbital*. Le rapport $g_{\text{spin}}/g_{\text{orbite}}$ est appelé le *facteur de Landé* g_s. Pour la particule en question, g_s vaut par conséquent 2.

Ainsi, une théorie linéarisée entièrement non relativiste est capable de prévoir la valeur correcte du moment magnétique intrinsèque d'une particule de spin $\frac{1}{2}$.

Au contraire de ceci, beaucoup de manuels prétendent que le moment magnétique anormal est dû à des propriétés *relativistes*. L'existence du spin n'est par conséquent *pas* un effet relativiste, comme on l'affirme souvent, mais une *conséquence de la linéarisation des équations d'onde.* Philosophiquement nous pouvons exprimer ceci de la façon suivante : Dieu créa les équations de champ dans la forme linéarisée, c'est-à-dire dans le cas non relativiste, comme un système de deux équations différentielles linéaires couplées du premier ordre, puis coupla le champ électromagnétique au minimum. Il ne les a *pas* écrites comme des équations différentielles du second ordre (les équations de Schrödinger).

Nous avons établi les équations de Pauli, avec succès, à partir de l'équation de Schrödinger. Alors que dans l'établissement heuristique de l'équation de Pauli présentée au chapitre 12 nous avions introduit « ad hoc » le degré de liberté de spin, dans la présente méthode, nous avons seulement postulé la linéarisation des équations du mouvement. Tout le reste découle de ce postulat.

13.3 Notes biographiques

LÉVY-LEBLOND, Jean-Marc, né en 1940 à Montpellier. Ancien élève de l'École normale supérieure. Doctorat d'État ès sciences physiques (physique théorique) à l'université d'Orsay en 1965. Successivement chargé de recherches au CNRS, maître de conférences à l'université de Nice, professeur à l'université Paris 7. Depuis 1980, professeur à l'université de Nice, départements de physique et de philosophie [d'octobre 1994 à octobre 1996, détaché comme directeur de recherches au CNRS, auprès du CRHI (Centre de recherches en histoire des idées de l'université de Nice)].

Travaux de recherches en physique théorique et mathématique, et en épistémologie : principes d'invariance et théorie des groupes, fondements de la théorie quantique, structure de l'espace-temps (relativités galiléenne et einsteinienne). Plusieurs dizaines d'articles scientifiques (*J. Math. Phys., Ann. Phys., Phys. Rev., Phys. Lett., Nuovo Cimento, Am. J. Phys., Eur. J. Phys.,* etc.). Membre des comités éditoriaux des journaux *European Journal of Physics, Speculations in Science and Technology, Fundamenta Scientiae, Euroscientia Forum, Physics and Technology Quest.*

Auteur d'un manuel original de physique quantique avec Françoise Balibar : *Quantique* (Masson/CNRS, tome 1 : 1984, tome 2 : à paraître), et de 2 tomes d'exercices de physique générale : *La physique en questions* (Vuibert).

Consacre, à Nice et ailleurs, une large part de son enseignement universitaire à initier à la science contemporaine et à ses problèmes les étudiants non scientifiques (dans les départements de philosophie, de lettres, de communication et d'arts plastiques).

Activités permanentes dans les domaines de l'éducation scientifique, de l'histoire, de la politique et de la philosophie des sciences, de la vulgarisation et de la culture scientifiques. A publié de très nombreux articles de vulgarisation (*Encyclopaedie Universalis, La Recherche, Sciences et Avenir, Tangente,* etc.) et de réflexion (*Esprit, Le Genre humain, Les Nouvelles Littéraires, Eurêka, Alliage,* etc.).

Auteur de *L'esprit de sel (science, culture, politique)* (Seuil, 1984), *Mettre la science en culture* (ANAIS, 1986), *Aux contraires (l'exercice de la pensée et la pratique de la science)* (Gallimard, 1996), *La pierre de touche (la science à l'épreuve)* (Gallimard, 1996). Traducteur de divers ouvrages (notamment *La nature de la physique de R. Feynman.*)

Directeur et créateur des collections « Science Ouverte », « Points-Sciences », « Sources du Savoir » et « La Dérivée » au Seuil (depuis 1972). Fondateur et directeur de la revue trimestrielle *Alliage (culture, science, technique)* (créée en 1989).

14. Aspects élémentaires du problème à plusieurs corps

Lorsque nous considérons un système de plus de deux particules, nous établissons son hamiltonien, qui le décrit quantiquement, de la manière habituelle en partant de la fonction de Hamilton du système en mécanique classique. La fonction de Hamilton

$$H = \sum_{i=1}^{N} \left(\frac{\boldsymbol{p}_i^2}{2m_i} + V_i(\boldsymbol{r}_i, t) \right) + \sum_{i \neq k} V_{ik}(\boldsymbol{r}_i, \boldsymbol{r}_k) \tag{14.1}$$

décrit un système de N particules de masses m_i. Ici, $V_i(\boldsymbol{r}_i, t)$ est le potentiel extérieur (appelé le *potentiel à une particule*), dans lequel se déplace la $i$ème particule ; il peut, par exemple, représenter le potentiel électrique. $V_{ik}(\boldsymbol{r}_i, \boldsymbol{r}_k)$ désigne le potentiel d'interaction de deux particules i et k ; il peut, par exemple, représenter leur interaction coulombienne mutuelle. Pour obtenir le hamiltonien, nous remplaçons les quantités de mouvement par leurs opérateurs différentiels correspondants

$$\boldsymbol{p}_i \rightarrow \hat{\boldsymbol{p}}_i = \frac{\hbar}{\mathrm{i}} \boldsymbol{\nabla}_i \,, \tag{14.2}$$

où l'indice i de l'opérateur nabla spécifie que le gradient doit être déterminé à la position de la particule i, c'est-à-dire que $\boldsymbol{\nabla}_i$ agit seulement sur les coordonnées de la particule i. Par conséquent, les opérateurs quantité de mouvement de particules différentes commutent, c'est-à-dire $[\hat{\boldsymbol{p}}_i, \hat{\boldsymbol{p}}_j]_- = 0$ pour tout i, j. Ainsi, le hamiltonien à plusieurs particules s'écrit

$$\hat{H} = \sum_{i=1}^{N} \left(-\frac{\hbar^2}{2m_i} \Delta_i + V_i(\boldsymbol{r}_i, t) \right) + \sum_{i \neq k} V_{ik}(\boldsymbol{r}_i, \boldsymbol{r}_k) \,. \tag{14.3}$$

Ceci est manifestement une généralisation du hamiltonien pour une particule. Nous pouvons maintenant formuler une équation de Schrödinger à plusieurs particules

$$\hat{H}\psi = \mathrm{i}\hbar \frac{\partial}{\partial t} \psi \,,$$

où la fonction d'onde dépend maintenant des $3N$ coordonnées de toutes les particules et du temps :

$$\begin{aligned} \psi &= \psi(\boldsymbol{r}_1, \ldots, \boldsymbol{r}_N, t) \\ &= \psi(x_1, y_1, z_1, \ldots, x_k, y_k, z_k, \ldots, x_N, y_N, z_N, t) \,. \end{aligned} \tag{14.4}$$

Le traitement de ce problème à plusieurs corps, en mécanique quantique, est confronté aux mêmes difficultés qu'en mécanique classique à cause de sa complexité comparé au problème à un corps.

L'équation d'onde est définie dans un espace à $3N$ dimensions : *l'espace de configuration* du système. La dénomination de cet espace fictif provient du fait que la spécification des coordonnées d'un point particulier de cet espace signifie la spécification des coordonnées tri-dimensionnelles de la position (x_k, y_k, z_k) de toutes les particules du système $(k = 1, 2, \ldots, N)$, et détermine ainsi l'état (la configuration) de toutes les particules dans l'espace à trois dimensions. C'est pourquoi, un point dans l'espace de configuration à $3N$ coordonnées $(x_1, y_1, z_1, \ldots, x_N, y_N, z_N)$ est aussi appelé le *point de configuration* du système.

Dans l'espace de configuration, nous désignons un élément de volume infiniment petit par dV :

$$
\begin{aligned}
dV &= dV_1\, dV_2 \ldots dV_k \ldots dV_N \\
&= dx_1\, dy_1\, dz_1 \ldots dx_k\, dy_k\, dz_k \ldots dx_N\, dy_N\, dz_N \,.
\end{aligned} \tag{14.5}
$$

Alors la quantité

$$
w(x_1, y_1, z_1, \ldots, x_k, y_k, z_k, \ldots, x_N, y_N, z_N, t)\, dV = \psi^* \psi\, dV \tag{14.6}
$$

est la probabilité de trouver le système à l'instant t dans l'élément de volume dV de l'espace de configuration. Ceci signifie que w est la densité de probabilité de la configuration du système pour laquelle, à l'instant t, les coordonnées de la première particule se trouvent dans l'intervalle $x_1, x_1 + dx_1$; $y_1, y_1 + dy_1$; $z_1, z_1 + dz_1$; et celles de la particule k dans l'intervalle $x_k, x_k + dx_k$; $y_k, y_k + dy_k$; $z_k, z_k + dz_k$; etc. En dehors de l'élément de volume, nous examinons aussi les éléments de volume dans le sous-espace du type $d\Omega_k$, $d\Omega_{kj}$, ... etc., qui sont définis par

$$
\begin{aligned}
dV &= dx_k\, dy_k\, dz_k\, d\Omega_k = dV_k\, d\Omega_k \,, \\
dV &= dx_k\, dy_k\, dz_k\, dx_j\, dy_j\, dz_j\, d\Omega_{kj} = dV_k\, dV_j\, d\Omega_{kj} \,, \quad \text{etc} \,.
\end{aligned} \tag{14.7}
$$

En intégrant (14.6) sur les coordonnées de toutes les particules, en excluant la particule k, c'est-à-dire sur $d\Omega_k$, nous trouvons alors que la densité de probabilité de la particule k se situe entre $x_k, x_k + dx_k$; $y_k, y_k + dy_k$; $z_k, z_k + dz_k$; et toutes les autres particules sont dans des positions quelconques. En d'autres termes, nous trouvons la probabilité de telle façon que la particule k soit au voisinage d'une position donnée dans l'espace. En désignant cette probabilité par $w(x_k, y_k, z_k, t)$, nous obtenons

$$
w(x_k, y_k, z_k, t)\, dx_k\, dy_k\, dz_k = dx_k\, dy_k\, dz_k \int \psi^* \psi\, d\Omega_k \,. \tag{14.8}
$$

D'une manière similaire, la quantité

$$
\begin{aligned}
&w(x_k, y_k, z_k, x_j, y_j, z_j, t)\, dx_k\, dy_k\, dz_k\, dx_j\, dy_j\, dz_j \\
&= dx_k\, dy_k\, dz_k\, dx_j\, dy_j\, dz_j \int \psi^* \psi\, d\Omega_{kj}
\end{aligned} \tag{14.9}
$$

est la probabilité de trouver la $k^{\text{ième}}$ particule au point x_k, y_k, z_k et que, simultanément, la $j^{\text{ième}}$ se trouve au point x_j, y_j, z_j. Si nous connaissons l'équation d'onde ψ exprimée dans l'espace de configuration, nous pouvons alors déterminer la probabilité d'une configuration donnée (14.6) du système, la probabilité de la position de n'importe quelle particule (14.8) et, finalement, la probabilité de la position de toute paire de particules (14.9) etc. De la même manière, les probabilités de la valeur d'une quantité quelconque peuvent être calculée selon les formules générales de la mécanique quantique en développant ψ en termes de fonctions propres de tout opérateur intéressant.

Nous supposons que la fonction d'onde $\psi(x_1, \ldots, z_N, t)$, comme la fonction d'onde d'une particule, satisfait à l'équation de Schrödinger

$$i\hbar \frac{\partial \psi}{\partial t} = \hat{H}\psi \,, \tag{14.10}$$

où $\hat{H}$ est le hamiltonien (14.3) du système de particules. Ainsi que nous l'avons dit précédemment dans (14.1), par analogie avec le hamiltonien classique d'un système de N particules de masses $m_i, \ldots, m_k, \ldots, m_N$:

$$\hat{H} = \sum_{i=1}^{N} \left(\frac{\hat{\boldsymbol{p}}_i}{2m_i} + V_i(x_i, y_i, z_i, t) \right) + \sum_{i \neq k=1}^{N} V_{ik}(x_i, y_i, z_i, x_k, y_k, z_k) \,,$$

où $V_i(x_i, y_i, z_i, t)$ – comme nous venons de le mentionner – est l'énergie potentielle de la particule i dans le champ externe et $V_{ik}(x_i, \ldots, z_k)$ est l'énergie d'interaction entre les particules i et k. Le hamiltonien prend la forme :

$$\hat{H} = \sum_{i=1}^{N} \left(-\frac{\hbar^2}{2m_i} \nabla_i^2 + V_i(x_i, y_i, z_i, t) \right)$$
$$+ \sum_{i \neq k=1}^{N} V_{ik}(x_i, y_i, z_i, x_k, y_k, z_k) \,, \tag{14.11}$$

et

$$\nabla_i^2 = \frac{\partial^2}{\partial x_i^2} + \frac{\partial^2}{\partial y_i^2} + \frac{\partial^2}{\partial z_i^2}$$

est l'opérateur de Laplace (le laplacien) agissant sur la $i$ème particule. L'opérateur de Hamilton peut aussi être écrit en présence d'un champ magnétique et d'un spin. Il est égal à la somme des hamiltoniens à particules indépendantes plus les termes qui déterminent les interactions mutuelles.

De (14.10) nous pouvons obtenir l'équation de continuité pour la probabilité dans l'espace de configuration. Pour la trouver, nous multiplions (14.10) par ψ^* et soustrayons l'équation complexe conjuguée correspondante. En tenant compte de la structure du hamiltonien (14.11), nous obtenons

$$i\hbar \frac{\partial}{\partial t}(\psi^*\psi) = -\frac{\hbar^2}{2} \sum_{i=1}^{N} \frac{1}{m_i}(\psi^*\nabla_i^2\psi - \psi\nabla_i^2\psi^*) \,.$$

En posant

$$j_i = \frac{i\hbar}{2m_i}(\psi \boldsymbol{\nabla}_i \psi^* - \psi^* \boldsymbol{\nabla}_i \psi) , \qquad (14.12)$$

où $\boldsymbol{\nabla}_i$ est l'opérateur de composantes $\partial/\partial x_i$, $\partial/\partial y_i$, $\partial/\partial z_i$, nous pouvons ainsi écrire (14.12) comme

$$\frac{\partial w(\boldsymbol{r}_1, \ldots, \boldsymbol{r}_i, \ldots, \boldsymbol{r}_N, t)}{\partial t} + \sum_{i=1}^{N} \mathrm{div}_i \, \boldsymbol{j}_i(\boldsymbol{r}_1, \ldots, \boldsymbol{r}_i, \ldots, \boldsymbol{r}_N, t) = 0 . \quad (14.13)$$

Cette équation montre que le changement de la probabilité de configuration w est déterminée par le courant de cette probabilité. C'est pourquoi, $\boldsymbol{j}_i$ est une fonction des coordonnées de toutes les particules (et du temps) et représente la densité de courant produit par le mouvement de la particule i si les coordonnées de toutes les autres $(n-1)$ particules sont fixées. Pour obtenir la densité de courant de la $i$ème particule avec les autres particules dans des positions quelconques, (14.12) doit être intégrée sur toutes les coordonnées, sauf celles de la particule i :

$$\boldsymbol{J}_i(x_i, y_i, z_i, t) = \int \boldsymbol{j}_i(x_1, \ldots, x_i, y_i, \ldots, z_N, t) \, \mathrm{d}\Omega_i . \qquad (14.14)$$

Cette densité de courant satisfait aussi à l'équation de continuité, mais maintenant dans l'espace à trois dimensions, c'est-à-dire si nous intégrons (14.13) sur $\mathrm{d}\Omega_i$, nous obtenons

$$\int \frac{\partial}{\partial t} w(x_1, \ldots, z_N, t) \, \mathrm{d}\Omega_i = \frac{\partial}{\partial t} \int w(x_1, \ldots, z_N, t) \, \mathrm{d}\Omega_i$$
$$= \frac{\partial}{\partial t} W(x_i, y_i, z_i, t) .$$

De plus,

$$\sum_{i'=1}^{N} \int \mathrm{div}_{i'} \, \boldsymbol{j} \, \mathrm{d}\Omega_i = \int \mathrm{div}_i \, \boldsymbol{j}_i \, \mathrm{d}\Omega_i + \sum_{i' \neq i}^{N} \mathrm{div}_{i'} \, \boldsymbol{j}_{i'} \, \mathrm{d}\Omega_i .$$

L'élément de volume $\mathrm{d}\Omega_k$ [voir (14.7)] contient les coordonnées de toutes les particules à l'exception de celles de la particule k. Les intégrales de la forme $\int \mathrm{div}_{i'} \, \boldsymbol{j}_{i'} \, \mathrm{d}\Omega_i$ peuvent être transformées en intégrales de surface qui s'annulent si ψ s'annule à l'infini. Dans l'intégrale, $\int \mathrm{div}_i \, \boldsymbol{j}_i \, \mathrm{d}\Omega_i$, nous différencions et intégrons par rapport à des variables différentes. Par conséquent, nous avons

$$\int \mathrm{div}_i \, \boldsymbol{j}_i \, \mathrm{d}\Omega_i = \mathrm{div}_i \int \boldsymbol{j}_i \, \mathrm{d}\Omega_i = \mathrm{div}_i \, \boldsymbol{J}_i(x_i, y_i, z_i, t) ,$$

où (14.14) a été utilisée. Nous obtenons ainsi une équation de continuité pour chacune des particules :

$$\frac{\partial W(x_i, y_i, z_i, t)}{\partial t} + \mathrm{div} \, \boldsymbol{J}_i(x_i, y_i, z_i, t) = 0 \qquad (14.15)$$

dans l'espace à trois dimensions (x_i, y_i, z_i).

14.1 Conservation de l'impulsion totale d'un système de particules

En mécanique classique, l'impulsion totale d'un système de particules n'est conservée que s'il est exclusivement soumis à des forces internes. Dans ce cas, selon le principe d'inertie, le centre de gravité est animé d'un mouvement rectiligne uniforme ou est immobile. Mais, si des forces externes agissent sur le système, la variation de l'impulsion totale par unité de temps est égale à la résultante de toutes les forces externes. Nous allons montrer que ces principes de la mécanique classique restent valables dans le domaine des phénomènes quantiques. Pour ce faire, nous supposons un opérateur impulsion totale pour toutes les particules du système. Naturellement, par opérateur impulsion totale $\hat{\boldsymbol{p}}$ de tout le système de particules, nous entendons la somme sur tous les opérateurs impulsion individuels $\hat{\boldsymbol{p}}_k$ de toutes les particules $k = 1, 2, \ldots, N$:

$$\hat{\boldsymbol{p}} = \sum_{k=1}^{N} \hat{\boldsymbol{p}}_k = -\mathrm{i}\hbar \sum_{k=1}^{N} \boldsymbol{\nabla}_k \,. \tag{14.16}$$

Calculons la dérivée par rapport au temps de l'opérateur impulsion $\hat{\boldsymbol{p}}$. D'après la relation générale de la mécanique quantique (voir chapitre 8), il vient

$$\frac{\mathrm{d}\hat{\boldsymbol{p}}}{\mathrm{d}t} = \frac{\mathrm{i}}{\hbar}(\hat{H}\hat{\boldsymbol{p}} - \hat{\boldsymbol{p}}\hat{H}) \,. \tag{14.17}$$

En reportant $\hat{H}$ de (14.11) et en remarquant que $\hat{\boldsymbol{p}}$ commute avec l'opérateur de l'énergie cinétique

$$\hat{T} = -\frac{\hbar^2}{2} \sum_{k=1}^{N} \frac{1}{m_k} \boldsymbol{\nabla}_k^2 \,,$$

nous obtenons

$$\frac{\mathrm{d}\hat{\boldsymbol{p}}}{\mathrm{d}t} = \left[\left(\sum_{k=1}^{N} V_k + \sum_{k \neq j=1}^{N} V_{kj} \right) \left(\sum_{i=1}^{N} \boldsymbol{\nabla}_i \right) \right.$$
$$\left. - \left(\sum_{i=1}^{N} \boldsymbol{\nabla}_i \right) \left(\sum_{k=1}^{N} V_k + \sum_{k \neq j=1}^{N} V_{kj} \right) \right] \,. \tag{14.18}$$

De plus,

$$V_k \left(\sum_{i=1}^{N} \boldsymbol{\nabla}_i \right) - \left(\sum_{i=1}^{N} \boldsymbol{\nabla}_i \right) V_k = -\boldsymbol{\nabla}_k V_k(x_k, y_k, z_k) \,, \tag{14.19}$$

parce que $V_k(\boldsymbol{r}_k)$ dépend seulement des coordonnées $\boldsymbol{r}_k$ de la particule k.

Finalement, nous calculons la commutation de l'opérateur $\sum_{i=1}^{N} \boldsymbol{\nabla}_i$ avec l'énergie d'interaction des particules $\sum_{k \neq j} V_{kj}$. Ce faisant, nous supposons que les forces entre particules dépendent uniquement de leurs distances r_{ki}, de sorte que $V_{kj} = V_{kj}(r_{kj})$. Alors, seuls les opérateurs $\boldsymbol{\nabla}_k$ de la somme $\sum_{i=1}^{N} \boldsymbol{\nabla}_i$, pour lesquels $i = k$ ou $i = j$, agissent sur V_{kj}, ; c'est-à-dire la paire $\boldsymbol{\nabla}_k + \boldsymbol{\nabla}_j$ agit sur V_{kj}.

Par conséquent, nous ne considérons que

$$V_{kj}(\boldsymbol{\nabla}_k + \boldsymbol{\nabla}_j) - (\boldsymbol{\nabla}_k + \boldsymbol{\nabla}_j)V_{kj} = -\boldsymbol{\nabla}_k V_{kj} - \boldsymbol{\nabla}_j V_{kj} \,. \tag{14.20}$$

Mais maintenant,

$$\boldsymbol{\nabla}_k V_{kj} = \frac{\mathrm{d}V_{kj}}{\mathrm{d}r_{kj}} \boldsymbol{\nabla}_k r_{kj} = \frac{\mathrm{d}V_{kj}}{\mathrm{d}r_{kj}} \frac{\boldsymbol{r}_{kj}}{r_{kj}} \,,\; \boldsymbol{\nabla}_j V_{kj} = \frac{\mathrm{d}V_{kj}}{\mathrm{d}r_{kj}} \boldsymbol{\nabla}_j r_{kj} = -\frac{\mathrm{d}V_{kj}}{\mathrm{d}r_{kj}} \frac{\boldsymbol{r}_{kj}}{r_{kj}} \,.$$

Par conséquent, nous avons

$$\boldsymbol{\nabla}_k V_{kj} + \boldsymbol{\nabla}_j V_{kj} = 0 \,. \tag{14.21}$$

Ceci est simplement la loi de Newton, selon laquelle *action* $= -$ *réaction*. Il s'ensuit que la commutation des opérateurs (14.19) est identique à zéro. Nous obtenons alors

$$\frac{\mathrm{d}\hat{\boldsymbol{p}}}{\mathrm{d}t} = -\sum_{k=1}^{N} \boldsymbol{\nabla}_k V_k(x_k, y_k, z_k, t) \,, \tag{14.22}$$

c'est-à-dire la dérivée par rapport au temps de l'impulsion totale est égale à l'opérateur de la force résultante, provenant de champs externes, qui agit sur le système. Cette loi est l'analogue de la loi de conservation de l'impulsion de la mécanique classique. La seule différence réside dans le fait qu'en mécanique quantique, elle ne s'applique pas directement aux quantités physiques, mais aux opérateurs qui les représentent et, par conséquent, aux valeurs moyennes de ces quantités (voir le théorème d'Ehrenfest dans chapitre 8). S'il n'y a pas de forces externes ($V_k = 0$), on déduit de (14.21) que

$$\frac{\mathrm{d}\hat{\boldsymbol{p}}}{\mathrm{d}t} = 0 \,. \tag{14.23}$$

Ainsi, l'impulsion totale d'un système de particules, en interaction mutuelle, est conservée en l'absence de forces externes (14.23).

Nous rappelons que l'équation d'opérateur (14.23) signifie : (1) La valeur moyenne de l'impulsion totale ne change pas au cours du temps. (2) Les probabilités $w(\boldsymbol{p})$ de trouver une certaine valeur de $\boldsymbol{p}$ restent inchangées également.

14.2 Mouvement du centre de masse d'un système de particules en mécanique quantique

Dans ce qui suit, nous montrerons que le mouvement du centre de masse d'un système de particules ne dépend pas du mouvement relatif de ses constituants. Ceci est bien connu en mécanique classique et est également valable en mécanique quantique.

Nous considérons le hamiltonien $\hat{H}$, qui tient uniquement compte de l'influence des forces internes (forces à deux corps $V_{kj}(r_{kj})$) :

$$\hat{H} = -\frac{\hbar^2}{2}\hat{T} + W \,, \tag{14.24}$$

où

$$\hat{T} = \sum_{k=1}^{N} \frac{1}{m_k} \boldsymbol{\nabla}_k^2 \,, \quad W = \sum_{\substack{j,k=1 \\ j \neq k}}^{N} V_{kj}(r_{kj}) \,. \tag{14.25}$$

Nous exprimons le hamiltonien dans un système de coordonnées adéquat, constitué des coordonnées du centre de masse X, Y, Z et des $3N - 3$ coordonnées relatives. Les *coordonnées de Jacobi*, introduites dans l'exemple 9.6, sont appropriées. Elles sont définies par

$$\xi_1 = \frac{m_1 x_1}{m_1} - x_2 \equiv x_1 - x_2$$

$$\xi_2 = \frac{m_1 x_1 + m_2 x_2}{m_1 + m_2} - x_3$$

$$\vdots$$

$$\xi_j = \frac{\sum_{k=1}^{j} m_k x_k}{\sum_{k=1}^{j} m_k} - x_{j+1}$$

$$\vdots$$

$$\xi_N = \frac{\sum_{k=1}^{N} m_k x_k}{M} \equiv X \,, \tag{14.26}$$

où $M = \sum_{k=1}^{N} m_k$ désigne la masse totale du système. Des expressions similaires peuvent être obtenues pour les axes y et z :

$$\eta_j = \frac{\sum_{k=1}^{j} m_k y_k}{\sum_{k=1}^{j} m_k} - y_{j+1} \,, \quad \eta_N \equiv Y \,; \tag{14.27}$$

$$\zeta_j = \frac{\sum_{k=1}^{j} m_k z_k}{\sum_{k=1}^{j} m_k} - z_{j+1} \,, \quad \zeta_N \equiv Z \,. \tag{14.28}$$

Ce sont des généralisations des relations entre les coordonnées du centre de masse et des coordonnées relatives pour des systèmes à deux corps. Le principe de leur construction est important : le vecteur de Jacobi $\boldsymbol{\xi}_j = \{\xi_j, \eta_j, \zeta_j\}$ est le vecteur du centre de masse des j premières particules à la $(j+1)$-ème particule. La figure 14.1 illustre cette situation.

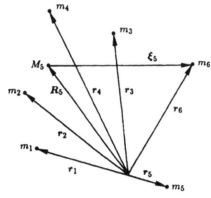

Fig. 14.1. Les coordonnées de Jacobi $\boldsymbol{\xi}_j$ dans le cas du vecteur $\boldsymbol{\xi}_5$. Il pointe du centre de masse $\boldsymbol{R}_5$ des 5 premières particules vers le rayon vecteur $\boldsymbol{r}_6$ de la 6ième particule $(M_5 = m_1 + m_2 + m_3 + m_4 + m_5)$

Pour l'opérateur énergie cinétique (voir l'exemple 9.6), nous avons

$$\hat{T} = \hbar^2 \left[\frac{1}{M} \nabla^2 + \sum_{j=1}^{N-1} \frac{1}{\mu_j} \nabla_j^2 \right], \quad \text{où} \tag{14.29}$$

$$\nabla^2 = \frac{\partial^2}{\partial \xi_N^2} + \frac{\partial^2}{\partial \eta_N^2} + \frac{\partial^2}{\partial \zeta_N^2} = \frac{\partial^2}{\partial X^2} + \frac{\partial^2}{\partial Y^2} + \frac{\partial^2}{\partial Z^2} \tag{14.30}$$

désigne le laplacien du centre de masse de toutes les particules, et

$$\nabla_j^2 = \frac{\partial^2}{\partial \xi_j^2} + \frac{\partial^2}{\partial \eta_j^2} + \frac{\partial^2}{\partial \zeta_j^2}, \tag{14.31}$$

le laplacien pour les coordonnées de Jacobi $\boldsymbol{\xi}_j = \{\xi_j, \eta_j, \zeta_j\}$. La masse réduite μ_j est donnée par

$$\frac{1}{\mu_j} = \frac{1}{\sum_{k=1}^{j} m_k} + \frac{1}{m_{j+1}}, \tag{14.32}$$

où $m_1, \ldots, m_N$ sont les masses des N particules.

Le hamiltonien de (14.24) peut être réécrit sous la forme

$$\hat{H} = -\frac{\hbar^2}{2M} \nabla^2 \tag{14.33}$$

$$- \sum_{j=1}^{N-1} \frac{\hbar^2}{2\mu_j} \nabla_j^2 + W(\xi_1, \ldots, \xi_{N-1}, \eta_1, \ldots, \eta_{N-1}, \zeta_1, \ldots, \zeta_{N-1}).$$

En utilisant (14.30) il s'ensuit que

$$\hat{T}_s \equiv -\frac{\hbar^2}{2M}\nabla^2 = -\frac{\hbar^2}{2M}\left(\frac{\partial^2}{\partial X^2} + \frac{\partial^2}{\partial Y^2} + \frac{\partial^2}{\partial Z^2}\right) \tag{14.34}$$

représente l'*opérateur de l'énergie cinétique du centre de masse* de toutes les particules. L'*opérateur de l'énergie cinétique du mouvement relatif (intérieur)* est donné par

$$\hat{T}_R \equiv -\sum_{j=1}^{N-1}\frac{\hbar^2}{2\mu_j}\nabla_j^2 \,. \tag{14.35}$$

En examinant (14.33), nous remarquons que l'énergie d'interaction ne dépend pas des coordonnées du centre de masse $\boldsymbol{\xi}_N = \{\xi_N, \eta_N, \zeta_N\} = \{X, Y, Z\}$. Selon (14.25), elle dépend uniquement des distances relatives des particules. Mais les coordonnées relatives peuvent être exprimées par les $k(N-1)$ premières coordonnées de Jacobi $\boldsymbol{\xi}_1, \ldots, \boldsymbol{\xi}_{N-1}$ qui se déduit immédiatement des relations (14.26). Si nous transformons $\boldsymbol{\xi}_1, \ldots, \boldsymbol{\xi}_{N-1}$, (i.e. $\xi_1, \ldots, \xi_{N-1}, \eta_1, \ldots, \eta_{N-1}, \zeta_1, \ldots, \zeta_{N-1}$) par une transformation linéaire en des coordonnées relatives quelconques $q_1, q_2, \ldots, q_{3N-3}$, l'opérateur $\hat{T}_s$ reste inchangé. Par conséquent, nous pouvons généraliser (14.33) par

$$\hat{H} = -\frac{\hbar^2}{2M}\nabla^2 + \hat{H}_R(q_1, q_2, \ldots, q_{3N-3}) \,. \tag{14.36}$$

Le hamiltonien du mouvement relatif $\hat{H}_R$ ne dépend pas des coordonnées du centre de masse ; alors la fonction d'onde du système se décompose en une partie relative et une partie du centre de masse. Dans la prochaine étape, nous introduisons l'opérateur de l'impulsion totale,

$$\hat{P}_X = -\mathrm{i}\hbar\frac{\partial}{\partial X}\,,\quad \hat{P}_Y = -\mathrm{i}\hbar\frac{\partial}{\partial Y}\,,\quad \hat{P}_Z = -\mathrm{i}\hbar\frac{\partial}{\partial Z}\,, \tag{14.37}$$

de sorte que nous pouvons écrire l'énergie cinétique du centre de masse sous la forme

$$\hat{T}_s = \frac{\hat{\boldsymbol{P}}^2}{2M} = \frac{\hat{P}_X^2 + \hat{P}_Y^2 + \hat{P}_Z^2}{2M}$$
$$= -\frac{\hbar^2}{2M}\left(\frac{\partial^2}{\partial X^2} + \frac{\partial^2}{\partial Y^2} + \frac{\partial^2}{\partial Z^2}\right) = -\frac{\hbar^2}{2M}\Delta \,. \tag{14.38}$$

La fonction d'onde du système se décompose selon (14.36), et nous l'écrivons comme le produit de la partie du centre de masse $\phi(X, Y, Z, t)$, avec les coordonnées du centre de masse X, Y, Z, et la partie relative $\psi(q_1, q_2, \ldots, q_{3N-3})$. Ainsi, il vient

$$\Psi(X, Y, Z, q_1, q_2, \ldots, q_{3N-3}, t)$$
$$= \phi(X, Y, Z, t)\psi(q_1, \ldots, q_{3N-3}, t) \,. \tag{14.39}$$

Si nous reportons (14.39) dans l'équation de Schrödinger, nous obtenons

$$i\hbar \frac{\partial}{\partial t}\Psi = i\hbar \frac{\partial}{\partial t}(\phi(X, Y, Z, t)\psi(q_1, \ldots, q_{3N-3}, t))$$

$$= \hat{H}\Psi$$

$$= \left(-\frac{\hbar^2}{2M}\nabla^2 + \hat{H}_R(q_1, \ldots, q_{3N-3})\right)$$

$$\times (\phi(X, Y, Z)\psi(q_1, \ldots, q_{3N-3}, t))$$

$$\Leftrightarrow i\hbar \frac{\partial \phi}{\partial t}\psi + i\hbar \phi \frac{\partial \psi}{\partial t} = -\psi \frac{\hbar^2}{2M}\nabla^2\phi + \phi\hat{H}_R\psi \ . \tag{14.40}$$

En divisant (14.40) par $\phi\psi$ (pour $\phi\psi \neq 0$) donne

$$i\hbar \frac{1}{\phi}\frac{\partial \phi}{\partial t} + i\hbar \frac{1}{\psi}\frac{\partial \psi}{\partial t} = -\frac{1}{\phi}\frac{\hbar^2}{2M}\nabla^2\phi + \frac{1}{\psi}\hat{H}_R\psi \ .$$

Après réarrangement, nous avons

$$\left(i\hbar \frac{\partial \phi}{\partial t} + \frac{\hbar^2}{2M}\nabla^2\phi\right)\frac{1}{\phi} = \left(-i\hbar \frac{\partial \psi}{\partial t} + \hat{H}_R\psi\right)\frac{1}{\psi} \overset{!}{=} E \ .$$

Cette équation est vérifiée si les deux côtés sont égaux à une constante E. Alors, pour $\phi(X, Y, Z, t)$ et $\psi(q_1, q_2, \ldots, q_{3N-3}, t)$, nous avons

$$i\hbar \frac{\partial \phi}{\partial t} = -\frac{\hbar^2}{2M}\nabla^2\phi + E\phi \quad \text{et} \tag{14.41}$$

$$i\hbar \frac{\partial \psi}{\partial t} = \hat{H}_R\psi - E\psi \ . \tag{14.42}$$

La première équation décrit le mouvement du centre de masse d'un système de particules de masse totale M. Si le système n'est pas soumis à des forces extérieures, le centre de masse se déplace comme une particule libre de masse M. La solution particulière la plus simple est une onde plane (onde de de Broglie), c'est-à-dire

$$\phi(X, Y, Z, t) = (2\pi\hbar)^{-3/2}\exp\left[\frac{i}{\hbar}(E_s t - P_X X - P_Y Y - P_Z Z)\right]$$

$$= (2\pi\hbar)^{-3/2}\exp\left[-\frac{i}{\hbar}(\boldsymbol{P}\cdot\boldsymbol{X} - E_s t)\right] \ . \tag{14.43}$$

En reportant ϕ dans l'équation de Schrödinger (14.42), nous pouvons identifier les composantes de $\boldsymbol{P} = (P_X, P_Y, P_Z)$ comme les valeurs propres de l'opérateur de quantité de mouvement totale. Pour les valeurs propres de l'énergie cinétique E_s du mouvement du centre de masse, on déduit que

$$E_s = \frac{1}{2M}(P_X^2 + P_Y^2 + P_Z^2) + E \ . \tag{14.44}$$

La constante additive E est quelconque et peut être choisie égale à zéro ($E = 0$). La longueur d'onde de l'onde de de Broglie est donnée par

$$\lambda = \frac{h}{P} = \frac{h}{MV} \ , \quad P = \sqrt{P_X^2 + P_Y^2 + P_Z^2} \ , \tag{14.45}$$

où V est la vitesse du centre de masse. De (14.43–45) nous pouvons maintenant déduire que les ondes de de Broglie (14.44) ne sont pas des oscillations reliées à la structure interne du système de particules, mais représentent le mouvement quantique général de particules libres (ou, dans notre cas, le mouvement du centre de masse, c'est-à-dire le mouvement du système comme un tout) sans forces extérieures (système isolé).

Les aspects essentiels et intéressants du problème à plusieurs corps concernent les degrés de liberté internes décrits par (14.42). Le mouvement du centre de masse, comme en mécanique classique, est un aspect plutôt trivial. Il est seulement important si toutes les particules du système – qui, en raison des forces de liaisons internes, sont liées les unes aux autres – sont déviées dans un champ externe, ou interagissent avec d'autres systèmes complexes. Dans ce dernier cas, nous parlons de *structure d'agrégats* c'est-à-dire la séparation d'un système à N corps en diverses sous-structures.

Les structures d'agrégats jouent un rôle important dans la fragmentation d'un noyau de A nucléons en deux fragments de A_1 et A_2 nucléons ($A_1 + A_2 = A$) ou en trois ou plusieurs fragments. Ceci est appelé *fission binaire* ou *fission ternaire*. Si l'un des fragments est nettement plus gros que l'autre (par exemple : $A \to (A-4)+4$ ou $A \to (A-12)+12$ et $A \approx 220$), on parle de *désintégration radioactive*. La forme la plus connue est la radioactivité α, lors de laquelle une particule α est émise (noyau de ^{4}He).

Plus récemment, la *radioactivité d'agrégats* a été découverte, lors de laquelle des noyaux ^{12}C, ^{16}O, ^{24}Ne, ^{32}S etc. sont émis. Ce phénomène avait été prédit par la théorie[1] et a été confirmé expérimentalement 4 ans plus tard.[2] En revenant à nos calculs, après séparation du mouvement du centre de masse (14.43), nous obtenons finalement pour (14.39),

$$\Psi(X, Y, Z, q_1, \ldots, q_{3N-3}, t)$$
$$= (2\pi\hbar)^{-3/2} \exp\left[-\frac{i}{\hbar}(\boldsymbol{P} \cdot \boldsymbol{X} - E_s t)\right] \psi(q_1, \ldots, q_{3N-3}, t) . \qquad (14.46)$$

14.3 Conservation du moment angulaire total dans un système à plusieurs corps

À nouveau, nous considérons un système à N particules et désignons les composantes cartésiennes du moment cinétique orbital par $\hat{\boldsymbol{l}}^k = (\hat{l}_x^k, \hat{l}_y^k, \hat{l}_z^k)$. Le rayon vecteur de la $k^{\text{ième}}$ particule est $\boldsymbol{x}_k = (x_k, y_k, z_k)$. Nous avons alors

$$\hat{l}_x^k = -i\hbar \left(y_k \frac{\partial}{\partial z_k} - z_k \frac{\partial}{\partial y_k} \right)$$

---

[1] A. Sandulescu, D.N. Poenaru, W. Greiner: Sov. J. Part. Nucl. **11**, 528–541 (1980).
[2] H.J. Rose, G.A. Jones: Nature **307**, 245–247 (1984).

$$\hat{l}_y^k = -i\hbar \left(z_k \frac{\partial}{\partial x_k} - x_k \frac{\partial}{\partial z_k} \right)$$

$$\hat{l}_z^k = -i\hbar \left(x_k \frac{\partial}{\partial y_k} - y_k \frac{\partial}{\partial x_k} \right) . \tag{14.47}$$

Les composantes de l'opérateur de moment cinétique orbital total du système $\hat{l} = (\hat{l}_x, \hat{l}_y, \hat{l}_z)$ sont définies comme la somme des moments cinétiques individuels :

$$\hat{l}_x = \sum_{k=1}^{N} \hat{l}_x^k , \quad \hat{l}_y = \sum_{k=1}^{N} \hat{l}_y^k , \quad \hat{l}_z = \sum_{k=1}^{N} \hat{l}_z^k . \tag{14.48}$$

Dans la suite, nous allons démontrer que la dérivée de l'opérateur de moment cinétique est égale à l'opérateur du couple exercé sur le système. Selon (8.6), la dérivée par rapport au temps d'un opérateur ne dépendant pas explicitement du temps, par exemple $\hat{l}_x$, est

$$\frac{d\hat{l}_x}{dt} = \frac{i}{\hbar} [\hat{H}, \hat{l}_x] . \tag{14.49}$$

Le hamiltonien du système à N particules de masses $m_1, m_2, \ldots, m_N$ s'écrit :

$$\hat{H} = \sum_{k=1}^{N} \left(\frac{\hat{p}_k}{2m_k} + V_k(x_k, y_k, z_k, t) \right)$$

$$+ \sum_{\substack{j,k=1 \\ j \neq k}}^{N} V_{kj}(x_k, y_k, z_k, x_j, y_j, z_j) . \tag{14.50}$$

Comme précédemment, V_k représente l'énergie potentielle de la $k$ième particule dans un champ externe, et V_{kj} est l'énergie d'interaction entre les particules k et j. Du chapitre 4 (voir la section relative aux opérateurs de moment cinétique) nous savons que chaque composante de l'opérateur de moment cinétique commute avec son carré. Puisque les opérateurs de moment cinétique de particules différentes commutent – ils agissent dans des espaces différents – ils ne peuvent se nuire, par exemple $[\hat{l}_x^k, \hat{l}_y^j] = 0$ pour tout $k \neq j$. Chaque composante $\hat{l}_i^k$ de l'opérateur de moment cinétique d'une particule commute avec le carré $\hat{l}^2$ de l'opérateur de moment cinétique total :

$$[\hat{l}_i^k, \hat{l}^2] = [\hat{l}_i^k, (\hat{l}^k)^2] = 0 , \quad i = 1, 2, 3 \text{ ou } x, y, z . \tag{14.51}$$

Nous savons aussi que $\hat{p}_k^2$ commute avec $\hat{l}_x^k, \hat{l}_y^k, \hat{l}_z^k$, ce qui peut être vérifié, par exemple pour la composante x :

$$\hat{p}_k^2 = -\hbar^2 \boldsymbol{\nabla}_k^2 = -\hbar^2 \left(\frac{\partial^2}{\partial x_k^2} + \frac{\partial^2}{\partial y_k^2} + \frac{\partial^2}{\partial z_k^2} \right) ,$$

et par conséquent

$$[\hat{p}_k^2, \hat{l}_x^k] = i\hbar^3 \left[\frac{\partial^2}{\partial x_k^2}, y_k \frac{\partial}{\partial z_k} - z_k \frac{\partial}{\partial y_k} \right] + i\hbar^3 \left[\frac{\partial^2}{\partial y_k^2} + \frac{\partial^2}{\partial z_k^2}, y_k \frac{\partial}{\partial z_k} - z_k \frac{\partial}{\partial y_k} \right]$$

$$= 0 + i\hbar^3 \left[\frac{\partial}{\partial y_k} \left(\frac{\partial}{\partial z_k} + y_k \frac{\partial}{\partial z_k} \frac{\partial}{\partial y_k} - z_k \frac{\partial^2}{\partial y_k^2} \right) - \left(y_k \frac{\partial}{\partial z_k} - z_k \frac{\partial}{\partial y_k} \right) \frac{\partial^2}{\partial y_k^2} \right.$$

$$+ \frac{\partial}{\partial z_k} \left(y_k \frac{\partial^2}{\partial z_k^2} - \frac{\partial}{\partial y_k} - z_k \frac{\partial}{\partial y_k} \frac{\partial}{\partial z_k} \right)$$

$$\left. - \left(y_k \frac{\partial}{\partial z_k} - z_k \frac{\partial}{\partial y_k} \right) \frac{\partial^2}{\partial z_k^2} \right]$$

$$= i\hbar^3 \left(\frac{\partial}{\partial y_k} \frac{\partial}{\partial z_k} + \frac{\partial}{\partial z_k} \frac{\partial}{\partial y_k} + y_k \frac{\partial}{\partial z_k} \frac{\partial^2}{\partial y_k^2} - z_k \frac{\partial^3}{\partial y_k^3} \right.$$

$$- y_k \frac{\partial}{\partial z_k} \frac{\partial^2}{\partial y_k^2} + z_k \frac{\partial^3}{\partial y_k^3} + y_k \frac{\partial^3}{\partial z_k^3} - \frac{\partial}{\partial z_k} \frac{\partial}{\partial y_k} - \frac{\partial}{\partial y_k} \frac{\partial}{\partial z_k}$$

$$\left. - z_k \frac{\partial}{\partial y_k} \frac{\partial^2}{\partial z_k^2} - y_k \frac{\partial^3}{\partial z_k^3} + z_k \frac{\partial}{\partial y_k} \frac{\partial^2}{\partial z_k^2} \right) = 0 \,,$$

c'est-à-dire

$$[\boldsymbol{\nabla}_k^2, \hat{l}_x^k] = 0 \,. \tag{14.52}$$

Décomposons maintenant l'opérateur de l'énergie cinétique de (14.50) en sa partie de translation $\hat{T}_{r_k}$ le long du rayon vecteur r_k et sa partie de rotation (voir figure 14.2 ainsi que la section relative à l'énergie cinétique dans chapitre 4) :

$$-\frac{\hbar^2}{2m_k} \boldsymbol{\nabla}_k^2 = \hat{T}_{r_k} + \frac{(\hat{l}_k)^2}{2m_k r_k^2} \,. \tag{14.53}$$

Parce que chaque composante de l'opérateur de moment cinétique d'une particule commute avec $(\hat{l}_k)^2$ et avec $\boldsymbol{\nabla}_k^2$, elle commute aussi avec $\hat{T}_{r_k}$, selon (14.53) :

$$[\hat{T}_{r_k}, \hat{l}_i^k] = 0 \ (i = x, y, z) \,. \tag{14.54}$$

Pour évaluer (14.49), nous avons besoin des commutateurs de $[V_k, \hat{l}_i^k]$ et $[V_{kj}, \hat{l}_i^k]$ pour $(i = x, y, z)$:

$$V_k \hat{l}_x^k - \hat{l}_x^k V_k = -i\hbar \left[V_k \left(y_k \frac{\partial}{\partial z_k} - z_k \frac{\partial}{\partial y_k} \right) - \left(y_k \frac{\partial}{\partial z_k} - z_k \frac{\partial}{\partial y_k} \right) V_k \right]$$

$$= i\hbar \left(y_k \frac{\partial V_k}{\partial z_k} - z_k \frac{\partial V_k}{\partial y_k} \right) \,, \tag{14.55}$$

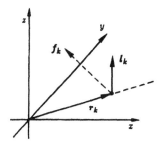

Fig. 14.2. Le rayon vecteur r_k, son moment cinétique l_k et la force externe $f_k = -\boldsymbol{\nabla}_k V_k(r_k)$ agissant sur la k-ième particule Le vecteur relatif r_{kj} entre la k-ième et la j-ième particule est défini par $r_{kj} = r_k - r_j$

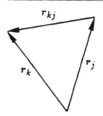

Fig. 14.3. Le vecteur relatif r_{kj} entre la k-ième et la j-ième particule est défini par $r_{kj} = r_k - r_j$

et de manière analogue, nous calculons :

$$[V_{kj}, \hat{l}_x^k] = i\hbar \left(y_k \frac{\partial V_{kj}}{\partial z_k} - z_k \frac{\partial V_{kj}}{\partial y_k} \right) . \tag{14.56}$$

Nous exprimons les dérivées dans (14.56) en fonction de la coordonnée relative r_{kj} et nous avons (voir figure 14.3)

$$r_{kj} = r_k - r_j$$
$$\frac{\partial}{\partial z_k} = \frac{\partial r_{kj}}{\partial z_k} \frac{\partial}{\partial r_{kj}} = \frac{\partial}{\partial z_k} \left(\sqrt{(x_k - x_j)^2 + (y_k - y_j)^2 + (z_k - z_j)^2} \right) \frac{\partial}{\partial r_{kj}}$$
$$= \frac{z_k - z_j}{r_{kj}} \frac{\partial}{\partial r_{kj}} .$$

Similairement, nous obtenons

$$\frac{\partial}{\partial y_k} = \frac{y_k - y_j}{r_{kj}} \frac{\partial}{\partial r_{kj}} , \quad \frac{\partial}{\partial z_k} = \frac{z_k - z_j}{r_{kj}} \frac{\partial}{\partial r_{kj}} .$$

D'après les relations ci-dessus, (14.56) s'écrit :

$$[V_{kj}, \hat{l}_x^k] = i\hbar \frac{\partial V_{kj}}{\partial r_{kj}} \left(y_k \frac{z_k - z_j}{r_{kj}} - z_k \frac{y_k - y_j}{r_{kj}} \right)$$
$$= i\hbar (z_k y_j - z_j y_k) \frac{\partial V_{kj}}{\partial r_{kj}} \frac{1}{r_{kj}} . \tag{14.57}$$

En utilisant les relations (14.51–53), (14.56) et (14.57), nous pouvons évaluer la dérivée par rapport au temps d'une composante du moment cinétique total. Selon (14.48), nous obtenons pour la composante x

$$\frac{d\hat{l}_x}{dt} = -\sum_{k=1}^{N} \left(y_k \frac{\partial V_k}{\partial z_k} - z_k \frac{\partial V_k}{\partial y_k} \right) - \sum_{\substack{j,k=1 \\ j \neq k}}^{N} (z_k y_j - z_j y_k) \frac{\partial V_{kj}}{\partial r_{kj}} \frac{1}{r_{kj}} . \tag{14.58}$$

La seconde partie de (14.57) s'annule, puisque les termes de la somme changent de signe en changeant leurs indices et, de ce fait, s'annulent mutuellement. Le résultat est

$$\frac{d\hat{l}_x}{dt} = -\sum_{k=1}^{N} \left(y_k \frac{\partial V_k}{\partial z_k} - z_k \frac{\partial V_k}{\partial y_k} \right) . \tag{14.59}$$

Les deux autres composantes s'obtiennent de manière similaire

$$\frac{d\hat{l}_y}{dt} = -\sum_{k=1}^{N} \left(z_k \frac{\partial V_k}{\partial x_k} - x_k \frac{\partial V_k}{\partial z_k} \right) , \tag{14.60}$$

$$\frac{d\hat{l}_z}{dt} = -\sum_{k=1}^{N} \left(x_k \frac{\partial V_k}{\partial y_k} - y_k \frac{\partial V_k}{\partial x_k} \right) . \tag{14.61}$$

Ainsi nous avons démontré le théorème, déjà connu en mécanique, qui énonce que la dérivée par rapport au temps du moment cinétique orbital est égale au moment des forces externes agissant sur le système (*théorème du moment cinétique*). Si la résultante des forces externes est nulle ou si leur moment s'annule, le moment cinétique total est conservé :

$$\frac{d\hat{l}_x}{dt} = \frac{d\hat{l}_y}{dt} = \frac{d\hat{l}_z}{dt} = 0 \,. \qquad (14.62)$$

Ainsi, dans le cas où la résultante des forces externes est nulle, les valeurs moyennes $\bar{l}_x, \bar{l}_y$, et $\bar{l}_z$ sont constantes, comme le sont les probabilités $w(l_x)$, $w(l_y)$ et $w(l_z)$ de trouver une valeur donnée pour une composante du moment cinétique.

En incluant le spin intrinsèque s d'une particule (voir chapitre 12), les relations pour le moment angulaire total peuvent être modifiées directement comme suit :

$$\hat{j}_x = \sum_{k=1}^{N}(\hat{l}_x^k + \hat{s}_x^k) \,, \quad \hat{j}_y = \sum_{k=1}^{N}(\hat{l}_y^k + \hat{s}_y^k) \,, \quad \hat{j}_z = \sum_{k=1}^{N}(\hat{l}_z^k + \hat{s}_z^k) \,, \qquad (14.63)$$

où $\hat{s}_x^k, \hat{s}_y^k, \hat{s}_z^k$ désignent les projections du spin de la $k^{\text{ième}}$ particule sur l'axe de coordonnée correspondant. Les opérateurs de spin sont représentés par les matrices 2×2 de Pauli. S'il n'y a pas de champs électromagnétiques externes, c'est-à-dire s'il n'y a pas de forces agissant sur le spin, la loi de conservation du moment cinétique reste valable sans restriction, puisque dans ce cas le hamiltonien commute avec chaque composante de $\hat{s}^k$.

Les relations de commutation du moment angulaire total d'un système de particules correspondent à celles du moment cinétique orbital, parce que les opérateurs $\hat{l}_x^k, \hat{l}_y^k, \hat{l}_z^k, \hat{s}_x^k, \hat{s}_y^k$ et $\hat{s}_z^k$ commutent pour différents indices de particule et, de plus, $\hat{l}_i^k$ et $\hat{s}_j^k$ commutent entre eux, car ces opérateurs agissent dans des espaces différents (espace des coordonnées – espace des spins). D'où,

$$[\hat{j}_x, \hat{j}_y] = \mathrm{i}\hbar \hat{j}_z \,, \quad [\hat{j}_y, \hat{j}_z] = \mathrm{i}\hbar \hat{j}_x \,, \quad [\hat{j}_z, \hat{j}_x] = \mathrm{i}\hbar \hat{j}_y \qquad (14.64)$$

$$[\hat{j}^2, \hat{j}_x] = [\hat{j}^2, \hat{j}_y] = [\hat{j}^2, \hat{j}_z] = 0 \,. \qquad (14.65)$$

Les valeurs propres de $\hat{j}_z^k$ sont égales à la somme des valeurs propres de $\hat{l}_z^k + \hat{s}_z^k$. Dans le chapitre 4 (voir la section relative aux opérateurs de moment cinétique) nous avons trouvé que la valeur propre de la composante suivant z du moment cinétique orbital est égale à $\tilde{m}_z^k \hbar$, avec $-l^k \le \tilde{m}_z^k \le l^k$ ($l^k = 0, 1, 2, \dots$ représente le nombre quantique du moment cinétique orbital de la k-ième particule). La valeur propre du spin est $\pm \hbar/2$ [voir (12.13), (12.39) et (12.40)] ; ainsi, nous avons pour les valeurs propres de $\hat{j}_z^k$, les valeurs $\hbar m_z^k$, m_z^k étant un multiple entier de $\frac{1}{2}$ pour des particules de spin $\frac{1}{2}$. La composante suivant z du moment angulaire total est alors

$$j_z = \sum_{k=1}^{N} \hbar m_z^k = \hbar m \,, \quad m = \sum_{k=1}^{N} m_z^k \,. \qquad (14.66)$$

L'équation (14.66) doit être interprétée comme une équation aux valeurs propres ; l'indice z est omis. Pour déterminer les valeurs propres de $\hat{j}^2$, nous introduisons les fonctions propres $|jm\rangle$ de $\hat{j}^2$ et $\hat{j}_z$ avec

$$\hat{j}^2 |jm\rangle = J^2 |jm\rangle \ , \quad \hat{j}_z |jm\rangle = m |jm\rangle \ . \tag{14.67}$$

Ni J^2, ni m, ni leurs relation ne sont connues jusqu'ici. Pour continuer dans cette direction, on considère habituellement les opérateurs échelons $\hat{j}_+$ et $\hat{j}_-$, définis par

$$\hat{j}_+ = \hat{j}_x + \mathrm{i}\hat{j}_y \ , \quad \hat{j}_- = \hat{j}_x - \mathrm{i}\hat{j}_y \ . \tag{14.68}$$

En utilisant les relations de commutation (14.64), nous pouvons vérifier facilement les relations suivantes.

$$\begin{aligned}
[\hat{j}_+, \hat{j}_z] = [\hat{j}_x, \hat{j}_z] + \mathrm{i}[\hat{j}_y, \hat{j}_z] &= -\mathrm{i}\hbar\hat{j}_y + \mathrm{i}\hbar\mathrm{i}\hat{j}_x \\
&= -\hbar(\hat{j}_x + \mathrm{i}\hat{j}_y) = -\hbar\hat{j}_+ \ ,
\end{aligned} \tag{14.69a}$$

et, de manière similaire,

$$[\hat{j}_-, \hat{j}_z] = \hbar\hat{j}_- \ . \tag{14.69b}$$

Nous réécrivons les relations de commutation (14.68) et (14.69) sous forme matricielle, c'est-à-dire que nous multiplions les deux équations à gauche par un bra et à droite par un ket. Nous choisissons une base dans laquelle $\hat{j}_z$ est diagonal : $\hat{j}_z|jm\rangle = \hbar m|jm\rangle$. Nous calculons $\langle jm'|\ldots|jm''\rangle$ et obtenons

$$\begin{aligned}
(j_+)_{m'm''}\hbar m'' - \hbar m'(j_+)_{m'm''} &= -\hbar(j_+)_{m'm''} \\
(j_-)_{m'm''}\hbar m'' - \hbar m'(j_-)_{m'm''} &= +\hbar(j_-)_{m'm''}
\end{aligned} \tag{14.70}$$

ou

$$\begin{aligned}
(j_+)_{m'm''}(m'' - m' + 1) &= 0 \\
(j_-)_{m'm''}(m'' - m' - 1) &= 0 \ .
\end{aligned} \tag{14.71}$$

Manifestement, les seuls éléments de matrice de $\hat{j}_+$ et $\hat{j}_-$ qui ne s'annulent pas sont donnés par $(j_+)_{m,m-1}$ et $(j_-)_{m,m+1}$. L'opérateur du carré du moment angulaire total peut être écrit en termes de $\hat{j}_+\hat{j}_-$ ou $\hat{j}_-\hat{j}_+$:

$$\begin{aligned}
\hat{j}_+\hat{j}_- = (\hat{j}_x + \mathrm{i}\hat{j}_y)(\hat{j}_x - \mathrm{i}\hat{j}_y) = \hat{j}_x^2 + \hat{j}_y^2 - \mathrm{i}\hat{j}_x\hat{j}_y + \mathrm{i}\hat{j}_y\hat{j}_x &= \boldsymbol{j}^2 - \hat{j}_z^2 + \hbar\hat{j}_z \\
\hat{j}_-\hat{j}_+ = \boldsymbol{j}^2 - \hat{j}_z^2 - \hbar\hat{j}_z \ .
\end{aligned} \tag{14.72}$$

En effectuant l'élévation au carré, on obtient

$$\hat{j}_+\hat{j}_- = \boldsymbol{j}^2 + \frac{\hbar^2}{4} - \left(j_z - \frac{\hbar}{2}\right)^2 \ , \quad \hat{j}_-\hat{j}_+ = \boldsymbol{j}^2 + \frac{\hbar^2}{4} - \left(j_z + \frac{\hbar}{2}\right)^2 \ . \tag{14.73}$$

En considérant les éléments de matrices diagonaux $\langle jm| \ldots |jm \rangle$ on a

$$(j_+ j_-)_{mm} = (j_+)_{m,m-1}(j_-)_{m-1,m} = J^2 + \frac{\hbar^2}{4} - \hbar^2(m - \tfrac{1}{2})^2$$

$$(j_- j_+)_{mm} = (j_-)_{m,m+1}(j_+)_{m+1,m} = J^2 + \frac{\hbar^2}{4} - \hbar^2(m + \tfrac{1}{2})^2 \; . \qquad (14.74)$$

Nous supposons que J^2 est une quantité positive donnée, mais encore inconnue. Dans la suite nous désignons par m' la plus petite valeur possible de m, et par m'', la plus grande. De (14.74), en utilisant

$$(j_+)_{m',m'-1} = 0 = (j_-)_{m'-1,m'} \quad \text{et} \quad (j_-)_{m'',m''+1} = 0 = (j_+)_{m''+1,m''} \; ,$$

nous obtenons

$$J^2 + \frac{\hbar^2}{4} = \hbar^2(m' - \tfrac{1}{2})^2 \; , \quad J^2 + \frac{\hbar^2}{4} = \hbar^2(m'' + \tfrac{1}{2})^2 \; ,$$

et par conséquent

$$m' = \frac{1}{2}\sqrt{\frac{J^2}{\hbar^2} + \frac{1}{4}} \; , \quad m'' = -\frac{1}{2} + \sqrt{\frac{J^2}{\hbar^2} + \frac{1}{4}} \; . \qquad (14.75)$$

Dans l'équation pour m', nous avons choisi la valeur négative de la racine afin d'obtenir la plus petite valeur possible de m'. La différence $m'' - m' + 1$ est un entier qui donne le nombre des projections sur z possibles du moment angulaire total j. En posant $m'' - m' + 1 = 2j + 1$ (par analogie avec le moment cinétique orbital), il découle de (14.74) que

$$2j + 1 = 2\sqrt{\frac{J^2}{\hbar^2} + \frac{1}{4}} \Leftrightarrow J^2 = \hbar^2 j(j+1) \; . \qquad (14.76)$$

Puisque pour les projections sur z du moment angulaire total m, les valeurs négatives et positives doivent être représentées de façon équivalente, m'' doit être égal à $-m'$. Alors, de $m'' - m' + 1 = 2j + 1$, nous obtenons

$$|m| \le j \quad \text{avec} \quad m = 0, \pm 1, \pm 2, \ldots, \pm j \; , \quad \text{ou}$$

$$m = \pm\frac{1}{2}, \pm\frac{3}{2}, \ldots, \pm j \; . \qquad (14.77)$$

Ainsi, nous avons montré que la relation pour le moment angulaire total est de la forme d'une valeur propre

$$j^2 = \hbar^2 j(j+1) \qquad (14.78)$$

$$\hat{j}_z = \hbar m \; , \quad |m| \le j \; . \qquad (14.79)$$

En fonction du nombre de particules et du spin, j admet soit des valeurs entières $0, 1, 2, 3, \ldots$, soit est un multiple impair de $\frac{1}{2}$, c'est-à-dire $\frac{1}{2}, \frac{3}{2}, \frac{5}{2}, \ldots$.

Pour les projections m du moment angulaire total nous avons $2j+1$ orientations quantiques possibles par rapport à un axe arbitraire (ici, l'axe z), à savoir $m = -j, -j+1, \ldots, j-1, j$. Les électrons ont un spin $\frac{1}{2}$; par conséquent, pour un système constitué d'un nombre pair d'électrons, j prend des valeurs entières, tandis qu'un nombre impair conduit à des multiples impairs de $\frac{1}{2}$.

Pour démontrer les équations aux valeurs propres (14.78) et (14.79) nous n'avons utilisé que les relations de commutation (14.64) et (14.65). Parce que le moment angulaire total $\hat{l}$ et le spin $\hat{s}$ satisfont aux mêmes règles de commutation, nous obtenons des relations analogues pour les valeurs propres des opérateurs correspondants :

$$\hat{l} = \sum_{k=1}^{N} \hat{l}_k \tag{14.80}$$

$$\hat{l}^2 \Rightarrow \hbar^2 l(l+1) , \quad l = 0, 1, 2, \ldots , \tag{14.81}$$

$$\hat{l}_z \Rightarrow \hbar m_l , \quad |m_l| \le l , \tag{14.82}$$

$$\hat{s} = \sum_{k=1}^{N} \hat{s}_k , \tag{14.83}$$

$$\hat{s}^2 \Rightarrow \hbar^2 s(s+1) , \quad s = 0, \frac{1}{2}, 1, \frac{3}{2}, \ldots , \tag{14.84}$$

$$\hat{s}_z \Rightarrow \hbar m_s , \quad |m_s| \le s . \tag{14.85}$$

Pour des valeurs données du moment angulaire total l et le spin total s, selon l'orientation relative de l et s, j prend toutes les valeurs entre $|l - s|$ (orientation antiparallèle) et $l + s$ (orientation parallèle) :

$$j = l + s, |l + s - 1|, \ldots, |l - s| . \tag{14.86}$$

Ceci est physiquement compréhensible et est illustré dans figure 14.4.[3] Les états de mêmes l et s forment un groupe de niveaux appelé *multiplet*, qui sont proches les uns des autres à cause de la faible interaction $l \cdot s$. De (14.85), il s'ensuit que pour $s \le l$ un multiplet contient $2s + 1$ états. En d'autres termes, (14.86), nous apprend qu'il y a $2s + 1$ états dans un multiplet. En conséquence, la spécification de j, l et s est essentielle pour caractériser l'énergie de l'atome. Bien sûr, il y a d'autres nombres quantiques comme le nombre quantique principal dans le cas de l'atome d'hydrogène, mais aussi d'autres typiques pour le problème à plusieurs corps. Par analogie avec l'atome d'hydrogène, les termes avec $l = 0, 1, 2, \ldots$ sont désignés par les lettres majuscules S, P, D, F. L'indice en bas à droite indique la valeur de j ; l'exposant à gauche indique la valeur de la multiplicité du multiplet. Par exemple, $^2P_{1/2}$ marque le terme avec $l = 1, j = \frac{1}{2}, s = \frac{1}{2}, (2 \cdot \frac{1}{2} + 1 = 2)$ et $^4F_{3/2}$, le terme avec $l = 3, j = \frac{3}{2}, s = \frac{3}{2},$

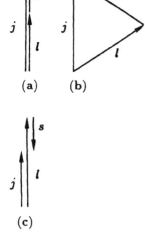

Fig. 14.4a–c. L'addition des moments cinétiques orbital (l) et de spin (s). (**a**) Montre le moment angulaire total résultant maximal, et (**c**) minimal ; (**b**) illustre un cas intermédiaire

---

[3] Nous établissons ceci formellement en utilisant seulement les relations de commutation dans W. Greiner, B.Müller : *Mécanique Quantique – Symétries* (Springer, Berlin, Heidelberg 1999).

$(2 \times \frac{3}{2} + 1 = 4)$ etc. Strictement parlant, l'exposant à gauche est redondant, car la multiplicité, toujours donnée par $2j + 1$, est directement déduite de l'indice en bas à droite.

EXEMPLE

14.1 L'effet Zeeman anormal

Pour illustrer l'algèbre du moment angulaire, nous considérons le dédoublement de niveaux dans un atome complexe à plusieurs électrons placé dans un faible champ magnétique uniforme (l'effet Zeeman anormal). L'interaction des électrons avec le champ magnétique externe $\boldsymbol{B}$ est donnée par

$$W = -\hat{\boldsymbol{\mu}} \cdot \hat{\boldsymbol{B}} , \tag{1}$$

avec le moment magnétique $\boldsymbol{\mu} = e/(2m_{e}c)(\hat{l} + 2\hat{s})$; m_{e} est la masse de l'électron. Le facteur g anormal du spin, $g = 2$, est inclu. Le système de coordonnées est choisi de sorte que l'axe Oz soit parallèle au champ magnétique $\boldsymbol{B}$. l et s désignent respectivement le moment cinétique orbital et le spin. L'opérateur du moment magnétique peut être exprimé en fonction du moment cinétique total $(\hat{j} = \hat{l} + \hat{s})$:

$$\hat{\boldsymbol{\mu}} = \hat{G}\hat{j} = e/(2m_{e}c)(\hat{l} + 2\hat{s}) = e/(2m_{e}c)(\hat{j} + \hat{s}) \tag{2}$$

$$\hat{G} = e/(2m_{e}c)\{1 + \hat{j} \cdot \hat{s}/[j(j+1)]\} . \tag{3}$$

Ici, nous avons supposé que dans les états $|jm\rangle$, seule la composante du spin $\left[\hat{s} \cdot \hat{j}/j(j+1)\right]\hat{j}$, c'est-à-dire la composante de $\hat{s}$ parallèle au vecteur moment angulaire total $\hat{j}$, contribue. La composante normale est en moyenne nulle ; ceci est valable pour les opérateurs vectoriels (*théorème des projections*) [4].

Avec $\quad \hat{l}^2 = \hat{j}^2 + \hat{s}^2 - 2\hat{s} \cdot \hat{j}, \quad$ nous obtenons

$$\hat{G} = \frac{e}{2m_{e}c}\left[1 + \frac{\hat{j}^2 - \hat{l}^2 + \hat{s}^2}{2j(j+1)}\right] . \tag{4}$$

À cause de l'orientation du champ magnétique $[\boldsymbol{B} = (0, 0, B)]$, nous n'avons besoin que de $\hat{\mu}_z = \hat{G}\hat{j}_z$.

Supposons que le champ magnétique B soit assez faible pour que la théorie des perturbations au premier ordre soit suffisante pour calculer l'effet de l'interaction magnétique (1). Nous calculons l'élément de matrice de l'interaction dans une base de fonctions propres $|jm\rangle$, dans laquelle les opérateurs $\hat{G}$ et $\hat{j}_z$

---

[4] Voir, par exemple : M.E. Rose: *Elementary Theory of Angular Momentum* (Wiley, New York 1957), Chap. 20.

Exemple 14.1   sont diagonaux, de sorte que

$$
\begin{aligned}
&\langle N' j' l' m' | \hat{\mu}_z B | N j l m \rangle \\
&= \langle N' j' l' m' | \hat{G} \hat{j}_z B | N j l m \rangle \\
&= m g e \hbar B \delta_{mm'} \delta_{ll'} \delta_{jj'} / (2 m_{\mathrm{e}} c) ,
\end{aligned}
\tag{5}
$$

où g est le facteur de **Landé**. De (4) on déduit que

$$
g = 1 + \frac{j(j+1) - l(l+1) + s(s+1)}{2 j(j+1)} .
\tag{6}
$$

De l'exercice 12.1 nous connaissons la fréquence de précession de Larmor $\omega_L = eB/(2mc)$, ainsi avec (1), (5), et (6) nous obtenons l'énergie d'interaction d'un système de particules placé dans un champ magnétique

$$
W = \hbar m_{\mathrm{e}} \omega_L \left[1 + \frac{j(j+1) - l(l+1) + s(s+1)}{2 j(j+1)} \right] .
\tag{7}
$$

Ceci signifie qu'en théorie des perturbations au premier ordre, la modification des niveaux d'énergie est

$$
E_{Njlm} = E_{NJ} - (e \hbar B / 2 m_{\mathrm{e}} c) g m ,
\tag{8}
$$

de sorte que le déplacement entre deux niveaux voisins ($\Delta m = 1$) est

$$
\Delta E = (e \hbar B / 2 m_{\mathrm{e}} c) g ;
\tag{9}
$$

ΔE dépend du facteur de Landé (soit de j, l, et s) et de l'intensité du champ magnétique.

Pour des états de spin total $s = 0$ et, par conséquent $j = l$ (terme singulet d'atomes avec un nombre pair d'électrons), nous obtenons $g = 1$ et $\Delta E = e \hbar B / 2 m_{\mathrm{e}} c$, qui est l'*effet Zeeman normal*.

L'équation (9) n'est valable que pour un champ magnétique faible et uniforme, c'est-à-dire pour des champs B, qui produisent un dédoublement plus petit que la différence d'énergie entre les niveaux non perturbés (sans champ). Ceci entraîne la condition

$$
|e \hbar B / 2 m_{\mathrm{e}} c| \ll |E_{Nj} - E_{N'j'}| .
\tag{10}
$$

EXERCICE ███████████████████████

14.2 Mouvement du centre de masse dans les atomes

Problème. (a) Tenez compte du mouvement du noyau dans les atomes ; utilisez les résultats obtenus dans la section relative au mouvement du centre de masse d'un système de particules.

(b) Quelles sont les modifications des fréquences de transition de l'atome d'hydrogène discuté dans chapitre 9 ? En d'autres termes : quelle est la vraie valeur de la constante de Rydberg pour l'atome d'hydrogène ?

(c) Déterminez la masse de l'électron, en utilisant les relations entre les fréquences de transition et la masse réduite dans les atomes à un électron.

Solution. (a) En tenant compte du mouvement du noyau, l'équation de Schrödinger stationnaire s'écrit :

$$\left[-\sum_{i=1}^{2} \frac{\hbar^2}{2m_i} \left(\frac{\partial^2}{\partial x_i^2} + \frac{\partial^2}{\partial y_i^2} + \frac{\partial^2}{\partial z_i^2} \right) \right] \psi + V(r)\psi$$
$$= E\psi(x_1, y_1, z_1, x_2, y_2, z_2) \,, \tag{1}$$

où m_1 est la masse du noyau de coordonnées (x_1, y_1, z_1), et m_2 la masse de l'électron situé en (x_2, y_2, z_2). La distance relative entre le noyau et l'électron est

$$r = \sqrt{(x_1 - x_2)^2 + (y_1 - y_2)^2 + (z_1 - z_2)^2} \,, \tag{2}$$

(voir la figure ci-contre).

Nous introduisons les coordonnées de Jacobi, correspondant à nos considérations générales du mouvement du centre de masse d'un système de particules (dans la seconde section de ce chapitre),

$$\xi_1 = x_1 - x_2 \equiv x, \quad \xi_2 = \xi_N = \frac{m_1 x_1 + m_2 x_2}{m_1 + m_2} \equiv X \,,$$

$$\eta_1 = y_1 - y_2 \equiv y, \quad \eta_2 = \eta_N = \frac{m_1 y_1 + m_2 y_2}{m_1 + m_2} \equiv Y \,,$$

$$\zeta_1 = z_1 - z_2 \equiv z, \quad \zeta_2 = \zeta_N = \frac{m_1 z_1 + m_2 z_2}{m_1 + m_2} \equiv Z \,, \tag{3}$$

en appliquant les résultats pour $N = 2$ [voir (14.25)].

Nous constatons que les coordonnées de Jacobi d'indice 1 représentent les coordonnées relatives ; celles d'indice 2, les coordonnées dans le centre de masse du noyau et de l'électron.

L'équation de Schrödinger transformée et ses solutions suivent immédiatement de (14.32) :

$$-\frac{\hbar^2}{2M} \left(\frac{\partial^2 \psi}{\partial X^2} + \frac{\partial^2 \psi}{\partial Y^2} + \frac{\partial^2 \psi}{\partial Z^2} \right) - \frac{\hbar^2}{2\mu} \left(\frac{\partial^2 \psi}{\partial x^2} + \frac{\partial^2 \psi}{\partial y^2} + \frac{\partial^2 \psi}{\partial z^2} \right)$$
$$+ V(r)\psi = E\psi(X, Y, Z; x, y, z) \,, \tag{4}$$

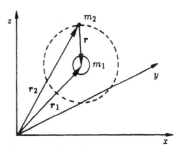

Les coordonnées concernées dans cet exercice : r_1 pointe vers le noyau, r_2 vers l'électron

Exercice 14.2   avec

$$M = m_1 + m_2 \, , \quad \mu = m_1 m_2 / (m_1 + m_2) \, . \tag{5}$$

Pour ψ nous choisissons une séparation de variables en exploitant notre connaissance du mouvement d'un centre de masse isolé, c'est-à-dire nous utilisons une onde plane pour le mouvement du centre de masse :

$$\psi(X, Y, Z; x, y, z) = N \exp\left[-\frac{\mathrm{i}}{\hbar}(P_x X + P_y Y + P_z Z)\right] \varphi(x, y, z) \, , \tag{6}$$

N étant un facteur de normalisation. En reportant (6) dans (4) donne l'équation de Schrödinger du mouvement relatif :

$$-\frac{\hbar^2}{2\mu}\left(\frac{\partial^2 \varphi}{\partial x^2} + \frac{\partial^2 \varphi}{\partial y^2} + \frac{\partial^2 \varphi}{\partial z^2}\right) + V(r)\varphi = \varepsilon\varphi \, , \tag{7}$$

avec

$$\varepsilon = E - P^2/2M \, . \tag{8}$$

L'équation (7) décrit le mouvement d'une particule de masse μ (la masse réduite) dans un champ de force donné $V(r)$. La quantité ε représente l'énergie interne du mouvement relatif. E est l'énergie totale, qui contient l'énergie du mouvement relatif ε et l'énergie cinétique $P^2/2M$ du centre de masse. Dans la section relative au spectre de l'atome d'hydrogène (chapitre 9), nous avons résolu une équation analogue à (7), mais en supposant que la masse du noyau est très grande comparée à celle de l'électron $m_1 \gg m_2$. En effet, en utilisant (5), nous constatons qu'ici $\mu \simeq m_2$. Dans le cas de l'atome d'hydrogène, nous avons trouvé que pour les fréquences de transition entre les nombres quantiques principaux n et n'

$$\nu_{nn'} = R_\infty \left(\frac{1}{n'^2} - \frac{1}{n^2}\right) \, , \quad \text{avec} \tag{9}$$

$$R_\infty = \frac{m_2 e^4}{4\pi\hbar^3} \, .$$

Les valeurs souhaitées pour ε et $\phi(x, y, z)$ correspondent exactement aux quantités trouvées pour l'atome d'hydrogène, si nous remplaçons m_2 par μ.

(b) Nous devons remplacer m_2 par μ afin d'obtenir une valeur correcte pour la constante de Rydberg. Nous obtenons alors pour l'atome d'hydrogène

$$R_\mathrm{H} = \frac{\mu e^4}{4\pi\hbar^3} \, , \quad \mu = \frac{m_\mathrm{p} m_\mathrm{e}}{m_\mathrm{p} + m_\mathrm{e}} \, . \tag{10}$$

Pour un noyau A de charge Z et de masse m_A, nous devons remplacer l'interaction coulombienne dans l'atome d'hydrogène $-e^2/r$, par $-Ze^2/r$; et obtenons par conséquent les fréquences de transition modifiées

$$\begin{aligned}
\nu_{nn'} &= \frac{\mu(Ze^2)^2}{4\pi\hbar^3}\left(\frac{1}{n'^2} - \frac{1}{n^2}\right) \\
&= Z^2 R_A \left(\frac{1}{n'^2} - \frac{1}{n^2}\right) \, ,
\end{aligned} \tag{11}$$

où

$$R_A = \frac{\mu e^4}{4\pi\hbar^3}, \quad \mu = \frac{m_A m_e}{m_A + m_e}.$$

(c) Le fait que μ prend des valeurs différentes dans des atomes différents a été utilisé par Houston pour déterminer la masse de l'électron par des mesures précises des lignes spectrales H_α et H_β de l'atome d'hydrogène. Les lignes H_α et H_β appartiennent à la série de Balmer, c'est-à-dire les transitions qui aboutissent au niveau $n = 2$ (voir chapitre 9). H_α et H_β décrivent respectivement les transitions $n = 3$ vers $n = 2$ et $n = 4$ vers $n = 2$.

Les fréquences de transition des lignes H_α peuvent être déterminées dans l'hydrogène et He^+ (hélium une fois ionisé) :

$$\nu_H = R_H \left(\frac{1}{2^2} - \frac{1}{3^2} \right) = \frac{5}{36} R_H,$$

$$\nu_{He} = 2^2 R_{He} \left(\frac{1}{2^2} - \frac{1}{3^2} \right) = \frac{20}{36} R_{He}. \tag{12}$$

À partir de (12), nous pouvons établir une relation entre les fréquences en fonction de la masse réduite :

$$\gamma = \frac{\frac{1}{4}\nu_{He} - \nu_H}{\nu_H} = \frac{\mu_{He} - \mu_H}{\mu_H}. \tag{13}$$

En exprimant μ_{He} et μ_H par les masses m_H et m_{He} des noyaux d'hydrogène et d'hélium,

$$\mu_H = \frac{m_H m_e}{m_H + m_e}, \quad \mu_{He} = \frac{m_{He} m_e}{m_{He} + m_e}, \tag{14}$$

nous obtenons pour γ

$$\gamma = \left(\frac{m_{He} - m_H}{m_{He} + m_e} \right) \frac{m_e}{m_H}. \tag{15}$$

La détermination spectroscopique de γ nous permet de calculer le rapport m_e/m_H selon (15), c'est-à-dire la masse atomique de l'électron, pour des valeurs données de m_{He} et m_H.

Houston trouva la valeur

$$m_H/m_e = 1838{,}2 \pm 1{,}8. \tag{16}$$

Cette méthode est aussi appropriée pour déterminer des masses d'isotopes, puisque les masses réduites différentes produisent un déplacement des lignes spectrales. La masse du deuton $m_D = 2m_H$, qui contient un proton et un neutron, a été déterminée par cet effet.

14.4 Petites oscillations dans un système à plusieurs particules

Comme système à plusieurs particules le plus simple, nous considérons deux particules identiques oscillant avec de petites amplitudes autour de leurs positions d'équilibre. Dans ce cas, nous développons l'énergie potentielle en série :

$$
V(x_1, x_2) = V(0, 0) + x_1 \left(\left. \frac{\partial V(x_1, x_2)}{\partial x_1} \right|_{x_1=0} \right) + x_2 \left(\left. \frac{\partial V(x_1, x_2)}{\partial x_2} \right|_{x_2=0} \right)
$$
$$
+ \frac{1}{2} x_1^2 \left(\left. \frac{\partial^2 V}{\partial x_1^2} \right|_{x_1=0} \right) + \frac{1}{2} x_2^2 \left(\left. \frac{\partial^2 V}{\partial x_2^2} \right|_{x_2=0} \right)
$$
$$
+ x_1 x_2 \left(\left. \frac{\partial^2 V}{\partial x_1 \partial x_2} \right|_{x_1=x_2=0} \right) + \dots \quad (14.87)
$$

Lorsque l'élongation tend vers zéro, l'énergie potentielle est minimum (à la position d'équilibre, la forces s'annule) et peut être posée égale à zéro. Nous avons alors

$$
V(0, 0) = 0 , \quad \left. \frac{\partial V}{\partial x_1} \right|_{x_1=0} = 0 , \quad \left. \frac{\partial V}{\partial x_2} \right|_{x_2=0} = 0 . \quad (14.88)
$$

Ce que nous connaissons du potentiel de l'oscillateur à une particule, (voir chapitre 7) nous suggère de poser

$$
\left. \frac{\partial^2 V}{\partial x_1^2} \right|_{x_1=0} = \left. \frac{\partial^2 V}{\partial x_2^2} \right|_{x_2=0} = \mu \omega_0^2 , \quad (14.89)
$$

si nous supposons que les constantes des ressorts, les masses μ et les fréquences des deux particules sont égales. L'énergie d'interaction des particules est posée constante à l'ordre le plus bas :

$$
\left. \frac{\partial^2 V}{\partial x_1 \partial x_2} \right|_{\substack{x_1=0 \\ x_2=0}} \equiv \lambda . \quad (14.90)
$$

L'expression du potentiel, dans l'approximation des petites oscillations, est alors :

$$
V(x_1, x_2) = \frac{\mu \omega_0^2}{2} x_1^2 + \frac{\mu \omega_0^2}{2} x_2^2 + \lambda x_1 x_2 . \quad (14.91)
$$

Le hamiltonien du système s'en déduit immédiatement

$$
\hat{H} = -\frac{\hbar^2}{2\mu} \left(\frac{\partial^2}{\partial x_1^2} + \frac{\partial^2}{\partial x_2^2} \right) + \frac{\mu \omega_0^2}{2} (x_1^2 + x_2^2) + \lambda x_1 x_2 . \quad (14.92)
$$

Par analogie avec la mécanique classique, nous introduisons les coordonnées normales q_1 et q_2, de sorte que l'énergie potentielle $V(x_1, x_2)$ peut être représentée par une somme de termes égaux, quadratiques en q_1 et q_2. L'énergie cinétique peut être exprimée par les carrés des quantités de mouvement $-i\hbar(\partial/\partial q_1)$, $-i\hbar(\partial/\partial q_2)$. En général, les coordonnées normales sont appropriées pour décrire les oscillations propres (modes normaux) d'un système, pour lequel les forces de rappel sont proportionnelles à l'élongation des particules, l'énergie potentielle est ainsi une forme quadratique des élongations. Pour le système considéré, nous posons

$$x_1 = \frac{1}{\sqrt{2}}(q_1 + q_2) \,, \ x_2 = \frac{1}{\sqrt{2}}(q_1 - q_2) \,. \tag{14.93}$$

Maintenant x_1 et x_2 peuvent être exprimés en fonction des coordonnées normales. Pour ce faire, nous avons besoin des dérivées

$$\frac{\partial \psi}{\partial q_1} = \frac{\partial \psi}{\partial x_1}\frac{\partial x_1}{\partial q_1} + \frac{\partial \psi}{\partial x_2}\frac{\partial x_2}{\partial q_1} = \frac{1}{\sqrt{2}}\left(\frac{\partial \psi}{\partial x_1} + \frac{\partial \psi}{\partial x_2}\right),$$

$$\frac{\partial^2 \psi}{\partial q_1^2} = \frac{1}{2}\left(\frac{\partial^2 \psi}{\partial x_1^2} + 2\frac{\partial^2 \psi}{\partial x_1 \partial x_2} + \frac{\partial^2 \psi}{\partial x_2^2}\right) \ \text{et}$$

$$\frac{\partial^2 \psi}{\partial q_2^2} = \frac{1}{2}\left(\frac{\partial^2 \psi}{\partial x_1^2} - 2\frac{\partial^2 \psi}{\partial x_1 \partial x_2} + \frac{\partial^2 \psi}{\partial x_2^2}\right) \,. \tag{14.94}$$

L'énergie potentielle devient

$$\frac{\mu\omega_0^2}{2}(x_1^2 + x_2^2) + \lambda x_1 x_2 = \frac{\mu\omega_0^2}{2}(q_1^2 + q_2^2) + \frac{\lambda}{2}(q_1^2 - q_2^2) \,, \tag{14.95}$$

avec

$$\mu\omega_1^2 \equiv \mu\omega_0^2 + \lambda \,, \ \mu\omega_2^2 \equiv \mu\omega_0^2 - \lambda \,. \tag{14.96}$$

Nous obtenons le hamiltonien en coordonnées normales

$$\hat{H} = -\frac{\hbar^2}{2\mu}\left(\frac{\partial^2}{\partial q_1^2} + \frac{\partial^2}{\partial q_2^2}\right) + \frac{\mu\omega_1^2}{2}q_1^2 + \frac{\mu\omega_2^2}{2}q_2^2 \,. \tag{14.97}$$

Manifestement, le hamiltonien de deux oscillateurs couplés (14.92) est devenu une somme de hamiltoniens d'oscillateurs non couplés de fréquences ω_1 et ω_2. Les fonctions d'onde et les énergies du système sont obtenues en résolvant l'équation de Schrödinger associée, qui est

$$-\frac{\hbar^2}{2\mu}\frac{\partial^2 \psi}{\partial q_1^2} + \frac{\mu\omega_1^2}{2}q_1^2\psi - \frac{\hbar^2}{2\mu}\frac{\partial^2 \psi}{\partial q_2^2} + \frac{\mu\omega_2^2}{2}q_2^2\psi = E\psi \,. \tag{14.98}$$

Nous découplons cette équation par la séparation suivante

$$\psi(q_1, q_2) = \psi_1(q_1)\psi_2(q_2) \,, \ E = E_1 + E_2 \,. \tag{14.99}$$

En reportant (14.99) dans (14.98) et après division par $\psi_1(q_1)\psi_2(q_2)$, nous obtenons des termes indépendants, uniquement fonctions de q_1 ou de q_2 :

$$-\frac{\hbar^2}{2\mu}\frac{\partial^2\psi_1}{\partial q_1^2} + \frac{\mu\omega_1^2}{2}q_1^2\psi_1 = E_1\psi_1\,, \tag{14.100}$$

$$-\frac{\hbar^2}{2\mu}\frac{\partial^2\psi_2}{\partial q_2^2} + \frac{\mu\omega_2^2}{2}q_2^2\psi_2 = E_2\psi_2\,. \tag{14.101}$$

Nous connaissons déjà la solution de (14.100) et de (14.101) du chapitre 7. Ces deux équations décrivent des oscillateurs harmoniques de fréquences respectives ω_1 et ω_2, les fonctions d'onde sont données par les polynômes d'Hermite :

$$\psi_{n_1} = \sqrt{\frac{1}{2^{n_1}n_1!}\sqrt{\frac{\lambda_1}{\pi}}}\exp\left(-\frac{\lambda_1 q_1^2}{2}\right)H_{n_1}(\sqrt{\lambda_1}q_1)\,, \tag{14.102}$$

avec $\lambda_1 = \mu\omega_1/h$ et les valeurs propres

$$E_{n_1} = \hbar\omega_1(n_1+\tfrac{1}{2})\,,\ n_1 = 0, 1, 2, \ldots\,, \tag{14.103}$$

similairement,

$$\psi_{n_2} = \sqrt{\frac{1}{2^{n_2}n_2!}\sqrt{\frac{\lambda_2}{\pi}}}\exp\left(-\frac{\lambda_2 q_2^2}{2}\right)H_{n_2}(\sqrt{\lambda_2}q_2)\,, \tag{14.104}$$

avec les énergies

$$E_{n_2} = \hbar\omega_2(n_2+\frac{1}{2})\,,\ n_2 = 0, 1, 2, \ldots\,. \tag{14.105}$$

Les fonctions propres et les valeurs propres de l'énergie du système complet s'obtiennent en reportant ces derniers résultats dans (14.99) :

$$\psi_{n_1 n_2}(q_1, q_2) = \psi_{n_1}(q_1)\psi_{n_2}(q_2)\,, \tag{14.106}$$

ou

$$E_{n_1 n_2} = \hbar\omega_1(n_1+\tfrac{1}{2}) + \hbar\omega_2(n_2+\tfrac{1}{2})\,, \tag{14.107}$$

d'où nous déduisons l'énergie du niveau fondamental du système

$$E_{00} = \frac{\hbar\omega_1}{2} + \frac{\hbar\omega_2}{2}\,. \tag{14.108}$$

Nous considérons maintenant la probabilité de trouver les coordonnées normales q_1 et q_2 dans l'intervalle $(q_1, q_1+\mathrm{d}q_1)$ et $(q_2, q_2+\mathrm{d}q_2)$, dans le but de trouver une relation pour les coordonnées x_1, x_2 de l'espace de configuration. La probabilité mentionnée est décrite par

$$w(q_1, q_2)\,\mathrm{d}q_1\,\mathrm{d}q_2 = \left|\psi_{n_1 n_2}(q_1, q_2)\right|^2\mathrm{d}q_1\,\mathrm{d}q_2\,. \tag{14.109}$$

La probabilité de trouver le système dans l'espace de configuration x_1, x_2 dans les intervalles $(x_1, x_1 + dx_1)$ et $(x_2, x_2 + dx_2)$ se déduit de

$$dq_1\, dq_2 = \begin{vmatrix} \dfrac{\partial q_1}{\partial x_1} & \dfrac{\partial q_1}{\partial x_2} \\[2mm] \dfrac{\partial q_2}{\partial x_1} & \dfrac{\partial q_2}{\partial x_2} \end{vmatrix} dx_1\, dx_2 = -\, dx_1\, dx_2 \,. \tag{14.110}$$

Ceci implique que nous devons inverser la direction de révolution de la région $G^*(q_1, q_2)$ par rapport à celle de la région $G(x_1, x_2)$ si nous effectuons une transformation d'une intégrale de surface de $G(x_1, x_2)$ vers $G^*(q_1, q_2)$ (signe négatif du déterminant fonctionnel!). L'élément de surface, bien sûr, reste positif, de sorte que la probabilité est [5]

$$w(x_1, x_2)\, dx_1\, dx_2 =$$

$$\left| \psi_{n_1 n_2} \left(\frac{1}{\sqrt{2}}(x_1 + x_2),\, \frac{1}{\sqrt{2}}(x_1 - x_2) \right) \right|^2 dx_1\, dx_2 \,. \tag{14.111}$$

La généralisation de ces résultats à un système de N particules effectuant de petites oscillations autour de sa position d'équilibre est alors directe.

Nous désignons l'élongation de la k-ième particule par x_k, y_k, z_k et obtenons l'énergie potentielle

$$V = \frac{1}{2} \sum_{i,j=1}^{3N} C_{ij} w_i w_j = \frac{1}{2} \boldsymbol{w}^{\mathrm{T}} \hat{C} \boldsymbol{w} \,, \tag{14.112}$$

où

$$\boldsymbol{w}^{\mathrm{T}} = \{w_i\} = (x_1, x_2, \ldots, x_N, y_1, y_2, \ldots, y_N, z_1, z_2, \ldots, z_N) \tag{14.113}$$

représente le vecteur position de toutes les N particules dans l'espace de configuration. Par analogie avec (14.87) et (14.90), les coefficients $\hat{C} = (C_{ij})$ sont les dérivées secondes de l'énergie potentielle :

$$C_{ij} = \frac{\partial^2 V}{\partial w_i \partial w_j}\bigg|_{\substack{w_i=0 \\ w_j=0}} \,, \quad \text{pour} \quad i \neq j \tag{14.114}$$

$$C_{ii} = \frac{\partial^2 V}{\partial w_i^2}\bigg|_{w_i=0} \,, \quad \text{pour} \quad i = j \,. \tag{14.115}$$

De même que dans l'exemple simple discuté précédemment, nous pouvons maintenant introduire $3N$ coordonnées normales q_s, $s = 1, 2, \ldots, 3N$, qui sont

---

[5] Puisque les éléments de volume doivent être positifs, nous devrions définir la transformation (14.110) d'un élément de volume en un autre en utilisant la valeur absolue du déterminant de la transformation.

reliées aux coordonnées cartésiennes par une transformation orthogonale :

$$q_s = \sum_{k=1}^{3N} a_{sk} w_k , \quad s = 1, 2, \ldots, 3N \tag{14.116}$$

et

$$\sum_k a_{ik} a_{jk} = \delta_{ij} = \sum_k a_{ki} a_{kj} ; \tag{14.117}$$

$\hat{a} = (a_{ik})$ est une matrice et son inverse $\hat{a}^{-1}$ est égale à sa transposée $\hat{a}^{-1} = \hat{a}^{\mathrm{T}}$ ou sa conjuguée hermitique, si $\hat{a}$ contient des éléments complexes :

$$(\hat{a}^{-1} \hat{a})_{ij} = \sum_k a_{ik}^{-1} a_{kj} = \sum_k a_{ki} a_{kj} = \delta_{ij} , \tag{14.118}$$

d'où, avec (14.116), nous déduisons que

$$w_l = \sum_{k=1}^{3N} a_{kl} q_k . \tag{14.119}$$

Puisque $\hat{a}$ est une matrice orthogonale, les termes de l'opérateur de l'énergie cinétique sont aussi découplés en coordonnées normales, si toutes les particules ont la même masse μ :

$$\frac{\partial \Psi}{\mathrm{d} q_s} = \sum_{l=1}^{3N} \frac{\partial \Psi}{\partial w_l} \frac{\partial w_l}{\partial q_s} , \quad \frac{\partial w_l}{\partial q_s} = \sum_{k=1}^{3N} a_{kl} \delta_{sk} = a_{sl} ,$$

$$\frac{\partial^2 \Psi}{\partial q_s^2} = \sum_{m=1}^{3N} \frac{\partial}{\partial w_m} \left(\sum_{l=1}^{3N} \frac{\partial \Psi}{\partial w_l} a_{sl} \right) a_{sm} ,$$

$$\frac{\partial^2 \Psi}{\partial q_s^2} = \sum_{m,l=1}^{3N} \frac{\partial^2 \Psi}{\partial w_m \partial w_l} a_{sl} a_{sm} . \tag{14.120}$$

Maintenant, en faisant usage de l'orthogonalité de $\hat{a}$ exprimée dans (14.117) et (14.118), l'énergie cinétique se calcule de la manière suivante :

$$-\frac{\hbar^2}{2\mu} \sum_{s=1}^{3N} \frac{\partial^2 \Psi}{\partial q_s^2} = -\frac{\hbar^2}{2\mu} \sum_{s,m,l=1}^{3N} \frac{\partial^2 \Psi}{\partial w_m \partial w_l} a_{sl} a_{sm}$$

$$= -\frac{\hbar^2}{2\mu} \sum_{l=1}^{3N} \frac{\partial^2 \Psi}{\partial w_l^2} = -\frac{\hbar^2}{2\mu} \sum_{k=1}^{N} \boldsymbol{\nabla}_k^2 \Psi . \tag{14.121}$$

L'indice k de l'opérateur gradient

$$\boldsymbol{\nabla}_k = \left(\frac{\partial}{\partial x_k}, \frac{\partial}{\partial y_k}, \frac{\partial}{\partial z_k} \right)$$

réfère au numéro k de la particule, comme dans (14.113). L'énergie potentielle est supposée être une forme bilinéaire des coordonnées w_i et w_j :

$$V = \frac{1}{2} \sum_{i,j=1}^{3N} C_{ij} w_i w_j = \frac{1}{2} \boldsymbol{w}^{\mathrm{T}} \hat{C} \boldsymbol{w} \, .$$

$$\boldsymbol{w} = \hat{a}^{\mathrm{T}} \boldsymbol{q} \, , \ \boldsymbol{w}^{\mathrm{T}} = \boldsymbol{q}^{\mathrm{T}} \hat{a} \, , \qquad (14.122)$$

de sorte que

$$V = \frac{1}{2} \boldsymbol{q}^{\mathrm{T}} \hat{a} \hat{C} \hat{a}^{\mathrm{T}} \boldsymbol{q} \, . \qquad (14.123)$$

Pour découpler l'énergie potentielle en coordonnées normales, nous exigeons que

$$\hat{a} \hat{C} \hat{a}^{\mathrm{T}} = \hat{\Lambda} \, , \qquad (14.124)$$

où $\hat{\Lambda}$ est une matrice diagonale de la forme

$$\begin{pmatrix} \Lambda_{11} & & & \\ & \Lambda_{22} & & \\ & & \ddots & \\ & & & \Lambda_{3N3N} \end{pmatrix} = \Lambda_{ii} \delta_{ij} \, .$$

Puisque $\hat{C}$ est une matrice symétrique selon (14.114) et (14.115), il est possible de construire une matrice orthogonale $\hat{a}$ de manière à ce que $\hat{\Lambda}$ soit une matrice diagonale réelle.

Avec (14.121) et (14.123), le hamiltonien du système couplé se décompose en une somme de hamiltoniens d'oscillateurs harmoniques, à savoir

$$\hat{H} = -\frac{\hbar^2}{2\mu} \sum_{s=1}^{3N} \frac{\partial^2}{\partial w_s^2} + \frac{1}{2} \sum_{i,j=1}^{3N} C_{ij} w_i w_j$$

$$= -\frac{\hbar^2}{2\mu} \sum_{s=1}^{3N} \frac{\partial^2}{\partial q_s^2} + \frac{1}{2} \mu \sum_{s=1}^{3N} \omega_s^2 q_s^2 \, , \qquad (14.125)$$

où nous avons renommé les éléments diagonaux $\hat{\Lambda}$:

$$\Lambda_{ss} = \mu \omega_s^2 \, . \qquad (14.126)$$

Maintenant l'équation de Schrödinger pour des états stationnaires s'écrit

$$\sum_{s=1}^{3N} \left[-\frac{\hbar^2}{2\mu} \frac{\partial^2}{\partial q_s^2} + \frac{1}{2} \mu (\omega_s q_s)^2 \right] \Psi(q_1, q_2, \ldots, q_{3N})$$

$$= E \Psi(q_1, q_2, \ldots, q_{3N}) \, . \qquad (14.127)$$

Pour exprimer Ψ, par analogie avec d'autres problèmes de séparation, nous choisissons

$$\Psi = \Phi_1(q_1) \Phi_2(q_2) \Phi_3(q_3) \ldots \Phi_{3N}(q_{3N}) \, , \qquad (14.128)$$

de sorte que (14.127) se découple en $3N$ équations, qui décrivent le même nombre d'oscillateurs indépendants. L'équation de l'oscillateur avec la s-ième normale s'écrit

$$-\frac{\hbar^2}{2\mu}\frac{\partial^2 \Phi_s(q_s)}{\partial q_s^2} + \frac{1}{2}\mu(\omega_s q_s)^2 \Phi_s(q_s) = E\Phi_s(q_s) \, . \tag{14.129}$$

La solution de (14.127), par analogie avec (14.102), est de la forme

$$\Phi_{ns}(q_s) = [(2^{n_s} n_s!)^{-1}(\lambda_s/\pi)^{1/2}]^{1/2} \exp(-\tfrac{1}{2}\lambda_s q_s^2) H_{ns}(\sqrt{\lambda_s} q_s) \, , \tag{14.130}$$

où $\lambda_s = \mu\omega_s/\hbar$. Les valeurs propres de l'énergie sont

$$E_{ns} = \hbar\omega_s(n_s + \tfrac{1}{2}) \, , \quad n_s = 0, 1, 2, \ldots , \tag{14.131}$$

de sorte que la fonction d'onde complète peut être écrite comme

$$\begin{aligned}
\Psi &= \Psi_{n_1,n_2,\ldots,n_{3N}}(q_1, q_2, \ldots, q_{3N}) \\
&= \Phi_{n_1}(q_1)\Phi_{n_2}(q_2)\Phi_{n_3}(q_3)\ldots\Phi_{n_{3N}}(q_{3N}) \, ,
\end{aligned} \tag{14.132}$$

$$\begin{aligned}
E_{n_1,n_2,\ldots,n_{3N}} = &\hbar\omega_1\left(n_1 + \tfrac{1}{2}\right) + \hbar\omega_2\left(n_2 + \frac{1}{2}\right) \\
&+ \ldots + \hbar\omega_s\left(n_s + \frac{1}{2}\right) + \ldots + \hbar\omega_{3N}\left(n_{3N} + \frac{1}{2}\right) \, .
\end{aligned} \tag{14.133}$$

Les nombres quantiques $n_1, \ldots, n_{3N}$ couvrent tous les entiers y compris zéro. L'énergie au zéro absolu est alors

$$E_0 = \frac{1}{2}\hbar \sum_{s=1}^{3N} \omega_s \, . \tag{14.134}$$

Les niveaux d'énergie du système oscillant de particules sont obtenus en reportant toutes les combinaisons des nombres quantiques $n_1, \ldots, n_{3N}$ de l'oscillateur. Dans ce cas, il suffit de connaître les fréquences ω_s des oscillations normales. Puisque ces résultats ont été obtenus pour des oscillations de petites amplitudes, (14.133) n'est valable que pour la partie basse du spectre en énergie, c'est-à-dire pour de petites valeurs du nombre quantique n_s.

Une telle situation physique peut être trouvée, par exemple, dans des molécules ou des solides où les atomes oscillent autour de leurs positions d'équilibre avec de petites amplitudes ; le spectre en énergie est alors de la forme (14.133).

Pour des oscillations de plus grande amplitude, nous devons prendre en compte les termes d'ordre plus élevé de la série de Taylor du développement de l'énergie potentielle, tels que

$$\frac{\partial^3 V}{\partial x_i \partial y_j \partial z_k}\bigg|_0 x_i y_j z_k \, . \tag{14.135}$$

Dans ce cas, une loi de force linéaire ne s'applique plus, c'est-à-dire que l'énergie potentielle n'est plus une forme quadratique des élongations et ainsi, les oscillations ne peuvent plus être découplées en utilisant les coordonnées normales. Dans ces circonstances, nos résultats ne sont qu'approximativement valables.

EXERCICE ■■■■■■■■■■■■■■■■■■

14.3 Deux particules dans un champ externe

Problème. Calculez l'influence d'un champ externe sur le mouvement d'un système de deux particules de masses m_1 et m_2 qui interagissent. Soient $V_1(x_1, y_1, z_1)$ et $V_2(x_2, y_2, z_2)$, les énergies potentielles respectives des deux particules dans le champ externe ; l'interaction des deux particules étant définie par $W(x_1 - x_2, y_1 - y_2, z_1 - z_2)$.

Conseil. (a) Déterminez l'équation de Schrödinger dépendante du temps du système en coordonnées du centre de masse et en coordonnées relatives.

(b) Supposez le système suffisamment petit, pour que les potentiels externes puissent être développés autour du centre de masse du système en fonction des coordonnées internes (relatives).

(c) Développez la fonction d'onde totale dans une base de fonctions d'onde Φ_n, non perturbées par les champs externes. Cette base devrait décrire le mouvement relatif. Le couplage de la base aux coordonnées du centre de masse est supposé faible, ou, ce qui est équivalent, peut être traité comme une perturbation.

Solution. (a) Soit m_1 et (x_1, y_1, z_1) la masse et les coordonnées de la première particule, m_2 et (x_2, y_2, z_2) ceux de la deuxième. L'énergie d'interaction des particules est de la forme $W(x_1 - x_2, y_1 - y_2, z_1 - z_2)$; l'énergie potentielle des particules individuelles dans le champ externe est respectivement $V_1(x_1, y_1, z_1)$ et $V_2(x_2, y_2, z_2)$. L'équation de Schrödinger du système est alors

$$i\hbar \frac{\partial \Psi}{\partial t} = -\frac{\hbar^2}{2m_1}\nabla_1^2\Psi + V_1\Psi - \frac{\hbar^2}{2m_2}\nabla_2^2\Psi + V_2\Psi + W\Psi \ . \tag{1}$$

où $\Psi = \Psi(x_1, y_1, z_1, x_2, y_2, z_2, t)$. À la place des coordonnées x_1, y_1, z_1 et x_2, y_2, z_2 des particules, nous introduisons les coordonnées du centre de masse et les coordonnées relatives

$$X = \frac{m_1 x_1 + m_2 x_2}{m_1 + m_2} \ , \quad x = x_1 - x_2 \ ,$$

$$Y = \frac{m_1 y_1 + m_2 y_2}{m_1 + m_2} \ , \quad y = y_1 - y_2 \ ,$$

$$Z = \frac{m_1 z_1 + m_2 z_2}{m_1 + m_2} \ , \quad z = z_1 - z_2 \ . \tag{2}$$

Les coordonnées des particules x_1, y_1, z_1 et x_2, y_2, z_2 peuvent être exprimées à l'aide de ces nouvelles coordonnées :

$$x_1 = X + \gamma x \ , \quad x_2 = X - \delta x \ ,$$

$$y_1 = Y + \gamma y \ , \quad y_2 = Y - \delta y \ ,$$

$$z_1 = Z + \gamma z \ , \quad z_2 = Z - \delta z \ . \tag{3}$$

$$\gamma = \frac{m_2}{m_1 + m_2} \ , \quad \delta = \frac{m_1}{m_1 + m_2} \ . \tag{4}$$

Exercice 14.3

Maintenant nous exprimons les laplaciens en fonction de ces coordonnées. Par conséquent, nous avons besoin de

$$\frac{\partial \Psi}{\partial x_1} = \frac{\partial \Psi}{\partial X}\frac{\partial X}{\partial x_1} + \frac{\partial \Psi}{\partial x}\frac{\partial x}{\partial x_1} = \delta\frac{\partial \Psi}{\partial X} + \frac{\partial \Psi}{\partial x}\,,$$

$$\frac{\partial^2 \Psi}{\partial x_1^2} = \delta\left(\delta\frac{\partial^2 \Psi}{\partial X^2} + \frac{\partial^2 \Psi}{\partial x \partial X}\right) + \delta\frac{\partial^2 \Psi}{\partial X \partial x} + \frac{\partial^2 \Psi}{\partial x^2}$$

$$= \delta^2\frac{\partial^2 \Psi}{\partial X^2} + 2\delta\frac{\partial^2 \Psi}{\partial x \partial X} + \frac{\partial^2 \Psi}{\partial x^2}\,. \tag{5}$$

De manière analogue, nous trouvons que

$$\frac{\partial^2 \Psi}{\partial x_2^2} = \gamma^2\frac{\partial^2 \Psi}{\partial X^2} - 2\gamma\frac{\partial^2 \Psi}{\partial x \partial X} + \frac{\partial^2 \Psi}{\partial x^2}\,, \tag{6}$$

d'où nous déduisons

$$-\frac{\hbar^2}{2m_1}\frac{\partial^2 \Psi}{\partial x_1^2} - \frac{\hbar^2}{2m_2}\frac{\partial^2 \Psi}{\partial x_2^2}$$

$$= -\frac{\hbar^2}{2(m_1+m_2)}\frac{\partial^2 \Psi}{\partial X^2} - \frac{\hbar^2}{2\left(\dfrac{m_1 m_2}{m_1+m_2}\right)}\frac{\partial^2 \Psi}{\partial x^2}\,. \tag{7}$$

En utilisant les expressions analogues pour les composantes y et z et (3), nous trouvons pour l'équation de Schrödinger (1)

$$i\hbar\frac{\partial \Psi}{\partial t} = -(\hbar^2/2M)\nabla_X^2\Psi$$

$$+ V_1(X+\gamma x, Y+\gamma y, Z+\gamma z)\Psi - (\hbar^2/2\mu)\nabla_x^2\Psi$$

$$+ V_2(X-\delta x, Y-\delta y, Z-\delta z)\Psi + W(x, y, z)\Psi\,, \tag{8}$$

avec les laplaciens

$$\nabla_X^2 = \frac{\partial^2}{\partial X^2} + \frac{\partial^2}{\partial Y^2} + \frac{\partial^2}{\partial Z^2}\,,$$

$$\nabla_x^2 = \frac{\partial^2}{\partial x^2} + \frac{\partial^2}{\partial y^2} + \frac{\partial^2}{\partial z^2}\,, \tag{9}$$

la masse totale $M = m_1 + m_2$, et la masse réduite $\mu = (m_1 m_2)/(m_1+m_2)$. La séparation, qui nous est maintenant familière, n'est pas possible dans ce cas particulier, car les potentiels V_1 et V_2 empêchent le découplage de coordonnées du centre de masse, nos considérations deviennent plus compliquées.

(b) Pour procéder analytiquement avec notre problème, nous supposons les dimensions de notre système très petites. Ceci implique de nous restreindre à des systèmes et des états pour lesquels la fonction d'onde Ψ décroît suffisamment rapidement lorsque la distance relative $r = (x^2 + y^2 + z^2)^{1/2}$ augmente.

Une distance typique a, pour laquelle la probabilité de la particule devrait être approximativement nulle, correspond à la taille du système, par exemple, la valeur moyenne du rayon occupé par les électrons de valence dans un atome ou la longueur d'une molécule.

Exercice 14.3

Avec ces hypothèses, nous considérerons (8) dans le domaine $r \leq a$ et nous développons les potentiels V_1 et V_2 en puissances de x, y, z. Ceci donne

$$V_1(X + \gamma x, Y + \gamma y, Z + \gamma z) + V_2(X - \delta x, Y - \delta y, Z - \delta z)$$
$$= V_1(X, Y, Z) + V_2(X, Y, Z) + (\partial V_1/\partial x)\gamma x + \ldots - (\partial V_2/\partial z)\delta z + \ldots$$
$$= V(X, Y, Z) + w(X, Y, Z, x, y, z) \, . \tag{10}$$

Le terme $V(X, Y, Z)$ désigne l'énergie potentielle du centre de masse ; $w(X, Y, Z, x, y, z)$ couple le mouvement du centre de masse au mouvement relatif. Avec (10), l'équation de Schrödinger (8) peut être écrite sous la forme

$$i\hbar \frac{\partial \Psi}{\partial t} = [-(\hbar^2/2M)\nabla_X^2 + V(X, Y, Z)]\Psi$$
$$+ [-(\hbar^2/2\mu)\nabla_x^2 + W(x, y, z)]\Psi + w(X, Y, Z, x, y, z)\Psi \, . \tag{11}$$

(c) S'il n'y a pas de champ externe, les fonctions propres du mouvement interne sont désignées par $\Phi_n^0(x, y, z)$, avec les valeurs propres de l'énergie E_n^0. L'équation suivante est valable pour ces fonctions propres Φ_n^0 :

$$-(\hbar^2/2\mu)\nabla_x^2\Phi_n^0 + W(x, y, z)\Phi_n^0 = E_n^0\Phi_n^0. \tag{12}$$

L'influence du champ externe sur les degrés de liberté internes du système est prise en compte par le terme $w(Y, X, Z, x, y, z)$, de sorte que

$$-(\hbar^2/2\mu)\nabla_x^2\Phi_n + W(x, y, z)\Phi_n + w(X, Y, Z, x, y, z)\Phi_n = E_n\Phi_n \, . \tag{13}$$

Les coordonnées du centre de masse apparaissent comme des paramètres dans le potentiel de couplage de (13). Par conséquent, les fonctions d'onde et les valeurs propres de l'énergie vont aussi dépendre des coordonnées du centre de masse.

Si $w(X, Y, Z, x, y, z) \ll W(x, y, z)$, le potentiel de couplage peut être considéré comme une perturbation. Si les solutions Φ_n^0 du système isolé (12) sont connues, (11) peut être résolu. Les fonctions propres et les énergies propres de (13) sont alors

$$\Phi_n = \Phi_n(x, y, z, X, Y, Z) \, ,$$
$$E_n = E_n(X, Y, Z) \, . \tag{14}$$

Comme nous l'avons déjà mentionné, ici les coordonnées du centre de masse X, Y, Z sont uniquement des paramètres. Nous développons maintenant la fonction d'onde totale Ψ dans (11) par rapport aux états stationnaires Φ_n :

$$\Psi(x, y, z, X, Y, Z, t) = \sum_n a_n(X, Y, Z, t)$$
$$\Phi_n(x, y, z, X, Y, Z) \, . \tag{15}$$

Exercice 14.3

En reportant ceci dans (11), nous obtenons un système d'équations différentielles couplées par rapport aux coefficients $a_n(t)$ du développement :

$$i\hbar \frac{\partial}{\partial t}\left(\sum_n a_n \Phi_n\right) = [-(\hbar^2/2M)\nabla_X^2 + V(X, Y, Z)]\sum_n a_n \Phi_n$$
$$+ [-(\hbar^2/2\mu)\nabla_x^2 + W(x, y, z)]\sum_n a_n \Phi_n$$
$$+ w(X, Y, Z, x, y, z)\sum_n a_n \Phi_n . \tag{16}$$

Ce que nous pouvons aussi écrire

$$i\hbar \sum_n \dot{a}_n \Phi_n = -(\hbar^2/2M)\nabla_X\left[\sum_n (\nabla_X a_n)\Phi_n + \sum_n a_n(\nabla_X \Phi_n)\right]$$
$$+ V\sum_n a_n \Phi_n - (\hbar^2/2\mu)\sum_n a_n(\nabla_X^2 \Phi_n)$$
$$+ W\sum_n a_n \Phi_n + w\sum_n a_n \Phi_n . \tag{17}$$

À l'aide de (13), les trois derniers termes dans (17) peuvent être considérés identiques à $\sum_n a_n E_n$. En multipliant (17) à gauche par Φ_m^* et en intégrant sur x, y, z on obtient

$$i\hbar \dot{a}_m = -(\hbar^2/2M)\sum_n 2\langle \Phi_m |\nabla_X| \Phi_n \rangle \nabla_X a_n$$
$$- (\hbar^2/2M)\Delta_X a_m - (\hbar^2/2M)\sum_n \langle \Phi_m |\Delta_X| \Phi_n \rangle a_n$$
$$+ (V + E_m)a_m . \tag{18}$$

Les éléments de matrice $\langle \Phi_m|\nabla_X|\Phi_n \rangle$ et $\langle \Phi_m|\Delta_X|\Phi_n \rangle$ ne sont non nuls que si la fonction d'onde Φ_n dépend des coordonnées du centre de masse. Dans ce cas, une transition du système de l'état n vers un autre état m est possible selon ces éléments de matrice.

Si, à l'instant $t = 0$ le système est préparé dans un état i, c'est-à-dire $a_i(t = 0) \neq 0$ et $a_n(t = 0) = 0$ pour tout $n \neq i$, alors, d'après (18), on a aussi $\dot{a}_i(t = 0) \neq 0$.

À cause de l'évolution temporelle, l'état pur

$$\Psi_{t=0} = a_i \Phi_i(x, y, z, X, Y, Z)$$

devient une superposition d'états selon (15).

Si les fonctions d'onde de la base dépendent seulement faiblement des coordonnées du centre de masse X, Y, Z, nous pouvons, en première approximation, négliger les éléments de la matrice de transition et trouver

$$i\hbar \frac{\partial a_n}{\partial t} = -(\hbar^2/2M)\nabla_X^2 a_n + (V + E)a_n . \tag{19}$$

Ainsi les amplitudes $a_n(t)$ suivent les équations du mouvement du centre de masse dans un potentiel de la forme

$$V_n = V(X, Y, Z) + E_n(X, Y, Z) , \tag{20}$$

Exercice 14.3

qui dépend des E_n. Ceci correspond à la condition que les états internes du système sont les *n*ième états quantiques. Pour chaque n, (19), dans les limites de l'approximation choisie, peut être interprétée comme le mouvement d'une particule ponctuelle massive. En d'autres termes, tout le système, pour chaque état interne Φ_n, se propage dans un potentiel légèrement modifié (voir la figure suivante), ce qui paraît raisonnable.

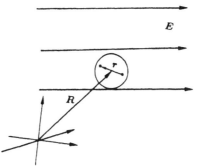

Un petit agrégat se déplaçant dans un champ externe. L'agrégat se comporte comme une particule élémentaire dans un état interne quelconque Φ_n, tant les effets de polarisation (interaction des degrés de liberté internes avec le mouvement du centre de masse) restent négligeables

14.5 Notes biographiques

LANDÉ, Alfred, physicien germano-américain, *Elberfeld 13.12.1888, †30.10.1975. Landé fut professeur à Tübingen de 1922 à 1931, puis à la Capital University, Columbus, Ohio. Il développa la systématique des spectres de multiplets (1921–1923) et de l'effet Zeeman («Landésches Vektormodell»). Il a aussi introduit le facteur g qui porte son nom.

15. Particules identiques

Une caractéristique de la mécanique quantique est l'indiscernabilité de *particules identiques* dans le domaine subatomique. Nous appelons *particules identiques* des particules qui ont même masse, charge, spin etc. et se comportent de la même manière sous des conditions physiques égales. Par conséquent, au contraire d'objets macroscopiques, il n'est pas possible de discerner des particules comme les électrons (protons, pions, particules α) sur la base de leur trajectoire. La propagation des paquets d'onde qui décrivent ces particules conduit, au cours du temps, à un recouvrement des densités de probabilité (figure 15.1) ; ainsi, il ne nous sera pas possible d'établir par la suite si la particule no. 1 ou no. 2 ou une autre particule peut être trouvée au point r de l'espace. À cause d'interactions possibles (échange de quantité de mouvement etc.), les propriétés dynamiques ne peuvent pas non plus être utilisées pour distinguer les particules entre elles.

Si nous considérons un système quantique de particules identiques, nous ne serons pas capables de relier un état ψ_n à la particule no. n ; nous ne pourrons que déterminer l'état de l'ensemble de toutes les particules.

Dans le cas d'un système de N particules avec spin, la fonction d'onde du système est une fonction de ses $4N$ coordonnées ($3N$ coordonnées d'espace et N coordonnées de spin) :

$$\psi = \psi(r_1 s_1, r_2 s_2, \ldots, r_N s_N, t) \, . \tag{15.1}$$

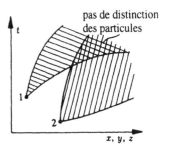

Fig. 15.1. Recouvrement de densités de probabilité (schématique). À l'origine les paquets d'onde pour les particules no. 1 et no. 2 sont séparées. Lors de l'évolution temporelle, les paquets d'onde se chevauchent (*région doublement hachurée*) ; il n'est plus possible de discerner les particules

Puisque le système est constitué de particules identiques, l'état physique reste le même si les particules i et j sont échangées. Cette opération est effectuée par l'opérateur $\hat{P}_{ij}$:

$$\begin{aligned} &\hat{P}_{ij}\psi(r_1 s_1, \ldots, r_i s_i, \ldots, r_j s_j, \ldots, r_N s_N, t) \\ &= \lambda\psi(r_1 s_1, \ldots, r_j s_j, \ldots, r_i s_i, \ldots, r_N s_N, t) \, , \end{aligned} \tag{15.2}$$

où, pour l'instant, λ est un facteur constant arbitraire. Un deuxième échange des deux particules recrée l'état original. D'où

$$\hat{P}_{ij}^2\psi = \lambda^2\psi = \psi \, , \tag{15.3}$$

ce qui donne deux valeurs pour λ :

$$\lambda = \pm 1 \, . \tag{15.4}$$

Puisque nous examinons des systèmes de particules identiques, l'échange de particules agit toujours de la même façon sur la fonction d'onde. Ceci signifie que deux systèmes de particules peuvent exister ; des systèmes dont la fonction d'onde change de signe lorsqu'on échange deux particules, et des systèmes dont la fonction d'onde reste inchangée.

Par conséquent, nous avons

$$\text{soit} \quad \hat{P}_{ij}\psi_s = \psi_s \quad \text{soit} \quad \hat{P}_{ij}\psi_a = -\psi_a \quad . \tag{15.5}$$

Nous appelons *symétrique* la fonction d'onde ψ_s de valeur propre $+1$ et *antisymétrique* la fonction d'onde ψ_a de valeur propre -1 par rapport à l'échange de deux particules. Ceci est la raison des indices «s» et «a» dans (15.5). Si des particules sont décrites par une fonction d'onde symétrique ou antisymétrique dépendra de leur nature ; une transition entre un état symétrique et un état antisymétrique est impossible, car l'interaction des particules est symétrique par rapport à l'échange. Par exemple,

$$V(\boldsymbol{r}_1, \boldsymbol{r}_2, \dots, \boldsymbol{r}_i, \dots, \boldsymbol{r}_j, \dots, \boldsymbol{r}_N)$$
$$= V(\boldsymbol{r}_1, \boldsymbol{r}_2, \dots, \boldsymbol{r}_j, \dots, \boldsymbol{r}_i, \dots, \boldsymbol{r}_N) . \tag{15.6}$$

Pour cette raison, les éléments de matrice entre états symétriques et antisymétriques s'annulent :

$$\langle \psi_s(\boldsymbol{r}_1, \boldsymbol{r}_2, \dots, \boldsymbol{r}_i, \dots, \boldsymbol{r}_j, \dots, \boldsymbol{r}_N) | V(\boldsymbol{r}_1, \boldsymbol{r}_2, \dots, \boldsymbol{r}_i, \dots, \boldsymbol{r}_j, \dots, \boldsymbol{r}_N)$$
$$| \psi_a(\boldsymbol{r}_1, \boldsymbol{r}_2, \dots, \boldsymbol{r}_i, \dots, \boldsymbol{r}_j, \dots, \boldsymbol{r}_N) \rangle = 0 , \tag{15.7}$$

c'est pourquoi il n'y a pas de transitions entre eux. Les deux sortes de particules existent. Les particules décrites par une fonction d'onde antisymétrique sont appelées des *fermions* (nommées d'après E. Fermi) ; les particules décrites par une fonction d'onde symétrique sont appelées des *bosons* (nommées d'après S.N. Bose).

Le critère physique qui distingue entre les deux sortes de particules est leur spin ; les *fermions ont un spin demi entier ; les bosons ont un spin entier.* Cette relation entre le spin et les propriétés de symétrie de la fonction d'onde ou – comme on l'appelle parfois – entre *spin et statistique*, fut d'abord trouvée empiriquement. Par la suite, lors de l'étude de la théorie quantique des champs (électrodynamique quantique), nous comprendrons sa raison d'être.

Les électrons, protons, neutrons, neutrinos, noyaux de ^{13}C, etc. (tous de spin $\frac{1}{2}$) sont des exemples de fermions ; les mésons π (spin 0), photons (spin 1), deutons (spin 1), particules α (spin 0), noyaux d'oxygène (spin 0) sont les bosons. Pour des particules composées de plusieurs particules élémentaires, le spin détermine aussi le caractère de la statistique. La particule α qui est constituée de 4 nucléons de spin $\frac{1}{2}$ a un spin zéro et est un boson. Nous obtenons le même résultat, si nous considérons que l'échange d'une particule α requiert l'échange de deux protons et de deux neutrons ; les signes qui résultent de l'échange de deux fermions se compensent dans ce cas.

15.1 Le principe de Pauli

L'antisymétrie de la fonction d'onde d'un fermion est équivalente au *principe d'exclusion de Pauli*, formulé empiriquement par *Wolfgang Pauli* en 1925 pendant qu'il étudiait les spectres atomiques. Il stipule qu'il ne peut y avoir qu'un seul électron dans un état quantique donné. Ce simple énoncé du principe de Pauli, cependant, doit être précisé avec plus de détails. Nous venons juste de souligner que dans un système d'électrons, uniquement l'état du système dans son ensemble est défini, mais pas l'état d'une particule donnée. En conséquence, l'état d'un électron dans un atome va certainement changer si un autre électron est placé dans la couche électronique ou si l'atome est ionisé.

Nous serons capable d'éviter ces difficultés, si nous nous reportons au processus de mesure appliqué à un électron. En tenant compte du degré de liberté qui résulte du spin, l'électron possède quatre degrés de liberté. Par conséquent, son état est caractérisé par quatre nombres indépendants. Comme d'habitude, les quantités choisies appropriées sont l'énergie, la quantité de mouvement, la composante sur z du moment cinétique et la composante sur z du spin. Cet ensemble de quantités correspond aux nombres quantiques n, l, m_l, m_s. Le choix d'un autre jeu de quantités, par exemple les trois composantes du moment cinétique et la composante du spin, est aussi possible. Selon le choix que nous faisons, la fonction d'onde est définie par quatre nombre quantiques :

$$\psi = \psi_{nlm_lm_s} \,. \tag{15.8}$$

Nous pouvons maintenant formuler le principe de Pauli dans une forme plus précise : dans un système d'électrons, la mesure de quatre quantités typiques de l'électron (par exemple les nombres quantiques n, l, m_l, m_s) peut avoir une valeur bien définie (fixée) pour un seul électron à un instant quelconque. Deux électrons ne peuvent jamais occuper simultanément l'état (15.8). Bientôt nous allons comprendre cette formulation du principe de Pauli comme une conséquence de l'antisymétrie de la fonction d'onde décrite dans (15.5).

Puisque ce principe, établi empiriquement, est une conséquence de l'antisymétrie de la fonction d'onde, le principe de Pauli est valable non seulement pour des électrons, mais pour tous les fermions.

15.2 Dégénérescence d'échange

Nous considérons un système de N particules identiques sans aucune interaction ; l'inclusion d'interactions ne changerait rien aux considérations fondamentales qui suivent. L'équation de Schrödinger pour un tel système est

$$(\hat{H}_1 + \hat{H}_2 + \ldots + \hat{H}_N)\psi(\boldsymbol{r}_1 s_1, \boldsymbol{r}_2 s_2, \ldots, \boldsymbol{r}_N s_N)$$
$$= E\psi(\boldsymbol{r}_1 s_1, \boldsymbol{r}_2 s_2, \ldots, \boldsymbol{r}_N s_N) \,. \tag{15.9}$$

Les hamiltoniens de particules indépendantes $\hat{H}_i(\boldsymbol{r}_i, s_i)$ peuvent être distingués les uns des autres par le fait qu'ils agissent sur des particules différentes. Si nous désignons la i-ième fonction propre de la particule k par $\varphi_i(\boldsymbol{r}_k, s_k)$, nous aurons pour le problème de la valeur propre de la particule indépendante

$$\hat{H}_k(\boldsymbol{r}_k, s_k)\varphi_i(\boldsymbol{r}_k, s_k) = E_i\varphi_i(\boldsymbol{r}_k, s_k) ,$$
$$k = 1, 2, \ldots, N ; \quad i = 1, 2, \ldots . \tag{15.10}$$

L'équation de Schrödinger (15.9) est alors résolue par le produit de deux fonctions d'onde de particules indépendantes :

$$\psi(\boldsymbol{r}_1 s_1, \boldsymbol{r}_2 s_2, \ldots, \boldsymbol{r}_N s_N) = \varphi_{i_1}(\boldsymbol{r}_1, s_1)\varphi_{i_2}(\boldsymbol{r}_2, s_2)\ldots\varphi_{i_N}(\boldsymbol{r}_N, s_N) . \tag{15.11}$$

Les $i_j(j = 1, 2, \ldots)$ sont des nombres particuliers qui caractérisent les fonctions propres. S'il y a n_i particules dans l'état φ_i, alors nous obtenons pour les valeurs propres de l'énergie totale

$$E = \sum_i n_i E_i \quad \text{avec} \quad \sum_i n_i = N . \tag{15.12}$$

À cause de l'indiscernabilité des particules, nous sommes dans l'impossibilité de dire quelle particule est dans quel état. Ceci signifie qu'il y a $N!/(n_1!n_2!n_3!\ldots)$ combinaisons de fonctions d'onde à une particule dans (15.11) qui conduisent aux mêmes valeurs propres de l'énergie E. Ceci est appelé la *dégénérescence d'échange*.

La dégénérescence d'échange est levée par la condition de symétrie de la fonction d'onde pour les bosons et les fermions. En fait, tout l'espace des fonctions couvert par les fonctions propres de l'énergie E contient seulement *une fonction d'onde symétrique* et *une fonction d'onde antisymétrique*. La fonction d'onde symétrique pour les bosons résulte de la somme de toutes les $N!$ permutations des arguments des fonctions d'onde à une particule dans (15.11). Si nous désignons les permutations par P, alors la fonction d'onde d'un système de bosons avec son facteur de normalisation $(N!n_1!n_2!\ldots)^{-1/2}$ s'écrit :

$$\psi_{\text{boson}} = \frac{1}{\sqrt{N!n_1!n_2!\ldots}}$$
$$\sum_{P=1}^{N!} P\varphi_{i_1}(\boldsymbol{r}_1, s_1)\varphi_{i_2}(\boldsymbol{r}_2, s_2)\ldots\varphi_{i_N}(\boldsymbol{r}_N, s_N) . \tag{15.13}$$

Ici, nous avons supposé que les fonctions d'onde à une particule sont orthonormales.

15.3 Le déterminant de Slater

La fonction d'onde antisymétrique est généralement exprimée sous la forme d'un déterminant. Le déterminant de **Slater** est un déterminant $N \times N$ constitué d'une fonction d'onde à une particule (15.10) écrite de la façon suivante :

$$\psi_{\text{fermion}} = \frac{1}{\sqrt{N!}} \begin{vmatrix} \varphi_{i_1}(\boldsymbol{r}_1, s_1) & \varphi_{i_2}(\boldsymbol{r}_1, s_1) & \ldots & \varphi_{i_N}(\boldsymbol{r}_1, s_1) \\ \varphi_{i_1}(\boldsymbol{r}_2, s_2) & \varphi_{i_2}(\boldsymbol{r}_2, s_2) & \ldots & \varphi_{i_N}(\boldsymbol{r}_2, s_2) \\ \vdots & & & \vdots \\ \varphi_{i_1}(\boldsymbol{r}_N, s_N) & \varphi_{i_2}(\boldsymbol{r}_N, s_N) & \ldots & \varphi_{i_N}(\boldsymbol{r}_N, s_N) \end{vmatrix} . \qquad (15.14)$$

Remarquez que chaque colonne contient toujours la même fonction d'onde à une particule et que chaque ligne se réfère au même argument.

Cette forme du déterminant garantit de manière élégante les propriétés de la fonction d'onde d'un fermion. En échangeant deux particules (deux colonnes), le signe change. La fonction s'annule si deux particules occupent le même état (deux colonnes sont identiques). Ceci est le principe de Pauli! Ainsi, c'est une conséquence de l'antisymétrie de la fonction d'onde, et un résultat fondamental.

Dans l'exemple suivant, nous allons illustrer ces propriétés.

EXEMPLE

15.1 L'atome d'hélium

Certains phénomènes qui se rencontrent dans le problème à plusieurs corps peuvent être étudiés dans l'atome d'hélium. Il est constitué du noyau d'He autour duquel gravitent deux électrons. Pour la description mathématique de l'atome d'hélium, nous partons du mouvement de deux électrons dans le champ coulombien du noyau et traitons leur interaction mutuelle comme une perturbation. Le hamiltonien du système est

$$\hat{H}\psi = (\hat{H}(1) + \hat{H}(2) + \hat{W}(12))\psi = E\psi(\boldsymbol{r}_1, \boldsymbol{r}_2) . \qquad (1)$$

Les hamiltoniens $\hat{H}(1)$ et $\hat{H}(2)$ sont les opérateurs du problème à une particule, c'est-à-dire les électrons, donnés par

$$\hat{H}(1) = -\frac{\hbar^2}{2m}\Delta_1 + V(r_1) \quad \text{et}$$

$$\hat{H}(2) = -\frac{\hbar^2}{2m}\Delta_2 + V(r_2) , \qquad (2)$$

avec $V(r) = -Ze^2/r$, $Z = 2$.

Exemple 15.1

Les solutions se déduisent des fonctions d'onde de l'hydrogène si nous remplaçons $Z = 1$ par $Z = 2$. D'où,

$$\hat{H}(1)\psi_r(\boldsymbol{r}_1) = E_r\psi_r(\boldsymbol{r}_1) \quad \text{et}$$

$$\hat{H}(2)\psi_s(\boldsymbol{r}_2) = E_s\psi_s(\boldsymbol{r}_2) \,. \tag{3}$$

Les indices r, s représentent les nombres quantiques n, l, m. Par souci de simplification, nous ne tiendrons pas compte de la dégénérescence. L'équation de Schrödinger pour les deux électrons libres (sans interaction) s'écrit alors

$$\hat{H}_0\psi = (\hat{H}(1) + \hat{H}(2))\psi = E\psi \,. \tag{4}$$

D'après la séparation du problème exprimée par (2) et (3), nous obtenons le produit

$$\psi(\boldsymbol{r}_1, \boldsymbol{r}_2) = \psi_r(\boldsymbol{r}_1)\psi_s(\boldsymbol{r}_2) \,, \tag{5}$$

qui satisfait à l'équation aux valeurs propres

$$\hat{H}_0\psi(\boldsymbol{r}_1, \boldsymbol{r}_2) = (E_r + E_s)\psi(\boldsymbol{r}_1, \boldsymbol{r}_2) \,. \tag{6}$$

Manifestement, non seulement l'état ψ appartient à la valeur propre $E_r + E_s$, mais également l'état

$$\psi'(\boldsymbol{r}_1, \boldsymbol{r}_2) = \psi_s(\boldsymbol{r}_1)\psi_r(\boldsymbol{r}_2) \,, \tag{7}$$

où la première particule est dans l'état ψ_s et la seconde dans l'état ψ_r. Ceci est la dégénérescence d'échange mentionnée précédemment. Les deux états ψ et ψ' surgissent l'un de l'autre en interchangeant leurs coordonnées. Par conséquent, nous utiliserons une combinaison linéaire de deux états comme solution de l'équation de Schrödinger (4) :

$$\psi(\boldsymbol{r}_1, \boldsymbol{r}_2) = a\psi_r(\boldsymbol{r}_1)\psi_s(\boldsymbol{r}_2) + b\psi_s(\boldsymbol{r}_1)\psi_r(\boldsymbol{r}_2) \,. \tag{8}$$

À cause de la normalisation des états, nous avons

$$a^2 + b^2 = 1 \,. \tag{9}$$

Nous tenons maintenant compte de l'interaction électrostatique des deux électrons en utilisant la théorie des perturbations. Par conséquent, nous partons de (11.25). (Nous désignons ici l'énergie de la perturbation par « W » au lieu de « εW ».) L'énergie non perturbée est $E^0 = E_r + E_s$; les coefficients $a_{k\alpha}$ sont ici a et b. En posant

$$\varepsilon = E - E_r - E_s \,, \tag{10}$$

nous obtenons les deux équations

$$(W_{11} - \varepsilon)a + W_{12}b = 0 \,,$$
$$W_{21}a + (W_{22} - \varepsilon)b = 0 \,, \tag{11}$$

avec le déterminant séculaire

$$D = \begin{vmatrix} W_{11} - \varepsilon & W_{12} \\ W_{21} & W_{22} - \varepsilon \end{vmatrix} . \tag{12}$$

Les éléments de matrice de la perturbation, avec l'interaction

$$W(1, 2) = \frac{e^2}{|\boldsymbol{r}_1 - \boldsymbol{r}_2|} = \frac{e^2}{r_{12}} , \tag{13}$$

sont donnés par les intégrales

$$W_{11} = W_{22} = e^2 \int \frac{|\psi_r(\boldsymbol{r}_1)|^2 |\psi_s(\boldsymbol{r}_2)|^2}{r_{12}} \, \mathrm{d}V_1 \, \mathrm{d}V_2 \tag{14}$$

et

$$W_{12} = W_{21}$$
$$= e^2 \int \frac{\psi_r^*(\boldsymbol{r}_1) \psi_s(\boldsymbol{r}_1) \psi_r(\boldsymbol{r}_2) \psi_s^*(\boldsymbol{r}_2)}{r_{12}} \, \mathrm{d}V_1 \, \mathrm{d}V_2 . \tag{15}$$

Habituellement les éléments de matrice sont désignés par les lettres

$$W_{11} = W_{22} = K \quad \text{et} \quad W_{12} = W_{21} = A . \tag{16}$$

La quantité K représente *l'interaction coulombienne* des deux densités de charge $e|\psi_r(\boldsymbol{r}_1)|^2$ et $e|\psi_s(\boldsymbol{r}_2)|^2$. La quantité A est appelée *l'énergie d'échange* ; elle n'a pas d'équivalent classique. L'intégrale d'échange est due au fait qu'un électron peut aussi bien être dans l'état ψ_r que dans l'état ψ_s. La grandeur de l'intégrale d'échange dépend du produit $\psi_r \psi_s$, c'est-à-dire du recouvrement des deux fonctions d'onde. Ainsi, par exemple, l'énergie d'échange entre le niveau fondamental et un niveau hautement excité est très faible.

De la condition requise que la solution du système (11) doit être non triviale, il découle que le déterminant séculaire doit s'annuler :

$$D = 0 , \tag{17}$$

de sorte que nous devons avoir

$$(K - \varepsilon)^2 = A^2 . \tag{18}$$

Par conséquent, pour la séparation en énergie due à la perturbation, nous obtenons

$$\varepsilon = K \pm A . \tag{19}$$

Pour $\varepsilon = K + A$, (9) et (11) donnent

$$a = b = \frac{1}{\sqrt{2}} , \tag{20}$$

et de même, pour $\varepsilon = K - A$,

$$a = -b = +\frac{1}{\sqrt{2}} \,. \tag{21}$$

La dégénérescence d'échange est levée par l'interaction ; l'état se sépare en un état *symétrique* et un état *antisymétrique* :

$$\psi_s(\boldsymbol{r}_1, \boldsymbol{r}_2) = \frac{1}{\sqrt{2}}(\psi_r(\boldsymbol{r}_1)\psi_s(\boldsymbol{r}_2) + \psi_s(\boldsymbol{r}_1)\psi_r(\boldsymbol{r}_2)) \quad \text{et}$$

$$\psi_a(\boldsymbol{r}_1, \boldsymbol{r}_2) = \frac{1}{\sqrt{2}}(\psi_r(\boldsymbol{r}_1)\psi_s(\boldsymbol{r}_2) - \psi_s(\boldsymbol{r}_1)\psi_r(\boldsymbol{r}_2)) \,. \tag{22}$$

Jusqu'à présent, nous avons considéré les électrons comme des particules sans spin. Puisque les électrons possèdent un spin, (voir les chapitres 12, 13) ils sont des fermions et leur fonction d'onde totale doit être antisymétrique. Les interactions impliquant le spin (couplages spin–orbite, et spin–spin) sont négligées ; nous pouvons alors écrire la fonction d'onde totale comme le produit des fonctions d'onde d'espace (ψ) et de spin (χ) :

$$\psi = \psi(\boldsymbol{r}_1, \boldsymbol{r}_2)\chi \,. \tag{23}$$

Puisque *la fonction d'onde totale doit être antisymétrique*, (23) est toujours le produit d'une fonction antisymétrique et d'une fonction symétrique. Soit la partie spatiale ψ est symétrique et la fonction de spin χ est antisymétrique, soit vice versa.

Nous désignons la fonction de spin de la particule 1 de spin haut par χ_1^+, etc. Nous pouvons construire trois états symétriques et un état antisymétrique à partir des fonctions de spin :

$$\chi_s^+ = \chi_1^+ \chi_2^+$$

$$\chi_s^0 = \frac{1}{\sqrt{2}}(\chi_1^+ \chi_2^- + \chi_1^- \chi_2^+)$$

$$\chi_s^- = \chi_1^- \chi_2^-$$

$$\chi_a^0 = \frac{1}{\sqrt{2}}(\chi_1^+ \chi_2^- - \chi_1^- \chi_2^+) \,. \tag{24}$$

Les facteurs $1/\sqrt{2}$ sont nécessaires à la normalisation. Les atomes d'hélium avec une fonction de spin symétrique sont appelés *orthohélium* ; ceux dont la fonction d'onde est antisymétrique sont appelés *parahélium*. Leurs propriétés sont résumées sur la figure suivante. E_1 correspond à l'énergie de l'état fondamental de l'atome d'hydrogène pour $Z = 2$; E_2 est l'énergie correspondante pour le premier état excité.

Fonction d'onde	Orthohélium	Spin	Énergie	

Exemple 15.1

$\frac{1}{\sqrt{2}}(\psi_1(\mathbf{r}_1)\psi_2(\mathbf{r}_2)$
$-\psi_2(\mathbf{r}_1)\psi_1(\mathbf{r}_2))$

$\begin{cases} \chi_1^+\chi_2^+ & \uparrow \;\uparrow \\ \frac{1}{\sqrt{2}}(\chi_1^+\chi_2^- + \chi_2^+\chi_1^-) & \to\!\!\bullet\!\!\leftarrow \\ \chi_1^-\chi_2^- & \downarrow \;\downarrow \end{cases}$

$E_1 + E_2$
$E_1 + E_2 + K - A$
métastable

sans interaction

$2E_1$

Parahélium

$\frac{1}{\sqrt{2}}(\psi_1(\mathbf{r}_1)\psi_2(\mathbf{r}_2)$
$+\psi_2(\mathbf{r}_1)\psi_1(\mathbf{r}_2))$ $\frac{1}{\sqrt{2}}(\chi_1^+\chi_2^- - \chi_2^+\chi_1^-)$ $\uparrow \;\downarrow$

$E_1 + E_2 + K + A$
$E_1 + E_2$ 1er état excité

état fondamental
$2E_1 + K + A$

sans interaction

$2E_1$

Fonctions d'onde et énergies de
l'orthohélium et du parahélium

Le *parahélium est l'état énergétique le plus bas de l'hélium.* Sa fonction
d'onde spatiale est symétrique ; les deux électrons peuvent simultanément occuper l'état fondamental. Alors, le principe de Pauli requiert une fonction de
spin antisymétrique. Pour l'orthohélium, *la fonction de spin est symétrique* ; le
principe de Pauli empêche les deux électrons d'être simultanément dans l'état
fondamental. À cause de la *faible interaction spin–spin* (interaction des moments dipolaires magnétiques respectifs) *la possibilité d'un retournement de
spin est très faible dans l'orthohélium* ; c'est pourquoi l'orthohélium constitue
un état métastable de l'hélium.

EXEMPLE

15.2 La molécule d'hydrogène

L'énergie d'échange est responsable de la liaison *homopolaire des molécules*. Pour
mieux comprendre ce type de liaison, nous considérons l'exemple le plus simple :
la molécule d'hydrogène. Ici, comme pour l'exemple précédent de l'atome d'hélium, nous utiliserons la théorie des perturbations. En guise d'approximation à
l'ordre zéro, nous utilisons les produits des fonctions propres de l'atome d'hydrogène pour la fonction d'onde moléculaire. Nous partons de deux atomes d'hydrogène très éloignés et considérons les forces, qui se manifestent lors de leur rappro-
chement, comme une perturbation. Il est clair que cette façon de traiter ce problème
n'est pas très exacte, car pour une séparation au voisinage de la dimension moléculaire, les forces ne pourront plus être considérées comme faibles. Avec les
notations précisées dans la figure suivante, l'équation de Schrödinger des deux
électrons dans le potentiel des deux protons du noyau est

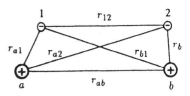

Noyaux atomiques (protons)
a et b et électrons 1 et 2
dans la molécule d'hydro-
gène

$$-\frac{\hbar^2}{2m}(\Delta_1 + \Delta_2)\psi + \left[\frac{e^2}{r_{12}} - \frac{e^2}{r_{a1}} - \frac{e^2}{r_{a2}} - \frac{e^2}{r_{b1}} - \frac{e^2}{r_{b2}}\right]\psi = E\psi \,. \tag{1}$$

Exemple 15.2   La distance r_{ab} est un paramètre dans le calcul qui suit. Le hamiltonien $\hat{H}$ de l'équation (1) est maintenant séparé de deux façons différentes. En posant

$$\hat{H}_{a1} = -\frac{\hbar^2}{2m}\Delta_1 - \frac{e^2}{r_{a1}} \; ,$$

$$\hat{H}_{b2} = -\frac{\hbar^2}{2m}\Delta_2 - \frac{e^2}{r_{b2}} \quad \text{et}$$

$$\hat{W}_{a2,b1} = -\frac{e^2}{r_{a2}} - \frac{e^2}{r_{b1}} + \frac{e^2}{r_{12}} \; , \tag{2}$$

nous pouvons écrire

$$\hat{H} = \hat{H}_{a1} + \hat{H}_{b2} + \hat{W}_{a2,b1} \; .$$

Cette décomposition correspond à l'association de l'électron 1 avec le noyau a et de l'électron 2 avec le noyau b. Par conséquent, pour une grande distance entre les deux noyaux, la partie $W_{a2,b1}$ du hamiltonien, traité comme une perturbation dans notre approximation, s'annule. Dans cette association des électrons avec les noyaux, (1), pour $r_{ab} \to \infty$, devient

$$(\hat{H}_{a1} + \hat{H}_{b2})u = Eu \; , \tag{3}$$

qui est une équation qui décrit deux atomes d'hydrogène sans interaction. Elle peut être résolue par la fonction d'onde produit

$$u(\boldsymbol{r}_1, \boldsymbol{r}_2) = \psi_a(r_{a1})\psi_b(r_{b2}) \; , \tag{4}$$

où ψ symbolise les fonctions d'onde de l'hydrogène telles qu'elles découlent de l'équation

$$\hat{H}_{a1}\psi_a = E_1\psi_a \tag{5}$$

et de l'équation correspondante pour ψ_b. Ici, nous posons $E = 2E_1$, puisque nous supposons que les deux atomes d'hydrogène sont dans leur état fondamental d'énergie E_1.

Immédiatement, nous constatons que nous sommes en présence d'une dégénérescence d'échange, puisque l'association de l'électron 2 avec le noyau a, et l'électron 1 avec le noyau b conduit à des équations qui ne diffèrent des précédentes que par les indices. À la place des opérateurs (2) nous avons alors

$$\hat{H}_{a2} = -\frac{\hbar^2}{2m}\Delta_2 - \frac{e^2}{r_{a2}} \; , \quad \hat{H}_{b1} = -\frac{\hbar^2}{2m}\Delta_1 - \frac{e^2}{r_{b1}} \; ,$$

$$W_{a1,b2} = -\frac{e^2}{r_{a1}} - \frac{e^2}{r_{b2}} + \frac{e^2}{r_{12}} \; . \tag{6}$$

Là encore, $W_{a1,b2}$ s'annule pour $r_{ab} \to \infty$, et la partie restante de (1) est résolue par

$$v(\boldsymbol{r}_1, \boldsymbol{r}_2) = \psi_b(r_{b1})\psi_a(r_{a2}) \; . \tag{7}$$

Les fonctions d'onde de l'hydrogène ψ satisfont à une forme modifiée de (5). L'équation (1) est résolue pour $r_{ab} \to \infty$ par une combinaison linéaire des fonctions (4) et (7), à savoir

$$au + bv = a\psi_a(r_{a1})\psi_b(r_{b2}) + b\psi_b(r_{b1})\psi_a(r_{a2}) \ . \tag{8}$$

Nous utilisons cette combinaison linéaire (8) des fonctions u et v en guise d'approximation à l'ordre zéro pour la résolution de notre problème. Remarquez que les fonctions u et v ne sont orthogonales que dans la limite $r_{ab} \to \infty$. Lorsque les deux noyaux se rapprochent l'un de l'autre, les fonctions d'onde des électrons se recouvrent et l'intégrale

$$\begin{aligned}
|S|^2 &= \int u^* v \, dV_1 \, dV_2 \\
&= \underbrace{\int \psi_a^*(r_{a1})\psi_b(r_{b1}) \, dV_1}_{S} \underbrace{\int \psi_a(r_{a2})\psi_b^*(r_{b2}) \, dV_2}_{S^*}
\end{aligned} \tag{9}$$

sera différente de zéro.

À cause de la perturbation W, l'énergie du système change, de même que la fonction d'onde. Nous écrivons

$$E = 2E_1 + \varepsilon \quad \text{et} \quad \Psi = au + bv + \varphi \ . \tag{10}$$

Le différents termes $W_{a1,b2}$, $W_{a2,b1}$, ε et φ sont supposés être petits ; les produits de ces quantités seront négligés dans la suite. Nous reportons maintenant (10) dans (1) et, en négligeant les termes du second ordre, nous obtenons

$$\begin{aligned}
&a(\hat{H}_{a1} + \hat{H}_{b2} + W_{a2,b1})u + b(\hat{H}_{a2} + \hat{H}_{b1} + W_{a1,b2})v + (\hat{H}_{a1} + \hat{H}_{b2})\varphi \\
&= 2E_1(au + bv) + \varepsilon(au + bv) + 2E_1\varphi \ .
\end{aligned} \tag{11}$$

Les parties du système non perturbé se simplifient et en réordonnant nous avons

$$a(W_{a2,b1} - \varepsilon)u + b(W_{a1,b2} - \varepsilon)v + (\hat{H}_{a1} + \hat{H}_{b2} - 2E_1)\varphi = 0 \ . \tag{12}$$

Pour $a = b = 0$, (12) est une équation différentielle homogène en φ avec la solution $\varphi = u$, ainsi qu'une comparaison avec (3) le montre. Nous utilisons le théorème qui dit que la solution d'une équation différentielle homogène est orthogonale à la partie inhomogène de l'équation différentielle. Soit,

$$\int [a(W_{a2,b1} - \varepsilon)u + b(W_{a1,b2} - \varepsilon)v]^* u \, dV_1 \, dV_2 = 0 \ . \tag{13}$$

En établissant (11), nous avons exprimé le hamiltonien $\hat{H}$ qui agit sur φ par la décomposition (2). Si, pour l'étape suivante, nous utilisons la décomposition (6), nous obtenons à la place de (12) l'équation différentielle

$$a(W_{a2,b1} - \varepsilon)u + b(W_{a1,b2} - \varepsilon)v + (\hat{H}_{a2} + \hat{H}_{b1} - 2E_1)\varphi = 0 \ , \tag{14}$$

dont la solution est la fonction $\varphi = v$ pour la partie homogène. Alors le même argument que précédemment pour (13) conduit à l'intégrale

$$\int [a(W_{a2,b1} - \varepsilon)u + b(W_{a1,b2} - \varepsilon)v]^* v \, dV_1 \, dV_2 = 0 \,. \tag{15}$$

Nous avons donc

$$\int |u|^2 W_{a2,b1} \, dV_1 \, dV_2 = \int |v|^2 W_{a1,b2} \, dV_1 \, dV_2 = K \tag{16}$$

et

$$\int u^* v W_{a2,b1} \, dV_1 \, dV_2 = \int v^* u W_{a1,b2} \, dV_1 \, dV_2 = A \,. \tag{17}$$

L'égalité des intégrales est due au fait que leurs arguments ne diffèrent que par leurs indices. Ici, K est *l'énergie coulombienne* de la perturbation ; A est l'énergie d'échange. Si, par exemple, nous reportons la perturbation W sous la forme de (2), il en découlera que

$$\begin{aligned} K = &-e^2 \int \frac{|\psi_a(r_{a1})|^2}{r_{b1}} \, dV_1 - e^2 \int \frac{|\psi_b(r_{b2})|^2}{r_{a2}} \, dV_2 \\ &+ e^2 \int \frac{|\psi_a(r_{a1})|^2 |\psi_b(r_{b2})|^2}{r_{12}} \, dV_1 \, dV_2 \,, \end{aligned} \tag{18}$$

et

$$\begin{aligned} A = &-e^2 \int \frac{\psi_a^*(r_{a1})\psi_b(r_{b1})}{r_{b1}} \, dV_1 \cdot S^* - e^2 \int \frac{\psi_a(r_{a2})\psi_b^*(r_{b2})}{r_{a2}} \, dV_2 \cdot S \\ &+ e^2 \int \frac{\psi_a^*(r_{a1})\psi_b^*(r_{b2})\psi_a(r_{a2})\psi_b(r_{b1})}{r_{12}} \, dV_1 \, dV_2 \,. \end{aligned}$$

Pour l'énergie coulombienne, les différents termes expriment l'énergie d'interaction des différentes distributions de charge des électrons avec l'autre noyau et l'interaction mutuelle des distributions de charge à deux électrons.

Pour l'énergie d'échange, les densités mélangées apparaissent. La quantité S, définie dans (9), exprime le recouvrement des fonctions d'onde électroniques non orthogonales. Nous avons

$$S(r_{ab} \to \infty) = 0 \quad \text{et} \quad S(r_{ab} \to 0) = 1 \,.$$

En utilisant les abréviations introduites pour les différentes intégrales, nous pouvons écrire (13) et (15) sous la forme compacte :

$$(\varepsilon - K)a + (\varepsilon S^2 - A)b = 0 \,, \tag{19}$$
$$(\varepsilon S^2 - A)a + (\varepsilon - K)b = 0 \,. \tag{20}$$

Ainsi, nous avons deux équations pour déterminer les coefficients de la combinaison linéaire (8). En supposant une solution non triviale pour le système d'équations, son déterminant doit s'annuler, ce qui donne la relation

$$(\varepsilon - K)^2 = (\varepsilon S^2 - A)^2 \,.$$

Les solutions de ces équations donnent le déplacement en énergie   *Exemple 15.2*

$$\varepsilon_1 = \frac{K - A}{1 - S^2} = \varepsilon_a \,,\tag{21}$$

$$\varepsilon_2 = \frac{K + A}{1 + S^2} = \varepsilon_s.\tag{22}$$

En reportant ces deux solutions dans (19) et (20) on obtient les coefficients

$$a = -b \quad \text{pour} \quad \varepsilon_1 \quad \text{et}\tag{23}$$

$$a = b \quad \text{pour} \quad \varepsilon_2 \,.\tag{24}$$

Par conséquent, nous obtenons une solution symétrique, avec l'énergie

$$E_s = 2E_1 + \frac{K + A}{1 + S^2} \,,\tag{25}$$

et une solution antisymétrique, avec

$$E_a = 2E_1 + \frac{K - A}{1 - S^2} \,.\tag{26}$$

Pour établir les énergies, nous devons calculer les intégrales K, A et S avec les fonctions d'onde de l'état fondamental de l'atome d'hydrogène. En raison de la longueur des calculs nécessaires, nous donnons uniquement une représentation graphique ici. Nous traitons les protons comme des points matériels. l'énergie

$$\varepsilon' = \varepsilon + \frac{e^2}{r_{ab}}\tag{27}$$

est *l'énergie de liaison* de la molécule. Dans la figure suivante, l'énergie coulombienne $K + e^2/r_{ab}$ est donnée en fonction de la distance entre les noyaux (en unité de rayon de Bohr). Le résultat est une énergie de liaison très faible. *L'énergie d'échange est négative* et, excepté dans le cas de très faibles distances, elle est plus grande que l'énergie coulombienne. Ceci produit *une liaison plus forte dans l'état symétrique* (22), et *une répulsion dans le cas antisymétrique* (21). Par conséquent, le signe de l'énergie d'échange est responsable de la liaison de la molécule H$_2$. La valeur réelle de l'énergie de liaison de la molécule d'hydrogène est bien plus faible que le résultat de ce calcul ($-4,4$ eV). En dépit de cette différence quantitative, le calcul donne une idée comment se produit une liaison homopolaire.

Ainsi nous avons trouvé une fonction d'onde locale de l'état fondamental de l'hydrogène. À cause du principe de Pauli, la fonction de spin doit être antisymétrique, c'est-à-dire que les spins des électrons sont antiparallèles [voir (24) de l'exemple 15.1]. Nous distinguons, comme pour l'hélium, entre *le parahydrogène (état singulet)* et *l'orthohydrogène métastable (état triplet)*.

Notre présentation d'une solution à ce problème, en utilisant la théorie des perturbations, est fondée sur des considérations de W. **Heitler** et F. **London**. Des méthodes plus précises résolvent le problème à deux centres (les deux

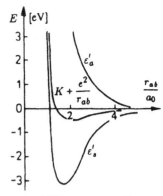

Les différentes contributions à l'énergie de liaison de la molécule d'hydrogène

Exemple 15.2

noyaux) pour les électrons, c'est-à-dire l'équation de Schrödinger avec le hamiltonien (2) sans l'interaction électron–électron e^2/r_{12}. En 1930, E. **Teller** et E.A. **Hylleraas** ont appliqué cette dernière méthode.

Récemment ce type de problème a à nouveau attiré l'attention, en particulier en relation avec la création de *quasi-molécules très lourdes* lors de la collision d'ions lourds. Puisque le scénario est celui d'un système à deux centres constitué de deux ions lourds et d'un électron (par exemple une quasi molécule uranium–uranium) avec de faibles distances entre les noyaux, l'équation de Dirac à deux centres[1] doit être résolue, puisque, dans les éléments lourds et très lourds les électrons des couches profondes sont relativistes. Nous traiterons ce sujet avec plus de détails quand nous discuterons de la théorie quantique relativiste.

EXEMPLE ▬▬▬▬▬▬▬▬▬▬▬▬▬

15.3 L'interaction de van der Waals

Comme exemple de l'application de la méthode variationnelle, (voir au chapitre 11) nous calculons l'interaction à longue portée (***van der Waals***) entre deux atomes d'hydrogène dans leurs états fondamentaux. À cette fin, il est utile de traiter d'abord ce problème par la théorie des perturbations, parce qu'après il est plus facile de voir que le terme principal de l'énergie d'interaction est inversement proportionnel à la sixième puissance ($\sim 1/R^6$) de la distance R entre les deux atomes. Il deviendra aussi apparent que la théorie des perturbations et le calcul variationnel représentent des limites opposées pour la détermination des coefficients du terme en $1/R^6$.

Les deux noyaux A et B des atomes d'hydrogène sont séparés par une distance R (voir figure) et l'axe z est défini par la ligne joignant A à B. Nous désignons le rayon vecteur de l'électron 1 par rapport au noyau A par $\boldsymbol{r}_1$, et le rayon vecteur de l'électron 2 par rapport au noyau B par $\boldsymbol{r}_2$.

Deux atomes d'hydrogène dont les noyaux sont séparés de la distance R

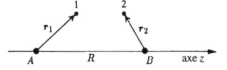

[1] Voir B. Müller, W. Greiner: Z. Naturforsch. **31A**, 1 (1976). Une discussion approfondie de cette physique passionnante peut être trouvée dans : W. Greiner, B. Müller, J. Rafelski : *Quantum Electrodynamics of Strong Fields* (Springer, Berlin, Heidelberg, New York, Tokyo 1985).

Le hamiltonien pour les deux électrons (en négligeant le couplage spin-orbite) s'écrit

$$\hat{H} = \hat{H}_0 + \hat{H}', \quad \text{avec}$$

$$\hat{H}_0 = -\frac{\hbar^2}{2m}(\nabla_1^2 + \nabla_2^2) - \frac{e^2}{r_1} - \frac{e^2}{r_2}$$

$$\hat{H}' = \frac{e^2}{R} + \frac{e^2}{r_{12}} - \frac{e^2}{r_{1B}} - \frac{e^2}{r_{2A}}, \tag{1}$$

où, dans l'état fondamental, le hamiltonien non perturbé $\hat{H}_0$ admet la solution stationnaire

$$\Psi_0(\mathbf{r}_1, \mathbf{r}_2) = \psi_{100}(\mathbf{r}_1)\psi_{100}(\mathbf{r}_2). \tag{2}$$

Ici $\Psi_{nlm}(\mathbf{r})$ désigne les fonctions propres connues de l'hydrogène [voir (9.45)]. Nous considérons $\hat{H}'$ comme une perturbation, ce qui est certainement une approximation valable pour une grande distance entre les deux atomes $R \gg a_0$, a_0 étant le rayon de Bohr.

Puisque nous nous intéressons au terme principal de l'énergie d'interaction, nous développons $\hat{H}'$ en fonction des puissances de $1/R$ et ne retenons que les termes de plus faible ordre :

$$\hat{H}' = \frac{e^2}{R}\left\{1 + \left[1 + \frac{2(z_2 - z_1)}{R}\right.\right.$$
$$\left. + \frac{(x_2 - x_1)^2 + (y_2 - y_1)^2 + (z_2 - z_1)^2}{R^2}\right]^{-1/2}$$
$$\left. - \left(1 - \frac{2z_1}{R} + \frac{r_1^2}{R^2}\right)^{-1/2} - \left(1 + \frac{2z_2}{R} + \frac{r_2^2}{R^2}\right)^{-1/2}\right\}$$

$$\approx \frac{e^2}{R^3}(x_1 x_2 + y_1 y_2 - 2z_1 z_2). \tag{3}$$

Apparemment, le terme principal décrit l'énergie d'interaction de deux dipôles électriques qui proviennent de la configuration momentanée des deux atomes. Les termes négligés en $1/R^4$ et $1/R^5$ correspondent respectivement à l'interaction dipôle–quadrupôle instantanée et à l'interaction quadrupôle–quadrupôle.

Manifestement, la valeur moyenne du terme principal de $\hat{H}'$ (3) dans l'état $\Psi_0(\mathbf{r}_1, \mathbf{r}_2)$ (2) s'annule, car Ψ_0 est une fonction paire de $\mathbf{r}_1$ et $\mathbf{r}_2$, tandis que $\hat{H}'$, est une fonction impaire de $\mathbf{r}_1$ et $\mathbf{r}_2$. On peut aussi montrer que tous les termes d'ordre supérieur de $\hat{H}'$ que nous avons négligés, ont une valeur moyenne dans l'état $\Psi_0(\mathbf{r}_1, \mathbf{r}_2)$ qui s'annule parce que ces termes peuvent être exprimés par des harmoniques sphériques Y_{lm} avec $l \neq 0$. Par conséquent, le terme principal de l'énergie d'interaction des deux atomes doit être du second ordre en théorie des perturbations quand la partie dipolaire est prise en compte [voir (3)], ainsi il dépend de la distance en fonction de $1/R^6$.

Exemple 15.3   **Théorie des perturbations**

Dans la théorie des perturbations au second ordre, l'énergie d'interaction des deux atomes d'hydrogène est

$$W(R) = -\sum_{n \neq 0} \frac{|\langle n|\hat{H}'|0\rangle|^2}{E_n - E_0} \, . \tag{4}$$

Ici, l'indice n désigne tous les états des paires d'électrons des deux atomes d'hydrogène, y compris les états dissociés. À cause de (4), il est clair que $W(R)$ est négative, puisque $E_n > E_0$ et par conséquent numérateur et dénominateur sont toujours positifs. Ainsi, nous pouvons conclure que l'interaction des deux atomes d'hydrogène est attractive et proportionnelle à $1/R^6$ si R est grand ($R \gg a_0$). Nous réalisons que cette conclusion s'applique à toute paire d'atomes qui ont un état fondamental à symétrie sphérique non dégénéré ; ceci est généralement le cas. Nous pouvons obtenir une limite supérieure pour la quantité positive $-W(R)$ de la manière qui suit. Substituons la valeur la plus faible E_1 à toutes les valeurs E_n dans le dénominateur. Ici, E_1 représente le premier état excité (état $2p$) de l'atome d'hydrogène. Alors tous les dénominateurs de la somme (4) sont égaux, et la sommation est effectuée de la façon suivante :

$$-W(R) = \sum_{n \neq 0} \frac{\langle n|\hat{H}'|0\rangle^2}{E_n - E_0} \leq \sum_{n \neq 0} \frac{|\langle n|\hat{H}'|0\rangle|^2}{E_1 - E_0}$$

$$= \frac{1}{E_1 - E_0} \sum_{n \neq 0} \left| \left\langle n \left| \hat{H}' \right| 0 \right\rangle \right|^2$$

$$= \frac{1}{E_1 - E_0} \left(\sum_n \left\langle 0 \left| \hat{H}' \right| n \right\rangle \left\langle n \left| \hat{H}' \right| 0 \right\rangle - \left| \left\langle 0 \left| \hat{H}' \right| 0 \right\rangle \right|^2 \right)$$

$$= \frac{1}{E_1 - E_0} \left(\left\langle 0 \left| \hat{H}'^2 \right| 0 \right\rangle - \left\langle 0 \left| \hat{H}' \right| 0 \right\rangle^2 \right)$$

$$= \frac{\langle 0|\hat{H}'^2|0\rangle}{E_1 - E_0} \, . \tag{5}$$

Nous avons ici utilisé la relation de fermeture et le fait bien connu que

$$\left\langle 0 \left| \hat{H}' \right| 0 \right\rangle = 0 \, .$$

Ainsi,

$$W(R) \geq -\frac{\langle 0|\hat{H}'^2|0\rangle}{E_1 - E_0} \, . \tag{6}$$

Maintenant, nous avons (voir chapitre 9)

$$E_0 = -2 \left(\frac{e^2}{2a_0} \right) \quad \text{(les deux atomes dans l'état fondamental)}$$

$$E_1 = -2 \left(\frac{e^2}{8a_0} \right) \quad \text{(les deux atomes dans le premier état excité)} \, .$$

Par conséquent,

$$E_1 - E_0 = \frac{3e^2}{4a_0} \, . \tag{7}$$

De plus, de (3) il découle que

$$\hat{H}'^2 = \frac{e^2}{R^6}(x_1^2 x_2^2 + y_1^2 y_2^2 + 4z_1^2 z_2^2 + 2x_1 x_2 y_1 y_2 - \ldots) \, . \tag{8}$$

La valeur moyenne des termes de mélange (comme $2x_1 x_2 y_1 y_2$) s'annule pour les mêmes raisons que dans la précédente discussion (une fonction impaire des composantes de r_1 et/ou r_2). De plus, chacun des trois premiers termes de (8) donne un produit de facteurs identiques. Par exemple,

$$\int x^2 |\psi_{100}(r)|^2 \, d^3 r = \frac{1}{3} \int r^2 |\psi_{100}(r)|^2 \, d^3 r$$

$$= \frac{1}{3\pi a_0^3} \int_0^\infty r^2 e^{-2r/a_0} 4\pi r^2 \, dr = a_0^2 \, . \tag{9}$$

Alors

$$\left\langle 0 \left| \hat{H}'^2 \right| 0 \right\rangle = \frac{6e^2 a_0^4}{R^6} \, . $$

Avec cette équation, (6) s'écrit

$$W(R) \geq -\frac{8 e^2 a_0^5}{R^6} \, . \tag{10}$$

Méthode variationnelle

L'équation (10) représente une limite inférieure de $W(R)$. Une limite supérieure peut toujours être calculée par une méthode variationnelle. Nous devons considérer le problème du choix d'une fonction d'onde d'essai raisonnable Ψ. Si nous choisissons Ψ de façon à être indépendante de R, la valeur moyenne $\langle \Psi | \hat{H}' | \Psi \rangle$ est proportionnelle à $1/R^3$, ce qui n'est pas utile dans notre cas, puisque nous voulons connaître le coefficient du terme en $1/R^6$. Par conséquent, nous devons tenir compte des *effets de polarisation* dans la fonction d'onde. Puisque nous supposons que la polarisation est proportionnelle à $\hat{H}'$, nous écrivons la fonction d'essai de la façon suivante :

$$\Psi(r_1, r_2) = \psi_{100}(r_1)\psi_{100}(r_2)(1 + A\hat{H}')$$
$$= \Psi_0(r_1 r_2)(1 + A\hat{H}') \, , \tag{11}$$

où A représente le paramètre variationnel. Alors le problème variationnel [voir (11.32, 11.37)] donne

$$E_0 + W(R) \leq$$
$$\frac{\iint \Psi_0^*(r_1 r_2)(1 + A\hat{H}')(\hat{H}_0 + \hat{H}')\Psi_0(r_1 r_2)(1 + A\hat{H}')\, d^3 r_1\, d^3 r_2}{\iint |\psi_0(r_1, r_2)|^2 (1 + A\hat{H}')^2\, d^3 r_1\, d^3 r_2} \,. \tag{12}$$

A est supposé être réel. Le membre de droite de (12) peut être réécrit comme

$$\frac{E_0 + 2A\langle 0|\hat{H}'^2|0\rangle + A^2\langle 0|\hat{H}'\hat{H}_0\hat{H}'|0\rangle}{1 + A^2\langle 0|\hat{H}'^2|0\rangle} \,, \tag{13}$$

puisque $\Psi_0(r_1, r_2)$ est une fonction propre normalisée de $\hat{H}_0$, avec la valeur propre $E_0 = e^2/a_0$, et de plus

$$\left\langle 0\left|\hat{H}'\right|0\right\rangle = \left\langle 0\left|\hat{H}'^3\right|0\right\rangle = 0 \,.$$

L'élément de matrice $\langle 0|\hat{H}'\hat{H}_0\hat{H}'|0\rangle$ donne une contribution négative. Nous pouvons montrer ceci en reportant des ensembles complets de fonctions propres de $\hat{H}_0$:

$$\left\langle 0\left|\hat{H}'\hat{H}_0\hat{H}'\right|0\right\rangle = \sum_{n,m}\left\langle 0\left|\hat{H}'\right|n\right\rangle\left\langle n\left|\hat{H}_0\right|m\right\rangle\left\langle m\left|\hat{H}'\right|0\right\rangle$$
$$= \sum_n E_n\left|\left\langle 0\left|\hat{H}'\right|n\right\rangle\right|^2 < 0 \,,$$

car tous les E_n sont négatifs. Ainsi, nous pouvons donner une limite supérieure de (13) par

$$\frac{E_0 + 2A\langle 0|\hat{H}'^2|0\rangle + A^2\langle 0|\hat{H}'\hat{H}_0\hat{H}'|0\rangle}{1 + A^2\langle 0|\hat{H}'^2|0\rangle} \leq \frac{E_0 + 2A\langle 0|\hat{H}'^2|0\rangle}{1 + A^2\langle 0|\hat{H}'^2|0\rangle} \,. \tag{14}$$

Comme nous ne sommes intéressés que par les termes jusqu'à l'ordre $\hat{H}'^2$, nous développons le dénominateur de (14) et obtenons

$$\left(E_0 + 2A\left\langle 0\left|\hat{H}'^2\right|0\right\rangle\right)\left(1 + A^2\left\langle 0\left|\hat{H}'^2\right|0\right\rangle\right)^{-1}$$
$$\approx E_0 + (2A - E_0 A^2)\left\langle 0\left|\hat{H}'^2\right|0\right\rangle \,. \tag{15}$$

E_0, l'énergie de l'état fondamental des deux atomes d'hydrogène, est négative. Par conséquent, (15) admet un minimum pour $A = 1/E_0$, et ainsi (12) prend la forme

$$E_0 + W(R) \leq E_0 + \frac{\langle 0|\hat{H}'^2|0\rangle}{E_0} = E_0 - \frac{6e^2 a_0^5}{R^6} \,. \tag{16}$$

Avec (10) nous avons à la fois une limite supérieure et une limite inférieure pour l'énergie d'interaction, qui peuvent être exprimées par l'inégalité

Exemple 15.3

$$-\frac{8e^2 a_0^5}{R^6} \leq W(R) \leq -\frac{6e^2 a_0^5}{R^6} \ . \tag{17}$$

Finalement, nous devrions remarquer que des calculs variationnels soigneux ont montré que le coefficient numérique dans $W(R)$ est voisin de 6.50.[2] Le résultat obtenu de cette façon n'est pas tout à fait correct, car nous n'avons tenu compte que de l'interaction dipôle–dipôle statique. Si nous tenons aussi compte du retard introduit par la vitesse de propagation finie de l'interaction électromagnétique de deux dipôles, nous trouvons que $W(R) \simeq -1/R^7$, si R est grand comparé à la longueur d'onde du rayonnement électromagnétique de la transition atomique :

$$\left(R \gg \frac{\hbar c a_0}{e^2} = 137 a_0 \right) \ . \tag{18}$$

Mais l'énergie d'interaction aux distances aussi grandes, est si faible qu'elle est physiquement inintéressante (non significative). C'est pourquoi nous pouvons partir de l'hypothèse que l'expression (17) est une approximation utile et raisonnable de l'interaction de deux atomes sphériques.[3]

15.4 Notes biographiques

HEITLER, Walter Heinrich, physicien allemand, *Karlsruhe, 2.1.1904, † 15.11.1981. Heitler travailla à Göttingen de 1929 à 1933 ; puis il travailla en Grande Bretagne. Il fut professeur à l'Institute for Advanced Studies à Dublin de 1941 à 1949 et à l'Université de Zürich à partir de 1949. Après le développement des fondements de la mécanique quantique en 1927, Heitler et F. London furent capables d'expliquer les liaisons chimiques homopolaires dans le cadre de la mécanique quantique. Plus tard, Heitler appliqua les méthodes de la mécanique quantique aux rayonnements électromagnétiques et cosmiques ; en particulier, avec H.J. Bhabha, il put expliquer l'origine des gerbes de rayonnements cosmiques par sa théorie des cascades. D'autres recherches concernaient la théorie des forces nucléaires et des mésons. En 1968 la Deutsche Physikalische Gesellschaft lui décerna la médaille Max Planck.

LONDON, Fritz, physicien germano-américain, *Breslau, 7.3.1900, † Durham, North Carolina, 30.3.1954. London grandit dans une famille juive allemande libérale et cultivée. Il étudia aux Universités de Bonn, Frankfurt et Munich, et a soutenu sa thèse

---

[2] Voir, par exemple, L. Pauling, E.B. Wilson, Jr. : *Introduction to Quantum Mechanics*, (McGraw Hill, New York 1935), Chap. 47a.

[3] Voir, par exemple, H.B.G. Casimir, D. Polder : Phys. Rev. **73**, 360 (1948).

de Doctorat «Über die symbolischen Methoden von Peano, Russell and Whitehead» à Munich. En 1939, avec Edmond Bauer, il publia une monographie sur la mesure en mécanique quantique. Dès 1925 il fit des recherches en physique théorique sous la direction de Sommerfeld à Zürich et à Berlin. En 1933, London et son frère, Heinz, quittèrent l'Allemagne à cause de sa situation politique. Pendant deux ans London travailla à Oxford et passa deux autres années à Paris à l'Institut Henri Poincaré. En 1939 il fut nommé professeur de chimie théorique à Duke University, en Caroline du Nord. En 1927, avec W. Heitler il résolu le problème quantique à plusieurs corps de la molécule d'hydrogène. Pour ce faire ils utilisèrent une technique analytique formulée par Lord Rayleigh dans sa «théorie du son». À partir de là, London travailla principalement dans le domaine de la théorie moléculaire.

TELLER, Edward, physicien hongro-américain, *Budapest, 15.1.1908. Depuis 1935, Teller fut professeur aux États-Unis (New York, Chicago, Los Angeles, Livermore, Berkeley). Il prit part au développement de la bombe atomique et très tôt œuvra pour la construction de la bombe à hydrogène. Il a été l'un des fondateurs du Livermore National Laboratory et a été scientific advisor (ministre de la recherche scientifique) pour plusieurs Présidents des États-Unis.

HYLLERAAS, Egil Andersen, physicien norvégien, *Engerdal (Norwège), 15.5.1898, † Oslo, 28.10.1965. Hylleraas étudia aux Universités d'Oslo et de Göttingen et, étudiant de L. Vergard, obtint son doctorat en 1924. Hylleraas devint membre du Chr. Michelsons Institute (Bergen) en 1931 et se vit décerné la Gunnerusmedalje (Kgl. Norske Videnskalero Selskab, Trondheim).

van der WAALS, Johannes Diderik, physicien néerlandais, *Leiden, 23.11.1837, † Amsterdam, 8.3.1923. Après des années passés dans l'enseignement, van der Waals étudia la physique à l'Université de Leiden. Sur la base de sa connaissance du travail de Clausius et d'autres théoriciens moléculaires, il rédigea sa thèse de Doctorat «Over de continuiteit van den gasen en Vloeistoftestand» (1873). Dans sa thèse, en appliquant des équations simples, il donna une explication satisfaisante des propriétés des gaz et des fluides dans le cadre de la théorie moléculaire. Thomas Andrews et d'autres physiciens expérimentateurs confirmèrent par la suite les travaux de van der Waals, en particulier l'existence d'une température critique. En 1875 il devint membre de la Royal Dutch Academy of Sciences et deux ans plus tard fut nommé professeur à l'Université d'Amsterdam. Il fut un professeur très apprécié par ses étudiants et les motiva à la fois pour les recherches théoriques et expérimentales. Ses publications traitent principalement de la physique moléculaire et de la thermodynamique. Il fut lauréat du Prix Nobel de Physique en 1910.

SLATER, John Clarke, physicien américain, *Oak Park, Illinois, 22.12.1900, † 1976. Slater fit ses contributions les plus importantes à la théorie quantique, mais il travailla également à la théorie des solides, la thermodynamique et la physique des hyperfréquences au Massachusetts Institute of Technology (MIT) durant les années 1930 à 1951.

16. Le cadre formel de la mécanique quantique

Dans ce chapitre, nous résumons les principes mathématiques de la mécanique quantique en utilisant un formalisme mathématique plus abstrait que dans les parties précédentes. Beaucoup des relations que nous allons considérer ont déjà été discutées dans les chapitres précédents d'un point de vue plus «physique» et la plupart ont été démontrées. Quelques explications et démonstrations sont ici complétées ou redémontrées d'une manière plus concise dans des exercices supplémentaires.

16.1 Les bases mathématiques de la mécanique quantique – espace de Hilbert

Par espace de Hilbert H nous entendons un ensemble abstrait d'éléments, appelés vecteurs $|a\rangle$, $|b\rangle$, $|c\rangle$ etc. H possède les propriétés suivantes :

1. L'espace H est un *espace vectoriel linéaire* sur le corps des nombres complexes μ et ν. Il a trois propriétés :

(a) à chaque paire de vecteurs $|a\rangle$, $|b\rangle$, est relié un nouveau vecteur $|c\rangle$ appelé le vecteur somme. On a

$$|a\rangle + |b\rangle = |b\rangle + |a\rangle \quad \text{(loi de commutation)}$$
$$\big(|a\rangle + |b\rangle\big) + |c\rangle = |a\rangle + (|b\rangle + |c\rangle)\big) ; \quad \text{(loi d'association)} \tag{16.1}$$

(b) il existe un vecteur zéro $|0\rangle$, avec la propriété

$$|a\rangle + |0\rangle = |a\rangle ; \tag{16.2}$$

(c) pour chaque vecteur $|a\rangle$ de H, il existe un vecteur opposé $|-a\rangle$, obéissant à la relation

$$|a\rangle + |-a\rangle = |0\rangle ; \tag{16.3}$$

pour des nombres complexes quelconques μ et ν, nous avons

$$\mu(|a\rangle + |b\rangle) = \mu\,|a\rangle + \mu\,|b\rangle\ ,$$
$$(\mu + \nu)\,|a\rangle = \mu\,|a\rangle + \nu\,|a\rangle\ ,$$
$$\mu\nu\,|a\rangle = \mu(\nu\,|a\rangle)\ ,$$
$$1\,|a\rangle = |a\rangle\ . \qquad (16.4)$$

2. Un *produit scalaire* est défini dans l'espace H. Il est noté

$$(|a\rangle\,,|b\rangle)\quad \text{ou}\quad \langle a|b\rangle\ , \qquad (16.5)$$

et son résultat est un nombre complexe. Le produit scalaire doit satisfaire aux relations

$$(|a\rangle\,,\lambda\,|b\rangle) = \lambda(|a\rangle\,,|b\rangle)\ ,$$
$$(|a\rangle\,,|b\rangle + |c\rangle) = (|a\rangle\,,|b\rangle) + (|a\rangle\,,|c\rangle)\ ,$$
$$(|a\rangle\,,|b\rangle) = (|b\rangle\,,|a\rangle)^*\ . \qquad (16.6)$$

La dernière équation peut encore s'écrire

$$\langle a|b\rangle = \langle b|a\rangle^*\ .$$

De ceci on peut facilement déduire que

$$(\lambda\,|a\rangle\,,|b\rangle) = \lambda^*(|a\rangle\,,|b\rangle) = \lambda^*\,\langle a|b\rangle\ , \qquad (16.7a)$$

et

$$(|a_1\rangle + |a_2\rangle\,,|b\rangle) = (|a_1\rangle\,,|b\rangle) + (|a_2\rangle\,,|b\rangle) = \langle a_1|b\rangle + \langle a_2|b\rangle\ . \qquad (16.7b)$$

La *norme des vecteurs* est définie par

$$\|\,|a\rangle\,\| = \sqrt{\langle a|a\rangle}$$

(lisez : norme du vecteur $|a\rangle = \sqrt{\langle a|a\rangle}$).

On peut montrer que *l'inégalité de Schwartz*,

$$\|\,|a\rangle\,\|\,\|\,|b\rangle\,\| \leq |\langle a|b\rangle|\ , \qquad (16.8)$$

est vérifiée et que l'égalité ne vaut que dans le cas

$$|a\rangle = \lambda\,|b\rangle$$

(parallélisme des vecteurs).

3. Pour tout vecteur $|a\rangle$ de H, il existe une suite $|a_n\rangle$ de vecteurs, avec la propriété que pour chaque $\varepsilon > 0$, il y a au moins un vecteur $|a_n\rangle$ de la suite avec

$$\|\,|a\rangle - |a_n\rangle\,\| < \varepsilon\ . \qquad (16.9)$$

Une série qui possède cette propriété est appelée *compacte* , ou nous pouvons dire que $|a_n\rangle$ de l'espace H est séparable.

4. L'espace de Hilbert est *complet*. Ceci signifie que tout vecteur $|a\rangle$ de H peut être approché exactement par une série $|a_n\rangle$:

$$\lim_{n \to \infty} \| |a\rangle - |a_n\rangle \| = 0 .$$

(16.10)

Alors la série $|a_n\rangle$ à une valeur limite unique $|a\rangle$.

Pour des espaces de Hilbert de dimensions finies, les axiomes 3 et 4 découlent des axiomes 1 et 2 ; alors 3 et 4 sont superflus. Mais ils sont nécessaires pour des espaces de dimension ∞ qui se présentent en mécanique quantique dans la plupart des cas. Dans la suite, nous discutons encore une fois quelques définitions souvent utilisées.

1. *Orthogonalité de vecteurs* :
   Deux vecteurs $|f\rangle$ et $|g\rangle$ sont orthogonaux si

   $$\langle f|g \rangle = 0 .$$

   (16.11)

2. *Systèmes orthonormaux* :
   L'ensemble $\{|f_n\rangle\}$ de vecteurs est un système orthonormal si

   $$\langle f_n|f_m \rangle = \delta_{nm} .$$

   (16.12)

3. *Système orthonormal complet* :
   Le système orthonormal $\{|f_n\rangle\}$ est complet dans H si un vecteur quelconque $|f\rangle$ de H peut être exprimé par

   $$|f\rangle = \sum_n \alpha_n |f_n\rangle .$$

   (16.13)

En général, les α_n sont des nombres complexes :

$$\begin{aligned}
\alpha_m = \langle f_m|f \rangle &= \left\langle f_m \middle| \sum_n \alpha_n f_n \right\rangle \\
&= \sum_n \alpha_n \langle f_m|f_n \rangle \\
&= \sum_n \alpha_n \delta_{mn} \\
&= \alpha_m ,
\end{aligned}$$

(16.14)

de sorte que nous pouvons écrire

$$|f\rangle = \sum_n |f_n\rangle \langle f_n|f \rangle .$$

(16.15)

Les nombres complexes α_n sont appelés la *représentation* f_n de $|f\rangle$; ils représentent, pour ainsi dire, le vecteur $|f\rangle$; ils sont les composantes de $|f\rangle$ dans la base $\{|f_n\rangle\}$. Si la somme dans la dernière équation contient un nombre infini de termes, alors nous parlons d'un *espace de Hilbert de dimension infinie*. Ceci est généralement le cas en mécanique quantique.

16.2 Opérateurs dans l'espace de Hilbert

Un *opérateur linéaire* $\hat{A}$ est une application de H sur lui-même ou sur un sous-espace de H. Ici,

$$\hat{A}\big(\alpha\,|f\rangle + \beta\,|g\rangle\big) = \alpha\hat{A}\,|f\rangle + \beta\hat{A}\,|g\rangle\ . \tag{16.16}$$

L'opérateur A est borné si

$$\left\|\hat{A}\,|f\rangle\right\| \le C\,\|\,|f\rangle\|\tag{16.17}$$

pour tout $|f\rangle$ de H, C étant la même constante pour tout $|f\rangle$. Les opérateurs linéaires bornés sont continus. Ceci signifie que pour

$$|f_n\rangle \to |f\rangle\ , \tag{16.18a}$$

on a

$$\hat{A}\,|f_n\rangle \to \hat{A}\,|f\rangle\ . \tag{16.18b}$$

Deux opérateurs $\hat{A}$ et $\hat{B}$ sont égaux ($\hat{A} = \hat{B}$) si, pour tous vecteurs $|f\rangle$ de H,

$$\hat{A}\,|f\rangle = \hat{B}\,|f\rangle\ . \tag{16.19}$$

Les définitions suivantes sont souvent utilisées :

(a) opérateur unité $\quad\hat{\mathbf{1}}\ :\ \hat{\mathbf{1}}\,|f\rangle = |f\rangle$;

(b) opérateur zéro $\quad\hat{0}\ :\ \hat{0}\,|f\rangle = |0\rangle$;

(c) opérateur somme $\quad\hat{A} + \hat{B}\ :\ (\hat{A} + \hat{B})\,|f\rangle = \hat{A}\,|f\rangle + \hat{B}\,|f\rangle$;

(d) opérateur produit $\quad\hat{A}\hat{B}\ :\ (\hat{A}\hat{B})\,|f\rangle = \hat{A}(\hat{B}\,|f\rangle)$. $\tag{16.20}$

Ces relations doivent être valables pour tout $|f\rangle$ de H. En ce qui concerne l'opérateur produit, nous devons ajouter qu'en général,

$$\hat{A}\hat{B} \ne \hat{B}\hat{A}\ .$$

Le *commutateur de* $\hat{A}$ *et* $\hat{B}$ est défini par

$$[\hat{A}, \hat{B}]_- = \hat{A}\hat{B} - \hat{B}\hat{A}\ . \tag{16.21}$$

Nous expliquons maintenant l'important concept d'*adjoint d'un opérateur*. S'il existe un opérateur $\hat{A}^+$ pour l'opérateur $\hat{A}$, tel que pour tout $|f\rangle$ et $|g\rangle$ de H, l'on ait

$$\left(|g\rangle , \hat{A} |f\rangle \right) = (\hat{A}^+ |g\rangle , |f\rangle) \ . \tag{16.22}$$

alors $\hat{A}^+$ est appelé l'opérateur adjoint de $\hat{A}$. Cette relation peut aussi s'exprimer par

$$\langle g |\hat{A}| f\rangle = \langle f |\hat{A}^+| g^*\rangle \ . \tag{16.23}$$

L'adjoint d'un opérateur (16.22) possède les propriétés suivantes, qui peuvent être facilement établies :

(1) $(\alpha\hat{A})^+ = \alpha^*\hat{A}^+$;
(2) $(\hat{A} + \hat{B})^+ = \hat{A}^+ + \hat{B}^+$;
(3) $(\hat{A}\hat{B})^+ = \hat{B}^+\hat{A}^+$;
(4) $(\hat{A}^+)^+ = \hat{A}$. $\tag{16.24}$

Toutes ces propriétés ont été discutées et démontrées dans les chapitres 4 et 10. Sur la base des définitions données ci-dessus, les propriétés peuvent être vérifiées immédiatement.

Un opérateur $\hat{A}$ qui vérifie la relation

$$\hat{A} = \hat{A}^+ \tag{16.25}$$

est appelé un opérateur hermitique ou hermitien. Il en découle que les valeurs moyennes sont réelles :

$$\langle f |\hat{A}| f\rangle = \langle f |\hat{A}^+| f\rangle^* = \langle f |\hat{A}| f\rangle^* = \text{réel} \ . \tag{16.26}$$

16.3 Valeurs propres et vecteurs propres

Nous parlons d'un vecteur propre $|a\rangle$ de l'opérateur $\hat{A}$ appartenant à la *valeur propre a* dans le cas

$$\hat{A} |a\rangle = a |a\rangle \ . \tag{16.27}$$

Ici, la valeur propre a est, en général, un nombre complexe. Cependant, pour des opérateurs hermitiques $\hat{A}(\hat{A}^+ = \hat{A})$,

(a) Les valeurs propres des opérateurs hermitiques sont réelles.
(b) Si $|a'\rangle$ et $|a''\rangle$ sont deux vecteurs propres d'un opérateur hermitique $\hat{A}$ avec deux valeurs propres différentes $a' \neq a''$, alors

$$\langle a'|a''\rangle = 0 \ .$$

(c) Les vecteurs propres normalisés d'un opérateur hermitique borné $\hat{A}$ créent un *système orthonormal complet, dénombrable* . Dans ce cas, les valeurs propres sont discrètes. Nous parlons alors d'un *spectre discret*.

Par conséquent, nous pouvons conclure qu'un vecteur quelconque $|\psi\rangle$ peut être développé en termes du système orthonormal complet $|a\rangle$ de l'opérateur hermitique borné $\hat{A}$:

$$|\psi\rangle = \sum_a |a\rangle \langle a|\psi\rangle \ . \tag{16.28}$$

Comme noté ci-dessus, nous avons

$$\langle a'|a''\rangle = \delta_{a'a''} \ . \tag{16.29}$$

Le produit scalaire de deux vecteurs $|\varphi\rangle$ et $|\psi\rangle$ peut s'exprimer dans la représentation de A ; soit,

$$\langle \varphi|\psi\rangle = \sum_a \langle \varphi|a\rangle \langle a|\psi\rangle \ . \tag{16.30}$$

Ici, une astuce a été utilisée. Si nous introduisons l'opérateur unité $\hat{\mathbf{1}}$ par,

$$\hat{\mathbf{1}} = \sum_a |a\rangle \langle a| \ , \tag{16.31}$$

nous obtenons

$$|\psi\rangle = \hat{\mathbf{1}} \, |\psi\rangle = \sum_a |a\rangle \langle a|\psi\rangle \ , \tag{16.32}$$

et

$$\langle \varphi|\psi\rangle = \langle \varphi \,|\hat{\mathbf{1}}| \, \psi\rangle = \sum_a \langle \varphi|a\rangle \langle a|\psi\rangle \ , \tag{16.33}$$

ce qui est consistant avec (16.28) et (16.30). Le développement (16.32) implique que

$$\sum_a |\langle a|\psi\rangle|^2 = 1 \ . \tag{16.34}$$

Par conséquent, nous pouvons aussi dire que $\langle a|\psi\rangle$ est de carré sommable. Il apparaît ainsi que l'espace de Hilbert est représenté dans *l'espace des fonctions de carré sommable* (*fonctions propres de l'opérateur* $\hat{A}$). Nous appelons ceci la *représentation A* de ψ et voulons dire l'ensemble infini des nombres $\langle a|\psi\rangle$ dans (16.32). En appliquant un opérateur $\hat{B}$ à $|\psi\rangle$ donne

$$\langle a' \,|\hat{B}| \, \psi\rangle = \sum_{a''} \langle a' \,|\hat{B}| \, a''\rangle \langle a''|\psi\rangle \ . \tag{16.35}$$

Ainsi, *l'opérateur $\hat{B}$, dans la représentation A*, peut s'écrire comme la matrice

$$\hat{B} = \begin{pmatrix} \langle a_1|\hat{B}|a_1\rangle & \langle a_1|\hat{B}|a_2\rangle & \cdots \\ \langle a_2|\hat{B}|a_1\rangle & \langle a_2|\hat{B}|a_2\rangle & \cdot \\ \vdots & \vdots & \vdots \\ \vdots & \vdots & \vdots \end{pmatrix} \ , \tag{16.36}$$

et le vecteur ψ dans la *représentation A* comme

$$|\psi\rangle \rightarrow \begin{pmatrix} \langle a_1|\psi\rangle \\ \langle a_2|\psi\rangle \\ \vdots \\ \langle a_n|\psi\rangle \\ \vdots \end{pmatrix} . \tag{16.37}$$

Ainsi l'opérateur $\hat{B}$ dans la représentation A est une matrice quadratique ; le vecteur $|\psi\rangle$, une matrice colonne. L'opérateur $\hat{A}$ lui-même, dans la représentation A de sa *représentation propre*, est donné par

$$\langle a'|\hat{A}|a''\rangle = a'\delta_{a'a''} . \tag{16.38}$$

Il est parfois avantageux d'écrire l'opérateur (quelconque) $\hat{B}$ sous la forme

$$\hat{B} = \hat{\mathbf{1}}\hat{B}\hat{\mathbf{1}} = \sum_{a',a''} |a'\rangle\langle a'|\hat{B}|a''\rangle\langle a''| . \tag{16.39}$$

L'analogie de la représentation d'un vecteur dans l'espace de Hilbert et des composantes d'un vecteur dans un espace vectoriel est évidente. Le choix de la représentation coïncide avec le choix d'un système de coordonnées dans l'espace de Hilbert.

Nous procédons maintenant à la *transformation* de la *représentation A* en la *représentation B*. Ici, la matrice de transformation

$$\langle a|b\rangle \tag{16.40}$$

joue un rôle important. Par analogie avec (16.38) on déduit que

$$\langle b'|\hat{B}|b''\rangle = b'\delta_{b'b''} . \tag{16.41}$$

Il est commode de partir de l'opérateur unité

$$\hat{\mathbf{1}} = \sum_{a'} |a'\rangle\langle a'| = \sum_{b'} |b'\rangle\langle b'| . \tag{16.42}$$

Les relations suivantes se comprennent immédiatement :

$$\langle b'|\psi\rangle = \langle b'|\hat{\mathbf{1}}|\psi\rangle = \sum_{a'} \langle b'|a'\rangle\langle a'|\psi\rangle ,$$

$$\langle a'|\psi\rangle = \langle a'|\hat{\mathbf{1}}|\psi\rangle = \sum_{b'} \langle a'|b'\rangle\langle b'|\psi\rangle ,$$

$$\langle b'|\hat{C}|b''\rangle = \langle b'|\hat{\mathbf{1}}\hat{C}\hat{\mathbf{1}}|b''\rangle = \sum_{a',a''} \langle b'|a'\rangle\langle a'|\hat{C}|a''\rangle\langle a''|b''\rangle . \tag{16.43}$$

De manière similaire à (16.42), nous obtenons

$$\langle a'|\hat{B}\hat{C}|a''\rangle = \langle a'|\hat{B}\hat{\mathbf{1}}\hat{C}|a''\rangle = \sum_{a'''} \langle a'|\hat{B}|a'''\rangle\langle a'''|\hat{C}|a''\rangle . \tag{16.44}$$

Ceci signifie que pour l'élément de matrice du produit de deux opérateurs $\hat{B}\hat{C}$, les règles habituelles de multiplication de matrices s'appliquent.

EXERCICE

16.1 Trace d'un opérateur

Problème. Montrez que la trace d'un opérateur est indépendante de sa représentation.

Solution. La trace de l'opérateur $\hat{C}$ dans la représentation A est

$$\mathrm{tr}\hat{C} = \sum_{a'} \langle a' | \hat{C} | a' \rangle \ .$$

Alors, nous écrivons

$$\begin{aligned}
\mathrm{tr}\hat{C} &= \sum_{a'} \langle a' | \hat{C} | a' \rangle \ldots = \mathrm{tr}\hat{\mathbf{1}}\hat{C}\hat{\mathbf{1}} \\
&= \sum_{a'} \sum_{b'} \sum_{b''} \langle a'|b'\rangle \langle b' | \hat{C} | b'' \rangle \langle b''|a'\rangle \\
&= \sum_{a'} \sum_{b'} \sum_{b''} \langle b''|a'\rangle \langle a'|b'\rangle \langle b' | \hat{C} | b'' \rangle \\
&= \sum_{b'} \sum_{b''} \langle b''|b'\rangle \langle b' | \hat{C} | b'' \rangle \\
&= \sum_{b''} \langle b'' | \hat{\mathbf{1}}\hat{C} | b'' \rangle = \sum_{b''} \langle b'' | \hat{C} | b'' \rangle \ .
\end{aligned}$$

Puisque $\hat{C}|c\rangle = c|c\rangle$, dans la représentation propre de $\hat{C}$, nous avons

$$\begin{aligned}
\mathrm{tr}\hat{C} &= \sum_{c'} \langle c' | \hat{C} | c' \rangle \\
&= \sum_{c'} c' \langle c'|c'\rangle = \sum_{c'} c' \ .
\end{aligned}$$

EXERCICE █████████████████████████████

16.2 Une preuve

Problème. Montrez que

$$\sum_{a'}\sum_{a''}|\langle a'|\hat{C}|a''\rangle|^2 = \mathrm{tr}\hat{C}\hat{C}^+ .$$

Solution. On peut aisément constater que

$$\sum_{a'}\sum_{a''}|\langle a'|\hat{C}|a''\rangle|^2 = \sum_{a'}\sum_{a''}\langle a'|\hat{C}|a''\rangle\langle a'|\hat{C}|a''\rangle^*$$
$$= \sum_{a'}\sum_{a''}\langle a'|\hat{C}|a''\rangle\langle a''|\hat{C}^+|a'\rangle$$
$$= \sum_{a'}\langle a'|\hat{C}\hat{C}^+|a'\rangle = \mathrm{tr}\hat{C}\hat{C}^+ .$$

Nous avons ici utilisé (16.23) et (16.44).

███

16.4 Opérateurs avec des spectres continus ou discrets-continus (mixtes)

Beaucoup d'opérateurs rencontrés en mécanique quantique ne présentent pas un spectre discret, mais un spectre *continu* ou *mixte* (*discret-continu*). Le hamiltonien de l'atome d'hydrogène est un exemple bien connu d'opérateur ayant un spectre mixte. En fait, tous les hamiltoniens relatifs aux atomes et noyaux ont des domaines de spectres discret et continu ; par conséquent, ils ont des spectres mixtes. Habituellement, les valeurs propres discrètes sont reliées aux états liés et les valeurs propres continues aux états libres, non liés. Les représentations relatives à de tels opérateurs sont à l'origine de quelques difficultés, parce que pour les spectres continus, les vecteurs propres ne sont pas normalisables à l'unité (cf notre discussion à propos des différentielles propres de Weyl dans les chapitres 4 et 5).

1. Opérateurs avec un spectre continu
L'opérateur $\hat{A}$ a un *spectre continu* si la valeur propre a dans

$$\hat{A}|a\rangle = a|a\rangle \tag{16.45}$$

est continue. Les états $|a\rangle$ ne peuvent plus être normalisés à l'unité, mais doivent être normalisés à la fonction delta de Dirac :

$$\langle a'|a''\rangle = \delta(a' - a'') . \tag{16.46}$$

Ici, la fonction delta remplace, pour ainsi dire, le symbole de Kronecker δ du spectre discret [cf (16.29)]. Dans le développement d'un état $|\psi\rangle$ en termes d'un ensemble complet $|a\rangle$, les sommes [cf (16.28)] sont remplacées par des intégrales :

$$|\psi\rangle = \int |a'\rangle\langle a'|\psi\rangle \, da' . \tag{16.47}$$

$\langle a'|\psi\rangle$ représente la fonction d'onde dans la représentation A. Le produit intérieur de deux vecteurs $|\varphi\rangle$ et $|\psi\rangle$ se change, similairement à (16.30), en

$$\langle\varphi|\psi\rangle = \int \langle\varphi|a'\rangle\langle a'|\psi\rangle \, da' , \tag{16.48a}$$

parfois écrit comme

$$\langle\varphi|\psi\rangle = \int \varphi^*(a')\psi(a') \, da' . \tag{16.48b}$$

Ici, $\psi(a) = \langle a|\psi\rangle$ peut se comprendre (de façon quelque peu imprécise) comme une «fonction d'onde dans l'espace A». Évidemment, c'est juste la représentation A de $|\psi\rangle$.

2. Opérateurs avec un spectre mixte
Si l'équation

$$\hat{A} |a\rangle = a |a\rangle$$

donne des valeurs propres a aussi bien discrètes que continues, nous avons à faire à un spectre mixte (cf figure 16.1).

Dans ces cas, le développement de $|\psi\rangle$ en termes de $|a\rangle$ s'écrit

$$|\psi\rangle = \sum_{a'} |a'\rangle\langle a'|\psi\rangle + \int |a'\rangle\langle a'|\psi\rangle \, da' , \tag{16.49}$$

où la somme s'étend sur les états propres $|a\rangle$ discrets, et l'intégrale sur les états propres continus.

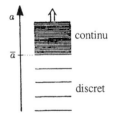

Fig. 16.1. Spectre mixte. Pour $a < \bar{a}$, le spectre est discret ; pour $a > \bar{a}$, il est continu

Pour rendre la notation plus compacte, il est entendu que $\sum_{a'}$ ou $\int \ldots da'$ est séparée en parties discrètes et continues du spectre, si elles existent, selon (16.49).

16.5 Fonctions d'opérateur

Des fonctions d'opérateur $f(\hat{A})$ peuvent être définies par une série, si la fonction $f(x)$ peut être développée en série. Ainsi, si

$$f(x) = \sum_{n=0}^{\infty} C_n x^n \ ,$$

la *fonction d'opérateur* $f(\hat{A})$ est définie par

$$f(\hat{A}) = \sum_{n=0}^{\infty} C_n \hat{A}^n \ . \tag{16.50}$$

Par exemple, $e^{\hat{A}}$, $\cos \hat{A}$ etc. peuvent se définir de cette façon. Une autre possibilité de définir des fonctions d'opérateur, est obtenue par l'intermédiaire de leurs valeurs propres : si

$$\hat{A} \left| a' \right\rangle = a' \left| a' \right\rangle \ ,$$

alors nous avons

$$f(\hat{A}) \left| a' \right\rangle = f(a') \left| a' \right\rangle \ . \tag{16.51}$$

Pour des fonctions d'opérateur de la forme (16.50, 51) découle immédiatement. Deux exercices vont illustrer ces points.

EXERCICE ▮▮▮▮▮▮▮▮▮▮▮▮▮▮▮▮▮▮▮▮▮▮

16.3 Fonction d'opérateur

Problème. Établissez la relation

$$\left\langle b' \left| f(\hat{A}) \right| b'' \right\rangle = \sum_{a'} \left\langle b' | a' \right\rangle f(a') \left\langle a' | b'' \right\rangle \ .$$

Solution. Nous calculons :

$$
\begin{aligned}
\left\langle b' \left| f(\hat{A}) \right| b'' \right\rangle &= \left\langle b' \left| \hat{\mathbf{1}} \, f(\hat{A}) \, \hat{\mathbf{1}} \right| b'' \right\rangle \\
&= \sum_{a',a''} \left\langle b' | a' \right\rangle \left\langle a' \left| f(\hat{A}) \right| a'' \right\rangle \left\langle a'' | b'' \right\rangle \\
&= \sum_{a',a''} \left\langle b' | a' \right\rangle f(a') \delta_{a',a''} \left\langle a'' | b'' \right\rangle \\
&= \sum_{a'} \left\langle b' | a' \right\rangle f(a') \left\langle a' | b'' \right\rangle \ . \tag{1}
\end{aligned}
$$

EXERCICE ▬▬▬▬▬▬▬▬▬▬▬▬▬▬▬▬▬▬▬▬▬▬▬

16.4 Méthodes de la série de puissances et de la valeur propre

Problème. Montrez, par le développement en série de puissances (16.50) et par la méthode des valeurs propres (16.51) que

$$e^{i(\beta/2)\sigma_x} = \begin{pmatrix} \cos\frac{\beta}{2} & i\sin\frac{\beta}{2} \\ i\sin\frac{\beta}{2} & \cos\frac{\beta}{2} \end{pmatrix} .$$

si

$$\sigma_x = \begin{pmatrix} 0 & 1 \\ 1 & 0 \end{pmatrix} .$$

Solution. (a) Nous utilisons la série des puissances de la fonction exponentielle et obtenons

$$e^{i(\beta/2)\sigma_x} = \sum_{n=0}^{\infty} \frac{1}{n!} \left(\frac{i\beta}{2}\right)^n \sigma_x^n . \tag{1}$$

Nous avons $\sigma_x^2 = \mathbf{1} = \begin{pmatrix} 1 & 0 \\ 0 & 1 \end{pmatrix}$ et par conséquent, $\sigma_x^3 = \sigma_x$. Pour cette raison, la série (1) se décompose en puissances paires et en puissances impaires. On a

$$e^{i(\beta/2)\sigma_x} = \mathbf{1} \sum_{n \text{ pair}}^{\infty} \frac{1}{n!} \left(\frac{i\beta}{2}\right)^n + \sigma_x \sum_{n \text{ impair}} \frac{1}{n!} \left(\frac{i\beta}{2}\right)^n$$

$$= \mathbf{1} \cos\frac{\beta}{2} + i\sigma_x \sin\frac{\beta}{2} . \tag{2}$$

(b) Nous utilisons la méthode des valeurs propres (16.51). Il convient d'introduire les vecteurs

$$|z, +1\rangle = \begin{pmatrix} 1 \\ 0 \end{pmatrix} \quad \text{et} \quad |z, -1\rangle = \begin{pmatrix} 0 \\ 1 \end{pmatrix} , \tag{3}$$

c'est-à-dire les états propres de $\sigma_z = \begin{pmatrix} 1 & 0 \\ 0 & -1 \end{pmatrix}$. Cette propriété est exprimée par la notation $|z, \lambda\rangle$. Maintenant, nous pouvons facilement vérifier que

$$\langle zi |\sigma_x| zj \rangle = \begin{pmatrix} 0 & 1 \\ 1 & 0 \end{pmatrix} . \tag{4}$$

Pour utiliser la méthode des valeurs propres, nous avons besoin des valeurs propres de σ_x. Pour ce faire, nous résolvons l'équation aux valeurs propres

$$\sigma_x |x, \lambda\rangle = \lambda |x, \lambda\rangle , \tag{5}$$

et trouvons $\lambda = \pm 1$ et les vecteurs propres normalisés,

$$|x, 1\rangle = \frac{1}{\sqrt{2}} \begin{pmatrix} 1 \\ 1 \end{pmatrix} ; \quad |x, -1\rangle = \frac{1}{\sqrt{2}} \begin{pmatrix} 1 \\ -1 \end{pmatrix} . \tag{6}$$

En utilisant (1) de l'exercice 16.3, nous obtenons

$$\left\langle z, i \left| e^{i(\beta/2)\sigma_x} \right| z, j \right\rangle = \sum_{\lambda = \pm 1} \langle z, i | x, \lambda \rangle \, e^{i(\beta/2)\lambda} \, \langle x, \lambda | z, j \rangle . \tag{7}$$

À partir de ceci, nous sommes maintenant en mesure de construire tous les éléments de matrice. Par exemple, pour $i = j = 1$, nous trouvons

$$\begin{aligned}
\left\langle z, 1 \left| e^{i(\beta/2)\sigma_x} \right| z, 1 \right\rangle &= \frac{1}{\sqrt{2}} \begin{pmatrix} 1 & 0 \end{pmatrix} \begin{pmatrix} 1 \\ 1 \end{pmatrix} e^{i(\beta/2)} \frac{1}{\sqrt{2}} \begin{pmatrix} 1 & 1 \end{pmatrix} \begin{pmatrix} 1 \\ 0 \end{pmatrix} \\
&\quad + \frac{1}{\sqrt{2}} \begin{pmatrix} 1 & 0 \end{pmatrix} \begin{pmatrix} 1 \\ -1 \end{pmatrix} e^{-i(\beta/2)} \frac{1}{\sqrt{2}} \begin{pmatrix} 1 & -1 \end{pmatrix} \begin{pmatrix} 1 \\ 0 \end{pmatrix} \\
&= \frac{1}{2} e^{i(\beta/2)} + \frac{1}{2} e^{-i(\beta/2)} = \cos \frac{\beta}{2} .
\end{aligned}$$

De manière similaire, nous établissons les autres éléments de matrice, finalement, nous arrivons à

$$\left\langle z, i \left| e^{i(\beta/2)\sigma_x} \right| z, j \right\rangle = \begin{pmatrix} \cos \frac{\beta}{2} & i \sin \frac{\beta}{2} \\ i \sin \frac{\beta}{2} & \cos \frac{\beta}{2} \end{pmatrix} . \tag{8}$$

Même l'opérateur inverse $\hat{A}^{-1}$ peut être défini par la méthode des valeurs propres (et pas seulement en inversant la matrice), à savoir :

$$\hat{A}^{-1} |a'\rangle = \frac{1}{a'} |a'\rangle . \tag{16.52}$$

Avec $\hat{A}|a'\rangle = a'|a'\rangle$, nous avons

$$\hat{A}^{-1} \hat{A} = \hat{A} \hat{A}^{-1} = \mathbf{1} .$$

Si l'une des valeurs propres de $\hat{A}$, c'est-à-dire l'une des quantités a', s'annule, l'opérateur inverse ne peut pas être défini. *Dans ce cas, $\hat{A}^{-1}$ n'existe pas.*

16.6 Transformations unitaires

Un opérateur $\hat{U}$ est unitaire, si

$$\hat{U}^{-1} = \hat{U}^{+} .\tag{16.53}$$

Une transformation unitaire est donnée par un opérateur unitaire :

$$\left| a'_{\text{nouv}} \right\rangle = \hat{U} \left| a'_{\text{anc}} \right\rangle .\tag{16.54}$$

D'où, pour un opérateur, il découle que

$$\left\langle a'_{\text{nouv}} \left| \hat{A}_{\text{nouv}} \right| a''_{\text{nouv}} \right\rangle = \left\langle \hat{U} a'_{\text{anc}} \left| \hat{A}_{\text{nouv}} \right| \hat{U} a''_{\text{anc}} \right\rangle = \left\langle a'_{\text{anc}} \left| \hat{U}^{+} \hat{A}_{\text{nouv}} \hat{U} \right| a''_{\text{anc}} \right\rangle$$
$$\overset{\text{def}}{\equiv} \left\langle a'_{\text{anc}} \left| \hat{A}_{\text{anc}} \right| a''_{\text{anc}} \right\rangle .$$

Par conséquent,

$$\hat{A}_{\text{anc}} = \hat{U}^{+} \hat{A}_{\text{nouv}} \hat{U} , \quad \text{ou}$$
$$\hat{A}_{\text{nouv}} = (\hat{U}^{+})^{-1} \hat{A}_{\text{anc}} \hat{U}^{-1} = \hat{U} \hat{A}_{\text{anc}} \hat{U}^{+} ,\tag{16.55}$$

où nous avons utilisé (16.53). On peut vérifier facilement que les produits scalaires sont invariants sous des transformations unitaires, car

$$\left\langle b'_{\text{nouv}} \middle| a'_{\text{nouv}} \right\rangle = \left\langle \hat{U} b'_{\text{anc}} \middle| \hat{U} a'_{\text{anc}} \right\rangle = \left\langle b'_{\text{anc}} \left| \hat{U}^{+} \hat{U} \right| a'_{\text{anc}} \right\rangle = \left\langle b'_{\text{anc}} \middle| a'_{\text{anc}} \right\rangle .\tag{16.56}$$

Les valeurs propres de $\hat{A}_{\text{nouv}}$ sont les mêmes que celles de $\hat{A}_{\text{anc}}$ (invariance des valeurs propres) :

$$\hat{A}_{\text{nouv}} \left| a'_{\text{nouv}} \right\rangle = \hat{U} \hat{A}_{\text{anc}} \underbrace{\hat{U}^{+} \hat{U}}_{\math{1}} \left| \hat{a}'_{\text{anc}} \right\rangle = \hat{U} \hat{A}_{\text{anc}} \left| a'_{\text{anc}} \right\rangle = \hat{U} a'_{\text{anc}} \left| a'_{\text{anc}} \right\rangle$$
$$= a'_{\text{anc}} \hat{U} \left| a'_{\text{anc}} \right\rangle = a'_{\text{anc}} \left| a'_{\text{nouv}} \right\rangle .\tag{16.57}$$

Étant donné que,

$$\hat{C}_{\text{anc}} = \hat{A}_{\text{anc}} \hat{B}_{\text{anc}} \quad \text{et}\tag{16.58}$$
$$\hat{D}_{\text{anc}} = \hat{A}_{\text{anc}} + \hat{B}_{\text{anc}} ,\tag{16.59}$$

il est aussi vrai que

$$\hat{C}_{\text{nouv}} = \hat{A}_{\text{nouv}} \hat{B}_{\text{nouv}} \quad \text{et}\tag{16.58a}$$
$$\hat{D}_{\text{nouv}} = \hat{A}_{\text{nouv}} + \hat{B}_{\text{nouv}} .\tag{16.59a}$$

La généralisation de ces relations est évidente : *toutes les opérations algébriques restent inchangées par transformations unitaires.*

16.7 L'espace de produit direct

Fréquemment l'espace de Hilbert doit être étendu, parce que de nouveaux degrés de liberté ont été découverts. Un exemple que nous avons déjà rencontré est le spin de l'électron (voir chapitre 12). La fonction d'onde totale est constituée par le produit de la fonction d'onde spatiale $\psi(x, y, z)$ et de la fonction d'onde de spin $\chi(\sigma)$:

$$\psi(x, y, z)\chi(\sigma) .$$

Nous disons que l'espace de Hilbert est étendu par *produit direct*. L'exemple suivant explique ceci plus amplement.

Un nucléon est, soit un neutron, soit un proton de masses sensiblement égales : $m_p c^2 = 938,256\,\text{MeV}$, $m_n c^2 = 939,550\,\text{MeV}$. Pour cette raison nous le considérons comme une particule avec deux états, l'état proton $|p\rangle$ et l'état neutron $|n\rangle$:

$$|p\rangle = \begin{pmatrix} 1 \\ 0 \end{pmatrix}_{\text{charge}} , \quad |n\rangle = \begin{pmatrix} 0 \\ 1 \end{pmatrix}_{\text{charge}} . \tag{16.60}$$

Les vecteurs $|p\rangle$ et $|n\rangle$ couvrent l'espace de charge à deux dimensions ou *l'espace d'isospin* (par analogie avec le spin). Puisque le nucléon peu aussi occuper deux états différents de spin

$$|\uparrow\rangle = \begin{pmatrix} 1 \\ 0 \end{pmatrix}_{\text{spin}} \quad \text{et} \quad |\downarrow\rangle = \begin{pmatrix} 0 \\ 1 \end{pmatrix}_{\text{spin}} , \tag{16.61}$$

l'espace de produit direct, constitué de l'espace de spin et de l'espace d'isospin, est donné par l'espace à quatre dimensions de vecteurs de base

$$|p\uparrow\rangle = \begin{pmatrix} 1 \\ 0 \end{pmatrix}_{\text{charge}} \times \begin{pmatrix} 1 \\ 0 \end{pmatrix}_{\text{spin}} = \begin{pmatrix} 1 \\ 0 \\ 0 \\ 0 \end{pmatrix}$$

$$|p\downarrow\rangle = \begin{pmatrix} 1 \\ 0 \end{pmatrix}_{\text{charge}} \times \begin{pmatrix} 0 \\ 1 \end{pmatrix}_{\text{spin}} = \begin{pmatrix} 0 \\ 1 \\ 0 \\ 0 \end{pmatrix}$$

$$|n\uparrow\rangle = \begin{pmatrix} 0 \\ 1 \end{pmatrix}_{\text{charge}} \times \begin{pmatrix} 1 \\ 0 \end{pmatrix}_{\text{spin}} = \begin{pmatrix} 0 \\ 0 \\ 1 \\ 0 \end{pmatrix}$$

$$|n\downarrow\rangle = \begin{pmatrix} 0 \\ 1 \end{pmatrix}_{\text{charge}} \times \begin{pmatrix} 0 \\ 1 \end{pmatrix}_{\text{spin}} = \begin{pmatrix} 0 \\ 0 \\ 0 \\ 1 \end{pmatrix} . \tag{16.62}$$

Ainsi, dans cet espace à quatre dimensions, on peut décrire les propriétés de charge et les propriétés de spin du nucléon. Si des propriétés «intrinsèques» supplémentaires du nucléon devaient être découvertes (c'est-à-dire d'autres degrés de liberté internes), l'espace devrait être encore agrandi. En fait, une situation similaire à celle juste discutée se présente si nous considérons des particules et leurs antiparticules.[1]

16.8 Les axiomes de la mécanique quantique

Il n'est pas facile de résumer les axiomes ou règles de la mécanique quantique. Ici nous allons suivre E.G. Harris[2] et faire référence aux discussions approfondies de von Neumann[3] et Jauch.[4]

La mécanique quantique est fondée sur la correspondance entre quantités physiques et mathématiques :

1. L'état d'un système physique est caractérisé par un vecteur (plus précisément : un faisceau de vecteurs) dans l'espace de Hilbert. D'où, $|\psi\rangle$ et $\lambda|\psi\rangle$ décrivent le même état. En général, les vecteurs d'états sont normalisés à l'unité, pour permettre l'interprétation de la probabilité.

2. Les quantités physiques dynamiques observables (*observables*) sont décrites par des opérateurs de l'espace de Hilbert H. *Ces opérateurs d'observables* sont des opérateurs hermitiques. Leurs vecteurs propres forment une base de H ; tout vecteur de H peut être développé en termes de cette base.

Ces principes généraux sont complétés par les axiomes physiques fondamentaux suivant :

Axiome 1 : Le résultat de la mesure d'une observable ne donne qu'une seule des valeurs propres de l'opérateur correspondant. Après la mesure, le système occupe l'état qui correspond à la valeur propre mesurée.

Axiome 2 : Si le système occupe l'état $|a'\rangle$, la probabilité de trouver la valeur b' lors de la mesure de B s'écrit

$$W(A', B') = \left| \langle a'|b' \rangle \right|^2 . \tag{16.63}$$

---

[1] Nous rencontrerons cette situation dans W. Greiner : *Relativistic Quantum Mechanics* (Springer, Heidelberg 1997), où le spineur de Dirac possède aussi quatre composantes : deux pour le spin et deux pour le degré de liberté particule–antiparticule.

[2] E.G. Harris : *A Pedestrian Approach to Quantum Field Theory* (Wiley, New York 1972).

[3] J. von Neumann : *The Mathematical Foundations of Quantum Mechanics* (Princeton, NJ 1955).

[4] J.M. Jauch : *Foundations of Quantum Mechanics* (Addison-Wesley, Reading, MA 1968).

Si B a un spectre continu,

$$dW(A', B') = |\langle a'|b\rangle'|^2 \, db' \tag{16.63a}$$

est la probabilité que B prenne une valeur comprise dans l'intervalle b' et $b' + db'$.

Axiome 3 : Les opérateurs $\hat{A}$ et $\hat{B}$, qui correspondent aux quantités classiques A et B, obéissent à la relation de commutation

$$[\hat{A}, \hat{B}]_- = \hat{A}\hat{B} - \hat{B}\hat{A} = i\hbar \{A, B\}_{op} \,, \tag{16.64}$$

où $\{A, B\}_{op}$ est l'opérateur qui correspond au crochet de Poisson classique,

$$\{A, B\} = \sum_i \left(\frac{\partial A}{\partial q_i} \frac{\partial B}{\partial p_i} - \frac{\partial A}{\partial p_i} \frac{\partial B}{\partial q_i} \right) \,; \tag{16.65}$$

q_i et p_i sont les coordonnées et quantités de mouvement classiques du système. Il en découle que

$$[\hat{q}_i, \hat{q}_j]_- = [\hat{p}_i, \hat{p}_j]_- = 0 \,, \quad [\hat{q}_i, \hat{p}_j]_- = i\hbar \delta_{ij} \mathbf{1} \,, \tag{16.66}$$

et, similairement, pour le moment cinétique orbital ;

$$\hat{L} = r \times \hat{p} = (y\hat{p}_z - z\hat{p}_y, z\hat{p}_x - x\hat{p}_z, x\hat{p}_y - y\hat{p}_x) \,,$$

$$[\hat{L}_x, \hat{L}_y]_- = i\hbar \sum_i \left(\frac{\partial L_x}{\partial q_i} \frac{\partial L_y}{\partial p_i} - \frac{\partial L_x}{\partial p_i} \frac{\partial L_y}{\partial q_i} \right)_{op}$$

$$= i\hbar \left[(-\hat{p}_y)(-x) - (y)(\hat{p}_x) \right]_{op}$$

$$= i\hbar (x\hat{p}_y - y\hat{p}_x) = i\hbar \hat{L}_z \,. \tag{16.67}$$

Pour les autres relations de commutation de moment cinétique, nous obtenons un résultat similaire et pouvons écrire

$$\hat{L} \times \hat{L} = i\hbar \hat{L} \,. \tag{16.68}$$

Nous devrions faire attention à la conséquence suivante de cet axiome. Si nous définissons la *valeur moyenne d'une observable* A par

$$\langle \hat{A} \rangle = \langle \psi | \hat{A} | \psi \rangle \tag{16.69}$$

et l'incertitude (la variation moyenne) par

$$\Delta A = \sqrt{\left\langle \left(\hat{A} - \langle \hat{A} \rangle \right)^2 \right\rangle} = \sqrt{\left\langle \psi \left| \left(\hat{A} - \langle \psi | \hat{A} | \psi \rangle \right)^2 \right| \psi \right\rangle} \,, \tag{16.70}$$

il s'ensuit que (voir au chapitre 4, relation d'incertitude de Heisenberg et observables quelconques)

$$(\Delta A)^2 (\Delta B)^2 \geq \tfrac{1}{4} |\langle |[\hat{A}, \hat{B}]_-|\rangle|^2 \,. \tag{16.71}$$

Ceci est la formulation générale de la *relation d'incertitude de Heisenberg*. En particulier, pour les variables p_i et q_i, en utilisant (16.66), nous avons

$$\Delta p_i \Delta q_j \geq \frac{\hbar}{2} \delta_{ij} . \tag{16.72}$$

Jusqu'ici, nous nous sommes occupés d'états (vecteurs) et d'observables à un instant donné. La dynamique d'un système doit être décrite de manière différente, mais équivalente. La manière la plus usuelle est *l'image de Schrödinger*, dans laquelle le vecteur d'état est dépendant du temps, mais les opérateurs des observables sont indépendants du temps.

Axiome 4 : Si, à un instant t_0, un système est décrit par l'état $|\psi_{t_0}\rangle$ et, à l'instant t, par $|\psi_t\rangle$, les deux états sont liés par la transformation unitaire

$$|\psi_t\rangle = \hat{U}(t - t_0) |\psi_{t_0}\rangle , \tag{16.73}$$

où

$$\hat{U}(t - t_0) = \exp\left[-\frac{i}{\hbar} \hat{H}(t - t_0) \right] , \tag{16.74}$$

et $\hat{H}$ est le hamiltonien du système.

L'équation de Schrödinger se déduit de (16.73) et (16.74). Soit

$$dt = t - t_0 , \quad d|\psi\rangle = |\psi_{t_0 + dt}\rangle - |\psi_{t_0}\rangle \quad \text{et} \quad \hat{U}(dt) = 1 - \frac{i}{\hbar} \hat{H} \, dt ;$$

alors

$$-\frac{\hbar}{i} \frac{\partial}{\partial t} |\psi\rangle = \hat{H} |\psi\rangle . \tag{16.75}$$

Remarquez que *l'équation de Schrödinger est généralement valable*. En particulier, elle est valable pour des hamiltoniens $\hat{H}$ aussi bien indépendants que dépendants du temps. Seul dans le premier cas ($\hat{H}$ indépendant du temps) pouvons-nous conclure (16.73) de (16.75) (cf chapitre 11). Par conséquent, la forme particulière du développement par rapport au temps (16.73) n'est valable que pour des hamiltoniens indépendants du temps.[5]

L'image de Heisenberg est une autre représentation de la dynamique d'un système physique, qui est équivalente à l'image de Schrödinger, mentionnée ci-dessus. Nous l'obtenons à partir de (16.73), en appliquant la transformation unitaire

$$|\psi_t\rangle_H = \hat{U}^{-1} |\psi_t\rangle_S = \hat{U}^{-1} \hat{U} |\psi_{t_0}\rangle_S = |\psi_{t_0}\rangle_S \tag{16.76}$$

---

[5] Voir W. Greiner, B. Müller : *Mécanique Quantique – Symétries* (Springer, Berlin, Heidelberg 1999), en particulier la section sur l'isotropie du temps.

aux vecteurs d'états. Les opérateurs se transforment alors selon (16.55), et nous obtenons

$$\hat{A}_H(t) = \hat{U}_t^{-1} \hat{A}_S \hat{U}_t \; . \tag{16.77}$$

Les indices H et S signifient respectivement «Heisenberg» et «Schrödinger». Dans l'image de Heisenberg, l'état $|\psi_t\rangle_H = |\psi_{t_0}\rangle_S$ est apparemment un état indépendant du temps donné. En comparaison, les opérateurs

$$\hat{A}_H(t) = \exp\left[+\frac{i}{\hbar}\hat{H}(t - t_0)\right] \hat{A}_S \exp\left[-\frac{i}{\hbar}\hat{H}(t - t_0)\right] \tag{16.78}$$

sont dépendants du temps à cause de (16.77) et (16.74). En différentiant (16.78), nous trouvons que $\hat{A}_H(t)$ satisfait à l'équation

$$-\frac{\hbar}{i}\frac{\partial}{\partial t}\hat{A}_H = \hat{A}_H\hat{H} - \hat{H}\hat{A}_H = [\hat{A}_H, \hat{H}]_- \; . \tag{16.79}$$

Elle est appelée l'*équation du mouvement de Heisenberg* pour l'opérateur $\hat{A}_H$ dans l'image de Heisenberg et doit être considérée comme l'analogue de l'équation du mouvement classique d'une variable dynamique A sous la forme de crochets de Poisson,

$$\frac{dA}{dt} = \{A, H\} \; . \tag{16.80}$$

L'équation de Heisenberg conduit immédiatement au résultat important qu'un opérateur qui commute avec le hamiltonien est une constante du mouvement .

16.9 Particules libres

Il est utile d'étudier plus soigneusement le mouvement d'une particule libre et de résumer les différentes opérations mathématiques et astuces. Nous considérons d'abord le mouvement à une dimension d'une particule libre, puis nous nous consacrerons à l'étude du problème à trois dimensions. Les variables dynamiques sont la coordonnées x, la quantité de mouvement p et le hamiltonien est $\hat{H} = \hat{p}^2/2m$. Les équations aux valeurs propres pour x et p s'écrivent

$$\hat{x}\,|x'\rangle = x'\,|x'\rangle \tag{16.81a}$$
$$\hat{p}\,|p'\rangle = p'\,|p'\rangle \; . \tag{16.81b}$$

Par définition, une particule libre peut occuper n'importe quelle position x' et aussi avoir n'importe quelle quantité de mouvement p'. C'est pourquoi dans (16.81) nous avons affaire à des spectres continus, de sorte que les états propres $|x'\rangle$ et $|p'\rangle$ doivent être normalisés à des fonctions δ

$$\langle x'|x''\rangle = \delta(x' - x'') \tag{16.82a}$$
$$\langle p'|p''\rangle = \delta(p' - p'') \; . \tag{16.82b}$$

En utilisant les relations de commutation

$$[\hat{x}, \hat{p}]_- = \hat{x}\hat{p} - \hat{p}\hat{x} = i\hbar \mathbb{1} , \tag{16.83}$$

nous pouvons calculer les éléments de matrice de $\hat{p}$ dans la représentation x :

$$\begin{aligned}
\langle x' |\hat{x}\hat{p} - \hat{p}\hat{x}| x'' \rangle &= \langle x' |\hat{x}\mathbb{1}\hat{p} - \hat{p}\mathbb{1}\hat{x}| x'' \rangle \\
&= \int dx''' [\langle x' |\hat{x}| x''' \rangle\langle x''' |\hat{p}| x'' \rangle - \langle x' |\hat{p}| x''' \rangle\langle x''' |\hat{x}| x'' \rangle] \\
&= \int dx''' [x'''\delta(x' - x''')\langle x''' |\hat{p}| x'' \rangle \\
&\qquad - \langle x' |\hat{p}| x''' \rangle x''\delta(x'' - x''')] \\
&= x'\langle x' |\hat{p}| x'' \rangle - x''\langle x' |\hat{p}| x'' \rangle \\
&= (x' - x'')\langle x' |\hat{p}| x'' \rangle , \tag{16.84}
\end{aligned}$$

et, d'autre part, à cause de (16.83),

$$\langle x' |\hat{x}\hat{p} - \hat{p}\hat{x}| x'' \rangle = i\hbar\delta(x' - x'') . \tag{16.85}$$

de sorte que

$$(x' - x'')\langle x' |\hat{p}| x'' \rangle = i\hbar\delta(x' - x'') . \tag{16.86}$$

Avec l'identité

$$x\frac{d}{dx}\delta(x) = -\delta(x) , \tag{16.87}$$

nous obtenons

$$\begin{aligned}
i\hbar\delta(x' - x'') &= -i\hbar(x' - x'')\frac{\partial}{\partial(x' - x'')}\delta(x' - x'') \\
&= -i\hbar(x' - x'')\frac{\partial\delta(x' - x'')}{\partial x'} . \tag{16.88}
\end{aligned}$$

Finalement, en utilisant (16.86), on a

$$\langle x' |\hat{p}| x'' \rangle = -i\hbar\frac{\partial}{\partial x'}\delta(x' - x'') . \tag{16.89}$$

Dans l'exercice suivant, nous allons recalculer la relation analogue

$$\langle p' |\hat{x}| p'' \rangle = i\hbar\frac{\partial}{\partial p'}\delta(p' - p'') , \tag{16.90}$$

qui est ce que l'on attend, à cause de la position antisymétrique de $\hat{x}$ et $\hat{p}$ dans (16.84).

EXERCICE

16.5 Opérateur position dans l'espace des moments

Problème. Démontrez la relation

$$\langle p' | \hat{x} | p'' \rangle = i\hbar \frac{\partial}{\partial p'} \delta(p' - p'') \tag{1}$$

d'une manière similaire à celle de la relation (16.89).

Solution.

$$\langle p' | \hat{x}\hat{p} - \hat{p}\hat{x} | p'' \rangle = \langle p' | \hat{x}\mathbf{1}\hat{p} - \hat{p}\mathbf{1}\hat{x} | p'' \rangle$$

$$= \int dp''' \big[\langle p' | \hat{x} | p''' \rangle \langle p''' | \hat{p} | p'' \rangle - \langle p' | \hat{p} | p''' \rangle \langle p''' | \hat{x} | p \rangle \big]$$

$$= \int dp''' \big[p'' \delta(p'' - p''') \langle p' | \hat{x} | p''' \rangle$$
$$- p' \delta(p''' - p') \langle p''' | \hat{x} | p'' \rangle \big] = (p'' - p') \langle p' | \hat{x} | p'' \rangle \tag{2}$$

et, d'autre part, à cause de (16.83), ceci est égal à

$$i\hbar \delta(p' - p''). \tag{3}$$

Soit

$$-(p' - p'') \langle p' | \hat{x} | p'' \rangle = i\hbar \delta(p' - p'')$$

[selon (16.87)]

$$= -i\hbar(p' - p'') \frac{\partial}{\partial(p' - p'')} \delta(p' - p'')$$
$$= i\hbar(p' - p'') \frac{\partial}{\partial_l} \delta(p' - p''). \tag{4}$$

Il s'ensuit que

$$\langle p' | \hat{x} | p'' \rangle = i\hbar \frac{\partial}{\partial p'} \delta(p' - p''). \tag{5}$$

Les éléments de matrice $\langle x'|\hat{p}^2|x''\rangle$ peuvent aussi être calculés directement en effectuant le produit de matrices :

$$
\begin{aligned}
\langle x'|\hat{p}^2|x''\rangle = \langle x'|\hat{p}\,\mathbf{1}\,\hat{p}|x''\rangle &= \int dx''' \langle x'|\hat{p}|x'''\rangle \langle x'''|\hat{p}|x''\rangle \\
&= \int dx''' \left[-i\hbar\frac{\partial}{\partial x'}\delta(x'-x''') \left(-i\hbar\frac{\partial}{\partial x'''}\delta(x'''-x'') \right) \right] \\
&= -i\hbar\frac{\partial}{\partial x'}\int dx'''\delta(x'-x''') \left(-i\hbar\frac{\partial}{\partial x'''}\delta(x'''-x'') \right) \\
&= \left(-i\hbar\frac{\partial}{\partial x'} \right)^2 \delta(x'-x'') .
\end{aligned}
\tag{16.91}
$$

De manière similaire, nous obtenons les relations plus générales,

$$
\langle x'|\hat{p}^n|x''\rangle = \left(-i\hbar\frac{\partial}{\partial x'} \right)^n \delta(x'-x'') \quad \text{et}
\tag{16.92}
$$

$$
\langle p'|\hat{x}^n|p''\rangle = \left(i\hbar\frac{\partial}{\partial p'} \right)^n \delta(p'-p'') .
\tag{16.93}
$$

Considérons maintenant le problème de la valeur propre de la quantité de mouvement dans la représentation en coordonnée :

$$
\hat{p}|p'\rangle = p'|p'\rangle .
\tag{16.94}
$$

Nous avons

$$
\begin{aligned}
\langle x'|\hat{p}|p'\rangle = \int dx'' \langle x'|\hat{p}|x''\rangle \langle x''|p'\rangle &= \int dx'' \left(-i\hbar\frac{\partial}{\partial x'}\delta(x'-x'') \right) \langle x''|p'\rangle \\
&= -i\hbar\frac{\partial}{\partial x'}\int dx''\delta(x'-x'') \langle x''|p'\rangle \\
&= -i\hbar\frac{\partial}{\partial x'}\langle x'|p'\rangle .
\end{aligned}
\tag{16.95}
$$

Par ailleurs, il découle de (16.94) que

$$
\langle x'|\hat{p}|p'\rangle = p'\langle x'|p'\rangle ,
$$

d'où l'équation différentielle pour $\langle x'|p'\rangle$,

$$
-i\hbar\frac{\partial}{\partial x'}\langle x'|p'\rangle = p'\langle x'|p'\rangle .
\tag{16.96}
$$

Sa solution est

$$
\langle x'|p'\rangle \equiv \psi_{p'}(x') = \frac{1}{\sqrt{2\pi\hbar}}\exp\left(\frac{i}{\hbar}p'x' \right) .
\tag{16.97}
$$

Ici, nous avons choisi la normalisation de manière à ce que

$$
\begin{aligned}
\langle p''|p'\rangle &= \int dx' \langle p''|x'\rangle\langle x'|p'\rangle \\
&= \int dx' \psi_{p''}^*(x')\psi_{p'}(x') = \delta(p'' - p') .
\end{aligned}
\tag{16.98}
$$

Nous généralisons maintenant le résultat ci-dessus à l'espace à trois dimensions. Selon (16.66), les trois coordonnées d'espace commutent entre elles. Par conséquent, elle peuvent être combinées en un seul état

$$
|\boldsymbol{x}\rangle = |x, y, z\rangle .
\tag{16.99}
$$

Par définition $|\boldsymbol{x}\rangle$ est aussi un état propre des opérateurs $\hat{x}$, $\hat{y}$ et $\hat{z}$:

$$
\hat{x}|\boldsymbol{x}'\rangle = x'|\boldsymbol{x}'\rangle , \quad \hat{y}|\boldsymbol{x}'\rangle = y'|\boldsymbol{x}'\rangle , \quad \hat{z}|\boldsymbol{x}'\rangle = z'|\boldsymbol{x}'\rangle ,
$$

ou, en abrégé

$$
\hat{\boldsymbol{x}}|\boldsymbol{x}'\rangle = \boldsymbol{x}'|\boldsymbol{x}'\rangle .
\tag{16.100}
$$

Puisque le spectre est continu, nous pouvons (devons) normaliser à des fonctions δ :

$$
\langle \boldsymbol{x}''|\boldsymbol{x}'\rangle = \delta(\boldsymbol{x}' - \boldsymbol{x}'') = \delta(x' - x'')\delta(y' - y'')\delta(z' - z'') .
\tag{16.101}
$$

Les opérateurs $\hat{p}_x$, $\hat{p}_y$, $\hat{p}_z$ commutent aussi entre eux, de sorte que nous pouvons former le vecteur propre commun $|\boldsymbol{p}\rangle$ avec

$$
\hat{\boldsymbol{p}}|\boldsymbol{p}'\rangle = \boldsymbol{p}'|\boldsymbol{p}'\rangle .
\tag{16.102}
$$

Là encore, nous avons une normalisation à des fonctions δ :

$$
\langle \boldsymbol{p}''|\boldsymbol{p}'\rangle = \delta(\boldsymbol{p}' - \boldsymbol{p}'') = \delta(p_x' - p_x'')\delta(p_y' - p_y'')\delta(p_z' - p_z'') .
\tag{16.103}
$$

Revenons maintenant à (16.89). Chaque étape qui a mené à cette solution peut être répétée pour chaque composante $\hat{p}_x$, $\hat{p}_y$, $\hat{p}_z$ avec le vecteur d'état $|\boldsymbol{x}\rangle$. Ainsi nous obtenons

$$
\langle \boldsymbol{x}'|\hat{p}_x|\boldsymbol{x}''\rangle = -\mathrm{i}\hbar\frac{\partial}{\partial x'}\delta(\boldsymbol{x}' - \boldsymbol{x}'')
$$

$$
\vdots \quad \text{etc.}
\tag{16.104}
$$

Nous pouvons combiner ceci sous la forme

$$
\begin{aligned}
\langle \boldsymbol{x}'|\hat{\boldsymbol{p}}|\boldsymbol{x}''\rangle &= -\mathrm{i}\hbar\frac{\partial}{\partial \boldsymbol{x}'}\delta(\boldsymbol{x}' - \boldsymbol{x}'') \\
&\equiv -\mathrm{i}\hbar\left(\frac{\partial}{\partial x'}\delta(\boldsymbol{x}' - \boldsymbol{x}''), \ \frac{\partial}{\partial y'}\delta(\boldsymbol{x}' - \boldsymbol{x}''), \ \frac{\partial}{\partial z'}\delta(\boldsymbol{x}' - \boldsymbol{x}'')\right) .
\end{aligned}
\tag{16.105}
$$

De même, nous concluons immédiatement que

$$\langle p' | \hat{x} | p'' \rangle = i\hbar \frac{\partial}{\partial p'} \delta(p' - p'') \tag{16.106}$$

$$\equiv i\hbar \left(\frac{\partial}{\partial p'_x} \delta(p' - p''), \frac{\partial}{\partial p'_y} \delta(p' - p''), \frac{\partial}{\partial p'_z} \delta(p' - p'') \right) ,$$

qui est analogue à (16.90). L'équation différentielle (16.96) peut aussi être généralisée à trois dimensions sans difficultés :

$$-i\hbar \frac{\partial}{\partial x'} \langle x' | p' \rangle = p' \langle x' | p' \rangle , \tag{16.107}$$

avec la solution

$$\langle x' | p' \rangle \equiv \psi_{p'}(x') = \frac{1}{(2\pi\hbar)^{3/2}} \exp\left(\frac{i}{\hbar} p' \cdot x' \right) , \tag{16.108}$$

normalisée aux fonctions δ. En utilisant respectivement les résultats (16.91) et (16.92), nous obtenons le hamiltonien d'une particule libre $\hat{H} = \hat{p}^2/2m$ dans la représentation x :

$$\langle x' | \hat{H} | x'' \rangle = \left\langle x' \left| \frac{\hat{p}^2}{2m} \right| x'' \right\rangle = -\frac{\hbar^2}{2m} \nabla^2 \delta(x' - x'') . \tag{16.109}$$

Dans la représentation p, ceci s'écrit

$$\langle p' | \hat{H} | p'' \rangle = \left\langle p' \left| \frac{\hat{p}^2}{2m} \right| p'' \right\rangle = \frac{(p')^2}{2m} \delta(p' - p'') . \tag{16.110}$$

Nous retournons maintenant à la description dépendante du temps. En particulier, nous nous intéressons à la propagation de l'onde qui décrit une particule libre ; ceci est appelé la *propagation libre*. Pour ceci, nous utilisons (16.73) et (16.74), et exprimons $\psi(x', t) = \langle x' | \psi_t \rangle$ par $\psi(x', t_0) = \langle x' | \psi_{t_0} \rangle$ comme

$$|\psi_t\rangle = \exp[-i\hat{H}(t - t_0)/\hbar] |\psi_{t_0}\rangle ,$$

$$\psi(x', t) \equiv \langle x' | \psi_t \rangle = \langle x' | \exp[-i\hat{H}(t - t_0)/\hbar] |\psi_{t_0}\rangle$$

$$= \int d^3 x'' \langle x' | \exp[-i\hat{H}(t - t_0)/\hbar] | x'' \rangle \langle x'' | \psi_{t_0} \rangle$$

$$= \int d^3 x'' G(x', t | x'', t_0) \psi(x'', t_0) . \tag{16.111}$$

Ici,

$$G(x', t | x'', t_0) = \langle x' | \exp[-i\hat{H}(t - t_0)/\hbar] | x'' \rangle \tag{16.112}$$

est appelée la *fonction de Green* ou le *propagateur*. Il décrit l'évolution temporelle de l'onde $\psi(x', t)$, en partant de l'onde à l'origine $\psi(x, t_0)$. Il peut être calculé explicitement dans le cas de particules libres avec $\hat{H} = \hat{p}^2/2m$:

$$
\begin{aligned}
G(\boldsymbol{x}', t | \boldsymbol{x}'', t_0) &= \iint \mathrm{d}^3 p' \, \mathrm{d}^3 p'' \, \langle \boldsymbol{x}' | \hat{p}' \rangle \\
&\quad \times \left\langle \boldsymbol{p}' \left| \exp\left[-\frac{\mathrm{i}}{\hbar} \frac{\hat{p}^2}{2m} (t - t_0) \right] \right| \boldsymbol{p}'' \right\rangle \langle \boldsymbol{p}'' | \boldsymbol{x}'' \rangle \\
&= \iint \mathrm{d}^3 p' \, \mathrm{d}^3 p'' \, \langle \boldsymbol{x}' | \boldsymbol{p}' \rangle \exp\left[-\frac{\mathrm{i}}{\hbar} \frac{\boldsymbol{p}''^2}{2m} (t - t_0) \right] \\
&\quad \times \delta(\boldsymbol{p}' - \boldsymbol{p}'') \langle \boldsymbol{p}'' | \boldsymbol{x}'' \rangle \\
&= \int \mathrm{d}^3 p' \, \langle \boldsymbol{x}' | \boldsymbol{p}' \rangle \langle \boldsymbol{p}' | \boldsymbol{x}'' \rangle \exp\left[-\frac{\mathrm{i}}{\hbar} \frac{\boldsymbol{p}'^2}{2m} (t - t_0) \right] \quad (16.113) \\
&= \int \frac{\mathrm{d}^3 p'}{(2\pi\hbar)^3} \exp\left\{ \frac{\mathrm{i}}{\hbar} \left[\boldsymbol{p}' \cdot (\boldsymbol{x}'' - \boldsymbol{x}') - \frac{\boldsymbol{p}'^2}{2m} (t - t_0) \right] \right\} .
\end{aligned}
$$

L'intégrale se calcule analytiquement (cf exercice 16.6), et donne

$$
G(\boldsymbol{x}' t | \boldsymbol{x}'' t_0) = \left[\frac{m}{2\pi \mathrm{i} \hbar (t - t_0)} \right]^{3/2} \exp\left[\frac{\mathrm{i}m}{2\hbar} \frac{(\boldsymbol{x}'' - \boldsymbol{x}')^2}{t - t_0} \right] . \quad (16.114)
$$

Finalement, nous voulons faire quelques commentaires au sujet de la description de particules libres avec spin. Ceci est simplement fait en construisant le produit direct d'un vecteur $|\boldsymbol{x}'\rangle$, $|\boldsymbol{p}\rangle$ ou $|\psi\rangle$ et d'un vecteur de spin $|\sigma\rangle$. Pour des particules de spin $1/2$, le vecteur $|\sigma\rangle$ est, par exemple, donné par :

$$
|z, \uparrow\rangle = \begin{pmatrix} 1 \\ 0 \end{pmatrix}, \quad |z, \downarrow\rangle = \begin{pmatrix} 0 \\ 1 \end{pmatrix} . \quad (16.115)
$$

L'argument z de ces vecteurs de spin indique que nous avons choisi la représentation où $\sigma_z = \begin{pmatrix} 1 & 0 \\ 0 & -1 \end{pmatrix}$ est diagonal. D'où, nous avons

$$
|\psi, \sigma\rangle = |\psi\rangle \, |\sigma\rangle \quad \text{et} \quad (16.116)
$$

$$
\langle \boldsymbol{x} | \psi, \sigma\rangle = \psi(\boldsymbol{x}) |\sigma\rangle = \begin{pmatrix} \psi_1(\boldsymbol{x}) \\ \psi_2(\boldsymbol{x}) \end{pmatrix} . \quad (16.117)
$$

Ainsi, une particule de spin $1/2$ est représentée par une fonction d'onde à deux composantes (un spineur).

EXERCICE ▰▰▰▰▰▰▰

16.6 Calcul de l'intégrale du propagateur

Problème. Calculez l'intégrale du propagateur (16.113)

$$G(x't|x''t_0) = \int\limits_{-\infty}^{\infty} \frac{d^3 p'}{(2\pi\hbar)^3} \exp\left\{\frac{i}{\hbar}\left[p'\cdot(x''-x') - \frac{p'^2}{2m}(t-t_0)\right]\right\} .$$

Solution. En réarrangeant les termes de l'exponentielle, nous convertissons l'intégrale en

$$G(x't|x''t_0)$$
$$= \frac{1}{(2\pi\hbar)^3} \int\limits_{-\infty}^{\infty} d^3 p' \exp\left\{-\frac{i}{\hbar}\frac{(t-t_0)}{2m}\left[p'^2 - \frac{2mp'\cdot(x''-x')}{(t-t_0)}\right]\right\} . \tag{1}$$

En ajoutant et en retranchant le complément du carré parfait dans l'exponentielle, nous trouvons

$$G(x't|x''t_0) = \frac{1}{(2\pi\hbar)^3} \int\limits_{-\infty}^{\infty} d^3 p' \exp\left(\left[-\frac{i}{\hbar}\frac{(t-t_0)}{2m}\right]\right. \tag{2}$$
$$\left.\times\left\{\left[p' - \frac{m(x''-x')}{(t-t_0)}\right]^2 - \frac{m^2(x''-x')^2}{(t-t_0)^2}\right\}\right) .$$

En factorisant,

$$G(x't|x''t_0) = \frac{1}{(2\pi\hbar)^3} \exp\left[\frac{im}{2\hbar}\frac{(x''-x')^2}{(t-t_0)}\right]$$
$$\times \int\limits_{-\infty}^{\infty} d^3 p' \exp\left\{-\frac{i}{\hbar}\frac{(t-t_0)}{2m}\left[p' - \frac{m(x''-x')}{(t-t_0)}\right]^2\right\} \tag{3}$$

et avec le changement de variables

$$P' = p' - \frac{m(x''-x')}{(t-t_0)} \text{ et } \lambda^2 = \frac{i}{\hbar}\frac{(t-t_0)}{2m} . \tag{4}$$

L'intégration sur $d^3 p'$ est ramenée à une intégration sur $d^3 p' = 4\pi P'^2 dP'$. Nous devons ici faire attention au fait que la borne inférieure de l'intégrale devient zéro :

$$G(x't|x''t_0) = \frac{4\pi}{(2\pi\hbar)^3} \exp\left[i\frac{m}{2\hbar}\frac{(x''-x')^2}{(t-t_0)}\right]$$
$$\times \int\limits_{0}^{\infty} dP' P'^2 \exp(-\lambda^2 P'^2) . \tag{5}$$

Parce que

$$\int\limits_0^\infty dx\, x^2 e^{-a^2 x^2} = \frac{\sqrt{\pi}}{4a^3}\,,\tag{6}$$

nous obtenons

$$G(x't|x''t_0) = \left(\frac{m}{2\pi i\hbar(t-t_0)}\right)^{3/2} \exp\left(\frac{im}{2\hbar}\frac{(x''-x')^2}{t-t_0}\right)\,.\tag{7}$$

EXEMPLE ▮▮▮▮▮▮▮▮▮▮▮▮▮▮▮▮▮▮▮▮▮▮▮▮▮▮▮▮▮▮

16.7 L'oscillateur à une dimension dans différentes représentations

L'oscillateur harmonique joue un rôle important dans de nombreux domaines de la physique ; plus particulièrement en théorie des champs (par ex. quantification du champ électromagnétique). C'est pourquoi il est utile de résumer ses propriétés. Le hamiltonien de l'oscillateur linéaire est :

$$\hat{H}(\hat{x},\hat{p}) = \frac{1}{2m}\hat{p}^2 + \frac{m\omega^2}{2}\hat{x}^2\,,\tag{1}$$

et la valeur propre correspondante de l'énergie se déduit de

$$\hat{H}\,|E\rangle = E\,|E\rangle\,.\tag{2}$$

Nous résolvons (2) pour différentes représentations.

(a) Représentation x (représentation position)
Ici, $\hat{H}$ peut s'écrire [cf (16.91) et (16.92)]

$$\langle x'|\hat{H}|x''\rangle = \hat{H}(x',\hat{p}')\delta(x'-x'')$$
$$= \hat{H}\left(x',\frac{\hbar}{i}\frac{\partial}{\partial x'}\right)\delta(x'-x'')\,,\tag{3}$$

où

$$\hat{H}\left(x',\frac{\hbar}{i}\frac{\partial}{\partial x'}\right) = -\frac{\hbar^2}{2m}\frac{\partial^2}{\partial x'^2} + \frac{m\omega^2}{2}x'^2\,.\tag{4}$$

Maintenant (2) devient

$$\langle x'|\hat{H}|E\rangle = \int dx''\,\langle x'|\hat{H}|x''\rangle\langle x''|E\rangle$$
$$= \int dx''\,\hat{H}\left(x',\frac{\hbar}{i}\frac{\partial}{\partial x'}\right)\delta(x'-x'')\langle x''|E\rangle$$
$$= \hat{H}\left(x',\frac{\hbar}{i}\frac{\partial}{\partial x'}\right)\langle x'|E\rangle = E\langle x'|E\rangle\,.\tag{5}$$

Exemple 16.7

Dans la dernière étape, nous avons écrit le membre de droite de (2). En utilisant $\psi_E(x') = \langle x'|E\rangle$, nous pouvons écrire

$$\hat{H}\left(x', \frac{\hbar}{i}\frac{\partial}{\partial x'}\right)\psi_E(x') = E\psi_E(x') . \tag{6}$$

Cette équation différentielle, qui nous est familière du chapitre 7, n'admet des solutions utilisables que si E adopte les valeurs propres

$$E_n = \hbar\omega(n + \tfrac{1}{2}) , \quad n = 0, 1, 2, \ldots, \infty . \tag{7}$$

Les solutions appartenant à ces valeurs propres sont

$$\psi_{E_n}(x') = \left(\frac{m\omega}{\pi\hbar}\right)^{1/4}\frac{1}{\sqrt{2^n n!}}H_n(\xi)\,e^{-(\xi^2/2)} , \tag{8}$$

avec $\xi = \sqrt{m\omega/\hbar}\,x'$. Les $H_n(\xi)$ sont les polynômes d'Hermite.

(b) Représentation p (représentation impulsion)
À cause de (16.81b) et (16.93), le hamiltonien (1) dans la représentation p est donné par

$$\begin{aligned}
\langle p'|\hat{H}|p''\rangle &= \hat{H}(x, p')\delta(p' - p'') \\
&= \hat{H}\left(-\frac{\hbar}{i}\frac{\partial}{\partial p'}, p'\right)\delta(p' - p'') ,
\end{aligned} \tag{9}$$

où

$$\hat{H}\left(-\frac{\hbar}{i}\frac{\partial}{\partial p'}, p'\right) = \frac{1}{2m}p'^2 - \frac{m\omega^2}{2}\hbar^2\frac{\partial^2}{\partial p'^2} . \tag{10}$$

Alors, avec $\langle p'|E\rangle = \psi_E(p')$, (2) s'écrit

$$\begin{aligned}
\langle p'|\hat{H}|E\rangle &= \int dp''\langle p'|\hat{H}|p''\rangle\langle p''|E\rangle \\
&= \int dp''\hat{H}\left(-\frac{\hbar}{i}\frac{\partial}{\partial p'}, p'\right)\delta(p' - p'')\langle p''|E\rangle \\
&= \hat{H}\left(-\frac{\hbar}{i}\frac{\partial}{\partial p'}, p'\right)\psi_E(p') \\
&= E\psi_E(p') .
\end{aligned} \tag{11}$$

Dans la dernière étape, nous avons ajouté le membre de droite de (2). L'équation aux valeurs propres dans l'espace des moments,

$$\left(-\frac{m\omega^2\hbar^2}{2}\frac{\partial}{\partial p'^2} + \frac{1}{2m}p'^2\right)\psi_E(p') = E\psi_E(p') , \tag{12}$$

se transforme aisément en

$$\left(-\frac{\hbar^2}{2m}\frac{\partial^2}{\partial p'^2} + \frac{1}{2m^3\omega^2}p'^2\right)\psi_E(p') = \frac{E}{m^2\omega^2}\psi_E(p') \tag{13}$$

$$\left(-\frac{\hbar^2}{2m}\frac{\partial^2}{\partial p'^2} + \frac{m\bar{\omega}^2}{2}p'^2\right)\psi_E(p') = \bar{E}\psi_E(p') . \tag{14}$$

Ici, nous avons posé $\bar{\omega}^2 = 1/m^4\omega^2$ et $\bar{E} = E/m^2\omega^2$. L'équation (14) est identique à (4) et (6). Les valeurs propres sont alors,

$$\bar{E}_n = \hbar\bar{\omega}(n+\tfrac{1}{2}) , \quad n = 0, 1, 2, \dots, \infty$$

ou

$$E_n = \hbar\frac{m^2\omega^2}{m^2\omega}(n+\tfrac{1}{2}) = \hbar\omega(n+\tfrac{1}{2}) . \tag{15}$$

Donc elles sont identiques aux valeurs que nous avons obtenues dans (7). De la même façon, (8) se transforme en la fonction d'onde $\psi_{E_n}(p')$ dans l'espace des moments :

$$\psi_{E_n}(p') = \left(\frac{m\bar{\omega}}{\pi\hbar}\right)^{1/2}\frac{1}{2^n n!}H_n(\eta)\,e^{-(\eta^2/2)} ;$$

$$\eta = \sqrt{\frac{m\bar{\omega}}{\hbar}}\,p' . \tag{16}$$

Selon l'axiome 2 [voir (16.63) et (16.63a)], la probabilité de trouver une particule dans l'état d'énergie $\psi_{E_n}(x')$ dans l'intervalle compris entre x' et $x' + dx'$ est donnée par

$$dW(x') = \left|\langle x'|E_n\rangle\right|^2 dx' = \left|\psi_{E_n}(x')\right|^2 dx' . \tag{17}$$

De la même manière, nous pouvons calculer la probabilité de trouver la particule avec une impulsion comprise entre p' et $p' + dp'$:

$$dW(p') = \left|\langle p'|E_n\rangle\right|^2 dp' = \left|\psi_{E_n}(p')\right|^2 dp' . \tag{18}$$

Les fonctions d'onde dans l'espace des coordonnées $\psi_{E_n}(x')$ et dans l'espace des impulsions $\psi_{E_n}(p')$ sont respectivement liées par

$$\langle x'|E_n\rangle = \psi_{E_n}(x') = \int dp' \langle x'|p'\rangle\langle p'|E_n\rangle$$

$$= \int \frac{dp'}{\sqrt{2\pi\hbar}}\exp\left(\frac{i}{\hbar}p'x'\right)\psi_{E_n}(p') \tag{19a}$$

et

$$\psi_{E_n}(p') = \int \frac{dx'}{\sqrt{2\pi\hbar}}\exp\left(-\frac{i}{\hbar}p'x'\right)\psi_{E_n}(x') . \tag{19b}$$

Exemple 16.7

(c) Méthode algébrique (représentation algébrique)
La méthode algébrique n'utilise explicitement aucune représentation pour résoudre le problème de la valeur propre (2) ; elle est particulièrement utile en théorie des champs. Nous introduisons les opérateurs

$$\hat{a} = \sqrt{\frac{m\omega}{2\hbar}}\hat{x} + \frac{\mathrm{i}}{\sqrt{2m\hbar\omega}}\hat{p} \tag{20a}$$

et

$$\hat{a}^+ = \sqrt{\frac{m\omega}{2\hbar}}\hat{x} - \frac{\mathrm{i}}{\sqrt{2m\hbar\omega}}\hat{p} \ . \tag{20b}$$

Ce sont respectivement l'*opérateur d'annihilation* ($\hat{a}$) et l'*opérateur de création* ($\hat{a}^+$) de phonons. On peut constater que $(\hat{a})^+ = \hat{a}^+$; c'est-à-dire $\hat{a} = (\hat{a}^+)^+$. Leurs relations de commutation sont calculées facilement :

$$[\hat{a}, \hat{a}^+]_- = \left[\sqrt{\frac{m\omega}{2\hbar}}\hat{x} + \frac{\mathrm{i}}{\sqrt{2m\hbar\omega}}\hat{p} \ , \ \sqrt{\frac{m\omega}{2\hbar}}\hat{x} - \frac{\mathrm{i}}{\sqrt{2m\hbar\omega}}\hat{p}\right]$$

$$= -\frac{\mathrm{i}}{2\hbar}[\hat{x}, \hat{p}] + \frac{\mathrm{i}}{2\hbar}[\hat{p}, \hat{x}] = \frac{\mathrm{i}}{\hbar}[\hat{p}, \hat{x}] = 1 \tag{21}$$

et

$$[\hat{a}, \hat{a}]_- = 0 = [\hat{a}^+, \hat{a}^+]_- \ . \tag{22}$$

De la même manière, nous trouvons

$$\hat{a}^+\hat{a} = \frac{m\omega}{2\hbar}\hat{x}^2 + \frac{p^2}{2m\hbar\omega} + \frac{\mathrm{i}}{2\hbar}(\hat{x}\hat{p} - \hat{p}\hat{x})$$

$$= \frac{1}{\hbar\omega}\hat{H} - \frac{1}{2} \ ; \quad \text{d'où}$$

$$\hat{H} = \hbar\omega(\hat{a}^+\hat{a} + \tfrac{1}{2}) = \hbar\omega(\hat{N} + \tfrac{1}{2}) \ , \quad \text{où} \tag{23}$$

$$\hat{N} = \hat{a}^+\hat{a} \ . \tag{24}$$

Nous désignons les vecteurs propres de $\hat{N}$ par $|n\rangle$, et ainsi nous avons

$$\hat{N}|n\rangle = n|n\rangle \ . \tag{25}$$

Nous étudions le vecteur $|g\rangle$, qui résulte de l'application de l'opérateur d'annihilation $\hat{a}$ à $|n\rangle$:

$$|g\rangle = \hat{a}|n\rangle \ . \tag{26}$$

Nous étudions $|g\rangle$ en appliquant $\hat{N}$ et trouvons que

$$\hat{N}|g\rangle = \hat{a}^+\hat{a}\hat{a}|n\rangle = (\hat{a}\hat{a}^+ - 1)\hat{a}|n\rangle$$

$$= \hat{a}(\hat{a}^+\hat{a})|n\rangle - \hat{a}|n\rangle = \hat{a}n|n\rangle - \hat{a}|n\rangle$$

$$= (n-1)\hat{a}|n\rangle = (n-1)|g\rangle \ . \tag{27}$$

Ainsi, $|g\rangle$ est aussi un vecteur propre de $\hat{N}$, mais il appartient à la valeur propre $(n-1)$. Par conséquent, en supposant que la valeur propre $(n-1)$ n'est pas dégénérée, $|g\rangle$ et $|n-1\rangle$ sont identiques à une constante près. Nous pouvons alors écrire

Exemple 16.7

$$|g\rangle = \hat{a}\,|n\rangle = C_n\,|n-1\rangle \ . \tag{28}$$

La constante C_n peut être déterminée en calculant la norme

$$(\hat{a}\,|n\rangle\,,\,\hat{a}\,|n\rangle) = (C_n\,|n-1\rangle\,,\,C_n\,|n-1\rangle) \Leftrightarrow$$
$$\langle n\,|\hat{a}^+\hat{a}|\,n\rangle = |C_n|^2\,\langle n-1|n-1\rangle \Leftrightarrow n = |C_n|^2 \ .$$

En posant $C_n = \sqrt{n}$, un facteur de phase égal à l'unité est choisi, et (28) s'écrit :

$$\hat{a}\,|n\rangle = \sqrt{n}\,|n-1\rangle \ . \tag{29}$$

De même, nous pouvons conclure que

$$\hat{a}^+\,|n\rangle = \sqrt{n+1}\,|n+1\rangle \ . \tag{30}$$

Les équations (29) et (30) expliquent la nomenclature des opérateurs d'annihilation et de création. L'équation (25) suggère d'interpréter N comme un opérateur pour les quanta de l'oscillateur. Nous avons toujours $n \geq 0$; ce que nous pouvons voir en multipliant (25) par $\langle n|$:

$$\langle n\,|\hat{N}|\,n\rangle = n\,\langle n|n\rangle = \langle n\,|\hat{a}^+\hat{a}|\,n\rangle = \langle \hat{a}n|\hat{a}n\rangle \ ;$$

d'où,

$$n = \frac{\langle \hat{a}n|\hat{a}n\rangle}{\langle n|n\rangle} = \frac{\|\hat{a}|n\rangle\|^2}{\|\,|n\rangle\,\|^2} \geq 0 \ . \tag{31}$$

En partant du vecteur $|n\rangle$, les états

$$|n-1\rangle\,,\ |n-2\rangle\,,\ |n-3\rangle \ldots \tag{32}$$

peuvent être générés par applications successives de l'opérateur d'annihilation $\hat{a}$. À cause de (31), seules des valeurs propres positives sont permises. Ainsi, la série (32) doit converger pour l'état $|0\rangle$. Pour cet état, nous avons

$$\hat{a}\,|0\rangle = 0\,, \quad \hat{N}\,|0\rangle = 0 \ . \tag{33}$$

$|0\rangle$ est parfois appelé l'état du vide (aussi : état fondamental) pour les quanta d'oscillateur. Sur la base de (24) et (25), nous concluons que les états $|n\rangle$ sont des états propres de $\hat{H}$ avec les valeurs propres $E_n = \hbar\omega(n+\frac{1}{2})$:

$$\hat{H}\,|n\rangle = \hbar\omega(\hat{N}+\tfrac{1}{2})|n\rangle = \hbar\omega(n+\tfrac{1}{2})|n\rangle \ , \tag{34}$$

Exemple 16.7

Souvent nous devons déterminer les éléments de matrice de $\hat{x}$ et de $\hat{p}$. Ils sont facilement spécifiés en résolvant (20) respectivement pour $\hat{x}$ et $\hat{p}$:

$$\hat{x} = \sqrt{\frac{\hbar}{2m\omega}}(\hat{a}^+ + \hat{a}) , \tag{35a}$$

$$\hat{p} = i\sqrt{\frac{m\hbar\omega}{2}}(\hat{a}^+ - \hat{a}) , \tag{35b}$$

et, en utilisant (29) et (30) :

$$\langle n_1 | \hat{x} | n_2 \rangle = \sqrt{\frac{\hbar}{2m\omega}} \left[\sqrt{n_2+1}\,\delta_{n_1,n_2+1} + \sqrt{n_2}\,\delta_{n_1,n_2-1} \right]$$

$$\langle n_1 | \hat{p} | n_2 \rangle = i\sqrt{\frac{m\hbar\omega}{2}} \left[\sqrt{n_2+1}\,\delta_{n_1,n_2+1} - \sqrt{n_2}\,\delta_{n_1,n_2-1} \right] . \tag{36}$$

De même manière nous obtenons

$$\langle n_1 | \hat{x}^2 | n_2 \rangle = \sum_n \langle n_1 | \hat{x} | n \rangle \langle n | \hat{x} | n_2 \rangle$$

$$= \frac{\hbar}{2m\omega} \sum_n \left[\sqrt{n+1}\,\delta_{n_1,n+1} + \sqrt{n}\,\delta_{n_1,n-1} \right]$$

$$\times \left[\sqrt{n_2+1}\,\delta_{n,n_2+1} + \sqrt{n_2}\,\delta_{n,n_2-1} \right]$$

$$= \frac{\hbar}{2m\omega} \left[(2n_1+1)\delta_{n_1,n_2} + \sqrt{n_1}\sqrt{n_2+1} \times \delta_{n_1,n_2+2} \right.$$

$$\left. + \sqrt{n_1+1}\sqrt{n_2}\,\delta_{n_1,n_2-2} \right] \tag{37}$$

et

$$\langle n_1 | \hat{p}^2 | n_2 \rangle = \frac{m\hbar\omega}{2} \left[(2n_1+1)\delta_{n_1,n_2} - \sqrt{n_1}\sqrt{n_2+1} \times \delta_{n_1,n_2+2} \right.$$

$$\left. - \sqrt{n_1+1}\sqrt{n_2}\,\delta_{n_1,n_2-2} \right] . \tag{38}$$

De ces deux équations, nous déduisons

$$\langle n_1 | \hat{H} | n_2 \rangle = \frac{1}{2m} \langle n_1 | \hat{p}^2 | n_2 \rangle + \frac{m\omega^2}{2} \langle n_1 | \hat{x}^2 | n_2 \rangle$$

$$= \hbar\omega(n_1 + \tfrac{1}{2})\delta_{n_1,n_2} . \tag{39}$$

16.10 Résumé de la théorie des perturbations

Il n'est généralement pas possible de trouver une solution exacte à un problème en mécanique quantique ; nous devons souvent nous satisfaire de solutions approchées de l'équation de Schrödinger

$$i\hbar \frac{\partial}{\partial t} |\psi\rangle = (\hat{H}_0 + \hat{H}') |\psi\rangle .$$

(16.118)

La décomposition $\hat{H} = \hat{H}_0 + \hat{H}'$ est choisie de façon que les solutions de $\hat{H}_0$ soient connues :

$$\hat{H}_0 |\varphi_n\rangle = E_n |\varphi_n\rangle ,$$

(16.119)

et que $\hat{H}'$ soit suffisamment petit comparé à $\hat{H}_0$, pour que son influence puisse être considéré comme une perturbation. Dans le chapitre 11, la perturbation $\hat{H}'$ a été notée εW. Nous développons $|\psi\rangle$ en termes de $|\varphi_n\rangle$, et écrivons

$$|\psi\rangle = \sum_n C_n(t) \exp\left(-\frac{i}{\hbar} E_n t\right) |\varphi_n\rangle .$$

(16.120)

En reportant ceci dans (16.118) et en tenant compte de (16.119), nous obtenons le système d'équations différentielles couplées pour les coefficients $C_n(t)$ du développement :

$$\frac{d}{dt} C_m(t) = -\frac{i}{\hbar} \sum_n \langle \varphi_m | \hat{H}' | \varphi_n \rangle \exp\left[\frac{i}{\hbar}(E_m - E_n)t\right] C_n(t) .$$

$$m = 0, 1, 2, \ldots .$$

(16.121)

Par intégration, nous pouvons transformer ce système en un système d'équations intégrales couplées :

$$C_m(t) = C_m(0) - \frac{i}{\hbar} \sum_n \int_0^t dt' \langle \varphi_m | \hat{H}' | \varphi_n \rangle$$
$$\times \exp\left[\frac{i}{\hbar}(E_m - E_n)t'\right] C_n(t') .$$

(16.122)

Jusqu'à ce point, tout est exact. Mais nous devons maintenant procéder à quelques approximations. Si, à l'instant $t = 0$, nous supposons que le système se trouve dans l'état $|\varphi_i\rangle$, nous avons

$$C_m(0) = \delta_{mi} .$$

(16.123)

Puisque la perturbation $\hat{H}'$ est supposée être faible et d'influence négligeable sur les états non perturbés $|\varphi_n\rangle$, il est cohérent de supposer qu'aucun des coefficients $C_n(t)$ diffère beaucoup de sa valeur initiale. De plus, en supposant que $\hat{H}'$ est indépendant du temps, il s'ensuit que pour $f \neq i$

$$C_f(t) = -\frac{i}{\hbar} \langle \varphi_f | \hat{H}' | \varphi_i \rangle \int_0^t dt' \exp\left[\frac{i}{\hbar}(E_f - E_i)t'\right]$$

$$= -\frac{i}{\hbar} \langle \varphi_f | \hat{H}' | \varphi_i \rangle \left[\frac{\exp[i(E_f - E_i)t/\hbar] - 1}{i(E_f - E_i)/\hbar}\right] . \qquad (16.124)$$

Après le temps t, la probabilité de trouver le système dans l'état $|\varphi_f\rangle$ est donnée par

$$|C_f(t)|^2 = \frac{4}{\hbar^2} |\langle \varphi_f | \hat{H}' | \varphi_i \rangle|^2 \frac{\sin^2(\omega_{fi}t/2)}{\omega_{fi}^2} , \qquad (16.125)$$

avec

$$\omega_{fi} = \frac{E_f - E_i}{\hbar} .$$

La fonction $\sin^2(\omega t/2)/\omega^2$ admet un pic pour $\omega = 0$ qui devient plus pointu si t augmente. De plus, nous avons

$$\int_{-\infty}^{\infty} d\omega \frac{\sin^2(\omega t/2)}{\omega^2} = \frac{\pi t}{2} , \qquad (16.126)$$

parce que

$$\int_{-\infty}^{\infty} \frac{\sin^2 x}{x^2} dx = \pi .$$

Clairement ceci signifie que

$$\lim_{t \to \infty} \frac{\sin^2(\omega t/2)}{\omega^2} = \frac{\pi}{2} t \delta(\omega) . \qquad (16.127)$$

En reportant ce résultat dans (16.125), nous obtenons immédiatement la *probabilité de transition* par unité de temps de l'état $|\varphi_i\rangle$ vers l'état $|\varphi_f\rangle$:

$$\frac{|C_f(t)|^2}{t} = \frac{2\pi}{\hbar} |\langle \varphi_f | \hat{H}' | \varphi_i \rangle|^2 \delta(E_f - E_i) . \qquad (16.128)$$

Ceci est la *règle d'or de Fermi*. Ici, la fonction δ exprime la conservation de l'énergie. La fonction δ est une distribution et, en tant que telle, sa signification dans une formule physique n'est pas très claire. Elle disparaît de l'équation (16.128) si nous considérons que, dans tous les cas pratiques, nous devons intégrer sur un continuum entre une limite inférieure et une limite supérieure de l'énergie (cf la discussion approfondie dans le chapitre 11).

Maintenant la méthode générale d'approximation pour résoudre le système des équations intégrales (16.122) est évidente. Pour des approximations d'ordre supérieur, nous devons procéder par itérations successives. Ces calculs peuvent s'avérer fastidieux ; cependant, leur résultat est suffisamment simple pour être présenté ici sans démonstration. Généralement, la probabilité de transition par unité de temps pour la transition $i \to f$ est donnée par

$$\left(\frac{\text{probabilité de transition}}{\text{temps}} \right)_{i \to f} = \frac{2\pi}{\hbar} |M_{fi}|^2 \delta(E_f - E_i) \, . \qquad (16.129)$$

La matrice de transition M_{fi} s'écrit :

$$M_{fi} = \langle f | \hat{H}' | i \rangle + \sum_I \frac{\langle f | \hat{H}' | I \rangle \langle I | \hat{H}' | i \rangle}{E_i - E_I + i\eta}$$
$$+ \sum_I \sum_{II} \frac{\langle f | \hat{H}' | I \rangle \langle I | \hat{H}' | II \rangle \langle II | \hat{H}' | i \rangle}{(E_i - E_I + i\eta)(E_i - E_{II} + i\eta)} + \ldots \qquad (16.130)$$

Pour simplifier la formule, nous avons posé $\langle \varphi_f | \hat{H}' | \varphi_i \rangle \equiv \langle f | \hat{H}' | i \rangle$, etc. Les états I, II sont des états intermédiaires par lesquels procèdent les transitions d'ordre supérieur. La quantité infinitésimale η, qui apparaît au dénominateur, est positive et indique comment les singularités dans l'expression M_{fi}[6] doivent être traitées.

---

[6] Voir la présentation détaillée de la théorie des perturbations dans le chapitre 11 et, par ex. dans A.S. Davydov : *Quantum Mechanics*, Chap. VII (Pergamon, Oxford 1965) ; L.I. Schiff : *Quantum Mechanics*, Chap. 8, 3rd ed. (McGraw-Hill, New York 1968) ; A. Messiah : *Quantum Mechanics*, Vol. II (North-Holland, Amsterdam 1965).

17. Problèmes conceptuels et philosophiques de la mécanique quantique

Dans les chapitres précédents, nous avons essayé de développer les bases conceptuelles de la mécanique quantique. De plus, de nombreux exercices nous ont montré comment la théorie quantique peut être appliquée pour résoudre des problèmes physiques réels. Bien sûr, ces problèmes ne représentent qu'une faible fraction des nombreuses applications de la mécanique quantique ; beaucoup de résultats expérimentaux en physique et en chimie peuvent être expliqués par cette théorie. Jusqu'à présent, aucune des prédictions de la mécanique quantique n'a été infirmée par l'expérience. En dépit de ces succès, des problèmes conceptuels existent dans la théorie quantique ; en fait, il y eut plusieurs tentatives d'interprétations nouvelles de la mécanique quantique et même de son remplacement par une autre théorie fondée sur des bases conceptuelles et philosophiques plus évidentes.

Par conséquent, dans ce chapitre[1], nous allons essayer de comprendre les principales difficultés conceptuelles de la mécanique quantique et les illustrer. L'alternative la plus importante sera présentée. Beaucoup de questions, lors de cette discussion sont du domaine des idées plutôt que des faits, c'est pourquoi, de nombreux physiciens attribuent ces considérations au domaine de la philosophie. Néanmoins, les bases de la mécanique quantique sont si importantes et fondamentales pour notre perception des processus microscopiques de la nature, que tout physicien devrait au moins comprendre la nature des principaux problèmes conceptuels et les interrogations qui en découlent.

17.1 Déterminisme

La mécanique quantique est une théorie *non-déterministe* qui affirme qu'il y a des mesures physiques dont les résultats ne peuvent être prédits de façon précise par l'état des systèmes avant la mesure (au moins, pour autant qu'il est possible d'observer cet état). Si, juste avant la mesure, la fonction d'onde du système

---

[1] En concevant ce chapitre, nous avons avons été guidés par des discussions similaires de A.I.M Rae dans son livre : *Quantum Mechanics* (McGraw-Hill, London 1981) ; et M. Jammer : *The Philosophy of Quantum Mechanics : The Interpretations of Quantum Mechanics in Historical Perspective* (Wiley, New York 1974).

n'est pas une valeur propre de l'opérateur dont l'observable est à mesurer, alors le résultat de la mesure n'est pas prévisible sans ambiguïté ; seule la *probabilité des différents résultats possibles* peut être déterminée.

Par exemple, rappelez vous l'expérience de Stern et Gerlach (chapitre 12). Lorsqu'un faisceau de particules de spin $\frac{1}{2}$ traverse un dispositif expérimental suivant l'axe z, le faisceau se sépare en deux directions possibles de s_z. Si le faisceau constitué de particules avec $s_z = +\frac{1}{2}\hbar$ passe à travers un autre dispositif de mesure de la composante du spin dans une autre direction, le faisceau se séparera à nouveau en deux composantes $+\frac{1}{2}\hbar$ et $-\frac{1}{2}\hbar$. La probabilité de ces deux résultats peut être calculée, mais il est impossible de prédire si une particule donnée a un spin haut ou bas.

Le non-déterminisme de la mécanique quantique est opposé au *déterminisme* de la mécanique classique. Pour cette dernière, l'évolution d'un système est fixée par son état initial et les forces qui agissent sur lui. Même l'état final d'une expérience «purement aléatoire» comme le *pile ou face* peut être déterminé si la position initiale, la vitesse et le moment cinétique de la pièce, ainsi que les forces de gravitation et de frottement sont connues.

Le caractère aléatoire de la mécanique quantique, cependant, est de nature différente : les résultats de mesures ne sont pas une conséquence univoque de l'état précédent du système. Le fait que des particules de spin $\frac{1}{2}$ sont des états propres de $\hat{s}_z$ détermine complètement la partie des fonctions d'onde dévolues au spin, et ces particules sont identiques. Cependant, elles peuvent se comporter différemment si une autre composante de spin est mesurée. L'interprétation du champ guide introduit au chapitre 3 ne permet que des affirmations relatives aux probabilités des comportements individuels des particules se déplaçant dans ce champ guide.

Pour circonvenir le problème du non-déterminisme, il a été suggéré que des particules dans le même état *semblent* identiques, et qu'en réalité, elles ont des propriétés supplémentaires différentes qui déterminent le résultat d'expériences ultérieures. Par exemple, une particule dans un état propre s_z aurait aussi une valeur donnée pour s_x, même si cette valeur ne peut être mesurée. Les théories basées sur de telles hypothèses sont appelées *théories des variables cachées* ; les propriétés de ces théories vont être discutées ci-dessous.

17.2 Localité

Nous allons maintenant porter notre attention sur un deuxième problème de la mécanique quantique, le *localité* de la théorie. Lorsque nous parlons de particules nous les supposons ponctuelles ou au moins beaucoup plus petites que les autres dimensions caractéristiques du système considéré. Il est alors logique d'admettre que la particule «ressent» l'intensité d'un champ qui agit sur elle seulement à sa position instantanée. Nous allons discuter deux exemples pour lesquels cette supposition s'avère incompatible avec les résultats de mesure.

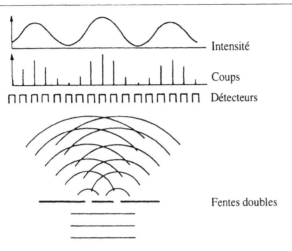

Fig. 17.1. Expérience des fentes doubles

Nous examinons d'abord l'expérience d'un faisceau parallèle (un faisceau de lumière ou d'électrons) incident sur une fente double (voir figure 17.1). À quelques distance après les fentes, une rangée de détecteurs enregistre l'arrivée des photons ou des électrons. Après un temps suffisamment long, le nombre de particules comptées par chaque détecteur est proportionnel à l'intensité de l'onde à sa position, calculée en supposant que les ondes interfèrent. Le modèle ondulatoire (champ guide) aussi bien que le modèle corpusculaire sont nécessaires pour expliquer ce résultat : le détecteur enregistre des particules d'une énergie donnée, mais la figure d'interférence ne peut être expliquée que par le passage d'ondes (le champ guide) à travers les deux fentes.

Nous modifions maintenant le dispositif expérimental en plaçant les détecteurs directement derrière chacune des fentes. Alors nous mesurerons des particules ayant passé par l'une des fentes, mais pas simultanément à travers les deux fentes. Mais, pour obtenir des interférences, une onde doit passer simultanément à travers les deux fentes ; ce que nous pouvons constater en fermant l'une des fentes dans l'expérience précédente. Par conséquent, la probabilité d'observer une particule en un point donné dépend de l'ouverture d'une ou des deux fentes. Nous pourrions conclure qu'un «objet» (photon ou électron) ne se comporte comme une particule que dans certaines situations (et comme une onde dans d'autres situations), ou qu'il est influencé par une fente à travers laquelle il n'a pas passé. Cette dernière hypothèse implique une sorte d'interaction non locale.

Autre remarque : cette difficulté d'interpréter l'expérience peut être évitée en appliquant le concept d'un champ guide ψ, conduisant statistiquement les particules aux différents points espace-temps correspondant à $|\psi(x, y, z, t)|^2$.

Un autre exemple de conséquences non locales en mécanique quantique est donné par le comportement de particules, séparées dans l'espace, dont les propriétés sont corrélées d'une certaine façon. Un système de ce type a été discuté pour la première fois par *Einstein, Podolski et Rosen*[2]. Ici nous allons déve-

---

[2] A. Einstein, B. Podolski, N. Rosen : Phys. Rev. **47**, 777 (1935).

lopper une *expérience mentale*, conçue par *Bohm*[3], et examiner une paire de particules de spin $\frac{1}{2}$ de spin total égal à zéro, chacune ayant un moment cinétique orbital nul. Des paires ayant de telles propriétés sont créées par la diffusion d'un faisceau de protons de faible énergie par un gaz d'hydrogène. Les protons incidents et ceux du gaz forment alors un état de moment cinétique orbital et de spin total nul. Lorsque les protons sont éloignés les uns des autres, nous mesurons, par exemple, la composante z du spin de la première particule (s_{z_1}) et, par la suite, la même composante de la deuxième particule (s_{z_2}). Puisque le spin total est zéro, les composantes doivent être de signes opposés : $s_{z_1} = \frac{1}{2}\hbar$, $s_{z_2} = -\frac{1}{2}\hbar$. Ainsi, en principe, la deuxième mesure n'est pas nécessaire car la valeur s_{z_2} peut être déduite de celle de s_{z_1}. Après la mesure de s_{z_1}, la seconde particule est dans un état propre avec s_{z_2}. Ceci signifie aussi un changement des probabilités de la mesure d'une autre composante de spin de la seconde particule [voir la discussion plus détaillée ci-dessous, suivant (17.1)].

Ainsi, le résultat de la mesure de la seconde particule est influencée par la mesure du spin de la première particule, bien que les deux particules soient loin l'une de l'autre et n'interagissent pas entre elles. D'après la mécanique quantique, deux particules dans un état de ce genre ne sont pas indépendantes l'une de l'autre. Si néanmoins, elles sont considérées comme indépendantes, une théorie des variables cachées doit être introduite.

Il y a eu des tentatives de développer une théorie conservant le déterminisme et la localité qui puisse reproduire tous les résultats expérimentaux de la mécanique quantique. Il est devenu clair, seulement récemment, que ceci n'est pas possible. Nous clarifierons ceci dans la prochaine section.

17.3 Théories des variables cachées

Le but d'une théorie des variables cachées est de considérer la mécanique quantique comme une théorie statistique dans le sens qu'elle fournit des probabilités d'évènements possibles, qui en réalité sont fixées par des propriétés non observables. Ceci est analogue à la mécanique statistique classique, qui inclut des fluctuations aléatoires comme une propriété des systèmes thermodynamiques, bien qu'une discussion à partir des atomes individuels devrait donner un comportement complètement déterministe. Il serait avantageux de trouver des sous structures similaires en mécanique quantique afin de préserver déterminisme et localité. Bien sûr, une théorie incluant des variables cachées doit reproduire tous les résultats expérimentaux de la mécanique quantique. Par ailleurs, nous pourrions décider quelle théorie est la meilleure, si une nouvelle expérience, pour laquelle des théories prévoient des résultats différents, était réalisée .

Une telle expérience, pour laquelle la mécanique quantique et la théorie de variables cachées prévoient des résultats différents, est l'*expérience mentale* de *Bohm*. Pour mettre en évidence une contradiction, nous devons d'abord établir

---

[3] D. Bohm : *Quantum Theory* (Prentice-Hall, Englewood Cliffs, NJ 1951) pp. 614–622.

les prédictions quantitatives de la mécanique quantique pour la mesure de la composante s_{ϕ_2} du spin de la deuxième particule à un angle ϕ par rapport à l'axe z, ayant auparavant déterminé la composante s_{z_1} du spin de la première particule. Si la première mesure donne le résultat $+\frac{1}{2}\hbar$, s_{z_2} doit nécessairement être négatif. La partie relative au spin de la fonction d'onde de la seconde particule est par conséquent (comparez au chapitre 12) :

$$\chi_- = \begin{pmatrix} 0 \\ 1 \end{pmatrix}. \tag{17.1}$$

L'opérateur $\hat{s}_\phi$, pour la composante du spin à un angle ϕ par rapport à l'axe z, est donné par

$$\hat{s}_\phi = \hat{s}_z \cos\phi + \hat{s}_x \sin\phi = \frac{\hbar}{2}\begin{pmatrix} \cos\phi & \sin\phi \\ \sin\phi & -\cos\phi \end{pmatrix}. \tag{17.2}$$

$\hat{s}_\phi$ a les valeurs propres $+\hbar/2$ et $-\hbar/2$, et les vecteurs propres correspondants sont facilement déterminés : $\begin{pmatrix} \cos(\phi/2) \\ \sin(\phi/2) \end{pmatrix}$ et $\begin{pmatrix} -\sin(\phi/2) \\ \cos(\phi/2) \end{pmatrix}$. Nous développons la fonction d'onde χ_- comme une combinaison linéaire de ces deux vecteurs propres, ce qui donne :

$$\begin{pmatrix} 0 \\ 1 \end{pmatrix} = \sin(\phi/2)\begin{pmatrix} \cos(\phi/2) \\ \sin(\phi/2) \end{pmatrix} + \cos(\phi/2)\begin{pmatrix} -\sin(\phi/2) \\ \cos(\phi/2) \end{pmatrix}. \tag{17.3}$$

La probabilité que la seconde mesure donne une valeur positive comme résultat est par conséquent $P_{++}(\phi) = \sin^2(\phi/2)$. Par analogie, nous définissons les probabilités P_{+-}, P_{-+}, P_{--} pour les différents résultats possibles des deux expériences. De considérations similaires, découle que

$$P_{++}(\phi) = \sin^2(\phi/2), \quad P_{+-}(\phi) = \cos^2(\phi/2)$$
$$P_{-+}(\phi) = \cos^2(\phi/2), \quad P_{--}(\phi) = \sin^2(\phi/2). \tag{17.4}$$

Il est utile d'introduire le *coefficient de corrélation* $C(\phi)$, défini comme la valeur moyenne du produit $S_{z1}S_{\phi2}$, moyenné sur un grand nombre de mesures de telles paires de particules. Alors,

$$C(\phi) = \frac{\hbar^2}{8}(P_{++}(\phi) - P_{+-}(\phi) - P_{-+}(\phi) + P_{--}(\phi))$$
$$= \frac{\hbar^2}{4}\left[\sin^2(\phi/2) - \cos^2(\phi/2)\right] = -\frac{\hbar^2}{4}\cos\phi. \tag{17.5}$$

Nous allons maintenant examiner un exemple d'une théorie de variables cachées qui suppose que toutes les composantes de spin (une seule pouvant être déterminée à un moment donné) ont des valeurs fixées, mais inconnues. Ceci veut dire qu'un *vecteur de spin «réel»*, analogue à un vecteur moment cinétique classique, devrait exister. Pour notre exemple, nous choisissons la diffusion de deux particules pour un état de spin total nul, que nous avons déjà expliqué. Pour un spin total nul, il découle naturellement que ces vecteurs de

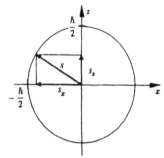

Fig. 17.2. Un vecteur de spin «réel» s. On postule que la mesure dans la direction z donne le résultat $\hbar/2$, bien que la valeur absolue de la composante s_z du spin «réel» soit plus petite. Une mesure dans la direction x donne $-\hbar/2$. Ce postulat doit être introduit de manière à préserver les résultats théoriques (mécanique quantique) de la mesure d'une composante de spin

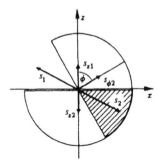

Fig. 17.3. Selon la théorie avec les variables cachées s_x et s_y, fondée sur le concept d'un vecteur de spin «réel», le nombre de paires de particules qui ont une composante s_{z1} positive pour la première particules et une composante $s_{\phi2}$ positive pour la deuxième particule, est proportionnel à la surface hachurée. Deux vecteurs de spin «réels» s_1 et s_2, satisfaisant à cette condition sont représentés

spin «réels» des deux particules devraient avoir la même valeur, mais des directions opposées, lorsque les particules s'écartent l'une de l'autre. En mécanique quantique, une seule des composantes de spin peut être déterminée à une instant donné. Les seuls résultats possibles pour cette composante sont $\frac{1}{2}\hbar$. Les autres composantes, qui ne sont pas mesurables, peuvent être considérées comme des variables cachées. Nous supposons qu'elles existent, mais qu'il n'est pas possible de les déterminer en même temps que la composante choisie précédemment (qui peut être n'importe laquelle des trois composantes).

Nous désignons le vecteur de spin «réel» d'une particule par s. Ce vecteur de spin s doit interagir avec le dispositif expérimental de manière à garantir que la valeur d'une composante de spin est toujours mesurée comme $\pm\hbar/2$, bien que la composante correspondante de s puisse avoir une autre valeur. Ceci peut être réalisé en exigeant que si s a une composante positive sur z, sa valeur mesurée doit toujours être $+\hbar/2$, et que pour une valeur négative de la composante sur z, le résultat doit être $-\hbar/2$. En général, ceci devrait être valable pour n'importe quelle direction. On peut préciser : le vecteur de spin «réel» d'une particule n'a pas besoin d'être parallèle à l'axe z si nous mesurons la valeur $+\hbar/2$ pour la composante sur z ; il devrait seulement être quelque part dans l'hémisphère supérieur, l'axe z étant l'axe de symétrie (voir figure 17.2).

L'hypothèse que chaque particule individuelle possède un vecteur de spin s bien défini, mais non mesurable, constitue le postulat de base de la théorie des variables cachées : si on mesure s_z, les composantes s_x et s_y existent aussi et constituent avec s_z le spin total «réel». Ce concept de spin «réel» peut uniquement être rendu compatible avec des expériences en introduisant artificiellement des prescriptions injustifiables pour le résultat d'une mesure.

Dans ce qui suit, nous allons montrer que ceci conduit à une fonction de corrélation $C'(\phi)$ des composantes du spin des deux particules, qui diffère du résultat de la mécanique quantique $C(\phi)$ de (17.5). Si, pour la première particule de notre expérience hypothétique, nous obtenons la valeur $s_{z1} = +\hbar/2$, la composante sur z du spin de la seconde particule doit être négative. Le vecteur de spin «réel» de la seconde particule est par conséquent situé dans l'hémisphère inférieur, l'axe z négatif étant axe de symétrie (voir figure 17.3). Si le spin de la deuxième particule pointe dans une direction faisant un angle ϕ avec l'axe z, c'est-à-dire $s_{\phi2}$ étant positif, le vecteur de spin de la seconde particule doit être dans l'hémisphère avec l'axe de symétrie incliné de ϕ par rapport à l'axe z. En supposant que les vecteurs de spin sont distribués uniformément dans l'espace, la probabilité $P'_{++}(\phi)$ d'avoir s_{z1} et $s_{\phi2}$ positifs au même moment doit être proportionnelle au volume du recouvrement des deux hémisphères (partie hachurée de la figure 17.3).

Le recouvrement est proportionnel à ϕ pour $0 \le \phi \le \pi$. Pour des angles compris entre π et 2π, l'angle ϕ doit être remplacé par $2\pi - \phi$ dans la relation suivante. En tenant compte de $P'_{++}(\pi) = 1$, il s'ensuit que $P'_{++}(\phi) = \phi/\pi$. Les probabilités restantes peuvent être établies à partir de considérations analogues :

$$P'_{++}(\phi) = \phi/\pi\,, \quad P'_{+-}(\phi) = 1 - \phi/\pi$$
$$P'_{-+}(\phi) = 1 - \phi/\pi\,, \quad P'_{--}(\phi) = \phi/\pi\,. \tag{17.6}$$

Ainsi, pour une théorie des variables cachées, le coefficient de corrélation $C'(\phi)$, défini par la valeur moyenne du produit des deux composantes de spin mesurées, est

$$C'(\phi) = \frac{\hbar^2}{4}(2\phi/\pi - 1) \, . \tag{17.7}$$

Ce résultat ne coïncide avec la relation obtenue en mécanique quantique (17.5) que pour $\phi = 0$, $\phi = \frac{1}{2}\pi$, ou $\phi = \pi$. Pour des orientations différentes du dispositif expérimental, les résultats diffèrent considérablement (voir figure 17.4).

Ainsi nous avons montré un désaccord entre les prédictions de la mécanique quantique et les résultats obtenus à l'aide d'une théorie des variables cachées, supposant que les particules ont un vecteur de spin «réel». Dans la suite, nous allons aussi bien démontrer que n'importe quelle théorie de variables cachées finit par prédire des résultats expérimentaux en contradiction avec la mécanique quantique. Ce fut Bell[4], qui donna le premier la preuve de cette affirmation, connue sous le nom de *théorème de Bell*.

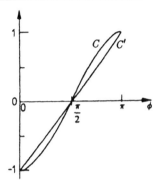

Fig. 17.4. La fonction de corrélation quantique $C(\phi)$ et la fonction de corrélation $C'(\phi)$ d'une théorie de variables cachées (fondée sur l'existence d'un vecteur de spin «réel») sont considérablement différentes

17.4 Théorème de Bell

Pour une démonstration générale, nous devons d'abord définir les exigences minimales d'une théorie déterministe de variables cachées dans le cas de l'expérience mentale de Bohm. Une fois que les particules se sont séparées, le système devrait avoir une propriété qui détermine à l'avance le résultat de la mesure de n'importe quelle composante du spin de n'importe quelle particule. Dans l'exemple précédent, cette propriété était concédée par l'existence d'un vecteur de spin «réel», mais dans un cas général une variable cachée ne doit pas correspondre à un paramètre d'un modèle physique particulier.

Le résultat de la mesure de la composante z du spin s de la première particule est désigné par $s_{z1}(\lambda)$, où les seules valeurs autorisées pour s_{z1} sont $\pm \frac{1}{2}\hbar$, et λ représente la variable cachée (bien sûr, λ peut être remplacée par plusieurs variables cachées ; la discussion suivante peut facilement être étendue). Une théorie de ce type est *déterministe*, puisque les valeurs de s_{z1} et $s_{\phi2}$ sont données par la valeur de λ ; la théorie est *locale*, car le résultat d'une expérience ne dépend pas d'une expérience qui détermine le spin de l'autre particule. Chaque paire de particules a une valeur définie de λ, et nous définissons la densité de probabilité $p(\lambda)$, donnant la probabilité d'une paire avec une valeur comprise

---

[4] J.S. Bell : Physics **1**, 195 (1965). L'article de synthèse suivant est recommandé : J.F. Clauser, A. Shimony : «Bell's Theorem : Experimental Tests and Implications», Rep. Prog. Phys. **41**, 1881 (1978). Nous mentionnons également l'article plus populaire de B. d'Espagnat : «The Quantum Theory and Reality», Scientific American **241**(11) 128 (1979).

entre λ et $\lambda + d\lambda$, par $p(\lambda)\,d\lambda$. La condition de normalisation est

$$\int p(\lambda)\,d\lambda = 1 \ . \tag{17.8}$$

Considérons maintenant une expérience qui détermine les composantes s_{z1} et $s_{\phi2}$ d'un grand nombre de paires. La valeur moyenne $C''(\phi)$ des produits $s_{z1}s_{\phi2}$ est alors

$$C''(\phi) = \int s_{z1}(\lambda)s_{\phi2}(\lambda)p(\lambda)\,d\lambda \ . \tag{17.9}$$

Considérons une expérience qui mesure, comme précédemment, la composante z de la première particule, mais où le deuxième appareil de mesure est placé à un angle θ par rapport à l'axe z. Nous obtenons une expression analogue du coefficient de corrélation $C''(\theta)$:

$$C''(\phi) - C''(\theta) = \int \big(s_{z1}(\lambda)s_{\phi2}(\lambda) - s_{z1}(\lambda)s_{\phi2}(\lambda)\big)p(\lambda)\,d\lambda \ . \tag{17.10}$$

Nous savons que les spins des deux particules ont même valeur mais sont de directions opposées. Ainsi, il vient

$$s_{\theta1}(\lambda) = -s_{\theta2}(\lambda) \ , \quad s_{\phi1}(\lambda) = -s_{\phi2}(\lambda) \ . \tag{17.11}$$

En reportant (17.11) dans (17.10) nous obtenons

$$C''(\phi) - C''(\theta) = -\int s_{z1}(\lambda)(s_{\phi1}(\lambda) - s_{\theta1}(\lambda))p(\lambda)\,d\lambda \tag{17.12}$$

$$= -\int s_{z1}(\lambda)s_{\phi1}(\lambda)\left(1 - \frac{4}{\hbar^2}s_{\phi1}(\lambda)s_{\theta1}(\lambda)\right)p(\lambda)\,d\lambda \ ,$$

où nous avons utilisé $\langle s_{\phi1}(\lambda)\rangle^2 = \frac{1}{4}\hbar^2$. La grandeur de (17.12) est

$$\left|C''(\phi) - C''(\theta)\right|$$
$$\leq \int \left|s_{z1}(\lambda)s_{\phi1}(\lambda)\left(1 - \frac{4}{\hbar^2}s_{\phi1}(\lambda)s_{\theta1}(\lambda)\right)p(\lambda)\right|\,d\lambda \ . \tag{17.13}$$

Puisque le terme $p(\lambda)$ doit toujours être positif et que les spins ne prennent que des valeurs $\pm\frac{1}{2}\hbar$ (soit $|S_{z1}(\lambda)S_{\phi1}(\lambda)| = \frac{1}{4}\hbar^2$), en appliquant (17.8) et (17.11) on déduit que

$$\left|C''(\phi) - C''(\theta)\right| \leq \int \left(\frac{\hbar^2}{4} - s_{\phi1}(\lambda)s_{\theta1}(\lambda)\right)p(\lambda)\,d\lambda$$
$$= \frac{\hbar^2}{4} + \int s_{\phi1}(\lambda)s_{\theta2}(\lambda)p(\lambda)\,d\lambda \ . \tag{17.14}$$

Nous n'examinerons que le cas où l'axe z et les directions définies par θ et ϕ sont coplanaires. Les valeurs moyennes définies par (17.9) ne dépendent que de l'orientation relative de ces seules mesures – pas de la direction absolue de l'axe z (ce qui peut être montré par des expériences supplémentaires). Par conséquent, nous pouvons remplacer l'intégrale de (17.14) par la fonction de corrélation $C''(\theta - \phi)$: soit

$$\left| C''(\phi) - C''(\theta) \right| - C''(\theta - \phi) \leq \frac{\hbar^2}{4} . \tag{17.15}$$

Cette inégalité est appelée le *théorème de Bell*. C'est une conséquence directe de toute théorie de variables cachées. Nous devons maintenant établir si cette inégalité est en accord avec les prévisions de la mécanique quantique. Pour ce faire, nous considérons le cas particulier $\theta = 2\phi$. Les deux fonctions de corrélation peuvent être établies à l'aide de (17.5) :

$$C(\phi) = -\frac{\hbar^2}{4} \cos \phi , \quad C(\theta) = -\frac{\hbar^2}{4} \cos 2\phi . \tag{17.16}$$

En comparant (17.16) à (17.15), nous trouvons que la mécanique quantique n'est consistante avec une théorie de variables cachées que si $\frac{1}{4}\hbar^2(|\cos\phi - \cos 2\phi| + \cos\phi) \leq \frac{1}{4}\hbar^2$.

La figure 17.5 montre que le théorème de Bell est satisfait pour $\frac{1}{2}\pi \leq \phi \leq \pi$, mais pas pour $0 \leq \phi \leq \frac{1}{2}\pi$. La fonction passe par un maximum, de valeur $3\hbar^2/8$, lorsque $\phi = \pi/3$. En outre, la figure montre la fonction calculée en appliquant la théorie du vecteur de spin «réel» (17.7) discutée précédemment (courbe en tirets). Ceci est consistant avec le théorème de Bell mais inconsistant avec la mécanique quantique.

Il est remarquable que l'inégalité de Bell n'est pas valable dans le domaine où la différence entre les résultats d'une théorie de variables cachées est la mécanique quantique est la plus grande.

De par ces considérations, nous devons conclure *qu'aucune théorie déterministe locale de variables cachées ne peut reproduire les résultats obtenus par la mécanique quantique pour des expériences de ce genre.*

En tant que scientifiques, nous devons déterminer laquelle des théories est correcte, c'est-à-dire quelle théorie est consistante avec la nature. Ainsi, les expériences doivent montrer laquelle des deux théories donne les meilleures prévisions. À première vue, on pourrait penser que ceci n'est pas nécessaire étant donné que la mécanique quantique est si bien établie sur la base d'évidences expérimentales. Cependant, des expériences effectuées avant la formulation du théorème de Bell ne vérifiaient pas la consistance de la mécanique quantique avec ce point particulier. Dans un passé récent, des expériences pour tester ce point ont été menées. Bien que les premières expériences donnèrent des résultats consistants avec le théorème de Bell (conduisant à des doutes sur la validité de la mécanique quantique), les expériences suivantes, plus précises, donnèrent des résultats inconsistant avec le théorème de Bell, mais en accord avec les prévisions de la mécanique quantique. La plupart des expériences réalisées mesuraient la polarisation de paires de photons corrélées, dans ce cas, la for-

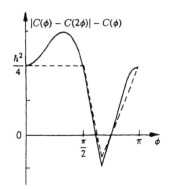

Fig. 17.5. La *courbe en trait plein* représente la fonction $|C(\phi) - C(2\phi)| - C(\phi)$ selon la mécanique quantique ; la *courbe en tirets* représente le résultat de la même fonction pour la théorie des variables cachées contenant un spin «réel»

mulation du théorème de Bell est légèrement différente de (17.15).[5] (Pour notre discussion, ces différences mineures n'apportent pas d'information nouvelle).

Beaucoup des difficultés concernant le caractère non-déterministe, non local de la mécanique quantique peuvent être levées par *l'interprétation de Copenhague*, qui traite le dispositif expérimental comme une partie intégrante du système quantique (voir la section suivante). Comme variante de cette interprétation, une formulation supplémentaire peut être obtenue en construisant une théorie de variables cachées qui traite aussi les deux particules corrélées et l'appareillage comme un seul système. En fait, il est possible de construire une telle théorie non locale, mais déterministe, qui reproduit les résultats de la mécanique quantique. Ici, le comportement de l'appareillage de mesure en un endroit doit être influencé par un autre dispositif, éventuellement placé en un autre endroit. Cette hypothèse propose l'existence d'un nouveau mécanisme, inconnu jusqu'ici, servant d'intermédiaire entre les deux appareillages. Un tel postulat paraît artificiel et de plus, les difficultés conceptuelles de cette théorie de variables cachées semblent aussi grandes que dans le cas de la mécanique quantique. De ce fait, il n'y a pas de raison de remplacer la mécanique quantique par une autre théorie.

Par conséquent, beaucoup de physiciens pensent que le non-déterminisme est une propriété des phénomènes physiques. Notre conception courante de la causalité résulte de notre expérience du monde macroscopique et ne peut pas être transposée directement dans les processus microscopiques, où interviennent les effets de la mécanique quantique. Il n'y a aucune raison de ne pas avoir un peu de comportement aléatoire dans la nature. Si des *causes différentes* produisent les *mêmes effets* (il y a plusieurs exemples de ceci en physique), il n'est pas déraisonnable de penser qu'une *même cause* puisse produire des *effets différents*. L'image d'un champ guide conduisant ses quanta selon les probabilités résultantes semble être un concept convaincant. Cependant, ce n'est qu'un concept qui permet de prévoir des valeurs moyennes, c'est-à-dire des résultats sur un ensemble d'un grand nombre de mesures.

17.5 Théorie de la mesure

Dans cette section nous voulons discuter de la signification réelle d'une mesure en mécanique quantique. Considérons un système décrit par une fonction d'onde $\psi(x)$. Nous voulons mesurer une variable q représentée par l'opérateur hermitique $\hat{Q}$. Les valeurs propres q_n de $\hat{Q}$ sont les résultats possibles de la mesure de cette variable. La fonction d'onde peut être développée en termes du jeu

---

[5] Des informations supplémentaires peuvent être trouvées dans l'article de Clauser et Shimony cité ci-dessus (voir la référence 4). Une nouvelle expérience a été réalisée par W. Perrie, A.J. Duncan, H.J. Beyer, et H. Kleinpoppen, et rapportée dans Phys. Rev. Lett. **54**, 1790 (1985).

de fonctions propres $\phi_n(x)$ de $\hat{Q}$:

$$\psi(x) = \sum_n a_n \phi_n(x) \,. \tag{17.17}$$

Par conséquent, la valeur moyenne de $\hat{Q}$ est

$$\left\langle \hat{Q} \right\rangle = \int \psi^* \hat{Q} \psi \, \mathrm{d}x = \int \left(\sum_m a_m^* \phi_m^* \right) \hat{Q} \left(\sum_n a_n \phi_n \right) \, \mathrm{d}x \tag{17.18}$$

$$= \sum_{m,n} a_m^* a_n \int \phi_m^* \hat{Q} \phi_n \, \mathrm{d}x = \sum_{m,n} a_m^* a_n q_n \int \phi_m^* \phi_n \, \mathrm{d}x = \sum_n |a_n|^2 q_n \,,$$

où nous avons utilisé la relation d'orthogonalité des fonctions propres ϕ_n. Pour une mesure unique, la probabilité d'un résultat q_{n*} est $|a_n|^2$.

Comment une mesure affecte-t-elle le système? Soit q_l le résultat de la mesure. Supposons qu'immédiatement après la mesure, une deuxième mesure est effectuée. Si ces mesures ont un sens physique, nous devons admettre que le résultat expérimental n'a pas changé : la deuxième mesure doit aussi donner le résultat q_l. Puisque cette valeur est supposée être obtenue avec certitude, les probabilités des divers résultats mesurés lors de la deuxième expérience sont

$$|a_n|^2 = \delta_{nl} \,.$$

On en déduit donc qu'avant la seconde mesure la fonction d'onde du système était ϕ_l. Nous pouvons dire : la fonction d'onde du système, donnée au début par ψ, a été modifiée par la mesure. L'état du système, après la mesure, est décrit par ϕ_l :

$$\psi \xrightarrow[\text{par la mesure de } Q \text{ avec le résultat } q_l]{} \phi_l \,.$$

Ce changement de la fonction d'onde produit par une mesure est appelé *réduction de la fonction d'onde*. Le problème principal d'une théorie de la mesure est d'établir à quel moment cette réduction de la fonction d'onde a lieu.

Par exemple, une expérience à deux fentes où une particule passe à travers l'une des fentes ne constitue pas une mesure de la position de la particule, la fonction d'onde n'est donc pas réduite à une fonction propre de l'opérateur de position à moins que nous observions par laquelle des deux fentes la particule est passée. Certains physiciens interprètent ceci en disant qu'une mesure quantique requiert la présence d'un observateur humain. Une autre interprétation propose que la fonction d'onde est réduite lorsque le résultat expérimental est enregistré par un appareillage. Par ailleurs, un tel appareillage doit pouvoir être décrit par une fonction d'onde (naturellement très compliquée). Il se pose alors la question de savoir quand cette fonction d'onde est réduite.

Ce problème peut être contourné en exigeant que les objets macroscopiques, par exemple des détecteurs de particules, obéissent strictement aux lois de la mécanique classique. Cette idée a le sérieux inconvénient que les frontières entre la mécanique classique et la mécanique quantique sont mal définies. De

Fig. 17.6. Une expérience de Stern et Gerlach (schématique)

plus, il n'existe pas de faits expérimentaux qui prouvent l'existence d'une telle frontière.

Discutons maintenant le problème de la réduction d'une fonction d'onde en considérant l'expérience de Stern et Gerlach illustrée par la figure 17.6. Nous disposons d'un appareillage orienté dans la direction z (abrégé par SGz), et d'un faisceau de particules de spin $\frac{1}{2}$ se séparant en deux parties selon les deux valeurs propres $\pm\frac{1}{2}\hbar$ de s_z. Les vecteurs propres correspondant sont Z_+ et Z_-. Avant l'expérience, la fonction d'onde est

$$Z = \frac{(Z_+ + Z_-)}{\sqrt{2}} \ . \tag{17.19}$$

La mesure et donc la réduction de la fonction d'onde, cependant, n'est pas obtenue juste par le passage à travers un aimant de Stern et Gerlach. Pour comprendre ceci, nous examinons l'expérience suivante :

Fig. 17.7. Dispositif expérimental pour des expériences de Stern et Gerlach multiples

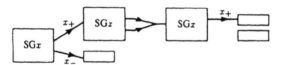

Le faisceau de particules avec $s_x = +\frac{1}{2}\hbar$ passe à travers un appareillage dans la direction z, puis se sépare en deux. Par la suite, les faisceaux se réunissent à nouveau, de sorte qu'il devient impossible de dire quelle trajectoire a été suivie par quelle particule. Ainsi, nous n'avons obtenu aucune information sur la valeur de s_z. S'il n'y a pas de différence de phase entre les deux trajectoires, une deuxième mesure effectuée dans la direction x donnera le même résultat : la fonction d'onde n'a pas été réduite (filtrée) à Z_+ ou Z_- ; elle reste encore Z. Cette considération nous montre que pour mesurer une composante de spin, un détecteur doit être présent sur la trajectoire choisie par la particule. Ceci peut être accompli en filtrant un des deux faisceaux derrière l'appareillage SG z. Ce filtrage est alors, pour ainsi dire, constitué par le détecteur que nous venons de mentionner. Mais maintenant la réduction de la fonction d'onde a lieu, produite par ce second détecteur.

Pour développer une théorie quantique de la mesure complète, il est nécessaire de traiter l'appareillage de mesure de façon quantique. Ainsi, de nouveaux problèmes se posent. Afin de clarifier ce point, examinons à nouveau le dispositif expérimental de Stern et Gerlach orienté dans la direction z. Le passage d'une particule doit maintenant être enregistré par un détecteur décrit par une fonction d'onde. Les trois états possibles du détecteur sont χ_0 avant l'enregistrement de la particule, χ_+ si $s_z = +\frac{1}{2}\hbar$ et χ_- si $s_z = -\frac{1}{2}\hbar$. Considérons d'abord le cas de la particule incidente dans un état propre de $\hat{s}_z$. Si le spin de la particule est décrit par Z_+, la fonction d'onde du système complet, constitué de la particule et du détecteur, est donnée par

$$\psi_0 = Z_+ \chi_0 \ . \tag{17.20}$$

Après que la particule ait traversé l'appareillage, la fonction d'onde totale est :

$$\psi_+ = Z_+ \chi_+ . \tag{17.21}$$

L'état de la particule incidente est Z_- d'où

$$\psi_0 = Z_- \chi_0 . \tag{17.22}$$

L'état du système après l'expérience se déduit comme

$$\psi_- = Z_- \chi_- . \tag{17.23}$$

Examinons maintenant le cas d'une particule qui *n'est pas* dans un état propre de $\hat{s}_z$. Par exemple, avant l'expérience, sa fonction d'onde est χ_+. L'état initial du système est alors

$$\psi_0 = \chi_+ \chi_0 = \frac{(Z_+ + Z_-)\chi_0}{\sqrt{2}} . \tag{17.24}$$

L'évolution temporelle du système complet est décrit par l'équation de Schrödinger dépendante du temps avec le hamiltonien dépendant du temps. D'où il s'ensuit que chaque terme de la somme du membre de droite de (17.24) évolue dans le temps comme décrit par (17.21) et (17.23). Par conséquent, après la mesure, la fonction d'onde totale est

$$\psi = \frac{(Z_+ \chi_+ + Z_- \chi_-)}{\sqrt{2}} . \tag{17.25}$$

Quelques uns des problèmes de la théorie de la mesure sont rencontrés dans (17.25). Remarquons d'abord que l'état du détecteur n'est pas χ_0, χ_-, ou χ_+, mais une combinaison de χ_+ et χ_-. Si le détecteur était muni d'une aiguille capable d'indiquer les trois états du détecteur, l'aiguille pointerait entre deux de ces indications. Donc notre expérience est contraire à l'hypothèse que des objets macroscopiques sont décrits par une fonction d'onde.

Un deuxième problème, suggéré par (17.25), est qu'elle contredit le postulat de la réduction d'une fonction d'onde, qui affirme qu'après la mesure, la fonction d'onde est dans l'un des états $Z_+ \chi_+$ et $Z_- \chi_-$.

Un troisième problème se pose lorsqu'on essaye de résoudre les deux premiers : si le système – particule et détecteur – est considéré comme un seul système quantique, la réduction de la fonction d'onde devrait avoir lieu quand l'état du système complet est mesuré. Par conséquent, nous devrions utiliser un second appareillage pour mesurer l'état du détecteur, par la suite la fonction d'onde serait réduite ou bien à $Z_- \chi_-$ ou à $Z_+ \chi_+$. Mais cet appareillage supplémentaire fait à nouveau partie d'un système complet plus grand dont la fonction d'onde est de la forme de (17.25). Cette procédure pourrait être répétée à volonté. Manifestement, il n'y a pas de limite à laquelle nous pourrions déterminer si la fonction d'onde a été réduite.

17.6 Le chat de Schrödinger

Ce résultat apparemment paradoxal peut être illustré de manière plus vivante par une *expérience mentale* conçue par Erwin Schrödinger. Nous supposons que le résultat discuté précédemment en termes de mécanique quantique déclenche un fusil qui pointe sur un chat. L'ensemble du «dispositif expérimental» est placé dans une boîte qui sera ouverte par la suite pour observer l'état du chat (en vie ou trépassé). Le résultat de la mesure est déduit de cette observation. Par analogie avec la discussion précédente, la fonction d'onde de la boîte est χ_+ ou χ_-, suivant que le chat est vivant ou mort. La fonction d'onde totale de la boîte contenant chat, particule et détecteur est encore donnée par (17.25). Ce qui aurait comme conséquence que l'état du chat serait indéterminé avant l'ouverture de la boîte. Si nous rejetons cette conclusion absurde, nous devons nous demander quand la réduction de la fonction d'onde à lieu : lorsque la particule entre la boîte? lorsque le chat meurt? ou à un autre moment?

Dans la suite, nous présentons diverses tentatives de formulation d'une théorie quantique de la mesure, en essayant de résoudre tous les problèmes posés par la réduction de la fonction d'onde.

17.7 Théories subjectives

Une théorie résolvant tous ces problèmes a été développée par E.P. Wigner. Toute notre connaissance du monde physique résulte des informations qui atteignent notre cerveau par l'intermédiaire de nos sens et qui restent dans notre esprit. En conséquence, Wigner postula que la réduction de la fonction d'onde a lieu lorsque l'information arrive à notre cerveau. Ainsi, particule, détecteur et chat restent dans des états décrits par des fonctions d'onde de la forme (17.25) jusqu'à ce que quelqu'un ouvre la boîte. Alors la fonction d'onde est réduite.

Bien que cette théorie est consistante avec tous les résultats observés, elle n'est cependant pas satisfaisante pour diverses raisons. D'abord, la théorie suppose que l'esprit humain est de nature différente du monde physique matériel, duquel notre cerveau fait également partie. Il devrait être possible de décrire la nature avec des concepts objectifs, indépendemment de notre existence ou de notre interaction avec la nature. En outre, le problème est déplacé vers un domaine inaccessible : si toute la connaissance n'existe que dans notre esprit, qui n'est pas un objet pouvant être soumis à l'analyse physique, toute la physique (les sciences de la nature) perd sa pertinence objective. Enfin, il est difficile d'expliquer comment l'esprit de personnes différentes arrivent aux mêmes conclusion concernant les résultats d'expérience physiques, si nous n'admettons pas l'existence d'un monde physique objectif.

À part ces objections, les théories subjectives donnent une explication des mesures en mécanique quantique, et quelques philosophes et scientifiques pensent qu'elles offrent la meilleure explication possibles à l'heure actuelle.

17.8 Mesures classiques

Une hypothèse complètement différente est fondée sur le postulat que la mécanique classique n'est pas seulement une limite de la mécanique quantique, mais
une théorie indépendante, dans laquelle les résultats mesurés sont fixés définitivement en tous temps. Les détecteurs et les chats devraient obéir à des lois
physiques différentes de celles aux quelles obéissent les particules du monde
atomique et subatomique. La réduction de la fonction d'onde intervient lorsque
les particules interagissent avec les objets macroscopiques. Puisque cette interaction ne peut pas être traitée quantiquement, les problèmes discutés ci-dessus
ne surgissent pas.

Une hypothèse de cette nature a l'inconvénient d'introduire deux théories différentes, décrivant d'une manière compliquée, le comportement d'objets
matériels de tailles différentes. Comment déterminer la frontière entre objets
macroscopiques et microscopiques est un deuxième problème, que nous pouvons encore illustrer à l'aide de l'expérience de Stern et Gerlach. Comme nous
l'avons montré au chapitre 1, cette expérience est généralement effectuée avec
des atomes [et non pas avec des objets beaucoup plus petits (microscopiques)
comme les électrons]. Il se peut que les trajectoires possibles des atomes soient
tellement distantes pour que l'on puisse les traiter comme des objets classiques.
De plus, il n'y a aucune raison pour ne pas effectuer l'expérience avec les spins
de particules nettement plus massives, par exemple des noyaux d'uranium. Précédemment, nous avons noté que la fonction d'onde demeurait inchangée si,
après la séparation des faisceaux, les trajectoires étaient à nouveau réunies, de
sorte qu'il devient impossible de connaître quelle particule a suivi quelle trajectoire. Ces objets classiques devraient aussi être guidés par le champ guide. Par
ailleurs, le faisceau de particules classiques devrait interférer lors du passage par
une double fente , comme nous l'avons discuté au début de ce chapitre.

Il est extraordinairement difficile de réaliser l'expérience de Stern et Gerlach de la manière que nous venons de décrire. Les deux trajectoires possibles
à travers l'appareillage doivent avoir la même longueur (avec une précision de
10^{-6} m) de manière à pouvoir reconstruire la fonction d'onde de spin initiale.
L'existence d'un champ guide pour des particules classiques n'a pas réellement
été testée jusqu'à présent. De nouvelles expériences qui examinent l'effet tunnel
du flux électrique à travers des connexions supraconductrices pourraient s'avérer être un tel test. La théorie classique de mesure ne peut être acceptable que
si le résultat classique d'une expérience diffère des prévisions de la mécanique
quantique.

17.9 L'interprétation de Copenhague

Cette théorie de la mesure, qui a été largement acceptée depuis longtemps, a été développée par Niels Bohr et ses collègues de Copenhague. Elle est fondée sur le principe qu'il est impossible de séparer le système quantique de l'appareillage de mesure. Ainsi, une particules de spin $\frac{1}{2}$ s'approchant d'un dispositif expérimental SGz doit être considéré comme un système totalement différent de celui d'une particule similaire s'approchant d'un dispositif SGx. Le problème de la réduction de la fonction d'onde ne se pose pas, puisque le choix des fonctions d'onde (Z_+ et Z_- ou χ_+ et χ_-) est déterminé par les particularités du dispositif expérimental. Si les faisceaux séparés se réunissent à nouveau, comme discuté ci-dessus, nous modifions le dispositif expérimental et de ce fait nous changeons aussi les fonctions d'onde correspondantes. Cet aspect de l'interprétation de Copenhague est confirmé par les résultats expérimentaux et théoriques relatifs aux systèmes de particules corrélées mentionnés ci-dessus. Ainsi que nous l'avons vu, des paires de particules se comportent comme un système unique ayant des propriétés qui ne peuvent pas être expliquées par les propriétés des particules individuelles (voir par exemple au chapitre 15).

Une autre idée de l'interprétation de Copenhague et celle de la *complémentarité*. Quelques propriétés (par exemple la position, la quantité de mouvement, les composantes x et z du moment cinétique etc.) forment des paires complémentaires. De ce point de vue, découle naturellement la propriété principale de la nature que toute tentative de déterminer précisément une variable, entraîne une incertitude sur la détermination de la variable complémentaire. La lumière polarisée en constitue un exemple : la question de savoir si de la lumière polarisée linéairement l'est à gauche ou à droite n'a pas de sens.

L'opinion de l'école de Copenhague est qu'en mécanique quantique, la tentative de déterminer précisément et simultanément la position et la quantité de mouvement est aussi insensée. L'interprétation de Copenhague ne considère pas la nature du dispositif de mesure. Bien qu'elle résolve le problème de la réduction de la fonction d'onde, il n'est pas clair si des objets macroscopiques, y compris les appareils de mesure, doivent être traités par des fonctions d'onde, ou si une théorie complètement différente est nécessaire pour cela.

17.10 Enregistrement indélébile

Jusqu'à présent, notre discussion a montré que les difficultés d'une théorie quantique de mesure résultent d'une contradiction entre l'équation de Schrödinger dépendant du temps [conduisant à (17.25)] et le postulat de réduction ; peut être que ce postulat n'est pas compatible avec la mécanique quantique (l'équation de Schrödinger). Nous allons examiner cette contradiction de manière plus détaillée, en utilisant l'argumentation de Belinfante[6], qui met en évidence la contradiction et la lève.

Nous nous rappelons qu'après la mesure, la fonction d'onde du système complet – particule et détecteur – prend, d'après la mécanique quantique (l'équation de Schrödinger dépendante du temps), la forme $\psi = (Z_+\chi_+ + Z_-\chi_-)/\sqrt{2}$ [voir (17.25)], alors que d'après le postulat de réduction elle devrait être $Z_+\chi_+$ ou $Z_-\chi_-$. Manifestement, les deux prévisions sont relatives aux probabilités des résultats possibles d'une mesure. Par conséquent, elles ne doivent pas être appliquées à *une* expérience avec un système unique ; un *grand nombre* d'expériences doivent être effectuées, soit avec le même système, soit avec d'autres systèmes identiques, avant de pouvoir vérifier ces prévisions. Uniquement dans le cas où le système est déjà dans un état propre de l'opérateur de mesure et que la mécanique quantique prévoit un certain résultat, il est suffisant de faire une seule mesure (un seul système). Une multitude d'expériences identiques est appelé un *ensemble*.

Considérons un ensemble de mesures SGz de particules de fonction d'onde ψ_+. Après la mesure, l'ensemble, à cause de l'équation de Schrödinger, réside dans un état dit «état pur» avec une fonction d'onde de la forme (17.25), tandis que, selon le postulat de réduction, l'ensemble devrait être dans un «état mixte», c'est-à-dire chacun des deux états propres de $\hat{s}_z$ devrait être peuplé par la moitié des particules.

Comment pouvons nous décider si l'ensemble est dans un état pur ou dans un état mixte ? Pour ceci une deuxième mesure effectuée par une autre personne ou avec un autre appareillage est nécessaire (par exemple, une mesure du taux de comptage des détecteurs). Cette mesure, décrite par l'opérateur $\hat{Q}$ devrait obéir au postulat de réduction (les taux de comptages doivent pouvoir être lus sans ambiguïté). Si le système se trouve dans un état pur, la valeur moyenne de $\hat{Q}$ se déduit de (17.25) :

$$\langle \hat{Q} \rangle = \frac{1}{2} \int_\tau (Z_+^*\chi_+^* + Z_-^*\chi_-^*)\hat{Q}(Z_+\chi_+ + Z_-\chi_-)\,d\tau\,, \qquad (17.26)$$

où toutes les variables nécessaires pour la spécification de la particule et de l'appareillage sont contenues dans l'élément de volume $d\tau$. La multiplication donne

$$\langle \hat{Q} \rangle = \frac{1}{2} \int Z_+^*\chi_+^* \hat{Q} Z_+\chi_+\,d\tau + \frac{1}{2} \int Z_-^*\chi_-^* \hat{Q} Z_-\chi_-\,d\tau$$
$$+ \mathrm{Re}\left\{ \int Z_+^*\chi_+ \hat{Q} Z_-\chi_-\,d\tau \right\}\,. \qquad (17.27)$$

en tenant compte de l'hermiticité de $\hat{Q}$.

Pour calculer les propriétés d'un état mixte, nous devons considérer que la valeur moyenne de $\hat{Q}$ dans un état mixte est égale à la moyenne des valeurs

---

[6] F.J. Belinfante : *Measurement and Time Reversal in Objective Quantum Theory* (Pergamon, Oxford 1978).

moyennes calculées à partir d'expériences indépendantes avec les fonctions d'onde $Z_+\chi_+$ et $Z_-\chi_-$. Puisque le nombre de particules est le même dans les deux états, on vérifie que

$$\langle \hat{Q}\rangle' = \frac{1}{2}\int Z_+^*\chi_+^*\hat{Q}Z_+\chi_+\,\mathrm{d}\tau + \frac{1}{2}\int Z_-^*\chi_-^*\hat{Q}Z_-\chi_-\,\mathrm{d}\tau\,. \tag{17.28}$$

En comparant (17.27) et (17.28) nous voyons que les deux valeurs moyennes doivent être identiques si

$$Q_{+-} = \int Z_+^*\chi_+^*\hat{Q}Z_-\chi_-\,\mathrm{d}\tau = 0\,. \tag{17.29}$$

Nous pouvons immédiatement constater qu'une condition similaire garantit aussi que les distributions de probabilité [pas seulement les moyennes, comme dans (17.27) et (17.28)] des résultats possibles de la mesure de $\hat{Q}$ sont indépendantes du fait que le système se trouve dans un état pur ou mixte. Si nous pouvons montrer que des expressions de la forme Q_{+-} s'annulent pour tous les opérateurs $\hat{Q}$ physiquement possibles, alors les états purs et les états mixtes sont indiscernables. Le postulat de réduction serait alors compatible avec la mécanique quantique ; il serait, en fait, une de ses conséquences.

Nous voulons maintenant examiner les conditions sous lesquelles les deux états ψ_+ et ψ_- annulent l'intégrale (17.29). La quantité $|Q_{+-}|^2$ peut être interprétée comme proportionnelle à la probabilité de la transition entre les états $Z_+\chi_+$ et $Z_-\chi_-$, due à l'action de l'opérateur de mesure $\hat{Q}$. Si Q_{+-} s'annule, une transition entre les états est impossible, ce qui signifierait que la particule a modifié l'état du détecteur de façon irréversible nous pourrions décrire ceci comme un *enregistrement indélébile de l'événement*. Ceci est justement la propriété que nous attribuons habituellement à un appareil de mesure : il conserve le résultat de la mesure tant qu'il n'est pas remis dans son état initial par une action externe (remise à zéro).

Nous constatons ainsi que la réduction de la fonction d'onde est induite par le processus de mesure lui-même, notamment par l'enregistrement de la mesure ; elle *n'est pas* induite par la perception humaine ou le comportement classique d'objets macroscopiques. De plus, nous voyons que la réduction n'est pas absolument nécessaire ; après qu'un enregistrement indélébile ait été fait, le système complet peut être décrit soit par une forme pure (17.25) soit une forme mixte constituée de deux fonctions d'onde réduites. Cependant, il est plus utile de choisir des fonctions d'onde réduites, puisque les résultats de mesures ultérieures peuvent être calculés sans connaître les détails compliqués de l'appareillage de la première mesure. La réduction nous permet de décrire un système physique isolé sans considérations des autres systèmes qui ont interagit irréversiblement avec lui ; nous pourrions agir ainsi, mais ceci n'est pas nécessaire, car nous savons qu'une description à l'aide d'états purs donne les mêmes résultats.

Une objection à cet argument est qu'aucun processus n'est totalement irréversible : il y a toujours une faible probabilité, mais finie, qu'un détecteur, par exemple, change subitement d'état. Il y a deux possibilités : ou bien l'appareillage reste isolé et le changement d'état a lieu par hasard, ou bien l'appareillage est manipulé par une influence extérieure (par exemple, une personne étrangère). Dans le premier cas, l'effacement du résultat signifie que la mesure – et par conséquent la réduction – n'a pas eu lieu, comme nous l'avons discuté ci-dessus. Dans le deuxième cas, nous observons que l'hypothèse d'un état pur ne peut, en principe, être faite que pour une fonction d'onde décrivant tout ce qui interagit avec l'appareillage. Bien que le résultat expérimental ait été effacé, l'information sur l'état du détecteur a produit une transformation irréversible dans le système en interaction (pouvant même inclure l'opérateur humain). Comme cas limite, la totalité de l'Univers peut être considérée comme un seul système. Mais, si nous supposons que la probabilité de réversibilité d'une transformation «irréversible» est finie, nous nous contredisons, puisque dans un Univers occupant un état déjà occupé précédemment, nous ne pourrions pas savoir si le temps s'est écoulé ou non. Ici nous supposons (au contraire des théories subjectives) que nos esprits font partie de l'Univers physique.

Le principe d'enregistrement indélébile associé aux idées de l'interprétation de Copenhague conduit à une théorie quantique objective et économique des procédés de mesure. Néanmoins, cette théorie n'est pas universellement acceptée. Certains scientifiques pensent que la difficulté de déterminer si un enregistrement indélébile a été effectué ne peut pas être résolue par l'argument que nous venons de décrire brièvement ici.

17.11 L'Univers dédoublé

Nous terminons notre étude des théories de mesure avec les concepts d'Everett fondés sur l'idée d'un changement irréversible dans l'Univers. Il suppose que l'Univers ne finit pas dans un des divers états possibles comme le résultat d'une mesure, mais que tous les résultats possibles ont lieu. Par conséquent, l'Univers doit se dédoubler en plusieurs Univers différents qui n'interagissent pas entre eux – donc ne communiquant pas entre eux – . Ainsi, si nous observons des résultats apparemment aléatoires d'une expérience de mécanique quantique, tous les résultats auront eu lieu d'une manière totalement déterministe. Nous observons un résultat particulier dans une des branches de l'Univers, mais d'autres «versions» de notre existence, observent des résultats différents dans d'autres branches. Bien entendu, le dédoublement de l'Univers n'est pas restreint aux cas des mesures, mais survient à chaque événement quantique. Ainsi, on doit considérer l'Univers comme étant continuement en dédoublement.

Le modèle de l'Univers dédoublé traite le problème de la réduction de la fonction d'onde de manière similaire au concept de l'enregistrement indélébile. Des intégrales comme (17.29) s'annulent, car maintenant les états $Z_+ \chi_+$ et $Z_- \chi_-$ appartiennent à des univers différents qui, a priori, n'interagissent pas entre eux. En fait, un grand nombre des idées développées dans la dernière section ont d'abord été développées en relation avec l'Univers dédoublé puis utilisées par Belinfante pour son modèle.

Le concept d'un Univers dédoublé est naturellement inéconomique, et l'idée d'un nombre infini d'Univers ne pourra jamais être prouvé puisque ces univers n'interagissent pas entre eux. Ce modèle n'est ainsi accepté que par un petit nombre de scientifiques, bien que son caractère clairement déterministe est particulièrement attrayant.

17.12 Le problème de la réalité

Une des interrogations fondamentales de toute théorie physique est relative à la nature de ce qui existe réellement. Ceci est particulièrement vrai en mécanique quantique, mais une discussion complète de ce sujet irait bien au-delà du domaine de ce livre. Aussi nous nous restreindrons à une courte introduction des idées fondamentales impliquées.

En mécanique quantique, la fonction d'onde n'a pas de signification physique directe, mais est une construction théorique qui peut être utilisée pour déduire des probabilités pour des évènements futurs. D'autre part, nous avons vu dans ce chapitre que l'hypothèse de l'existence de propriétés supplémentaires des systèmes quantiques (notamment les variables cachées), qui ne sont pas contenues dans la fonction d'onde, conduisent à des résultats contraires à l'expérience. Si la fonction d'onde n'est pas physique, et qu'il n'y a pas de variables cachées, qu'est ce qui *existe réellement*?

Une réponse possible à cette question nous est encore proposée par le *subjectivisme* : tout ce que nous savons exister est ce que nous percevons par nos sens ; seuls les choses que nos sens perçoivent existent. Une autre réponse nous est donnée par le *positivisme*, qui affirme que la question que nous posons n'a pas de sens, puisque l'existence ou la non existence d'une entité que nous ne percevons pas ne peut être vérifiée. En supposant que nous faisons partie d'un immense cerveau (ordinateur) où tous les objets de l'Univers, leur mouvement etc. existent sous forme d'objets virtuels (comme un jeu informatique), il serait impossible de distinguer ce cerveau du monde réel.

Les bases d'une théorie objective de la réalité pourraient être constituées du concept d'enregistrement indélébile. Ces enregistrements ou les transformations irréversibles dans l'Univers existent réellement ; aucune transformation réversible réelle ne peut être observée, donc toute affirmation concernant leur existence est vaine. Si nous déclarons ces transformations réversibles inobservables, nous ne faisons pas nécessairement référence à l'influence d'un observateur humain : de telles «évènements» réversibles n'ont aucune influence sur l'évolution de l'Univers. Nous identifions ces phénomènes sans importance au fait que l'Univers se retrouve dans un état qui a existé auparavant dans son évolution, ou à l'exemple «quotidien» d'une particule de spin $\frac{1}{2}$ passant à travers une des voies de l'expérience de Stern et Gerlach sans que son parcours soit enregistré. De cette manière, la mécanique quantique est un édifice théorique qui nous permet de prédire des évènements séquentiels, irréversibles dans l'Univers. Bien que nous parlions de fonctions d'onde et de particules, nous ne pouvons considérer que l'existence objective de leurs effets irréversibles. Enfin, nous insistons encore sur le fait que le propos de ce chapitre n'était pas de résoudre les problèmes conceptuels de la mécanique quantique, mais seulement de montrer que ces problèmes existent, et qu'une variété de réponses, parfois amusantes, existe. La réussite extraordinaire de la mécanique quantique est de pouvoir prévoir des spectres en énergie, des probabilités de transition, des sections efficaces etc. ; néanmoins, considérer les problèmes liés à la philosophie des sciences peut enrichir notre manière de penser et fournir une vision supplémentaire, différente, de notre monde.

Index

Impression: Saladruck, Berlin
Relieur: Lüderitz & Bauer, Berlin

Printed in the United States
By Bookmasters